中 国 国 家 标 准 汇 编

2010 年修订-37

中国标准出版社　编

中国质检出版社
中国标准出版社
北　京

图书在版编目（CIP）数据

中国国家标准汇编：2010年修订. 37/中国标准出版社编. —北京：中国标准出版社，2011

ISBN 978-7-5066-6505-6

Ⅰ. ①中… Ⅱ. ①中… Ⅲ. ①国家标准-汇编-中国-2010 Ⅳ. ①T-652.1

中国版本图书馆CIP数据核字(2011)第187921号

中国质检出版社
中国标准出版社 出版发行

北京市朝阳区和平里西街甲2号(100013)
北京市西城区三里河北街16号(100045)

网址：www.spc.net.cn
总编室：(010)64275323 发行中心：(010)51780235
读者服务部：(010)68523946

中国标准出版社秦皇岛印刷厂印刷
各地新华书店经销

*

开本 880×1230 1/16 印张 39 字数 1 111 千字
2011年12月第一版 2011年12月第一次印刷

*

定价 220.00 元

出 版 说 明

1.《中国国家标准汇编》是一部大型综合性国家标准全集。自1983年起，按国家标准顺序号以精装本、平装本两种装帧形式陆续分册汇编出版。它在一定程度上反映了我国建国以来标准化事业发展的基本情况和主要成就，是各级标准化管理机构，工矿企事业单位，农林牧副渔系统，科研、设计、教学等部门必不可少的工具书。

2.《中国国家标准汇编》收入我国每年正式发布的全部国家标准，分为"制定"卷和"修订"卷两种编辑版本。

"制定"卷收入上一年度我国发布的、新制定的国家标准，顺延前年度标准编号分成若干分册，封面和书脊上注明"20××年制定"字样及分册号，分册号一直连续。各分册中的标准是按照标准编号顺序连续排列的，如有标准顺序号缺号的，除特殊情况注明外，暂为空号。

"修订"卷收入上一年度我国发布的、修订的国家标准，视篇幅分设若干分册，但与"制定"卷分册号无关联，仅在封面和书脊上注明"20××年修订-1，-2，-3，……"字样。"修订"卷各分册中的标准，仍按标准编号顺序排列(但不连续)；如有遗漏的，均在当年最后一分册中补齐。需提请读者注意的是，个别非顺延前年度标准编号的新制定的国家标准没有收入在"制定"卷中，而是收入在"修订"卷中。

读者配套购买《中国国家标准汇编》"制定"卷和"修订"卷则可收齐上一年度我国制定和修订的全部国家标准。

3.由于读者需求的变化，自1996年起，《中国国家标准汇编》仅出版精装本。

4.2010年我国制修订国家标准共2846项。本分册为"2010年修订-37"，收入新制修订的国家标准20项。

中国标准出版社

2011年8月

目　　录

ICS 53.020.20
J 80

GB

中华人民共和国国家标准

GB/T 23724.3—2010

起重机 检查
第3部分：塔式起重机

Cranes—Inspections—Part 3: Tower cranes

(ISO 9927-3:2005, MOD)

2010-09-26 发布　　2011-02-01 实施

中华人民共和国国家质量监督检验检疫总局
中国国家标准化管理委员会　发布

前　言

GB/T 23724《起重机　检查》分为5个部分：

——第1部分：总则；

——第2部分：流动式起重机；

——第3部分：塔式起重机；

——第4部分：臂架起重机；

——第5部分：桥式和门式起重机。

本部分为GB/T 23724的第3部分。

本部分修改采用ISO 9927-3:2005《起重机　检查　第3部分：塔式起重机》(英文版)。

本部分根据ISO 9927-3:2005重新起草，主要技术性差异为：

——附录C序号1中增加"产品合格证"项；

——附录C序号6～序号9中，用"钢丝绳在卷筒上的安全圈数——3"代替"钢丝绳在卷筒上的安全圈数——2"。

上述技术性差异的原因是：考虑我国国情，与我国塔式起重机的相关标准协调一致。

为了便于使用，本部分作了下列编辑性修改：

——"ISO 9927的本部分"一词改为"GB/T 23724的本部分"；

——删除ISO 9927-3:2005的前言；

——对于ISO 9927-3:2005引用的国际标准，用已被采用为我国的标准代替对应的国际标准。

本部分的附录A为规范性附录，附录B和附录C为资料性附录。

本部分由中国机械工业联合会提出。

本部分由全国起重机械标准化技术委员会(SAC/TC 227)归口。

本部分起草单位：北京建筑机械化研究院、长沙建设机械研究院、抚顺永茂建筑机械有限公司、长沙中联重工科技发展股份有限公司。

本部分主要起草人：孙艳秋、付英雄、李奇志、朱守寨。

起重机　检查
第3部分：塔式起重机

1　范围

GB/T 23724的本部分规定了应对塔式起重机（以下简称塔机）进行的常规检查项目，与GB/T 23724.1配合使用。本部分不包括塔机首次使用之前所作的检查。

2　规范性引用文件

下列文件中的条款通过GB/T 23724的本部分的引用而成为本部分的条款。凡是注日期的引用文件，其随后所有的修改单（不包括勘误的内容）或修订版均不适用于本部分，然而，鼓励根据本部分达成协议的各方研究是否可使用这些文件的最新版本。凡是不注日期的引用文件，其最新版本适用于本部分。

GB/T 5972　起重机　钢丝绳　保养、维护、安装、检验和报废（GB/T 5972—2009，ISO 4309：2004，IDT）

GB/T 23724.1—2009　起重机　检查　第1部分：总则（ISO 9927-1：1994，IDT）

3　总则

为确保塔机的安全作业，应保持其正常的作业状态和操作状态。所有塔机应接受常规检查，以便及时发现和消除安全隐患。检查作业应由用户自行安排。

常规检查有：

——日常检查；

——经常性检查；

——定期检查；

——全面检查。

注：制造商可以提出有别于GB/T 23724的本部分所规定的常规检查项目。在这种情况下，以制造商的要求为准。

附录A给出了检查综述一览表。

4　日常检查

4.1　总则

日常检查应在开始作业前进行。包括目测检查（一般不需拆卸）和功能试验，如下文所述。

日常检查应由能胜任的人员（如塔机司机）来进行。

4.2　内容

每次作业前的检查内容：

a)　各工作机构的功能，特别是制动器（一般为空载）的功能；

b)　各种限制器和指示器的功能；

c)　观察各种明显的缺陷，包括钢丝绳。

4.3　结果

检查中发现的任何缺陷均应向能够作出适当决策的人员报告（所谓适当决策是指：继续使用、进行修理、对某一部分或整机做彻底检查、限制使用）。

应按部件和有关缺陷的类型找出引起缺陷的原因。

应及时记入设备档案(包括修理日期、方法)。

5 经常性检查

5.1 总则

经常性检查应包括目测检查(一般不需拆卸)和功能试验,目测检查见5.2的规定,功能试验按4.2要求进行。

经常性检查应由能胜任的人员(如有经验的技师,见GB/T 23724.1)来进行。

5.2 内容

经常性检查项目如下:

a) 润滑:检查润滑剂的渗漏情况;

b) 液压装置:检查渗漏情况;

c) 吊钩和防脱锁:有无明显变形、裂纹、磨损;

d) 钢丝绳:应符合GB/T 5972的规定;

e) 连接件和接头:锈蚀情况、外观检查;

f) 制动器磨损:检查制动器摩擦衬垫的厚度、间隙调整、噪音等;

g) 液压软管和气动软管:尤其是工作状态弯曲的软管;

h) 电气系统:状态、老化迹象、水气凝结情况;

i) 锚固装置:检查支撑塔机的撑杆或拉索的状况。

5.3 周期

经常性检查的周期应考虑塔机的实际使用状况和工作环境,至少为:

a) 对于5.2a)~e)的项目,每月一次;

b) 对于5.2f)~i)的项目,每年两次。

5.4 结果

对检查中发现的任何缺陷均应向能够作出适当决策的人员报告(所谓适当决策是指:继续使用、进行修理、对某一部分或整机做彻底检查、限制使用)。

应按部件和有关缺陷的类型找出引起缺陷的原因。

应及时记入设备档案(包括修理日期、方法)。

6 定期检查

6.1 总则

定期检查是指按照一定的周期(见6.3),以及每次重新架设后所进行的检查。

定期检查包括目测检查(一般无需拆卸)和功能试验。在做功能试验时,应考虑空载和带载两种工况,如下文所述。

定期检查应由能胜任的人员(如有经验的技师,见GB/T 23724.1)来进行。

检查人员应掌握:

——以往的检查报告;

——自动记录的数据(如作业循环次数、作业小时数、作业天数、载荷等),通过这些数据可以了解到各部件的工作时间。

6.2 内容

定期检查应包含经常性检查的内容。

所有部件的功能试验应在最不利工况下进行。检查项目如下:

a) 核对塔机的标志和标牌。

b) 核对是否有使用说明书。

c) 核对塔机的维护记录。

d) 核对各种部件、设备和钢结构。比对实际安装在塔机上的部件与随机文件所列的部件是否一致。

e) 根据设备显示的状态判断其损坏情况：

——传动装置或其零部件松动，油(润滑油)渗漏；

——目视范围内一些特殊零部件(如电机、齿轮、制动器、卷筒)之间的连接装置磨损或损坏的迹象；

——明显的异常噪音和振动；

——明显的异常高温；

——紧固螺栓松动、开裂或失效；

——制动器衬垫有磨损或已磨坏；

——一般状况不正常(锈蚀、污损)；

——电气系统(电缆入口、电缆附件)有损坏的迹象；

——钢丝绳(见 GB/T 5972)；

——吊钩(见附录 B)。

f) 功能试验。在额定载荷下的功效：

——机构，尤其是制动器；

——限制器和指示器。

g) 钢结构和围栏：

——焊缝；

——锈蚀；

——残留变形；

——裂纹。

h) 塔机基础/塔机轨道。

示例见 GB/T 23724.1—2009 中的附录 A。

6.3 周期

塔机至少每年或每次重新架设后要进行一次定期检查。

注 1：有些校验工作可在拆卸塔机的时候进行。

注 2：更换滑轮组或臂架、塔身的加节都不视为拆卸和重新架设。

注 3：自行架设式塔机折叠或展开后，检查项目只限于 6.2 的 b)、c)、f)、g)和 h)。

6.4 结果

定期检查应记录在案。检查报告应记录检查部件的名称和存在的缺陷。附录 C 提供了报告示例。

检查报告应向能够作出适当决策的人员报告(所谓适当决策是指：继续使用、进行修理、对某一部分或整机做彻底检查、限制使用)。

应按部件和有关缺陷的类型找出引起缺陷的原因。

应及时记入设备档案(包括修理日期、类型等)。

7 全面检查

7.1 总则

全面检查是按照 7.3 规定的周期(以及附录 A 确定的周期)所做的详细检查。

全面检查应由能胜任的人员来进行。能胜任的人员(如专业工程师，见 GB/T 23724.1)有能力根据检查结果来确定需要采取的行动。

检查人员应掌握：

——以往的检查报告；

——自动记录的数据(如作业循环次数、作业小时数、作业天数、载荷等)，通过这些数据可以了解到各部件的工作时间。

7.2 内容

全面检查至少应包括定期检查中的所有项目。

如果认为合理，全面检查可以要求进行非破坏性试验和/或解体检查，但要考虑：

——以往检验的内容(日常、经常性、定期或全面检查)；

——当前试验的结果；

——当前目测检查的结果。

检查人员在按照维护说明书解体时要格外小心，避免出错或发生误动作。如果没有维护说明书，则需与塔机制造商或相关部件的制造商联系，寻求帮助。

在全面检查过程中，应特别注意：

——振动；

——异常噪音或温升；

——一般状况很差，锈蚀；

——各机构、电机和齿轮、轨道、行走轮以及各种轴的定位；

——制动器；

——连接件、螺栓、销轴。

7.3 周期

7.3.1 未安装自动数据记录仪的塔机或部件的检查周期

建议对塔机或部件的全面检查按下列周期进行：

——4 年；

——8 年；

——10 年；

——12 年；

——14 年；

——14 年以后每年。

7.3.2 装有自动数据记录仪的塔机或部件的检查周期

塔机的使用说明书应根据记录仪记录的数据，规定对塔机及相关部件进行全面检查的周期，但至少应按 7.3.1 规定的周期进行。

除了检查周期，制造商还应对参数值重新初始化(归零、使参数值成为新的起始值等)给予具体指导。

7.4 结果

全面检查的报告应包含由能胜任的人员所做检查的结果及其结论和建议，包括下一次全面检查的时间。

报告示例参见附录 C。

当塔机或部件不是按照其工作级别或在疑似危险的工作条件下使用时，检查人员(见 7.1)应提出适当的建议。

应按部件和有关缺陷的类型找出引起缺陷的原因。

应及时记入设备档案(包括修理日期、类型等)。

8 特殊检查

8.1 总则

特殊检查应在发生下列情况后进行：

a） 特殊环境状况，如：

——极端天气条件（暴风雨等）；

——中等震级的地震；

——过载、碰撞或基础受到破坏。

b） 作重大的改动之后，如额定起重量加大、更换机构、控制台移位、功率改变、承载结构的构造变化、在承载结构上施焊、控制系统更改或者与使用等级和载荷谱有关的操作条件发生改变等。

特殊检查应由能胜任的人员（一般都是有经验的技师或专业工程师）根据检查工作的性质来进行。

8.2 内容

特殊检查范围应与损害或改动的程度相适应。

附　录　A
（规范性附录）
检查综述一览表

项目	日常检查	经常性检查	定期检查	全面检查
检查周期	——塔机开始作业前	——每月或每 6 个月和/或按制造商的要求	——按规定的周期（由制造商规定或推荐的法定周期）； ——拆卸/重新架设之后	——发生重大故障之后； ——按规定的周期： 1）法定周期； 2）制造商规定周期； 3）根据检查报告（经常性检查或定期检查）所建议的周期； ——按 7.3 推荐的周期
检查内容	见 4.2	见 5.2	见 6.2	见 7.2
检查方法	——目测检查； ——功能试验； 不需拆卸	——目测检查； ——功能试验； 不需拆卸	——目测检查，包括调阅记录仪中的数据； ——功能试验（空载和带载）； 除非制造商有要求，一般不需拆卸	——同定期检查； 如需要，可以对塔机整机或某些部件进行解体检查、测量或特殊试验
检查人员	能胜任的人员（如塔机司机）	能胜任的人员（有经验的技师）	能胜任的人员（有经验的技师）	能胜任的人员（专业工程师）
检查结果	——正常； ——如发现故障，需要修理； ——需要全面检查（重复出现的故障、重大故障等）； ——需要提供足够的资料（如操作说明、使用说明、使用限制等）	——正常； ——如发现故障，需要修理； ——需要全面检查（重复出现的故障、重大故障等）； ——需要提供足够的资料（如操作说明、使用说明、使用限制等）	——正常； ——如发现故障，需要修理； ——需要全面检查（重复出现的故障、重大故障等）； ——需要提供足够的资料（如操作说明、使用说明、使用限制等）	——下次检查的日期； ——部分或整体更换[a]； ——报废； ——需要修理； ——需要提供足够的资料（如操作说明、使用说明、使用限制等）
检查报告	非系统性	非系统性	报告应包括被检查部位的明细表以及检出缺陷的汇总	检查报告的内容要写明检查人员发现的问题和结论——修理项目、下一次全面检查的间隔、需要做的试验、全面大修的建议等
维护记录	如涉及到修理，则应记入维护记录	依据维护内容、缺陷、损坏、修理等情况的报告，记入维护记录	依据维护内容、缺陷、损坏、修理等情况的报告，记入维护记录	依据维护内容、缺陷、损坏、修理等情况的报告，记入维护记录

[a] 建议根据制造商推荐的方式对某些零部件进行系统的更换。

附　录　B
（资料性附录）
吊钩的检验

本附录提供了一个检验吊钩的示例。

如果使用下面的方法，需了解吊钩的原始尺寸。这些原始尺寸可以从塔机制造商或吊钩制造商那里获得。

——变形：如果开口 a 和 y（见图 B.1）的宽度比原尺寸增加 10%（最大允许值），则应更换吊钩。

——表面裂纹：如果不超出公差的允许范围，吊钩的损伤和表面裂纹是可以清除掉而不留痕迹的。

——磨损：无论是单钩还是双钩，磨损量都不能大于高度 h 的 5%（见图 B.1）。不允许在吊载用吊钩上施焊来补偿磨损量。

——吊钩颈轴：裂纹。

尺寸 a、h 和 y 的参考值取自使用手册。如果使用手册没有提供，应与塔机或吊钩的制造商联系。

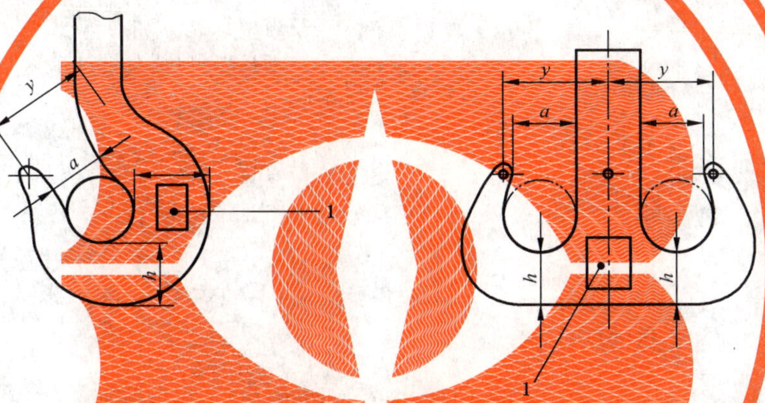

1——标记。

图 B.1　吊钩的形状与尺寸

附 录 C
（资料性附录）
定期检查、全面检查及特殊检查报告示例

公司：________________________ 日期：________________________

塔机型号：________________________ 序号：________________________

制造商：________________________ 出厂日期：________________________

用户/租用者的地址：____

施工地点：________________________ 设备编号：________________________

检查机构及人员：________________________ 签名：________________________

检查结论：________________________

序号	部件	检查项目	已有或需完善		状况良好或需维护		功能		需修理或更换		复检		
											是否必要		执行
			+	−	+	−	+	−	+	−	是	否	日期/签名
1	随机文件	塔机说明书											
		使用手册											
		备件清单											
		产品合格证											
2	轨道/架设场地	基础水平度											
		基础的承载能力											
		轨枕长度											
		轨枕状态											
		轨枕间距											
		轨距											
		弯曲轨道的内侧半径											
		轨道尺寸											
		轨道固定装置											
		轨道接头/连接板											
		行走限位开关											
		行走止挡											

续表

序号	部件	检查项目	已有或需完善		状况良好或需维护		功能		需修理或更换		复检		
											是否必要		执行
			+	−	+	−	+	−	+	−	是	否	日期/签名
3	标志/安全距离	标牌											
		标志											
		警告标志											
		安全距离											
		与…的安全距离											
		与…的安全距离											
		与…的安全距离											
		与…的安全距离											
		隔板											

续表

序号	部件	检查项目	已有或需完善		状况良好或需维护		功能		需修理或更换		复检		
											是否必要		执行
			+	−	+	−	+	−	+	−	是	否	日期/签名
4	底架或门座	裂纹											
		支腿											
		支腿锁紧装置											
		轨道行走轮											
		行走轮轮缘											
		行走机构											
		行走制动器(行走试验)											
		危险部位的防护											
		防止因行走轮失效而引起倒塌的装置											
		夹轨器											
		清轨板											
		支承装置											
		运输安全定位器(已拆除)											

续表

序号	部件	检查项目	已有或需完善		状况良好或需维护		功能		需修理或更换		复检		
											是否必要		执行
			+	−	+	−	+	−	+	−	是	否	日期/签名
5	回转机构	回转支承的间隙											
		回转支承的紧固											
		回转支承的试运转											
		回转机构小齿轮											
		回转机构的固定											
		回转机构制动器											
		臂架自由回转											
		危险部位的保护											
6	起升机构	联轴器											
		变速箱											
		档位互锁											
		钢丝绳卷筒的安装											
		起升机构的固定											
		制动器耐磨衬垫的间隙											
		制动器盘											
		制动器分离装置											
		弹簧											
		制动试验											
		无动力下降											
		钢丝绳固定											
		钢丝绳在卷筒上的安全圈数——3											

续表

序号	部件	检查项目	已有或需完善		状况良好或需维护		功能		需修理或更换		复检		
											是否必要		执行
			+	−	+	−	+	−	+	−	是	否	日期/签名
7	动臂变幅机构	联轴器											
		变速箱											
		换位互锁											
		钢丝绳卷筒的安装											
		变幅机构的固定											
		制动器耐磨衬垫的间隙											
		制动器盘											
		制动器分离装置											
		弹簧											
		制动试验											
		无动力下降											
		钢丝绳固定											
		钢丝绳在卷筒上的安全圈数——3											

续表

序号	部　件	检查项目	已有或需完善		状况良好或需维护		功能		需修理或更换		复检		
											是否必要		执行
			+	−	+	−	+	−	+	−	是	否	日期/签名
8	副起升机构	联轴器											
		变速箱											
		换位互锁											
		钢丝绳卷筒的安装											
		副起升机构的固定											
		制动器耐磨衬垫的间隙											
		制动器盘											
		制动器分离装置											
		弹簧											
		制动试验											
		无动力下降											
		钢丝绳固定											
		钢丝绳在卷筒上的安全圈数—3											

续表

序号	部　件	检查项目	已有或需完善		状况良好或需维护		功能		需修理或更换		复检		
											是否必要		执行
			+	−	+	−	+	−	+	−	是	否	日期/签名
9	小车变幅机构	行走轮											
		钢丝绳滑轮											
		行走轮轮缘/导向滚轮											
		小车幅度限位器											
		联轴器											
		小车变幅机构的固定											
		钢丝绳固定											
		限位块											
		钢丝绳在卷筒上的安全圈数——3											
		维修挂篮的返回											
10	压重/平衡重	压重/平衡重											
		活动压重/平衡重(质量)											
		固定压重/平衡重(质量)											
		防止窜动											
		防止下坠											
		吊挂点											

续表

序号	部　件	检查项目	已有或需完善		状况良好或需维护		功能		需修理或更换		复检		
											是否必要		执行
			+	−	+	−	+	−	+	−	是	否	日期/签名
11	塔身结构	焊缝裂纹											
		主弦杆											
		斜腹杆											
		螺栓联接件											
		销轴联接件											
		塔身接头											
12	臂架结构	焊缝裂纹											
		上、下弦杆											
		斜腹杆											
		螺栓联接件											
		销轴联接件											
		臂架接头											

续表

序号	部件	检查项目	已有或需完善		状况良好或需维护		功能		需修理或更换		复检		
											是否必要		执行
			+	−	+	−	+	−	+	−	是	否	日期/签名
13	平衡臂	焊缝裂纹											
		平衡臂弦杆/拉杆											
		斜腹杆											
		螺栓联接件											
		销轴联接件											
		平衡臂接头											
14	通道、走道、平台	扶梯											
		护圈											
		防止人员从高处下坠的保护装置											
		走道											
		平台											
		防止坠落的安全装置											

续表

序号	部 件	检查项目	已有或需完善		状况良好或需维护		功能		需修理或更换		复检		
											是否必要		执行
			+	−	+	−	+	−	+	−	是	否	日期/签名
15	司机室/操纵台	墙壁											
		窗户											
		地板											
		入口											
		门											
		座椅											
		通风设备											
		取暖装置											
		电气系统											
		风挡刮水器											
		侧面防护栏											
16	控制系统	操纵装置											
		标志和报警											
		幅度指示器											
		其他指示器											

续表

序号	部件	检查项目	已有或需完善		状况良好或需维护		功能		需修理或更换		复检		
											是否必要		执行
			+	−	+	−	+	−	+	−	是	否	日期/签名
17	电气系统	地面故障防护系统											
		馈线											
		电缆卷筒											
		起重机开关											
		失压保护											
		事故自动刹车开关（可移动控制装置）											
		电气系统											
		电缆防扭措施											
		照明											
18	钢丝绳驱动装置、张紧绳	起升钢丝绳											
		动臂变幅钢丝绳											
		臂架拉索											
		小车变幅钢丝绳											
		架设钢丝绳											
		钢丝绳滑轮组											
		压绳器											
		排绳器											
		钢丝绳及端部											
		其他钢丝绳连接件											
		张紧绳											

续表

序号	部　件	检查项目	已有或需完善		状况良好或需维护		功能		需修理或更换		复检		
											是否必要		执行
			+	−	+	−	+	−	+	−	是	否	日期/签名
19	吊钩滑轮组总成	起升钢丝绳的固定											
		吊钩的磨损											
		吊钩的变形											
		表面裂纹											
		起重吊钩的螺母安全档											
		防脱钩装置											
		吊钩滑轮组											
20	运动限制器/安全装置	行走限位器											
		起升限位器											
		下降限位器											
		上仰变幅限位器											
		下俯变幅限位器											
		小车前行限位器											
		小车后退限位器											
		最大起重量限制器											
		力矩限制器											
		回转限位器											

续表

序号	部 件	检查项目	已有或需完善		状况良好或需维护		功能		需修理或更换		复检		
											是否必要		执行
			+	−	+	−	+	−	+	−	是	否	日期/签名
21	其他部件根据使用说明书确定												

注：符号说明： + 表示“达到要求”； − 表示“未达到要求”； 0 表示“不必要”。

ICS 53.020.20
J 80

中华人民共和国国家标准

GB/T 23725.3—2010/ISO 9942-3:1999

起重机　信息标牌
第3部分:塔式起重机

Cranes—Information labels—Part 3:Tower cranes

(ISO 9942-3:1999,IDT)

2011-01-10 发布　　2011-06-01 实施

中华人民共和国国家质量监督检验检疫总局
中国国家标准化管理委员会　发布

前　言

GB/T 23725《起重机 信息标牌》分为5个部分：

——第1部分：总则；

——第2部分：流动式起重机；

——第3部分：塔式起重机；

——第4部分：臂架起重机；

——第5部分：桥式和门式起重机。

本部分为GB/T 23725的第3部分。

本部分等同采用ISO 9942-3:1999《起重机　信息标牌　第3部分：塔式起重机》(英文版)。

本部分等同翻译ISO 9942-3:1999。

为了便于使用，本部分还作了下列编辑性修改：

a) “ISO 9942的本部分”一词改为“GB/T 23725的本部分”；

b) 删除ISO 9942-3:1999的前言；

c) 对于ISO 9942-3:1999引用的国际标准，用已被采用为我国的标准代替对应的国际标准。

本部分由中国机械工业联合会提出。

本部分由全国起重机械标准化技术委员会(SAC/TC 227)归口。

本部分起草单位：北京建筑机械化研究院、长沙建设机械研究院、抚顺永茂建筑机械有限公司、长沙中联重工科技发展股份有限公司。

本部分主要起草人：蒋慧、许智慧、陈莉萍、周宇。

起重机 信息标牌
第3部分:塔式起重机

1 范围

GB/T 23725的本部分规定了塔式起重机(以下简称塔机)有关信息标牌的最低要求。

2 规范性引用文件

下列文件中的条款通过GB/T 23725的本部分引用而成为本部分的条款。凡是注日期的引用文件,其随后所有的修改单(不包括勘误的内容)或修订版均不适用于本部分,然而,鼓励根据本部分达成协议的各方研究是否可使用这些文件的最新版本。凡是不注日期的引用文件,其最新版本适用于本部分。

GB/T 23725.1—2009 起重机 信息标牌 第1部分:总则(ISO 9942-1:1994,IDT)

3 信息标牌内容

3.1 制造商信息

有关塔机制造商信息应按照GB/T 23725.1—2009中2.1的说明。

3.2 额定起重量信息

每台塔机应配备标有清晰文字和图形的永久性的额定起重量图表,并将其固定于塔机司机能在操作位置和遥控站时的可见处。图表的内容应包括但不限于:

a) 在确定的工作半径、臂架长度、起升绳倍率下,必要时,还应考虑对每种可用的起升绳速度范围及推荐的平衡重配置下的起重机全部额定载荷;

b) 与设备上的限制器及工作程序有关的预防措施或警告提示;

c) 最大允许工作风速;

d) 建议将吊具及其附属装置作为载荷的组成部分。如果下滑轮组被视为载荷的一部分,则应在额定起重量图表中说明。

另外,应使塔机司机能从操作位置易于识别所显示的额定起重量及相应的幅度。如果在工作中臂架的长度和角度是变化的,则还应显示角度。

如果将表示额定起重量的标牌或金属标志装在臂架上,则它们的布置应使塔机司机易读及清晰可见。对用于因工作具有多种配置的塔机,其数据和显示应符合实际的配置情况。

4 塔机司机操作的信息

4.1 控制装置和指示装置

所有控制装置应标有文字或图形符号以表示其功能,必要时,应指示动作方向。这些信息应易于识别并固定在清晰可见的位置。

4.2 紧急情况说明

制造商给出的紧急说明及警告提示应置于塔机司机清楚易见的地方。

4.3 塔机司机的任务

有关塔机司机任务的信息应满足GB/T 23725.1—2009中3.2的规定。

5 塔机工作区内人员的信息

对塔机上或塔机周围工作人员的危险警告应以文字、警示条纹和/或适当的图形符号形式置于合适的位置。

ICS 29.080.30
K 15

中华人民共和国国家标准

GB/T 23756.2—2010/IEC/TR 60727-2:1993

电气绝缘系统耐电寿命评定 第2部分:在极值分布基础上的评定程序

Evaluation of electrical endurance of electrical insulation systems—Part 2: Evaluation procedures based on extreme-value distributions

(IEC/TR 60727-2:1993,IDT)

2011-01-14 发布　　2011-07-01 实施

中华人民共和国国家质量监督检验检疫总局
中国国家标准化管理委员会　发布

前　言

《电气绝缘系统耐电寿命评定》标准分为 2 个部分：

——第 1 部分：在正态分布基础上的评定程序和一般原理；

——第 2 部分：在极值分布基础上的评定程序。

本部分是《电气绝缘系统耐电寿命评定》标准的第 2 部分。

本部分等同采用 IEC/TR 60727-2:1993《电气绝缘系统耐电寿命评定　第 2 部分：在极值分布基础上的评定程序》。

本部分的附录 A、附录 B 均为资料性附录。

本部分由中国电器工业协会提出。

本部分由全国电气绝缘材料与绝缘系统评定标准化技术委员会(SAC/TC 301)归口。

本部分起草单位：哈尔滨大电机研究所。

本部分参加起草单位：哈尔滨电机厂有限责任公司、东方电气东方电机有限公司、上海电气电站设备有限公司上海发电机厂、山东济南发电设备厂、北京北重汽轮电机有限责任公司、天津阿尔斯通水电设备有限公司。

本部分主要起草人：王玉田、赫牨、卢春莲、隋银德、高清飞、漆临生、吴晓蕾、魏景生、刘凤娟、魏学彦、陈阳、饶宝林、周建、张大鹏。

电气绝缘系统耐电寿命评定 第2部分:在极值分布基础上的评定程序

1 目的与范围

本部分介绍在恒定电应力下(或在长期逐级电应力下的击穿电压),对从多组电气绝缘系统或代表绝缘系统模型的独立样本中获得的击穿时间数据进行分析的统计程序,包括用数字表示的例子。

本部分假设电气因子是起支配作用的老化因子。众所周知,有许多重要的老化因子,具体内容宜参考 GB/Z 23756.1—2009。

除了作为其他长期影响因子的诊断参数外,本部分没有应用由短时电气击穿试验得来的数据。当使用短时击穿数据作为非电气影响因子的诊断参数时,应参考在第2部分中引入的其他合适的国家标准。

本部分的目的是指导系统测试程序的开发,并针对制定电气设备绝缘系统耐电寿命评定细则时需要考虑的问题提出几点建议。

GB/Z 23756.1 介绍了耐电寿命的背景信息,提出在电气因子为老化的主要影响因子的情况下的测试程序,并提出当耐电老化试验数据服从正态(Gaussian)分布时的统计方法。

本部分提出试验数据不服从正态(Gaussian)分布而服从极值分布的统计方法。

2 规范性引用文件

下列文件中的条款通过本部分的引用而成为本部分的条款。凡是注日期的引用文件,其随后所有的修改单(不包括勘误的内容)或修订版均不适用于本部分,然而,鼓励根据本部分达成协议的各方研究是否可使用这些文件的最新版本。凡是不注日期的引用文件,其最新版本适用于本部分。

GB/T 20112—2006 电气绝缘结构的评定与鉴别

GB/T 16927.1—1997 高电压试验技术 第1部分:一般试验要求(eqv IEC 60060-1:1989)

GB/Z 23756.1—2009 电气绝缘系统耐电性评定 第1部分:在正态分布基础上的评定程序和一般原理

JB/T 7589—2007 高压电机绝缘结构耐热性评定方法

3 概率分布

对一组数据进行统计分析就是在测试条件已知的情况下,预先选择一个概率分布函数来对数据的变化情况提出假设。在本部分将介绍两种类型的极值分布。

3.1 极值分布

极值分布用来表示在系统中由最薄弱环节的失效机制所引起的测试数据大范围的变化情况;在绝缘研究中,经常采用极值分布来分析击穿时间和长时间-击穿电压数据。

极值分布从本质上与正态(Gaussian)分布不同。正态分布能够更好的代表"平均"现象。通常,用来评定正态分布数字特征的方法不适用于极值分布。特别地,在正态分布中,计算均值、标准差、置信区间和假设参数的方法不适用于极值分布。

两种类型的极值分布分别为 Weibull(威布尔)分布与 Gumbel(甘贝尔)分布。

3.1.1 威布尔(Weibull)分布

Weibull 分布适用于失效速率随时间变化的情况。它通常用来表示固体绝缘材料在长时间恒定电应力下的击穿时间,或在长期逐级电应力测试中击穿电压结果的概率分布。

三参数 Weibull 分布有如下的方程式:

$$F(x)=1-\exp\left[-\left(\frac{x-\gamma}{\alpha}\right)^{\beta}\right], x\geqslant\gamma \quad \cdots\cdots\cdots\cdots(1)$$

式中:

α——为尺度参数,其值为正;

β——为形状参数,其值为正;

γ——为位置参数;

x——为随机变量,通常是指击穿时间或击穿电压;

$F(x)$——为在时间(或电压)$\leqslant x$ 时的失效概率。

当 $x<\gamma$ 时,$F(x)$失效概率为零。失效概率随着 x 的增加而连续变大。随着时间或电压增加到无穷大,失效概率接近于一个恒定值,也就是 $F(x=\infty)=1$。

尺度参数(α)表示测试样本中有($1-e^{-1}$)或 63.2%的试样失效时所需要的时间(或电压)。α 与正态分布的均值* u 相类似。α 的单位与 x 相同,也是小时或伏特。

形状参数(β)是反映失效时间对数或电压对数的分散性的一个量值。β 越大,时间对数或击穿电压对数变化的范围就越小。形状参数是无量纲的,与 $1/\sigma$ 相类似,其中 σ 是正态分布中的标准差*。

*:在 Weibull 分布中也能够定义均值和标准差,但在实际应用中,很少使用这些量值。

当形状参数(β)小于 1 时,失效速率随时间增大而减小;当大于 1 时,失效速率随时间增加而增加。

当形状参数(β)等于 1 时,Weibull 分布等同于指数分布,此时失效速率与时间无关。

位置参数(γ)代表一个值,当小于这个值时,随机变量 x 发生的概率为零。它代表一个起始值,当小于这个值时,这个物理现象(失效)不可能发生。参数 γ 的单位与 x 的单位相同。

三参数 Weibull 分布的评定需要求解非线性方程,不能用二维空间绘图解答。

两参数 Weibull 分布是三参数 Weibull 分布当位置参数(γ)为零时的一种特殊情况。两参数 Weibull 分布表示所研究的随机现象的起始值为零。

在二维空间图解表示法中,真实曲线相对于直线的偏离程度随着位置参数(γ)的真实值与假定值之间差值的增加而增大。

二参数的 Weibull 分布有如下的方程式:

$$F(x)=1-\exp\left[-\left(\frac{x}{\alpha}\right)^{\beta}\right], x\geqslant 0 \quad \cdots\cdots\cdots\cdots(2)$$

3.1.2 甘贝尔(Gumbel)分布

Gumbel 分布通常用来表示液体绝缘和稍不均匀电场中的压缩气体绝缘的击穿电压的概率分布。总体样本随机变量 y 的累积 Gumbel 分布函数方程是:

$$G(y)=1-\exp[-\exp(\frac{y-u}{b})], -\infty\leqslant y\leqslant\infty \quad \cdots\cdots\cdots\cdots(3)$$

式中:

u——为位置参数,可以为任意值;

b——为尺度参数,其值为正;

y——为随机变量,通常指击穿电压;

$G(y)$——为在电压(或时间)$\leqslant y$ 时的失效概率。

Gumbel 分布不是对称的,同时当 $y<0$ 时击穿电压有非无穷小的概率,这在自然界中是不可能发生的。但是,如果当 $u\gg b$ 时,这个概率会小到可以忽略不计。Gumbel 分布也叫做最小极值(最薄弱环节)分布。u、b 的单位与 y 的单位相同。

Gumbel 分布与 Weibull 分布关系非常密切。也就是说,如果 x 服从 Weibull 分布,那么 $y=\ln(x)$

就服从 Gumbel 分布，其中：

$$u = \ln\alpha \qquad \cdots\cdots(4)$$

$$b = \frac{1}{\beta} \qquad \cdots\cdots(5)$$

如果利用转换方程式(4)和式(5)，那么一种分布(Gumbel 或 Weibull)采用的评定方法也适用于另一种分布。

4 测试数据的处理

4.1 终检数据(整理与取舍)

当样本中的 n 只个体同时开始试验，到限定的时间止，仅观察到 $r(<n)$ 只样品击穿时，需要终检数据。终检主要针对恒定电应力试验，这是因为在恒定电应力试验中，在所有试样失效之前，已经进行了数据分析或者终止了试验。在逐级电应力试验中，由于在高应力的作用下，样品会发生闪络或假性击穿，因此也需要终检。由于在许多绝缘试验中，终检可以是有计划的，也可以是偶然的，所以在数据分析中应加以考虑。

至少有两种类型的终检方法：

类型Ⅰ：一段时间(或者达到给定的最大试验电压)后试验终止(或者数据已经分析完)时进行。假设 x_s 是试验的终止时间，x_r 是第 r 只试品也是最后一个发生击穿试品的失效时间($x_s>x_r$)，则($n-r$)只没有失效的样品的老化时间超过 x_s。

类型Ⅱ：当第 r 只样品失效后试验立即终止时进行，即 $x_s=x_r$。

还有其他种类的终检方式，如逐级终检和多重终检。例如，由于欺骗性机理导致样品失效时，就需要应用这些终检的结果。这种数据的分析处理更为困难。

4.2 概率分布的选择

固体绝缘试验数据通常由二参数 Weibull 分布表示，而 Gumbel 分布通常用于液体绝缘。然而，由于另一种分布可能会产生更好的拟合，因此除非先前的经验或理论指出某种分布是有效的，否则就应该验证所假设分布的正确性。

使用概率坐标纸能够容易地检验假设的分布是否正确，从而找到代表试验数据的最佳分布。

坐标纸的一轴为非线性累积概率分度轴，在 Weibull 分布和 Gumbel 分布中此轴是相同的。在另一个轴上标度失效时间或击穿电压，对 Weibull 分布以对数的形式表示，而对 Gumbel 分布则以线性的形式表示。这样标绘两轴的目的是使在相应的坐标纸上，服从相应分布的试验数据遵循线性关系。

其他验证假设分布正确性的方法包括统计拟合检验或用极大似然方法进行比对。

4.2.1 Weibull 概率坐标纸

Weibull 概率坐标纸的图样如图 1a)所示。为使用本坐标纸，按由最小到最大的顺序排列失效时间或电压值。第 i 个值(x_i)的累积概率可近似由下式计算：

$$F(x_i) = \frac{i}{n+1} \qquad \cdots\cdots(6)$$

式中 n 为试验样品的总数。表 1 中的 Weibull 试样数据标绘在图 1a)上。尽管未失效的试品数据应包含在样本空间 n 中，但不应标绘在图上。由于明显的假性击穿和缺陷的原因而导致试品失效的数据应剔除，并不记入到 n 中。

如果标绘的数据遵循一条直线，那么测试结果可由 Weibull 分布来表示的假设是合理的。与直线产生一些随机偏差是在正常意料之中的。然而，如果连续的偏离直线(弯曲)，那么另一种分布可能更适合于这些数据。服从其他分布的数据也标绘在图 2 所示的 Weibull 概率坐标纸上。

表 1　环氧样品击穿数据

试样序号 i	$F(t_i)$/ %	击穿时间 t_i/ h
1	10	15.3
2	20	30.3
3	30	48.5
4	40	89.4
5	50	90.4
6	60	105.7
7	70	144.9
8	80	—
9	90	—

4.2.2　Gumbel 概率坐标纸

Gumbel 概率坐标纸的图样如图 3a)所示。同 Weibull 概率坐标纸一样，从最小到最大的顺序排列失效次数或电压值，并且第 i 个最小值(y_i)的累积概率可由下式近似计算：

$$G(y_i)=\frac{i}{n+1} \qquad \cdots\cdots(7)$$

式中 n 为试验样品的总数。

如果在 Gumbel 坐标纸上数据能够标绘成一条直线，那么 Gumbel 分布就足以代表失效数据的规律。服从其他分布的数据的实例也标绘在图 4 中的 Gumbel 坐标纸上。

4.2.3　坐标纸的获得

在 4.2.1 和 4.2.2 中介绍的坐标纸在市场上均可购买到。

然而，如果做双重自然对数转换，Weibull 函数与 $\ln x$ 变为线性关系，这些数据就可以标绘在标准算术纸上。合适的数据将构成一条直线。

4.3　分布参数的估计

分布参数可以采用图解法或计算法估计。计算法估计比图解法估计更加客观，所以更为推荐。

4.3.1　参数的图解估计

通过目测对数据点所配置直线的斜率和截距，能够使用 4.2 所描述的概率坐标纸来获取参数的近似估计值。

不能用图解法估计参数的置信区间。

4.3.1.1　Weibull 分布的图解估计

按 4.2.1 所描述的方法，将试验数据标绘在 Weibull 概率坐标纸上。通过“目测”对数据点配置一条直线。尺度参数(α)的估计值，用($\hat{\alpha}$)表示，是 $F(x)=63.2\%$时的相应时间(或电压)。形状参数(β)的估计值，用($\hat{\beta}$)表示，由下式计算：

$$\hat{\beta}=\frac{\ln(\ln L_1)-\ln(\ln L_2)}{\ln\left(\frac{x_1}{x_2}\right)} \qquad \cdots\cdots(8)$$

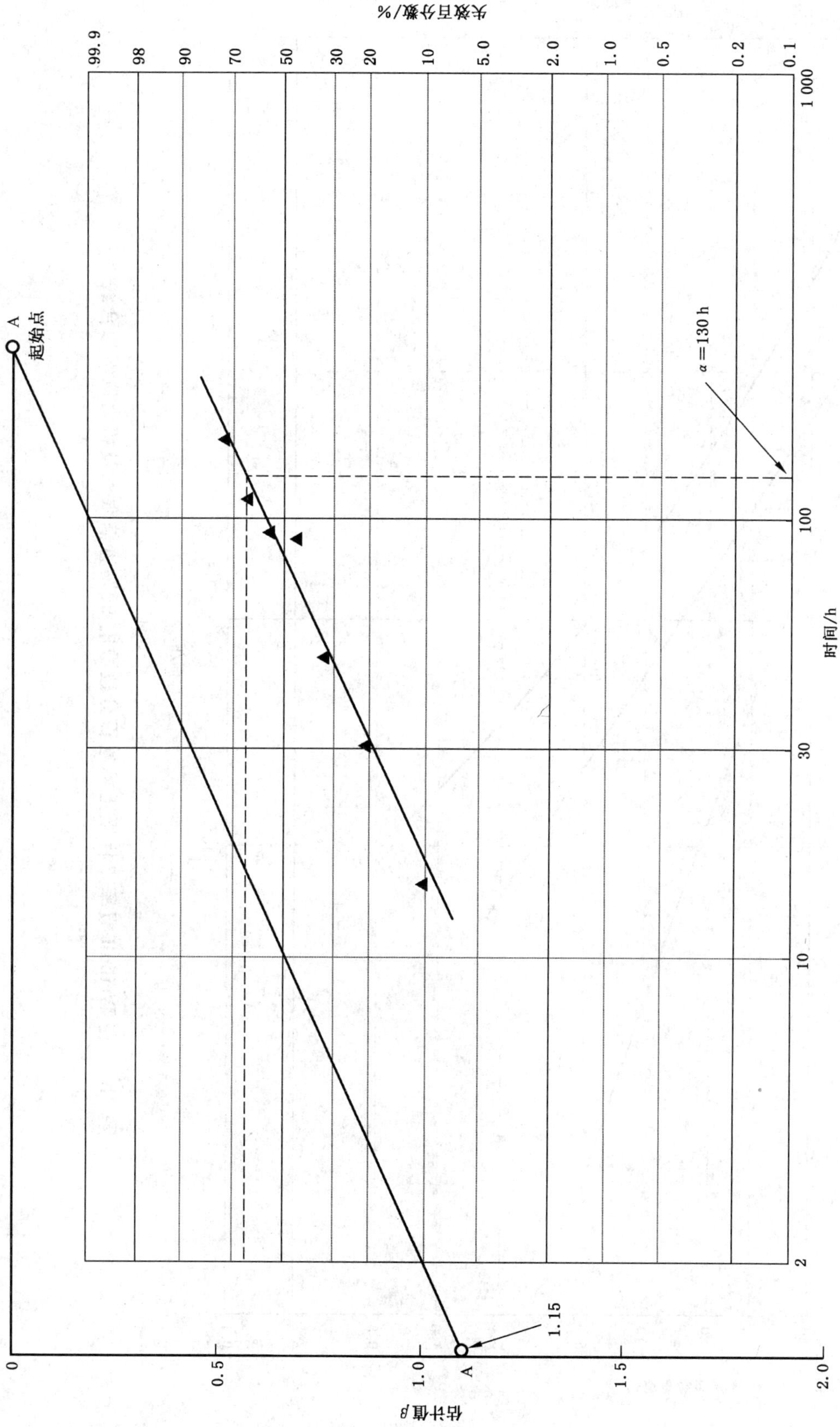

图 1a） 在 Weibull 坐标纸上对失效数据“目测”配置直线

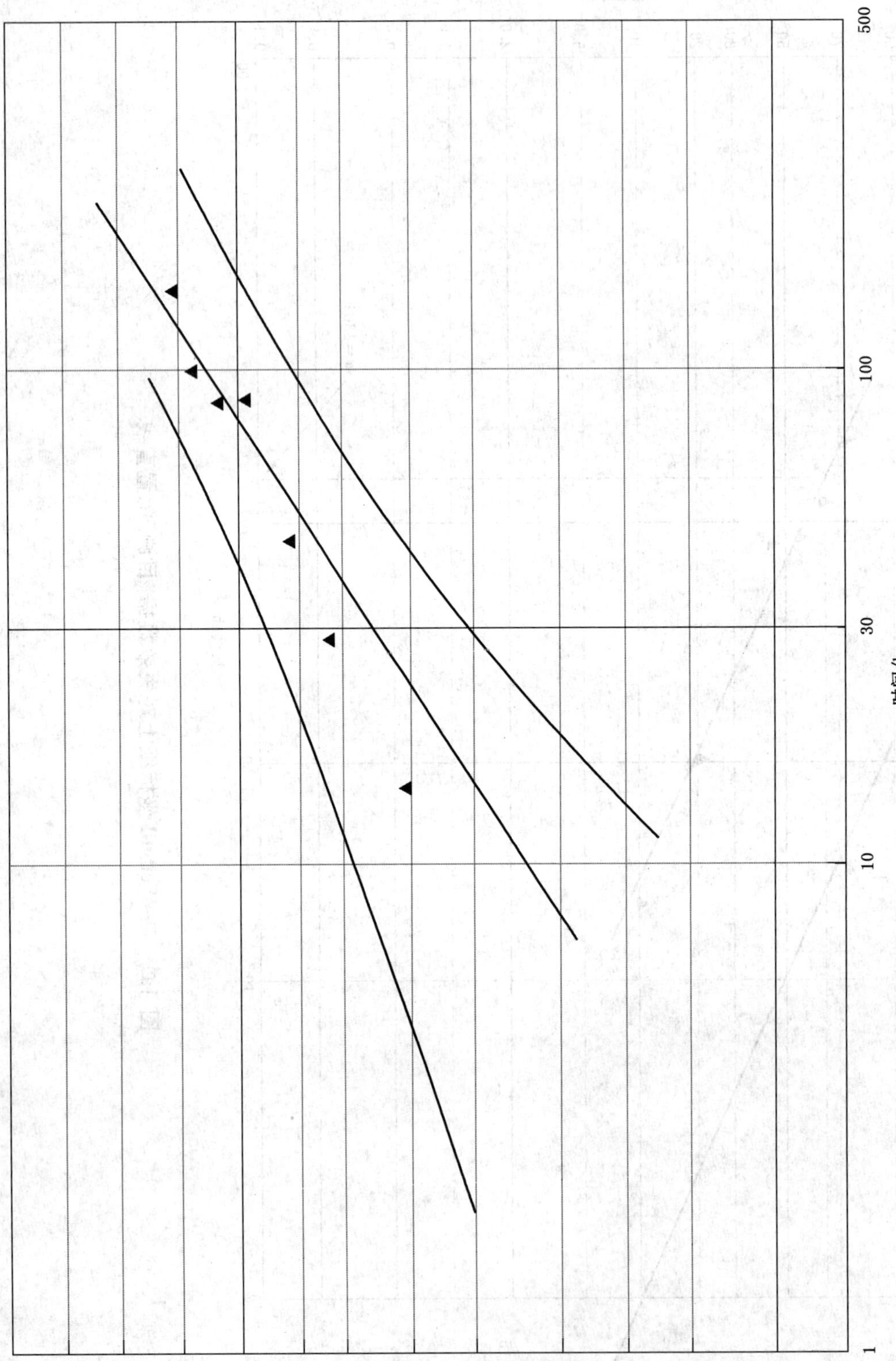

图 1b） 在 Weibull 概率坐标纸上标绘百分位数的 90%置信限以及极大似然拟合线

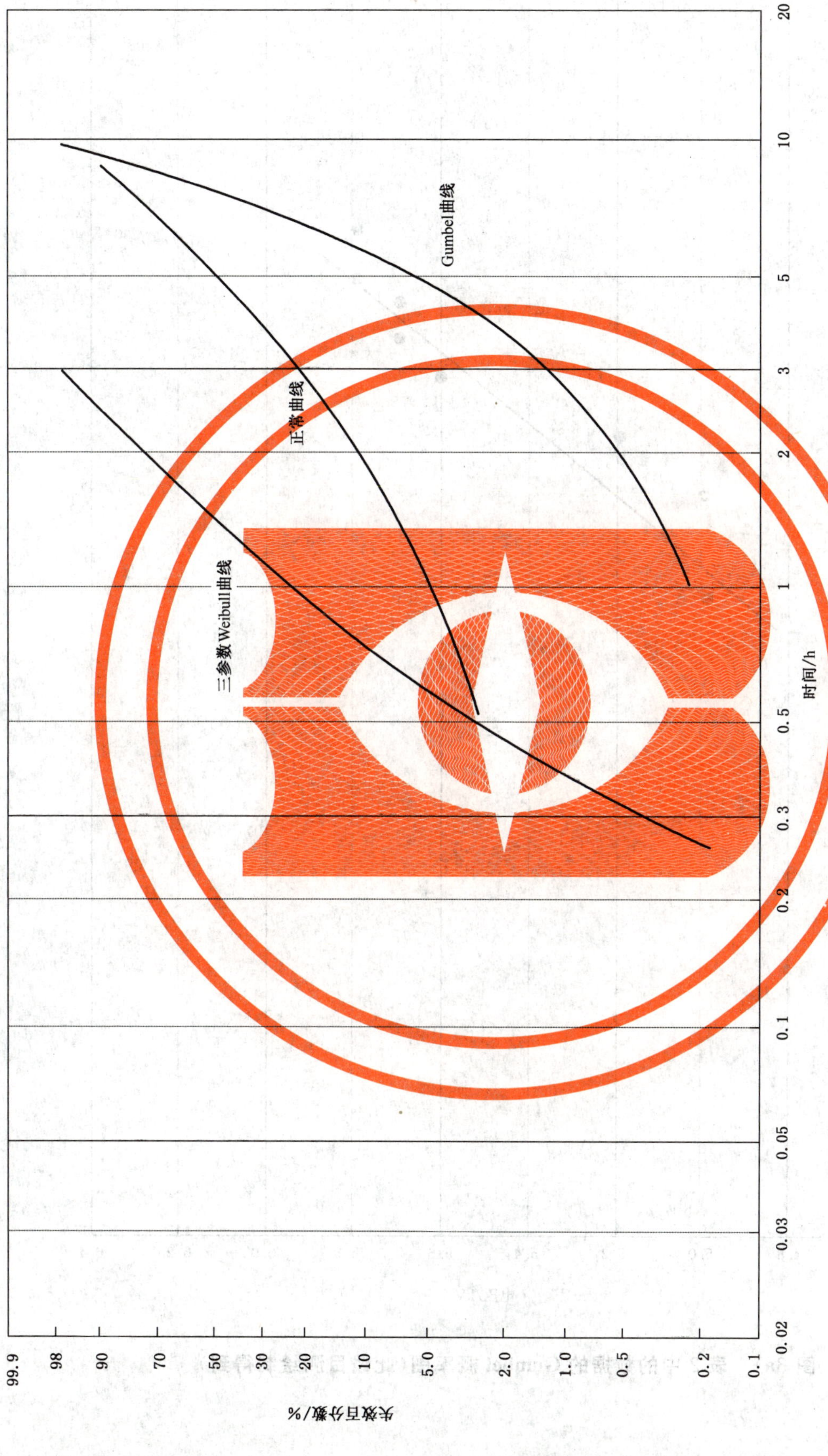

图 2 在二参数 Weibull 坐标纸上标绘服从其他分布的数据

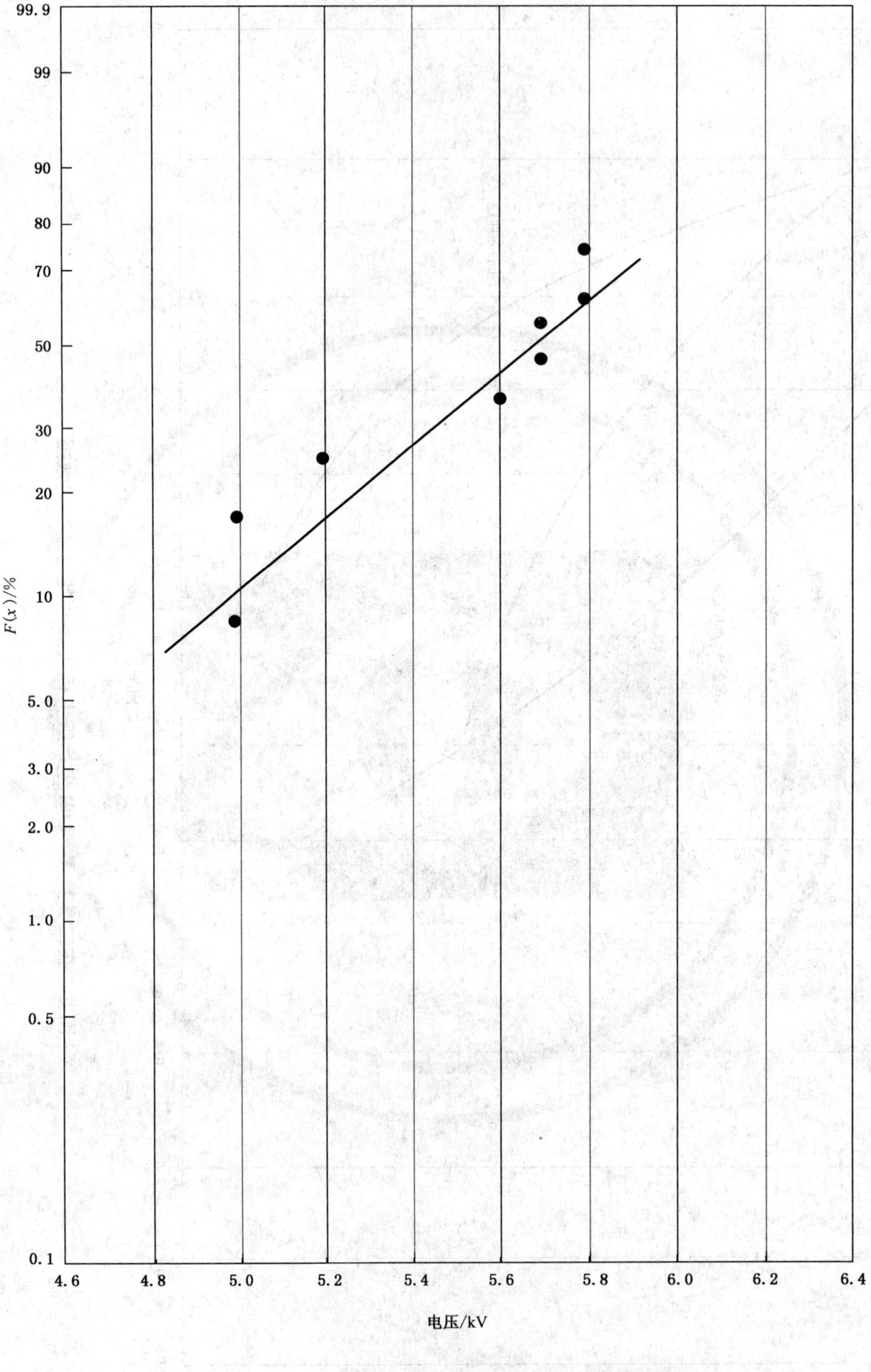

图 3a） 表 2 中的数据的 Gumbel 概率图（此线目测绘制得到）

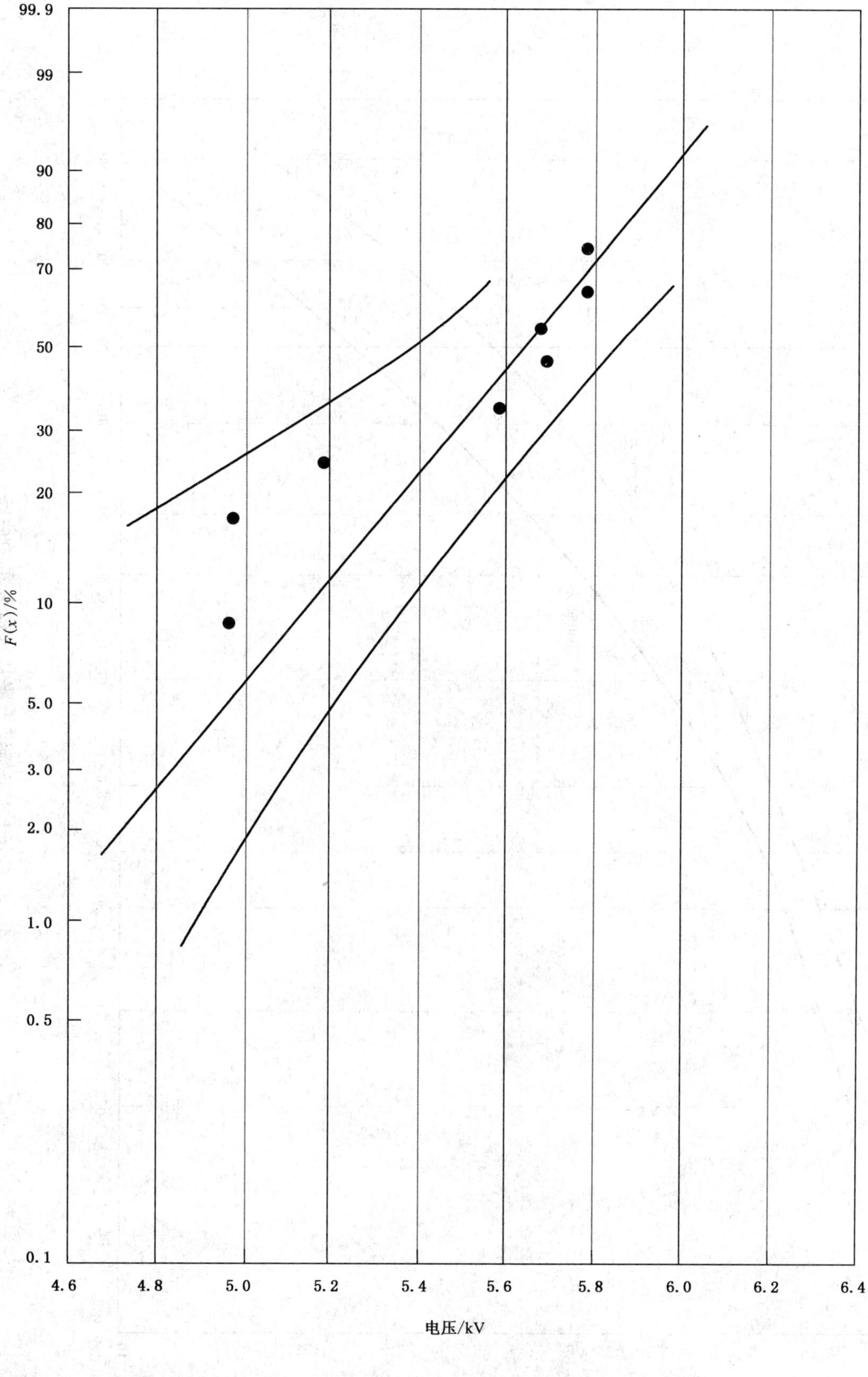

图 3b) 在 Gumbel 概率坐标纸上标绘百分位数的 90%置信限以及极大似然拟合直线

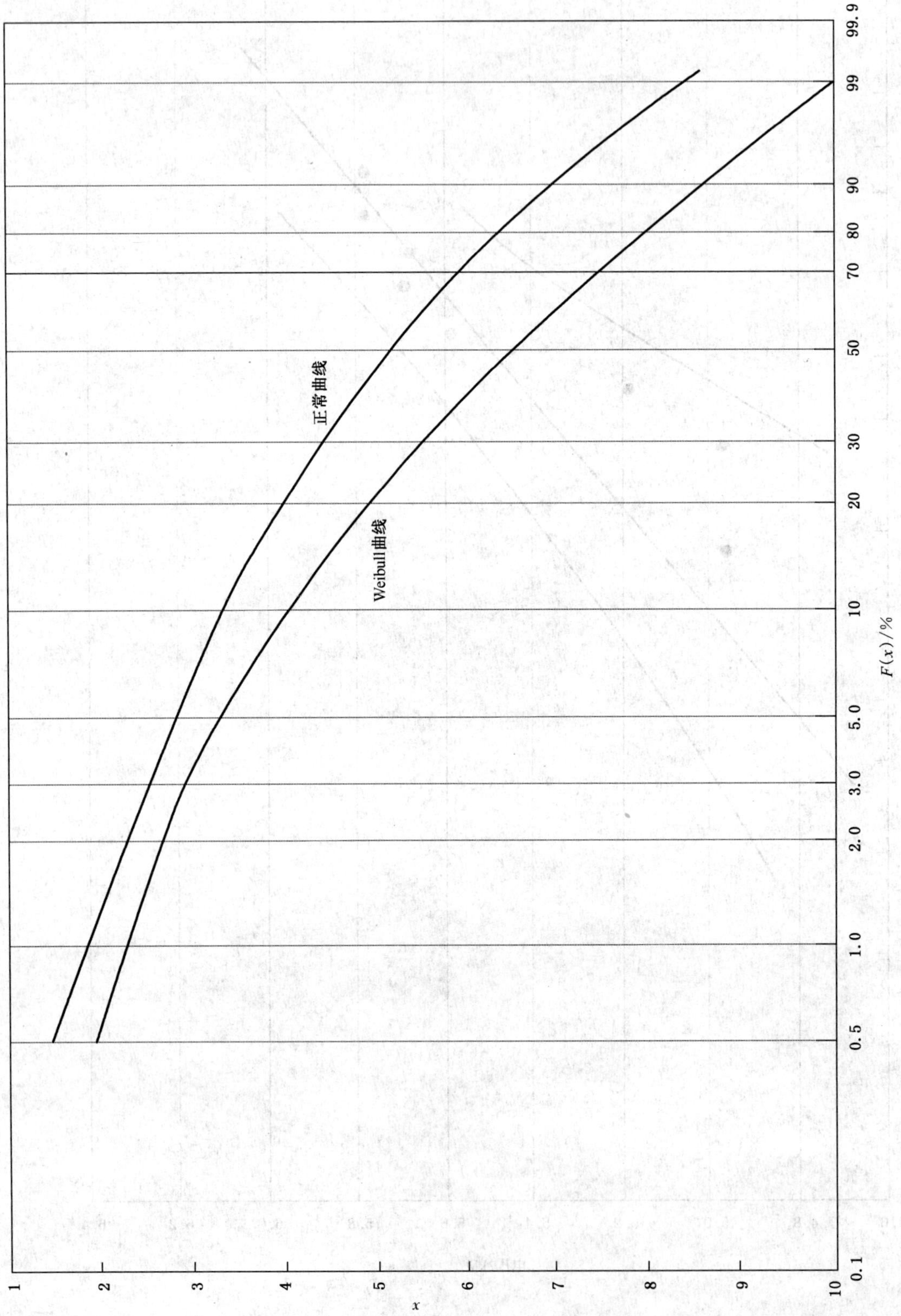

图 4 在 Gumbel 坐标纸上服从其他分布的曲线

式中：

$$L_1 = \frac{1}{1 - F(x_1)} \qquad \cdots\cdots(9)$$

$$L_2 = \frac{1}{1 - F(x_2)} \qquad \cdots\cdots(10)$$

ln()表示自然对数，$[x_1, F(x_1)]$，$[x_2, F(x_2)]$是相应的拟合直线上的两个点。大多商用 Weibull 概率坐标纸包含一个专用的标尺来快速地估计 β 值。

表 1 中的数据标绘在图 1a)上，可得 $\hat{\alpha}=130$ h。使用拟合线上取得的两点(160，0.7)和(30，0.16)，由式(8)计算得到 $\hat{\beta}=1.15$。在图 1a)中标有起始点的位置画一条与拟合直线相平行的直线，标记为 A-A，图中给出 β 的估计值为 1.15。

4.3.1.2 Gumbel 分布的图解估计

按 4.2.2 所描述的方法，将试验数据标绘在 Gumbel 概率坐标纸上。通过"目测"对数据点配置一条直线。位置参数(u)的估计值，用($\hat{u}$)表示，是 $G(y)=63.2\%$时相应的电压。尺度参数(b)的估计值，用($\hat{b}$)表示，为 63%和 31%两点所对应的电压的差值。

表 2 中的数据标绘在图 3a)上，$\hat{u}=5.84$ kV。利用从拟合直线上得到的两个百分数点，可以近似算出 $\hat{b}=5.84-5.43=0.41$ kV。

4.3.2 参数的计算估计

应用最为广泛的参数估计方法是极大似然估计法，它对类型Ⅰ和类型Ⅱ终检数据的两种方法都是有效的。由这种方法得到的参数是渐近无偏估计量，并且比其他任何估计方法估计值的方差都小。这是由最小二乘法得出的结论。

然而，对未经终检数据的大样本(例如 $n>50$)，按 4.2.3 中所介绍的转换方法，线性回归方法中的固有误差，比如在最小二乘法中，通常不易发现。

表 2 油中的击穿电压

试样序号 i	$G(y_i)$/%	击穿电压 y_i/kV
1	9	5.0
2	18	5.0
3	27	5.2
4	36	5.6
5	45	5.7
6	54	5.7
7	64	5.8
8	73	5.8
9	82	—
10	91	—

4.3.2.1 Weibull 分布的计算法估计

对于 Weibull 分布，$\hat{\alpha}$ 和 $\hat{\beta}$ 的极大似然估计量需要迭代求解下式：

$$f(\beta) = \frac{A_2}{A_1} - \frac{1}{\hat{\beta}} - C = 0 \qquad \cdots\cdots(11)$$

$$\hat{\alpha} = \left(\frac{A_1}{r}\right)^{\frac{1}{\hat{\beta}}} \qquad \cdots\cdots(12)$$

式中：

$$A_k=\sum_{i=1}^{r}x_i^{\hat{\beta}}[\ln x_i]^{(k-1)}+(n-r)x_s^{\hat{\beta}}[\ln x_s]^{(k-1)} \qquad (13)$$

$k=1,2,3$（A_3 在迭代求解时需要）

$$C=\left(\frac{1}{r}\right)\sum_{i=1}^{r}\ln x_i \qquad (14)$$

式中：

x_s——是试验的运行时间或最高试验电压；

n——是被测样品总数；

r——是失效样品数。

对于类型Ⅱ数据终检，$x_s=x_r$。

在个人计算机上用一个很短的 BASIC 程序对这些方程的求解见附录 A。大多数计算机程序需要设置 β 的起始推算值。这可以很容易地从 Weibull 概率图上得到。如果没有概率图，在逐级电应力测试中，β 的初始值可取 10；对于恒定电应力测试，β 初始值取 2 比较合适。

表 1 中数据的极大似然估计量分别为 $\hat{\alpha}=115$ h，$\hat{\beta}=1.5$。在 Weibull 概率坐标纸上对这些数据配置的直线如图 1b)所示。通过将 x 的两个值连同 $\hat{\alpha}$ 和 $\hat{\beta}$ 一起代入方程式(2)，并计算出相应的 $F(x)$ 值来标绘直线。

4.3.2.2 Gumbel 分布的计算法估计

对于 Gumbel 分布，可以构建计算极大似然估计量的独立等式。然而利用计算机程序通过方程式(4)和式(5)将其转换为适合 Weibull 分布的估计量更为简单。特别地，服从 Gumbel 分布的数据应首先转换为服从 Weibull 分布的数据：

$$x_i=\exp(y_i) \qquad (15)$$

$\beta=1/b$ 的起始估计值能从 Gumbel 分布概率图上获得。如果没有坐标纸，则假定 b 的初始值为0.1（也就是 $\beta=10$）。计算机程序输出 α 和 β，则有：

$$\hat{u}=\ln\hat{\alpha} \qquad (16)$$

$$\hat{b}=\frac{1}{\hat{\beta}} \qquad (17)$$

对于表 2 中服从 Gumbel 分布的数据，计算可得 $\hat{u}=5.73$ kV，$\hat{b}=0.26$ kV。利用 y 的两个值和参数的估计值，能够计算出相应的 $G(y)$ 的值。在 Gumbel 坐标纸上由这两组坐标能够确定代表数据的直线（见图 3b)）。

4.4 参数的置信区间

如果对多组样品进行多次相同的试验，那么每次试验所得到的参数估计值（$\hat{\alpha}$，$\hat{\beta}$ 或 $\hat{u}$，$\hat{b}$）都是不同的。估计值出现差别是由于绝缘击穿的统计学性质所导致的。所以，任何参数的估计值都与总体样本的参数真实值不同，这个真实值可以通过样品数量为无穷大的试验得到。因此，通常给每个参数的估计值一个置信区间，这个区间包括参数真实值的概率非常大。置信区间客观地量化了参数估计值的不确定度。通常，进行试验的样品越多，置信区间越小。

如果试验在较差的条件下进行，例如在恒压试验中，外施电压不能总是保持恒定不变，那么置信区间就不准确了。置信区间仅对相同条件下的测试样品有效。

对于 Weibull 和 Gumbel 的参数和百分位数来说有多种置信区间。本部分所推荐的区间利用参数的极大似然估计量。这种方法对所有尺寸的样品和类型Ⅱ数据终检方法是有效的，它需要不容易得到的巨大的计算机程序。许多计算机应用程序也能计算参数的估计值和近似的置信区间。然而，需要与权威的大型程序的结果进行比较以检查其有效性。

与 t 分布图表相似，许多图表可以用来计算极值分布。当没有条件应用大型计算机进行处理时，根据这些图表能够确定近似的置信区间。

4.4.1 Weibull 参数的近似置信区间

有很多方法和图表计算 α 和 β 的近似置信区间。最完整的图表是基于对参数最佳线性不变量估计法，而不是极大似然估计法。

包含所有可能的终检方式的 α 和 β 置信区间的图表是非常巨大的。出于简化的目的，这些图表用图 5 和图 6 中的曲线来表示。这些曲线仅对类型Ⅱ终检近似有效，测试的样本数可以多达 25 个。类型Ⅰ终检数据能够通过设置 $x_r = x_s$ 进行分析，但在估计中会产生一些误差。图 5 和图 6 仅给出了 90% 的置信区间。至于更精确的区间、更大的样本容量等，必须利用以计算机为基础的方法解决。

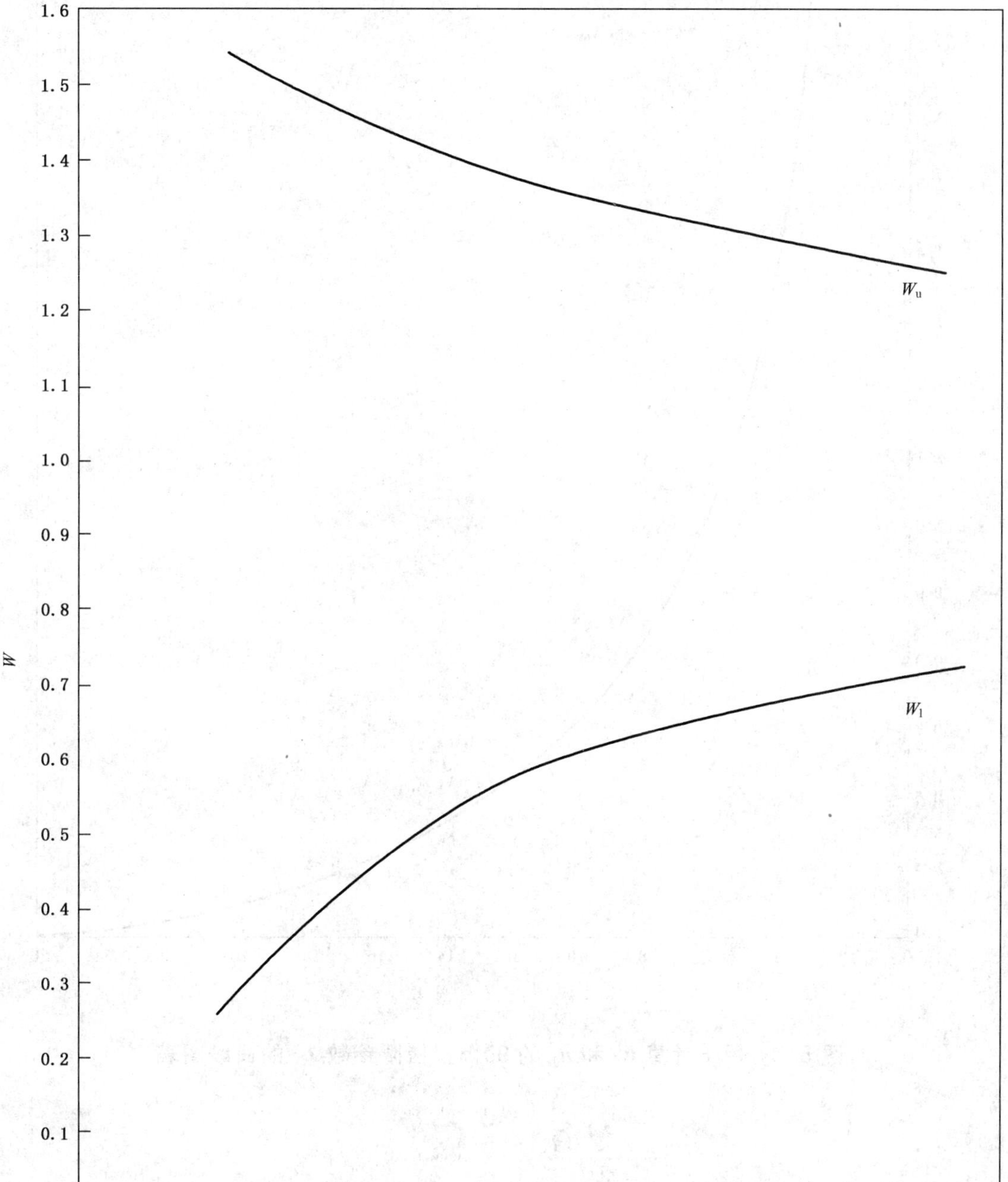

图 5 用于计算 $\hat{\beta}$ 和 $\hat{b}$ 90% 置信区间参数 W 的曲线图表

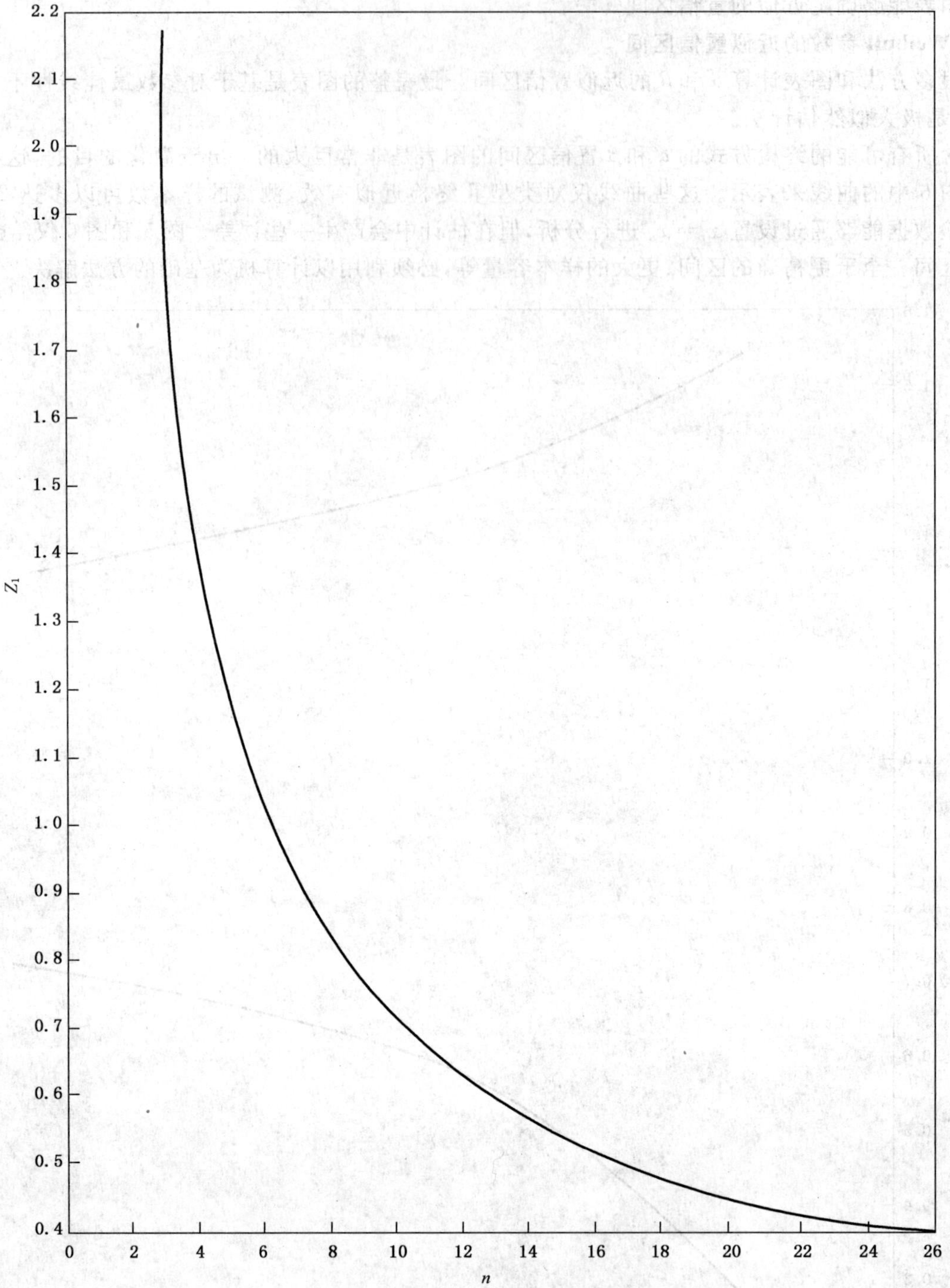

图 6a） 用于计算 α_1 和 u_1 的 90%置信限参数 Z_1 的曲线图表

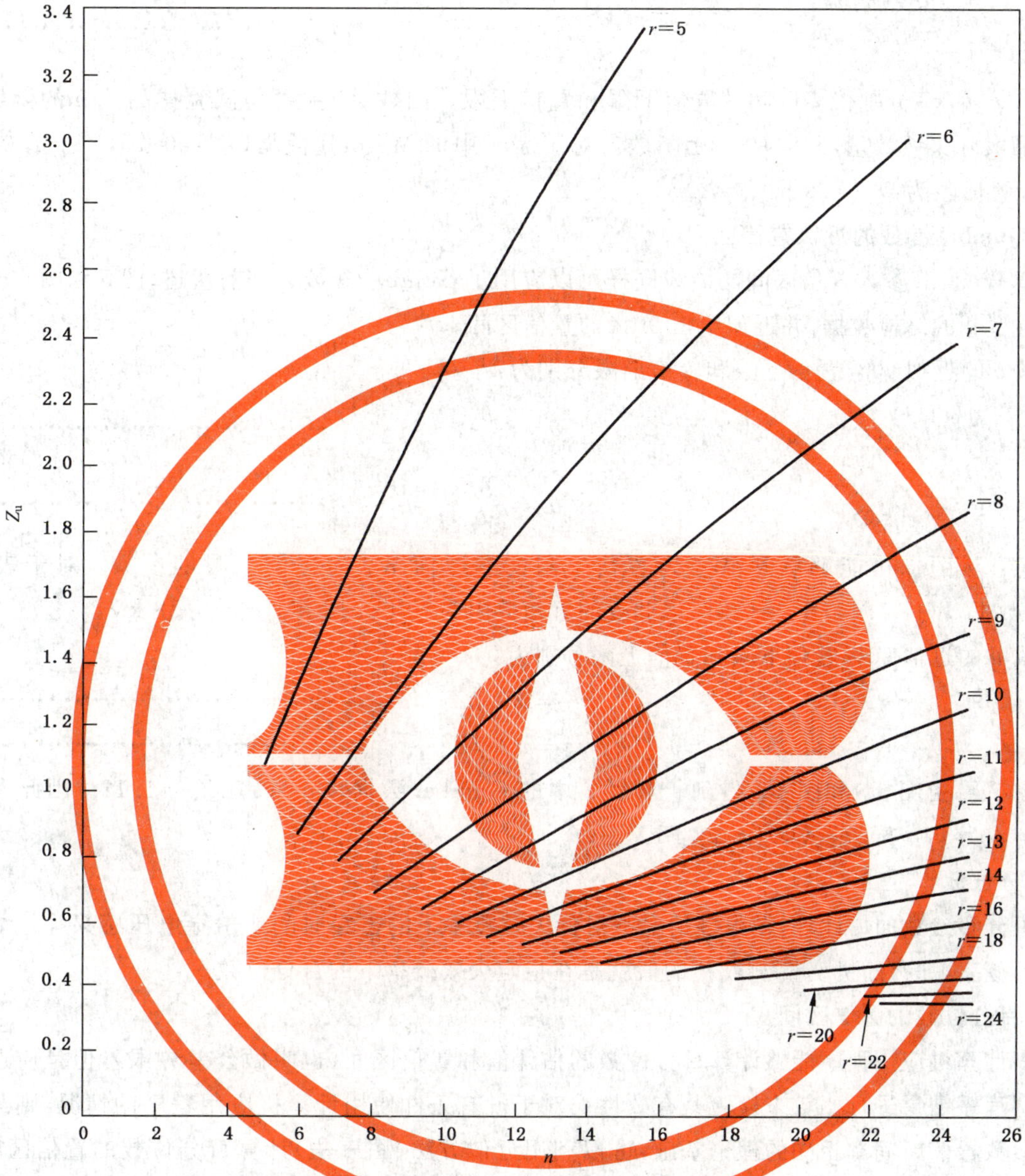

图 6b） 用于计算 α_u 和 u_u 的 90%置信限参数 Z_u 的图表

图 5 是用来计算形状参数 β 的 90％置信区间：

$$\beta_l = W_l\hat{\beta} \quad \cdots\cdots(18)$$

$$\beta_u = W_u\hat{\beta} \quad \cdots\cdots(19)$$

式中 β_l 和 β_u 分别为区间的置信下限和置信上限。从图 5 中可以看到，W_l 和 W_u 主要是失效试样数 r 的函数。对于表 1 中的 Weibull 数据，$W_l = 0.42$，$W_u = 1.46$，因为 $\hat{\beta} = 1.5$（见 4.3.2.1），因此 β 的 90％置信限分别为：$\beta_l = 0.42 \times 1.5 = 0.63$，$\beta_u = 1.46 \times 1.5 = 2.2$。

图 6 用来计算尺度参数（α）的 90％置信区间：

$$\alpha_l = \hat{\alpha}\exp\left[-\frac{Z_l}{\hat{\beta}}\right] \quad \cdots\cdots (20)$$

$$\alpha_u = \hat{\alpha}\exp\left[\frac{Z_u}{\hat{\beta}}\right] \quad \cdots\cdots (21)$$

式中 α_l 和 α_u 分别代表区间的置信下限和置信上限。因数 Z_l 主要是试验样品数 n 的函数；而 Z_u 是 r(样品实际失效数量)和 n 的二元函数。对于表 1 中的 Weibull 数据，$Z_l=0.75$，$Z_u=1.0$。因此，α 的 90%置信限为：$\alpha_l=69$ h，$\alpha_u=220$ h。

4.4.2 **Gumbel 参数的近似置信区间**

用于 Weibull 参数置信区间的曲线同样可以应用于 Gumbel 参数。如前所述，图 5 和图 6 中的曲线适用于类型Ⅱ的终检数据，并近似给出 90%的置信区间。

参数 b 的近似 90%置信下限和置信上限分别为：

$$b_l = \frac{\hat{b}}{W_u} \quad \cdots\cdots (22)$$

$$b_u = \frac{\hat{b}}{W_l} \quad \cdots\cdots (23)$$

注意：从图 6 中能够看到，W_u 为置信下限的参数而 W_l 为置信上限的参数。对于表 2 中的 Gumbel 数据，$W_u=1.44$，$W_l=0.45$；因此 b 的置信界限为 $b_l=0.18$ kV，$b_u=0.58$ kV。

参数 u 的近似 90%置信下限和置信上限分别为：

$$u_l = \hat{u} - \hat{b}Z_l \quad \cdots\cdots (24)$$

$$u_u = \hat{u} + \hat{b}Z_u \quad \cdots\cdots (25)$$

参数 Z 可由图 6a)和图 6b)得到。对表 2 中的 Gumbel 数据，$Z_l=0.7$，$Z_u=1.12$。因此参数 u 的 90%置信限为 $u_l=5.57$ kV，$u_u=6.04$ kV。

4.5 **百分位数**

除对分布参数的估计外，在很多情况下对低失效概率下的击穿时间或击穿电压感兴趣。如果用百分数表示概率，那么随机变量 x 或 y 的值就是在指定失效概率下的百分位数。

4.5.1 **百分位数的置信区间**

许多计算机应用程序能够计算百分位数的估计值和置信区间(也叫做公差界限)，但是应通过与权威的大型程序结果进行比较来检验其有效性。对于没有条件使用计算机应用程序的情况，则与 4.4 中介绍的参数置信区间有相同的理论基础，可以利用近似方法(图表法)计算百分位数的置信区间。图 7 中的曲线仅能用于第 1，第 5 和第 10 百分位数，在文献中还有其他图表可用。

4.5.1.1 **Weibull 百分位数的置信区间**

对于 Weibull 分布的第 p 分位数或第 $100p$ 百分位数($\hat{x}_p$)的极大似然估计值为：

$$\hat{x}_p = \hat{\alpha}[-\ln(1-p)]^{\frac{1}{\hat{\beta}}} \quad \cdots\cdots (26)$$

式中 $\hat{\alpha}$ 和 $\hat{\beta}$ 是参数的极大似然估计量。x_p 的置信区间是：

$$x_l(p) = \hat{\alpha}\exp\left[-\frac{V_l}{\hat{\beta}}\right] \quad \cdots\cdots (27)$$

$$x_u(p) = \hat{\alpha}\exp\left[-\frac{V_u}{\hat{\beta}}\right] \quad \cdots\cdots (28)$$

式中 $x_l(p)$ 和 $x_u(p)$ 分别为第 $100p$ 百分位数的置信下限和置信上限。第 1，第 5 和第 10 百分位数(分别表示为 $p=0.01$，0.05 和 0.10)的参数 V 可以从图 7a)和图 7b)中得到。V_l 仅是 r 的一元函数，

V_u 为 n 的一元函数。

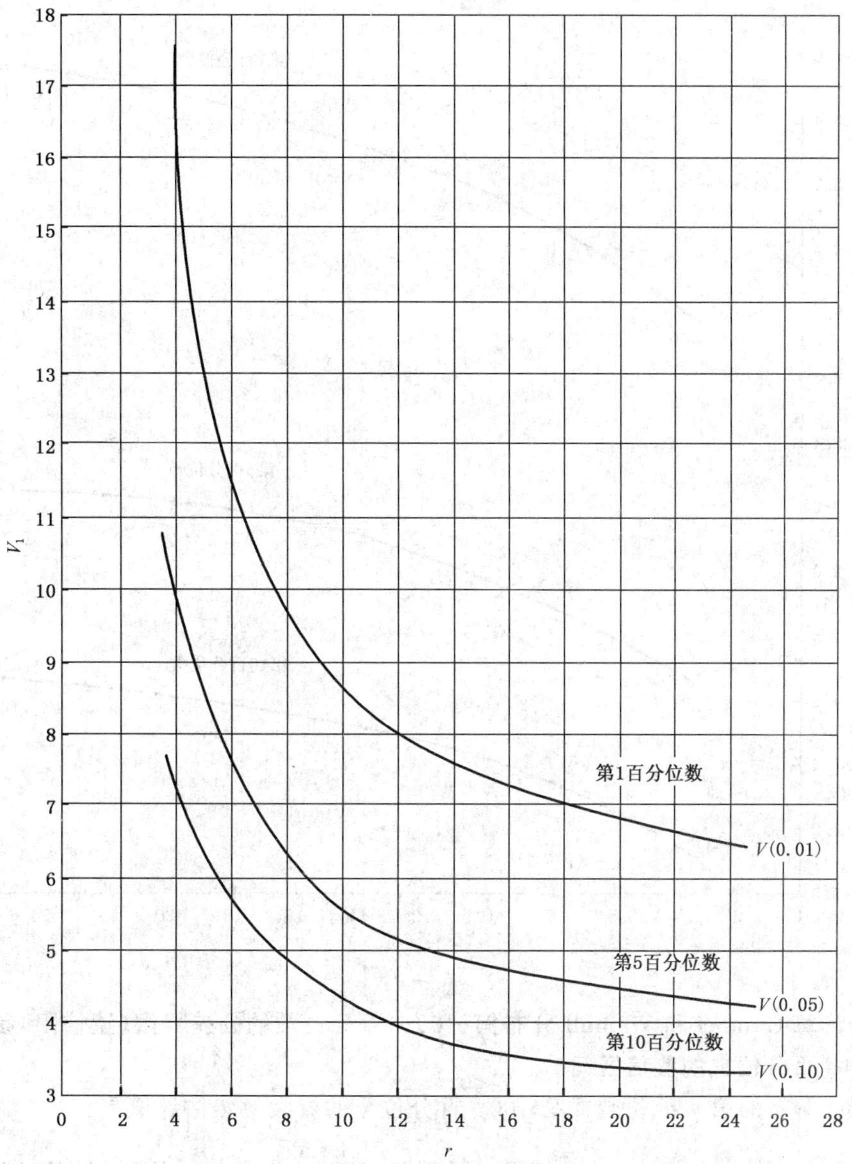

图 7a） 用于计算 Gumbel 和 Weibull 分布第（100p）百分位数的公差界限（置信限）参数 V_1 的曲线

对于表 1 中的 Weibull 分布数据，对于第 1 百分位数，$V_1=10.4$，$V_u=3.1$。因此，90%置信限为 $x_1(0.01)=0.11$ h，$x_u(0.01)=14$ h。第 1 百分位数的最佳估计值为 $\bar{x}_p=5.3$ h。

将百分位数的置信限连同参数 α 的置信区间一起标绘在 Weibull 概率坐标纸上是有用的。对于上边界，将第 1、第 5、第 10 和 63.2(α)百分位数（x 值）的置信上限标绘在坐标纸上。用一条平滑的线将这 4 个点连接起来。类似的，4 个置信下限点也标绘为一条线。如图 1b）中所示，这些由置信界限标绘的线所圈定的范围将包含由极大似然参数计算的最佳直线。在重复试验中，最优线（最佳直线）应落入到置信界限线所包含的范围内。测试样品数量越多，上下界限的间距越小。

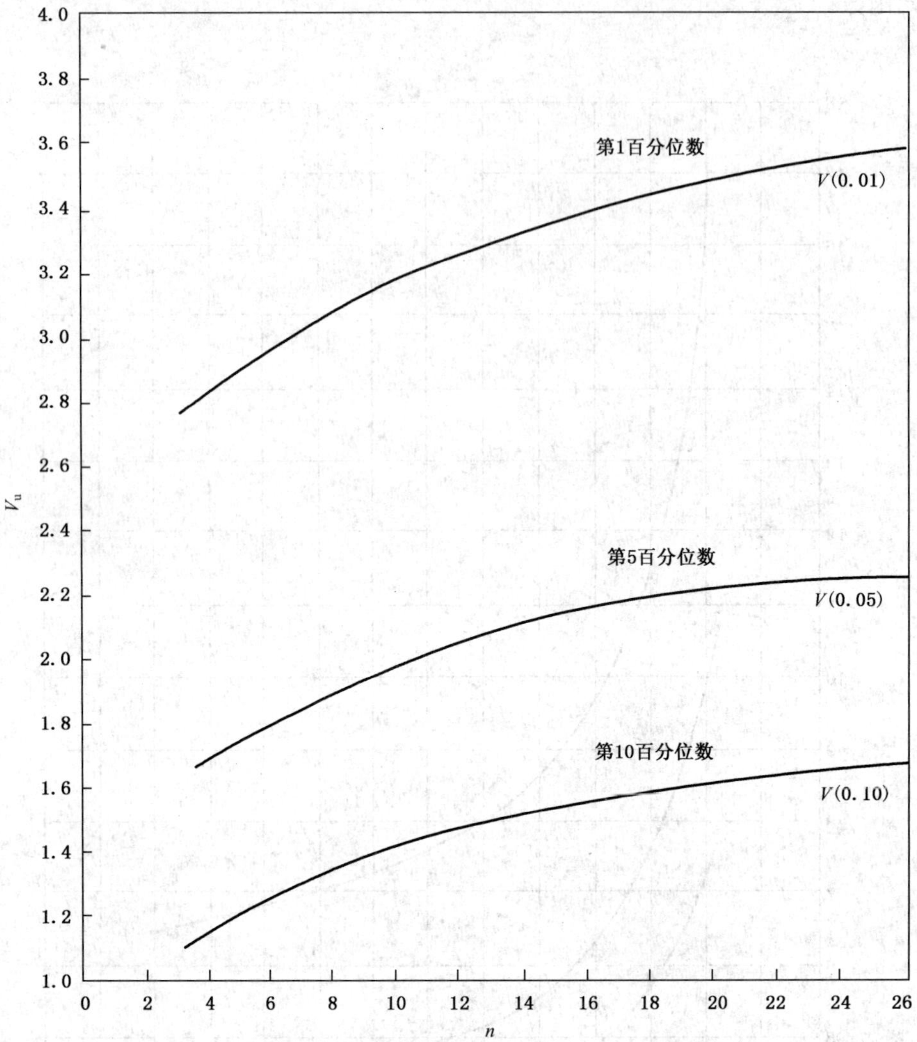

图 7b） 用于计算 Gumbel 和 Weibull 分布第（100*p*）百分位数的公差界限（置信限）参数 V_u 的曲线

4.5.1.2 Gumbel 百分位数的置信区间

对于 Gumbel 分布的第 p 分位数或第 $100p$ 百分位数的极大似然估计值是：

$$\hat{y}_p = \hat{u} + \hat{b}\ln\left[\ln\left(\frac{1}{1-p}\right)\right] \qquad (29)$$

式中 $\hat{u}$ 和 $\hat{b}$ 是 Gumbel 参数的极大似然估计量。y_p 的置信区间是：

$$y_l(p) = \hat{u} - \hat{b}V_l \qquad (30)$$

$$y_u(p) = \hat{u} - \hat{b}V_u \qquad (31)$$

式中 $y_l(p)$和 $y_u(p)$分别是(100p)百分位数的置信下限和置信上限。从图 7a)和图 7b)中可以得到百分位数的相关参数 V_l 和 V_u 值。

对于表 2 中的 Gumbel 数据，第 5 百分位数的参数值为 $V_l=6.4$，$V_u=2.0$，因此，90％置信界限分别是 $y_l(0.05)=4.1$ kV，$y_u(0.05)=5.2$ kV。第 5 百分位数的极大似然估计值 $\hat{y}_p=4.95$ kV。百分位数的置信界限连同参数 b 的置信界限能够标绘在 Gumbel 坐标纸上［图 3b)］。

5 比较

通常的情况是测试两种（或更多种）绝缘系统来决定哪一种是“更好”的绝缘。测试结果的分析包含接受或拒绝假设：两种系统试验数据的概率分布有显著差别。通常对分布参数或给定的百分位数（比如

63%,50%或31%概率下的百分位数)进行“假设检验”。对于电力系统绝缘来说,可以相应地检验低失效概率下(比方说1%或5%)的显著差别。

比较两种类型绝缘测试结果的最简单方法是在概率坐标纸上标绘每种绝缘的测试数据。但是这种方法能够引起误解。本部分略述严格假设检验的方法并介绍近似简化的图解程序。

5.1 严格的假设检验

可利用多种方法来检验假设:一组测试的结果与另一组的结果是“显著”不同的。以下讨论基于Weibull分布,不过通过式(4)和式(5)的转换,应用于Gumbel分布也同样合适。

直接比较两组(或更多组)数据的分布是困难的。但提出下列具体的假设是可行的。

$$H_\beta : \beta_1 = \beta_2 \quad \cdots\cdots(32)$$

$$H_\alpha : \alpha_1 = \alpha_2 \quad \cdots\cdots(33)$$

$$H_p : x_{1p} = x_{2p} \quad \cdots\cdots(34)$$

式中下标p表示Weibull数据的第p百分位数,下标1和2分别表示第1组和第2组数据。检验假设H_α和H_p时,经常假定H_β为真。

接受或拒绝以上假设的严格方法通常是基于“似然率”法或卡方(x^2)近似。可以利用一些图表来计算显著性水平,但这些图表不能覆盖所有的样品空间或终检方式。还可以使用基于“相似比值”原理的计算机程序。对这些程序的具体使用以及结果的理解将在程序文件中讨论。对于无法使用合适的计算机程序的情况,介绍一种简化的图解方法。

5.2 比较百分位数的简化方法

判别两组数据不同的一种近似方法是确定两种分布的任意一个百分位数的置信区间是否交迭。例如,某个具体的百分位数的置信区间交迭,表明两种分布在这一百分位数处没有明显的差别。反之,如果选定的百分位数置信区间没有交迭,那么很可能在这个百分位数处两种分布有明显的差别。然而,需要特别注意的是,由小样本(样品数少)得到的置信区间一般相对很宽,因此,在这种情况下得到的结论是相当缺乏说服力的。

这种检验类型与两种分布的形状参数无关。然而应该注意的是,如果形状参数不同,在一个百分位数处,两种分布可能有显著差别;而在另一个百分位数处,没有差别。百分位数的置信区间可以由4.5.1所介绍的方法计算。

在Weibull概率坐标纸上分析比较测试数据是很有用的。两组(或多组)测试数据标绘在同一张坐标纸上。如4.5.1所述,将每组数据的90%公差界限(置信区间)标绘在坐标纸上。如果置信区间没有交迭,那么就有很高的概率表明两组数据有显著的差别。

本检验程序通过将表3中的测试数据标绘在图8a)上进行图解说明。每组数据的90%置信区间如图8b)所示。对于失效概率大于10%的百分位数,两个置信区间没有交迭;因此,在高电场应力和高失效概率下两种绝缘有明显的差别。注意,对于低失效概率,两组数据的置信区间交迭,因此无法确定是否存在明显差别。原则上,需要对更多的样本进行检验来确定在低失效概率下是否存在显著的区别。

表3 由两种制造工艺制得的聚乙烯的击穿场强 kV/mm

失效序号	工艺1 (屏蔽)	工艺2 (非屏蔽)
1	35	39
2	35	45
3	36	49
4	40	49
5	43	53
6	43	53
7	43	53

表 3（续） kV/mm

失效序号	工艺 1 （屏蔽）	工艺 2 （非屏蔽）
8	46	53
9	46	55
10	48	55
11	48	57
12	48	57
13	48	57
14	48	57
15	48	61
16	51	64
17	51	64
18	51	65
19	51	67
20	57	68

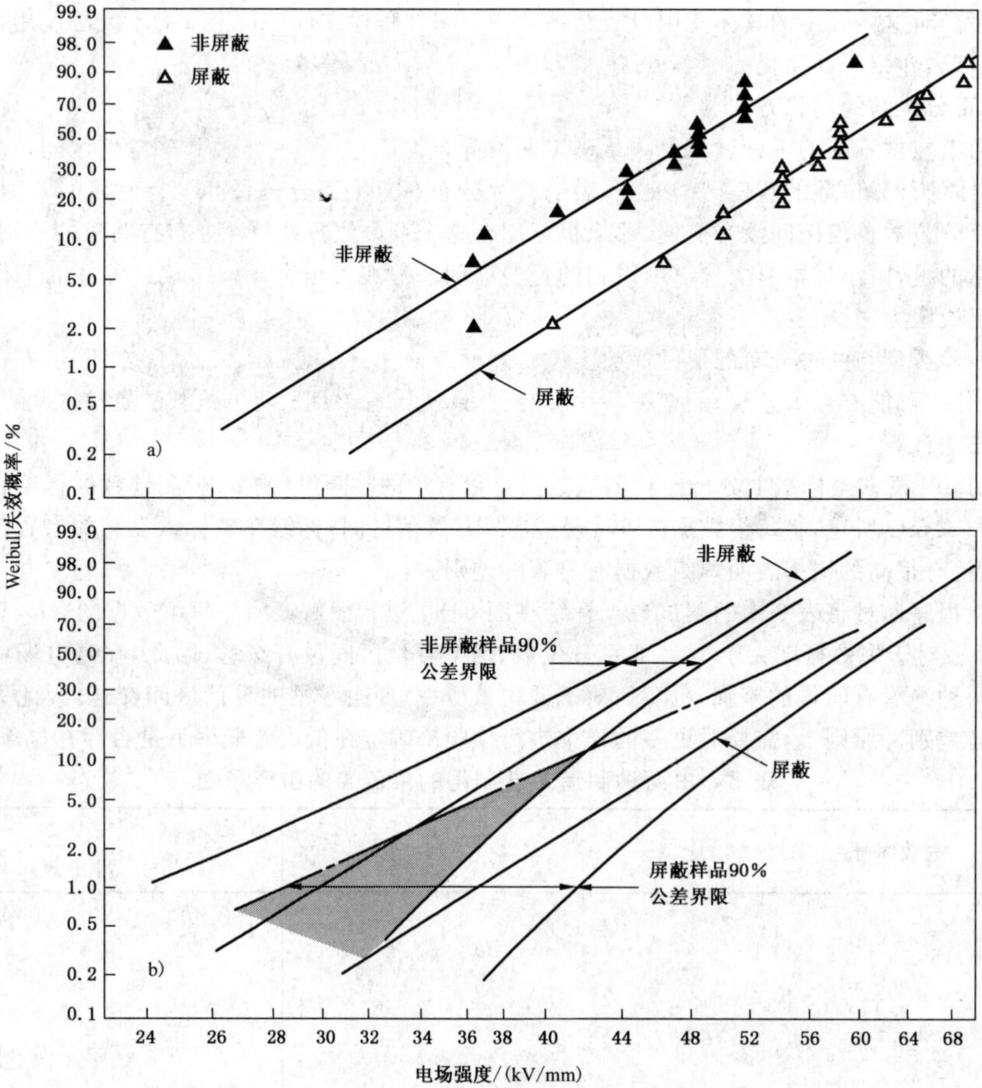

图 8 不同数组的比较

6 耐电寿命数据的判读

耐电寿命试验的目的是在测试程序允许的试验条件范围内，对被试的具体的绝缘系统建立实验室测试下的寿命与实验室测试电压(或电应力)之间的关系。

这种在实验室表现出的关系不能直接用来建立在常态运行(正常工作)条件下绝缘系统的性能(寿命)预测。与JB/T 7589—2007中认可的观点一样，最终希望能够直接在常态下进行评定。然而，基于目前的电气绝缘技术水平，直接评定是不可能的。当前，只有比较评定才是可行的方法。

如果能够根据GB/T 20112—2006所列原理评估相同的绝缘系统在实际运行条件下进行与实验室相同的测试时的寿命估计量，那么就可以建立实验室寿命和工作寿命估计量之间的关系了。

如果通过使用相同的实验室测试程序依次确定另一种绝缘系统的实验室寿命，那么，通过比较第一种绝缘系统实验室寿命和实际运行的预期寿命之间的关系就能确定这种绝缘系统在实际运行条件下的预期寿命。

这些关系是否有效取决于所选择的代表绝缘系统的失效模型的有效性与精确性。

6.1 选择一个失效模型

为测试程序选择最有效的失效模型就等于建立了失效时间和超过试验程序中的几个不同恒定电压试验所覆盖的电压范围之外的测试电压之间的关系。

众所周知，通常在耐电压测试中，老化时间随着测试电应力的增加而减少。尽管还没有单独的模型被最终证明是有效的，但本部分选择了两个最常用的数学模型来描述这种数量关系。也可以使用其他模型，但本部分没有介绍。

6.1.1 反幂模型

反幂模型的方程式如下：

$$L = kV^{-N} \quad \cdots\cdots (35)$$

式中 L 是在恒定电压 V 下的击穿时间，k 和 N 是常量。随着电压的增加，击穿时间减少并与电压的 N 次幂成反比。临界值也包含其中。

如果把击穿时间和电压(或电应力)的坐标标绘在双对数坐标纸上能够配成一条直线，那么就可以认为反幂模型和方程式(35)是有效的。

6.1.2 指数模型

指数模型的方程式如下：

$$L = C\exp[-(V - V_t)], V > V_t \quad \cdots\cdots (36)$$

式中 C 和 V_t 是常量。这个模型有一个必要的下限条件，即电压(或电应力)小于 V_t 时，击穿不能发生。

如6.2所述选取合适的数据，如果将击穿时间和电压(或电应力)的坐标标绘在双对数坐标纸上不能够配成一条直线，但是当击穿时间转换为对数标度同时电压(或电应力)为线性标度时，却可以配有直线，那么就能够认为指数模型和方程式(36)是有效的。

6.2 处理测试数据

需要引入到所选失效模型的坐标是击穿时间和电压(或电应力)。测试程序每个电压等级下的击穿电压必须是由第4章所介绍的计算得到典型或有代表性的值。最好包含所选典型值的置信区间。

6.2.1 逐级电应力测试

由逐级电应力测试直接得到的测试数据是以测试电压和电压上升率的形式表示的。

为引入到所选失效模型中，这些数据必须要转换为击穿时间和电压(或电应力)坐标的形式。在技术文献中有许多进行这种数学转换的程序，这里就不进行介绍了。

6.2.2 恒定电应力测试

由恒定电应力测试所得到的测试数据的形式适合于直接引入到失效模型中。

6.3 标绘数据

依照选定的失效模型将根据6.2所选坐标标绘在坐标纸上。

由于在每个测试电压下，服从极值分布的数据是不对称的，因此使用线性回归方法为在电压(或电应力)-时间图上的数据关系所配最佳直线建立的回归方程不是严格有效的。

对击穿时间的对数进行线性回归分析的近似方法可以选用传统的计算方法，也可以使用计算机程序，同时在合适的坐标纸上为所选失效模型标绘产生线性坐标的反对数。在不同的电压(或电应力)下，也能计算并标绘置信区间。

附录B给出了对一组假设数据处理的例子。在这个例子中，假定失效模型为反幂模型并包括计算出的置信区间。耐电寿命数据已分别标绘在图B.3所示的对数-线性坐标纸和图B.4所示的双对数坐标纸上。

6.4 数据的判读

如6.3所述，击穿时间与电压(或电应力)的关系曲线和所得方程的指数成为在试验条件下具体的绝缘系统耐电寿命的性能因数。

6.5 局限性

由测试数据统计分析所得到的任何结论仅在用于获取数据的试验条件范围内以及对测试程序所包含的具体绝缘系统是严格有效的。

超出测试条件限制的范围的推测是危险的，并且如果在不同电应力下，失效率和时间关系存在突变，那么除去突变的推断是完全无效和错误的。缺少突变，预测的误差(甚至是正确的模型)会迅速地变得非常大。

7 测试程序和报告

当对绝缘系统进行测试时，对测试程序一般做如下重要的规定：

a) 应使用推测模型；

b) 应使用电压还是电应力；

c) 电压以有效值(r.m.s)还是峰值进行表示；

d) 电压区间或电应力区间超出绝缘系统耐久(老化)值时需要进行推测，或应对推断值进行限制；

e) 应使用的统计处理方法；

f) 量化性能时应使用的具体值。

报告中应包括击穿时间对电压(或电应力)的关系曲线，表示精确关系的指数表达式以及设备技术委员会指定的细则。

这些条件和考虑事项对各种类型设备和绝缘系统可能会有所不同。

附 录 A
（资料性附录）
计算 $\hat{\alpha}$ 和 $\hat{\beta}$ 的 BASIC 程序

```
10   REM PROGRAM CALCULATES MAXIMUM LIKELIHOOD ESTIMATES
12   REM OF WEIBULL PARAMETERS
15   REM A FIRST GUESS FOR BETA IS REQUIRED
20   DIM TIME(25),LNTIME(25),A(3)
30   PRINT "INPUT N-NO. OF SAMPLES TESTED"
40   INPUT N
50   PRINT "INPUT R-NO. OF SAMPLES FAILED"
60   INPUT R
70   PRINT "INPUT TS-TIME OR VOLTAGE TEST STOPPED"
80   INPUT TS
85   LTS=LOG (TS)
90   PRINT "INPUT FIRST ESTIMATE FOR BETA"
100  INPUT BETA
110  ITER=0
120  C=0
130  PRINT "INPUT THE FAILURE TIMES OR VOLTAGES"
140  FOR I=1 TO R
150  INPUT TIME (I)
160  LNTIME (I)=LOG (TIME (I))
170  C=C+LNTIME (I)
180  NEXT I
190  C=C/R
200  FOR J=1 TO 3
210  SUM=0
220  FOR K=1 TO R
230  SUM=SUM + ((TIME (K)∧BETA) * (LNTIME(K)∧(J−1)))
240  NEXT K
250  A(J)=SUM + (N−R) * (TS∧BETA) * (LTS∧(J−1))
260  NEXT J
270  QUOT=A(2)/A(1)
280  FPRIME=A(3)/A(1) − (QUOT∧2) + ((1./BETA)∧2)
290  F=QUOT − (1./BETA) − C
300  BETA=BETA−F/FPRIME
310  ITER=ITER+1
320  IF ITER>20 THEN 370
330  IF ABS (F)>0.0001 THEN 200
340  ALPHA=(A(1)/R)∧(1./BETA)
```

```
350   PRINT "ALPHA="; ALPHA
352   PRINT "BETA="; BETA
354   PRINT "ITERATIONS="; ITER
360   STOP
370   PRINT "DID NOT CONVERGE"
380   PRINT "NEED A BETTER ESTIMATE OF BETA"
390   STOP
400   END
READY
```

附 录 B

（资料性附录）

对多重终检数据 Weibull 分布的极大似然拟合

绝缘系统 XYZ 8kV/mm(有效值[r. m. s])

测试数据

测试样品数=10

失效样品数=10

失效时间

8 800

14 000

26 000

29 000

36 000

48 000

56 000

78 000

88 000

94 000

老化时间

5 次迭代后收敛

输出

Alpha=53 582.97

Beta=1.689 049

绝缘系统 XYZ 10 kV/mm(有效值[r. m. s])

测试数据

测试样品数=10

失效样品数=10

失效时间

150

280

490

800

1 000

1 250

1 500

1 600

2 100

3 000

老化时间

5 次迭代后收敛

输出

Alpha＝1 340.608

Beta＝1.446 667

对多重终检数据 Weibull 分布的极大似然拟合

绝缘系统 XYZ 12 kV/mm(有效值[r.m.s])

测试数据

测试样品数＝10

失效样品数＝10

失效时间

80

120

180

300

320

360

430

600

750

800

老化时间

5 次迭代后收敛

输出

Alpha＝442.501 8

Beta＝1.701 543

对多重终检数据 Weibull 分布的极大似然拟合

绝缘系统 XYZ 14 kV/mm(有效值[r.m.s])

测试数据

测试样品数＝10

失效样品数＝10

失效时间

4

6

7

12

17

19

24

29

33

40

老化时间

5 次迭代后收敛

输出

Alpha＝21.422 23

Beta＝1.680 513

对多重终检数据 Weibull 分布的极大似然拟合

绝缘系统 XYZ 8 kV/mm(有效值)

样品编号	绝缘系统	终了状态	老化时间 h	等级 i	K $n-(i-1)$	失效系数 $100/K$	累积失效 系数
1	XYZ	失效	8 800	1	10	10.0	10.0
2	XYZ	失效	14 000	2	9	11.1	21.1
3	XYZ	失效	26 000	3	8	12.5	33.6
4	XYZ	失效	29 000	4	7	14.3	47.9
5	XYZ	失效	36 000	5	6	16.7	64.6
6	XYZ	失效	48 000	6	5	20.0	84.6
7	XYZ	失效	56 000	7	4	25.0	109.6
8	XYZ	失效	78 000	8	3	33.3	142.9
9	XYZ	失效	88 000	9	2	50.0	192.9
10	XYZ	失效	94 000	10	1	100.0	292.9

坐标标绘在图 B.1 上

绝缘系统 XYZ 10 kV/mm(有效值)

样品编号	绝缘系统	终了状态	老化时间 h	等级 i	K $n-(i-1)$	失效系数 $100/K$	累积失效 系数
1	XYZ	失效	150	1	10	10.0	10.0
2	XYZ	失效	280	2	9	11.1	21.1
3	XYZ	失效	490	3	8	12.5	33.6
4	XYZ	失效	800	4	7	14.3	47.9
5	XYZ	失效	1 000	5	6	16.7	64.6
6	XYZ	失效	1 250	6	5	20.0	84.6
7	XYZ	失效	1 500	7	4	25.0	109.6
8	XYZ	失效	1 600	8	3	33.3	142.9
9	XYZ	失效	2 100	9	2	50.0	192.9
10	XYZ	失效	3 000	10	1	100.0	292.9

坐标标绘在图 B.1 上

绝缘系统 XYZ 12 kV/mm(有效值)

样品编号	绝缘系统	终了状态	老化时间 h	等级 i	K $n-(i-1)$	失效系数 $100/K$	累积失效 系数
1	XYZ	失效	80	1	10	10.0	10.0
2	XYZ	失效	120	2	9	11.1	21.1
3	XYZ	失效	180	3	8	12.5	33.6
4	XYZ	失效	300	4	7	14.3	47.9
5	XYZ	失效	320	5	6	16.7	64.6
6	XYZ	失效	360	6	5	20.0	84.6
7	XYZ	失效	430	7	4	25.0	109.6
8	XYZ	失效	600	8	3	33.3	142.9
9	XYZ	失效	750	9	2	50.0	192.9
10	XYZ	失效	800	10	1	100.0	292.9

坐标标绘在图 B.2 上

绝缘系统 XYZ 14 kV/mm(有效值)

样品编号	绝缘系统	终了状态	老化时间 h	等级 i	K $n-(i-1)$	失效系数 $100/K$	累积失效 系数
1	XYZ	失效	4	1	10	10.0	10.0
2	XYZ	失效	6	2	9	11.1	21.1
3	XYZ	失效	7	3	8	12.5	33.6
4	XYZ	失效	12	4	7	14.3	47.9
5	XYZ	失效	17	5	6	16.7	64.6
6	XYZ	失效	19	6	5	20.0	84.6
7	XYZ	失效	24	7	4	25.0	109.6
8	XYZ	失效	29	8	3	33.3	142.9
9	XYZ	失效	33	9	2	50.0	192.9
10	XYZ	失效	40	10	1	100.0	292.9

坐标绘在图 B.2 上

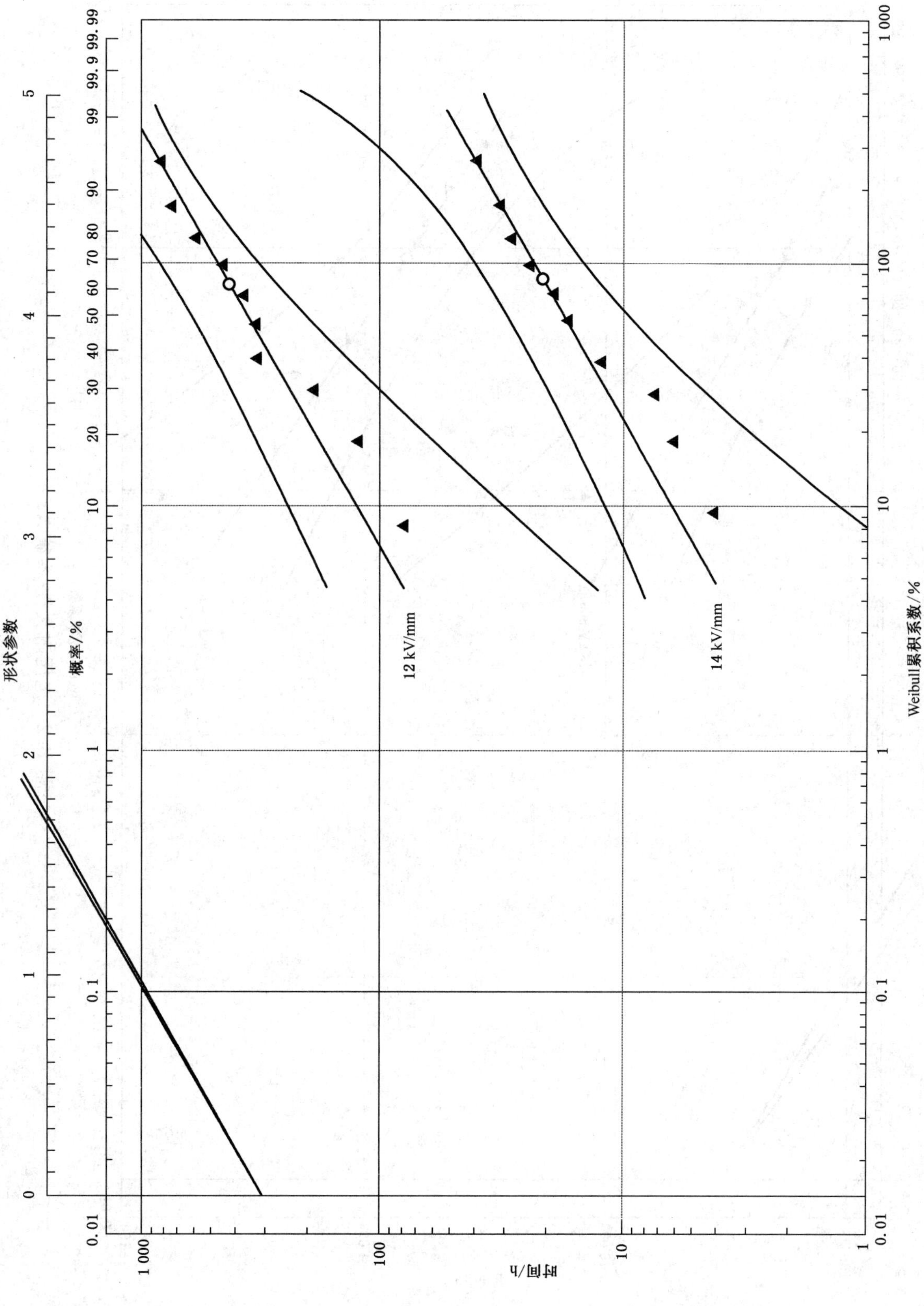

图 B.1 电压耐久性-系统 XYZ

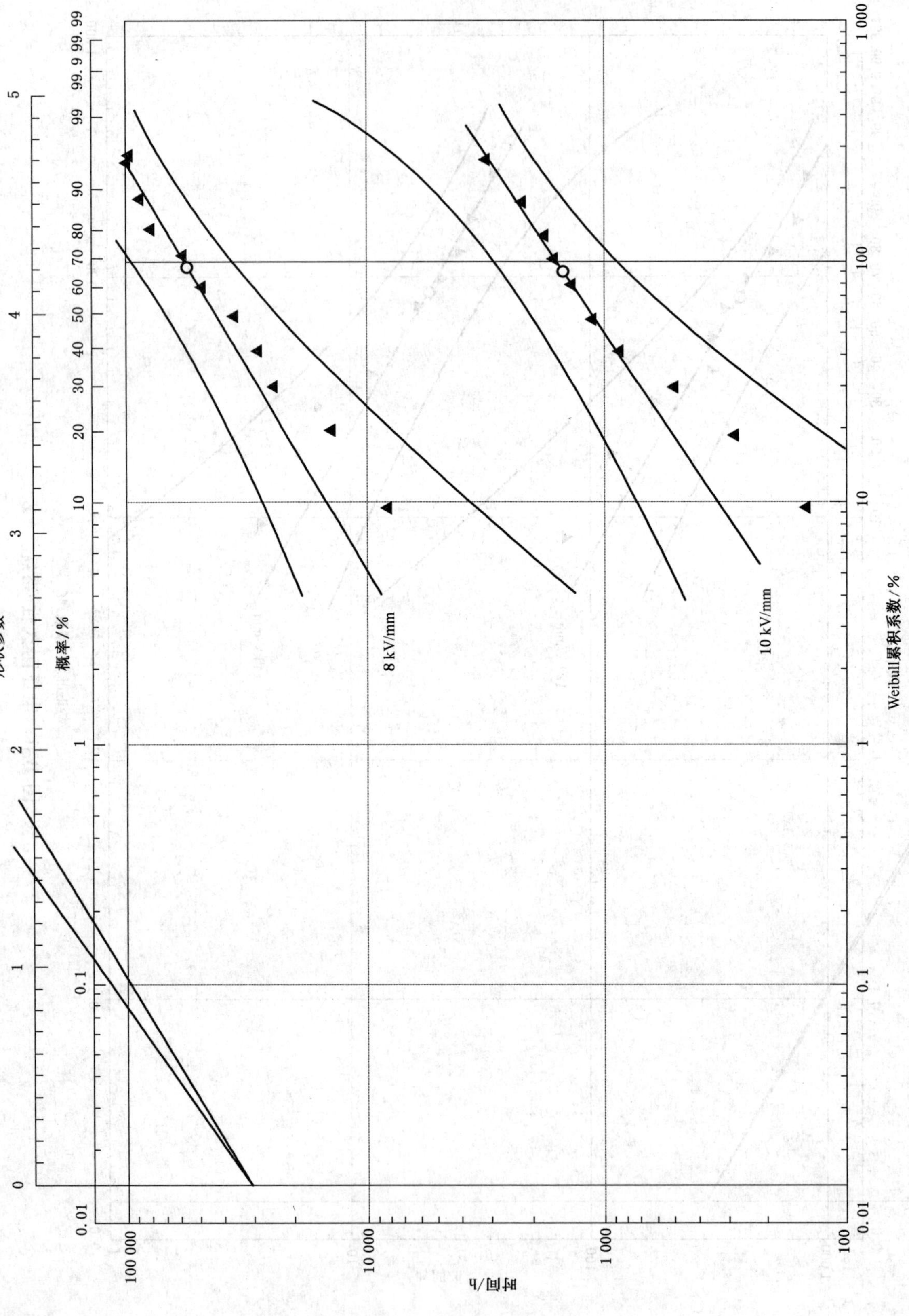

图 B.2 电压耐久性-系统 XYZ

电应力 U kV/mm	lg$U$ (kV/mm) x	时间 t h	lg$t$ s y	xy	x^2	y^2
14	1.15	21	4.88	5.59	1.31	23.80
12	1.08	443	6.20	6.69	1.16	38.47
10	1.00	1 341	6.68	6.68	1.00	44.67
8	0.90	53 583	8.29	7.48	0.82	68.65
$\sum$	4.13		26.05	26.45	4.29	175.59

观测到的数量　$n=4$　　　自由度 $f=n-2=2$

平均值　$\bar{x}=\frac{\sum x}{n}=1.03$　　$\bar{y}=\frac{\sum y}{n}=6.51$

回归系数　$a=\bar{y}-b\bar{x}=20.17$　　$b=\frac{\sum xy-n\bar{x}\cdot\bar{y}}{\sum x^2-n\bar{x}^2}=-13.23$

从回归线上得到 y 的背离的差量

$$s=\sqrt{\frac{(\sum y^2-n\bar{y}^2)-b(\sum xy-n\bar{x}\cdot\bar{y})}{f}}=0.30$$

a 的标准偏差　$s_a=\frac{s}{\sqrt{n}}=0.15$

b 的标准偏差　$s_b=\frac{s}{\sqrt{\sum x^2-n\bar{x}^2}}=1.66$

Pour $x=$ For	0.00	2.00	4.00	6.00	8.00	10.00
$y=$	1.52	1.37	1.22	1.07	0.92	0.77
UkV/mm=	33.5	23.6	16.7	11.8	8.3	5.9

相关系数　$r=\frac{\sum xy-n\bar{x}\cdot\bar{y}}{\sqrt{(\sum x^2-nx^2)(\sum y^2-ny^2)}}=-0.98$

关于电应力对数的时间对数的线性衰退，$y=a+bx$

绝缘系统：XYZ

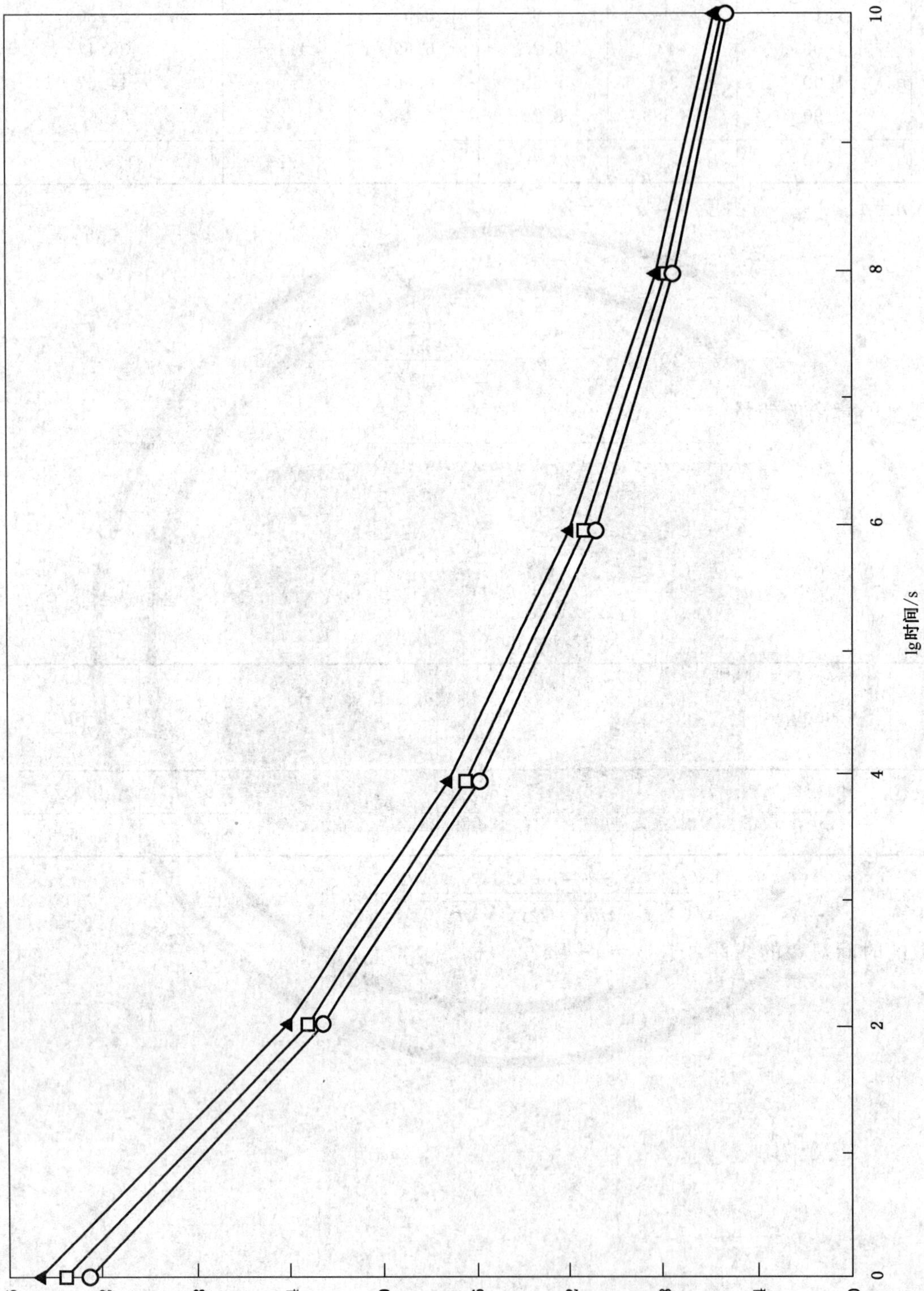

图 B.3 电压耐久性-系统 XYZ

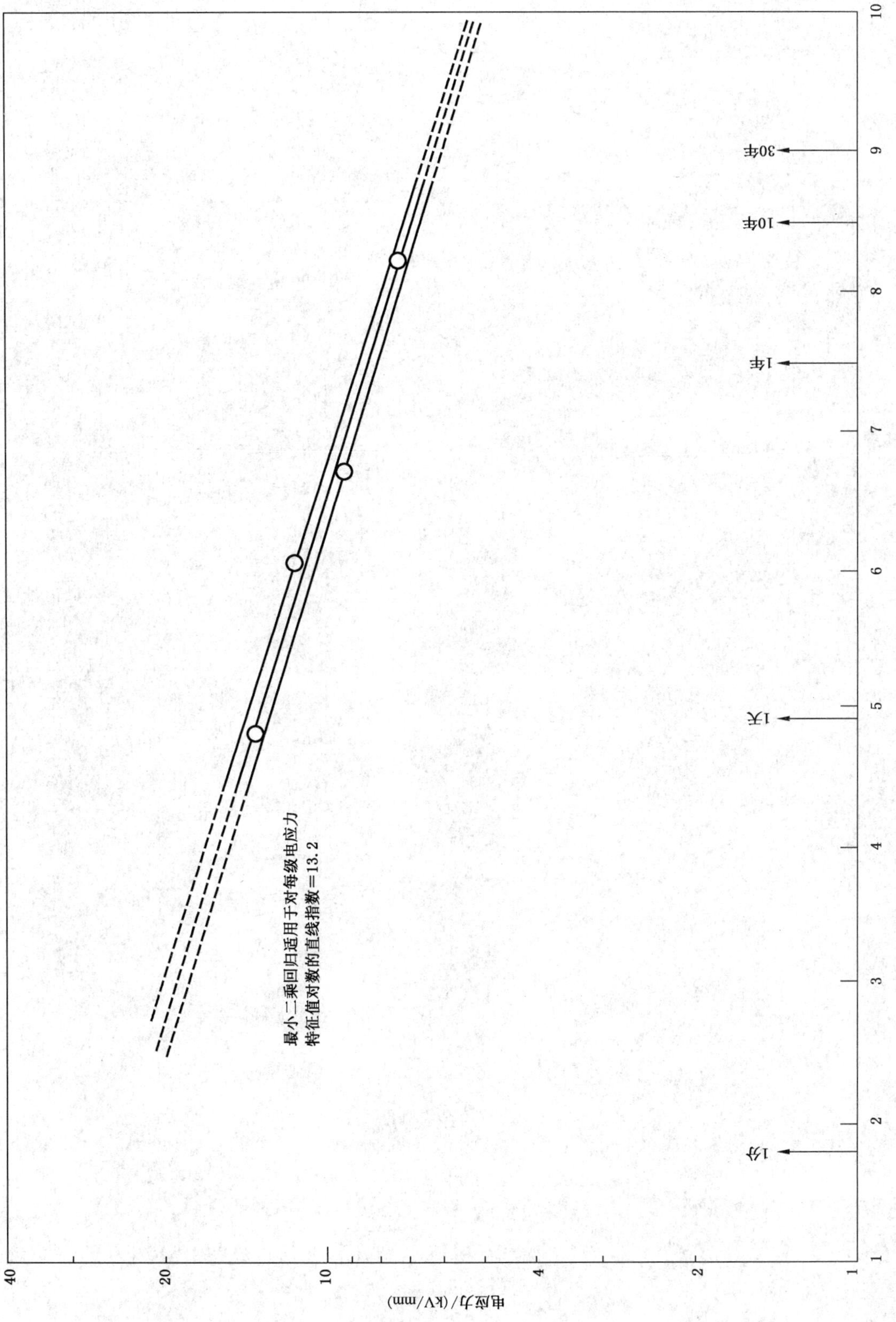

图 B.4 电压耐久性-系统 XYZ

中华人民共和国国家标准

GB 23790—2010

食品安全国家标准
粉状婴幼儿配方食品良好生产规范

National food safety standard

Good manufacturing practice for powdered formulae for infants and young children

2010-03-26 发布　　2010-12-01 实施

中华人民共和国卫生部　发布

前　言

本标准代替 GB/T 23790—2009《婴幼儿配方粉企业良好生产规范》。

本标准参考了国际标准 CAC/RCP 66—2008 Code of Hygienic Practice for Powdered Formulae for Infants and Young Children。

本标准与 GB/T 23790—2009 相比，主要变化如下：

——标准名称改为《粉状婴幼儿配方食品良好生产规范》；

——由推荐性标准改为强制性标准；

——修改了标准条款框架；

——增加了原料采购、验收、运输和贮存相关的要求；

——修改了生产过程的食品安全控制措施，增加了安全控制的特定处理步骤，制定了对热处理、中间贮存、冷却、干混合、内包装等重要工序的控制要求；对微生物、化学、物理污染的重点控制措施参照 GB 12693—2010 的规定；

——增加了对大豆原料安全性控制的要求；

——增加了食品安全控制措施有效性的监控与评价方法；

——增加附录 A，规定了对清洁作业区环境中主要污染源——沙门氏菌、阪崎肠杆菌和其他肠杆菌进行监控的要求。

本标准的附录 A 为规范性附录。

本标准所代替标准的历次版本发布情况为：

——GB/T 23790—2009。

食品安全国家标准
粉状婴幼儿配方食品良好生产规范

1 范围

本标准适用于以乳类或大豆及其加工制品为主要原料的粉状婴幼儿配方食品(包括粉状婴儿配方食品、粉状较大婴儿和幼儿配方食品)的生产企业。

2 规范性引用文件

本标准中引用的文件对于本标准的应用是必不可少的。凡是注日期的引用文件,仅所注日期的版本适用于本标准。凡是不注日期的引用文件,其最新版本(包括所有的修改单)适用于本标准。

3 术语和定义

3.1 清洁作业区 **cleaning work area**

清洁度要求高的作业区域,如裸露待包装的半成品贮存、充填及内包装车间等。

3.2 准清洁作业区 **quasi-cleaning work area**

清洁度要求低于清洁作业区的作业区域,如原辅料预处理车间等。

3.3 一般作业区 **commonly work area**

清洁度要求低于准清洁作业区的作业区域,如收乳间、原料仓库、包装材料仓库、外包装车间及成品仓库等。

3.4 湿法(生产)工艺 **wet-mix process**

将粉状婴幼儿配方食品的配料成分在液体状态下进行处理与混合的生产工艺,该工艺通常包括配料、热处理、浓缩、干燥等工序。

3.5 干法(生产)工艺 **dry-mix process**

将粉状婴幼儿配方食品的配料成分在干燥状态下进行处理与混合而制成最终产品的生产工艺。

3.6 干湿法复合(生产)工艺 **combined process**

将粉状婴幼儿配方食品的部分配料成分在液体状态下进行处理与混合,干燥后再采用干法工艺添加另一部分干燥配料成分而制成最终产品的生产工艺。

4 选址及厂区环境

应符合 GB 12693 的相关规定。应远离禽畜养殖场,厂区内不应饲养动物。

5 厂房和车间

5.1 设计和布局

5.1.1 应符合 GB 12693 的相关规定。

5.1.2 厂房和车间应合理设计、建造和规划与生产相适应的相关设施和设备,以防止微生物孳生及污染的侵害,特别是应防止沙门氏菌和阪崎肠杆菌(*Cronobacter* 属)的污染,同时避免或尽量减少这些细菌在藏匿地的存在或繁殖。设计中应考虑如下避免微生物孳生的因素:

5.1.2.1 设计时潮湿区域和干燥区域应隔离、分开;应有效控制人员、设备和物料流动造成的污染,防止沙门氏菌和阪崎肠杆菌进入清洁作业区。

5.1.2.2 设计合理的排水设施,地面应平整、保持适当的坡度、防止积水,清洁作业区还应防止凝结水的产生。

5.1.2.3 应防止加工材料的不当堆积,避免因此产生不利于清洁的场所。

5.1.2.4 湿式清洁流程应设计合理,在干燥区域应防止不当的湿式清洁流程致使沙门氏菌和阪崎肠杆菌的产生与传播。

5.1.2.5 应做好穿越建筑物楼板、天花板和墙面的各类管道、电缆与穿孔间隙间的围封和密封。

5.1.3 粉状婴幼儿配方食品生产场所的内部设计和布局,应按生产工艺以及卫生清洁要求进行合理布局。

5.1.4 对于无后续灭菌操作的干加工区域的操作,应在清洁作业区进行,如从干燥(或干燥后)工序至充填和密封包装的操作。

5.1.5 应按照生产工艺和卫生、质量要求,划分作业区洁净级别,原则上分为一般作业区、准清洁作业区和清洁作业区。清洁作业区应安装具有过滤装置的独立的空气净化系统,并保持正压。

5.1.6 不同洁净级别的作业区域之间应设置有效的物理隔离。清洁作业区应保持对其他区域的正压,防止未净化的空气进入清洁作业区而造成交叉污染。

5.1.7 对于清洁作业区出入应有合理的限制和控制措施,以避免或减少致病菌污染。进出清洁作业区的人员、原料、包装材料、废物、设备等,应有防止交叉污染的措施,如设置人员更衣室更换工作服、工作鞋或鞋套,专用物流通道以及废物通道等。对于通过管道运输的原料或产品进入清洁作业区,需要设计和安装适当的空气过滤系统。

5.1.8 各作业区净化级别应满足粉状婴幼儿配方食品加工对空气净化的需要。清洁作业区和准清洁作业区的空气洁净度应符合表1的要求,并应定期进行检测。

表 1 清洁作业区和准清洁作业区的空气洁净度控制要求

区域		细菌总数(CFU/皿)	检验方法
清洁作业区	≤	30	按 GB/T 18204.1 中自然沉降法测定
准清洁作业区	≤	50	

5.1.9 清洁作业区应保持干燥,尽量减少供水设施及系统;如无法避免,则应有防护措施,且不应穿越主要生产作业面的上部空间,防止二次污染的发生。

5.1.10 厂房、车间、仓库应有防止昆虫和老鼠等动物进入的设施。

5.2 内部建筑结构

应符合 GB 12693 的相关规定。

5.3 设施

5.3.1 供水设施

应符合 GB 12693 的相关规定。

5.3.2 排水系统

应符合 GB 12693 的相关规定。在清洁作业区内,应设置适当的设施或采用适当措施保持干燥,以避免水残余物的产生而导致相关微生物的增长和扩散。

5.3.3 清洁设施

5.3.3.1 应符合 GB 12693 的相关规定。

5.3.3.2 对需保持干燥的清洁作业区应采用如下措施:

a) 采用适用于场所和设备的干式清洁流程;

b) 如果无法采用干式清洁措施,可在受控条件下采用湿式清洁,但应确保能够及时彻底的恢复设备和环境的干燥,使该区域不被污染。

5.3.4 个人卫生设施

5.3.4.1 应符合 GB 12693 的相关规定。

5.3.4.2 更衣室及洗手消毒室应设置在员工进入加工车间入口附近或适当处。洗手消毒室内应配置足够数量的非手动式水龙头、消毒和自动感应式干手设施。

5.3.4.3 车间入口处应设置保洁措施,以防止鞋靴对车间的污染。

5.3.4.4 清洁作业区的入口应设置二次更衣室,进入清洁作业区前设置手消毒设施。

5.3.5 通风设施

应符合 GB 12693 的相关规定。

5.3.6 照明设施

应符合 GB 12693 的相关规定。

5.3.7 仓储设施

应符合 GB 12693 的相关规定。

6 设备

6.1 生产设备

6.1.1 一般要求

应符合 GB 12693 的相关规定。

6.1.2 材质

应符合 GB 12693 的相关规定。

6.1.3 设计

6.1.3.1 生产设备应符合 GB 12693 的相关规定。

6.1.3.2 粉状婴幼儿配方食品的生产分干法工艺和湿法工艺(包括干湿法复合工艺),应按工艺需要配备相应的生产设备。

6.1.3.3 生产设备应有明显的运行状态标识,并定期维修、保养和验证。设备安装、维修、保养的操作不应影响产品的质量。维修后的设备应进行验证或确认,确保各项性能满足工艺要求。不合格的设备应搬出生产区,未搬出前应有明显标志。

6.1.3.4 用于食品、清洁食品接触面或设备的压缩空气或其他惰性气体应进行过滤净化处理,以防止造成间接污染。

6.2 监控设备

应符合 GB 12693 的相关规定。

6.3 设备的保养和维修

应符合 GB 12693 的相关规定。

7 卫生管理

7.1 卫生管理制度

应符合 GB 12693 的相关规定。

7.2 厂房及设施卫生管理

应符合 GB 12693 的相关规定。

7.3 清洁和消毒

7.3.1 应符合 GB 12693 的相关规定。

7.3.2 在需干式作业的清洁作业区(如干混、充填包装等),对生产设备和加工环境实施有效的干式清洁流程是防止微生物繁殖的最有效方法,应尽量避免湿式清洁。湿式清洁应仅限于可以搬运到专门房间的设备零件或者在湿式清洁后可以立即采取干燥措施的情况。

7.3.3 应制定有效的监督流程,以确保关键流程(如人工清洁、就地清洗操作(CIP)以及设备维护)符合相关规定和标准要求,尤其要确保清洁和消毒方案的适用性,清洁剂和消毒剂的浓度适当,CIP 系统符合相关温度和时间要求，且设备在必要时应进行合理的冲洗。

7.3.4 所有生产车间应制定清洗(或清洁)和消毒的周期表，保证所有区域均被清洁，对重要区域、设备和器具应进行特殊的清洁。

7.3.5 应保证清洁人员的数量并根据需要明确每个人的责任；所有的清洁人员均应接受良好的培训，清楚污染的危害性和防止污染的重要性；应对清洗和消毒做好记录。

7.4 人员健康与卫生要求

7.4.1 应符合 GB 12693 的相关规定。

7.4.2 清洁作业区的员工应穿着符合该区域卫生要求的工作服(或一次性工作服)，并配备帽子、口罩和工作鞋。准清洁作业区及一般作业区的员工应穿着符合相应区域卫生要求的工作服，并配备帽子和工作鞋。清洁作业区及准清洁作业区使用的工作服和工作鞋不能在指定区域以外的地方穿着。

7.5 虫害控制

应符合 GB 12693 的相关规定。

7.6 废弃物处理

应符合 GB 12693 的相关规定。

7.7 有毒有害物管理

应符合 GB 12693 的相关规定。

7.8 污水、污物管理

应符合 GB 12693 的相关规定。

7.9 工作服管理

应符合 GB 12693 的相关规定。

8 原料和包装材料的要求

8.1 一般要求

应符合 GB 12693 的相关规定。使用的原料应符合相应的国家标准和(或)相关法规的要求，应保证婴幼儿的安全，满足营养需要，不应使用或添加危害婴幼儿营养与健康的物质及非食用物质。

8.2 原料和包装材料的采购和验收要求

8.2.1 应符合 GB 12693 的相关规定。

8.2.2 对直接进入干混合工序的原料，企业应采取措施确保原料微生物指标符合产品标准要求，对大豆原料应确保脲酶活性为阴性。应对供应商采用的流程和安全措施进行评估，必要时应进行定期现场评审或对流程进行监控。

8.3 原料和包装材料的运输和贮存要求

8.3.1 应符合 GB 12693 的相关规定。

8.3.2 食品添加剂及食品营养强化剂应由专人负责管理，设置专库或专区存放，并使用专用登记册(或仓库管理软件)记录添加剂及营养强化剂的名称、进货时间、进货量和使用量等，还应注意其有效期限。

8.3.3 对贮存期间质量容易发生变化的维生素和微量元素等营养强化剂应进行原料合格验证，必要时进行检验，以确保其符合原料规定的要求。

8.4 保存原料和包装材料采购、验收、贮存和运输记录

9 生产过程的食品安全控制

9.1 微生物污染的控制

9.1.1 应符合 GB 12693 的相关规定。

9.1.2 当对控制措施的监控结果表明有偏离时，应采取适当的纠正措施。

9.2 化学污染的控制

应符合 GB 12693 的相关规定。

9.3 物理污染的控制

应符合 GB 12693 的相关规定。

9.4 食品添加剂和食品营养强化剂

应符合 GB 12693 的相关规定。

9.5 包装材料

应符合 GB 12693 的相关规定。

9.6 特定处理步骤

粉状婴幼儿配方食品的生产工艺中各处理工序应分别符合相应的干法工艺或湿法工艺特定处理步骤的要求，并应符合如下规定：

9.6.1 热处理（湿法和干湿法复合生产工艺）

热处理工序应作为确保粉状婴幼儿配方食品安全的关键控制点。热处理温度和时间应考虑产品属性等因素（如脂肪含量、总固形物含量等）对杀菌目标微生物耐热性的影响。因此应制定相关流程检查温度和时间是否偏离，并采取恰当的纠正措施。

如购进的大豆原料没有经过加热灭酶处理（或灭酶不彻底），此类豆基产品应通过热处理同时达到杀灭致病菌和彻底灭酶的效果（脲酶为阴性），并作为关键控制点进行监控。

热处理中时间、温度、灭酶时间等关键工艺参数应有记录。

9.6.2 中间贮存

在湿法和干湿法复合工艺中，对液态半成品中间贮存应采取相应的措施防止微生物的生长。干法生产中裸露的原料粉或湿法生产中裸露的粉状半成品应保持在清洁作业区。

9.6.3 从热处理到干燥的工艺步骤

从热处理到干燥前的所有输送管道和设备应保持密闭，并定期进行彻底的清洗消毒。

9.6.4 冷却

在湿法和干湿法复合工艺生产中，干燥后的裸露半成品粉末应在清洁作业区内冷却。

9.6.5 干混合

在干法工艺和干湿法复合工艺中，干混合时应对如下关键因素进行控制：

9.6.5.1 与空气环境接触的裸粉工序（如预混及分装、配料、投料）需在清洁作业区内进行。清洁作业区的温度和相对湿度应与粉状婴幼儿配方食品的生产工艺相适应。无特殊要求时，温度应不高于 25 ℃，相对湿度应在 65%以下。

9.6.5.2 配料应计量准确。

9.6.5.3 与混合均匀性有关的关键工艺参数（如混合时间等）应予以验证；对混合的均匀性应进行确认。

9.6.5.4 与物料接触的设备内壁应光滑、平整、无死角，易于清洗、耐腐蚀，且其内表层应采用不与物料反应、不释放出微粒及不吸附物料的材料。

9.6.5.5 正压输送物料所需的压缩空气，需经过除油、除水、洁净过滤及除菌处理后方可使用。

9.6.5.6 原料、包装材料、人员应制定严格的卫生控制要求。原料应经必要的保洁程序和物料通道进入作业区，应遵循去除外包装，或经过外包装消毒的处理程序。作业人员应经二次更衣和手的清洁与消毒等处理程序进入清洁作业区，确保相关人员手的卫生，穿工作服，戴上头罩，换鞋或穿上鞋罩。

9.6.6 内包装工序

应对如下关键因素进行控制：

9.6.6.1 内包装工序应在清洁作业区内进行。

9.6.6.2 应只允许相关工作人员进入包装室，原料和包装材料、人员的要求参照 9.6.5.6 的规定。

9.6.6.3 使用前应检查包装材料的外包装是否完好，以确保包装材料未被污染。

9.6.6.4 生产企业应采用有效的异物控制措施，预防和检查异物，如设置筛网、强磁铁、金属探测器等，对这些措施应实施过程监控或有效性验证。

9.6.6.5 不同品种的产品在同一条生产线上生产时，应有效清洁并保存清场记录，确保产品切换不对下一批产品产生影响。

9.6.7 **生产用水的控制**

与食品直接接触的生产用水、设备清洗用水等应符合 GB 5749 的相关规定。循环水、冰和蒸汽等其他用水应符合 GB 12693 的相关规定。

9.7 产品信息和标签

9.7.1 产品标签应符合 GB 13432 和相应产品国家标准及国家其他相关法规的规定。

9.7.2 标签中应标示产品的冲调方法、冲调用水及贮存方法等信息，应指导消费者在冲调和处理产品以及喂养过程中避免可能因使用产品不当而引起食源性疾病的做法。

10 检验

10.1 应符合 GB 12693 的相关规定。

10.2 应逐批抽取代表性成品样品，包括每天包装后的第一个成品及其他抽样成品，按国家相关法规和标准的规定进行检验。

11 产品的贮存和运输

应符合 GB 12693 的相关规定。

12 产品追溯和召回

应符合 GB 12693 的相关规定。

13 培训

应符合 GB 12693 的相关规定。

14 管理机构和人员

应符合 GB 12693 的相关规定。

15 记录与文件的管理

15.1 记录管理

应符合 GB 12693 的相关规定。

15.2 文件管理

应符合 GB 12693 的相关规定。

16 食品安全控制措施有效性的监控与评价

采用附录 A 的监控与评价措施，确保食品安全控制措施的有效性。

附 录 A
（规范性附录）
粉状婴幼儿配方食品清洁作业区沙门氏菌、阪崎肠杆菌和其他肠杆菌的环境监控指南

A.1 由于在卫生条件良好的生产环境中也有可能存在少量的肠杆菌(Enterobacteriaece,简称 EB),包括阪崎肠杆菌(*Cronobacter* 属),使经巴氏杀菌后的产品有可能被环境污染,导致终产品中存在微量的肠杆菌。因此应监控生产环境中的肠杆菌,以便确认卫生控制程序是否有效,出现偏差时生产企业应及时采取纠正措施。通过持续监控,获得卫生情况的基础数据,并跟踪趋势的变化。据有关工厂实践表明,降低环境中肠杆菌数量可以减少终产品中肠杆菌(包括阪崎肠杆菌和沙门氏菌)的数量。

为防止污染事件的发生,避免抽样检测终产品中微生物的局限性,应制定环境监控计划。监控计划可作为一种食品安全管理工具,用来对清洁作业区(干燥区域)卫生状况实施评估,并作为 HACCP 的基础程序。

在制定监控计划时应考虑以下沙门氏菌、阪崎肠杆菌及其他肠杆菌的生态学特征等因素:

A.1.1 沙门氏菌在干燥环境中极少发现,但还应制定监控计划来预防沙门氏菌的进入,评估生产环境中卫生控制措施的有效性,指导有关人员在检出沙门氏菌的情况下,防止其进一步扩散。

A.1.2 阪崎肠杆菌比沙门氏菌更容易在干燥环境中发现。如果采用适当的取样和测试方法,阪崎肠杆菌更易被检出。应制定监控计划来评估阪崎肠杆菌数量是否增长,并采取有效措施防止其增长。

A.1.3 肠杆菌散布广泛,是干燥环境的常见菌群,且容易检测。肠杆菌可作为生产过程及环境卫生状况的指标菌。

A.2 在设计取样方案时应考虑的因素

A.2.1 产品种类和工艺过程

应根据产品特点、消费者年龄和健康状况来确定取样方案的需求和范围。本标准中各类产品都将沙门氏菌规定为致病菌,部分产品将阪崎肠杆菌规定为致病菌。

监控的重点应放在微生物容易藏匿孳生的区域,如干燥环境的清洁作业区。应特别关注该区域与相邻较低卫生级别区域的交界处及靠近生产线和设备且容易发生污染的地方,如封闭设备上用于偶尔检查的开口。应优先监控已知或可能存在污染的区域。

A.2.2 样本的种类

监控计划应包括如下两种样本:

A.2.2.1 从不接触食品的表面采样,如设备外部、生产线周围的地面、管道和平台。在这些情况下,污染风险程度和污染物含量将取决于生产线和设备的位置和设计。

A.2.2.2 从直接接触食品的表面采样,如从喷粉塔到包装前之间可能直接污染产品的设备,如筛尾的结团配方粉因吸收水分,微生物容易孳生。如果食品接触表面存在指标菌、阪崎肠杆菌或沙门氏菌,表明产品受污染的风险很高。

A.2.3 目标微生物

沙门氏菌和阪崎肠杆菌是主要的目标微生物,但可将肠杆菌作为卫生指标。肠杆菌的含量显示了沙门氏菌存在的可能性,以及沙门氏菌和阪崎肠杆菌生长的条件。

A.2.4 取样点和样本数量

样本数量应随着工艺和生产线的复杂程度而变化。

取样点应为微生物可能藏匿或进入而导致污染的地方。可以根据有关文献资料确定取样点,也可以根据经验和专业知识或者工厂污染调查中收集的历史数据确定取样点。应定期评估取样点,并根据特殊情况,如重大维护、施工活动或者卫生状况变差时,在监控计划中增加必要的取样点。

取样计划应全面,且具有代表性,应考虑不同类型生产班次以及这些班次内的不同时间段进行科学合理取样。为验证清洁措施的效果,应在开机生产前取样。

A.2.5　取样频率

应根据 A.2.1 的因素决定取样的频率，按照在监控计划中现有各区域微生物存在的数据来确定。如果没有此类数据，应收集充分的资料，以确定合理的取样频率，包括长期收集沙门氏菌或阪崎肠杆菌的发生情况。

应根据检测结果和污染风险严重程度来调整环境监控计划实施的频率。当终产品中检出致病菌或指标菌数量增加时，应加强环境取样和调查取样，以确定污染源。当污染风险增加时（比如进行维护、施工或湿清洁之后），也应适当增加取样频率。

A.2.6　取样工具和方法

应根据表面类型和取样地点来选择取样工具和方法，如刮取表面残留物或吸尘器里的粉尘直接作为样本，对于较大的表面，采用海绵（或棉签）进行擦拭取样。

A.2.7　分析方法

分析方法应能够有效检出目标微生物，具有可接受的灵敏度，并有相关记录。在确保灵敏度的前提下，可以将多个样品混在一起检测。如果检出阳性结果，应进一步确定阳性样本的位置。如果需要，可以用基因技术分析阪崎肠杆菌来源以及粉状婴幼儿配方食品污染路径的有关信息。

A.2.8　数据管理

监控计划应包括数据记录和评估系统，如趋势分析。一定要对数据进行持续的评估，以便对监控计划进行适当修改和调整。对肠杆菌和阪崎肠杆菌数据实施有效管理，有可能发现被忽视的轻度或间断性污染。

A.2.9　阳性结果纠偏措施

监控计划的目的是发现环境中是否存在目标微生物。在制定监控计划前，应制定接受标准和应对措施。监控计划应规定具体的行动措施并阐明相应原因。相关措施包括：不采取行动（没有污染风险）、加强清洁、污染源追踪（增加环境测试）、评估卫生措施、扣留和测试产品。

生产企业应制定检出肠杆菌和阪崎肠杆菌后的行动措施，以便在出现超标时准确应对。对卫生程序和控制措施应进行评估。当检出沙门氏菌时应立即采取纠偏行动，并且评估阪崎肠杆菌趋势和肠杆菌数量的变化，具体采取哪种行动取决于产品被沙门氏菌和阪崎肠杆菌污染的可能性。

ICS 59.080.30
W 04

中华人民共和国国家标准

GB/T 24218.3—2010

纺织品　非织造布试验方法 第3部分：断裂强力和断裂伸长率的测定（条样法）

Textiles—Test methods for nonwovens—
Part 3:Determination of tensile strength and elongation (strip method)

(ISO 9073-3:1989,Textiles—Test methods for nonwovens—
Part 3:Determination of tensile strength and elongation,MOD)

2011-01-14 发布　　2011-08-01 实施

中华人民共和国国家质量监督检验检疫总局
中国国家标准化管理委员会　发布

前　言

GB/T 24218《纺织品　非织造布试验方法》分为以下部分：

——第1部分：单位面积质量的测定；

——第2部分：厚度的测定；

——第3部分：断裂强力和断裂伸长率的测定（条样法）；

——第5部分：耐机械穿透性的测定（钢球顶破法）；

——第6部分：吸收性的测定；

——第8部分：液体穿透时间的测定（模拟尿液）；

——第10部分：落絮的测定；

——第11部分：溢流量的测定；

——第12部分：受压吸收性的测定；

——第13部分：液体多次穿透时间的测定；

——第14部分：包覆材料返湿量的测定；

——第15部分：透气性的测定；

——第16部分：抗渗水性的测定（静水压法）；

——第17部分：渗水性的测定（喷淋冲击法）；

——第18部分：断裂强力和断裂伸长率的测定（抓样法）；

——第101部分：抗生理盐水性能的测定（梅森瓶法）。

GB/T 24218《纺织品　非织造布试验方法》第1～18部分与ISO 9073系列标准相对应，除上述标准外，其他部分与ISO 9073的对应关系如下：

——GB/T 3917.3《纺织品　织物撕破性能　第3部分：梯形试样撕破强力的测定》（GB/T 3917.3—1997，eqv ISO 9073-4:1989）；

——GB/T 18318.1《纺织品　弯曲性能的测定　第1部分：斜面法》（GB/T 18318.1—2009，ISO 9073-7:1995，MOD）；

——GB/T 23329《纺织品　织物悬垂性的测定》（GB/T 23329—2009，ISO 9073-9:2008，MOD）。

本部分为GB/T 24218的第3部分。

本部分修改采用ISO 9073-3:1989《纺织品　非织造布试验方法　第3部分：断裂强力和断裂伸长率的测定》（英文版）。

本部分与ISO 9073-3:1989的主要差异为：

——在题目增加了"（条样法）"，以区别于该系列标准第18部分的抓样法；

——规范性引用文件中的国际标准替换为相应的国家标准，取消了对ISO 186的引用；

——取消了"强力-伸长曲线"作为测试依据的限定；

——修改了取样方法；

——对取样中注的内容进行了简化。

本部分由中国纺织工业协会提出。

本部分由全国纺织品标准化技术委员会基础标准分会（SAC/TC 209/SC 1）归口。

本部分起草单位：中纺标（北京）检验认证中心有限公司。

本部分起草人：刘明。

纺织品　非织造布试验方法
第3部分:断裂强力和断裂伸长率的测定
(条样法)

1　范围

GB/T 24218 的本部分规定了采用条样法测定非织造布拉伸性能的试验方法。

注:在测定某些纺丝成网非织造布和玻璃纤维非织造布时有可能会发生异常,这种情况下可修改测定程序。

2　规范性引用文件

下列文件中的条款通过 GB/T 24218 的本部分的引用而成为本部分的条款。凡是注日期的引用文件,其随后所有的修改单(不包括勘误的内容)或修订版均不适用于本部分,然而,鼓励根据本部分达成协议的各方研究是否可使用这些文件的最新版本。凡是不注日期的引用文件,其最新版本适用于本部分。

GB/T 3923.1　纺织品　织物拉伸性能　第1部分:断裂强力和断裂伸长率的测定　条样法

GB/T 6529　纺织品　调湿和试验用标准大气(GB/T 6529—2008,ISO 139:2005,MOD)

3　原理

对规定尺寸的试样,沿其长度方向施加产生等速伸长的力,测定其断裂强力和断裂伸长率。

4　仪器

4.1　拉伸试验仪,为等速伸长型,具有自动记录施加于试样上的力和夹持器间距的装置。

4.2　夹持器,具有能牢固夹持试样的整个宽度且不损伤试样的夹钳。

5　取样

按产品标准规定或有关双方协议取样。尽可能取全幅宽样品,其长度约为 1 m,确保所取样品没有明显的缺陷和褶皱等。

注:取样方法需使最终试样具有各向异性和代表性。当研究特定性能变化时,需有关双方协商确定取样方法,并在试验报告中注明。

6　试样的准备和调湿

6.1　除非有其他要求,分别沿样品纵向(机器输出方向)和横向(布匹幅宽方向)各取 5 块试样。所裁取的试样离布边至少 100 mm,且均匀地分布在样品的纵向和横向上。

6.2　试样宽度为 50 mm±0.5 mm,长度应满足名义夹持距离 200 mm。

注:经有关双方协商后可采用较宽的试样和不同的夹持器,在试验报告中注明。

6.3　按 GB/T 6529 的规定调湿试样。

6.4　如需要进行湿态试验,试样可在每升含有 1 g 非离子型润湿剂的蒸馏水中至少浸泡 1 h。取出试样,去除过量水分,立即进行试验。对其他 9 块试样,逐个重复以上操作。

注:如经有关双方同意,试样自然浸泡时间可少于 1 h,但需在试验报告中注明。

7　程序

7.1　试验在标准大气中进行,标准大气依据 GB/T 6529 的规定。

7.2 设定拉伸试验仪的名义夹持距离为 200 mm±1 mm，在夹持器中心位置夹持试样。预张力可采用 GB/T 3923.1 中的规定，在试验报告中注明。

注：如果名义夹持距离 200 mm 是不适宜的，经有关双方同意，可采用较短的试样，在试验报告中注明。

7.3 开动机器，以 100 mm/min 的恒定伸长速度拉伸试样直至断裂。如需要，记录每块试样的强力-伸长曲线。

注：经有关双方同意，也可采用其他拉伸速度，在试验报告中注明。

8 结果的计算与表示

8.1 记录试样拉伸过程中最大的力，作为断裂强力，单位为牛顿(N)。如果测试过程中出现多个强力峰，取最高值作为断裂强力，在试验报告中记录该现象。

8.2 记录试样在断裂强力时的伸长率，作为断裂伸长率。

8.3 如果断裂发生在钳口位置或试样在钳口滑脱，试验数据无效，需另取一试样重新试验，替代无效试样。

8.4 分别计算纵向和横向上 5 块试样的平均断裂强力，单位为牛顿(N)，结果精确至 0.1 N；平均断裂伸长率精确至 0.5%，并计算其变异系数。

注：断裂功可通过曲线下总面积来计算。

9 试验报告

试验报告应包括以下内容：

a) 试验是按本部分进行的；

b) 样品的描述；

c) 纵向试样和横向试样的试验结果(见 8.4)；

d) 调湿大气条件；

e) 试验中出现的异常现象或偏离本部分的细节。

ICS 59.080.30
W 04

中华人民共和国国家标准

GB/T 24218.6—2010

纺织品　非织造布试验方法
第6部分：吸收性的测定

Textiles—Test methods for nonwovens—Part 6：Absorption

（ISO 9073-6：2000，MOD）

2011-01-14 发布　　　　2011-08-01 实施

中华人民共和国国家质量监督检验检疫总局
中国国家标准化管理委员会　发布

前　言

GB/T 24218《纺织品　非织造布试验方法》分为以下部分：

——第1部分：单位面积质量的测定；

——第2部分：厚度的测定；

——第3部分：断裂强力和断裂伸长率的测定（条样法）；

——第5部分：耐机械穿透性的测定（钢球顶破法）；

——第6部分：吸收性的测定；

——第8部分：液体穿透时间的测定（模拟尿液）；

——第10部分：落絮的测定；

——第11部分：溢流量的测定；

——第12部分：受压吸收性的测定；

——第13部分：液体多次穿透时间的测定；

——第14部分：包覆材料返湿量的测定；

——第15部分：透气性的测定；

——第16部分：抗渗水性的测定（静水压法）；

——第17部分：渗水性的测定（喷淋冲击法）；

——第18部分：断裂强力和断裂伸长率的测定（抓样法）；

——第101部分：抗生理盐水性能的测定（梅森瓶法）。

GB/T 24218《纺织品　非织造布试验方法》第1～18部分与ISO 9073系列标准相对应，除上述标准外，其他部分与ISO 9073的对应关系如下：

——GB/T 3917.3《纺织品　织物撕破性能　第3部分：梯形试样撕破强力的测定》（GB/T 3917.3—1997，eqv ISO 9073-4:1989）；

——GB/T 18318.1《纺织品　弯曲性能的测定　第1部分：斜面法》（GB/T 18318.1—2009，ISO 9073-7:1995，MOD）；

——GB/T 23329《纺织品　织物悬垂性的测定》（GB/T 23329—2009，ISO 9073-9:2008，MOD）。

本部分为GB/T 24218的第6部分。

本部分修改采用ISO 9073-6:2000《纺织品　非织造布试验方法　第6部分：吸收性的测定》（英文版）。

本部分根据ISO 9073-6:2000重新起草，与ISO 9073-6:2000的主要差异为：

——适用范围中删除了“本部分不适用于含有超吸水性材料的织物”；

——规范性引用文件中的国际标准替换为相应的国家标准，取消了对ISO 186和ISO 565的引用；

——对术语“液体芯吸速率”的定义作了补充；

——增加了术语“液体芯吸高度”；

——明确了6.6中液体芯吸速率的具体求法。

本部分由中国纺织工业协会提出。

本部分由全国纺织品标准化技术委员会基础分会（SAC/TC 209/SC 1）归口。

本部分主要起草单位：中纺标（北京）检验认证中心有限公司。

本部分主要起草人：斯颖、王欢。

纺织品　非织造布试验方法
第6部分:吸收性的测定

1　范围

GB/T 24218的本部分规定了非织造布对液体吸收性能的试验方法,包括液体吸收时间、液体吸收量及液体芯吸速率的测定。

非织造布液体吸收性的上述测定方法可能与被测产品的最终用途相关。

2　规范性引用文件

下列文件中的条款通过GB/T 24218的本部分的引用而成为本部分的条款。凡是注日期的引用文件,其随后所有的修改单(不包括勘误的内容)或修订版均不适用于本部分,然而,鼓励根据本部分达成协议的各方研究是否可使用这些文件的最新版本。凡是不注日期的引用文件,其最新版本适用于本部分。

GB/T 6529　纺织品　调湿和试验用标准大气(GB/T 6529—2008,ISO 139:2005,MOD)

3　术语和定义

下列术语和定义适用于GB/T 24218的本部分。

3.1

液体吸收时间　liquid absorbency time

吸收材料试样被试验液体完全浸湿时所需的时间,即在规定条件下,液体渗入材料内部需要的时间。

3.2

液体吸收量　liquid absorptive capacity

LAC

在规定条件下,经过规定时间后,单位质量的试验吸收材料所吸收的液体质量,以占试验吸收材料的质量百分率表示。

3.3

液体芯吸速率　liquid wicking rate

试验材料毛细效应的度量,用以表征液体转移到纺织材料中的快慢程度,即液体通过毛细管作用,单位时间在纺织材料上达到的液体芯吸高度。

3.4

液体芯吸高度　liquid wicking height

试验材料毛细效应的度量,即垂直悬挂的纺织材料一端被液体浸湿时,液体通过毛细管作用,在一定时间内沿纺织材料上升的高度。

4　液体吸收时间

4.1　原理

将条形试样松散地卷起来,放入圆柱形金属筐中,使之从距离液面25 mm处落入液面,测量试样完全浸湿所需的时间。

本试验中液体要接触到试样的所有表面。

4.2 仪器

4.2.1 圆柱形金属管，一端有开口，高为 80 mm±1 mm，底面直径为 50 mm±1 mm，由合适规格的金属丝如直径为 0.5 mm 不锈钢丝构成，总质量为 3 g±0.1 g。金属管的网孔是边长约为 20 mm 的正方形，将金属丝焊接起来以保证结构牢固。为调节金属管的重量，可将额外的金属丝焊接到金属管上，或成对地增加金属环，上述额外增加的金属丝应对称分布，以使金属管在试液中保持平衡(见图 1)。

单位为毫米

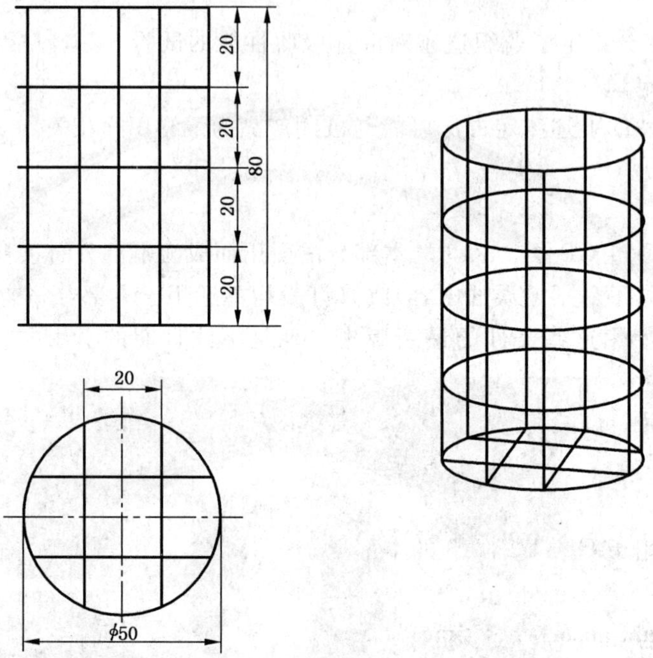

图 1 圆柱形金属管

4.2.2 盛液容器，其容积足可以浸没轴向水平放置的金属管。

4.2.3 秒表。

4.2.4 试液，协商确定，并在试验报告中说明。若无规定，推荐使用三级水。

4.3 取样

依据产品标准或相关方协商确定取样。

4.4 试样制备和调湿

剪取 5 个条形试样，在样品纵向上剪取的试样尺寸为 76 mm±1 mm，在样品横向上剪取的试样尺寸应足够长，质量大于 5 g，然后边修剪边称量，直至试样质量为 5 g±0.1 g。上述条形试样应均匀分布在样品的横向上。

当织物表面特性存在差异时，有必要重复试验步骤，以使织物不同特性的面都能朝向金属管的内表面。

依据 GB/T 6529 对试样进行调湿。

试液应放在标准大气中平衡足够长的时间。

4.5 试验步骤

试验在标准大气中进行，标准大气依据 GB/T 6529 的规定。

a) 从试样短边松散地卷起试样，将其放入金属管中(4.2.1)；

b) 在距离容器(4.2.2)中的液面(4.2.4)25 mm±1 mm 处，将金属管轴向平行于液面落入试液中，此刻用秒表(4.2.3)开始计时；

c) 记录金属筐完全沉入液面下所需的时间。

按上述试验步骤对其他 4 个试样进行试验。

每做完 5 个试样，均要更换新的试液以进行下组试验，且试液在标准大气中平衡后使用。

4.6 结果表达

计算液体吸收时间的平均值，单位为秒(s)，并计算标准偏差。

4.7 试验报告

试验报告应包括以下内容：

a) 试验是按本部分进行的；

b) 试样描述；

c) 试样尺寸；

d) 试液描述；

e) 液体吸收时间的平均值及其标准偏差；

f) 任何偏离本部分的细节及试验中的异常现象。

5 液体吸收量

5.1 原理

试样在经过规定的浸没时间和沥去过量液体所用的时间后，测定试样吸收的液体量。

本方法是测定在垂直方向上沥去过量液体后试样中的存液量。出于实际考虑，沥去过量液体所用的时间要非常短。若所用试液为易挥发性液体，则有必要对液体由于挥发而损失的量进行评估。

5.2 仪器

5.2.1 金属网试样支撑架，尺寸至少 120 mm×120 mm，配有金属框。金属网由不锈钢筛网制成，名义网孔尺寸为 2 mm。

5.2.2 试样夹，将试样固定在金属网上。

5.2.3 盛液容器，用于盛放载附试样的金属网，其容量足可以盛装深度为 20 mm 的液体。

5.2.4 称量瓶，带有瓶塞。

5.2.5 天平，感量 0.01 g。

5.2.6 秒表。

5.2.7 试液，协商确定，并在试验报告中说明。若无规定，推荐使用三级水。

5.3 取样

依据产品标准或相关方协商确定取样。

5.4 试样制备和调湿

剪取 5 个试样，每个试样尺寸为(100±1)mm×(100±1)mm。若单个试样的质量小于 1 g，可将试样相互摞叠以构成质量至少为 1 g 的组合试样，组合试样的数量也应为 5 个。

依据 GB/T 6529 对试样进行调湿。

试液应在标准大气中平衡足够长的时间。

5.5 试验步骤

试验在标准大气中进行，标准大气依据 GB/T 6529 的规定。

a) 将试样(或组合试样)放入称量瓶(5.2.4)中，盖上瓶塞用天平(5.2.5)称量，精确至 0.01 g。

b) 将试样(或组合试样)放在不锈钢金属网(5.2.1)上，用试样夹(5.2.2)将试样的各边固定在网上。

c) 将带有试样的金属网放在容器(5.2.3)中的液体表面以下约 20 mm 处，此刻用秒表(5.2.6)开始计时。需倾斜地将金属网放入液体中，以避免产生气泡。

d) 在(60±1)s后，取出金属网以及试样。

e) 只留下夹住试样一个角的试样夹，去除其他试样夹。

f) 垂直悬挂试样，滴去过量液体，所用时间为(120±3)s。

g) 再将试样从金属网上取下，不要使液体从试样上挤压出来，将试样放入称量瓶中，盖上瓶塞称量。

按上述试验步骤对其他4个试样进行试验。

每做完5个试样，均要更换新的试液以进行下组试验，且试液在标准大气中平衡后使用。

5.6 结果表达

计算：

——用公式(1)算出每个试样(或组合试样)的液体吸收量(*LAC*)：

$$LAC=\frac{m_n-m_k}{m_k}\times 100\% \qquad \cdots\cdots(1)$$

式中：

m_k——调湿后试样(或组合试样)的质量，单位为克(g)；

m_n——吸液后试验(或组合试样)的质量，单位为克(g)。

——5个试样(或5份组合试样)的液体吸收量平均值及其标准偏差。

5.7 试验报告

试验报告应包括以下内容：

a) 试验是按本部分进行的；

b) 试样描述；

c) 试样尺寸；

d) 试液描述；

e) 液体吸收量的平均值及其标准偏差；

f) 任何偏离本部分的细节及试验中的异常现象。

6 液体芯吸速率

6.1 原理

将条形试样垂直悬挂，一端浸入试液中，测定液体沿试样垂直上升的速率。

注：本方法主要是测定非织造布吸收液体的速率，对具有各向异性的纺织材料进行试验所得结果进行判断和比较时，可能会有一定的困难。

本部分没有推荐在试液中添加有色试剂。若使用了有色试剂，则应在试验报告中说明。

注：为便于观察和测量，可在试液中加入适量蓝黑(或红)墨水。

6.2 仪器(见图2)

6.2.1 底座，底部带有调节水平的螺旋。

6.2.2 盛液容器，用于盛装试液。

6.2.3 横梁架，可沿垂直支架上下调整。

6.2.4 试样夹，置于横梁架上用于固定试样。

6.2.5 标尺，垂直固定在横梁架上，最小刻度为1 mm。

6.2.6 秒表。

6.2.7 玻璃棒，直径为4 mm～5 mm，长度为30 mm。

6.2.8 试液，协商确定，并在试验报告中说明。若无规定，推荐使用三级水。

单位为毫米

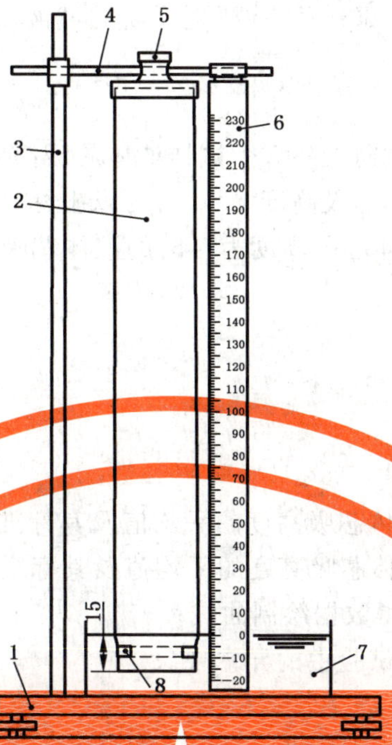

1——底座；
2——试样；
3——垂直支架；
4——横梁架；
5——试样夹；
6——标尺；
7——盛液容器；
8——玻璃棒。

图 2　测定液体芯吸速率的试验装置

6.3　取样

依据产品标准或相关方协商确定取样。

6.4　试样制备和调湿

沿纵向和横向分别剪取至少 5 个试样，每个试样尺寸为(30±1)mm×(250±1)mm。

在试样短边一端钻两个直径为(5±1)mm 的孔，每个孔距离短边均为(5±1)mm，距离邻近的长边分别为(5±1)mm。

依据 GB/T 6529 对试样进行调湿。

试液应在标准大气中平衡足够长的时间。

6.5　试验步骤

试验在标准大气中进行，标准大气依据 GB/T 6529 的规定。

a)　将试样垂直夹在横梁架(6.2.3)上，钻有孔的一边作为下端；

b)　将一根玻璃棒(6.2.7)穿过两孔，给试样一定张力使其保持垂直状态；

c)　调整试样位置，使试样靠近并平行于标尺(6.2.5)，下端位于标尺零位以下 15 mm±2 mm 处；

d)　降低横梁架使液面处于标尺的零位(试样下端位于液面以下 15 mm±2 mm 处)；

e)　用秒表(6.2.6)开始计时；

f)　在分别经过 10 s、30 s、60 s(及必要时 300 s)时，记录和测量液体芯吸高度。若液体芯吸高度参差不齐时，则记录最高值。

按上述试验步骤对其他纵向和横向上的试样进行试验。

每做完纵向和横向上的共10个试样后，均要更换新的试液以进行下组试验，且试液在标准大气中平衡后使用。

6.6 结果表达

计算经过各规定时间，纵向和横向上各5个试样液体芯吸高度的平均值及其标准偏差。

以测试时间 t(s)为横坐标，液体芯吸高度 h(mm)为纵坐标，根据以上所得数据绘制 t-h 曲线，曲线上某点切线的斜率即为 t 时刻或液体芯吸高度为 h 时的液体芯吸速率，单位为 mm/min。

6.7 试验报告

试验报告应包括以下内容：

a) 试验是按本部分进行的；

b) 试样描述；

c) 试液描述；

d) 经过规定时间纵向试样液体芯吸高度的平均值及其标准偏差；

e) 经过规定时间横向试样液体芯吸高度的平均值及其标准偏差；

f) 如果需要，由 d)和 e)中所得数据绘制曲线；

g) 任何偏离本部分的细节及试验中的异常现象。

ICS 59.080.30
W 04

中华人民共和国国家标准

GB/T 24218.8—2010

纺织品　非织造布试验方法
第8部分：液体穿透时间的测定（模拟尿液）

Textiles—Test methods for nonwovens—
Part 8: Determination of liquid strike-through time (simulated urine)

(ISO 9073-8:1995, MOD)

2011-01-14 发布　　2011-08-01 实施

中华人民共和国国家质量监督检验检疫总局
中国国家标准化管理委员会　发布

前　言

GB/T 24218《纺织品　非织造布试验方法》分为以下部分：

——第 1 部分：单位面积质量的测定；

——第 2 部分：厚度的测定；

——第 3 部分：断裂强力和断裂伸长率的测定(条样法)；

——第 5 部分：耐机械穿透性的测定(钢球顶破法)；

——第 6 部分：吸收性的测定；

——第 8 部分：液体穿透时间的测定(模拟尿液)；

——第 10 部分：落絮的测定；

——第 11 部分：溢流量的测定；

——第 12 部分：受压吸收性的测定；

——第 13 部分：液体多次穿透时间的测定；

——第 14 部分：包覆材料返湿量的测定；

——第 15 部分：透气性的测定；

——第 16 部分：抗渗水性的测定(静水压法)；

——第 17 部分：渗水性的测定(喷淋冲击法)；

——第 18 部分：断裂强力和断裂伸长率的测定(抓样法)；

——第 101 部分：抗生理盐水性能的测定(梅森瓶法)。

GB/T 24218《纺织品　非织造布试验方法》第 1～18 部分与 ISO 9073 系列标准相对应，除上述标准外，其他部分与 ISO 9073 的对应关系如下：

——GB/T 3917.3《纺织品　织物撕破性能　第 3 部分：梯形试样撕破强力的测定》(GB/T 3917.3—1997，eqv ISO 9073-4：1989)

——GB/T 18318.1《纺织品　弯曲性能的测定　第 1 部分：斜面法》(GB/T 18318.1—2009，ISO 9073-7：1995，MOD)

——GB/T 23329《纺织品　织物悬垂性的测定》(GB/T 23329—2009，ISO 9073-9：2008，MOD)

本部分为 GB/T 24218 的第 8 部分。

本部分修改采用 ISO 9073-8：1995《纺织品　非织造布试验方法　第 8 部分：液体穿透时间的测定(模拟尿液)》(英文版)。

本部分根据 ISO 9073-8：1995 重新起草，与 ISO 9073-8：1995 的主要差异为：

——删除了第 1 章中的注；

——规范性引用文件中的国际标准替换为相应的国家标准，取消了对 ISO 139 和 ISO 186 的引用；

——删除了 5.1 中的注；

——增加了 5.2 中模拟尿液表面张力的测定温度；

——参照 ISO 9073-13：2006，调整了图 1 中(a)和(b)两处的尺寸规格；

——取消了 8.2 条对试样的调湿程序；

——删除了第 9 章中的注；

——删除了第 11 章试验报告中 c)项调湿大气条件。

本部分由中国纺织工业协会提出。

本部分由全国纺织品标准化技术委员会基础分会(SAC/TC 209/SC 1)归口。

本部分主要起草单位:中纺标(北京)检验认证中心有限公司。

本部分主要起草人:斯颖。

纺织品　非织造布试验方法
第8部分:液体穿透时间的测定
(模拟尿液)

1　范围

GB/T 24218的本部分规定了非织造布包覆材料液体(模拟尿液)穿透时间的测定方法。

本方法适用于比较不同非织造布包覆材料的液体穿透性能。本方法不能模拟对最终产品的实际使用条件。

2　规范性引用文件

下列文件中的条款通过GB/T 24218的本部分的引用而成为本部分的条款。凡是注日期的引用文件,其随后所有的修改单(不包括勘误的内容)或修订版均不适用于本部分,然而,鼓励根据本部分达成协议的各方研究是否可使用这些文件的最新版本。凡是不注日期的引用文件,其最新版本适用于本部分。

GB/T 6682　分析实验室用水规格和试验方法(GB/T 6682—2008, ISO 3696:1987,MOD)

3　术语和定义

下列术语和定义适用于GB/T 24218的本部分。

3.1

穿透时间　strike-through time

一定量的液体流到铺在标准吸液垫上的非织造布包覆材料表面,穿透包覆材料所需的时间。

4　原理

一定量的模拟尿液在规定条件下,以一定速度流到铺在标准吸液垫上的非织造布试样上,用电测法测量全部液体穿透非织造布试样所需的时间。

5　材料和试剂

5.1　标准吸液垫,由5层标准滤纸(100 mm×100 mm)组成,光面朝上,在无试样的情况下,经10次测量的平均液体穿透时间为(3±0.5)s。

5.2　模拟尿液,用符合GB/T 6682的三级水(或去离子水)配制9 g/L的氯化钠溶液,在(23±2)℃下其表面张力为(70±2)mN/m。

注1:由于储存过程中,液体表面张力会发生改变,在进行每组试验之前,宜测试液体的表面张力。

注2:成人尿液表面张力为69 mN/m至70 mN/m。某些婴儿尿液表面张力较低(如45 mN/m)。可向模拟尿液中加入表面活性剂来调节其表面张力。表面活性剂的加入作为与本部分的差异,宜在试验报告中说明,并表明液体的表面张力。

6　仪器

6.1　滴定管,容量为50 mL,配有支撑架。

6.2　漏斗,配有电磁排液阀,控制液体流速为(3.5±0.25)s内流过25 mL。

6.3 环架，用于支撑漏斗。

6.4 穿透盘（见图1和图2），由丙烯酸树脂板制成，总质量为500 g，并配有耐腐蚀性材料的电极，由直径为1.6 mm的铂丝或不锈钢丝制成，安置在穿透盘底板截面尺寸为4.0 mm×7.0 mm的凹槽中，用环氧树脂胶将其固定在适当的位置。

电极的位置应如图2所示。

单位为毫米

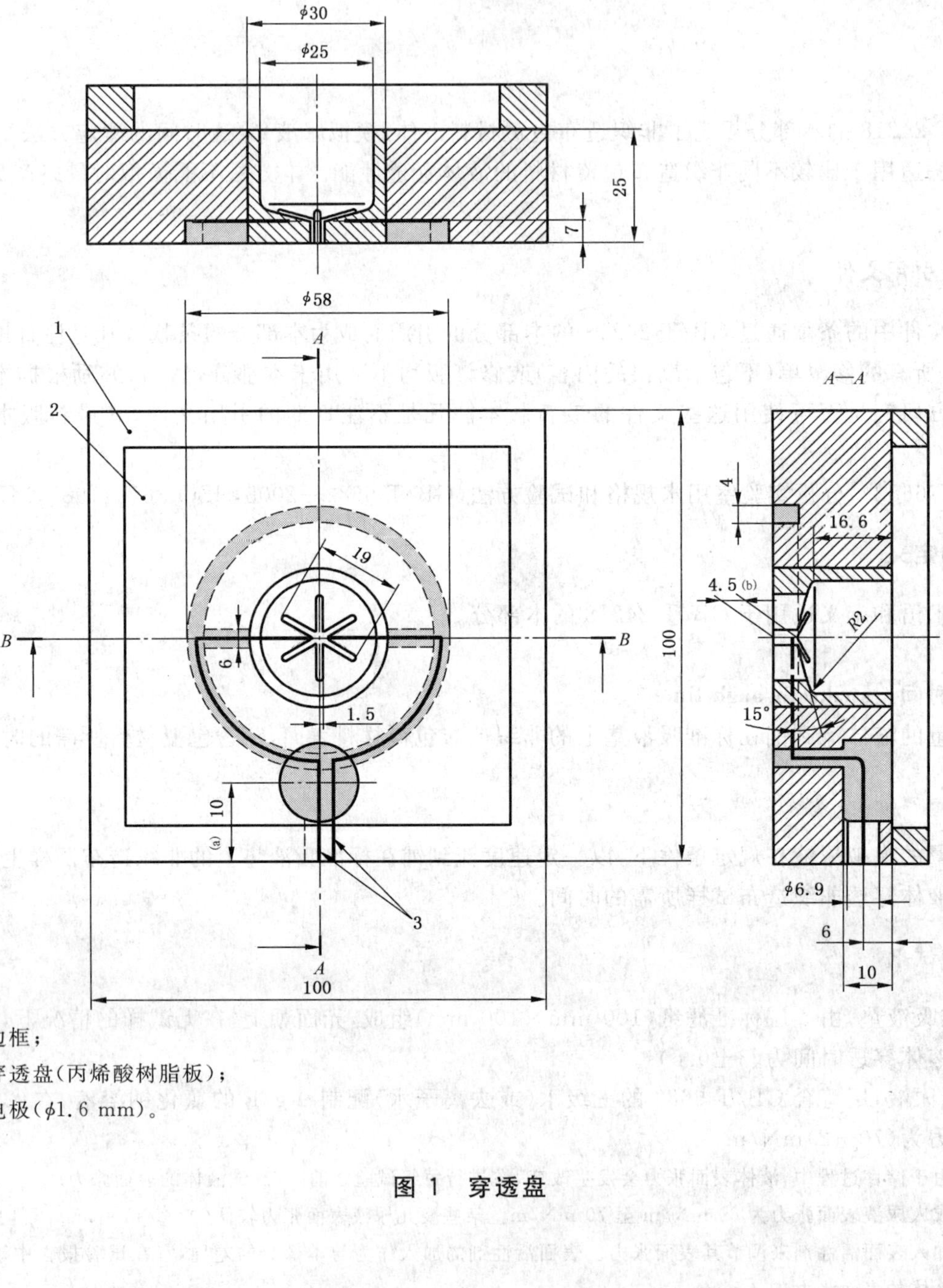

1——边框；

2——穿透盘（丙烯酸树脂板）；

3——电极（ϕ1.6 mm）。

图1 穿透盘

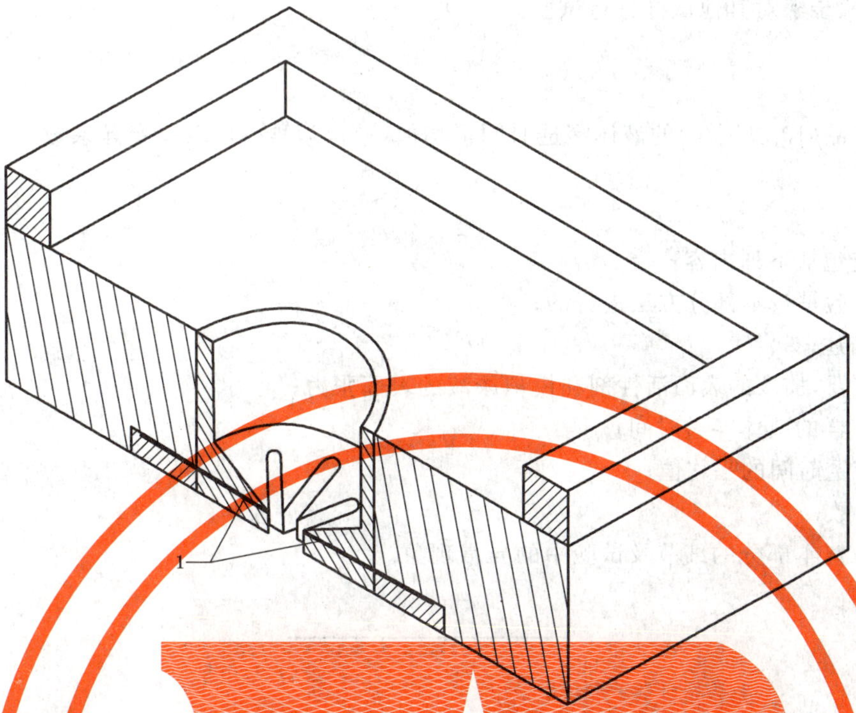

1——金属电极(ϕ1.6 mm)。

图 2　经过穿透盘中直径为 25 mm 圆形腔中心线的剖面图

6.5　基板，由丙烯酸树脂板制成，横截面尺寸约为 125 mm×125 mm，厚度约为 5 mm。

6.6　电子计时器，精确至 0.01 s。

注：计时器的灵敏度表现为当只对标准吸液垫试验时，不同计时器所得结果会略低或略高。因此，建议试验者根据滤纸供应商提供的数据，对计时器进行校验。

7　取样

依据产品标准或相关方协商确定取样，确保所取样品无明显疵点和褶皱。

8　试样的制备

剪取 10 块试样，尺寸为 125 mm×125 mm。

9　试验步骤

9.1　将漏斗(6.2)夹持在环架(6.3)上，将滴定管的尖嘴置于漏斗内。

9.2　将标准吸液垫(5.1)平放在基板上，再将一块试样平铺在标准吸液垫上，使试样接触皮肤的一面朝上。

确保穿透盘中的电极保持清洁。

将穿透盘(6.4)放置在试样上，盘中心与试样中心重叠。滴定管和漏斗的中心均位于穿透盘中心上方。

9.3　调整漏斗的高度，使其尖嘴位于穿透盘的圆形腔上方(5±0.5)mm 处(即距离试样上方 30 mm)。

9.4　接通电极与电子计时器(6.6)，开启电子计时器并使其显示为零。

9.5　将模拟尿液(5.2)加入到滴定管中，关闭漏斗的排液阀，使 5.0 mL 的液体从滴定管流入漏斗中。

9.6　打开漏斗的电磁排液阀，流出 5.0 mL 的液体。液体流到穿透盘的圆形腔后接通电极，电子计时器开始自动计时。当液体全部渗入到标准吸液垫，液面降到电极下面时，计时器停止计时。

9.7　记录电子计时器上显示的时间。

9.8 按上述试验步骤对其他试样进行试验。

10 结果表达

计算每个样品(10 块试样)的液体穿透时间平均值,单位为秒(s),以及变异系数。

11 试验报告

试验报告应包括下列内容:

a) 说明试验是按本部分方法进行的;
b) 样品描述;
c) 如果需要,加入的表面活性剂和模拟尿液的表面张力;
d) 每个试样的液体穿透时间;
e) 液体穿透时间的平均值;
f) 变异系数;
g) 任何偏离本部分的细节及试验中的异常现象。

ICS 59.080.30
W 04

中华人民共和国国家标准

GB/T 24218.13—2010

纺织品 非织造布试验方法
第13部分:液体多次穿透时间的测定

Textiles—Test methods for nonwovens—
Part 13:Repeated liquid strike-through time

(ISO 9073-13:2006,MOD)

2011-01-14 发布 2011-08-01 实施

中华人民共和国国家质量监督检验检疫总局
中国国家标准化管理委员会 发布

前　言

GB/T 24218《纺织品　非织造布试验方法》分为以下部分：

——第1部分：单位面积质量的测定；

——第2部分：厚度的测定；

——第3部分：断裂强力和断裂伸长率的测定（条样法）；

——第5部分：耐机械穿透性的测定（钢球顶破法）；

——第6部分：吸收性的测定；

——第8部分：液体穿透时间的测定（模拟尿液）；

——第10部分：落絮的测定；

——第11部分：溢流量的测定；

——第12部分：受压吸收性的测定；

——第13部分：液体多次穿透时间的测定；

——第14部分：包覆材料返湿量的测定；

——第15部分：透气性的测定；

——第16部分：抗渗水性的测定（静水压法）；

——第17部分：渗水性的测定（喷淋冲击法）；

——第18部分：断裂强力和断裂伸长率的测定（抓样法）；

——第101部分：抗生理盐水性能的测定（梅森瓶法）。

GB/T 24218《纺织品　非织造布试验方法》第1～18部分与ISO 9073系列标准相对应，除上述标准外，其他部分与ISO 9073的对应关系如下：

——GB/T 3917.3《纺织品　织物撕破性能　第3部分：梯形试样撕破强力的测定》（GB/T 3917.3—1997，eqv ISO 9073-4：1989）；

——GB/T 18318.1《纺织品　弯曲性能的测定　第1部分：斜面法》（GB/T 18318.1—2009，ISO 9073-7：1995，MOD）；

——GB/T 23329《纺织品　织物悬垂性的测定》（GB/T 23329—2009，ISO 9073-9：2008，MOD）。

本部分为GB/T 24218的第13部分。

本部分修改采用ISO 9073-13：2006《纺织品　非织造布试验方法　第13部分：液体多次穿透时间的测定》（英文版）。

本部分根据ISO 9073-13：2006重新起草，与ISO 9073-13：2006的主要差异为：

——删除了国际标准中的前言及脚注的内容；

——规范性引用文件中的国际标准替换为相应的国家标准，取消了对ISO 186的引用；

——删除第6章中的注；

——在第7章试验报告中增加了“a)　试验是按本部分进行的”，后面序号依次顺延；

——参考文献中的国际标准替换为相应的国家标准。

本部分的附录A为资料性附录。

本部分由中国纺织工业协会提出。

本部分由全国纺织品标准化技术委员会基础分会（SAC/TC 209/SC 1）归口。

本部分主要起草单位：中纺标（北京）检验认证中心有限公司。

本部分主要起草人：斯颖。

纺织品 非织造布试验方法 第13部分:液体多次穿透时间的测定

1 范围

GB/T 24218的本部分规定了将液体(模拟尿液)分三份先后作用到非织造布包覆材料试样表面上,测定其穿透时间(STT)的方法。STT是指一定量的液体穿透铺在干燥标准吸液垫上的非织造布所需的时间。

本方法适用于非织造布包覆材料的质量控制,以及对不同非织造布包覆材料STT的比较。本方法不能模拟最终产品的实际使用条件。

2 规范性引用文件

下列文件中的条款通过GB/T 24218的本部分的引用而成为本部分的条款。凡是注日期的引用文件,其随后所有的修改单(不包括勘误的内容)或修订版均不适用于本部分,然而,鼓励根据本部分达成协议的各方研究是否可使用这些文件的最新版本。凡是不注日期的引用文件,其最新版本适用于本部分。

GB/T 24218.6 纺织品 非织造布试验方法 第6部分:液体吸收性的测定(GB/T 24218.6—2010,ISO 9073-6:2000,MOD)

3 原理

在规定条件下,三份模拟尿液以一定速度先后流到铺在标准吸液垫上的非织造布试样上,用电导检测器分别测量每份液体穿透非织造布试样所需的时间。在分别加入每份液体的间隔,吸液垫保持原状和湿态。

4 材料和试剂

4.1 标准吸液垫,由10层滤纸(尺寸为100 mm×100 mm)组成,试验面朝上。

在无试样的情况下,吸液垫经10次测量的STT平均值应在(1.7±0.3)s内。

按照GB/T 24218.6测定滤纸的液体吸收量至少为480%。

4.2 模拟尿液,用去离子水配制9 g/L氯化钠溶液,在(23±2)℃下其表面张力为(70±2)mN/m。

由于储存过程中液体表面张力可能会发生改变,因此,在进行每组试验之前,宜测试液体的表面张力。

5 仪器

5.1 滴定管,容量为50 mL,配有支撑架,或5 mL移液管。

5.2 液体分配器,配有检测液体吸收的电导终点检测器,由以下部件组成:

5.2.1 漏斗,配有电磁排液阀,控制液体的流速为(3.5±0.25)s内流过25 mL。

5.2.2 环架,支撑漏斗。

5.2.3 电导检测器,能够检测到经过0.05 s作用时间后的盐溶液,与穿透盘(5.2.4)组装在一起。

5.2.4 穿透盘(见图1和图2),由厚度为25 mm的丙烯酸树脂板制成,总质量为(500±5)g,并配有耐腐蚀性材料的电极,由直径为1.6 mm的铂丝或不锈钢丝制成。

电极的位置应如图 1 和图 2 所示。

穿透盘表面、电极表面及星形孔应保持干净，没有沉淀物和颗粒物。需定期清洁。

单位为毫米

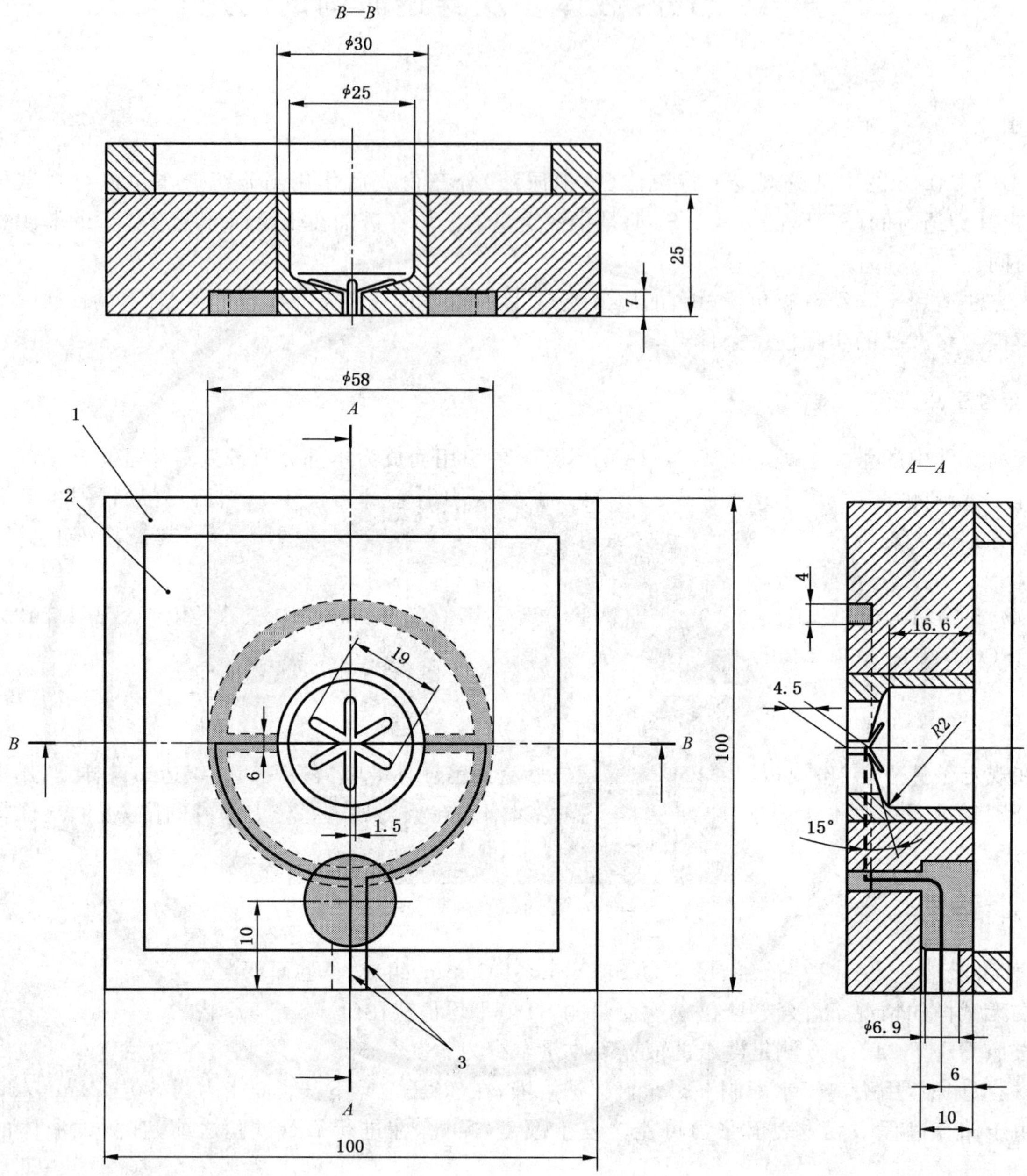

1——边框；

2——穿透盘(丙烯酸树脂板)；

3——电极(ϕ1.6 mm)。

图 1　穿透盘

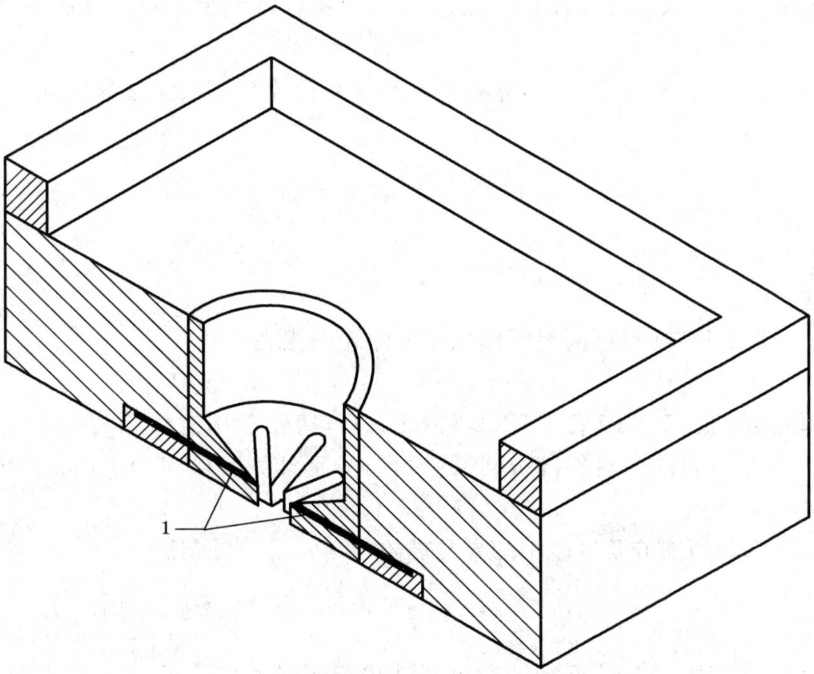

1——金属电极(ϕ1.6 mm)。

图 2 经过穿透盘中直径为 25 mm 圆形腔中心线的剖面图

5.2.5 基板，由丙烯酸树脂板制成，横截面尺寸约为 125 mm×125 mm，厚度约为 5 mm。

5.2.6 电子计时器，用于测定液体穿透时间，精确至 0.01 s。

计时器与电导检测器(5.2.3)相连，随着电极通过导电液体的接通/断开，计时器同时计时/停止。

5.3 秒表，测量时间为 60 s，精确至 1 s。

6 试验步骤

6.1 将漏斗夹持在环架上。确保电子计时器和电导检测器被开启，电极被接通。

6.2 如果适用，则依据产品标准或相关方协商确定取样，剪取的试样尺寸为 125 mm×125 mm。

6.3 准备 10 片滤纸，将滤纸层层摞叠在一起，测试面朝上，作为标准吸液垫。

6.4 将标准吸液垫放置在仪器基板上，再把试样放在滤纸上。试样需放置在合适的位置上，以便试验中的液体流动方向与非织造布的使用情况一致。

如对于卫生用品，应使非织造布接触皮肤的一面朝上。

6.5 将穿透盘放置在试样上，其中心与试样中心重叠。漏斗中心正对着穿透盘圆形腔的中心。

6.6 调整漏斗的高度，使其尖嘴位于仪器基板上方(45±1)mm 处。

6.7 检查计时器是否显示为零，否则，需重新设置。

6.8 用移液管或滴定管将 5.0 mL 的试液(4.2)加入至漏斗中，此时应确保漏斗的电磁排液阀处于关闭状态。

6.9 打开漏斗的电磁排液阀，流出 5.0 mL 的液体。第一次流出的液体流到穿透盘的圆形腔后接通电极，电子计时器开始自动计时。

当液体全部渗入到标准吸液垫，且液面降到电极下面时，计时器停止计时。

6.10 记录电子计时器上显示的时间(STT-1)。

6.11 等候 60 s(用秒表显示)，在此期间将新配制的 5.0 mL 试液加入漏斗中。

6.12 当到达 60 s 时，重复 6.9 至 6.11 的步骤，测定第二次流出液体的穿透时间(STT-2)。

6.13 再经过 60 s 时，重复 6.9 至 6.10 的步骤，测定第三次流出液体的穿透时间(STT-3)。

6.14 在对下一个试样进行试验之前，用干燥的薄布或棉纸清洁和擦干穿透盘底部及电极。

6.15 对其他试样重复进行上述试验。

6.16 在储存仪器之前，用去离子水清洗，并用干燥的薄布或棉纸擦干穿透盘底部及电极。

7 试验报告

试验报告应包括下列内容：

a) 试验是按本部分进行的；

b) 样品描述；

c) 如果不同于4.2规定的值，则表明模拟尿液的表面张力；

d) 试验条件；

e) 每份液体的穿透时间(STT-1、STT-2和STT-3)，精确至0.1 s；

f) 如果需要，对于出自同一材料部分/批的试样，分别计算STT-1、STT-2和STT-3的平均值和标准偏差；

g) 任何偏离本部分的细节及试验中的异常现象。

8 精密度

2000年由EDANA对本方法的重复性和再现性进行了实验室之间的比对试验，所得数据参见附录A。并依据GB/T 6379.2对实验室进行了评估。

附 录 A
（资料性附录）
精 密 度

表明本方法重复性和再现性的试验结果是由 EDANA 在 2000 年研究得出的，见表 A.1。

表 A.1

项 目	样品 A[a]			样品 B[b]			样品 C[c]		
	第一份	第二份	第三份	第一份	第二份	第三份	第一份	第二份	第三份
参与的实验室个数	7	7	7	7	7	7	7	7	7
未淘汰的实验室个数	6	6	6	6	6	6	7	7	7
未淘汰实验室得到的数值个数	60	60	60	59	60	59	70	70	68
STT 平均值/s	1.48	2.59	2.83	1.41	2.73	7.25	2.07	4.82	6.49
重复性标准偏差 s_r	0.17	0.14	0.80	0.23	0.28	2.91	0.36	1.55	2.15
重复性变异系数 CV_r	11.5%	5.4%	28.3%	16.1%	10.4%	40.2%	17.4%	32.3%	33.0%
重复性限 $r(2.8\times s_r)$	0.48	0.39	2.24	0.63	0.79	8.16	1.00	4.35	6.01
再现性标准偏差 s_R	0.33	0.31	0.84	0.37	0.44	3.93	0.43	1.91	2.64
再现性变异系数 CV_R	22.5%	12.2%	29.7%	26.4%	16.0%	54.2%	20.9%	39.7%	40.6%
再现性限 $R(2.8\times s_R)$	0.93	0.88	2.35	1.04	1.22	11.00	1.21	5.36	7.39

[a] 样品 A：非耐久亲水性梳理成网非织造布。

[b] 样品 B：耐久亲水性梳理成网非织造布。

[c] 样品 C：耐久亲水性纺丝成网非织造布。

参 考 文 献

[1] GB/T 6379.2 测量方法与结果的准确度(正确度与精密度) 第2部分:确定标准测量方法重复性与再现性的基本方法

[2] GB/T 24218.8 纺织品 非织造布试验方法 第8部分:液体穿透时间的测定(模拟尿液)

ICS 59.080.30
W 04

中华人民共和国国家标准

GB/T 24218.14—2010

纺织品　非织造布试验方法
第14部分:包覆材料返湿量的测定

Textiles—Test methods for nonwovens—
Part 14:Coverstock wetback

(ISO 9073-14:2006,MOD)

2011-01-14 发布　　2011-08-01 实施

中华人民共和国国家质量监督检验检疫总局
中国国家标准化管理委员会　发布

前　言

GB/T 24218《纺织品　非织造布试验方法》分为以下部分：

——第 1 部分：单位面积质量的测定；

——第 2 部分：厚度的测定；

——第 3 部分：断裂强力和断裂伸长率的测定(条样法)；

——第 5 部分：耐机械穿透性的测定(钢球顶破法)；

——第 6 部分：吸收性的测定；

——第 8 部分：液体穿透时间的测定(模拟尿液)；

——第 10 部分：落絮的测定；

——第 11 部分：溢流量的测定；

——第 12 部分：受压吸收性的测定；

——第 13 部分：液体多次穿透时间的测定；

——第 14 部分：包覆材料返湿量的测定；

——第 15 部分：透气性的测定；

——第 16 部分：抗渗水性的测定(静水压法)；

——第 17 部分：渗水性的测定(喷淋冲击法)；

——第 18 部分：断裂强力和断裂伸长率的测定(抓样法)；

——第 101 部分：抗生理盐水性能的测定(梅森瓶法)。

GB/T 24218《纺织品　非织造布试验方法》第 1～18 部分与 ISO 9073 系列标准相对应，除上述标准外，其他部分与 ISO 9073 的对应关系如下：

——GB/T 3917.3《纺织品　织物撕破性能　第 3 部分：梯形试样撕破强力的测定》(GB/T 3917.3—1997，eqv ISO 9073-4:1989)

——GB/T 18318.1《纺织品　弯曲性能的测定　第 1 部分：斜面法》(GB/T 18318.1—2009，ISO 9073-7:1995，MOD)

——GB/T 23329《纺织品　织物悬垂性的测定》(GB/T 23329—2009，ISO 9073-9:2008，MOD)

本部分为 GB/T 24218 的第 14 部分。

本部分修改采用 ISO 9073-14:2006《纺织品　非织造布试验方法　第 14 部分：包覆材料返湿量的测定》(英文版)。

本部分根据 ISO 9073-14:2006 重新起草，与 ISO 9073-14:2006 主要差异为：

——删除了目录和前言；

——将 4.3 中关于吸纸气阻测定要求的内容改为注；

——规范性引用文件中的国际标准由对应的国家标准代替，取消了对 ISO 186、ISO 5636-1 的引用；

——参照 ISO 9073-13:2006 中穿透盘的图形尺寸规格，调整了本部分图 2 中(a)和(b)两处的尺寸规格；

——在第 7 章中增加“a)试验是按本部分进行的”；

——将 ISO 原标准中第 8 章“其他相关信息”内容作为附录 B。

本部分的附录 A 和附录 B 为资料性附录。

本部分由中国纺织工业协会提出。

本部分由全国纺织品标准化技术委员会基础标准分会(SAC/TC 209/SC 1)归口。

本部分主要起草单位:中纺标(北京)检验认证中心有限公司。

本部分主要起草人:周世香。

纺织品　非织造布试验方法
第14部分:包覆材料返湿量的测定

1　范围

GB/T 24218的本部分规定了测定尿布的包覆材料抵抗已渗过的液体返湿到皮肤上的试验方法。

本试验中液体渗透试验步骤与GB/T 24218.13中方法相一致。

本方法适用于质量控制和比较不同包覆材料和不同处理工艺的非织造布的返湿性,但不能模拟最终产品的实际使用条件。

2　规范性引用文件

下列文件中的条款通过GB/T 24218的本部分的引用而成为本部分的条款。凡是注日期的引用文件,其随后所有的修改单(不包括勘误的内容)或修订版均不适用于本部分,然而,鼓励根据本部分达成协议的各方研究是否可使用这些文件的最新版本。凡是不注日期的文件,其最新版本适用于本部分。

GB/T 24218.6　纺织品　非织造布试验方法　第6部分:吸收性的测定(GB/T 24218.6—2010,ISO 9073-6:2000,MOD)

GB/T 24218.13　纺织品　非织造布试验方法　第13部分:液体多次穿透时间的测定(GB/T 24218.13—2010,ISO 9073-13:2006,MOD)

3　原理

将包覆材料放置在标准吸液垫(10层滤纸)上,用规定模拟尿液量按GB/T 24218.13中的方法进行3次液体穿透测试。在第3次穿透试验后,将模拟婴儿负荷(SBW)放置在包覆材料和吸液垫上,使其液体均匀扩散。

已知质量的吸纸放置在所测试的包覆材料上,并将模拟婴儿负荷(SBW)重新放置在吸纸之上。

吸纸所吸收液体的质量被定义为返湿量。

4　材料和试剂

4.1　标准吸液垫

由10层滤纸组成(尺寸:100 mm×100 mm),将滤纸正面(按产品说明)朝上层层摞叠放置。

在无试样时,吸液垫经10次测量的平均穿透时间应在(1.7±0.3)s内。

按GB/T 24218.6规定进行测试,滤纸的液体吸收量至少为480%。

4.2　模拟尿液

用去离子水配制9 g/L氯化钠溶液。(23±2)℃时,此溶液的表面张力为(70±2)mN/m。

由于在储存过程中,模拟尿液的表面张力可能会改变,因此,每次试验前宜检查其表面张力。

4.3　吸纸

尺寸为125 mm×125 mm;单位面积质量为(90±4)g/m^2;气阻为(1.9±0.3)kPa。

注:气阻的测定按ISO 5636-1规定执行。

5　设备

5.1　滴定管,容量50 mL,配有支架,或采用5 mL移液管。

5.2　漏斗,配有电磁排液阀,排液流速为25 mL/(3.5±0.25)s。

5.3　环架,用于支撑漏斗。

5.4 穿透盘(见图1和图2)

由装有耐腐蚀性电极的25 mm厚的丙烯酸树脂板制成,总质量为500 g。电极采用直径为1.6 mm的铂丝或不锈钢钢丝材料,嵌入穿透盘底部横截面为4.0 mm×7.0 mm的凹槽内,并用速凝环氧树脂固定。

电极的位置应如图1和图2所示。

穿透盘表面、电极表面及星形孔应定期清洁,保持洁净,避免灰尘和颗粒物质所沾污。如,采用车体抛光轻度研磨材料、干布或热水定期进行清洁。

单位为毫米

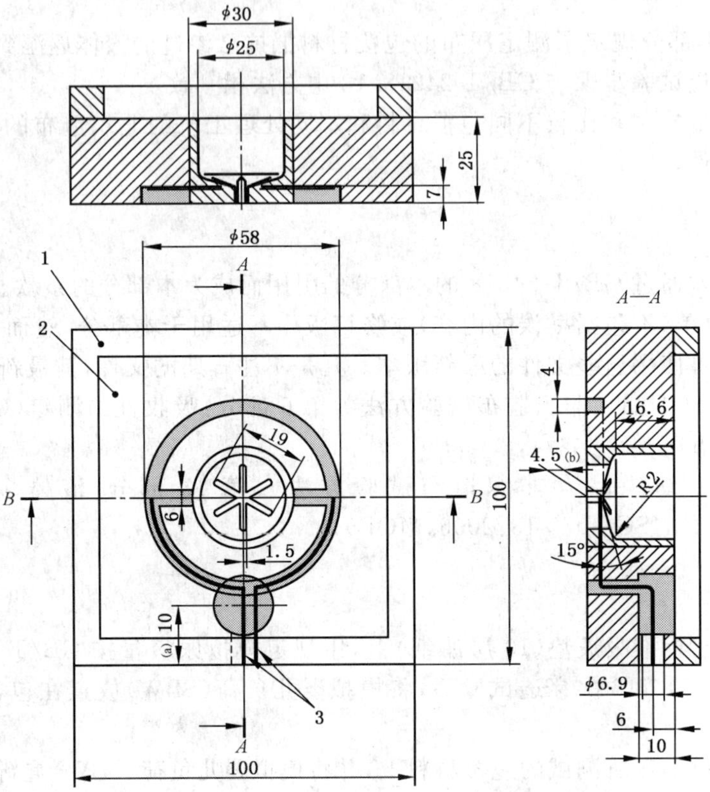

1——边框;
2——穿透盘(丙烯酸树脂板);
3——电极(ϕ1.6 mm),见5.4。

图1 液体穿透盘

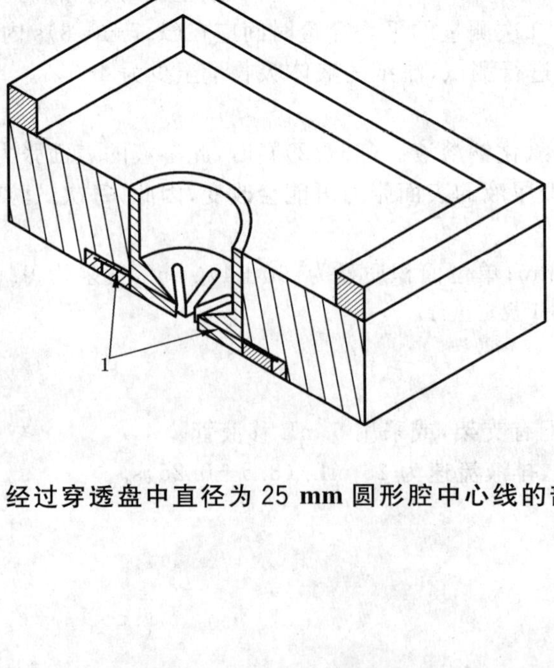

1——金属电极(ϕ1.6 mm)。

图2 经过穿透盘中直径为25 mm圆形腔中心线的剖面图

5.5 基板

尺寸大小约 125 mm×125 mm,5 mm 厚的丙烯酸树脂板。

5.6 电子计时器,精确至 0.01 s。

5.7 模拟婴儿负荷(SBW),由以下各部分组成:

——质量负荷,带手柄、尺寸为 10 cm×10 cm 的不锈钢底座,总重量为(4 000±20)g;

——聚氨酯(PU)泡沫,尺寸为 10 cm×10 cm×2 cm(厚),其密度和硬度参见附录 B 中 B.4;

——聚乙烯(PE)膜,厚度为 25 μm。

将 PE 膜包裹在 PU 泡沫上,用胶带固定,然后用胶带将膜和泡沫固定在质量负荷上,见图 3。

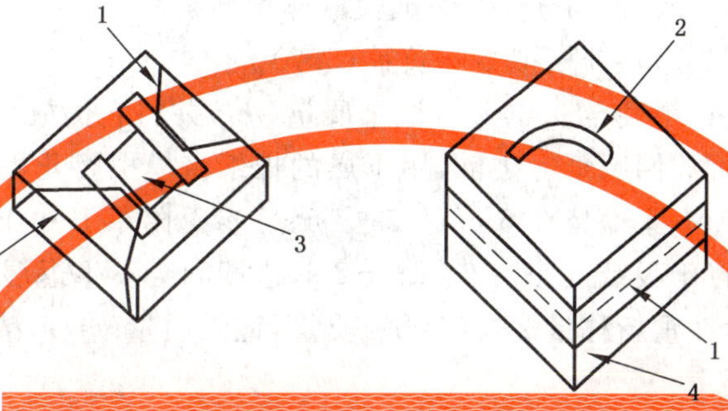

1——胶带;

2——质量负荷;

3——聚氨酯泡沫;

4——加 PE 膜的泡沫;

5——PE 膜。

图 3 模拟婴儿负荷

6 步骤

本方法应结合液体多次穿透时间测试方法(见 GB/T 24218.13)相应规定执行。

6.1 将漏斗夹持在环架上。确保电子计时器和传导器接通,并确认电极被接通。

6.2 剪取试样,尺寸为 125 mm×125 mm。如适用,按产品标准相关规定或有关方协议取样。

6.3 准备 10 层滤纸,正面朝上层层摞叠放置,组成 1 组标准吸液垫。

6.4 称量标准吸液垫的质量,然后将其正面朝上放置在基板上。在返湿量测试中,滤纸的质量(m)将作为一个参数用来确定液体的总量(Q)。

液体总量(Q)由滤纸质量(m)乘以滤纸负载系数(LF)计算,参见附录 B 中 B.1。

建议滤纸的负载系数为 3.30。

6.5 将试样放置在标准吸液垫之上。放置试样时,应保证试验液体的流向与试样使用时一致。

例如,对于个人卫生用品,与使用者皮肤接触的那一面应朝上放置。

6.6 将穿透盘放置在试样上,其中心与试样中心重叠。漏斗的中心正对着穿透盘圆形腔的中心。

6.7 调整漏斗的高度,使其出液端口位于基板上方(45±1)mm 处。

6.8 检查计时器是否指示为零,否则,需重新设置。

6.9 为避免滴定管或 5.0 mL 移液管中的部分液体流入漏斗,应确保漏斗的电磁排液阀处于关闭状态。

6.10 打开漏斗电磁排液阀,排放 5.0 mL 液体。当流出的液体通过穿透盘的圆形腔时接通电极,电子计时器开始自动计时。

当液体已经渗透到试样和标准吸液垫中,且观察到穿透盘中电极水平面线以下开始有液滴滴落时,计时器将会停止计时。同时,按动秒表。

6.11 记录电子计时器上的显示时间(STT-1)。

6.12 用秒表记录 60 s 间隔,在此间隔内,将 5.0 mL 试验液体加入到漏斗内。

6.13 当秒表读到 60 s 时,重复 6.10 到 6.12 步骤,测试第 2 次穿透时间 STT-2。

6.14 当秒表读到 60 s 时,重复 6.10 和 6.11 步骤,测试第 3 次穿透时间 STT-3。

6.15 为了达到规定的试验液体用量(Q),需加入额外量的试验液体(Q_{add}):

$$Q_{add}=Q-15\ (\text{用 mL 表示})$$

6.16 从穿透设备上移开带试样和滤纸的基板。

6.17 轻轻将模拟婴儿负荷(5.7)放置于试样之上。

6.18 将模拟婴儿负荷(5.7)放置 3 min,确保试验液体均衡扩散。

6.19 在不碰触试样的情况下,移开模拟婴儿负荷(5.7)。

6.20 称量 2 层吸纸的质量,精确至 0.001 g,记录质量(m_1)并将它们放置在试样上。

6.21 将模拟婴儿负荷轻轻放回吸纸上之前,用干燥的棉纸将模拟婴儿负荷(5.7)与试样接触面上的残留液体抹干。负荷的移动速率宜保持在 5 cm/(5±1) s。参见附录 B 中 B.2。

6.22 将模拟婴儿负荷放置于吸纸上停留 2 min±2 s,这期间会发生返湿。

6.23 移开模拟婴儿负荷,并重新称量 2 层吸纸的质量,记录质量(m_2),精确至 0.001 g。

6.24 计算返湿量:

$$m_{WB}=m_2-m_1$$

式中:

m_2——返湿后吸纸的质量,单位为克(g);

m_1——吸纸的初始质量,单位为克(g)。

6.25 对其他试样重复进行测试。建议每块样品至少取 3 个试样进行试验。

注:如 STT-3 大于 20 s,表明试样是非耐久处理的非织造布,仅需重新进行一次剂量的测试。在 STT-1(6.11)之后,加入额外量的试验液体[Q_{add}(mL)=Q(mL)−5 mL],并按 6.16 至 6.24 步骤测试返湿量。

7 试验报告

试验报告应包含以下内容:

a) 试验是按本部分进行的;

b) 样品描述;

c) 如与 4.2 规定值不同,则报告模拟尿液表面张力值;

d) 试验条件;

e) 每次试验的穿透时间,精确至 0.1 s;

f) 每块试样的返湿量,精确至 0.01 g;

g) 试样返湿量的平均值和标准偏差,精确至 0.01 g;

h) 任何偏离本程序的细节。

附 录 A
（资料性附录）
精 密 度

表 A.1 中列出了本方法的可重复性和结果再现性的研究结果。此结果是 ENADA(欧洲用即弃及非织造布协会)于 2000 年研究的。

表 A.1

项 目	试样 A[a]	试样 B[b]	试样 C[c]
参与的实验室个数	6	6	6
未淘汰的实验室个数	6	6	6
未淘汰实验室得到的实验值个数	60	60	60
n 次穿透后的返湿量测试	STT-1	STT-3	STT-3
返湿量 m_{WB} 平均值/g	0.13	0.13	0.17
重复性标准偏差 s_r	0.01	0.03	0.05
重复性变异系数 CV_r	9.8%	23.2%	28.5%
重复性限 $r(2.8\times s_r)$	0.04	0.09	0.14
再现性标准偏差 s_R	0.02	0.04	0.06
再现性变异系数 CV_R	17.5%	30.2%	34.3%
再现性限 $R(2.8\times s_R)$	0.06	0.11	0.17

[a] 试样 A:非耐久亲水性梳理成网非织造布。

[b] 试样 B:耐久亲水性梳理成网非织造布。

[c] 试样 C:耐久亲水性纺丝成网非织造布。

附　录　B
（资料性附录）
其他相关信息

B.1　负载系数(LF)与液体吸收量(LAC)是相关的,其会随 LAC 的变化而变化。

当使用的滤纸 LAC 为(480±30)%时,负载系数约为 3.30。

对于包覆材料来说,某些情况下,返湿量与负载系数之间的关系曲线是有用的。在接近破损点时,返湿量差量明显增大。

建议使用校定非织造布样品来监控本试验的准确性。作为监控试验所需的样品,选取 2 种不同返湿量的样品即可,一种样品的返湿量为 0.12 g 或更低,另一种样品返湿量为 0.2 g 左右。

如果所用滤纸的 LAC 值与规定值(480±30)%不符,或为了研究和评级需要一个精确的程序,可能会采用不同的负载系数,那么修正过的 LAC 值和 LF 值宜在报告中给出。

注：如果 LAC 值与规定值不同,滤纸供应商宜说明与此 LAC 值相对应的 LF 值。

建议采用同一批次的滤纸进行返湿量比对试验。

B.2　在 6.17 和 6.21 中,关于负荷的使用是标准操作。操作者宜进行相关的平衡训练,即负荷放置到天平上时,天平指示不超过 5 g。试验时也可使用带有气泵的自动装置来装配负荷。

B.3　穿透盘的保养将影响本方法的再现性,因此,为了避免影响穿透时间测试因素的发生,如 NaCl 结晶、形成水膜或其他因素对盘壁的污染,宜对穿透盘进行保养,参考穿透盘生产商提供的保养说明。

B.4　聚氨酯泡沫宜符合以下要求：

密度:25 kg/m^3～75 kg/m^3(见 GB/T 6343);

硬度:5 cm 厚度试样产生 40%压缩时产生的力为 150 N ～250 N (参见 GB/T 10807 的方法 A)。

参 考 文 献

[1] GB/T 6343 泡沫塑料和橡胶 表观(体积)密度的测定

[2] GB/T 6379.2 测量方法与结果的准确度(正确度与精密度) 第2部分:确定标准测量方法重复性与再现性的基本方法

[3] GB/T 10807 软质泡沫聚合材料 硬度的测定(压陷法)

[4] GB/T 24218.8 纺织品 非织造布试验方法 第8部分:液体穿透时间的测定(模拟尿液)

[5] ISO 5636-1 纸和纸板 透气度的测定(中等范围) 第1部分:通用方法

ICS 59.080.30
W 04

中华人民共和国国家标准

GB/T 24218.101—2010

纺织品　非织造布试验方法 第101部分:抗生理盐水性能的测定（梅森瓶法）

Textiles—Test methods for nonwovens—
Part 101:Saline repellency (Mason jar method)

2011-01-10 发布　　2011-06-01 实施

中华人民共和国国家质量监督检验检疫总局
中国国家标准化管理委员会　发布

前　言

GB/T 24218《纺织品　非织造布试验方法》分为以下部分：

——第1部分：单位面积质量的测定；

——第2部分：厚度的测定；

——第3部分：断裂强力和断裂伸长率的测定（条样法）；

——第5部分：耐机械穿透性的测定（钢球顶破法）；

——第6部分：吸收性的测定；

——第8部分：液体穿透时间的测定（模拟尿液）；

——第10部分：落絮的测定；

——第11部分：溢流量的测定；

——第12部分：受压吸收性的测定；

——第13部分：液体多次穿透时间的测定；

——第14部分：包覆材料返湿量的测定；

——第15部分：透气性的测定；

——第16部分：抗渗水性的测定（静水压法）；

——第17部分：渗水性的测定（喷淋冲击法）；

——第18部分：断裂强力和断裂伸长率的测定（抓样法）；

——第101部分：抗生理盐水性能的测定（梅森瓶法）。

本部分为GB/T 24218的第101部分。

GB/T 24218《纺织品　非织造布试验方法》第1～18部分与ISO 9073系列标准相对应，除上述标准外，其他标准与ISO 9073的对应关系如下：

——GB/T 3917.3《纺织品　织物撕破性能　第3部分：梯形试样撕破强力的测定》（GB/T 3917.3—1997，eqv ISO 9073-4:1989）；

——GB/T 18318.1《纺织品　弯曲性能的测定　第1部分：斜面法》（GB/T 18318.1—2009，ISO 9073-7:1995，MOD）；

——GB/T 23329《纺织品　织物悬垂性的测定》（GB/T 23329—2009，ISO 9073-9:2008，MOD）。

本部分由中国纺织工业协会提出。

本部分由全国纺织品标准化技术委员会基础标准分会（SAC/TC 209/SC 1）归口。

本部分起草单位：中纺标（北京）检验认证中心有限公司。

本部分主要起草人：周世香。

纺织品　非织造布试验方法
第101部分：抗生理盐水性能的测定
（梅森瓶法）

1　范围

GB/T 24218的本部分规定了采用梅森瓶测定非织造布抗生理盐水渗透性能的试验方法。

本部分适用于非织造布。

2　规范性引用文件

下列文件中的条款通过GB/T 24218的本部分的引用而成为本部分的条款。凡是注日期的引用文件，其随后所有的修改单(不包括勘误的内容)或修订版均不适用于本部分，然而，鼓励根据本部分达成协议的各方研究是否可使用这些文件的最新版本。凡是不注日期的文件，其最新版本适用于本部分。

GB/T 6682　分析试验室用水规格和试验方法(GB/T 6682—2008,ISO 3696:1987,MOD)

3　原理

试样置于规定装置内，规定高度的生理盐水在试样上产生一定的压力，观察试样的渗水情况，记录渗水时间。渗水时间越长，试样抗生理盐水性能越好；反之，则差。

4　试验设备和材料

4.1　梅森瓶，透明或半透明材质，容积为1 125 mL，瓶口直径为63.5 mm，且底部有放气孔；并带有聚四氟乙烯垫圈(内径为56 mm，外径为68 mm)和橡胶垫圈(内径为56 mm，外径为67 mm)，见图1。

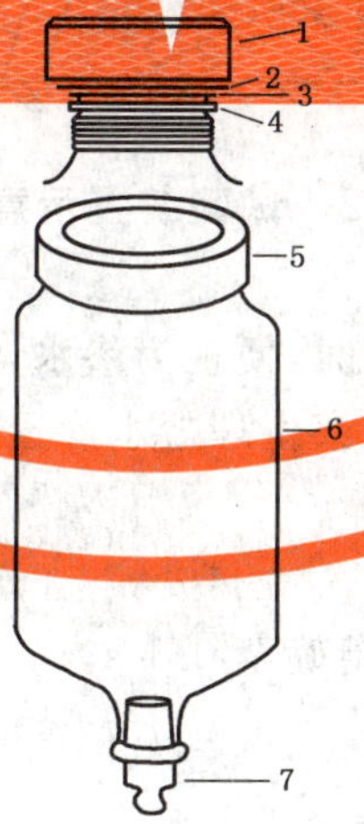

1——试样夹持塞；
2——聚四氟乙烯垫圈；
3——试样；
4——橡胶垫圈；
5——瓶口；
6——梅森瓶瓶体；
7——气孔塞。

图1　梅森瓶示意图

4.2 透明的玻璃板或塑料板，尺寸大小为80 cm×80 cm。

4.3 镜子。

4.4 秒表，精确至0.01 s。

4.5 环形支架。

4.6 模拟生理盐水，在(20±2)℃下，采用GB/T 6682中规定的三级水配制9 g/L的NaCl溶液。

5 步骤

5.1 按产品标准的规定或相关方协商确定取样，随机剪取5块直径为65 mm的圆形试样。

5.2 用气孔塞将梅森瓶的底孔塞住，并向瓶中倒入约510 mL的生理盐水。试验前应估计生理盐水用量，使得梅森瓶反转后，水位刚好为115 mm，见图2。

5.3 将试样安装在橡胶垫圈与聚四氟乙烯垫圈之间，然后套上试样夹持盖，并将其拧紧。将玻璃板或塑料板压在梅森瓶试样夹持盖上，同时把梅森瓶与玻璃板整体倒置，放在环形支架上，梅森瓶的试样夹持盖应放置在环状支架的中心，见图2。

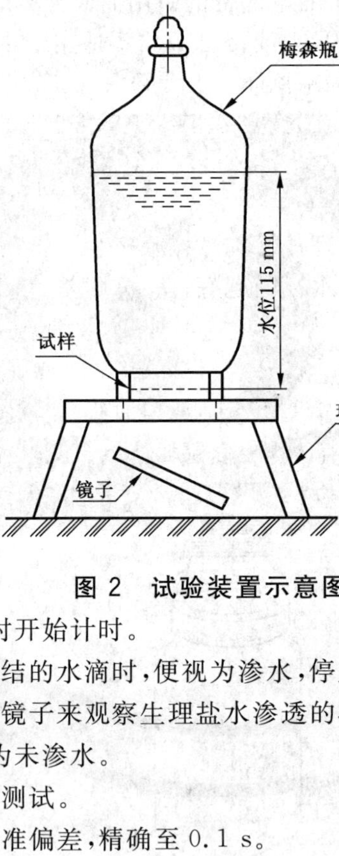

图2 试验装置示意图

5.4 将梅森瓶的气孔塞拔去，同时开始计时。

5.5 当在玻璃板和试样间发现凝结的水滴时，便视为渗水，停止计时，记录渗水时间。

5.6 利用放置在环形支架下部的镜子来观察生理盐水渗透的状况，使用秒表来记录渗水时间。如果经过60 min后还未发现渗水，则视为未渗水。

5.7 对其他4块试样进行同样的测试。

5.8 计算渗水时间的平均值及标准偏差，精确至0.1 s。

6 试验报告

试验报告应包含以下内容：

a) 试验是按本部分进行的；

b) 样品描述；

c) 渗水时间的平均值和标准偏差；

d) 如需要，各个试样的渗水时间；

e) 任何偏离本程序的细节。

ICS 75.180.10
E 92

中华人民共和国国家标准

GB/T 24261.2—2010

石油海上数字地震采集拖缆系统 第2部分：水听器拖缆技术条件

Marine seismic digital streamer system—Part 2: Standards for specifying hydrophone streamer-cable characteristic

2010-09-02 发布　　2010-12-01 实施

中华人民共和国国家质量监督检验检疫总局
中国国家标准化管理委员会　发布

前　言

GB/T 24261《石油海上数字地震采集拖缆系统》分为3个部分：

——第1部分：水听器技术条件；

——第2部分：水听器拖缆技术条件；

——第3部分：中央记录系统。

本部分为GB/T 24261的第2部分。

本部分使用重新起草法修改采用国际地球物理家学会(SEG)海上数字拖缆标准第2部分规定的水听器拖缆特性标准(Geophysics,52,no.02,242-248,1987,Part Ⅱ)。在附录A中给出了本部分章条编号与Geophysics,52,no.02,242-248,1987,Part Ⅱ标题页码对照一览表，以供参考。

由于我国石油勘探工业的特殊需要，本部分在采用国际标准时进行了修改。在附录B中给出了本部分与Geophysics,52,no.02,242-248,1987,Part Ⅱ技术性差异及其原因一览表，以供参考。

本部分的附录A和附录B是资料性附录。

本部分由中国海洋石油集团公司提出。

本部分由石油仪器仪表专业标准化技术委员会归口。

本部分起草单位：中国海洋石油集团公司油田服务股份有限公司物探事业部、中国石油天然气集团东方地球物理勘探有限责任公司西安物探装备分公司、石油工业仪器仪表质量监督检验中心、国土资源部广州海洋地质调查局。

本部分主要起草人：于湛海、何国信、尹振国、褚荣英、张在陆、李佩昌、曹占全、汉泽西、陈洁、韩晓泉、赵伟、连艳红。

石油海上数字地震采集拖缆系统 第2部分：水听器拖缆技术条件

1 范围

GB/T 24261 的本部分规定了石油海上数字地震采集拖缆系统水听器组合参数，工作段、前导段、弹性段、甲板电缆以及可选择的辅助设备的技术要求，还包括压载物的技术要求。

本部分适用于水听器拖缆的制造、检验和质量评价。

2 规范性引用文件

下列文件中的条款通过 GB/T 24261 的本部分的引用而成为本部分的条款。凡是注日期的引用文件，其随后所有的修改单(不包括勘误的内容)或修订版均不适用于本部分，然而，鼓励根据本部分达成协议的各方研究是否可使用这些文件的最新版本。凡是不注日期的引用文件，其最新版本适用于本部分。

GB/T 5096 石油产品铜片腐蚀试验法(GB/T 5096—1985)

GB/T 24261.1 石油海上数字地震采集拖缆系统 第1部分：水听器技术条件

SEG Geophysics,53,no.03,415-416(Badger,A.S.,1988) 数字地震记录器指标标准

3 要求

3.1 水听器组合

3.1.1 物理特性

对水听器组合的物理特性要求应包括如下内容：

a) 水听器：每个组合的水听器类型和数量；

b) 组合：每段的组合数量；

c) 组合尺寸：道长度，单位为米(m)；

d) 道间距：相邻组合中心点间的距离，单位为米(m)；

e) 水听器间距：在组合内水听器的间距，单位为米(m)；

f) 图形：如水听器间距不等时，以图形示明尺寸；

g) 工作深度：推荐工作深度，单位为米(m)；

h) 最大深度：水听器组合在没有损坏或灵敏度显著的永久性变化未超过 1 dB 时的最大深度，单位为米(m)；

i) 可编程性：如果可以编程，说明可选组态；

j) 指标列表：依照 GB/T 24261.1 应规定的水听器参数标准，提供典型水听器指标，可列表。

3.1.2 响应特性

水听器组合响应特性，包括如下内容：

a) 电器图：提供工作段的电器电路示意图，包括水听器连接，耦合电路；

b) 电容：每个水听器组合的总电容，单位为微法(μF)，允许误差±X%；

c) 输出阻抗：复输出阻抗，以图形形式表示；

d) 灵敏度：水声灵敏度，单位为伏每微帕(V/μPa)，允许误差±X dB(V/μPa)；

e) 灵敏度与深度关系：灵敏度随深度变化关系，dB/m；

f) 电权值:组合单独单元电权值;

g) 振幅响应:振幅响应以图形形式表示,频率单位为赫兹(Hz),振幅单位为分贝(dB),以 1 V/μPa 为 0 dB,见图 1;

h) 相位响应:相位响应以图形形式表示,相位单位为弧度(rad),频率单位为赫兹(Hz),见图 1;

i) 空间响应:空间响应是组合长度与波长比(L/λ)的函数,应以图形形式表示,见图 2。

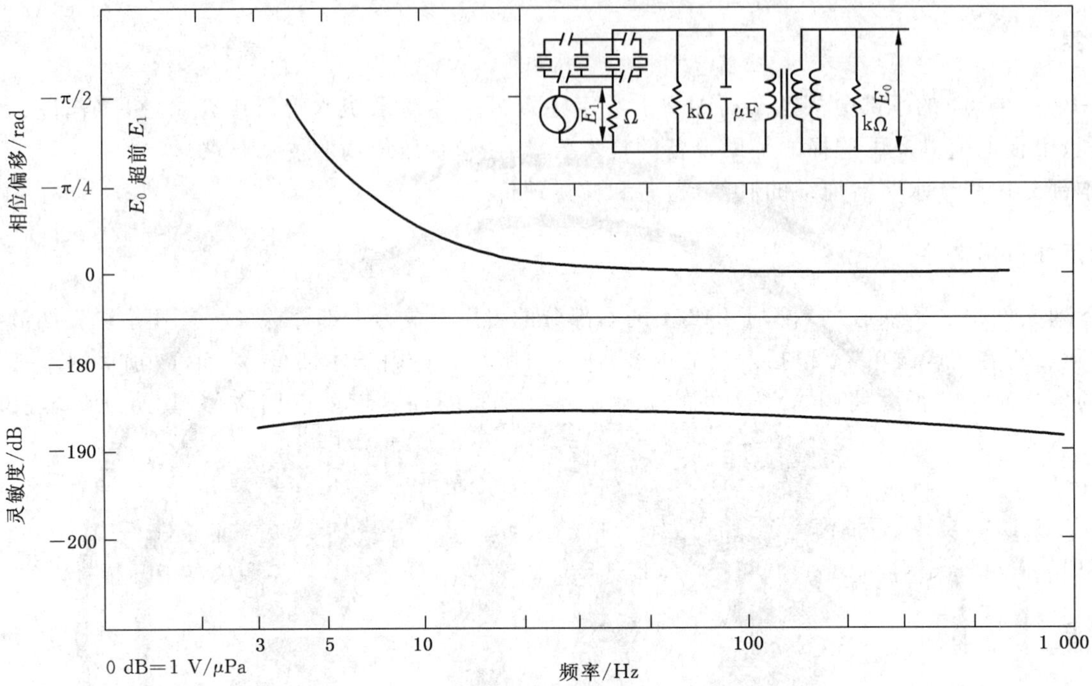

图 1 组合频率响应

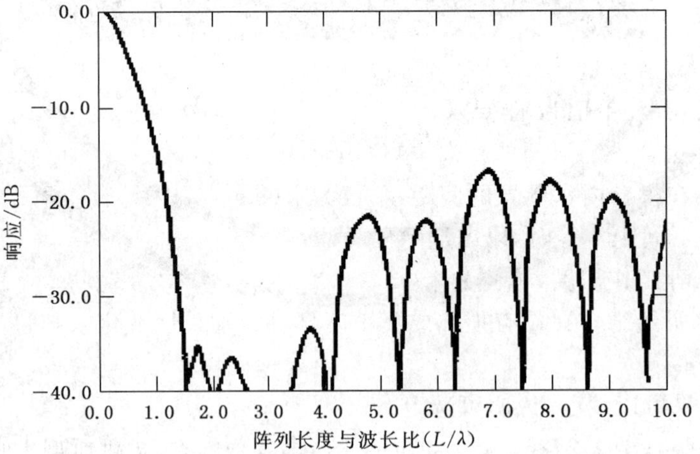

图 2 组合空间响应

3.2 工作段

3.2.1 物理特性

工作段的物理特性要求应包括以下内容:

a) 长度:单位为米(m);

b) 外径:单位为厘米(cm);

c) 护套:护套类型,厚度,单位为厘米(cm);

d) 加强构件:加强构件材质,类型、尺寸、数目;

e) 拖断力:最小拖断力,单位为牛(N);

f) 干重:每段在干燥空气中的质量,单位为千克(kg);

g) 湿重:填充定量液体后在干燥空气中的质量,单位为千克(kg);

h) 潜水质量:在标准温度 20 ℃和标准压力 101 325 Pa (一个标准大气压)下,计算或测量的每段电缆在净水中的排水量,单位为千克(kg);

i) 压载物:使用压载物体积,单位为立方米(m^3);

j) 工作温度:工作温度范围,单位为摄氏度(℃);

k) 存储温度:存储温度范围,单位为摄氏度(℃);

l) 连接器:电缆段连接器类型;

m) 材质:制造厂商应规定水听器的材质,说明与其接触的压载物之间的化学兼容性,并说明替代材质的指标;

n) 连接器指标:外径、净水中的质量、长度(包括电子模块);

o) 极限深度:不导致工作段损坏或物理电气性能不显著变化的最大深度,单位为米(m);

p) 弯曲半径:电缆和连接器可经受的最小弯曲半径,单位为米(m)。

3.2.2 模拟电气性能

模拟电气性能参数要求应包括以下内容:

a) 电参数:在特定环境下,导体的环路直流电阻和电容,单位分别为欧姆每米(Ω/m)、微法每米(μF/m);

b) 工作道:工作道数目和备份数量;

c) 辅助道:辅助道数目和备份数量;

d) 测试线对:电子模块质量控制测试线对的数目;

e) 导体:指明实际使用的导体类型,如双绞线、同轴线、光纤等;

f) 漏电:在特定环境测量,道间漏电电阻的可容许标称值为兆欧(MΩ)。

3.2.3 数字电气特性

3.2.3.1 电子模块指标

按照 SEG Geophysics,53,no. 03,415-416(Badger,A. S. ,1988)的规定:

a) 每模块道数:每模块地震道数(2、4、12、16、24 可选)和辅助道数;

b) 高截频率(Hz):根据采样间隔选择(1648、824、412、306、103);

c) 低截频率(Hz):可选(0～5);

d) A/D 转换器:24 位 Δ-Σ 类型;

e) 动态范围(dB):在 2 ms 采样时,>114;

f) 总谐波畸变(dB):在 2 ms 采样时,>－105;

g) 前置放大器:类型,差分输入电阻,单位为欧姆(Ω)。

3.2.3.2 工作段指标

工作段指标要求应包括以下内容:

a) 数据传输链:类型和数传链带宽(即,同轴电缆、光缆、带宽 MHz);

b) 相邻模块间和中继器间最大数传距离,单位为米(m);

c) 功率:功率需求,单位为千瓦(kW);

d) 电缆长度:能满足功率和数传需求的最大电缆长度;

e) 辅助导线:非地震数传导线的类型、指标、数量和实用功能;

f) 漏电:在特定场地测量,可允许漏电的漏电电阻值应大于 100 MΩ。

3.3 辅助设备

3.3.1 设备类型

设备可有以下类型：

a) 水断水听器：类型、数量、位置；
b) 电缆深度传感器：类型、数量、位置；
c) 罗盘：方位指示器，可允许布置的位置；
d) 电缆回收装置：类型、描述；
e) 电缆深度控制器：自动、手动或可编程，可允许布置的位置；
f) 节：尾节，类型，容量；
g) 尾标：声学定位系统，测向电台、GPS；
h) 电缆定位设备：声学定位设备，位置、类型，测量范围，船上及电缆上配置，数传方法。

3.3.2 设备输出信号

对设备输出信号要求应包括如下内容：

a) 信号输出标准：对特殊类型的辅助设备，提供信号输出类型(数字或模拟)、测量单位(例如电缆深度传感器为 V/m)、分辨率、精度，功率要求的指标，特别是在电缆表面安装的设备、影响电缆噪声及拖曳配置的设备应说明其物理特性；
b) 指标来源：对于商业上有现货供应的设备，电缆制造厂商可根据已出版的辅助设备指标作为参考，避免指标列表繁杂。

3.4 前导段

前导段物理特性应包括如下内容：

a) 长度：单位为米(m)；
b) 外径：单位为厘米(cm)；
c) 护套：类型，护套厚度，单位为厘米(cm)；
d) 导体：数量，类型，AWG 导线规格，线束的屏蔽；
e) 铠装：铠装类型，加强构件指标；
f) 强度：最小拖断力，单位为牛(N)；
g) 干重：空气中质量，单位为千克(kg)；
h) 潜重：在标准压力和温度下，净水中质量，单位为千克(kg)；
i) 工作温度：工作温度范围，单位为摄氏度(℃)；
j) 存储温度：存储温度范围，单位为摄氏度(℃)；
k) 减震装置：减震装置类型；
l) 电气特性：在特定环境测量的环路直流电阻、电容和漏电，单位分别为欧姆(Ω)、微法(μF)和兆欧(MΩ)；
m) 连接器：连接器类型；
n) 浮力：如有浮漂，浮力类型，单位为千克(kg)；
o) 弯曲半径：最小弯曲半径，单位为米(m)。

3.5 甲板电缆

甲板电缆物理特性应包括如下内容：

a) 长度：单位为米(m)；
b) 外径：单位为厘米(cm)；
c) 护套：护套类型；
d) 导体：数量，类型，AWG 导线规格；
e) 铠装：铠装类型，屏蔽，加强构件；

f） 强度：最小拖断力，单位为牛（N）；

g） 干重：空气中质量，单位为千克（kg）；

h） 工作温度：工作温度范围，单位为摄氏度（℃）；

i） 存储温度：存储温度范围，单位为摄氏度（℃）；

j） 连接器：连接器类型，嵌入式、旋转式、滑环式等；

k） 弯曲半径：最小弯曲半径，单位为米（m）；

l） 电气特性：在特定环境测量的环路直流电阻，电容，标称漏电电阻。

3.6 弹性段

弹性段指标应包括如下内容：

a） 长度：单位为米（m）；

b） 外径：单位为厘米（cm）；

c） 护套：护套类型，厚度，单位为厘米（cm）；

d） 导体：数量，类型，AWG 导线规格；

e） 加强构件：弹性加强构件类型和数量；

f） 强度：最小拖断强度，单位为牛（N）；

g） 可拉伸性：也称伸长度，即每牛顿载荷段组在 Z 牛顿载荷张力经 Y 小时后不应超过 X%，应提供适用的图件；

h） 干重：在干燥空气中的质量，单位为千克（kg）；

i） 湿重：填充定量液体后在干燥空气中的质量，单位为千克（kg）；

j） 潜重：标准温度和压力下，充以规定量压载液体后在净水中的质量，单位为千克（kg）；

k） 工作温度：工作温度范围，单位为摄氏度（℃）；

l） 存储温度：存储温度范围，单位为摄氏度（℃）；

m） 电气特性：每单位长度的往返直流电阻，单位为欧姆每米（Ω/m）；电容，单位为微法每米（μF/m）；漏电标称值，单位为兆欧（MΩ）；

n） 连接器：连接器类型；

o） 充填物：充填物体积，单位为立方米（m^3）；

p） 水听器：如能带有水听器的，应规定工作传感器数量和类型以及合适的位置，同时应列出在作为地震电缆段时的电气模拟和数字特性。

3.7 充填物指标

充填物有以下三种类型：液体、胶体、固体。

液态充填物或简单的电缆油都是硫、芳香烃和烯烃的含量可忽略不计的一些无臭味的煤油，适用的电缆油都是选自链烃类，如标准的煤油、异链烷烃、环烷烃。这类碳氢溶剂只有当其随机含量占到一定的成分时，其特征参数才会在随后的段落被确定，凡超出下列指标的电缆油会对电缆结构带来损害。

电缆油的特性应包括如下内容：

a） 密度：（0.750±0.040）g/cm^3；

b） 闪点：闪点是点火瞬间，蒸汽点燃时的最低温度，应大于 58 ℃；

c） 芳香族化合物含量：10 cm^3/L；

d） 防臭性：专业测试方法是特别参考硫磺和硫醇对溶剂的除臭的程度加以衡量。

e） 腐蚀性：对硫磺含量和油的腐蚀测试，应根据 GB/T 5096 的规定，腐蚀性指标应不超过 1 或 1a 级；

f） 硫磺含量：1 mg/kg；

g） 石蜡：石蜡含量应为 99%或大于标准值或异链烷烃；

h） 烯烃：烯烃含量 10 cm^3/L。

采用胶体、固体等其他充填物的电缆也应符合安全、环保相关的规定。

4 检验和试验

4.1 电缆工作段

对电缆工作段的各项技术指标的试验，应根据SEG数字地震记录器指标标准Geophysics，53，no.03，415-416(Badger，A.S.，1988)的相关的方法进行，结果应符合4.2的要求。

4.2 电缆压载物腐蚀性

对电缆压载物腐蚀性的检验，应根据GB/T 5096规定执行，结果应符合3.7f)的要求。

附 录 A
(资料性附录)
本部分章条编号与 SEG 标准 Geophysics,52,no.02,242-248,1987,Part Ⅱ标题页码对照

表 A.1 给出了本部分章条编号与 SEG 标准 Geophysics,52,no.02,242-248,1987,Part Ⅱ 标题页码对照一览表。

表 A.1 本部分章条编号与 SEG 标准 Geophysics,52,no.02,242-248,1987,Part Ⅱ标题页码对照

本部分章条编号	SEG Geophysics,52,no.02,242-248,1987,part Ⅱ 标题页码
1 范围	第 6 页:Scope
2 规范性引用文件	第 8 页:Electrical characteristics,digital (1) Digital specifications; 第 10 页:Ballast fluid specifications
3.1 水听器组合	第 7 页:Hydrophone arrays
3.2 工作段	第 7 页:Streamer cable section
3.3 辅助设备	第 8 页:Ancillary equipment
3.4 前导段	第 9 页:Lead-in cable
3.5 甲板电缆	第 9 页:Deck cable
3.6 弹性段	第 9 页:Stretch cable
3.7 充填物指标	第 10 页:Ballast fluid specifications

附 录 B
（资料性附录）
本部分与SEG标准 Geophysics，52，no. 02，242-248，1987，Part Ⅱ技术差异及其原因

表B.1给出了本部分与SEG标准Geophysics，52，no. 02，242-248，1987，Part Ⅱ技术性差异及其原因一览表。

表B.1 本部分与SEG标准 Geophysics，52，no. 02，242-248，1987，Part Ⅱ技术性差异及其原因

本部分章条编号	技术性差异	原　　因
1	删除了SEG标准第2部分中的“目的(purpose)”和“结论(Conclusions)”	因为“目的”和“结论”的表述已经不适用于我国标准的表述
2	将SEG数字地震记录器指标标准和GB/T 5096石油产品铜片腐蚀测试法标准编写作为规范性引用文件	为了方便使用和编排的需要
3.2.3.1	增加了对水听器电缆工作段数字采集模块具体技术指标的规定	为了便于实施和质量控制
4	增加了：4　检验和试验 1)　对电缆工作段的各项技术指标试验； 2)　对电缆压载物腐蚀性的检验的规定	为了方便使用和编排的需要

ICS 75.180.10
E 92

中华人民共和国国家标准

GB/T 24261.3—2010

石油海上数字地震采集拖缆系统 第3部分：中央记录系统

Marine seismic digital streamer system—Part 3: Central recording system

2010-09-02 发布　　2010-12-01 实施

中华人民共和国国家质量监督检验检疫总局
中国国家标准化管理委员会　发布

前　言

GB/T 24261《石油海上数字地震采集拖缆系统》分为3个部分：

——第1部分：水听器技术条件；

——第2部分：水听器拖缆技术条件；

——第3部分：中央记录系统。

本部分为GB/T 24261的第3部分。

本部分的附录A是规范性附录。

本部分由中国海洋石油总公司提出。

本部分由石油仪器仪表专业标准化技术委员会归口。

本部分起草单位：中国海洋石油总公司油田服务股份有限公司物探事业部、中国石油天然气集团东方地球物理勘探有限责任公司西安物探装备分公司、石油工业仪器仪表质量监督检验中心、国土资源部广州海洋地质调查局。

本部分主要起草人：于湛海、何国信、尹振国、张在陆、李佩昌、汉泽西、褚荣英、曹占全、陈洁、韩晓泉、赵伟、连艳红。

石油海上数字地震采集拖缆系统
第3部分:中央记录系统

1 范围

GB/T 24261的本部分规定了石油海上数字地震采集拖缆中央记录系统(以下简称仪器)的组成、要求、试验方法、检验规则、标志、包装、运输和贮存。

本部分适用于仪器的制造、检验和质量评价。

2 规范性引用文件

下列文件中的条款通过GB/T 24261的本部分的引用而成为本部分的条款。凡是注日期的引用文件,其随后所有的修改单(不包括勘误的内容)或修订版均不适用于本部分,然而,鼓励根据本部分达成协议的各方研究是否可使用这些文件的最新版本。凡是不注日期的引用文件,其最新版本适用于本部分。

GB/T 191 包装储运图示标志

GB/T 2421.1 电工电子产品环境试验 概述和指南

GB/T 15464 仪器仪表包装通用技术条件

GB/T 15479 工业自动化仪表绝缘电阻、绝缘强度技术要求和试验方法

3 组成

仪器的组成包括:

a) 控制箱;

b) 人机交互接口:PC机或工作站;

c) 质量监控系统:QA/QC工作站;

d) 记录设备;

e) 绘图仪;

f) 小型打印机;

g) 辅助设备包括:激发源同步系统。

4 要求

4.1 环境条件

环境条件要求应包括:

a) 工作温度:10 ℃~40 ℃;

b) 贮存温度:−40 ℃~+70 ℃;

c) 相对湿度:20%~80%。

4.2 技术性能

4.2.1 仪器的技术要求应包括:

a) 系统道容量的道数;

b) 测线能力的测线条数;

c) 记录长度;

d) 记录格式:SEG 格式或其他标准格式;

e) 辅助道:道数;

f) 磁带机数量及接口类型;

g) 移动存储设备的接口:USB、并行口等;

h) 绘图仪接口:并行口、Versatec 或其他高速接口;

i) 数传能力:2 ms 采样时单条缆线采集最大道数。

4.2.2 基本功能要求应包括:

a) 一般参数设置功能;

b) 观测系统设置功能:SPS 或 OMNI 或 MESA 标准文件的文件输入;

c) 采集功能:24 位定点数据的采集和向 32 位 IEEE 浮点数据的转换;

d) 记录功能:记录参数设置和标准 SCSI 接口;

e) 测试功能:系统开机自检、仿真测试、仪器测试和在线测试;

f) 激发源控制、管理功能:根据施工要求可以对激发源进行控制;

g) 操作员班报设计功能:能够生成 SPS 或 OMNI 或 MESA 标准格式的文件;

h) 数据回放功能:AGC、回放滤波、波形或变面积或显示功能。

4.2.3 激发源同步系统:同步误差不应大于 1 ms。

4.3 外观要求

外观要求应包括:

a) 箱体或部件外表无划伤、裂纹或变形现象,涂覆层不应起泡、脱落,金属部件不应锈蚀;

b) 所有操作开关、按键应灵活可靠,紧固件无松动,标志及指示灯应清楚;

c) 铭牌粘结牢固,字体应清晰端正。

4.4 安全要求

安全要求应包括:

a) 仪器外壳与交流电源供电线路之间的绝缘电阻应大于 100 MΩ(1 000 V DC);

b) 工作环境应有防静电措施,地线安全可靠,防静电手环对地电阻 1 MΩ~2 MΩ。

4.5 可靠性要求

仪器平均故障间隔时间(MTBF)应不少于 300 h。

4.6 连续工作时间要求

仪器和水听器组合拖缆连续工作时间应不少于 96 h。

5 试验方法

5.1 环境条件试验

5.1.1 试验设备

试验设备包括:

——密闭空间,降温和升温设备;

——压力试验设备;

——交流调压器。

5.1.2 工作温度试验

仪器工作温度试验方法:

a) 将被测仪器放置温度仓内,保持通电;

b) 调节温度仓温度降至 4.1a)要求的下限温度 10 ℃,仪器达到热平衡后,恒温 4 h,仪器技术性能试验见附录 A。按 A.3.1 规定的方法对仪器进行通电测试,结果应符合 4.2.2 的相应要求;

c) 将温度仓内温度升至 4.1a)要求的上限温度 40 ℃,仪器达到热平衡后,恒温 4 h,按 A.3.1 规定的方法对仪器进行通电测试,结果应符合 4.2.2 的相应要求。

5.1.3 贮存温度试验

仪器贮存温度试验方法:

a) 将放置仪器的温度仓内温度降至 4.1b)要求的下限温度−40 ℃,仪器达到热平衡后,恒温 4 h,恢复至室温 24 h 后,按 A.3.1 规定的方法对仪器进行通电测试,结果应符合 4.2.2 的相应要求;

b) 将放置仪器的温度仓内温度升至 4.1b)要求的上限温度+70 ℃,仪器达到热平衡后,恒温 4 h,恢复至室温 24 h 后,按 A.3.1 规定的方法对仪器进行通电测试,结果应符合 4.2.2 的相应要求。

5.2 技术性能测试

5.2.1 仪器技术性能测试按 A.3.1 和 A.3.2 进行,并符合 4.2.1 和 4.2.2 的要求。

5.2.2 激发源同步系统性能测试按 A.3.3 的规定与仪器联调,工作正常,应符合 4.2.3 要求。

5.3 外观检查

用目测的方法检查,检查结果应符合 4.3 的要求。

5.4 安全性能试验

安全性能试验方法:

a) 按 GB/T 15479 进行仪器绝缘电阻试验,试验结果应符合 4.4a)的要求;

b) 用多用数字表检测防静电设备接地电阻,测试结果应满足 4.4b)的要求。

5.5 可靠性试验

推荐采用仪器和水听器组合拖缆组成系统,多机同时工作,对被试仪器按 A.3.4 进行测试,仪器平均故障间隔时间(MTBF)应符合 4.5 的要求。

5.6 连续工作试验

仪器和水听器组合拖缆连接组成系统,按 A.3.5 的规定进行试验,试验结果应符合 4.6 的有关要求。

6 检验规则

6.1 出厂检验

6.1.1 仪器应逐台按表 1 的规定要求进行检验。

6.1.2 仪器检验合格后,方准予出厂。

6.2 型式检验

6.2.1 仪器属下列情况之一者,应进行型式检验:

a) 新产品试制定型鉴定;

b) 产品的结构、工艺、材料有较大改变,影响产品性能时;

c) 产品停产两年以上恢复生产时;

d) 出厂检验结果与上次型式检验有较大差别时;

e) 国家或上级质量监督机构提出进行型式检验要求时。

6.2.2 型式检验应在合格产品中随机抽取,仪器数量为 1 台,进行连续工作试验时水听器组合拖缆工作段不少于 10%,至少为一条。

6.2.3 仪器按表 1 规定的相关项目进行型式检验。

6.2.4 型式检验不通过时,应查明故障的原因。若为偶发性故障,经排除后可重新进行型式检验;若为设计、制造质量问题,则判为产品型式检验不合格。

表 1　仪器检验项目表

检验项目	检验要求	试验方法	试验分类	
			出　厂	型　式
工作温度	4.1a)	5.1.2	●	●[b]
贮存温度	4.1b)	5.1.3	○[a]	●
技术性能	4.2	5.2.1	●	●
外观	4.3	5.3	●	●
安全	4.4	5.4	●	●
可靠性试验	4.5	5.5	○	●
连续工作试验	4.6	5.6	●	●

a “○”表示可以不检项目。

b “●”表示应检项目。

7　标志、包装、运输和贮存

7.1　标志

7.1.1　产品标志应有：制造厂(公司)名称地址、商标、出厂日期、执行标准、仪器型号、名称及编号。

7.1.2　包装标志应有：

仪器单件出厂时，应在包装箱上加标志。除标以产品名称、生产厂名及出厂日期外，包装标志应符合 GB/T 191 的规定。

7.2　包装

7.2.1　产品标志应符合 GB/T 15464 的规定。

7.2.2　单件出厂时，应用专用包装箱包装。

7.2.3　仪器随机文件应包括：合格证、使用说明书、安装图及相应的验收手册、装箱单和备附件清单。

7.3　运输

仪器适用于各种交通工具运输。运输中应避免剧烈振动，防潮防尘，且不应倒置。

7.4　贮存

仪器应贮存在通风、干燥、无腐蚀性气体的环境中。长期贮存应定期(不超过 6 个月)通电检查。

附　录　A
（规范性附录）
技术性能试验

A.1　适用范围

本规程适用于仪器的调试及检验。

A.2　测试大气条件

测试环境正常的试验大气条件按 GB/T 2421.1 的规定执行，其条件为：

a)　温度：15 ℃～35 ℃；

b)　相对湿度：45%～75%；

c)　大气压力：86 kPa～106 kPa。

A.3　基本技术性能测试

A.3.1　仪器性能自检测试

A.3.1.1　系统开机自动诊断

以内置程序启动系统诊断，在屏幕上指示“通过”或“故障”。

A.3.1.2　仿真数据采集和处理

仪器执行数据采集处理测试，即由程序控制输入已知的数字化的仿真信号脉冲和正弦波信号，检查仪器采集、处理、记录和回放各系统的工作情况，并得到脉冲和正弦波的硬拷贝纸记录，由此判定仿真数据采集和处理的正确性。同时对仪器的系统道容量、测线能力、记录长度、记录格式、辅助道数、数传能力等各项性能及指标以及磁带机数量及接口、移动存储设备和绘图仪接口等接口性能进行检查。

A.3.2　系统性能测试

A.3.2.1　测试条件

建立单线或多线排列，在道容量允许的范围内，选定系统采样率和采集道数。

A.3.2.2　系统功能检测

按 A.3.1 的方法，按菜单顺序检查以下功能：

a)　一般参数设置；

b)　观测系统设置；

c)　采集功能；

d)　记录功能；

e)　测试功能；

f)　班报设计；

g)　处理；

h)　数据回放。

A.3.2.3　在线的例行测试

本测试项目主要用于系统在线的例行测试，连接仪器和水听器组合拖缆组成单线或多线排列系统，按需要选择进行例行测试，将测试结果存于磁盘或直接打印。

A.3.3　激发源同步系统试验

在仪器距激发点一定距离的条件下，系统工作正常，检查激发源同步系统性能的可靠性及重复性。

A.3.4 可靠性试验

本试验主要用于仪器的可靠性试验。求取仪器的平均故障间隔时间（*MTBF*）应按以下的方法执行：

a) 可选取多台仪器在正常工作条件下同时进行试验；

b) 试验过程中，仪器应处于工作状态，每隔 4 h 对被试仪器按 A.3.2 进行系统性能测试；

c) 当被试仪器发生故障时，应停止试验，排除故障，故障排除后，再重新投入试验；

d) 累计所有被试仪器每次试验的无故障工作时间，即故障间隔时间，依次为 $t_1, t_2, \cdots, t_N$；平均故障工作时间按式（A.1）计算；

$$MTBF = \frac{1}{N}\sum_{i=1}^{N} t_i \qquad \cdots\cdots\cdots\cdots (A.1)$$

式中：

MTBF——平均故障间隔时间，单位为小时（h）；

$\sum_{i=1}^{N} t_i$ ——所有被试仪器的累计工作时间，单位为小时（h）；

N——试验过程被测试仪器故障的总次数，N 为自然数。

e) 如在规定的试验过程中，当所有被试仪器没有发生故障时，平均故障间隔时间应等于所有被试仪器工作时间的总和。

A.3.5 系统连续工作考核试验

本测试项目主要用于系统连续工作考核测试。连接仪器和水听器组合组成单线排列系统，对仪器按 A.3.1 进行一次自检测试，测试通过后，每隔 4 h 按 A.3.2.3 对水听器组合进行一次测试，打印测试结果，统计评价系统的连续工作时间。

ICS 35.080
L 77

GB

中华人民共和国国家标准

GB/T 24405.2—2010/ISO/IEC 20000-2:2005

信息技术　服务管理
第2部分:实践规则

Information technology—Service management—
Part 2:Code of practice

(ISO/IEC 20000-2:2005,IDT)

2010-12-01 发布　　2011-04-01 实施

中华人民共和国国家质量监督检验检疫总局
中国国家标准化管理委员会　发布

前　言

GB/T 24405 在《信息技术　服务管理》总标题下，分为如下几部分：

——第 1 部分：规范；

——第 2 部分：实践规则。

本部分为 GB/T 24405 的第 2 部分。

本部分等同采用 ISO/IEC 20000-2:2005《信息技术　服务管理　第 2 部分：实践规则》。

本部分由国家标准化管理委员会提出。

本部分由全国信息技术标准化技术委员会(SAC/TC 28)归口。

本部分起草单位：中国电子技术标准化研究所、上海宝信软件股份有限公司、山东省标准化研究院、上海三零卫士信息安全技术有限公司、深圳市诚信信息工程研究院、中国生产力促进中心协会、北京三零盛安信息系统有限公司、深圳市爱思拓信息存储技术有限公司、广州新鼎典信息技术有限公司、山东浪潮齐鲁软件产业股份有限公司、深圳市希尔科技有限公司。

本部分主要起草人：韩红强、周平、冯惠、陈在根、丛力群、金桥、程玉宝、艾丽君、杨建军、朱瑞虹、王曙光、曲发川、陈长松、唐尖兵、张建军、曾波、邓超、刘辉、杨晓光、王宝艾、韩硕祥、刘洋、王昱人、张帆、申明星、曹晖、王柏华、王双飞、周楚生、刘燕青、张健、于国华、郝伟、程燕、孙海东。

引　言

作为实践规则,GB/T 24405 的本部分采用指南和建议的形式。本部分不宜作为规范引用,并宜特别关注以确保符合性声明不会引起误解。

本部分宜与 GB/T 24405 的第 1 部分结合起来使用,第 1 部分是与此实践规则相关的规范。

假定将本部分条款的执行委托给有适当资质和有能力的人员。本标准不声称包括一份合同所有必需的条款。本标准的使用者负责正确地应用标准。

对于本标准的符合并不意味着可以免除法律义务。

本部分描述了在 GB/T 24405 的第 1 部分中涵盖的服务管理过程的最佳实践。

由于顾客需要愈加先进的设施(以最小的成本)以满足业务要求,服务交付变得越来越重要。同样应意识到,服务和服务管理对于帮助组织产生收入和有成本效益是关键的。

GB/T 24405 的第 1 部分是服务管理的规范,宜与本部分结合起来阅读。

本标准能使服务提供方理解如何提高交付给顾客的服务质量,无论内部或外部的顾客。

随着对支持服务依赖性的逐渐增长,以及可用技术的多样化,服务提供方能尽力维持高水平的顾客服务。若被动地进行工作,他们花费很少的时间策划、培训、评审、调查和为顾客工作,结果导致没有履行采用结构化的、主动的工作实践。

那些同样的服务提供方被要求提高质量、降低成本、灵活性更高、响应顾客更快。有效的服务管理交付更高水准的顾客服务和顾客满意度。

本标准描述了过程的最佳实践之间的区别,这些过程不受组织形式或规模、名称和结构的影响。本标准既可以应用于大规模的、也可以应用于小规模的服务提供方,并且,最佳实践服务管理过程的需求不随组织的形式发生变化,组织的形式提供了管理那些过程的框架。

信息技术　服务管理
第2部分:实践规则

1　范围

GB/T 24405的本部分描述了业界一致认可的信息技术(IT)服务管理过程的质量标准。为满足顾客的业务要求,这些服务管理过程在协商一致的资源水平内交付可能的最佳服务。即,服务是专业的、经济的,具有的风险是可理解的和可管理的。

用于同一过程以及过程之间和功能组(和职位)之间的术语的多样性,会使得新的管理者对服务管理这个主题感到困惑。错误地理解术语对建立有效的过程可能是一种障碍。依据本标准理解术语有切实和重要的益处。本部分建议服务提供方宜采取通用术语和更一致的方法进行服务管理。标准为改进服务提供了共同的基础,也为服务管理工具的供方提供了使用框架。

作为基于过程的标准,本部分的目的并非用于产品评估。然而,组织在开发服务管理工具、产品和系统时,可以使用GB/T 24405的第1部分和本部分,以帮助其开发支持服务管理最佳实践的工具、产品和系统。

本部分为审核员提供指南,也为服务提供方策划服务改进或依据GB/T 24405.1进行审核提供帮助。

GB/T 24405的第1部分规定了一组相关的服务管理过程,如图1所示。

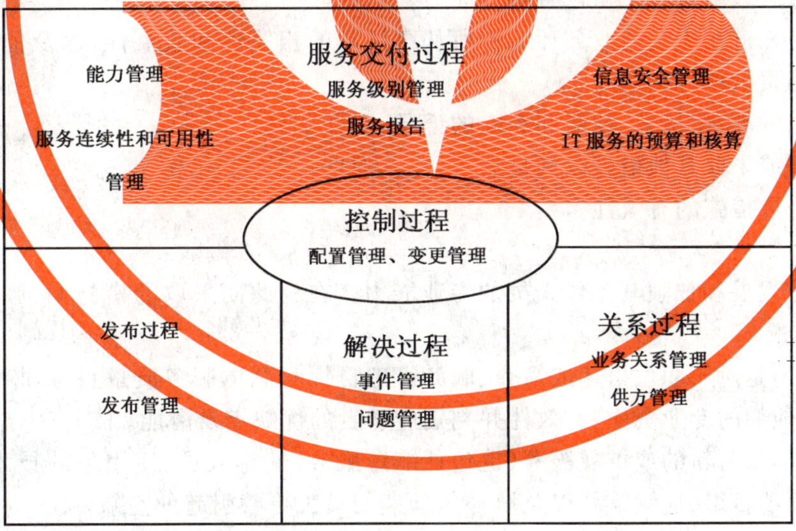

图1　服务管理过程

2　术语和定义

GB/T 24405.1中的术语和定义适用于本部分。

3　管理体系

目标:提供一个管理体系,包括方针和框架,以有效管理和实施所有IT服务。

3.1　管理职责

确保采用和保持最佳实践过程的管理任务,是任何服务提供方满足GB/T 24405.1要求的基础。

为确保承诺，宜确定一名高层责任人负责服务管理策划。该高层责任人宜负责服务管理计划的全面交付。

高层责任人的职责宜包括为基于服务改进活动的持续工作或项目提供资源。

具有足够权限来制定方针并执行其决定的决策层宜支持这一高层责任人。

3.2 文件要求

高层责任人宜确保证据对于服务管理方针、计划、规程以及与这些相关活动的审核是可用的。

服务管理策划和操作的大多数证据宜以文件的形式存在，它们可以是适合于其目的任何类型、格式或媒体的文件。

下列文件一般被认为是适合作为服务管理策划的证据：

a) 方针和计划；

b) 服务文件；

c) 规程；

d) 过程；

e) 过程控制记录。

宜有建立和管理文件的过程，以帮助确保所描述的特性得以满足。

宜保护文件以免遭到损坏，例如由恶劣环境条件和计算机灾难导致的损坏。

3.3 能力、意识和培训

3.3.1 概述

从事服务管理工作的人员，在适当的教育、培训、技能和经验的基础上，宜是有能力的。

服务提供方宜：

a) 决定服务管理中每一个角色必需的能力；

b) 确保人员知道在广阔的业务环境中所从事活动的相关性和重要性，以及他们如何为达到质量目标做出贡献；

c) 保持适当的教育、培训、技能和经验的记录；

d) 提供培训或采取其他措施以满足需求；

e) 评价所采取措施的有效性。

3.3.2 职业发展

服务提供方宜发展和加强其工作人员的专业能力。在为此而采取的措施中，服务提供方宜专注于以下方面：

a) 招聘：目的是对照职位描述或简介、服务管理目标和总体服务质量目标，检查应聘者的详细资料（包括他们的专业资质）有效性并判别应聘者的优缺点及潜能。

b) 计划：目的是为新的或扩展服务（也包括缩短服务）安排人员、使用新的技术、分配服务管理人员到开发项目组、连续策划以及填补因预期的员工更替引起的空缺。

c) 培训和发展：目的是将训练和发展需求作为一个训练和发展计划，并提供及时有效的交付。

员工宜在服务管理的相关领域得到培训（例如，通过培训、自学、指导或职业培训），并且他们的团队工作和领导技能都宜得到提高。每位员工都宜保有一份按照时间顺序的培训记录和提供的培训的描述。

3.3.3 要考虑采取的方法

为了使员工团队的能力达到一个合适的水平，服务提供方宜使短期聘用员工与长期聘用员工适度结合。服务提供方还宜使具有要求技能的新员工与现有再培训员工适度结合。

注：在支持人员数目和技能的重大变更期间及之后，当服务提供方策划如何提供服务时，短期和固定新员工的适度平衡是尤为重要的。

在建立最合适方法的组合时需要考虑的因素：

a) 新的或已改变的能力的短期或长期特性；

b) 技能和能力的变化率；

c) 基于服务管理和服务改进计划，预期工作量的高峰和低谷以及要求的技能组合；

d) 相称能力职员的可利用性；

e) 人员流动率；

f) 培训计划。

对于全体成员来说，服务提供方宜至少每年评审每个员工的业绩并采取相应的措施。

4 策划和实施服务管理

4.1 策划服务管理(策划)

目标：策划服务管理的实施和交付。

4.1.1 服务管理的范围

服务管理的范围宜定义为服务管理计划的一部分。

例如，它可定义为：

a) 组织；

b) 位置；

c) 服务。

管理宜将范围定义为管理职责的一部分(并且作为服务管理计划的一部分)。宜依据GB/T 24405.1检查范围的适宜性。

注：操作变更的策划在9.2中描述。

4.1.2 策划方法

多重的服务管理计划可以代替一个大的计划或方案。这种情况下，基本的服务管理过程宜相互保持一致。也宜能证实，如何将每个策划要求与相应的角色、职责和规程联系起来进行管理。

服务管理策划宜成为过程的一部分，用于将顾客要求和高层管理者的意图转化为服务，并为指导服务的进展提供一份路线图。

服务管理计划宜包括：

a) 服务管理(或一部分服务管理)的实施；

b) 服务管理过程的交付；

c) 服务管理过程的变更；

d) 服务管理过程的改进；

e) 新服务(相对于在协商一致的服务管理范围内影响过程的程度而言)。

4.1.3 要考虑的事项

服务管理计划宜顾及服务管理过程和由下列事件引起的服务变更：

a) 服务改进；

b) 服务变更；

c) 基础设施标准化；

d) 法律的变更；

e) 法规的变更，例如地方税率变更；

f) 部门规章的发布或废止；

g) 合并和采购。

4.1.4 计划的范围和内容

服务管理计划宜定义：

a) 服务提供方的服务管理范围；

b） 服务管理要实现的目标和要求；

c） 为实现定义的目标必需的资源、设施和预算；

d） 管理角色和职责的框架，包括高层责任人、过程责任人和供方的管理；

e） 各个服务管理过程之间的接口以及协调各活动和（或）过程的方式；

f） 识别、评估和管理与实现定义目标相关的事项和风险所采取的方法；

g） 按照日期排定的资源时间表，表中宜列出所可用的资金、技术和资源；

h） 变更计划和计划中定义的服务的方法；

i） 服务提供方将如何证实持续质量控制（例如中期审核）；

j） 将执行的过程；

k） 支持过程的适当工具。

4.2 实施服务管理和提供服务（实施）

目标：实施服务管理目标和计划。

如果最初的服务不满足 GB/T 24405.1 所列出的实施要求，就不能实现能够满足本标准要求的服务管理过程的最佳实践。

一经实施，服务和服务管理过程宜予以保持。

评审宜按照 4.3 进行。

注：适合于策划和最初实施的员工可能并不适合于后续的运行。

4.3 监视、测量和评审（检查）

目标：监视、测量和评审正在实现的服务管理目标和计划。

服务提供方宜策划和实施对服务、服务管理过程以及相关体系的监视、测量、分析和评审。宜监视、测量和评审的事项包括：

a） 已定义服务目标的实现情况；

b） 顾客满意度；

c） 资源利用率；

d） 趋势；

e） 严重不符合项。

分析结果宜为服务改进计划提供输入。

除了有关测量和分析的服务管理活动，高层管理者还可能需要利用内部审核和其他检查。在决定内部审核和检查的频率时，过程的风险级、运行频率及其以往的历史问题都是宜考虑的因素。内部审核和检查宜经过策划并执行和记录。

4.4 持续改进（处置）

目标：改进服务交付和管理的有效性和效率。

4.4.1 方针

服务提供方宜认识到总是有潜力使得服务交付更有效和高效。宜发布关于服务质量和改进的方针。

所有与服务管理和服务改进活动有关的人员宜理解服务质量方针以及各自对于实现方针框架下的目标的贡献。

特别是，所有与服务管理有关的服务提供方的员工宜详细理解服务质量方针在服务管理过程中的含义。

对于影响服务质量和顾客要求的事务，宜在服务提供方自己的管理结构中、顾客和服务提供方的供方之间建立有效的联系。

4.4.2 服务改进的策划

服务提供方宜从自身和顾客的观点，采用系统和协调的方法进行服务改进，以满足方针的要求。

在实施改进服务计划之前,宜记录服务的质量和级别作为实际改进可与之比较的基线。实际改进宜与预期的改进进行比较,以评估变更的有效性。

注1:服务改进要求可以来自于所有过程。

服务提供方宜鼓励员工和顾客为改进服务提出建议。

注2:这可以通过建议方案、质量环、用户组和联络会议来实现。

服务改进目标宜是可测量的、与业务目标相关联并在计划中形成文件。

宜对服务改进进行积极地管理,宜按正式协商一致的目标监视服务改进的进展。

5 策划和实施新服务或变更的服务

目标:确保新服务和对服务的变更,按各方协商一致的成本和服务质量交付和管理。

5.1 需考虑的主题

策划新的或变更的服务宜评审如下方面:

a) 预算;

b) 员工资源;

c) 现有的服务级别;

d) 服务级别协议(SLAs)和其他目标或服务承诺;

e) 现有的服务管理过程、规程和文件;

f) 服务管理范围,包括以前的范围之外的服务管理过程的实施。

5.2 变更记录

所有服务变更宜反映在变更管理记录中。

这包括如下计划:

a) 员工招聘或再培训;

b) 位置变更;

c) 用户培训;

d) 变更的交流;

e) 支撑技术特性的变更;

f) 服务的正式关闭。

6 服务交付过程

6.1 服务级别管理

目标:定义、协商、记录并管理服务级别。

6.1.1 服务目录

服务目录宜定义所有的服务。服务目录可以从SLA中得到引用,并且,宜用来支持对于SLA自身来说易变的要素。

宜维护服务目录并保持更新。

注:服务目录可以包括一般信息,例如:

a) 服务名称;

b) 目标,例如,打印机响应或安装的时间,经过重大失效后重新安装一个服务的时间;

c) 联系点;

d) 服务时间和例外情况;

e) 安全约定。

服务目录是确定顾客期望的关键文件,宜易于被顾客和支持人员得到和广泛应用。

6.1.2 服务级别协议(SLAs)

宜在服务级别协议(SLA)中正式地记录服务。SLA宜被顾客方高层代表和服务提供方代表正式批准。与其描述的服务一样，服务级别协议也遵从变更管理。

顾客的业务需求和预算宜作为SLA内容、结构和目标定义的决定因素。目标宜依据交付服务进行测量，并从顾客的视角进行定义。

SLA应仅包括目标的适当子集，以集中关注服务最重要的方面。

注1：目标太多会引起混淆，导致过多的管理费用。

至少在SLA中或可以从SLA直接引出的内容宜包括：

a) 简短的服务描述；
b) 有效期和(或)SLA变更控制机制；
c) 授权细节；
d) 交流(包括报告)的简短描述；
e) 得到授权处理紧急事件、参与事件和问题纠正、恢复或临时措施的人员的详细联系信息；
f) 服务时间，例如9:00～17:00，例外时间(例如，周末、公共节假日)，关键业务时期和上班时间之外的时间；
g) 计划的和协商一致的中断，包括给出的通知，每一阶段的次数；
h) 顾客职责，例如，安全保密；
i) 服务提供方的责任和义务，例如安全保密；
j) 影响和优先级指南；
k) 服务升级和通知过程；
l) 投诉规程；
m) 服务目标；
n) 工作量极限(最高和最低)，例如，支持协商一致的用户数目或工作量、系统吞吐量的服务的能力；
o) 高级别财务管理详细信息，例如计费规则；
p) 在服务中断事件中所采取的行动；
q) 常规事务规程；
r) 术语表；
s) 支持及相关的服务；
t) SLA给定条款中的任何例外。

注2：易变的信息或对于许多SLA来说通用的信息(例如联系细节)可以从SLA引用得到，而不影响服务级别管理SLM的过程，只要引用的文件也在变更管理过程的控制之下。

注3：核算与预算的连续性计划和细节通常可以从SLA引用得到。

注4：术语表通常保留在一个地方，对于所有的文件都是通用的，包括服务目录。

6.1.3 服务级别管理(SLM)过程

重大的业务变更，例如，业务增长、业务重组和合并以及变更顾客需求，可以要求调整、重新定义、甚至是临时中断服务级别。SLM过程宜灵活适应这些变更。SLM过程宜确保服务提供方在整个服务交付的策划、实施和进行管理的过程中，始终保持对顾客的关注。

服务提供方宜得到足够的信息来使他们理解顾客的业务驱动和需求。

SLM过程宜管理和协调服务级别的贡献者，包括：

a) 服务需求协议和期望的服务工作量特性；
b) 服务目标协议；
c) 所达到的服务级别和工作量的测量和报告，以及对未满足协商一致的目标的解释(参见6.2)；
d) 启动纠正措施；
e) 改进服务的计划的输入。

该过程宜鼓励服务提供方和顾客采取主动的态度，确保他们对于服务有共同的职责。

顾客满意度是服务级别管理中一个重要的部分，但是对其进行的测量宜看作一种主观测量，然而对SLA中的服务目标的测量宜是客观测量。SLM过程宜与业务关系和供方管理过程紧密协同工作。

6.1.4 支持服务的协议

已交付的服务所依靠的支持服务宜形成文件，并征得每一个供方同意，这包括提供部分服务提供方服务的内部组。

6.2 服务报告

目标：为依据可靠信息做出决策和有效沟通，编制协商一致的、及时的、可靠的、准确的报告。

注：所有服务管理过程的成功都依赖于使用服务报告中所提供的信息。

6.2.1 策略

服务报告的需求宜由顾客和内部管理层协商一致并记录。

服务监视和报告包括服务的所有可测量方面，提供目前的和历史的分析。

如果有多个供方、主供方和分包方，报告宜反映各供方之间的关系。例如，主供方宜报告他们提供的所有服务，包括作为顾客服务的一部分来管理的分包方提供的任何服务。

6.2.2 服务报告的目的和质量检查

服务报告宜及时、清晰、可靠且简明。

服务报告宜适合于接受报告者的要求，具有足够的准确性，可以用于做决定的支持工具。

表现形式宜有助于理解报告，例如使用图表，以使报告易于领会。

宜产生如下几种类型的报告：

a) 显示发生了什么事情的响应式报告；

b) 主动式报告，可以为重大事件提出警告，因此能够预先采取预防措施（例如，即将发生的违反SLA的报告）；

c) 显示已计划活动的预定报告。

6.2.3 服务报告

服务提供方宜为顾客和管理者做报告，报告宜包括以下内容：

a) 服务级别目标的绩效，例如损耗报告、业绩；

b) 不符合标准的项；

c) 工作量特性和容量信息，例如事件、问题、变更和任务、分类、位置、顾客、季节趋势、优先级的混合、请求帮助的数量；

d) 重大事件之后的执行报告，例如变更和发布；

e) 每阶段（例如，天、周、月、周期）的趋势信息；

f) 包括来自每一过程的信息的报告，例如，事件的数量和最频繁被提问的问题，基础设施的不可靠部件，密集的任务的资源或成本；

g) 未来工作重点和计划的工作量的报告。

6.3 服务连续性和可用性管理

目标：确保向顾客承诺的协商一致的服务连续性和可用性在任何情况下都能得到满足。

注：发生重大的服务失效或灾难的可能原因包括：拒绝服务、攻击、重大病毒的爆发、未经允许的访问或自然灾难。

6.3.1 概述

宜在顾客业务优先级、服务级别协议和风险评估的基础上确定服务连续性和可用性需求。服务提供方宜维持足够的服务能力与可行计划，这些计划是为确保在从正常运行到重大的服务失误的所有情况下，协商一致的需求都得到满足。服务提供方宜策划已知的数据或顾客数量的增加或减少、预期的工作量的高峰值和低谷值，以及任何其他已知的将来变更。需求宜包括访问权限和响应次数以及系统组成的端对端的可用性。

服务可用性和服务连续性管理宜以确保保持协商一致的服务级别为目的。这些需求将对行动、效果和分配用来实现需求的服务可用性的资源产生重大影响。

确保需要的可用性得到保持的过程宜包括那些在顾客或其他服务提供方控制之下的服务交付的元素。

6.3.2 可用性监视和活动

可用性管理宜：

a) 监视和记录服务的可用性；

b) 维护准确的历史数据；

c) 与SLAs中定义的需求比较，以识别对于协商一致的可用性目标的不符合项；

d) 记录和评审不符合项；

e) 预期将来的可用性；

f) 宜尽可能预测潜在的问题，并采取预防措施。

宜确保服务所有部件的可用性，记录纠正措施并采取行动。

6.3.3 服务连续性策略

服务提供方宜开发和保持策略，该策略定义了满足服务连续性职责的通用方法。策略宜包括风险评估，并考虑一致认同的服务时间和关键的业务期间。服务提供方宜同意每一个顾客群体和服务：

a) 可接受的最长丧失服务持续时间；

b) 可接受的服务降级最长时间；

c) 在服务恢复期内可以接受的降级服务的级别。

宜在一致认同的时间间隔内评审连续性策略，至少每年一次。

策略的任何变更宜得到正式的一致认同。

6.3.4 服务连续性策划与测试

服务提供方宜确保：

a) 连续性计划考虑服务和系统部件的依赖关系；

b) 记录和保持服务连续性计划和其他支持服务连续性所需的文件；

c) 清晰分配调用连续性计划的职责，计划清晰分配针对每一个目标采取行动的职责；

d) 数据、文档和软件的备份，以及服务恢复所必需的任何设备和员工在重大服务失效和灾难后迅速可以使用；

e) 在一个安全的远程地点，存储并保持至少一份所有服务连续性文档的备份，连同任何能使其可用的必要设备；

f) 员工理解他们在调用和(或)执行计划时的角色；并能访问服务连续性文档。

服务连续性计划及相关文件(例如合同)宜与变更管理过程和合同管理过程相关联。

宜在系统和服务的变更被批准前以及重要的新的和修改的顾客需求得到同意前，评估对服务连续性计划和相关的文件(例如合同)的可能的影响。

宜进行足够次数的测试，以确保连续性计划在面对系统、过程、人员和业务需要的变更时是有效的和可以保持的。测试宜基于一组协定一致的目标，由顾客和服务提供方共同参与。宜记录和评审测试的失效，并输入服务改进计划。

6.4 IT服务的预算与核算

目标：服务供应成本的预算和核算。

6.4.1 概述

本条包括IT服务的预算和核算。实际上，许多服务提供方会参与这些服务的计费。然而，既然计费是可选活动，本标准并不包括它。建议服务提供方在使用计费的地方，对所做的机制进行全面定义，并让所有相关方理解。

财务决策的许多职责将在服务管理范围之外，要提供什么财务信息、以什么形式、采取什么频度等要求都可以从外部规定。本条的规定聚焦于为满足标准要求而宜遵循的实践。然而，当要求对于一些方针和规程会产生影响时，宜考虑更广泛的要求。所有使用的核算实践都宜与服务提供方组织整体的会计工作实践协调一致。

6.4.2 策略

宜有关于服务的财务管理策略。策略宜定义预算和核算实现的目标。

策略也宜定义执行预算和核算的细节，考虑如下：

a） 拟核算的成本类型；

b） 日常管理成本的分配，例如统一费用、固定的佣金或基于可变成分的规模；

c） 顾客业务的粒度，例如，以业务单位作为一个单位、细分到部门或按照位置区分；

d） 管理处置预算变更的准则，例如，将要升级到高级管理的变更的规模；

e） 与服务级别管理的联系。

预算和核算过程中的投资级别，宜基于顾客、服务提供方和供方对于策略中定义的财务细节的需要。

注：在商务环境中操作的服务提供方对于其财务管理有可能需要投入相当多的时间和工作量。相反地，对于那些简单判定成本就足够的服务提供方来说，其财务管理就可以简单的多。

所有的服务提供方都宜执行预算和核算，无论他们财务管理的其他策略如何。

6.4.3 预算

预算宜考虑在预算期间已策划的服务变更，以及当预算需求超过可利用的资金时，资金短缺管理的计划。

预算可以考虑诸如季节的变化、针对服务成本和费用的短期策划的变更等因素。

针对预算的成本追踪宜尽早提供偏离预算的警告。

宜建立管理偏离预算所涉及事务的过程。

预算和成本追踪宜支持策划服务操作和变更，以便服务级别在全年内可以维持。

6.4.4 核算

核算过程宜用于在协商一致的时间以协商一致的详细程度追踪成本。

服务提供的决策宜基于成本的有效性比较。

成本模型宜可证明提供服务的成本。

核算宜证实支出过高、过低或保持平衡；宜使读者能理解低服务级别和服务丧失的成本。

6.5 能力管理

目标：确保服务提供方在所有时间内具有足够能力来满足当前及将来商定的顾客的业务要求。

宜根据业务需要什么从而能够交付给顾客，来理解目前和预期的对于服务的业务需求。

业务预测和工作量估计宜转化为特别的需求，并形成文件。工作量或环境的变化结果宜可以预测；在一个适当的级别上，宜获取并分析当前和以前的部件与资源利用率的数据，以支持过程。

能力管理宜聚焦于所有的绩效和能力问题。

过程宜通过规定服务的规模和形式，为开发新的或变更的服务提供直接支持。

宜在考虑服务变更率、服务量、变更管理报告中的信息和顾客业务的基础上，以适当的频率制定记录了基础设施实际性能和预期需求的能力计划。

宜至少每年制定一次能力计划。宜记录为满足业务需求所做的成本选择，以及为确保达到 SLA 中定义的协商一致的服务级别目标所推荐的解决方案。

宜很好地理解技术基础设施及其目前的和已规划的能力。

6.6 信息安全管理

目标：在所有服务活动中有效地管理信息安全。

6.6.1 概述

信息安全是设计用以识别、控制和保护信息,以及用于与信息的储存、传输和处理有关的设备的体系方针和规程的结果。

担任专业信息安全专家角色的服务提供方的人员宜熟悉 GB/T 22081—2008《信息技术 安全技术 信息安全管理实用规则》。

6.6.2 信息资产的标识和分类

服务提供方宜:

a) 保持服务交付所必要的信息资产的详细目录(例如,计算机、通信设施、环境设备、文档和其他信息);

b) 依据资产对于服务的关键程度及其所需的保护级别对资产进行分类,并任命一位责任人负责提供资产的保护;

c)资产的保护职责宜由资产责任人负责,尽管他们可以委派日常的安全管理职责。

6.6.3 安全风险评估实践

安全风险评估宜:

a) 以协商一致的时间间隔执行;

b) 进行记录;

c) 在变更(业务需求、过程和配置的变更)期间维持;

d) 帮助理解什么能影响受管理的服务;

e) 通知关于操作控制类型的决定。

6.6.4 信息资产风险

信息资产风险的评估宜参考:

a) 风险类型(例如软件故障,操作错误,通信失效);

b) 可能性;

c) 潜在的业务影响;

d) 过去的经验。

6.6.5 信息的安全和可用性

评估风险时,宜关心:

a) 敏感信息对于未授权方的泄漏;

b) 不准确、不完整和无效的(例如,欺诈性的)信息;

c) 信息不能被使用(例如,因为电力故障);

d) 提供服务所必要设施的物理损害和破坏。

宜考虑信息安全方针目标、满足顾客特别安全需求(例如可用性级别)的需要以及适用的法律法规需求。

6.6.6 控制措施

除了其他正当的控制措施和包含在本部分中的建议(例如服务连续性),服务提供方宜操作下列控制措施,作为好的信息安全管理实践:

a) 高层管理者宜定义信息安全方针,就此与员工和顾客沟通,并执行以确保其有效实施;

b) 信息安全管理角色和职责宜予以定义并分配岗位;

c) 管理代表组(角色可由高层责任人承担)宜监视和保持信息安全方针的有效性;

d) 负有重要的安全角色的员工宜接受信息安全培训;

e) 所有的员工宜了解信息安全方针;

f) 宜有可用的专家帮助风险评估和控制措施的实施;

g) 变更宜不影响控制措施的有效操作;

h) 宜按照事件管理规程报告信息安全事件,并进行初始响应。

6.6.7 文件和记录

宜定期分析记录,提供以下管理信息:

a) 信息安全方针的有效性;

b) 信息安全事件显现趋势;

c) 服务改进计划的输入;

d) 用于信息、资产和系统访问的控制措施。

信息安全管理系统宜可靠地记入文件。

7 关系过程

7.1 概述

关系过程描述供方管理和业务关系管理的两个相关方面。

本标准描述了服务提供方的角色,它在逻辑上承担了介于向服务提供方交付货物或服务的供方和接受服务的顾客之间的角色。

供方和顾客可能是服务提供方组织内部或外部的。外部的关系可以通过合同确立。内部关系可以通过服务或内部非强制的用于操作级的协议而建立。

图 2 显示了这些关系的简化表示。

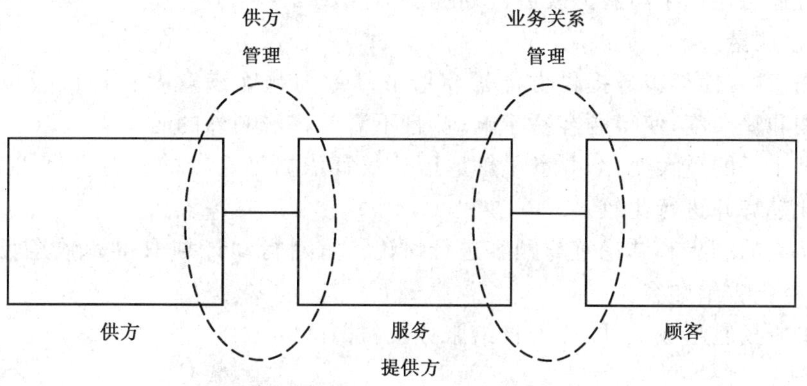

图 2 关系过程

如图 2 所示,服务提供方填补了供应链中的一个角色,服务提供方接收来自供方的服务或货物并向顾客交付增值的服务,供应链中的每一步均宜增加价值。

为便于理解,本章中术语"服务提供方"总是用于描述本标准中提到的参与被描述过程的组织,而不考虑组织在供应链中的角色或方向。

实际上,关系并非如此简单,而是包含多个角色。同一个角色既可是供方,也可是顾客。这些角色之间具有直接的业务联系,就像通过服务提供方一样。

关系过程宜确保所有相关方:

a) 理解和满足业务要求;

b) 理解能力和约束;

c) 理解职责和义务。

关系过程还宜确保顾客满意度级别是适当的,并且,将来的业务要求得到沟通和理解。

宜定义业务关系和供方关系的范围、角色和职责,并协商一致。这包括对利益相关方、联系、以及沟通渠道和频度的识别。

7.2 业务关系管理

目标:基于对顾客及其业务驱动的理解,建立并保持服务提供方与顾客之间的良好关系。

7.2.1 服务评审

在重大的变更之前或之后，服务提供方和顾客宜每年至少进行一次服务评审。评审宜考虑过去的执行情况，讨论目前和计划的业务要求，并建议服务范围和SLAs的任何变更。可以邀请其他利益相关方，例如分包商、顾客、用户组和其他代表团体参加评审会议。

服务提供方和顾客也宜对临时的评审规程达成一致意见，以讨论进展、业绩和问题。这些会议宜预定日期并通知相关的利益相关方。

服务提供方宜策划和记录所有的正式会议，问题记录以及后续的协商一致的措施。

服务提供方宜与其顾客建立联系，以便他们了解业务要求和重大变更，并且能够准备响应这个要求。

7.2.2 服务投诉

服务提供方和顾客宜针对正式的投诉规程达成一致意见，以便于明确投诉的组成以及如何处理投诉。服务提供方宜针对处理的问题，执行采取合适措施的过程。

过程宜对正式的投诉确定服务提供方的联系信息。

服务提供方宜记录、调查、处置、报告和正式关闭所有的服务投诉。

对未解决的投诉宜定期进行评审，如果在与顾客约定的最后期限内没有解决，宜升级到更高一级管理层。

服务提供方宜定期分析投诉记录以识别趋势，并将分析向顾客报告。

分析的结果宜适当地用于向服务改进计划提供信息。

7.2.3 顾客满意度测量

宜测量顾客满意度，使得服务提供方能够将服务绩效与顾客满意度目标以及以前的调查相比较。宜设计调查的范围和复杂度，使得顾客易于响应，且不需要花费额外的时间就可以准确地完成调查。

宜调查满意度水平的重大变化，并且了解原因。仅宜依据可比较的满意度问答并通过可比较的采样方法来制定变化趋势并进行比较。

顾客满意度调查的结果和结论宜与顾客进行讨论。宜对行动计划取得一致意见，并输入到服务改进和进展计划，并且报告给顾客。

关于对服务的赞扬宜形成文件，并报告给服务交付团队。

7.3 供方管理

目标：管理供方，确保提供无缝的和高质量的服务。

7.3.1 引言

供方管理规程宜确保：

a) 供方理解他们对服务提供方的义务；

b) 在协商一致的服务级别和范围内，满足合理和协商一致的需求；

c) 管理变更；

d) 记录所有相关方之间的业务事务；

e) 能观察所有供方绩效信息并遵照行事。

7.3.2 合同管理

服务提供方宜任命一名管理者负责与供方的合同和协议。当有若干员工参加到此项任务中，宜有一个通用的过程，以确保对供方执行情况的信息进行观测和采取行动。

在负责与每一供方的关系的服务提供方中，宜有定义好的联系。

所有供方合同宜包含评审时间表，以评估获取服务的业务目标是否保持正确。

宜有清晰定义的过程用于管理每一份合同。合同的修改过程也宜清晰定义。对此规程的任何变更宜正式地通知所有受到影响的供方。

宜在各自组织中（供方和服务提供方）保存联络点的清单。如果合同包括罚款和奖金，宜清晰陈述依据并符合报告的要求。

7.3.3 服务定义

每一个服务和供方，服务提供方宜保持：

a) 服务、角色和职责的定义；

b) 服务范围；

c) 合同管理过程，授权级别和合同退出计划；

d) 相关的支付条款；

e) 协商一致的达到绩效的报告参数和记录。

7.3.4 管理多个供方

宜调查清楚，是服务提供方与所有供方直接交易，还是一个主供方负责管理各个分包方。

主供方宜记录所有分包方的姓名、职责及所有分包方之间的关系，如果需要，这可以被服务提供方使用。

服务提供方宜获取证据，证明主供方在适当时按照 GB/T 24405.1 的要求指导，正式地管理各个分包方。

7.3.5 合同争议管理

服务提供方和供方都宜建立管理争议的过程，宜定义此过程或在合同中描述。

如果争议不能通过正常的途径解决，宜有升级处理的途径可用。

过程宜确保争议得到记录、调查、解决和正式处理完毕。

7.3.6 合同终止

合同管理过程宜包括合同终止的规定—无论是按期终止还是提前终止。它还宜规定服务向其他组织的转移。

8 解决过程

8.1 背景

尽管事件管理和问题管理密切相关，但它们分别是 2 个单独的过程。事件处理用户服务的恢复，而问题关心事件起因的识别和消除。

8.1.1 设置优先权

解决的目标宜基于优先级。优先级宜基于影响和紧急程度。影响宜基于对于顾客业务实际或潜在破坏的规模。紧急程度宜基于检测出问题或事件的时间和影响顾客业务的时间。

事件或问题解决的进度安排宜至少考虑下列因素：

a) 优先级；

b) 可利用的技能；

c) 资源的竞争需求；

d) 提供解决方法的工作量或成本；

e) 通过解决方法花费的时间。

注：优先级的使用贯穿整个服务管理，但主要用于事件和问题管理。

8.1.2 临时措施

适当时，问题管理宜开发和维护临时措施以使事件管理能够帮助工作人员的用户恢复服务。

只有在成功地采取纠正变更，或错误不再适用时，例如服务不再使用时，已知的错误才可以关闭。

问题管理有权使用受问题影响的业务区域的信息。

临时措施的信息存贮在知识库，其适用范围和有效性宜予以存储和保持。

8.2 事件管理

目标：尽快恢复协商一致的服务或响应服务请求。

8.2.1 概述

注1：事件的管理过程可以通过服务台交付，服务台担任与用户的日常联系。

注2：事件管理宜：

a) 是主动式过程或响应式过程，对能影响或潜在影响服务的事件进行响应；

b) 关注顾客服务的恢复，而不是确定发生事件的原因。

事件管理过程宜包括：

1) 电话接听、录音、优先级分配、分类；

2) 一线解决方案或推荐方案；

3) 安全问题的考虑；

4) 事件追踪和生存周期管理；

5) 事件验证和关闭；

6) 一线人员与顾客联络；

7) 升级。

事件报告可以通过电话、语音邮件、访问、信件、传真或电子邮件，用户也可以通过访问事件记录系统或自动监视软件直接记录。

所有事件宜以一种使相关的信息可被检索和分析的方式记录。

解决事件的进展(或缺少进展)宜与实际或潜在受到影响的各方进行沟通。所有行动措施宜记入事件记录。

事件管理人员宜访问最新的知识库，知识库包含有技术专家、以前发生的事件、相关的问题和已知的错误，临时措施和帮助业务服务恢复的检查表等各方面的信息。

只要可能，宜使顾客得到连续业务的方法，即使仅能够使用降级的服务，例如，关掉有问题的特性。目的是尽量减少对顾客业务活动的影响。当原因一直未确诊但临时措施已建立时，宜记录细节，以供在持续的问题确诊期间和相同事件复发时使用。

仅当最初的用户被给予机会确认事件已解决，服务已恢复时，事件才能最终关闭。

8.2.2 重大事件

宜清晰说明重大事件的组成，以及谁能够调用事件或问题过程的常规运行的变更。

在任何时间，对所有的重大事件宜有一名明确定义的负责的管理者。

被任命为重大事件的管理者宜得到个人的权力级别，以能够胜任协调和控制解决的各个方面的角色。这宜包括有效的升级、以及与解决过程中所有方面及受到重大事件影响的顾客沟通的职责。

注：授权的级别可以是临时的，仅在重大事件发生期间应用。

重大事件的过程宜包括评审，该评审的结果将通报给服务改进计划。

8.3 问题管理

目标：通过对服务事件原因的主动式识别、分析和管理，直至问题关闭，以使对业务的破坏最小化。

8.3.1 问题管理的范围

问题管理过程宜调查事件的潜在原因。

问题管理宜依据业务需求，主动地防止事件或已知的错误的重现或重复。

8.3.2 问题管理的启动

宜对事件分类，以帮助确定问题的原因。分类可以参考现存的问题和变更。

注：在最初登记时，事件的分类会受到其他因素的影响，包括服务、受影响的业务区域和显示出的征兆。

8.3.3 已知错误

当问题管理调查已识别出事件的根本原因和解决事件的方法，宜将问题作为已知错误进行分类。

除了怀疑是有故障的配置项，所有已知的错误宜按照目前的和潜在的受影响的服务来记录。

被纳入实际运行环境的服务中的已知错误的信息宜传送给服务管理，并与任何临时措施一同记入知识库。

在成功解决之前,已知的错误不宜关闭。

注:顾客或服务提供方可决定解决问题的花费是否太昂贵或对业务无收益。如果是这种情况,宜清楚地记录。然而,已知错误记录宜保持开放状态,因为随之发生的事件可能仍会发生,并且,可能需要临时措施和(或)需要再评估解决问题的决定。

8.3.4 问题的解决

当判定了根本原因,并作出解决问题的决定后,宜通过变更管理过程来解决问题。

8.3.5 沟通

宜与受影响的相关方或要求支持受影响服务的相关方沟通临时措施、问题的永久修复或进展的信息。

8.3.6 追踪和升级

宜追踪所有问题的进展。

所有的问题宜升级至适当的相关方。过程宜覆盖:

a) 在每一个问题的生存周期内,宜记录负责解决问题的身份的变更;

b) 识别违背服务级别目标的事件;

c) 向顾客和同行通报信息,以便他们能够采取适当的措施将未解决问题的影响最小化;

d) 定义升级点;

e) 记录使用的资源和采取的措施。

8.3.7 事件和问题记录关闭

记录关闭规程宜包括检查,以确保:

a) 准确记载解决问题的详细信息;

b) 为方便分析,而对原因进行分类;

c) 如果适当,顾客和支持员工明白问题的解决;

d) 顾客同意问题解决已经实现;

e) 如果问题解决没有实现或不可能实现,宜通知顾客。

8.3.8 问题评审

当调查证实未解决的、不同寻常或影响严重的问题时,宜进行问题评审。其目的是寻求过程的改进,防止事件或错误的再次发生。

典型的问题评审是:

a) 按照服务级别评审单个事件的级别和问题状态;

b) 管理评审,着重急需解决措施的问题;

c) 管理评审,决定和分析趋势,对其他过程提供输入,例如用户的教育和培训。

8.3.9 评审的主题

评审宜包括识别:

a) 趋势,例如,重复发生的问题和事件,已知的错误等;

b) 特定的分类或位置中重复发生的问题;

c) 由于资源、培训或文件引起的缺陷;

d) 不符合项,例如违反标准、方针和法规;

e) 已计划发布中的已知错误;

f) 参与解决事件和问题的人力资源的约定;

g) 已解决的事件或问题的重复发生。

宜记录服务或问题管理过程的改进,并写入计划中,以用于改进服务。

信息宜添加到问题管理知识库。

所有相关的文件宜更新，例如用户指南和系统文件。

8.3.10 问题预防

主动式问题管理宜导致事件和问题的减少。它宜包括涉及帮助分析的信息，例如：

a) 资产和配置；

b) 变更管理；

c) 公布的已知错误，从供方得到的临时措施的信息；

d) 相似问题的历史信息。

问题预防的范围宜包含从单个事件(例如带有系统的特别特征的重复难点)的预防到战略决策的预防。战略决策可能需要大量的经费支持，例如投资建设更好的网络。在战略决策层面，主动问题管理与可用性管理应结合起来。

问题预防也包括传递给顾客的信息，这意味着顾客将来不需要寻求帮助，例如预防由于用户缺乏知识或培训所引起的事件。

9 控制过程

9.1 配置管理

目标：定义和控制服务与基础设施的部件，并保持准确的配置信息。

9.1.1 配置管理的策划和实施

配置管理宜与变更管理和发布管理一起策划和实施，以确保服务提供方能够有效管理其IT资产和配置。

当新的和更新的服务和系统被发布和分发时，正确的配置信息宜用以支持变更的策划和控制。其结果宜是一个高效的系统，在适当的时候，此系统整合了服务提供方的配置信息过程以及顾客与供方的配置信息过程。

宜说明所有重要的资产和配置，并宜有负责的管理者，他能确保保持适当的保护和控制措施，例如变更在实施之前被授权。

实施控制措施的职责可以被委派，但是责任仍由负责的管理者承担。宜提供给负责的管理者必要的信息以便履行其职责，例如，被授权进行变更的人员可以要求关于开支成本、风险、变更产生的影响和实施资源的信息。

基础设施和(或)服务宜具有最新的配置管理计划，计划可以是独立的，或作为其他计划文档的组成部分。它们宜包括或描述：

a) 范围、目标、方针、标准角色和职责；

b) 配置管理过程，定义服务和基础设施的配置项、控制配置的变更、记录和报告配置项的状态、验证配置项的完备性和正确性；

c) 对于可说明性、可追踪性和可审核性的需求，例如，为了安全的、法律的、法规的或业务的目的；

d) 配置控制(访问、保护、版本、建立、发布控制)；

e) 为识别、记录和管理在两个或更多组织的公共边界的配置项以及信息的接口控制过程，例如，系统界面、发布；

f) 策划和配备资源以使得资产和配置得到控制并维护配置管理系统，例如，培训；

g) 对执行配置管理的供方和分包方的管理。

注：宜实施适当级别的自动化操作，以确保过程不会变得低效率，出错误，或完全不能使用。

9.1.2 配置的标识

对所有的配置项宜通过描述它们功能和物理特性的属性唯一地予以标识和定义。信息宜是相关的和可审核的。

宜使用适当的标记，或其他标识方法，并将这些记录在配置管理数据库中。

宜使用建立的选择准则来标识被管理的配置项，宜包括：

a) 信息系统和软件(包括第三方软件)的所有的发行和发布，以及相关的系统文档，例如需求规格说明、设计、测试报告，发布文档；
b) 每一种适用环境的配置基线或建立声明、标准硬件的建立和发布；
c) 主要的硬拷贝和电子库，例如最后确定的软件库；
d) 使用的配置管理包或工具；
e) 许可证；
f) 安全部件，例如，防火墙；
g) 因财务资产管理或业务原因需要追踪的物理资产，例如安全磁介质、设备；
h) 服务的相关文档，例如，SLAs，规程；
i) 服务支持设施，例如计算机房的电源；
j) 配置项间的相互关系和依赖。

注：其他可以被视为配置项的包括：

a) 其他文档；
b) 其他资产；
c) 其他设施，例如站点；
d) 业务单元；
e) 人员。

宜识别配置项间适当的相互联系和依赖，以提供控制的必要级别。

当需要可追踪性时，过程宜确保配置项在整个生命周期内可以从需求文档追踪到发布记录，例如通过使用可追踪矩阵。

9.1.3 配置控制

过程宜确保，仅仅是得到授权且可确认的配置项，才可验收并从接收到处理进行记录。

没有相应的控制文档，例如已被批准的变更请求、更新的发布信息，就不宜添加、修改、替换或移除(撤销)配置项。

为保护系统、服务和基础设施的完整性，配置项宜保存在如下的适当和安全的环境中：

a) 保护项目不遭受未授权访问、变更或破坏，例如病毒；
b) 为灾难恢复提供一种手段；
c) 允许对受控原版，例如软件的拷贝进行受控检索。

9.1.4 配置状态说明和报告

宜保持当前准确的配置记录，以反映配置项状态、位置和版本的变更。

状态说明宜提供与生存周期中每一个配置项有关的当前和历史数据的信息。状态说明宜能够追踪配置项在各种状态下的变更，例如已下定单的、已接收的、在验收测试中的、运行中的、处于变更中的、撤销的和已处置的等。

配置信息宜保持最新，并可用于策划、决策和管理已定义配置的变更。

根据需要，用户、顾客、供方和合作伙伴宜可得到配置信息，协助他们做计划和决定。例如，外部服务提供方可以让顾客和其他相关方得到配置信息，以支持其他的端对端服务的服务管理过程。

配置管理报告宜可被所有相关方利用。报告宜覆盖配置项的标识和状态，配置项的版本和相关的文档。

报告宜覆盖：

a) 最新的配置项版本；
b) 配置项目的位置和软件原版的位置；
c) 相互依赖；

d） 版本的历史；

e） 构成如下内容的配置项的状态：

1） 服务配置或系统；

2） 变更、基线、建立或发布；

3） 版本或分支版本。

9.1.5 配置验证和审核

对配置的验证和审核过程，包括物理的和功能的，宜做好计划安排并执行核查，确保合适的过程及资源，以使得：

a） 保护组织的物理配置和知识资产；

b） 确保服务提供方控制其配置、原拷贝和许可证；

c） 提供对配置信息准确、可控和可见的信心；

d） 确保变更、发布、系统或环境符合合同或特别的要求，确保配置记录准确。

宜在重大的变更之前和之后，灾难之后以及任意间隔，周期性地进行配置审核。

宜记录、评估不足和不符合，据此启动并执行纠正措施，并反馈给相关方，并用于改进服务的计划。

注：通常有两种配置审核：

a） 功能的配置审核：通过正式的检查，以验证配置项达到了配置文档中规定的性能和功能特性；

b） 物理的配置审核：通过正式的检查配置项中“已建立或已生成”的配置，以验证其符合产品配置文档。

9.2 变更管理

目标：以受控的方式，确保所有变更得到评估、批准、实施和评审。

9.2.1 策划和实施

变更管理过程和规程宜确保：

a） 变更有明确定义并文档化的范围；

b） 只批准提供业务利益的变更，例如，商业的、法律的、法规的、法定的；

c） 变更宜基于优先权和风险来安排时间表；

d） 在变更实施期间可以验证配置变更；

e） 实施变更的时刻得到监视，需要时得到改进；

f） 变更管理过程宜证明变更如何：

1） 提出、记录和分类(涉及关于导致变更的文档)；

2） 评估服务、顾客和发布计划的变更的影响，紧急程度，成本和风险；

3） 如果变更不成功，引发的倒退返回及补救；

4） 文档化，例如变更请求是与受影响的配置项以及更新的实施和发布计划相联系；

5） 根据变更的类型、规模和风险，由变更的权力机构批准或拒绝；

6） 由负责部件变更的团体内的已任命的责任人实施；

7） 进行测试、验证和结束；

8） 关闭和评审；

9） 安排进度、监视和报告；

10） 适当时，与事件、问题、其他变更和配置项记录联系起来。

变更的状态和计划的实施日期应用于作为变更和发布时间安排的基础。

受变更影响的人宜可得到进度信息。

在正常的服务时段因实施变更而可能出现运转中断，在实施前，宜征得受影响方的同意。

9.2.2 变更请求的关闭和评审

在实施后，宜对所有的变更进行评审，检查其成功或失效，并记录任何改进。对重大的变更，采取实施后评审，以核查：

a） 变更满足目标；

b） 顾客对结果满意；

c） 没有出现不期望的负面影响。

宜记录任何不符合项并采取措施。

评审变更管理过程中发现的任何弱项或不足宜反馈到改进服务的计划中。

9.2.3 紧急变更

有时需要紧急变更，宜尽可能遵循变更过程，但一些细节可以事后记录。当紧急过程绕过其他变更管理需求时，变更宜尽可能地符合这些需求。

紧急变更宜被实施者判断是恰当的，变更完成后宜进行评审以核实其确实是紧急情况。

9.2.4 变更管理的报告、分析和措施

宜定期分析变更记录以发现变更级别的增长、经常复发的类型、显示的趋势和其他相关的信息。从变更分析中得到的结果和结论宜记录，并据此执行措施。

10 发布过程

10.1 发布管理

目标：在实际运行环境中，交付、分发并追踪一个或多个变更。

10.1.1 概述

发布管理宜协调服务提供方、众多供方以及业务的活动，以策划和在分布的环境中交付某个发布。

好的策划和管理对于打包和成功地分配某个发布是至关重要的，并且，对于管理业务和IT相关的影响和风险也是至关重要的。受影响的信息系统、基本设施、服务和文档的发布，宜根据业务进行策划。

所有对文档的相关更新宜包括在发布中，例如，业务过程、支持文档和服务级别协议。

宜评估实现已授权变更所要求的所有新的或已变更的配置项的影响。

服务提供方宜确保发布的技术和非技术方面的内容都得到统筹考虑。

发布项宜进行可追踪的、安全的修改。只有通过适当的测试和被批准的发布，才宜在实际的环境中验收。

10.1.2 发布策略

宜有一项发布策略，其内容包括：

a） 发布的频率和类型；

b） 发布管理的角色和职责；

c） 验收测试和生产环境的发布的授权；

d） 对所有发布来说，各发布唯一的标识和描述；

e） 发布中分组变更的方法；

f） 自动建立、安装和发布分发过程的方法，以有助于发布是可重复的和有效率的；

g） 发布的验证和验收。

10.1.3 发布和试运行的策划

服务提供方宜与机构一起工作，以确保即将发布的配置项彼此之间以及与目标环境中的配置项相协调。

发布的策划宜确保，影响信息系统、基本设施、服务和文档的变更是协商一致的、经授权的、已安排的、经协调的和可追踪的。

对发布和试运行宜分阶段地策划，因为在开始的时候可能不知道试运行的细节。

对发布和试运行的策划宜典型地包括：

a） 可交付的发布日期和描述；

b） 通过发布关闭或解决的相关变更、问题和已知错误，以及在发布测试期间已经被识别的已知

错误；

c） 在所有的业务和地理单元中实施发布的相关过程；

d） 如果发布不成功，终止或补救的方式；

e） 验证和验收过程；

f） 沟通、准备、文档和对顾客及支持员工的培训；

g） 后勤和货物的采购、存储、调度、连接、验收和处理等过程；

h） 确保保持服务级别所必需的支持资源；

i） 识别从属关系、相关变更和相关风险，这些风险可能影响发布向验收测试和生产环境的平滑转换；

j） 发布结束；

k） 对重大升级所必需的生产环境审核的进度安排，以确保在发布安装期间实际环境处在期望的状态。

10.1.4 开发或获取软件

来自内部团队、系统建立者、系统集成者或其他组织的信息系统和软件的发布，在接收时宜进行验证。

整个过程宜在配置管理计划中形成文件。

10.1.5 设计、建立和配置发布

宜对发布和分发进行设计并实施，以做到：

a） 符合服务提供方系统的体系结构、服务管理和基础设施标准；

b） 确保在建立、安装、处理、打包和交付期间的完整性得到维持；

c） 在建立和发布过程中，使用软件库和相关的知识库来管理和控制各部件；

d） 清晰地识别风险，必要时能够采取补救措施；

e） 在安装前能够验证目标平台满足先决条件；

f） 当达到发布目的时，能够验证发布是完整的。

过程的输出宜包括发布注释、安装指导，被安装的与配置基准相关的软件和硬件。

发布的输出宜移交给负责测试的团体。

建立、安装、发布和分配过程可自动化处理，以便减少错误，确保过程可重复而且新的发布可迅速试运行。

10.1.6 发布验证和验收

最终结果宜停止于整个发布包依据需求全部完成。

验证和验收过程宜包括：

a） 验证受控的验收测试环境满足目标生产环境的需求；

b） 确保发布由配置管理的版本创建，并确保在验收测试环境中使用计划的产品过程进行安装；

c） 验证适当的测试级别已经被完成，例如功能和非功能测试、业务验收测试、以及建立、发布、分发和安装规程的测试；

d） 确保发布的测试使业务顾客和服务提供方的成员满意；

e） 确保适当的发布权力机构来终止各阶段的验收测试；

f） 在安装前验证目标平台满足硬件和软件的先决条件；

g） 当达到发布目的地时，验证发布是完整的。

10.1.7 文档

适当的文档宜在完成后可以使用，并按照发布的配置项，在配置管理下存储。文档宜包括：

a） 如服务级别协议的支持文档；

b） 如系统概述、安装和支持规程、诊断帮助、操作和管理指导的支持文档；

c) 建立、发布、安装和分发过程；

d) 应急和回退计划；

e) 服务管理、支持员工和顾客的培训进度表；

f) 发布的配置基线包括相关的配置项，例如系统文档，测试环境，测试文档，建立和发展工具的各版本；

g) 相关的变更、问题和已知的错误；

h) 发布授权的证据，与验证和验收相关的证据。

宜通过配置管理和问题管理，在送往实际环境以前，识别和记录不完全符合规定需求的系统或服务。

已知错误的信息宜与事件管理沟通。

如果发布被拒绝、拖延或取消，宜通知变更管理。

10.1.8 试运行、分发和安装

宜评审试运行计划，并添加必要的详细信息以确保所有必须的活动都得到执行。

以期望的状态将发布安全地交付到目的地很重要。试运行、分发和安装过程宜确保以下内容：

a) 所有的硬件和软件存储区域是安全的；

b) 具备货物存储、调度、接收和处理的适当的规程；

c) 策划并完成对安装、环境、电力和设施的检查；

d) 向机构和服务提供方人员通报新的发布；

e) 撤销多余的产品、服务和许可证。

软件通过网络分发后，当其到达目的地时，检查发布完成并可操作是很关键的。

成功安装之后，宜更新资产和配置管理记录以及软硬件的位置和责任人。

可以使用安装顾客验收和满意度调查表记录成功或失效。顾客调查得到的任何结果，宜反馈到业务关系管理中。

10.1.9 发布和试运行之后

在试运行后随即产生的与发布有关的事件数量，宜测量和分析，以评估它们对于业务、运行和支持员工资源的影响。

变更管理过程宜包括实施后的评审。

宜将建议反馈到服务改进计划中。

参 考 文 献

GB/T 8566—2007 信息技术 软件生存周期过程(ISO/IEC 12207:1995、ISO/IEC 12207:1995/Amd1:2002、ISO/IEC 12207:1995/Amd2:2004,MOD)

GB/Z 18493—2001 信息技术 软件生存周期过程指南(idt ISO/IEC TR 15271:1998)

GB/T 19000—2008 质量管理体系 基础和术语(ISO 9000:2005,IDT)

GB/T 19001—2008 质量管理体系 要求(ISO 9001:2008,IDT)

GB/T 19017—2008 质量管理体系 技术状态管理指南(ISO 10007:2003,IDT)

GB/T 22081—2008 信息技术 安全技术 信息安全管理实用规则(ISO/IEC 27002:2005,IDT)

GB/Z 20156—2006 软件工程 软件生存周期过程 用于项目管理的指南(ISO/IEC TR 16326:1999,MOD)

ISO/IEC 15288 系统工程 系统生存周期过程

ISO/IEC TR 19760 系统工程 ISO/IEC 15288(系统生存周期过程)应用指南

ISO/IEC 15504-1 信息技术 过程评估 第1部分:概念和词汇

ISO/IEC 15504-2 信息技术 过程评估 第2部分:执行评估

ISO/IEC 15504-3 信息技术 过程评估 第3部分:执行评估的指南

ISO/IEC 15504-4 信息技术 过程评估 第4部分:过程改进和过程能力确定的使用指南

ISO/IEC 15504-5 信息技术 过程评估 第5部分:过程评估模型的范例

ISO/IEC 20000-1:2005 信息技术 服务管理 第1部分:规范

GB/T 19003—2008 软件工程 GB/T 19001—2000 应用于计算机软件的指南

ICS 77.060
H 25

中华人民共和国国家标准

GB/T 24513.2—2010/ISO 11844-2:2005

金属和合金的腐蚀　室内大气低腐蚀性分类
第2部分:室内大气腐蚀性的测定

Corrosion of metals and alloys—Classification of low corrosivity of indoor atmospheres—Part 2: Determination of corrosion attack in indoor atmospheres

(ISO 11844-2:2005,IDT)

2011-01-10 发布　　2011-10-01 实施

中华人民共和国国家质量监督检验检疫总局
中国国家标准化管理委员会　发布

前　言

GB/T 24513分为3部分：

——第1部分：室内大气腐蚀性的测定与评价；

——第2部分：室内大气腐蚀性的测定；

——第3部分：影响室内大气腐蚀性的环境参数测定。

本部分是GB/T 24513的第2部分。

本部分使用翻译法等同采用ISO 11844-2:2005《金属和合金的腐蚀　室内大气低腐蚀性分类　第2部分　室内大气腐蚀性的测定》。

本部分作了下列编辑性修改：

——删除国际标准前言、引言和参考文献。

本部分的附录A、附录B为规范性附录，附录C为资料性附录。

本部分由中国钢铁工业协会提出。

本部分由全国钢标准化技术委员会归口。

本部分起草单位：中国科学院金属研究所、冶金工业信息标准研究院、国家材料环境腐蚀野外科学研究试验站网综合研究中心。

本部分主要起草人：王振尧、冯超、汪川、韩薇、刘宝石。

金属和合金的腐蚀　室内大气低腐蚀性分类 第2部分:室内大气腐蚀性的测定

1 范围

GB/T 24513 的本部分规定了利用金属标准试样测定室内低腐蚀性大气腐蚀速率的方法。可采用对腐蚀具有不同灵敏度的铜、银、锌和钢标准试样进行测定,以测得的数值作为划分室内大气腐蚀性等级的标准,直接评价室内大气腐蚀性。

2 规范性引用文件

下列文件对于本文件的应用是必不可少的。凡是注日期的引用文件,仅注日期的版本适用于本文件。凡是不注日期的引用文件,其最新版本(包括所有的修改单)适用于本文件。

GB/T 16545—1996　金属和合金的腐蚀　腐蚀试样上腐蚀产物的清除(eqv ISO 8407:1991)

GB/T 17214.4—2005　工业过程测定和控制装置的工作条件　第4部分:腐蚀和侵蚀影响(IEC 60654-4:1987,IDT)

ANSI/ISA-S71.04:1985　加工、测量和控制系统的环境状况:空气中的污染物

3 原理

室内局部环境(例如:控制室、电器箱、储存室、运输车辆、博物馆等)的腐蚀性是通过标准金属试样在这些环境中暴露一定周期后单位面积的质量变化或电阻变化计算其腐蚀率来测定的。不同材料对不同环境参数或复合环境参数的灵敏度是不同的。

4 方法

4.1　附录A和附录B中的方法用于评价腐蚀性:

——利用质量变化来测定腐蚀率(附录A);

——利用电解阴极还原法来测定腐蚀率(附录B);

附录C中所描述的方法适用于腐蚀性的连续或周期性监测:

——利用电阻法来测定腐蚀率(附录C)。

4.2　在选择最佳试验方法时应考虑这些方法的不同特点,如灵敏度、腐蚀的连续性或周期性评价的可能性、适用空间等。暴露试样的试验架如图1所示。

单位为毫米

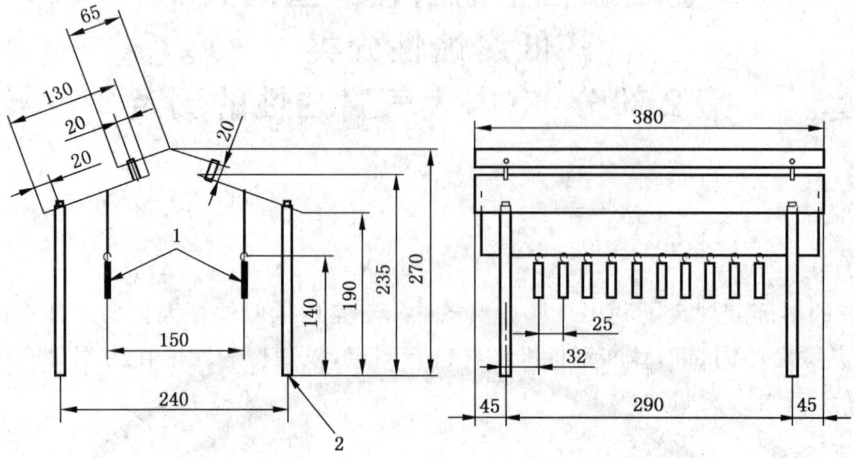

1——试样;

2——支撑柱(直径 15 mm)。

a) 遮蔽暴露试验架简图

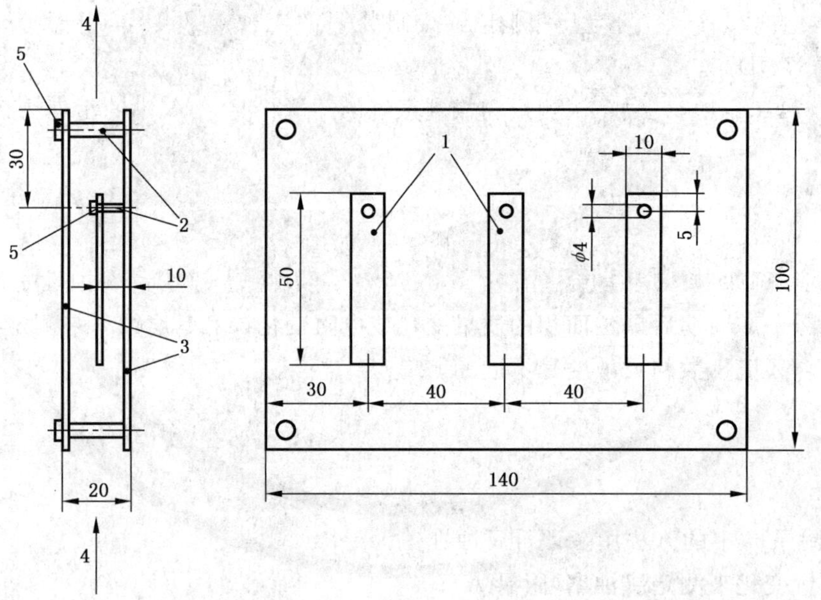

1——试样;

2——等距栓;

3——塑料托盘;

4——进气孔;

5——塑料螺栓。

b) 无遮蔽暴露试验架简图

图 1 带有推荐尺寸的试验架简图

附 录 A
（规范性附录）
利用质量变化测定腐蚀率

A.1 原理

增重法测量适用于所有的金属材料，能评价相对大的表面。该法操作相对简便。

失重法测量能对腐蚀影响提供最好的评价，但该法不适用于所有金属材料。增重法和失重法均可用测微天平来测量，以保证其测量精度（精度约为±10 mg/m^2）。

由于从其他相关表面现象（如一些特殊物质的吸附或预污染）来区分腐蚀影响是困难的，试样宜遮蔽暴露。

A.2 试样

为便于称量，宜使用长方形平板试样，推荐尺寸为 50 mm×10 mm。试样越大，称量精确度越高。试样厚度宜为 0.5 mm。

试样材质要求如下：

——银：纯度不应低于 99.98%；

——铜：纯度不应低于 99.85%；

——锌：纯度不应低于 99.45%；

——碳钢：元素最大含量为：C 0.15%，P 0.04%，S 0.05%，Mn 0.6%。

试样在称量前，应按如下步骤进行预处理：

a) 在试样的上端钻一个直径为 4 mm 的孔；

b) 打磨：

——银和铜使用 1 200 P（600 目）的碳化硅砂纸；

——锌和碳钢使用 500 P（320 目）的砂纸；

c) 去离子水清洗；

d) 无水乙醇超声清洗 5 min；

e) 干燥；

f) 在称量前后和暴露前后，将试样贮存于上端开孔的塑料管中，塑料管放在干燥器中或密封于带有干燥剂的塑料袋中。

暴露前进行最后的表面清洗，这对减少操作过程的干扰是十分必要的。在称量前后，应用干净的镊子夹取，将试样放在试样袋中。为避免在试样上留下标记，应在塑料管上做标记以便区分。

A.3 暴露试验

无论是否用于屏蔽沉降粒子，试样都应垂直悬挂（见图 1）。试样应安装在允许空气自由流动的塑料托盘之间或悬挂架上。塑料的悬挂架或托盘应安装在能够保证空气自由流动的位置，距离地面的高度不宜小于 1 m。试样之间或试样表面与托盘之间的间距应不小于 10 mm。暴露试验中的空气流速最好与当地典型的空气流速特征一致。

绘制试样在试验架上的分布图，图中应标明试验日期和在悬挂架上的位置，以及暴露试验的类型和有无遮蔽物。

每种类型试样每周期平行试样至少3片。推荐暴露1年,最短不小于6个月。

A.4 增重

应用精度为±0.1 μg测微天平称试样,每个试样称量两次,获得与该试样质量相近的不锈钢基准砝码的相对质量。第一次称量为m_1、与试片质量相近的不锈钢基准砝码为$m_{r.1}$,两者之间的差值为$(m_{r.1}-m_1)$;用同样的方式,第二次称量之间的差值为$(m_{r.2}-m_2)$。与基准砝码的相对质量平均值(m)按公式(A.1)计算:

$$m=\frac{(m_{r.1}-m_1)+(m_{r.2}-m_2)}{2} \qquad \text{(A.1)}$$

式中:

m ——试样与基准砝码的相对质量,单位为毫克(mg);

m_1 ——试样第一次称量的质量,单位为毫克(mg);

m_2 ——试样第二次称量的质量,单位为毫克(mg);

$m_{r.1}$——第一次称量基准砝码的质量,单位为毫克(mg);

$m_{r.2}$——第二次称量基准砝码的质量,单位为毫克(mg)。

在暴露试验前后采取同样的称量步骤。在试验完成后,试样称量前,应用洁净压缩空气或氮气仔细吹去试样表面的灰尘。

每种金属材料的增重率如公式(A.2)所示:

$$r_{mi}=\frac{m_{ae}-m_{be}}{A\cdot t} \qquad \text{(A.2)}$$

式中:

r_{mi} ——试样增重率,单位为毫克每平方米年[mg/(m^2·a)];

m_{ae}——暴露试验后试样的质量,单位为毫克(mg);

m_{be}——暴露试验前试样的质量,单位为毫克(mg);

A ——试样的表面积(包括边和角),单位为平方米(m^2);

t ——暴露时间,单位为年(a)。

A.5 失重

试样应在精度为±0.1 μg测微天平上称量。暴露前试片称量,并获得与该试样质量相近的不锈钢基准砝码的相对质量,详见A.4。在暴露后,不同的试样分别用下列除锈液浸泡:

a) 银:750 mL盐酸(HCl ρ为1.18 g/mL)加入蒸馏水到1 000 mL;

b) 铜:5%氨基磺酸溶液;

c) 锌:饱和氨基乙酸溶液;

d) 碳钢:浓盐酸+20 g/L Sb_2O_3+50 g/L $SnCl_2$。

经过反复清洗称取试样质量是通常使用的确定腐蚀试样失重方法(见GB/T 16545—1996),鉴于使用测微天平称量试样质量比通常的称量要多用大量时间,在本标准的本部分中,因使用了空白试样,所以推荐简化的称量步骤。

浸泡在除锈液中的时间长短取决于试样腐蚀的严重程度,但通常为1 min～2 min。为确保试样清洗干净,应保证除锈时间足以完全清除腐蚀产物。在除锈过程中,每种金属都要有空白样。在除锈完毕后,采用同样的步骤称量试样。空白样的失重表明了在浸泡过程中基体的损失。应该从浸泡试样的实际质量损失中扣除。

腐蚀率如公式(A.3)所示：

$$r_{corr}=\frac{(m_{be}-m_{ap})+(m_{bp-blank}-m_{ap-blank})}{A\cdot t} \qquad \cdots\cdots(A.3)$$

式中：

r_{corr} ——腐蚀率，单位为毫克每平方米年[mg/(m^2·a)]；

m_{be} ——在暴露试验前，与基准砝码相关的试片的质量，单位为毫克(mg)；

m_{ap} ——在除锈后，与基准砝码相关的试片的质量，单位为毫克(mg)；

$m_{bp\text{-}blank}$ ——在除锈前，与基准砝码相关的空白试片的质量，单位为毫克(mg)；

$m_{ap\text{-}blank}$ ——在除锈后，与基准砝码相关的空白试片的质量，单位为毫克(mg)；

A ——试样的表面积(包括边和角)，单位为平方米(m^2)；

t ——暴露时间，单位为年(a)。

附　录　B
（规范性附录）
利用电解阴极还原法来测定腐蚀率

B.1　原理

本方法适用于测量银和铜的腐蚀率。分析结果包括腐蚀层的厚度或质量损失的测定。为测量腐蚀层厚度，试样表面出现的腐蚀产物的成分可以从阴极还原曲线来估算。由于所有银的产物的化合价都是＋1，所以不用考虑银腐蚀产物的成分，就能计算其质量损失；而铜的产物的化合价可能为＋1 和＋2，其产物是不确定的。使用本方法来确定铜的失重的精确度大致为±10 mg/m^2。

B.2　试样

推荐使用长方形试片，通常试片的尺寸为 50 mm×10 mm，也可用更大尺寸的试样。试样材质要求如下：

——银：纯度不得低于 99.98%；

——铜：纯度不得低于 99.85%。

试样在称量前，应按如下步骤预先处理：

a)　在试片的上端钻一个直径为 4 mm 的孔；

b)　1 200 P(600 目)的碳化硅砂纸打磨；

c)　去离子水清洗；

d)　无水乙醇超声清洗 5 min；

e)　干燥；

f)　在称量前后和暴露前后，将试片贮存于上端开孔的塑料管中，塑料管放在干燥器中或密封于带有干燥剂的塑料袋中。

暴露前进行最后的表面清洗，这对减少操作过程的干扰是十分必要的。在称量前后，只能用干净的镊子夹取，将试片放在塑料管中。为避免在试样上留下标记，应在塑料管上做标示以示区分。

B.3　暴露试验

无论是否用于屏蔽沉降粒子，试样都应垂直悬挂(见图 1)。试样应安装在允许空气自由流动的塑料托盘之间或悬挂架上。塑料的悬挂架或托盘应安装在能够保证空气自由流动的位置，距离地面的高度不小于 1 m。试样之间或试样表面与托盘之间的间距应不小于 10 mm。暴露试验中的空气流速最好与当地典型的空气流速特征一致。

绘制试样在试验架上的分布图，图中应标明试验日期和在悬挂架上的位置，以及暴露试验的类型和有无遮蔽物。

每种类型试样每周期平行样至少 3 片。推荐暴露 1 年，最短不小于 6 个月。

B.4　电解阴极还原

电解阴极还原是在 0.1 mol/L KCl 溶液中，125 $\mu A/cm^2$ 电流密度下的连续进行。使用标准的三电极电池，用 N_2 净化的 0.1 mol/L KCl 作为电解液，Pt 作为辅助电极，甘汞电极作为参比电极，试样作为工作电极。在腐蚀产物的电解还原反应期间，监测试样电位的变化。腐蚀率 r_{corr}[mg/(m^2 · a)]根据法拉第法则按式(B.1)计算：

$$r_{corr}=\frac{i\cdot t_{red}\cdot M}{n\cdot F\cdot t} \qquad \text{(B.1)}$$

式中：

r_{corr}——腐蚀率，单位为单位为毫克每平方米年[mg/(m^2 · a)]；

i ——电流密度，单位为毫安每平方米(mA/m^2)；

t_{red}——腐蚀产物还原反应的时间，单位为秒(s)；

M ——摩尔质量(如 Ag 107.9；Cu 63.5)，单位为克每摩尔(g/mol)；

n ——化合价(如 Ag+1；Cu+1 或+2)；

F ——法拉第常数 96 485 C/mol；

t ——暴露时间，单位为年(a)。

在 ANSI/ISA-S71.04—1985 和 GB/T 17214.4—2005 中，反应环境的分类是基于铜的反应，以铜的腐蚀产物膜的厚度来区分。腐蚀率是根据腐蚀产物膜厚度来计算的，而腐蚀产物膜厚度用公式(B.2)来计算：

$$t_f=\frac{r_{corr}\cdot M_{film}\cdot t}{M\cdot \delta_{film}} \qquad \text{(B.2)}$$

式中：

t_f ——腐蚀膜厚度，单位为纳米(nm)；

r_{corr} ——腐蚀率，单位为毫克每平方米年[mg/(m^2 · a)]；

t ——暴露时间，单位为年(a)；

M ——摩尔质量(如 Ag 107.9；Cu 63.5)，单位为克每摩尔(g/mol)；

M_{film}——腐蚀膜中相关摩尔质量(如：Ag_2S=247.8；Cu_2O=143.1；CuO=79.5)，单位为克每摩尔(g/mol)；

δ_{film} ——腐蚀膜的密度，(如：Ag_2S=7.32；Cu_2O=6.0；CuO=6.4)，单位为克每立方厘米(g/cm^3)。

附　录　C
（资料性附录）
利用电阻测量确定腐蚀率

C.1　原理

利用电阻传感器估算腐蚀速率，是基于腐蚀过程中金属薄膜的电阻变化。电阻测量原则上适用于所有金属。阻抗传感器由一个装配在蛇形管（或螺旋管）中的金属薄膜构成，管子的两端分别接出两个电极抽头，在管子的中心位置也接出一个电极抽头。这样就形成了两个相等的电阻。一端的电阻用以测量金属表面的腐蚀，另一端的电阻作为参比端补偿温度的影响。参比端用绝缘材料进行保护，使其免受研究环境的腐蚀。传感器的参比端和腐蚀端之间电阻差异的变化与金属的腐蚀速率相关。半导体腐蚀产物和非均匀腐蚀在解释上可能引起一些问题。

C.2　试样

目前，可以买到的传感器有银、铜和碳钢。金属薄片厚度从 50 nm～2 500 nm，最好使用 250 nm 的金属薄片。这些薄膜是通过在惰性材料表面的沉积获得的。

C.3　暴露试验

无论是否用于屏蔽沉降粒子，试样都应垂直悬挂（见图 1）。试样应安装在允许空气自由流动的塑料托盘之间或悬挂架上。塑料的悬挂架或托盘应安装在能够保证空气自由流动的位置，距离地面的高度不小于 1 m。试样之间或试样表面与托盘之间的间距应不小于 10 mm。暴露试验中的空气流速最好与当地典型的空气流速特征一致。

绘制试样在试验架上的分布图，图中应标明试验日期和在悬挂架上的位置，以及暴露试验的类型和有无遮蔽物。

每种类型试样的平行样至少 2 片。推荐暴露 1 年，最短不小于 6 个月。

C.4　测量

试样暴露部分的电阻变化同被保护的部分有关，应该定期测量，但间隔不得少于 3 个月。计算腐蚀率的公式（C.1）所示：

$$r_{\mathrm{corr}}=\frac{\left[\frac{R_{\exp}}{(R_{\mathrm{prot}})_{\exp}}-\frac{R_0}{(R_{\mathrm{prot}})_0}\right]\cdot C\cdot\delta_{\mathrm{metal}}}{10\cdot t}\qquad\text{(C.1)}$$

式中：

r_{corr} ——腐蚀率，单位为毫克每平方米年[mg/(m² · a)]；

$R_{\exp}$ ——暴露试验后的非保护部分的电阻，单位为欧姆（Ω）；

$(R_{\mathrm{prot}})_{\exp}$——暴露试验后的保护部分的电阻，单位为欧姆（Ω）；

R_0 ——暴露试验前的非保护部分的电阻，单位为欧姆（Ω）；

$(R_{prot})_0$ ——暴露试验前的保护部分的电阻，单位为欧姆(Ω)；

δ_{metal} ——金属的密度，单位为克每立方厘米(g/cm^3)，如 Ag=10.50，Cu=8.93；

C ——常数，由试样的厂商提供(10^{-10} m)；

t ——暴露时间，单位为年(a)。

ICS 35.240
L 74

中华人民共和国国家标准

GB/T 24589.1—2010

财经信息技术　会计核算软件数据接口　第1部分：企业

Financial information technology—Data interface of accounting software—Part 1:Enterprise

2010-06-30 发布　　2010-12-01 实施

中华人民共和国国家质量监督检验检疫总局
中国国家标准化管理委员会
发布

前　言

GB/T 24589《财经信息技术　会计核算软件数据接口》分为4个部分：

——第1部分：企业；

——第2部分：行政事业单位；

——第3部分：总预算会计；

——第4部分：商业银行。

本部分为GB/T 24589的第1部分。

本部分按照GB/T 1.1—2009给出的规则起草。

本部分由中华人民共和国审计署提出。

本部分由全国审计信息化标准化技术委员会(SAC/TC 341)归口。

本部分起草单位：中华人民共和国审计署计算机技术中心、用友软件股份有限公司、浪潮集团山东通用软件有限公司、金蝶软件(中国)有限公司、甲骨文(中国)软件系统有限公司、南京审计学院、广东省审计厅、杭州新中大软件股份有限公司、重庆金算盘软件有限公司、思爱普(北京)软件系统有限公司、中国电子技术标准化研究所。

本部分主要起草人：王智玉、杨蕴毅、于广军、杨宝刚、刘江鹰、杨春、魏代森、金纪文、彭涛、张宏、林小锤、于文波、冯宇、黎光。

引　言

本部分的名称中“财经”的含义是“‘财’指财政、财务；‘经’指经济活动”。本系列标准致力于财经信息技术领域的会计核算软件数据接口的标准化工作。

由于财务、税务、审计业务的财务数据可追溯性要求，按照我国1997年开始执行的原会计制度(包括16个具体准则和1个基本准则)制定的国家标准GB/T 19581—2004并不废止，继续有效，对应2006年底之前的会计核算软件产品。

从2007年1月1日起实施的是新的会计准则体系，包括1个基本准则、38个具体准则及其准则应用指南，结束了我国会计“制度”和“准则”两张皮的历史，实现了国际接轨，有利于我国融入国际经济体系。按照新的会计准则、《企业会计准则》以及《企业内部控制基本规范》，全国审计信息化标准化技术委员会重新制定了本系列标准，对应2007年以后实施的新的会计制度下的会计核算软件数据接口产品。

财经信息技术　会计核算软件数据接口
第1部分：企业

1　范围

GB/T 24589的本部分规定了会计核算软件接口的数据格式要求，包括会计核算数据元素、数据接口输出文件的内容和格式的要求。

本部分适用于企业单位所使用的会计核算软件的设计、研制、管理、购销和应用。

2　规范性引用文件

下列文件对于本文件的应用是必不可少的。凡是注日期的引用文件，仅注日期的版本适用于本文件。凡是不注日期的引用文件，其最新版本（包括所有的修改单）适用于本文件。

GB/T 2261.1—2003　个人基本信息分类与代码　第1部分：人的性别代码

GB/T 4754　国民经济行业分类

GB/T 7408—2005　数据元和交换格式　信息交换　日期和时间表示法(ISO 8601:2000,IDT)

GB 11714—1997　全国组织机构代码编制规则

GB/T 12406—2008　表示货币和资金的代码(ISO 4217:2001,IDT)

GB/T 18142—2000　信息技术 数据元素值格式记法(ISO/IEC 14957:1996,IDT)

3　术语和定义

下列术语和定义适用于本文件。

3.1

会计核算软件　accounting software

会计核算工作用的计算机应用软件。

3.2

数据接口　data interface

计算机软件系统之间传送数据、交换信息的接口，以电子文件的形式实现。

3.3

XML文件　extensible markup language file

用具有数据描述功能、高度结构性及可验证性的可扩展置标语言描述的数据文件。

3.4

数据文件　data file

用于会计核算数据交换或处理的文件。

3.5

数据元素　data element

用一组属性描述定义、标识、表示和允许值的数据单元。

注：在本标准中是会计核算软件的数据接口所输出数据的不可分割的基本单位。

3.6

数据结构 data structure

会计核算软件数据接口所输出数据的内部构成,包含有若干个不同的数据元素。

3.7

电子账簿 electronic accounting book

会计核算单位用以记录一套账务数据所用的计算机电子文件的集合,它是通过会计核算软件进行会计核算生成的,并存储在计算机存储设备或媒体中。

3.8

辅助核算 subsidiary accounting

从不同的角度对财务信息进行的细分。辅助核算与会计科目的组合使用,可全面反映企业的经济业务,也可使账务处理更加灵活,充分发挥会计电算化的优势。

4 数据元素

4.1 数据元素的描述规则

数据元素的描述格式如下:

a) 数据元素的标识符:在本标准中,它是各个数据元素的唯一标识,采用六位数字来标记;其中第1~2位表示为元素类别号,第3~4位为该类别中的数据表编号,第5~6位为数据表中经过元素标准化合并后的顺序号,如果某表中出现了之前已经编号的元素则不重复编号。本部分中,第1~2位的表示按如下分类:
——01 表示公共档案类
——02 表示总账类
——03 表示应收应付类
——04 表示固定资产类
——05 表示员工薪酬类

b) 数据元素的名称:数据元素的中文名称;

c) 数据元素的说明:数据元素的含义描述;

d) 数据元素的表示:数据元素值的类型及长度的表示形式,按照GB/T 18142—2000的要求,具体表示如下:
——C　　表示数字、字母、汉字及其他字符等
——C n　　表示n位字符的固定长度
——C..n　　表示最多为n位字符的可变长度
——I..n　　表示最多为n位的整数可计算形式
——Dw.d　　表示十进制小数可计算形式,w表示包含小数点前后字符位在内的整个字段最多字符位数,d表示小数点后的最多字符位数

e) 数据元素的注释:与该数据元素相关的其他说明。

4.2 数据元素细目

4.2.1 公共档案类数据元素

标识符:010101

名　称:电子账簿编号

说　明:会计核算软件中当前电子账簿的编号

表　示:C..60
注　释:

标识符:010102
名　称:电子账簿名称
说　明:会计核算软件中当前电子账簿的名称
表　示:C..200
注　释:

标识符:010103
名　称:会计核算单位
说　明:使用会计核算软件单位的法定名称
表　示:C..200
注　释:

标识符:010104
名　称:组织机构代码
说　明:企业的组织机构代码
表　示:C..20
注　释:按照 GB 11714—1997 的要求编制。

标识符:010105
名　称:单位性质
说　明:赋值为“企业单位”
表　示:C8
注　释:

标识符:010106
名　称:行业
说　明:定位于大类代码所对应的行业名称
表　示:C..20
注　释:按照 GB/T 4754 编制。

标识符:010107
名　称:开发单位
说　明:开发会计核算软件的单位名称
表　示:C..200
注　释:

标识符:010108
名　称:版本号
说　明:会计核算软件的版本标识
表　示:C..20

注 释:

标识符:010109
名 称:本位币
说 明:会计核算软件中本电子账簿所使用的记账本位币
表 示:C..30
注 释:按照 GB/T 12406—2008 表示。

标识符:010110
名 称:会计年度
说 明:当前财务会计报告年属
表 示:C4
注 释:例如“2008”。

标识符:010111
名 称:标准版本号
说 明:当前使用的接口标准的版本号
表 示:C..30
注 释:用标准发布的编号来表示,例如“GB/T 12406—2008”。

标识符:010201
名 称:会计期间号
说 明:会计期间的编号,按企业会计准则进行编号。
表 示:C..15
注 释:需要支持调整期 ,例如“1201”表示第 12 月的第一个调整期。

标识符:010202
名 称:会计期间起始日期
说 明:当前会计期间对应的起始自然日期
表 示:C8
注 释:按照 GB/T 7408—2005 表示为“CCYYMMDD”。

标识符:010203
名 称:会计期间结束日期
说 明:当前会计期间对应的结束自然日期
表 示:C8
注 释:按照 GB/T 7408—2005 表示为“CCYYMMDD”。

标识符:010301
名 称:记账凭证类型编号
说 明:记账凭证类型的编号
表 示:C..60
注 释:

标识符:010302
名　称:记账凭证类型名称
说　明:记账凭证类型的名称
表　示:C..60
注　释:例如“记账凭证”。

标识符:010303
名　称:记账凭证类型简称
说　明:记账凭证类型的简称
表　示:C..20
注　释:例如“记”,有些单位称“字”。

标识符:010401
名　称:汇率类型编号
说　明:区分同一源币种和目标币种的不同折算率的类型编号
表　示:C..60
注　释:

标识符:010402
名　称:汇率类型名称
说　明:区分同一源币种和目标币种的不同折算率的类型名称
表　示:C..60
注　释:例如“买入汇率”、“卖出汇率”。

标识符:010501
名　称:币种编码
说　明:货币种类的编码
表　示:C..10
注　释:按照 GB/T 12406—2008 表示。

标识符:010502
名　称:币种名称
说　明:会计科目核算中涉及的货币种类名称
表　示:C..30
注　释:按照 GB/T 12406—2008 表示。

标识符:010601
名　称:结算方式编码
说　明:资金收付的形式的编码
表　示:C..60
注　释:

标识符:010602

名　称：结算方式名称
说　明：资金收付的形式的名称
表　示：C..60
注　释：

标识符：010701
名　称：部门编码
说　明：企业内部部门机构的编码
表　示：C..60
注　释：

标识符：010702
名　称：部门名称
说　明：企业内部部门机构的名称
表　示：C..200
注　释：

标识符：010703
名　称：上级部门编码
说　明：本级部门的上级部门的编码
表　示：C..60
注　释：

标识符：010801
名　称：员工编码
说　明：企业内部员工的编码
表　示：C..60
注　释：

标识符：010802
名　称：员工姓名
说　明：企业内部员工的姓名
表　示：C..30
注　释：

标识符：010803
名　称：证件类别
说　明：证明员工的身份的有效证件类别的名称
表　示：C..30
注　释：例如“身份证”、“军官证”、“护照”等，对于同时具有多个有效证件情况，可任选一个。

标识符：010804
名　称：证件号码

说　明:证明员工身份的有效证件的号码
表　示:C..30
注　释:

标识符:010805
名　称:性别
说　明:员工的性别
表　示:C..20
注　释:按照 GB/T 2261.1—2003 表示。

标识符:010806
名　称:出生日期
说　明:企业内部员工的出生年月日
表　示:C8
注　释:按照 GB/T 7408—2005 表示为"CCYYMMDD"。

标识符:010807
名　称:入职日期
说　明:企业内部员工的入职日期
表　示:C8
注　释:按照 GB/T 7408—2005 表示为"CCYYMMDD"。

标识符:010808
名　称:离职日期
说　明:企业内部员工离开企业的日期
表　示:C8
注　释:按照 GB/T 7408—2005 表示为"CCYYMMDD"。

标识符:010901
名　称:供应商编码
说　明:对供应商进行的编码
表　示:C..60
注　释:

标识符:010902
名　称:供应商名称
说　明:企业的供应商的名称
表　示:C..200
注　释:

标识符:010903
名　称:供应商简称
说　明:企业的供应商的简称

表　示:C..60
注　释:

标识符:011001
名　称:客户编码
说　明:对客户进行的编码
表　示:C..60
注　释:

标识符:011002
名　称:客户名称
说　明:企业的客户的名称
表　示:C..200
注　释:

标识符:011003
名　称:客户简称
说　明:企业的客户的简称
表　示:C..60
注　释:

标识符:011101
名　称:档案编码
说　明:电子账簿需要使用的其他档案的编码
表　示:C..60
注　释:不包括已确定的固定档案,例如“部门”、“客户”。

标识符:011102
名　称:档案名称
说　明:电子账簿需要使用的档案的名称
表　示:C..200
注　释:

标识符:011103
名　称:档案描述
说　明:电子账簿需要使用的档案的说明
表　示:C..1000
注　释:

标识符:011104
名　称:是否有层级特征
说　明:档案的值是否有上下层级结构的选择开关项
表　示:C1

注　释:“1”表示有,“0”表示无。

标识符:011105
名　称:档案编码规则
说　明:自定义档案的编码规则
表　示:C..200
注　释:若有层级特征时的编码规则,各级次编号的长度用[-]隔开形成序列,例如“1-2-2-2”。

标识符:011201
名　称:档案值编码
说　明:每个档案的内容值的编码
表　示:C..60
注　释:

标识符:011202
名　称:档案值名称
说　明:每个档案的内容值的名称
表　示:C..200
注　释:

标识符:011203
名　称:档案值描述
说　明:档案值的详细描述解释
表　示:C..1000
注　释:

标识符:011204
名　称:档案值父节点
说　明:档案值的父节点的编码
表　示:C..60
注　释:引用[档案值编码],如果有编码规则,自动带出,否则导出表示层级关系。

标识符:011205
名　称:档案值级次
说　明:当前值在所属档案结构中的级次
表　示:C..2
注　释:若没有层级特征则为“1”。

4.2.2　总账类数据元素

标识符:020101
名　称:结构分隔符
说　明:科目辅助核算结构、扩展字段结构的各段之间的分隔符
表　示:C1

注　释:例如指定分隔符为“-”。

标识符:020102

名　称:会计科目编号规则

说　明:会计科目各级次编号的长度序列,科目各级次编号的长度用[-]隔开形成序列

表　示:C..200

注　释:例如“4-2-2”或“4-3-4”。

标识符:020103

名　称:现金流量项目编码规则

说　明:项目各级次编号的长度用[-]隔开形成序列

表　示:C..200

注　释:例如“4-2-2”或“4-3-4”。

标识符:020104

名　称:凭证头可扩展字段结构

说　明:用户可以为凭证额外自定义需要记录的重要信息的字段,可以是多个扩展字段的结构组合,可以为空。

表　示:C..2000

注　释:例如“业务日期”,最多30个段。

标识符:020105

名　称:凭证头可扩展结构对应档案

说　明:凭证各个扩展字段对应的档案,可以多个扩展字段对应同一个档案,也可以无档案(用NULL表示)。

表　示:C..2000

注　释:

标识符:020106

名　称:分录行可扩展字段结构

说　明:用户可以为分录额外自定义需要记录的重要信息的字段,可以是多个扩展字段的结构组合,可以为空。

表　示:C..2000

注　释:例如“结算方式-票据类别-票据号-票据日期”,最多30个段。

标识符:020107

名　称:分录行可扩展字段对应档案

说　明:分录扩展字段对应的档案,可以多个扩展字段对应同一个档案,也可以无档案(用NULL表示)。

表　示:C..2000

注　释:例如“结算方式档案-票据类别档案-NULL-NULL”。

标识符:020201

名　称:科目编号
说　明:对每一个会计科目,按会计制度和业务性质进行分类的编码
表　示:C..60
注　释:

标识符:020202
名　称:科目名称
说　明:科目编号末级所对应科目的名称
表　示:C..60
注　释:例如“应交个人所得税”。

标识符:020203
名　称:科目级次
说　明:科目编号在科目结构中所对应的级次
表　示:I..2
注　释:

标识符:020204
名　称:科目类型
说　明:会计科目的种类
表　示:C..20
注　释:例如“资产类”、“负债类”、“所有者权益类”、“成本费用类”和“损益类”等。

标识符:020205
名　称:余额方向
说　明:会计科目余额的借、贷方向
表　示:C..4
注　释:表示为“借”、“贷”或“借方”、“贷方”。

标识符:020301
名　称:辅助项编号
说　明:会计科目的辅助核算项序号
表　示:C..60
注　释:

标识符:020302
名　称:辅助项名称
说　明:会计科目的辅助核算项名称
表　示:C..200
注　释:

标识符:020303
名　称:对应档案

说　明:辅助项对应的档案
表　示:C..200
注　释:表示为相应的“部门档案”、“员工档案”、“供应商档案”、“客户档案”、“自定义档案的名称”。

标识符:020304
名　称:辅助项描述
说　明:辅助核算项的详细描述
表　示:C..2000
注　释:

标识符:020401
名　称:现金流量项目编码
说　明:现金流量项目的编码
表　示:C..60
注　释:

标识符:020402
名　称:现金流量项目名称
说　明:现金流量项目的名称
表　示:C..200
注　释:

标识符:020403
名　称:现金流量项目描述
说　明:现金流量项目的详细描述
表　示:C..2000
注　释:

标识符:020404
名　称:是否末级
说　明:是否是末级项目的选择开关项
表　示:C1
注　释:“1”表示“是”,“0”表示“否”。

标识符:020405
名　称:现金流量项目级次
说　明:当前现金流量项目的级次
表　示:C..2
注　释:

标识符:020406
名　称:现金流量项目父节点
说　明:引用父节点的现金流量项目编码

表　示：C..60

注　释：

标识符：020407

名　称：现金流量数据来源

说　明：现金流量项目的数据来源，主表或附表

表　示：C1

注　释："1"表示"主表"，"0"表示"附表"。

标识符：020408

名　称：现金流量项目属性

说　明：现金流量项目的属性

表　示：C1

注　释："1"表示流入或增项，"0"表示流出或减项，"2"表示无法确认是流入(增)项还是流出(减)项。

标识符：020501

名　称：期初余额方向

说　明：会计科目期初余额的借、贷方向，表示为"借"、"贷"或"借方"、"贷方"

表　示：C..4

注　释：

标识符：020502

名　称：期末余额方向

说　明：会计科目期末余额的借、贷方向，表示为"借"、"贷"或"借方"、"贷方"

表　示：C..4

注　释：

标识符：020503

名　称：计量单位

说　明：会计核算中度量业务对象的实物计量尺度

表　示：C..10

注　释：

标识符：020504

名　称：期初数量

说　明：会计科目账户的期初数量余额

表　示：D20.6

注　释：

标识符：020505

名　称：期初原币余额

说　明：会计科目账户的期初原币余额

表　示:D20.2
注　释:

标识符:020506
名　称:期初本币余额
说　明:会计科目账户的期初本位币金额
表　示:D20.2
注　释:

标识符:020507
名　称:借方数量
说　明:科目余额及发生额数据表中某月借方发生数量的合计数
表　示:D20.6
注　释:

标识符:020508
名　称:借方原币金额
说　明:科目余额及发生额数据表中某月借方原币发生额的合计数
表　示:D20.2
注　释:

标识符:020509
名　称:借方本币金额
说　明:科目余额及发生额数据表中某月借方发生额的本币合计数
表　示:D20.2
注　释:

标识符:020510
名　称:贷方数量
说　明:科目余额及发生额数据表中某月贷方发生数量的合计数
表　示:D20.6
注　释:

标识符:020511
名　称:贷方原币金额
说　明:科目余额及发生额数据表中某月贷方原币发生额的合计数
表　示:D20.2
注　释:

标识符:020512
名　称:贷方本币金额
说　明:科目余额及发生额数据表中某月贷方发生额的本币合计数
表　示:D20.2

注　释：

标识符：020513
名　称：期末数量
说　明：会计科目账户的期末数量
表　示：D20.6
注　释：

标识符：020514
名　称：期末原币余额
说　明：会计科目账户的期末原币金额
表　示：D20.2
注　释：

标识符：020515
名　称：期末本币余额
说　明：会计科目账户的期末本位币金额
表　示：D20.2
注　释：

标识符：020601
名　称：记账凭证日期
说　明：制作记账凭证的日期
表　示：C8
注　释：按照 GB/T 7408—2005 表示为"CCYYMMDD"。

标识符：020602
名　称：记账凭证编号
说　明：记账凭证的顺序编号
表　示：C..60
注　释：依据《会计基础工作规范》对记账凭证连续编号。

标识符：020603
名　称：记账凭证行号
说　明：某一记账凭证各分录行的顺序编号
表　示：C..5
注　释：

标识符：020604
名　称：记账凭证摘要
说　明：记账凭证的简要业务说明
表　示：C..300
注　释：

标识符:020605
名　称:汇率
说　明:记账汇率
表　示:D13.4
注　释:

标识符:020606
名　称:单价
说　明:具有数量特性的科目所涉及的单位价格
表　示:D20.4
注　释:

标识符:020607
名　称:凭证头可扩展字段结构值
说　明:当前凭证头的用户自定义字段的值
表　示:C..300
注　释:

标识符:020608
名　称:分录行可扩展字段结构值
说　明:当前分录行的用户自定义字段的值
表　示:C..300
注　释:

标识符:020609
名　称:票据类型
说　明:票据的种类
表　示:C..60
注　释:

标识符:020610
名　称:票据号
说　明:票据的编号
表　示:C..60
注　释:

标识符:020611
名　称:票据日期
说　明:票据的制单日期
表　示:C8
注　释:按照 GB/T 7408－2005 表示为“CCYYMMDD”。

标识符:020612

名　称:附件数
说　明:记账凭证所附的原始凭证张数
表　示:I..4
注　释:

标识符:020613
名　称:制单人
说　明:制作记账凭证的会计人员
表　示:C..30
注　释:

标识符:020614
名　称:审核人
说　明:审核记账凭证的会计人员
表　示:C..30
注　释:

标识符:020615
名　称:记账人
说　明:对记账凭证进行记账处理的会计人员
表　示:C..30
注　释:

标识符:020616
名　称:记账标志
说　明:记账凭证是否记账的标识
表　示:C1
注　释:完成赋值为“1”,否则赋值为“0”。

标识符:020617
名　称:作废标志
说　明:已经生成凭证编号,但未进行账簿登记的凭证,予以作废处理所做的标识
表　示:C1
注　释:作废赋值为“1”,否则赋值为“0”。

标识符:020618
名　称:凭证来源系统
说　明:凭证来源于模块的名称
表　示:C..20
注　释:为空就来源于“总账”,其他来源例如“应收”、“应付”、“工资”、“固定资产”。

标识符:020701
名　称:现金流量行号

说　明:现金流量行的顺序编号
表　示:C..20
注　释:

标识符:020702
名　称:现金流量摘要
说　明:现金流量的简要业务说明
表　示:C..300
注　释:

标识符:020703
名　称:现金流量原币金额
说　明:现金流量的原币金额
表　示:D20.2
注　释:

标识符:020704
名　称:现金流量本币金额
说　明:现金流量的本币金额
表　示:D20.2
注　释:

标识符:020801
名　称:报表编号
说　明:报表的唯一索引代号
表　示:C..20
注　释:

标识符:020802
名　称:报表名称
说　明:对外报送报表的名称
表　示:C..60
注　释:报表范围包括"资产负债表"、"利润表"、"现金流量表"、"所有者权益(股东权益)变动表"等四张表。

标识符:020803
名　称:报表报告日
说　明:报表数据所对应的会计日期(日)
表　示:C8
注　释:例如资产负债表的报表报告日为"20081231",按照GB/T 7408—2005表示为"CCYYMM-DD"。

标识符:020804

名　称:报表报告期
说　明:报表数据所对应的会计期间
表　示:C..6
注　释:例如利润表,2008 年报表报告期为“2008”,2008 年 12 月报表报告期为“200812”。

标识符:020805
名　称:编制单位
说　明:编制会计报表的单位名称
表　示:C..200
注　释:

标识符:020806
名　称:货币单位
说　明:货币的计量单位
表　示:C..30
注　释:例如“万元”。

标识符:020901
名　称:报表项编号
说　明:报表项目的顺序编号
表　示:C..20
注　释:

标识符:020902
名　称:报表项名称
说　明:报表中所列项目的名称
表　示:C..200
注　释:

标识符:020903
名　称:报表项公式
说　明:报表项目的计算公式,为文本型,可以是业务函数
表　示:C..2000
注　释:

标识符:020904
名　称:报表项数值
说　明:报表项目的数值
表　示:D20.2
注　释:

4.2.3　应收应付类数据元素

标识符:030101

名　称：单据类型编码
说　明：单据类型的编码
表　示：C..60
注　释：

标识符：030102
名　称：单据类型名称
说　明：单据类型的名称
表　示：C..60
注　释：

标识符：030201
名　称：交易类型编码
说　明：交易类型的编码
表　示：C..60
注　释：交易类型是对单据类型的细化，不同的交易类型表达对业务不同的处理规则、处理流程。

标识符：030202
名　称：交易类型名称
说　明：交易类型的名称
表　示：C..60
注　释：

标识符：030301
名　称：记账日期
说　明：应收、收款业务或者应付、付款业务所生成会计凭证的记账日期
表　示：C8
注　释：导出的是已记账数据。按照 GB/T 7408—2005 表示为“CCYYMMDD”。

标识符：030302
名　称：本币余额
说　明：用本位币计量的应收款、收款业务或者应付款、付款业务的余额金额
表　示：D20.2
注　释：

标识符：030303
名　称：原币余额
说　明：用原币计量的应收款、收款业务或者应付款、付款业务的余额金额
表　示：D20.2
注　释：

标识符：030304
名　称：本币发生金额

说　明：业务发生用本币计量的金额
表　示：D20.2
注　释：

标识符：030305
名　称：原币币种
说　明：业务的原币币种名称
表　示：C..30
注　释：

标识符：030306
名　称：原币发生金额
说　明：业务发生用原币记录的金额
表　示：D20.2
注　释：汇兑损益记录原币可能为0。

标识符：030307
名　称：摘要
说　明：对业务的简要说明
表　示：C..200
注　释：

标识符：030308
名　称：到期日
说　明：该笔应收款的到期日
表　示：C8
注　释：如果一笔业务有多个到期日，需要按各个到期日导出明细数据，按照GB/T 7408—2005表示为“CCYYMMDD”。

标识符：030309
名　称：核销凭证编号
说　明：与当前业务对应的核销会计凭证编号
表　示：C..60
注　释：(1)当前单据为应收单(发票)，则核销凭证是与之核销的收款单对应的凭证编号；当前单据是收款单，则核销凭证是与之核销的应收单(发票)对应的凭证编号。(2)如果一笔业务多次参与核销，按核销记录导出相应的凭证编号。

标识符：030310
名　称：核销日期
说　明：与当前业务核销处理的日期
表　示：C8
注　释：按照GB/T 7408—2005表示为“CCYYMMDD”。

标识符:030311
名　称:单据编号
说　明:记录该应收业务的单据编号
表　示:C..60
注　释:

标识符:030312
名　称:发票号
说　明:记录该应收业务的发票号码
表　示:C..60
注　释:

标识符:030313
名　称:合同号
说　明:记录该应收业务的相关合同号
表　示:C..60
注　释:

标识符:030314
名　称:项目编码
说　明:记录该应收业务的相关项目编码
表　示:C..60
注　释:

标识符:030315
名　称:付款日期
说　明:该应收业务的付款日期
表　示:C8
注　释:按照 GB/T 7408—2005 表示为“CCYYMMDD”。

标识符:030316
名　称:核销标志
说　明:款项已核销完毕的标志
表　示:C1
注　释:“0”表示未核销,“1”表示已核销。

标识符:030317
名　称:汇票编号
说　明:结算所使用汇票的编号
表　示:C..60
注　释:

4.2.4　固定资产类数据元素

标识符:040101

名　称:固定资产对账科目
说　明:固定资产原值与总账的对账科目编号
表　示:C..60
注　释:例如“1601”。

标识符:040102
名　称:减值准备对账科目
说　明:固定资产减值准备与总账的对账科目编号
表　示:C..60
注　释:例如“1602”。

标识符:040103
名　称:累计折旧对账科目
说　明:固定资产累计折旧与总账的对账科目编号
表　示:C..60
注　释:例如“1603”。

标识符:040201
名　称:固定资产类别编码规则
说　明:固定资产类别各级次编号的长度序列
表　示:C..60
注　释:固定资产类别各级次编号的长度用[-]隔开形成序列,例如“2-2”或“2-2-2”。

标识符:040202
名　称:固定资产类别编码
说　明:固定资产类别的编码
表　示:C..60
注　释:

标识符:040203
名　称:固定资产类别名称
说　明:固定资产类别的名称
表　示:C..60
注　释:例如“房屋建筑物”、“机器设备”、“电子设备”等。

标识符:040301
名　称:变动方式编码
说　明:固定资产卡片各种变动业务的编码。
表　示:C..60
注　释:例如资产购入“01”、资产处置“02”、资产减值“03”、资产重估“04”、资产原值变更“05”、资产累计折旧变更“06”。

标识符:040302

名　称:变动方式名称
说　明:固定资产卡片各种变动业务的名称
表　示:C..60
注　释:

标识符:040401
名　称:折旧方法编码
说　明:折旧方法的编码
表　示:C..60
注　释:

标识符:040402
名　称:折旧方法名称
说　明:折旧方法的名称
表　示:C..60
注　释:例如“直线法”、“双倍余额递减法”、“年数总和法”。

标识符:040403
名　称:折旧公式
说　明:折旧额公式的表达式
表　示:C..200
注　释:例如“月折旧额=资产原值*(1-残值率)/使用年限”。

标识符:040501
名　称:使用状况编码
说　明:固定资产使用状况的编码
表　示:C..60
注　释:

标识符:040502
名　称:使用状况名称
说　明:固定资产使用状况的名称
表　示:C..60
注　释:例如“使用中”、“未使用”、“季节性停用”等。

标识符:040601
名　称:固定资产卡片编号
说　明:登记固定资产信息的卡片的编号
表　示:C..60
注　释:例如“KP001”或“0001”。

标识符:040602
名　称:固定资产编码

说　明:固定资产的编码
表　示:C..60
注　释:例如“DYJ-001”。

标识符:040603
名　称:固定资产名称
说　明:固定资产的名称
表　示:C..200
注　释:例如“打印机”。

标识符:040604
名　称:固定资产入账日期
说　明:固定资产的入账日期
表　示:C8
注　释:按照 GB/T 7408—2005 表示为“CCYYMMDD”,例如“20090101”。

标识符:040605
名　称:固定资产计量单位
说　明:固定资产的计量单位
表　示:C..60
注　释:例如“台”。

标识符:040606
名　称:固定资产数量
说　明:资产卡片中的资产数量,资产卡片支持多数量时,一张卡片可以记录多个资产信息。
表　示:D20.6
注　释:

标识符:040607
名　称:预计使用月份
说　明:固定资产预计使用月份数
表　示:I..4
注　释:例如固定资产可使用 5 年,则表示成“60”。

标识符:040608
名　称:已计提月份
说　明:资产卡片在当前会计期间已经计提折旧的累计月份数
表　示:I..4
注　释:

标识符:040609
名　称:固定资产原值
说　明:当前期间末固定资产原值

表　示:D20.2
注　释:

标识符:040610
名　称:固定资产累计折旧
说　明:当前期间末固定资产累计折旧
表　示:D20.2
注　释:

标识符:040611
名　称:固定资产净值
说　明:当前期间末固定资产净值
表　示:D20.2
注　释:

标识符:040612
名　称:固定资产累计减值准备
说　明:当前期间末固定资产累计减值准备
表　示:D20.2
注　释:

标识符:040613
名　称:固定资产净残值率
说　明:当前期间末固定资产净残值率
表　示:D20.2
注　释:

标识符:040614
名　称:固定资产净残值
说　明:当前期间末固定资产净残值
表　示:D20.2
注　释:

标识符:040615
名　称:固定资产月折旧率
说　明:固定资产当前期间的折旧率
表　示:D20.6
注　释:

标识符:040616
名　称:固定资产月折旧额
说　明:固定资产当前期间计提的折旧额
表　示:D20.2

注　释：

标识符：040617
名　称：固定资产工作量单位
说　明：固定资产的工作量单位
表　示：C..20
注　释：

标识符：040618
名　称：固定资产工作总量
说　明：固定资产预计工作总量
表　示：D20.2
注　释：

标识符：040619
名　称：累计工作总量
说　明：当前期间末累计已使用工作总量
表　示：D20.2
注　释：

标识符：040701
名　称：固定资产标签号
说　明：资产实物的唯一流水编号，一个标签号可以对应找到一个具体实物。如果卡片只有单数量，可以同资产卡片编号；如果是多数量，应该分别为每一个实物进行编号。
表　示：C..200
注　释：例如“BQ-001”、“BQ-002”。

标识符：040702
名　称：固定资产位置
说　明：固定资产实物存放的地点
表　示：C..60
注　释：

标识符：040703
名　称：固定资产规格型号
说　明：固定资产实物的规格型号
表　示：C..60
注　释：

标识符：040801
名　称：折旧分配比例
说　明：各个使用部门的折旧分配比例
表　示：D3.2

注　释:如果一个实物被多个部门共用,则分行列示。

标识符:040901
名　称:固定资产减少流水号
说　明:记录固定资产变动业务的记录号
表　示:C..60
注　释:可以是单据号,也可是流水号。

标识符:040902
名　称:减少发生日期
说　明:固定资产减少的发生日期
表　示:C8
注　释:按照 GB/T 7408—2005 表示为“CCYYMMDD”。

标识符:040903
名　称:固定资产减少数量
说　明:固定资产减少的数量
表　示:D20.6
注　释:

标识符:040904
名　称:固定资产减少原值
说　明:固定资产减少的原值
表　示:D20.2
注　释:

标识符:040905
名　称:固定资产减少累计折旧
说　明:固定资产减少的累计折旧
表　示:D20.2
注　释:

标识符:040906
名　称:固定资产减少减值准备
说　明:固定资产减少的减值准备
表 示:D20.2
注　释:

标识符:040907
名　称:固定资产减少残值
说　明:固定资产减少掉的残余价值
表　示:D20.2
注　释:

标识符:040908
名　称:清理收入
说　明:固定资产清理过程中所产生的收入
表　示:D20.2
注　释:

标识符:040909
名　称:清理费用
说　明:固定资产清理过程中所发生的费用
表　示:D20.2
注　释:

标识符:040910
名　称:固定资产减少原因
说　明:固定资产减少的原因
表　示:C..200
注　释:

标识符:041101
名　称:固定资产变动流水号
说　明:记录固定资产变动业务的记录流水号
表　示:C..60
注　释:

标识符:041102
名　称:固定资产变动日期
说　明:固定资产变动的发生日期
表　示:C8
注　释:按照 GB/T 7408—2005 表示为“CCYYMMDD”。

标识符:041103
名　称:变动前内容及数值
说　明:资产变动前内容或数值
表　示:C..60
注　释:例如折旧方法变更时,变更前内容为“直线法”,资产原值变更时,变更前内容为“10000”。

标识符:041104
名　称:变动后内容及数值
说　明:资产变动后内容或数值
表　示:C..60
注　释:例如折旧方法变更时,变更后内容为“双倍余额递减法”;资产原值变更时,变更前内容为“20000”。

标识符:041105

名　称:固定资产变动原因

说　明:进行资产变动的原因

表　示:C..200

注　释:

4.2.5 员工薪酬类数据元素

标识符:050101

名　称:薪酬年度

说　明:给员工发放薪酬的年度编号

表　示:C4

注　释:例如“2008”。

标识符:050102

名　称:薪酬期间号

说　明:发放薪酬的期间编号,通常按月度发放

表　示:C..2

注　释:例如“3”。

标识符:050103

名　称:薪酬期间起始日期

说　明:薪酬期间的开始日期

表　示:C8

注　释:按照 GB/T 7408—2005 表示为“CCYYMMDD”。

标识符:050104

名　称:薪酬期间结束日期

说　明:薪酬期间的结束日期

表　示:C8

注　释:按照 GB/T 7408—2005 表示为“CCYYMMDD”。

标识符:050201

名　称:薪酬类别名称

说　明:根据发放对象不同和发放时间不同而确定的类别,不同类别可具有不同薪酬项目

表　示:C..60

注　释:例如“高管人员薪酬”与“计件薪酬”可作为两个类别,不同的薪酬类别在管理上可由不同人员操作。

标识符:050202

名　称:薪酬项目编码

说　明:薪酬项目的编码

表　示:C..60

注　释:例如“001”。

标识符:050203
名　称:薪酬项目名称
说　明:发放薪酬的项目名称
表　示:C..60
注　释:例如"岗位工资"、"岗位津贴"、"考勤扣款"等。

标识符:050301
名　称:员工类别
说　明:根据员工管理的需要而采取的分类方式
表　示:C..60
注　释:例如"在职"、"在编"等。

标识符:050401
名　称:薪酬金额
说　明:本次发放薪酬的数额
表　示:D20.2
注　释:

5 接口文件的输出

5.1 输出文件的格式

输出的接口文件应采用 XML 格式,具体格式参见附录 A,实例参见附录 B。

5.2 输出文件的数据结构

本部分要求输出文件的数据结构按照表 1～表 5 中的规定输出,其中"数据元素标识符"栏中的编号对应 4.2 中所描述的标准化数据元素。

5.2.1 公共档案类数据结构

见表 1。

表 1 公共档案类数据结构

编号	数据表名	数据元素标识符	数据元素名
01	电子账簿	010101	电子账簿编号
		010102	电子账簿名称
		010103	会计核算单位
		010104	组织机构代码
		010105	单位性质
		010106	行业
		010107	开发单位
		010108	版本号

表 1　公共档案类数据结构（续）

编号	数据表名	数据元素标识符	数据元素名
01	电子账簿	010109	本位币
		010110	会计年度
		010111	标准版本号
02	会计期间	010110	会计年度
		010201	会计期间号
		010202	会计期间起始日期
		010203	会计期间结束日期
03	记账凭证类型	010301	记账凭证类型编号
		010302	记账凭证类型名称
		010303	记账凭证类型简称
04	汇率类型	010401	汇率类型编号
		010402	汇率类型名称
05	币种	010501	币种编码
		010502	币种名称
06	结算方式	010601	结算方式编码
		010602	结算方式名称
07	部门档案	010701	部门编码
		010702	部门名称
		010703	上级部门编码
08	员工档案	010801	员工编码
		010802	员工姓名
		010803	证件类别
		010804	证件号码
		010805	性别
		010806	出生日期
		010701	部门编码
		010807	入职日期
		010808	离职日期
09	供应商档案	010901	供应商编码
		010902	供应商名称
		010903	供应商简称
10	客户档案	011001	客户编码
		011002	客户名称
		011003	客户简称

表 1 公共档案类数据结构（续）

编号	数据表名	数据元素标识符	数据元素名
11	自定义档案项	011101	档案编码
		011102	档案名称
		011103	档案描述
		011104	是否有层级特征
		011105	档案编码规则
12	自定义档案值	011101	档案编码
		011201	档案值编码
		011202	档案值名称
		011203	档案值描述
		011204	档案值父节点
		011205	档案值级次

5.2.2 总账类数据结构

见表 2。

表 2 总账类数据结构

编号	数据表名	数据元素标识符	数据元素名
01	总账基础信息	020101	结构分隔符
		020102	会计科目编号规则
		020103	现金流量项目编码规则
		020104	凭证头可扩展字段结构
		020105	凭证头可扩展结构对应档案
		020106	分录行可扩展字段结构
		020107	分录行可扩展字段对应档案
02	会计科目	020201	科目编号
		020202	科目名称
		020203	科目级次
		020204	科目类型
		020205	余额方向
03	科目辅助核算	020201	科目编号
		020301	辅助项编号
		020302	辅助项名称
		020303	对应档案
		020304	辅助项描述
04	现金流量项目	020401	现金流量项目编码

表 2 总账类数据结构（续）

编号	数据表名	数据元素标识符	数据元素名
04	现金流量项目	020402	现金流量项目名称
		020403	现金流量项目描述
		020404	是否末级
		020405	现金流量项目级次
		020406	现金流量项目父节点
		020407	现金流量数据来源
		020408	现金流量项目属性
05	科目余额及发生额	020201	科目编号
		020301	辅助项 1 编号
		020301	辅助项 2 编号
		020301	辅助项 3 编号
		020301	辅助项 4 编号
		020301	辅助项 5 编号
		020301	辅助项 6 编号
		020301	辅助项 7 编号
		020301	辅助项 8 编号
		020301	辅助项 9 编号
		020301	辅助项 10 编号
		020301	辅助项 11 编号
		020301	辅助项 12 编号
		020301	辅助项 13 编号
		020301	辅助项 14 编号
		020301	辅助项 15 编号
		020301	辅助项 16 编号
		020301	辅助项 17 编号
		020301	辅助项 18 编号
		020301	辅助项 19 编号
		020301	辅助项 20 编号
		020301	辅助项 21 编号
		020301	辅助项 22 编号
		020301	辅助项 23 编号
		020301	辅助项 24 编号
		020301	辅助项 25 编号
		020301	辅助项 26 编号

表 2　总账类数据结构（续）

编号	数据表名	数据元素标识符	数据元素名
05	科目余额及发生额	020301	辅助项 27 编号
		020301	辅助项 28 编号
		020301	辅助项 29 编号
		020301	辅助项 30 编号
		020501	期初余额方向
		020502	期末余额方向
		010501	币种编码
		020503	计量单位
		010110	会计年度
		010201	会计期间号
		020504	期初数量
		020505	期初原币余额
		020506	期初本币余额
		020507	借方数量
		020508	借方原币金额
		020509	借方本币金额
		020510	贷方数量
		020511	贷方原币金额
		020512	贷方本币金额
		020513	期末数量
		020514	期末原币余额
		020515	期末本币余额
06	记账凭证	020601	记账凭证日期
		010110	会计年度
		010201	会计期间号
		010301	记账凭证类型编号
		020602	记账凭证编号
		020603	记账凭证行号
		020604	记账凭证摘要
		020201	科目编号
		020301	辅助项 1 编号
		020301	辅助项 2 编号
		020301	辅助项 3 编号
		020301	辅助项 4 编号

表 2 总账类数据结构（续）

编号	数据表名	数据元素标识符	数据元素名
06	记账凭证	020301	辅助项 5 编号
		020301	辅助项 6 编号
		020301	辅助项 7 编号
		020301	辅助项 8 编号
		020301	辅助项 9 编号
		020301	辅助项 10 编号
		020301	辅助项 11 编号
		020301	辅助项 12 编号
		020301	辅助项 13 编号
		020301	辅助项 14 编号
		020301	辅助项 15 编号
		020301	辅助项 16 编号
		020301	辅助项 17 编号
		020301	辅助项 18 编号
		020301	辅助项 19 编号
		020301	辅助项 20 编号
		020301	辅助项 21 编号
		020301	辅助项 22 编号
		020301	辅助项 23 编号
		020301	辅助项 24 编号
		020301	辅助项 25 编号
		020301	辅助项 26 编号
		020301	辅助项 27 编号
		020301	辅助项 28 编号
		020301	辅助项 29 编号
		020301	辅助项 30 编号
		010501	币种编码
		020503	计量单位
		020507	借方数量
		020508	借方原币金额
		020509	借方本币金额
		020510	贷方数量
		020511	贷方原币金额
		020512	贷方本币金额

表 2 总账类数据结构（续）

编号	数据表名	数据元素标识符	数据元素名
06	记账凭证	010401	汇率类型编号
		020605	汇率
		020606	单价
		020607	凭证头可扩展字段结构值
		020608	分录行可扩展字段结构值
		010601	结算方式编码
		020609	票据类型
		020610	票据号
		020611	票据日期
		020612	附件数
		020613	制单人
		020614	审核人
		020615	记账人
		020616	记账标志
		020617	作废标志
		020618	凭证来源系统
07	现金流量凭证项目数据	010301	记账凭证类型编号
		020602	记账凭证编号
		010501	币种编码
		020701	现金流量行号
		020702	现金流量摘要
		020401	现金流量项目编码
		020408	现金流量项目属性
		020703	现金流量原币金额
		020704	现金流量本币金额
08	报表集	020801	报表编号
		020802	报表名称
		020803	报表报告日
		020804	报表报告期
		020805	编制单位
		020806	货币单位
09	报表项数据	020801	报表编号
		020901	报表项编号
		020902	报表项名称

表 2 总账类数据结构(续)

编号	数据表名	数据元素标识符	数据元素名
09	报表项数据	020903	报表项公式
		020904	报表项数值

5.2.3 应收应付类数据结构

见表 3。

表 3 应收应付类数据结构

编号	数据表名	数据元素标识符	数据元素名
01	单据类型	030101	单据类型编码
		030102	单据类型名称
02	交易类型	030201	交易类型编码
		030202	交易类型名称
03	应收明细表	011001	客户编码
		020201	科目编号
		020601	记账凭证日期
		030301	记账日期
		010110	会计年度
		010201	会计期间号
		010301	记账凭证类型编号
		020602	记账凭证编号
		010109	本位币
		020605	汇率
		020205	余额方向
		030302	本币余额
		030303	原币余额
		030304	本币发生金额
		030305	原币币种
		030306	原币发生金额
		030307	摘要
		030308	到期日
		030309	核销凭证编号
		030310	核销日期
		030101	单据类型编码
		030201	交易类型编码
		030311	单据编号

表 3 应收应付类数据结构（续）

编号	数据表名	数据元素标识符	数据元素名
03	应收明细表	030312	发票号
		030313	合同号
		030314	项目编码
		010601	结算方式编码
		030315	付款日期
		030316	核销标志
		030317	汇票编号
04	应付明细表	010901	供应商编码
		020201	科目编号
		020601	记账凭证日期
		030301	记账日期
		010110	会计年度
		010201	会计期间号
		010301	记账凭证类型编号
		020602	记账凭证编号
		010109	本位币
		020605	汇率
		020205	余额方向
		030302	本币余额
		030303	原币余额
		030304	本币发生金额
		030305	原币币种
		030306	原币发生金额
		030307	摘要
		030308	到期日
		030309	核销凭证编号
		030310	核销日期
		030101	单据类型编码
		030201	交易类型编码
		030311	单据编号
		030312	发票号
		030313	合同号
		030314	项目编码
		010601	结算方式编码

表 3 应收应付类数据结构（续）

编号	数据表名	数据元素标识符	数据元素名
04	应付明细表	030315	付款日期
		030316	核销标志
		030317	汇票编号

5.2.4 固定资产类数据结构

见表 4。

表 4 固定资产类数据结构

编号	数据表名	数据元素标识符	数据元素名
01	固定资产基础信息	040101	固定资产对账科目
		040102	减值准备对账科目
		040103	累计折旧对账科目
02	固定资产类别设置	040201	固定资产类别编码规则
		040202	固定资产类别编码
		040203	固定资产类别名称
03	固定资产变动方式	040301	变动方式编码
		040302	变动方式名称
04	固定资产折旧方法	040401	折旧方法编码
		040402	折旧方法名称
		040403	折旧公式
05	固定资产使用状况	040501	使用状况编码
		040502	使用状况名称
06	固定资产卡片	040601	固定资产卡片编号
		040202	固定资产类别编码
		040602	固定资产编码
		040603	固定资产名称
		040604	固定资产入账日期
		010201	会计期间号
		040605	固定资产计量单位
		040606	固定资产数量
		040301	变动方式编码
		040401	折旧方法编码
		040501	使用状况编码
		040607	预计使用月份
		040608	已计提月份

表 4 固定资产类数据结构(续)

编号	数据表名	数据元素标识符	数据元素名
06	固定资产卡片	010109	本位币
		040609	固定资产原值
		040610	固定资产累计折旧
		040611	固定资产净值
		040612	固定资产累计减值准备
		040613	固定资产净残值率
		040614	固定资产净残值
		040615	固定资产月折旧率
		040616	固定资产月折旧额
		040617	固定资产工作量单位
		040618	固定资产工作总量
		040619	累计工作总量
		040101	固定资产对账科目
		040102	减值准备对账科目
		040103	累计折旧对账科目
07	固定资产卡片实物信息	040601	固定资产卡片编号
		010201	会计期间号
		040701	固定资产标签号
		040702	固定资产位置
		040703	固定资产规格型号
08	固定资产卡片使用信息	040601	固定资产卡片编号
		040701	固定资产标签号
		010201	会计期间号
		010701	部门编码
		040801	折旧分配比例
09	固定资产减少情况	040901	固定资产减少流水号
		040902	减少发生日期
		010201	会计期间号
		040301	变动方式编码
		040601	固定资产卡片编号
		040603	固定资产名称
		040602	固定资产编码
		040903	固定资产减少数量
		040904	固定资产减少原值

表 4 固定资产类数据结构（续）

编号	数据表名	数据元素标识符	数据元素名
09	固定资产减少情况	040905	固定资产减少累计折旧
		040906	固定资产减少减值准备
		040907	固定资产减少残值
		040908	清理收入
		040909	清理费用
		040910	固定资产减少原因
10	固定资产减少实物信息	040901	固定资产减少流水号
		040601	固定资产卡片编号
		040701	固定资产标签号
		010201	会计期间号
11	固定资产变动情况	041101	固定资产变动流水号
		041102	固定资产变动日期
		010201	会计期间号
		040601	固定资产卡片编号
		040602	固定资产编码
		040603	固定资产名称
		040301	变动方式编码
		040701	固定资产标签号
		041103	变动前内容及数值
		041104	变动后内容及数值
		041105	固定资产变动原因

5.2.5 员工薪酬类数据结构

见表 5。

表 5 员工薪酬类数据结构

编号	数据表名	数据元素标识符	数据元素名
01	薪酬期间	050101	薪酬年度
		050102	薪酬期间号
		050103	薪酬期间起始日期
		050104	薪酬期间结束日期
02	薪酬项目	050201	薪酬类别名称
		050202	薪酬项目编码
		050203	薪酬项目名称
03	员工薪酬记录	010801	员工编码

表 5　员工薪酬类数据结构（续）

编号	数据表名	数据元素标识符	数据元素名
03	员工薪酬记录	050301	员工类别
		010701	部门编码
		050201	薪酬类别名称
		050101	薪酬年度
		050102	薪酬期间号
		010110	会计年度
		010201	会计期间号
		010501	币种编码
04	员工薪酬记录明细	010801	员工编码
		050201	薪酬类别名称
		050101	薪酬年度
		050102	薪酬期间号
		050202	薪酬项目编码
		050401	薪酬金额

5.3　输出文件的输出说明

本部分并不要求按照5.2的数据结构的各项数据内容全部输出，它应按照实际存在和要求的数据内容来确定数据文件的输出内容。

5.4　输出文件的时间要求

本部分规定的会计软件数据接口的数据文件的输出时间要求见表6。

表 6　输出文件的时间要求

分类	序号	数据表名	数据类型	输出时间要求
公共档案	01	电子账簿	基础信息	一次性输出
	02	会计期间	基础信息	一次性输出
	03	记账凭证类型	基础信息	一次性输出
	04	汇率类型	基础信息	一次性输出
	05	币种	基础信息	一次性输出
	06	结算方式	基础信息	一次性输出
	07	部门档案	基础信息	一次性输出
	08	员工档案	基础信息	一次性输出
	09	供应商档案	基础信息	一次性输出
	10	客户档案	基础信息	一次性输出
	11	自定义档案项	基础信息	一次性输出
	12	自定义档案值	基础信息	一次性输出

表 6　输出文件的时间要求（续）

分类	序号	数据表名	数据类型	输出时间要求
总账	01	总账基础信息	基础信息	一次性输出
	02	会计科目	基础信息	一次性输出
	03	科目辅助核算	基础信息	一次性输出
	04	现金流量项目	基础信息	一次性输出
	05	科目余额及发生额	业务数据	按月输出
	06	记账凭证	业务数据	按月输出
	07	现金流量凭证项目数据	业务数据	按月输出
	08	报表集	基础信息	按月输出
	09	报表项数据	财务报表	按月输出
应收应付	01	单据类型	基础信息	一次性输出
	02	交易类型	基础信息	一次性输出
	03	应收明细表	业务数据	按月输出
	04	应付明细表	业务数据	按月输出
固定资产	01	固定资产基础信息	基础信息	一次性输出
	02	固定资产类别设置	基础信息	一次性输出
	03	固定资产变动方式	基础信息	一次性输出
	04	固定资产折旧方法	基础信息	一次性输出
	05	固定资产使用状况	基础信息	一次性输出
	06	固定资产卡片	业务数据	按月输出
	07	固定资产卡片实物信息	业务数据	按月输出
	08	固定资产卡片使用信息	业务数据	按月输出
	09	固定资产减少情况	业务数据	按月输出
	10	固定资产减少实物信息	业务数据	按月输出
	11	固定资产变动情况	业务数据	按月输出
员工薪酬	01	薪酬期间	基础信息	一次性输出
	02	薪酬项目	基础信息	一次性输出
	03	员工薪酬记录	业务数据	按月输出
	04	员工薪酬记录明细	业务数据	按月输出

6　符合性评价

声称符合本部分的产品应符合第 4 章“数据元素”和第 5 章“接口文件的输出”的要求。均需获得指定机构的标准符合性证明。

附　录　A
（资料性附录）
企业会计核算软件数据接口的 XML 大纲（Schema）

A.1　标准元素类型类 XML 大纲（Schema）

```
<? xml version = "1.0" encoding = "GB18030"?>
<xs:schema xmlns:xs = "http://www.w3.org/2001/XMLSchema" xmlns:企业
= "http://sxbw.audit.gov.cn/AccountingSoftwareDataInterfaceStandard/2010/SOE/XMLSchema" xmlns = "
http://sxbw.audit.gov.cn/AccountingSoftwareDataInterfaceStandard/2010/SOE/XMLSchema" targetNam-
espace = "http://sxbw.audit.gov.cn/AccountingSoftwareDataInterfaceStandard/2010/SOE/XMLSchema"
elementFormDefault = "qualified" attributeFormDefault = "unqualified">
  <xs:attribute name = "locID">
    <xs:annotation>
      <xs:documentation>数据标识符</xs:documentation>
    </xs:annotation>
    <xs:simpleType>
      <xs:restriction base = "xs:string"/>
    </xs:simpleType>
  </xs:attribute>
  <xs:simpleType name = "电子账簿编号类型">
    <xs:restriction base = "xs:string">
      <xs:maxLength value = "60"/>
    </xs:restriction>
  </xs:simpleType>
  <xs:simpleType name = "电子账簿名称类型">
    <xs:restriction base = "xs:string">
      <xs:maxLength value = "200"/>
    </xs:restriction>
  </xs:simpleType>
  <xs:simpleType name = "会计核算单位类型">
    <xs:restriction base = "xs:string">
      <xs:maxLength value = "200"/>
    </xs:restriction>
  </xs:simpleType>
  <xs:simpleType name = "组织机构代码类型">
    <xs:restriction base = "xs:string">
      <xs:maxLength value = "20"/>
    </xs:restriction>
  </xs:simpleType>
  <xs:simpleType name = "单位性质类型">
    <xs:restriction base = "xs:string">
      <xs:length value = "4"/>
```

```
    </xs:restriction>
  </xs:simpleType>
  <xs:simpleType name="行业类型">
    <xs:restriction base="xs:string">
      <xs:maxLength value="20"/>
    </xs:restriction>
  </xs:simpleType>
  <xs:simpleType name="开发单位类型">
    <xs:restriction base="xs:string">
      <xs:maxLength value="200"/>
    </xs:restriction>
  </xs:simpleType>
  <xs:simpleType name="版本号类型">
    <xs:restriction base="xs:string">
      <xs:maxLength value="20"/>
    </xs:restriction>
  </xs:simpleType>
  <xs:simpleType name="本位币类型">
    <xs:restriction base="xs:string">
      <xs:maxLength value="30"/>
    </xs:restriction>
  </xs:simpleType>
  <xs:simpleType name="会计年度类型">
    <xs:restriction base="xs:string">
      <xs:length value="4"/>
    </xs:restriction>
  </xs:simpleType>
  <xs:simpleType name="标准版本号类型">
    <xs:restriction base="xs:string">
      <xs:maxLength value="30"/>
    </xs:restriction>
  </xs:simpleType>
  <xs:simpleType name="会计期间号类型">
    <xs:restriction base="xs:string">
      <xs:maxLength value="15"/>
    </xs:restriction>
  </xs:simpleType>
  <xs:simpleType name="会计期间起始日期类型">
    <xs:restriction base="xs:string">
      <xs:length value="8"/>
    </xs:restriction>
  </xs:simpleType>
  <xs:simpleType name="会计期间结束日期类型">
    <xs:restriction base="xs:string">
      <xs:length value="8"/>
```

```
    </xs:restriction>
  </xs:simpleType>
  <xs:simpleType name="记账凭证类型编号类型">
    <xs:restriction base="xs:string">
      <xs:maxLength value="60"/>
    </xs:restriction>
  </xs:simpleType>
  <xs:simpleType name="记账凭证类型名称类型">
    <xs:restriction base="xs:string">
      <xs:maxLength value="60"/>
    </xs:restriction>
  </xs:simpleType>
  <xs:simpleType name="记账凭证类型简称类型">
    <xs:restriction base="xs:string">
      <xs:maxLength value="20"/>
    </xs:restriction>
  </xs:simpleType>
  <xs:simpleType name="汇率类型编号类型">
    <xs:restriction base="xs:string">
      <xs:maxLength value="60"/>
    </xs:restriction>
  </xs:simpleType>
  <xs:simpleType name="汇率类型名称类型">
    <xs:restriction base="xs:string">
      <xs:maxLength value="60"/>
    </xs:restriction>
  </xs:simpleType>
  <xs:simpleType name="币种编码类型">
    <xs:restriction base="xs:string">
      <xs:maxLength value="10"/>
    </xs:restriction>
  </xs:simpleType>
  <xs:simpleType name="币种名称类型">
    <xs:restriction base="xs:string">
      <xs:maxLength value="30"/>
    </xs:restriction>
  </xs:simpleType>
  <xs:simpleType name="结算方式编码类型">
    <xs:restriction base="xs:string">
      <xs:maxLength value="60"/>
    </xs:restriction>
  </xs:simpleType>
  <xs:simpleType name="结算方式名称类型">
    <xs:restriction base="xs:string">
      <xs:maxLength value="60"/>
```

```
    </xs:restriction>
  </xs:simpleType>
  <xs:simpleType name="部门编码类型">
    <xs:restriction base="xs:string">
      <xs:maxLength value="60"/>
    </xs:restriction>
  </xs:simpleType>
  <xs:simpleType name="部门名称类型">
    <xs:restriction base="xs:string">
      <xs:maxLength value="200"/>
    </xs:restriction>
  </xs:simpleType>
  <xs:simpleType name="上级部门编码类型">
    <xs:restriction base="xs:string">
      <xs:maxLength value="60"/>
    </xs:restriction>
  </xs:simpleType>
  <xs:simpleType name="员工编码类型">
    <xs:restriction base="xs:string">
      <xs:maxLength value="60"/>
    </xs:restriction>
  </xs:simpleType>
  <xs:simpleType name="员工姓名类型">
    <xs:restriction base="xs:string">
      <xs:maxLength value="30"/>
    </xs:restriction>
  </xs:simpleType>
  <xs:simpleType name="证件类别类型">
    <xs:restriction base="xs:string">
      <xs:maxLength value="30"/>
    </xs:restriction>
  </xs:simpleType>
  <xs:simpleType name="证件号码类型">
    <xs:restriction base="xs:string">
      <xs:maxLength value="30"/>
    </xs:restriction>
  </xs:simpleType>
  <xs:simpleType name="性别类型">
    <xs:restriction base="xs:string">
      <xs:maxLength value="20"/>
    </xs:restriction>
  </xs:simpleType>
  <xs:simpleType name="出生日期类型">
    <xs:restriction base="xs:string">
      <xs:length value="8"/>
```

```
    〈/xs:restriction〉
  〈/xs:simpleType〉
  〈xs:simpleType name = "入职日期类型"〉
    〈xs:restriction base = "xs:string"〉
      〈xs:length value = "8"/〉
    〈/xs:restriction〉
  〈/xs:simpleType〉
  〈xs:simpleType name = "离职日期类型"〉
    〈xs:restriction base = "xs:string"〉
      〈xs:length value = "8"/〉
    〈/xs:restriction〉
  〈/xs:simpleType〉
  〈xs:simpleType name = "供应商编码类型"〉
    〈xs:restriction base = "xs:string"〉
      〈xs:maxLength value = "60"/〉
    〈/xs:restriction〉
  〈/xs:simpleType〉
  〈xs:simpleType name = "供应商名称类型"〉
    〈xs:restriction base = "xs:string"〉
      〈xs:maxLength value = "200"/〉
    〈/xs:restriction〉
  〈/xs:simpleType〉
  〈xs:simpleType name = "供应商简称类型"〉
    〈xs:restriction base = "xs:string"〉
      〈xs:maxLength value = "60"/〉
    〈/xs:restriction〉
  〈/xs:simpleType〉
  〈xs:simpleType name = "客户编码类型"〉
    〈xs:restriction base = "xs:string"〉
      〈xs:maxLength value = "60"/〉
    〈/xs:restriction〉
  〈/xs:simpleType〉
  〈xs:simpleType name = "客户名称类型"〉
    〈xs:restriction base = "xs:string"〉
      〈xs:maxLength value = "200"/〉
    〈/xs:restriction〉
  〈/xs:simpleType〉
  〈xs:simpleType name = "客户简称类型"〉
    〈xs:restriction base = "xs:string"〉
      〈xs:maxLength value = "60"/〉
    〈/xs:restriction〉
  〈/xs:simpleType〉
  〈xs:simpleType name = "档案编码类型"〉
    〈xs:restriction base = "xs:string"〉
      〈xs:maxLength value = "60"/〉
```

```
    </xs:restriction>
  </xs:simpleType>
  <xs:simpleType name="档案名称类型">
    <xs:restriction base="xs:string">
      <xs:maxLength value="200"/>
    </xs:restriction>
  </xs:simpleType>
  <xs:simpleType name="档案描述类型">
    <xs:restriction base="xs:string">
      <xs:maxLength value="1000"/>
    </xs:restriction>
  </xs:simpleType>
  <xs:simpleType name="是否有层级特征类型">
    <xs:restriction base="xs:string">
      <xs:length value="1"/>
    </xs:restriction>
  </xs:simpleType>
  <xs:simpleType name="档案编码规则类型">
    <xs:restriction base="xs:string">
      <xs:maxLength value="200"/>
    </xs:restriction>
  </xs:simpleType>
  <xs:simpleType name="档案值编码类型">
    <xs:restriction base="xs:string">
      <xs:maxLength value="60"/>
    </xs:restriction>
  </xs:simpleType>
  <xs:simpleType name="档案值名称类型">
    <xs:restriction base="xs:string">
      <xs:maxLength value="200"/>
    </xs:restriction>
  </xs:simpleType>
  <xs:simpleType name="档案值描述类型">
    <xs:restriction base="xs:string">
      <xs:maxLength value="1000"/>
    </xs:restriction>
  </xs:simpleType>
  <xs:simpleType name="档案值父节点类型">
    <xs:restriction base="xs:string">
      <xs:maxLength value="60"/>
    </xs:restriction>
  </xs:simpleType>
  <xs:simpleType name="档案值级次类型">
    <xs:restriction base="xs:string">
      <xs:maxLength value="2"/>
```

```
    </xs:restriction>
  </xs:simpleType>
  <xs:simpleType name="结构分隔符类型">
    <xs:restriction base="xs:string">
      <xs:length value="1"/>
    </xs:restriction>
  </xs:simpleType>
  <xs:simpleType name="会计科目编号规则类型">
    <xs:restriction base="xs:string">
      <xs:maxLength value="200"/>
    </xs:restriction>
  </xs:simpleType>
  <xs:simpleType name="现金流量项目编码规则类型">
    <xs:restriction base="xs:string">
      <xs:maxLength value="200"/>
    </xs:restriction>
  </xs:simpleType>
  <xs:simpleType name="凭证头可扩展字段结构类型">
    <xs:restriction base="xs:string">
      <xs:maxLength value="2000"/>
    </xs:restriction>
  </xs:simpleType>
  <xs:simpleType name="凭证头可扩展结构对应档案类型">
    <xs:restriction base="xs:string">
      <xs:maxLength value="2000"/>
    </xs:restriction>
  </xs:simpleType>
  <xs:simpleType name="分录行可扩展字段结构类型">
    <xs:restriction base="xs:string">
      <xs:maxLength value="2000"/>
    </xs:restriction>
  </xs:simpleType>
  <xs:simpleType name="分录行可扩展字段对应档案类型">
    <xs:restriction base="xs:string">
      <xs:maxLength value="2000"/>
    </xs:restriction>
  </xs:simpleType>
  <xs:simpleType name="科目编号类型">
    <xs:restriction base="xs:string">
      <xs:maxLength value="60"/>
    </xs:restriction>
  </xs:simpleType>
  <xs:simpleType name="科目名称类型">
    <xs:restriction base="xs:string">
      <xs:maxLength value="60"/>
```

```
    </xs:restriction>
  </xs:simpleType>
  <xs:simpleType name="科目级次类型">
    <xs:restriction base="xs:short"/>
  </xs:simpleType>
  <xs:simpleType name="科目类型类型">
    <xs:restriction base="xs:string">
      <xs:maxLength value="20"/>
    </xs:restriction>
  </xs:simpleType>
  <xs:simpleType name="余额方向类型">
    <xs:restriction base="xs:string">
      <xs:maxLength value="4"/>
    </xs:restriction>
  </xs:simpleType>
  <xs:simpleType name="辅助项编号类型">
    <xs:restriction base="xs:string">
      <xs:maxLength value="60"/>
    </xs:restriction>
  </xs:simpleType>
  <xs:simpleType name="辅助项名称类型">
    <xs:restriction base="xs:string">
      <xs:maxLength value="200"/>
    </xs:restriction>
  </xs:simpleType>
  <xs:simpleType name="对应档案类型">
    <xs:restriction base="xs:string">
      <xs:maxLength value="200"/>
    </xs:restriction>
  </xs:simpleType>
  <xs:simpleType name="辅助项描述类型">
    <xs:restriction base="xs:string">
      <xs:maxLength value="2000"/>
    </xs:restriction>
  </xs:simpleType>
  <xs:simpleType name="现金流量项目编码类型">
    <xs:restriction base="xs:string">
      <xs:maxLength value="60"/>
    </xs:restriction>
  </xs:simpleType>
  <xs:simpleType name="现金流量项目名称类型">
    <xs:restriction base="xs:string">
      <xs:maxLength value="200"/>
    </xs:restriction>
  </xs:simpleType>
```

```
<xs:simpleType name="现金流量项目描述类型">
  <xs:restriction base="xs:string">
    <xs:maxLength value="2000"/>
  </xs:restriction>
</xs:simpleType>
<xs:simpleType name="是否末级类型">
  <xs:restriction base="xs:string">
    <xs:length value="1"/>
  </xs:restriction>
</xs:simpleType>
<xs:simpleType name="现金流量项目级次类型">
  <xs:restriction base="xs:string">
    <xs:maxLength value="2"/>
  </xs:restriction>
</xs:simpleType>
<xs:simpleType name="现金流量项目父节点类型">
  <xs:restriction base="xs:string">
    <xs:maxLength value="60"/>
  </xs:restriction>
</xs:simpleType>
<xs:simpleType name="现金流量数据来源类型">
  <xs:restriction base="xs:string">
    <xs:length value="1"/>
  </xs:restriction>
</xs:simpleType>
<xs:simpleType name="现金流量项目属性类型">
  <xs:restriction base="xs:string">
    <xs:length value="1"/>
  </xs:restriction>
</xs:simpleType>
<xs:simpleType name="期初余额方向类型">
  <xs:restriction base="xs:string">
    <xs:maxLength value="4"/>
  </xs:restriction>
</xs:simpleType>
<xs:simpleType name="期末余额方向类型">
  <xs:restriction base="xs:string">
    <xs:maxLength value="4"/>
  </xs:restriction>
</xs:simpleType>
<xs:simpleType name="计量单位类型">
  <xs:restriction base="xs:string">
    <xs:maxLength value="10"/>
  </xs:restriction>
</xs:simpleType>
```

```
〈xs:simpleType name="期初数量类型"〉
  〈xs:restriction base="xs:double"/〉
〈/xs:simpleType〉
〈xs:simpleType name="期初原币余额类型"〉
  〈xs:restriction base="xs:double"/〉
〈/xs:simpleType〉
〈xs:simpleType name="期初本币余额类型"〉
  〈xs:restriction base="xs:double"/〉
〈/xs:simpleType〉
〈xs:simpleType name="借方数量类型"〉
  〈xs:restriction base="xs:double"/〉
〈/xs:simpleType〉
〈xs:simpleType name="借方原币金额类型"〉
  〈xs:restriction base="xs:double"/〉
〈/xs:simpleType〉
〈xs:simpleType name="借方本币金额类型"〉
  〈xs:restriction base="xs:double"/〉
〈/xs:simpleType〉
〈xs:simpleType name="贷方数量类型"〉
  〈xs:restriction base="xs:double"/〉
〈/xs:simpleType〉
〈xs:simpleType name="贷方原币金额类型"〉
  〈xs:restriction base="xs:double"/〉
〈/xs:simpleType〉
〈xs:simpleType name="贷方本币金额类型"〉
  〈xs:restriction base="xs:double"/〉
〈/xs:simpleType〉
〈xs:simpleType name="期末数量类型"〉
  〈xs:restriction base="xs:double"/〉
〈/xs:simpleType〉
〈xs:simpleType name="期末原币余额类型"〉
  〈xs:restriction base="xs:double"/〉
〈/xs:simpleType〉
〈xs:simpleType name="期末本币余额类型"〉
  〈xs:restriction base="xs:double"/〉
〈/xs:simpleType〉
〈xs:simpleType name="记账凭证日期类型"〉
  〈xs:restriction base="xs:string"〉
    〈xs:length value="8"/〉
  〈/xs:restriction〉
〈/xs:simpleType〉
〈xs:simpleType name="记账凭证编号类型"〉
  〈xs:restriction base="xs:string"〉
    〈xs:maxLength value="60"/〉
  〈/xs:restriction〉
```

```
〈/xs：simpleType〉
〈xs：simpleType name="记账凭证行号类型"〉
  〈xs：restriction base="xs：string"〉
    〈xs：maxLength value="5"/〉
  〈/xs：restriction〉
〈/xs：simpleType〉
〈xs：simpleType name="记账凭证摘要类型"〉
  〈xs：restriction base="xs：string"〉
    〈xs：maxLength value="300"/〉
  〈/xs：restriction〉
〈/xs：simpleType〉
〈xs：simpleType name="汇率类型"〉
  〈xs：restriction base="xs：double"/〉
〈/xs：simpleType〉
〈xs：simpleType name="单价类型"〉
  〈xs：restriction base="xs：double"/〉
〈/xs：simpleType〉
〈xs：simpleType name="凭证头可扩展字段结构值类型"〉
  〈xs：restriction base="xs：string"〉
    〈xs：maxLength value="300"/〉
  〈/xs：restriction〉
〈/xs：simpleType〉
〈xs：simpleType name="分录行可扩展字段结构值类型"〉
  〈xs：restriction base="xs：string"〉
    〈xs：maxLength value="300"/〉
  〈/xs：restriction〉
〈/xs：simpleType〉
〈xs：simpleType name="票据类型类型"〉
  〈xs：restriction base="xs：string"〉
    〈xs：maxLength value="60"/〉
  〈/xs：restriction〉
〈/xs：simpleType〉
〈xs：simpleType name="票据号类型"〉
  〈xs：restriction base="xs：string"〉
    〈xs：maxLength value="60"/〉
  〈/xs：restriction〉
〈/xs：simpleType〉
〈xs：simpleType name="票据日期类型"〉
  〈xs：restriction base="xs：string"〉
    〈xs：length value="8"/〉
  〈/xs：restriction〉
〈/xs：simpleType〉
〈xs：simpleType name="附件数类型"〉
  〈xs：restriction base="xs：int"/〉
〈/xs：simpleType〉
```

```
<xs:simpleType name="制单人类型">
  <xs:restriction base="xs:string">
    <xs:maxLength value="30"/>
  </xs:restriction>
</xs:simpleType>
<xs:simpleType name="审核人类型">
  <xs:restriction base="xs:string">
    <xs:maxLength value="30"/>
  </xs:restriction>
</xs:simpleType>
<xs:simpleType name="记账人类型">
  <xs:restriction base="xs:string">
    <xs:maxLength value="30"/>
  </xs:restriction>
</xs:simpleType>
<xs:simpleType name="记账标志类型">
  <xs:restriction base="xs:string">
    <xs:length value="1"/>
  </xs:restriction>
</xs:simpleType>
<xs:simpleType name="作废标志类型">
  <xs:restriction base="xs:string">
    <xs:length value="1"/>
  </xs:restriction>
</xs:simpleType>
<xs:simpleType name="凭证来源系统类型">
  <xs:restriction base="xs:string">
    <xs:maxLength value="20"/>
  </xs:restriction>
</xs:simpleType>
<xs:simpleType name="现金流量行号类型">
  <xs:restriction base="xs:string">
    <xs:maxLength value="20"/>
  </xs:restriction>
</xs:simpleType>
<xs:simpleType name="现金流量摘要类型">
  <xs:restriction base="xs:string">
    <xs:maxLength value="300"/>
  </xs:restriction>
</xs:simpleType>
<xs:simpleType name="现金流量原币金额类型">
  <xs:restriction base="xs:double"/>
</xs:simpleType>
<xs:simpleType name="现金流量本币金额类型">
  <xs:restriction base="xs:double"/>
```

```
</xs:simpleType>
<xs:simpleType name="报表编号类型">
  <xs:restriction base="xs:string">
    <xs:maxLength value="20"/>
  </xs:restriction>
</xs:simpleType>
<xs:simpleType name="报表名称类型">
  <xs:restriction base="xs:string">
    <xs:maxLength value="60"/>
  </xs:restriction>
</xs:simpleType>
<xs:simpleType name="报表报告日类型">
  <xs:restriction base="xs:string">
    <xs:length value="8"/>
  </xs:restriction>
</xs:simpleType>
<xs:simpleType name="报表报告期类型">
  <xs:restriction base="xs:string">
    <xs:maxLength value="6"/>
  </xs:restriction>
</xs:simpleType>
<xs:simpleType name="编制单位类型">
  <xs:restriction base="xs:string">
    <xs:maxLength value="200"/>
  </xs:restriction>
</xs:simpleType>
<xs:simpleType name="货币单位类型">
  <xs:restriction base="xs:string">
    <xs:maxLength value="30"/>
  </xs:restriction>
</xs:simpleType>
<xs:simpleType name="报表项编号类型">
  <xs:restriction base="xs:string">
    <xs:maxLength value="20"/>
  </xs:restriction>
</xs:simpleType>
<xs:simpleType name="报表项名称类型">
  <xs:restriction base="xs:string">
    <xs:maxLength value="200"/>
  </xs:restriction>
</xs:simpleType>
<xs:simpleType name="报表项公式类型">
  <xs:restriction base="xs:string">
    <xs:maxLength value="2000"/>
  </xs:restriction>
```

```
〈/xs:simpleType〉
〈xs:simpleType name="报表项数值类型"〉
  〈xs:restriction base="xs:double"/〉
〈/xs:simpleType〉
〈xs:simpleType name="单据类型编码类型"〉
  〈xs:restriction base="xs:string"〉
    〈xs:maxLength value="60"/〉
  〈/xs:restriction〉
〈/xs:simpleType〉
〈xs:simpleType name="单据类型名称类型"〉
  〈xs:restriction base="xs:string"〉
    〈xs:maxLength value="60"/〉
  〈/xs:restriction〉
〈/xs:simpleType〉
〈xs:simpleType name="交易类型编码类型"〉
  〈xs:restriction base="xs:string"〉
    〈xs:maxLength value="60"/〉
  〈/xs:restriction〉
〈/xs:simpleType〉
〈xs:simpleType name="交易类型名称类型"〉
  〈xs:restriction base="xs:string"〉
    〈xs:maxLength value="60"/〉
  〈/xs:restriction〉
〈/xs:simpleType〉
〈xs:simpleType name="记账日期类型"〉
  〈xs:restriction base="xs:string"〉
    〈xs:length value="8"/〉
  〈/xs:restriction〉
〈/xs:simpleType〉
〈xs:simpleType name="本币余额类型"〉
  〈xs:restriction base="xs:double"/〉
〈/xs:simpleType〉
〈xs:simpleType name="原币余额类型"〉
  〈xs:restriction base="xs:double"/〉
〈/xs:simpleType〉
〈xs:simpleType name="本币发生金额类型"〉
  〈xs:restriction base="xs:double"/〉
〈/xs:simpleType〉
〈xs:simpleType name="原币币种类型"〉
  〈xs:restriction base="xs:string"〉
    〈xs:maxLength value="30"/〉
  〈/xs:restriction〉
〈/xs:simpleType〉
〈xs:simpleType name="原币发生金额类型"〉
  〈xs:restriction base="xs:double"/〉
```

```
</xs:simpleType>
<xs:simpleType name="摘要类型">
  <xs:restriction base="xs:string">
    <xs:maxLength value="200"/>
  </xs:restriction>
</xs:simpleType>
<xs:simpleType name="到期日类型">
  <xs:restriction base="xs:string">
    <xs:length value="8"/>
  </xs:restriction>
</xs:simpleType>
<xs:simpleType name="核销凭证编号类型">
  <xs:restriction base="xs:string">
    <xs:maxLength value="60"/>
  </xs:restriction>
</xs:simpleType>
<xs:simpleType name="核销日期类型">
  <xs:restriction base="xs:string">
    <xs:length value="8"/>
  </xs:restriction>
</xs:simpleType>
<xs:simpleType name="单据编号类型">
  <xs:restriction base="xs:string">
    <xs:maxLength value="60"/>
  </xs:restriction>
</xs:simpleType>
<xs:simpleType name="发票号类型">
  <xs:restriction base="xs:string">
    <xs:maxLength value="60"/>
  </xs:restriction>
</xs:simpleType>
<xs:simpleType name="合同号类型">
  <xs:restriction base="xs:string">
    <xs:maxLength value="60"/>
  </xs:restriction>
</xs:simpleType>
<xs:simpleType name="项目编码类型">
  <xs:restriction base="xs:string">
    <xs:maxLength value="60"/>
  </xs:restriction>
</xs:simpleType>
<xs:simpleType name="付款日期类型">
  <xs:restriction base="xs:string">
    <xs:length value="8"/>
  </xs:restriction>
```

```
</xs:simpleType>
<xs:simpleType name="核销标志类型">
  <xs:restriction base="xs:string">
    <xs:length value="1"/>
  </xs:restriction>
</xs:simpleType>
<xs:simpleType name="汇票编号类型">
  <xs:restriction base="xs:string">
    <xs:maxLength value="60"/>
  </xs:restriction>
</xs:simpleType>
<xs:simpleType name="固定资产对账科目类型">
  <xs:restriction base="xs:string">
    <xs:maxLength value="60"/>
  </xs:restriction>
</xs:simpleType>
<xs:simpleType name="减值准备对账科目类型">
  <xs:restriction base="xs:string">
    <xs:maxLength value="60"/>
  </xs:restriction>
</xs:simpleType>
<xs:simpleType name="累计折旧对账科目类型">
  <xs:restriction base="xs:string">
    <xs:maxLength value="60"/>
  </xs:restriction>
</xs:simpleType>
<xs:simpleType name="固定资产类别编码规则类型">
  <xs:restriction base="xs:string">
    <xs:maxLength value="60"/>
  </xs:restriction>
</xs:simpleType>
<xs:simpleType name="固定资产类别编码类型">
  <xs:restriction base="xs:string">
    <xs:maxLength value="60"/>
  </xs:restriction>
</xs:simpleType>
<xs:simpleType name="固定资产类别名称类型">
  <xs:restriction base="xs:string">
    <xs:maxLength value="60"/>
  </xs:restriction>
</xs:simpleType>
<xs:simpleType name="变动方式编码类型">
  <xs:restriction base="xs:string">
    <xs:maxLength value="60"/>
  </xs:restriction>
```

```
〈/xs:simpleType〉
〈xs:simpleType name="变动方式名称类型"〉
  〈xs:restriction base="xs:string"〉
    〈xs:maxLength value="60"/〉
  〈/xs:restriction〉
〈/xs:simpleType〉
〈xs:simpleType name="折旧方法编码类型"〉
  〈xs:restriction base="xs:string"〉
    〈xs:maxLength value="60"/〉
  〈/xs:restriction〉
〈/xs:simpleType〉
〈xs:simpleType name="折旧方法名称类型"〉
  〈xs:restriction base="xs:string"〉
    〈xs:maxLength value="60"/〉
  〈/xs:restriction〉
〈/xs:simpleType〉
〈xs:simpleType name="折旧公式类型"〉
  〈xs:restriction base="xs:string"〉
    〈xs:maxLength value="200"/〉
  〈/xs:restriction〉
〈/xs:simpleType〉
〈xs:simpleType name="使用状况编码类型"〉
  〈xs:restriction base="xs:string"〉
    〈xs:maxLength value="60"/〉
  〈/xs:restriction〉
〈/xs:simpleType〉
〈xs:simpleType name="使用状况名称类型"〉
  〈xs:restriction base="xs:string"〉
    〈xs:maxLength value="60"/〉
  〈/xs:restriction〉
〈/xs:simpleType〉
〈xs:simpleType name="固定资产卡片编号类型"〉
  〈xs:restriction base="xs:string"〉
    〈xs:maxLength value="60"/〉
  〈/xs:restriction〉
〈/xs:simpleType〉
〈xs:simpleType name="固定资产编码类型"〉
  〈xs:restriction base="xs:string"〉
    〈xs:maxLength value="60"/〉
  〈/xs:restriction〉
〈/xs:simpleType〉
〈xs:simpleType name="固定资产名称类型"〉
  〈xs:restriction base="xs:string"〉
    〈xs:maxLength value="200"/〉
  〈/xs:restriction〉
```

```
</xs:simpleType>
<xs:simpleType name="固定资产入账日期类型">
  <xs:restriction base="xs:string">
    <xs:length value="8"/>
  </xs:restriction>
</xs:simpleType>
<xs:simpleType name="固定资产计量单位类型">
  <xs:restriction base="xs:string">
    <xs:maxLength value="60"/>
  </xs:restriction>
</xs:simpleType>
<xs:simpleType name="固定资产数量类型">
  <xs:restriction base="xs:double"/>
</xs:simpleType>
<xs:simpleType name="预计使用月份类型">
  <xs:restriction base="xs:int"/>
</xs:simpleType>
<xs:simpleType name="已计提月份类型">
  <xs:restriction base="xs:int"/>
</xs:simpleType>
<xs:simpleType name="固定资产原值类型">
  <xs:restriction base="xs:double"/>
</xs:simpleType>
<xs:simpleType name="固定资产累计折旧类型">
  <xs:restriction base="xs:double"/>
</xs:simpleType>
<xs:simpleType name="固定资产净值类型">
  <xs:restriction base="xs:double"/>
</xs:simpleType>
<xs:simpleType name="固定资产累计减值准备类型">
  <xs:restriction base="xs:double"/>
</xs:simpleType>
<xs:simpleType name="固定资产净残值率类型">
  <xs:restriction base="xs:double"/>
</xs:simpleType>
<xs:simpleType name="固定资产净残值类型">
  <xs:restriction base="xs:double"/>
</xs:simpleType>
<xs:simpleType name="固定资产月折旧率类型">
  <xs:restriction base="xs:double"/>
</xs:simpleType>
<xs:simpleType name="固定资产月折旧额类型">
  <xs:restriction base="xs:double"/>
</xs:simpleType>
<xs:simpleType name="固定资产工作量单位类型">
```

```
    <xs:restriction base="xs:string">
      <xs:maxLength value="20"/>
    </xs:restriction>
  </xs:simpleType>
  <xs:simpleType name="固定资产工作总量类型">
    <xs:restriction base="xs:double"/>
  </xs:simpleType>
  <xs:simpleType name="累计工作总量类型">
    <xs:restriction base="xs:double"/>
  </xs:simpleType>
  <xs:simpleType name="固定资产标签号类型">
    <xs:restriction base="xs:string">
      <xs:maxLength value="200"/>
    </xs:restriction>
  </xs:simpleType>
  <xs:simpleType name="固定资产位置类型">
    <xs:restriction base="xs:string">
      <xs:maxLength value="60"/>
    </xs:restriction>
  </xs:simpleType>
  <xs:simpleType name="固定资产规格型号类型">
    <xs:restriction base="xs:string">
      <xs:maxLength value="60"/>
    </xs:restriction>
  </xs:simpleType>
  <xs:simpleType name="折旧分配比例类型">
    <xs:restriction base="xs:double"/>
  </xs:simpleType>
  <xs:simpleType name="固定资产减少流水号类型">
    <xs:restriction base="xs:string">
      <xs:maxLength value="60"/>
    </xs:restriction>
  </xs:simpleType>
  <xs:simpleType name="减少发生日期类型">
    <xs:restriction base="xs:string">
      <xs:length value="8"/>
    </xs:restriction>
  </xs:simpleType>
  <xs:simpleType name="固定资产减少数量类型">
    <xs:restriction base="xs:double"/>
  </xs:simpleType>
  <xs:simpleType name="固定资产减少原值类型">
    <xs:restriction base="xs:double"/>
  </xs:simpleType>
  <xs:simpleType name="固定资产减少累计折旧类型">
```

```
    <xs:restriction base="xs:double"/>
  </xs:simpleType>
  <xs:simpleType name="固定资产减少减值准备类型">
    <xs:restriction base="xs:double"/>
  </xs:simpleType>
  <xs:simpleType name="固定资产减少残值类型">
    <xs:restriction base="xs:double"/>
  </xs:simpleType>
  <xs:simpleType name="清理收入类型">
    <xs:restriction base="xs:double"/>
  </xs:simpleType>
  <xs:simpleType name="清理费用类型">
    <xs:restriction base="xs:double"/>
  </xs:simpleType>
  <xs:simpleType name="固定资产减少原因类型">
    <xs:restriction base="xs:string">
      <xs:maxLength value="200"/>
    </xs:restriction>
  </xs:simpleType>
  <xs:simpleType name="固定资产变动流水号类型">
    <xs:restriction base="xs:string">
      <xs:maxLength value="60"/>
    </xs:restriction>
  </xs:simpleType>
  <xs:simpleType name="固定资产变动日期类型">
    <xs:restriction base="xs:string">
      <xs:length value="8"/>
    </xs:restriction>
  </xs:simpleType>
  <xs:simpleType name="变动前内容及数值类型">
    <xs:restriction base="xs:string">
      <xs:maxLength value="60"/>
    </xs:restriction>
  </xs:simpleType>
  <xs:simpleType name="变动后内容及数值类型">
    <xs:restriction base="xs:string">
      <xs:maxLength value="60"/>
    </xs:restriction>
  </xs:simpleType>
  <xs:simpleType name="固定资产变动原因类型">
    <xs:restriction base="xs:string">
      <xs:maxLength value="200"/>
    </xs:restriction>
  </xs:simpleType>
  <xs:simpleType name="薪酬年度类型">
```

```
      <xs:restriction base="xs:string">
        <xs:length value="4"/>
      </xs:restriction>
    </xs:simpleType>
    <xs:simpleType name="薪酬期间号类型">
      <xs:restriction base="xs:string">
        <xs:maxLength value="2"/>
      </xs:restriction>
    </xs:simpleType>
    <xs:simpleType name="薪酬期间起始日期类型">
      <xs:restriction base="xs:string">
        <xs:length value="8"/>
      </xs:restriction>
    </xs:simpleType>
    <xs:simpleType name="薪酬期间结束日期类型">
      <xs:restriction base="xs:string">
        <xs:length value="8"/>
      </xs:restriction>
    </xs:simpleType>
    <xs:simpleType name="薪酬类别名称类型">
      <xs:restriction base="xs:string">
        <xs:maxLength value="60"/>
      </xs:restriction>
    </xs:simpleType>
    <xs:simpleType name="薪酬项目编码类型">
      <xs:restriction base="xs:string">
        <xs:maxLength value="60"/>
      </xs:restriction>
    </xs:simpleType>
    <xs:simpleType name="薪酬项目名称类型">
      <xs:restriction base="xs:string">
        <xs:maxLength value="60"/>
      </xs:restriction>
    </xs:simpleType>
    <xs:simpleType name="员工类别类型">
      <xs:restriction base="xs:string">
        <xs:maxLength value="60"/>
      </xs:restriction>
    </xs:simpleType>
    <xs:simpleType name="薪酬金额类型">
      <xs:restriction base="xs:double"/>
    </xs:simpleType>
</xs:schema>
```

A.2 公共档案类 XML 大纲(Schema)

```
<? xml version = "1.0" encoding = "GB18030"?>
<xs:schema xmlns:xs = "http://www.w3.org/2001/XMLSchema" xmlns:企业 = "http://sxbw.audit.gov.cn/AccountingSoftwareDataInterfaceStandard/2010/SOE/XMLSchema" xmlns = "http://sxbw.audit.gov.cn/AccountingSoftwareDataInterfaceStandard/2010/SOE/XMLSchema" targetNamespace = "http://sxbw.audit.gov.cn/AccountingSoftwareDataInterfaceStandard/2010/SOE/XMLSchema" elementFormDefault = "qualified" attributeFormDefault = "unqualified">
  <xs:include schemaLocation = "标准数据元素类型.xsd"/>
  <xs:element name = "公共档案">
    <xs:complexType>
      <xs:sequence>
        <xs:element ref = "电子账簿"/>
        <xs:element ref = "会计期间" maxOccurs = "unbounded"/>
        <xs:element ref = "记账凭证类型" maxOccurs = "unbounded"/>
        <xs:element ref = "汇率类型" maxOccurs = "unbounded"/>
        <xs:element ref = "币种" maxOccurs = "unbounded"/>
        <xs:element ref = "结算方式" maxOccurs = "unbounded"/>
        <xs:element ref = "部门档案" maxOccurs = "unbounded"/>
        <xs:element ref = "员工档案" maxOccurs = "unbounded"/>
        <xs:element ref = "供应商档案" maxOccurs = "unbounded"/>
        <xs:element ref = "客户档案" maxOccurs = "unbounded"/>
        <xs:element ref = "自定义档案项" minOccurs = "0" maxOccurs = "unbounded"/>
        <xs:element ref = "自定义档案值" minOccurs = "0" maxOccurs = "unbounded"/>
      </xs:sequence>
      <xs:attribute ref = "locID" use = "optional" fixed = "U01"/>
    </xs:complexType>
  </xs:element>
  <xs:element name = "电子账簿">
    <xs:complexType>
      <xs:sequence>
        <xs:element name = "电子账簿编号">
          <xs:complexType>
            <xs:simpleContent>
              <xs:extension base = "电子账簿编号类型">
                <xs:attribute ref = "locID" use = "optional" fixed = "010101"/>
              </xs:extension>
            </xs:simpleContent>
          </xs:complexType>
        </xs:element>
        <xs:element name = "电子账簿名称">
          <xs:complexType>
            <xs:simpleContent>
              <xs:extension base = "电子账簿名称类型">
```

```
        <xs:attribute ref = "locID" use = "optional" fixed = "010102"/>
      </xs:extension>
    </xs:simpleContent>
  </xs:complexType>
</xs:element>
<xs:element name = "会计核算单位">
  <xs:complexType>
    <xs:simpleContent>
      <xs:extension base = "会计核算单位类型">
        <xs:attribute ref = "locID" use = "optional" fixed = "010103"/>
      </xs:extension>
    </xs:simpleContent>
  </xs:complexType>
</xs:element>
<xs:element name = "组织机构代码">
  <xs:complexType>
    <xs:simpleContent>
      <xs:extension base = "组织机构代码类型">
        <xs:attribute ref = "locID" use = "optional" fixed = "010104"/>
      </xs:extension>
    </xs:simpleContent>
  </xs:complexType>
</xs:element>
<xs:element name = "单位性质">
  <xs:complexType>
    <xs:simpleContent>
      <xs:extension base = "单位性质类型">
        <xs:attribute ref = "locID" use = "optional" fixed = "010105"/>
      </xs:extension>
    </xs:simpleContent>
  </xs:complexType>
</xs:element>
<xs:element name = "行业">
  <xs:complexType>
    <xs:simpleContent>
      <xs:extension base = "行业类型">
        <xs:attribute ref = "locID" use = "optional" fixed = "010106"/>
      </xs:extension>
    </xs:simpleContent>
  </xs:complexType>
</xs:element>
<xs:element name = "开发单位">
  <xs:complexType>
    <xs:simpleContent>
      <xs:extension base = "开发单位类型">
```

```
              〈xs:attribute ref = "locID" use = "optional" fixed = "010107"/〉
            〈/xs:extension〉
          〈/xs:simpleContent〉
        〈/xs:complexType〉
      〈/xs:element〉
      〈xs:element name = "版本号"〉
        〈xs:complexType〉
          〈xs:simpleContent〉
            〈xs:extension base = "版本号类型"〉
              〈xs:attribute ref = "locID" use = "optional" fixed = "010108"/〉
            〈/xs:extension〉
          〈/xs:simpleContent〉
        〈/xs:complexType〉
      〈/xs:element〉
      〈xs:element name = "本位币"〉
        〈xs:complexType〉
          〈xs:simpleContent〉
            〈xs:extension base = "本位币类型"〉
              〈xs:attribute ref = "locID" use = "optional" fixed = "010109"/〉
            〈/xs:extension〉
          〈/xs:simpleContent〉
        〈/xs:complexType〉
      〈/xs:element〉
      〈xs:element name = "会计年度"〉
        〈xs:complexType〉
          〈xs:simpleContent〉
            〈xs:extension base = "会计年度类型"〉
              〈xs:attribute ref = "locID" use = "optional" fixed = "010110"/〉
            〈/xs:extension〉
          〈/xs:simpleContent〉
        〈/xs:complexType〉
      〈/xs:element〉
      〈xs:element name = "标准版本号"〉
        〈xs:complexType〉
          〈xs:simpleContent〉
            〈xs:extension base = "标准版本号类型"〉
              〈xs:attribute ref = "locID" use = "optional" fixed = "010111"/〉
            〈/xs:extension〉
          〈/xs:simpleContent〉
        〈/xs:complexType〉
      〈/xs:element〉
    〈/xs:sequence〉
    〈xs:attribute ref = "locID" use = "optional" fixed = "T101"/〉
  〈/xs:complexType〉
〈/xs:element〉
```

```
〈xs:element name="会计期间"〉
  〈xs:complexType〉
    〈xs:sequence〉
      〈xs:element name="会计年度"〉
        〈xs:complexType〉
          〈xs:simpleContent〉
            〈xs:extension base="会计年度类型"〉
              〈xs:attribute ref="locID" use="optional" fixed="010110"/〉
            〈/xs:extension〉
          〈/xs:simpleContent〉
        〈/xs:complexType〉
      〈/xs:element〉
      〈xs:element name="会计期间号"〉
        〈xs:complexType〉
          〈xs:simpleContent〉
            〈xs:extension base="会计期间号类型"〉
              〈xs:attribute ref="locID" use="optional" fixed="010201"/〉
            〈/xs:extension〉
          〈/xs:simpleContent〉
        〈/xs:complexType〉
      〈/xs:element〉
      〈xs:element name="会计期间起始日期"〉
        〈xs:complexType〉
          〈xs:simpleContent〉
            〈xs:extension base="会计期间起始日期类型"〉
              〈xs:attribute ref="locID" use="optional" fixed="010202"/〉
            〈/xs:extension〉
          〈/xs:simpleContent〉
        〈/xs:complexType〉
      〈/xs:element〉
      〈xs:element name="会计期间结束日期"〉
        〈xs:complexType〉
          〈xs:simpleContent〉
            〈xs:extension base="会计期间结束日期类型"〉
              〈xs:attribute ref="locID" use="optional" fixed="010203"/〉
            〈/xs:extension〉
          〈/xs:simpleContent〉
        〈/xs:complexType〉
      〈/xs:element〉
    〈/xs:sequence〉
    〈xs:attribute ref="locID" use="optional" fixed="T102"/〉
  〈/xs:complexType〉
〈/xs:element〉
〈xs:element name="记账凭证类型"〉
  〈xs:complexType〉
```

```
    <xs:sequence>
      <xs:element name="记账凭证类型编号">
        <xs:complexType>
          <xs:simpleContent>
            <xs:extension base="记账凭证类型编号类型">
              <xs:attribute ref="locID" use="optional" fixed="010301"/>
            </xs:extension>
          </xs:simpleContent>
        </xs:complexType>
      </xs:element>
      <xs:element name="记账凭证类型名称">
        <xs:complexType>
          <xs:simpleContent>
            <xs:extension base="记账凭证类型名称类型">
              <xs:attribute ref="locID" use="optional" fixed="010302"/>
            </xs:extension>
          </xs:simpleContent>
        </xs:complexType>
      </xs:element>
      <xs:element name="记账凭证类型简称" minOccurs="0">
        <xs:complexType>
          <xs:simpleContent>
            <xs:extension base="记账凭证类型简称类型">
              <xs:attribute ref="locID" use="optional" fixed="010303"/>
            </xs:extension>
          </xs:simpleContent>
        </xs:complexType>
      </xs:element>
    </xs:sequence>
    <xs:attribute ref="locID" use="optional" fixed="T103"/>
  </xs:complexType>
</xs:element>
<xs:element name="汇率类型">
  <xs:complexType>
    <xs:sequence>
      <xs:element name="汇率类型编号">
        <xs:complexType>
          <xs:simpleContent>
            <xs:extension base="汇率类型编号类型">
              <xs:attribute ref="企业:locID" use="optional" fixed="010401"/>
            </xs:extension>
          </xs:simpleContent>
        </xs:complexType>
      </xs:element>
      <xs:element name="汇率类型名称">
```

```
        〈xs:complexType〉
          〈xs:simpleContent〉
            〈xs:extension base="汇率类型名称类型"〉
              〈xs:attribute ref="locID" use="optional" fixed="010402"/〉
            〈/xs:extension〉
          〈/xs:simpleContent〉
        〈/xs:complexType〉
      〈/xs:element〉
    〈/xs:sequence〉
    〈xs:attribute ref="locID" use="optional" fixed="T104"/〉
  〈/xs:complexType〉
〈/xs:element〉
〈xs:element name="币种"〉
  〈xs:complexType〉
    〈xs:sequence〉
      〈xs:element name="币种编码"〉
        〈xs:complexType〉
          〈xs:simpleContent〉
            〈xs:extension base="币种编码类型"〉
              〈xs:attribute ref="locID" use="optional" fixed="010501"/〉
            〈/xs:extension〉
          〈/xs:simpleContent〉
        〈/xs:complexType〉
      〈/xs:element〉
      〈xs:element name="币种名称"〉
        〈xs:complexType〉
          〈xs:simpleContent〉
            〈xs:extension base="币种名称类型"〉
              〈xs:attribute ref="locID" use="optional" fixed="010502"/〉
            〈/xs:extension〉
          〈/xs:simpleContent〉
        〈/xs:complexType〉
      〈/xs:element〉
    〈/xs:sequence〉
    〈xs:attribute ref="locID" use="optional" fixed="T105"/〉
  〈/xs:complexType〉
〈/xs:element〉
〈xs:element name="结算方式"〉
  〈xs:complexType〉
    〈xs:sequence〉
      〈xs:element name="结算方式编码"〉
        〈xs:complexType〉
          〈xs:simpleContent〉
            〈xs:extension base="结算方式编码类型"〉
              〈xs:attribute ref="locID" use="optional" fixed="010601"/〉
```

```
              </xs:extension>
            </xs:simpleContent>
          </xs:complexType>
        </xs:element>
        <xs:element name="结算方式名称">
          <xs:complexType>
            <xs:simpleContent>
              <xs:extension base="结算方式名称类型">
                <xs:attribute ref="locID" use="optional" fixed="010602"/>
              </xs:extension>
            </xs:simpleContent>
          </xs:complexType>
        </xs:element>
      </xs:sequence>
      <xs:attribute ref="locID" use="optional" fixed="T106"/>
    </xs:complexType>
  </xs:element>
  <xs:element name="部门档案">
    <xs:complexType>
      <xs:sequence>
        <xs:element name="部门编码">
          <xs:complexType>
            <xs:simpleContent>
              <xs:extension base="部门编码类型">
                <xs:attribute ref="locID" use="optional" fixed="010701"/>
              </xs:extension>
            </xs:simpleContent>
          </xs:complexType>
        </xs:element>
        <xs:element name="部门名称">
          <xs:complexType>
            <xs:simpleContent>
              <xs:extension base="部门名称类型">
                <xs:attribute ref="locID" use="optional" fixed="010702"/>
              </xs:extension>
            </xs:simpleContent>
          </xs:complexType>
        </xs:element>
        <xs:element name="上级部门编码" minOccurs="0">
          <xs:complexType>
            <xs:simpleContent>
              <xs:extension base="上级部门编码类型">
                <xs:attribute ref="locID" use="optional" fixed="010703"/>
              </xs:extension>
            </xs:simpleContent>
```

```
          〈/xs:complexType〉
        〈/xs:element〉
      〈/xs:sequence〉
      〈xs:attribute ref = "locID" use = "optional" fixed = "T107"/〉
    〈/xs:complexType〉
  〈/xs:element〉
  〈xs:element name = "员工档案"〉
    〈xs:complexType〉
      〈xs:sequence〉
        〈xs:element name = "员工编码"〉
          〈xs:complexType〉
            〈xs:simpleContent〉
              〈xs:extension base = "员工编码类型"〉
                〈xs:attribute ref = "locID" use = "optional" fixed = "010801"/〉
              〈/xs:extension〉
            〈/xs:simpleContent〉
          〈/xs:complexType〉
        〈/xs:element〉
        〈xs:element name = "员工姓名"〉
          〈xs:complexType〉
            〈xs:simpleContent〉
              〈xs:extension base = "员工姓名类型"〉
                〈xs:attribute ref = "locID" use = "optional" fixed = "010802"/〉
              〈/xs:extension〉
            〈/xs:simpleContent〉
          〈/xs:complexType〉
        〈/xs:element〉
        〈xs:element name = "证件类别"〉
          〈xs:complexType〉
            〈xs:simpleContent〉
              〈xs:extension base = "证件类别类型"〉
                〈xs:attribute ref = "locID" use = "optional" fixed = "010803"/〉
              〈/xs:extension〉
            〈/xs:simpleContent〉
          〈/xs:complexType〉
        〈/xs:element〉
        〈xs:element name = "证件号码"〉
          〈xs:complexType〉
            〈xs:simpleContent〉
              〈xs:extension base = "证件号码类型"〉
                〈xs:attribute ref = "locID" use = "optional" fixed = "010804"/〉
              〈/xs:extension〉
            〈/xs:simpleContent〉
          〈/xs:complexType〉
        〈/xs:element〉
```

```
<xs:element name="性别">
  <xs:complexType>
    <xs:simpleContent>
      <xs:extension base="性别类型">
        <xs:attribute ref="locID" use="optional" fixed="010805"/>
      </xs:extension>
    </xs:simpleContent>
  </xs:complexType>
</xs:element>
<xs:element name="出生日期">
  <xs:complexType>
    <xs:simpleContent>
      <xs:extension base="出生日期类型">
        <xs:attribute ref="locID" use="optional" fixed="010806"/>
      </xs:extension>
    </xs:simpleContent>
  </xs:complexType>
</xs:element>
<xs:element name="部门编码">
  <xs:complexType>
    <xs:simpleContent>
      <xs:extension base="部门编码类型">
        <xs:attribute ref="locID" use="optional" fixed="010701"/>
      </xs:extension>
    </xs:simpleContent>
  </xs:complexType>
</xs:element>
<xs:element name="入职日期">
  <xs:complexType>
    <xs:simpleContent>
      <xs:extension base="入职日期类型">
        <xs:attribute ref="locID" use="optional" fixed="010807"/>
      </xs:extension>
    </xs:simpleContent>
  </xs:complexType>
</xs:element>
<xs:element name="离职日期" minOccurs="0">
  <xs:complexType>
    <xs:simpleContent>
      <xs:extension base="离职日期类型">
        <xs:attribute ref="locID" use="optional" fixed="010808"/>
      </xs:extension>
    </xs:simpleContent>
  </xs:complexType>
</xs:element>
```

```
    </xs:sequence>
    <xs:attribute ref="locID" use="optional" fixed="T108"/>
  </xs:complexType>
</xs:element>
<xs:element name="供应商档案">
  <xs:complexType>
    <xs:sequence>
      <xs:element name="供应商编码">
        <xs:complexType>
          <xs:simpleContent>
            <xs:extension base="供应商编码类型">
              <xs:attribute ref="locID" use="optional" fixed="010901"/>
            </xs:extension>
          </xs:simpleContent>
        </xs:complexType>
      </xs:element>
      <xs:element name="供应商名称">
        <xs:complexType>
          <xs:simpleContent>
            <xs:extension base="供应商名称类型">
              <xs:attribute ref="locID" use="optional" fixed="010902"/>
            </xs:extension>
          </xs:simpleContent>
        </xs:complexType>
      </xs:element>
      <xs:element name="供应商简称" minOccurs="0">
        <xs:complexType>
          <xs:simpleContent>
            <xs:extension base="供应商简称类型">
              <xs:attribute ref="locID" use="optional" fixed="010903"/>
            </xs:extension>
          </xs:simpleContent>
        </xs:complexType>
      </xs:element>
    </xs:sequence>
    <xs:attribute ref="locID" use="optional" fixed="T109"/>
  </xs:complexType>
</xs:element>
<xs:element name="客户档案">
  <xs:complexType>
    <xs:sequence>
      <xs:element name="客户编码">
        <xs:complexType>
          <xs:simpleContent>
            <xs:extension base="客户编码类型">
```

```
            〈xs:attribute ref = "locID" use = "optional" fixed = "011001"/〉
          〈/xs:extension〉
        〈/xs:simpleContent〉
      〈/xs:complexType〉
    〈/xs:element〉
    〈xs:element name = "客户名称"〉
      〈xs:complexType〉
        〈xs:simpleContent〉
          〈xs:extension base = "客户名称类型"〉
            〈xs:attribute ref = "locID" use = "optional" fixed = "011002"/〉
          〈/xs:extension〉
        〈/xs:simpleContent〉
      〈/xs:complexType〉
    〈/xs:element〉
    〈xs:element name = "客户简称" minOccurs = "0"〉
      〈xs:complexType〉
        〈xs:simpleContent〉
          〈xs:extension base = "客户简称类型"〉
            〈xs:attribute ref = "locID" use = "optional" fixed = "011003"/〉
          〈/xs:extension〉
        〈/xs:simpleContent〉
      〈/xs:complexType〉
    〈/xs:element〉
  〈/xs:sequence〉
  〈xs:attribute ref = "locID" use = "optional" fixed = "T110"/〉
 〈/xs:complexType〉
〈/xs:element〉
〈xs:element name = "自定义档案项"〉
 〈xs:complexType〉
  〈xs:sequence〉
    〈xs:element name = "档案编码"〉
      〈xs:complexType〉
        〈xs:simpleContent〉
          〈xs:extension base = "档案编码类型"〉
            〈xs:attribute ref = "locID" use = "optional" fixed = "011101"/〉
          〈/xs:extension〉
        〈/xs:simpleContent〉
      〈/xs:complexType〉
    〈/xs:element〉
    〈xs:element name = "档案名称"〉
      〈xs:complexType〉
        〈xs:simpleContent〉
          〈xs:extension base = "档案名称类型"〉
            〈xs:attribute ref = "locID" use = "optional" fixed = "011102"/〉
          〈/xs:extension〉
```

```
        〈/xs:simpleContent〉
      〈/xs:complexType〉
    〈/xs:element〉
    〈xs:element name = "档案描述" minOccurs = "0"〉
      〈xs:complexType〉
        〈xs:simpleContent〉
          〈xs:extension base = "档案描述类型"〉
            〈xs:attribute ref = "locID" use = "optional" fixed = "011103"/〉
          〈/xs:extension〉
        〈/xs:simpleContent〉
      〈/xs:complexType〉
    〈/xs:element〉
    〈xs:element name = "是否有层级特征"〉
      〈xs:complexType〉
        〈xs:simpleContent〉
          〈xs:extension base = "是否有层级特征类型"〉
            〈xs:attribute ref = "locID" use = "optional" fixed = "011104"/〉
          〈/xs:extension〉
        〈/xs:simpleContent〉
      〈/xs:complexType〉
    〈/xs:element〉
    〈xs:element name = "档案编码规则" minOccurs = "0"〉
      〈xs:complexType〉
        〈xs:simpleContent〉
          〈xs:extension base = "档案编码规则类型"〉
            〈xs:attribute ref = "locID" use = "optional" fixed = "011105"/〉
          〈/xs:extension〉
        〈/xs:simpleContent〉
      〈/xs:complexType〉
    〈/xs:element〉
  〈/xs:sequence〉
  〈xs:attribute ref = "locID" use = "optional" fixed = "T111"/〉
〈/xs:complexType〉
〈/xs:element〉
〈xs:element name = "自定义档案值"〉
  〈xs:complexType〉
    〈xs:sequence〉
      〈xs:element name = "档案编码"〉
        〈xs:complexType〉
          〈xs:simpleContent〉
            〈xs:extension base = "档案编码类型"〉
              〈xs:attribute ref = "locID" use = "optional" fixed = "011101"/〉
            〈/xs:extension〉
          〈/xs:simpleContent〉
        〈/xs:complexType〉
```

```
</xs:element>
<xs:element name="档案值编码">
  <xs:complexType>
    <xs:simpleContent>
      <xs:extension base="档案值编码类型">
        <xs:attribute ref="locID" use="optional" fixed="011201"/>
      </xs:extension>
    </xs:simpleContent>
  </xs:complexType>
</xs:element>
<xs:element name="档案值名称">
  <xs:complexType>
    <xs:simpleContent>
      <xs:extension base="档案值名称类型">
        <xs:attribute ref="locID" use="optional" fixed="011202"/>
      </xs:extension>
    </xs:simpleContent>
  </xs:complexType>
</xs:element>
<xs:element name="档案值描述" minOccurs="0">
  <xs:complexType>
    <xs:simpleContent>
      <xs:extension base="档案值描述类型">
        <xs:attribute ref="locID" use="optional" fixed="011203"/>
      </xs:extension>
    </xs:simpleContent>
  </xs:complexType>
</xs:element>
<xs:element name="档案值父节点" minOccurs="0">
  <xs:complexType>
    <xs:simpleContent>
      <xs:extension base="档案值父节点类型">
        <xs:attribute ref="locID" use="optional" fixed="011204"/>
      </xs:extension>
    </xs:simpleContent>
  </xs:complexType>
</xs:element>
<xs:element name="档案值级次">
  <xs:complexType>
    <xs:simpleContent>
      <xs:extension base="档案值级次类型">
        <xs:attribute ref="locID" use="optional" fixed="011205"/>
      </xs:extension>
    </xs:simpleContent>
  </xs:complexType>
```

```
        </xs:element>
      </xs:sequence>
      <xs:attribute ref="locID" use="optional" fixed="T112"/>
    </xs:complexType>
  </xs:element>
</xs:schema>
```

A.3 总账类 XML 大纲(Schema)

```
<?xml version="1.0" encoding="GB18030"?>
<xs:schema xmlns:xs="http://www.w3.org/2001/XMLSchema" xmlns:企业="http://sxbw.audit.gov.cn/AccountingSoftwareDataInterfaceStandard/2010/SOE/XMLSchema" xmlns="http://sxbw.audit.gov.cn/AccountingSoftwareDataInterfaceStandard/2010/SOE/XMLSchema" targetNamespace="http://sxbw.audit.gov.cn/AccountingSoftwareDataInterfaceStandard/2010/SOE/XMLSchema" elementFormDefault="qualified" attributeFormDefault="unqualified">
  <xs:include schemaLocation="标准数据元素类型.xsd"/>
  <xs:element name="总账">
    <xs:complexType>
      <xs:sequence>
        <xs:element ref="总账基础信息"/>
        <xs:element ref="会计科目" maxOccurs="unbounded"/>
        <xs:element ref="科目辅助核算" minOccurs="0" maxOccurs="unbounded"/>
        <xs:element ref="现金流量项目" maxOccurs="unbounded"/>
        <xs:element ref="科目余额及发生额" maxOccurs="unbounded"/>
        <xs:element ref="记账凭证" maxOccurs="unbounded"/>
        <xs:element ref="现金流量凭证项目数据" maxOccurs="unbounded"/>
        <xs:element ref="报表集" maxOccurs="unbounded"/>
        <xs:element ref="报表项数据" maxOccurs="unbounded"/>
      </xs:sequence>
      <xs:attribute ref="locID" use="optional" fixed="U02"/>
    </xs:complexType>
  </xs:element>
  <xs:element name="总账基础信息">
    <xs:complexType>
      <xs:sequence>
        <xs:element name="结构分隔符">
          <xs:complexType>
            <xs:simpleContent>
              <xs:extension base="结构分隔符类型">
                <xs:attribute ref="locID" use="optional" fixed="020101"/>
              </xs:extension>
            </xs:simpleContent>
          </xs:complexType>
        </xs:element>
        <xs:element name="会计科目编号规则">
```

```
    <xs:complexType>
      <xs:simpleContent>
        <xs:extension base="会计科目编号规则类型">
          <xs:attribute ref="locID" use="optional" fixed="020102"/>
        </xs:extension>
      </xs:simpleContent>
    </xs:complexType>
  </xs:element>
  <xs:element name="现金流量项目编码规则">
    <xs:complexType>
      <xs:simpleContent>
        <xs:extension base="现金流量项目编码类型">
          <xs:attribute ref="locID" use="optional" fixed="020103"/>
        </xs:extension>
      </xs:simpleContent>
    </xs:complexType>
  </xs:element>
  <xs:element name="凭证头可扩展字段结构" minOccurs="0">
    <xs:complexType>
      <xs:simpleContent>
        <xs:extension base="凭证头可扩展字段结构类型">
          <xs:attribute ref="locID" use="optional" fixed="020104"/>
        </xs:extension>
      </xs:simpleContent>
    </xs:complexType>
  </xs:element>
  <xs:element name="凭证头可扩展结构对应档案" minOccurs="0">
    <xs:complexType>
      <xs:simpleContent>
        <xs:extension base="凭证头可扩展结构对应档案类型">
          <xs:attribute ref="locID" use="optional" fixed="020105"/>
        </xs:extension>
      </xs:simpleContent>
    </xs:complexType>
  </xs:element>
  <xs:element name="分录行可扩展字段结构" minOccurs="0">
    <xs:complexType>
      <xs:simpleContent>
        <xs:extension base="分录行可扩展字段结构类型">
          <xs:attribute ref="locID" use="optional" fixed="020106"/>
        </xs:extension>
      </xs:simpleContent>
    </xs:complexType>
  </xs:element>
  <xs:element name="分录行可扩展字段对应档案" minOccurs="0">
```

```
        〈xs:complexType〉
          〈xs:simpleContent〉
            〈xs:extension base="分录行可扩展字段对应档案类型"〉
              〈xs:attribute ref="locID" use="optional" fixed="020107"/〉
            〈/xs:extension〉
          〈/xs:simpleContent〉
        〈/xs:complexType〉
      〈/xs:element〉
    〈/xs:sequence〉
    〈xs:attribute ref="locID" use="optional" fixed="T201"/〉
  〈/xs:complexType〉
〈/xs:element〉
〈xs:element name="会计科目"〉
  〈xs:complexType〉
    〈xs:sequence〉
      〈xs:element name="科目编号"〉
        〈xs:complexType〉
          〈xs:simpleContent〉
            〈xs:extension base="科目编号类型"〉
              〈xs:attribute ref="locID" use="optional" fixed="020201"/〉
            〈/xs:extension〉
          〈/xs:simpleContent〉
        〈/xs:complexType〉
      〈/xs:element〉
      〈xs:element name="科目名称"〉
        〈xs:complexType〉
          〈xs:simpleContent〉
            〈xs:extension base="科目名称类型"〉
              〈xs:attribute ref="locID" use="optional" fixed="020202"/〉
            〈/xs:extension〉
          〈/xs:simpleContent〉
        〈/xs:complexType〉
      〈/xs:element〉
      〈xs:element name="科目级次"〉
        〈xs:complexType〉
          〈xs:simpleContent〉
            〈xs:extension base="科目级次类型"〉
              〈xs:attribute ref="locID" use="optional" fixed="020203"/〉
            〈/xs:extension〉
          〈/xs:simpleContent〉
        〈/xs:complexType〉
      〈/xs:element〉
      〈xs:element name="科目类型"〉
        〈xs:complexType〉
          〈xs:simpleContent〉
```

```
              <xs:extension base="科目类型类型">
                <xs:attribute ref="locID" use="optional" fixed="020204"/>
              </xs:extension>
            </xs:simpleContent>
          </xs:complexType>
        </xs:element>
        <xs:element name="余额方向">
          <xs:complexType>
            <xs:simpleContent>
              <xs:extension base="余额方向类型">
                <xs:attribute ref="locID" use="optional" fixed="020205"/>
              </xs:extension>
            </xs:simpleContent>
          </xs:complexType>
        </xs:element>
      </xs:sequence>
      <xs:attribute ref="locID" use="optional" fixed="T202"/>
    </xs:complexType>
  </xs:element>
  <xs:element name="科目辅助核算">
    <xs:complexType>
      <xs:sequence>
        <xs:element name="科目编号">
          <xs:complexType>
            <xs:simpleContent>
              <xs:extension base="科目编号类型">
                <xs:attribute ref="locID" use="optional" fixed="020201"/>
              </xs:extension>
            </xs:simpleContent>
          </xs:complexType>
        </xs:element>
        <xs:element name="辅助项编号">
          <xs:complexType>
            <xs:simpleContent>
              <xs:extension base="辅助项编号类型">
                <xs:attribute ref="locID" use="optional" fixed="020301"/>
              </xs:extension>
            </xs:simpleContent>
          </xs:complexType>
        </xs:element>
        <xs:element name="辅助项名称">
          <xs:complexType>
            <xs:simpleContent>
              <xs:extension base="辅助项名称类型">
                <xs:attribute ref="locID" use="optional" fixed="020302"/>
```

```
            〈/xs：extension〉
          〈/xs：simpleContent〉
        〈/xs：complexType〉
      〈/xs：element〉
      〈xs：element name="对应档案"〉
        〈xs：complexType〉
          〈xs：simpleContent〉
            〈xs：extension base="对应档案类型"〉
              〈xs：attribute ref="locID" use="optional" fixed="020303"/〉
            〈/xs：extension〉
          〈/xs：simpleContent〉
        〈/xs：complexType〉
      〈/xs：element〉
      〈xs：element name="辅助项描述" minOccurs="0"〉
        〈xs：complexType〉
          〈xs：simpleContent〉
            〈xs：extension base="辅助项描述类型"〉
              〈xs：attribute ref="locID" use="optional" fixed="020304"/〉
            〈/xs：extension〉
          〈/xs：simpleContent〉
        〈/xs：complexType〉
      〈/xs：element〉
    〈/xs：sequence〉
    〈xs：attribute ref="locID" use="optional" fixed="T203"/〉
  〈/xs：complexType〉
〈/xs：element〉
〈xs：element name="现金流量项目"〉
  〈xs：complexType〉
    〈xs：sequence〉
      〈xs：element name="现金流量项目编码"〉
        〈xs：complexType〉
          〈xs：simpleContent〉
            〈xs：extension base="现金流量项目编码类型"〉
              〈xs：attribute ref="locID" use="optional" fixed="020401"/〉
            〈/xs：extension〉
          〈/xs：simpleContent〉
        〈/xs：complexType〉
      〈/xs：element〉
      〈xs：element name="现金流量项目名称"〉
        〈xs：complexType〉
          〈xs：simpleContent〉
            〈xs：extension base="现金流量项目名称类型"〉
              〈xs：attribute ref="locID" use="optional" fixed="020402"/〉
            〈/xs：extension〉
          〈/xs：simpleContent〉
```

```
    </xs:complexType>
  </xs:element>
  <xs:element name="现金流量项目描述" minOccurs="0">
    <xs:complexType>
      <xs:simpleContent>
        <xs:extension base="现金流量项目描述类型">
          <xs:attribute ref="locID" use="optional" fixed="020403"/>
        </xs:extension>
      </xs:simpleContent>
    </xs:complexType>
  </xs:element>
  <xs:element name="是否末级">
    <xs:complexType>
      <xs:simpleContent>
        <xs:extension base="是否末级类型">
          <xs:attribute ref="locID" use="optional" fixed="020404"/>
        </xs:extension>
      </xs:simpleContent>
    </xs:complexType>
  </xs:element>
  <xs:element name="现金流量项目级次">
    <xs:complexType>
      <xs:simpleContent>
        <xs:extension base="现金流量项目级次类型">
          <xs:attribute ref="locID" use="optional" fixed="020405"/>
        </xs:extension>
      </xs:simpleContent>
    </xs:complexType>
  </xs:element>
  <xs:element name="现金流量项目父节点" minOccurs="0">
    <xs:complexType>
      <xs:simpleContent>
        <xs:extension base="现金流量项目父节点类型">
          <xs:attribute ref="locID" use="optional" fixed="020406"/>
        </xs:extension>
      </xs:simpleContent>
    </xs:complexType>
  </xs:element>
  <xs:element name="现金流量数据来源">
    <xs:complexType>
      <xs:simpleContent>
        <xs:extension base="现金流量数据来源类型">
          <xs:attribute ref="locID" use="optional" fixed="020407"/>
        </xs:extension>
      </xs:simpleContent>
```

```
        〈/xs:complexType〉
      〈/xs:element〉
      〈xs:element name = "现金流量项目属性"〉
        〈xs:complexType〉
          〈xs:simpleContent〉
            〈xs:extension base = "现金流量项目属性类型"〉
              〈xs:attribute ref = "locID" use = "optional" fixed = "020408"/〉
            〈/xs:extension〉
          〈/xs:simpleContent〉
        〈/xs:complexType〉
      〈/xs:element〉
    〈/xs:sequence〉
    〈xs:attribute ref = "locID" use = "optional" fixed = "T204"/〉
  〈/xs:complexType〉
〈/xs:element〉
〈xs:element name = "科目余额及发生额"〉
  〈xs:complexType〉
    〈xs:sequence〉
      〈xs:element name = "科目编号"〉
        〈xs:complexType〉
          〈xs:simpleContent〉
            〈xs:extension base = "科目编号类型"〉
              〈xs:attribute ref = "locID" use = "optional" fixed = "020201"/〉
            〈/xs:extension〉
          〈/xs:simpleContent〉
        〈/xs:complexType〉
      〈/xs:element〉
      〈xs:element name = "辅助项 1 编号" minOccurs = "0"〉
        〈xs:complexType〉
          〈xs:simpleContent〉
            〈xs:extension base = "辅助项编号类型"〉
              〈xs:attribute ref = "locID" use = "optional" fixed = "020301"/〉
            〈/xs:extension〉
          〈/xs:simpleContent〉
        〈/xs:complexType〉
      〈/xs:element〉
      〈xs:element name = "辅助项 2 编号" minOccurs = "0"〉
        〈xs:complexType〉
          〈xs:simpleContent〉
            〈xs:extension base = "辅助项编号类型"〉
              〈xs:attribute ref = "locID" use = "optional" fixed = "020301"/〉
            〈/xs:extension〉
          〈/xs:simpleContent〉
        〈/xs:complexType〉
      〈/xs:element〉
```

```
<xs:element name="辅助项 3 编号" minOccurs="0">
  <xs:complexType>
    <xs:simpleContent>
      <xs:extension base="辅助项编号类型">
        <xs:attribute ref="locID" use="optional" fixed="020301"/>
      </xs:extension>
    </xs:simpleContent>
  </xs:complexType>
</xs:element>
<xs:element name="辅助项 4 编号" minOccurs="0">
  <xs:complexType>
    <xs:simpleContent>
      <xs:extension base="辅助项编号类型">
        <xs:attribute ref="locID" use="optional" fixed="020301"/>
      </xs:extension>
    </xs:simpleContent>
  </xs:complexType>
</xs:element>
<xs:element name="辅助项 5 编号" minOccurs="0">
  <xs:complexType>
    <xs:simpleContent>
      <xs:extension base="辅助项编号类型">
        <xs:attribute ref="locID" use="optional" fixed="020301"/>
      </xs:extension>
    </xs:simpleContent>
  </xs:complexType>
</xs:element>
<xs:element name="辅助项 6 编号" minOccurs="0">
  <xs:complexType>
    <xs:simpleContent>
      <xs:extension base="辅助项编号类型">
        <xs:attribute ref="locID" use="optional" fixed="020301"/>
      </xs:extension>
    </xs:simpleContent>
  </xs:complexType>
</xs:element>
<xs:element name="辅助项 7 编号" minOccurs="0">
  <xs:complexType>
    <xs:simpleContent>
      <xs:extension base="辅助项编号类型">
        <xs:attribute ref="locID" use="optional" fixed="020301"/>
      </xs:extension>
    </xs:simpleContent>
  </xs:complexType>
</xs:element>
```

```
〈xs:element name="辅助项8编号" minOccurs="0"〉
  〈xs:complexType〉
    〈xs:simpleContent〉
      〈xs:extension base="辅助项编号类型"〉
        〈xs:attribute ref="locID" use="optional" fixed="020301"/〉
      〈/xs:extension〉
    〈/xs:simpleContent〉
  〈/xs:complexType〉
〈/xs:element〉
〈xs:element name="辅助项9编号" minOccurs="0"〉
  〈xs:complexType〉
    〈xs:simpleContent〉
      〈xs:extension base="辅助项编号类型"〉
        〈xs:attribute ref="locID" use="optional" fixed="020301"/〉
      〈/xs:extension〉
    〈/xs:simpleContent〉
  〈/xs:complexType〉
〈/xs:element〉
〈xs:element name="辅助项10编号" minOccurs="0"〉
  〈xs:complexType〉
    〈xs:simpleContent〉
      〈xs:extension base="辅助项编号类型"〉
        〈xs:attribute ref="locID" use="optional" fixed="020301"/〉
      〈/xs:extension〉
    〈/xs:simpleContent〉
  〈/xs:complexType〉
〈/xs:element〉
〈xs:element name="辅助项11编号" minOccurs="0"〉
  〈xs:complexType〉
    〈xs:simpleContent〉
      〈xs:extension base="辅助项编号类型"〉
        〈xs:attribute ref="locID" use="optional" fixed="020301"/〉
      〈/xs:extension〉
    〈/xs:simpleContent〉
  〈/xs:complexType〉
〈/xs:element〉
〈xs:element name="辅助项12编号" minOccurs="0"〉
  〈xs:complexType〉
    〈xs:simpleContent〉
      〈xs:extension base="辅助项编号类型"〉
        〈xs:attribute ref="locID" use="optional" fixed="020301"/〉
      〈/xs:extension〉
    〈/xs:simpleContent〉
  〈/xs:complexType〉
〈/xs:element〉
```

```
<xs:element name="辅助项 13 编号" minOccurs="0">
  <xs:complexType>
    <xs:simpleContent>
      <xs:extension base="辅助项编号类型">
        <xs:attribute ref="locID" use="optional" fixed="020301"/>
      </xs:extension>
    </xs:simpleContent>
  </xs:complexType>
</xs:element>
<xs:element name="辅助项 14 编号" minOccurs="0">
  <xs:complexType>
    <xs:simpleContent>
      <xs:extension base="辅助项编号类型">
        <xs:attribute ref="locID" use="optional" fixed="020301"/>
      </xs:extension>
    </xs:simpleContent>
  </xs:complexType>
</xs:element>
<xs:element name="辅助项 15 编号" minOccurs="0">
  <xs:complexType>
    <xs:simpleContent>
      <xs:extension base="辅助项编号类型">
        <xs:attribute ref="locID" use="optional" fixed="020301"/>
      </xs:extension>
    </xs:simpleContent>
  </xs:complexType>
</xs:element>
<xs:element name="辅助项 16 编号" minOccurs="0">
  <xs:complexType>
    <xs:simpleContent>
      <xs:extension base="辅助项编号类型">
        <xs:attribute ref="locID" use="optional" fixed="020301"/>
      </xs:extension>
    </xs:simpleContent>
  </xs:complexType>
</xs:element>
<xs:element name="辅助项 17 编号" minOccurs="0">
  <xs:complexType>
    <xs:simpleContent>
      <xs:extension base="辅助项编号类型">
        <xs:attribute ref="locID" use="optional" fixed="020301"/>
      </xs:extension>
    </xs:simpleContent>
  </xs:complexType>
</xs:element>
```

```
〈xs:element name="辅助项 18 编号" minOccurs="0"〉
  〈xs:complexType〉
    〈xs:simpleContent〉
      〈xs:extension base="辅助项编号类型"〉
        〈xs:attribute ref="locID" use="optional" fixed="020301"/〉
      〈/xs:extension〉
    〈/xs:simpleContent〉
  〈/xs:complexType〉
〈/xs:element〉
〈xs:element name="辅助项 19 编号" minOccurs="0"〉
  〈xs:complexType〉
    〈xs:simpleContent〉
      〈xs:extension base="辅助项编号类型"〉
        〈xs:attribute ref="locID" use="optional" fixed="020301"/〉
      〈/xs:extension〉
    〈/xs:simpleContent〉
  〈/xs:complexType〉
〈/xs:element〉
〈xs:element name="辅助项 20 编号" minOccurs="0"〉
  〈xs:complexType〉
    〈xs:simpleContent〉
      〈xs:extension base="辅助项编号类型"〉
        〈xs:attribute ref="locID" use="optional" fixed="020301"/〉
      〈/xs:extension〉
    〈/xs:simpleContent〉
  〈/xs:complexType〉
〈/xs:element〉
〈xs:element name="辅助项 21 编号" minOccurs="0"〉
  〈xs:complexType〉
    〈xs:simpleContent〉
      〈xs:extension base="辅助项编号类型"〉
        〈xs:attribute ref="locID" use="optional" fixed="020301"/〉
      〈/xs:extension〉
    〈/xs:simpleContent〉
  〈/xs:complexType〉
〈/xs:element〉
〈xs:element name="辅助项 22 编号" minOccurs="0"〉
  〈xs:complexType〉
    〈xs:simpleContent〉
      〈xs:extension base="辅助项编号类型"〉
        〈xs:attribute ref="locID" use="optional" fixed="020301"/〉
      〈/xs:extension〉
    〈/xs:simpleContent〉
  〈/xs:complexType〉
〈/xs:element〉
```

```
<xs:element name="辅助项 23 编号" minOccurs="0">
  <xs:complexType>
    <xs:simpleContent>
      <xs:extension base="辅助项编号类型">
        <xs:attribute ref="locID" use="optional" fixed="020301"/>
      </xs:extension>
    </xs:simpleContent>
  </xs:complexType>
</xs:element>
<xs:element name="辅助项 24 编号" minOccurs="0">
  <xs:complexType>
    <xs:simpleContent>
      <xs:extension base="辅助项编号类型">
        <xs:attribute ref="locID" use="optional" fixed="020301"/>
      </xs:extension>
    </xs:simpleContent>
  </xs:complexType>
</xs:element>
<xs:element name="辅助项 25 编号" minOccurs="0">
  <xs:complexType>
    <xs:simpleContent>
      <xs:extension base="辅助项编号类型">
        <xs:attribute ref="locID" use="optional" fixed="020301"/>
      </xs:extension>
    </xs:simpleContent>
  </xs:complexType>
</xs:element>
<xs:element name="辅助项 26 编号" minOccurs="0">
  <xs:complexType>
    <xs:simpleContent>
      <xs:extension base="辅助项编号类型">
        <xs:attribute ref="locID" use="optional" fixed="020301"/>
      </xs:extension>
    </xs:simpleContent>
  </xs:complexType>
</xs:element>
<xs:element name="辅助项 27 编号" minOccurs="0">
  <xs:complexType>
    <xs:simpleContent>
      <xs:extension base="辅助项编号类型">
        <xs:attribute ref="locID" use="optional" fixed="020301"/>
      </xs:extension>
    </xs:simpleContent>
  </xs:complexType>
</xs:element>
```

```
〈xs:element name="辅助项28编号" minOccurs="0"〉
  〈xs:complexType〉
    〈xs:simpleContent〉
      〈xs:extension base="辅助项编号类型"〉
        〈xs:attribute ref="locID" use="optional" fixed="020301"/〉
      〈/xs:extension〉
    〈/xs:simpleContent〉
  〈/xs:complexType〉
〈/xs:element〉
〈xs:element name="辅助项29编号" minOccurs="0"〉
  〈xs:complexType〉
    〈xs:simpleContent〉
      〈xs:extension base="辅助项编号类型"〉
        〈xs:attribute ref="locID" use="optional" fixed="020301"/〉
      〈/xs:extension〉
    〈/xs:simpleContent〉
  〈/xs:complexType〉
〈/xs:element〉
〈xs:element name="辅助项30编号" minOccurs="0"〉
  〈xs:complexType〉
    〈xs:simpleContent〉
      〈xs:extension base="辅助项编号类型"〉
        〈xs:attribute ref="locID" use="optional" fixed="020301"/〉
      〈/xs:extension〉
    〈/xs:simpleContent〉
  〈/xs:complexType〉
〈/xs:element〉
〈xs:element name="期初余额方向"〉
  〈xs:complexType〉
    〈xs:simpleContent〉
      〈xs:extension base="期初余额方向类型"〉
        〈xs:attribute ref="locID" use="optional" fixed="020501"/〉
      〈/xs:extension〉
    〈/xs:simpleContent〉
  〈/xs:complexType〉
〈/xs:element〉
〈xs:element name="期末余额方向"〉
  〈xs:complexType〉
    〈xs:simpleContent〉
      〈xs:extension base="期末余额方向类型"〉
        〈xs:attribute ref="locID" use="optional" fixed="020502"/〉
      〈/xs:extension〉
    〈/xs:simpleContent〉
  〈/xs:complexType〉
〈/xs:element〉
```

```
〈xs:element name="币种编码"〉
  〈xs:complexType〉
    〈xs:simpleContent〉
      〈xs:extension base="币种编码类型"〉
        〈xs:attribute ref="locID" use="optional" fixed="010501"/〉
      〈/xs:extension〉
    〈/xs:simpleContent〉
  〈/xs:complexType〉
〈/xs:element〉
〈xs:element name="计量单位" minOccurs="0"〉
  〈xs:complexType〉
    〈xs:simpleContent〉
      〈xs:extension base="计量单位类型"〉
        〈xs:attribute ref="locID" use="optional" fixed="020503"/〉
      〈/xs:extension〉
    〈/xs:simpleContent〉
  〈/xs:complexType〉
〈/xs:element〉
〈xs:element name="会计年度"〉
  〈xs:complexType〉
    〈xs:simpleContent〉
      〈xs:extension base="会计年度类型"〉
        〈xs:attribute ref="locID" use="optional" fixed="010110"/〉
      〈/xs:extension〉
    〈/xs:simpleContent〉
  〈/xs:complexType〉
〈/xs:element〉
〈xs:element name="会计期间号"〉
  〈xs:complexType〉
    〈xs:simpleContent〉
      〈xs:extension base="会计期间号类型"〉
        〈xs:attribute ref="locID" use="optional" fixed="010201"/〉
      〈/xs:extension〉
    〈/xs:simpleContent〉
  〈/xs:complexType〉
〈/xs:element〉
〈xs:element name="期初数量" minOccurs="0"〉
  〈xs:complexType〉
    〈xs:simpleContent〉
      〈xs:extension base="期初数量类型"〉
        〈xs:attribute ref="locID" use="optional" fixed="020504"/〉
      〈/xs:extension〉
    〈/xs:simpleContent〉
  〈/xs:complexType〉
〈/xs:element〉
```

```
〈xs:element name="期初原币余额"〉
  〈xs:complexType〉
    〈xs:simpleContent〉
      〈xs:extension base="期初原币余额类型"〉
        〈xs:attribute ref="locID" use="optional" fixed="020505"/〉
      〈/xs:extension〉
    〈/xs:simpleContent〉
  〈/xs:complexType〉
〈/xs:element〉
〈xs:element name="期初本币余额"〉
  〈xs:complexType〉
    〈xs:simpleContent〉
      〈xs:extension base="期初本币余额类型"〉
        〈xs:attribute ref="locID" use="optional" fixed="020506"/〉
      〈/xs:extension〉
    〈/xs:simpleContent〉
  〈/xs:complexType〉
〈/xs:element〉
〈xs:element name="借方数量" minOccurs="0"〉
  〈xs:complexType〉
    〈xs:simpleContent〉
      〈xs:extension base="借方数量类型"〉
        〈xs:attribute ref="locID" use="optional" fixed="020507"/〉
      〈/xs:extension〉
    〈/xs:simpleContent〉
  〈/xs:complexType〉
〈/xs:element〉
〈xs:element name="借方原币金额"〉
  〈xs:complexType〉
    〈xs:simpleContent〉
      〈xs:extension base="借方原币金额类型"〉
        〈xs:attribute ref="locID" use="optional" fixed="020508"/〉
      〈/xs:extension〉
    〈/xs:simpleContent〉
  〈/xs:complexType〉
〈/xs:element〉
〈xs:element name="借方本币金额"〉
  〈xs:complexType〉
    〈xs:simpleContent〉
      〈xs:extension base="借方本币金额类型"〉
        〈xs:attribute ref="locID" use="optional" fixed="020509"/〉
      〈/xs:extension〉
    〈/xs:simpleContent〉
  〈/xs:complexType〉
〈/xs:element〉
```

```
<xs:element name="贷方数量" minOccurs="0">
  <xs:complexType>
    <xs:simpleContent>
      <xs:extension base="贷方数量类型">
        <xs:attribute ref="locID" use="optional" fixed="020510"/>
      </xs:extension>
    </xs:simpleContent>
  </xs:complexType>
</xs:element>
<xs:element name="贷方原币金额">
  <xs:complexType>
    <xs:simpleContent>
      <xs:extension base="贷方原币金额类型">
        <xs:attribute ref="locID" use="optional" fixed="020511"/>
      </xs:extension>
    </xs:simpleContent>
  </xs:complexType>
</xs:element>
<xs:element name="贷方本币金额">
  <xs:complexType>
    <xs:simpleContent>
      <xs:extension base="贷方本币金额类型">
        <xs:attribute ref="locID" use="optional" fixed="020512"/>
      </xs:extension>
    </xs:simpleContent>
  </xs:complexType>
</xs:element>
<xs:element name="期末数量" minOccurs="0">
  <xs:complexType>
    <xs:simpleContent>
      <xs:extension base="期末数量类型">
        <xs:attribute ref="locID" use="optional" fixed="020513"/>
      </xs:extension>
    </xs:simpleContent>
  </xs:complexType>
</xs:element>
<xs:element name="期末原币余额">
  <xs:complexType>
    <xs:simpleContent>
      <xs:extension base="期末原币余额类型">
        <xs:attribute ref="locID" use="optional" fixed="020514"/>
      </xs:extension>
    </xs:simpleContent>
  </xs:complexType>
</xs:element>
```

```
        〈xs:element name="期末本币余额"〉
          〈xs:complexType〉
            〈xs:simpleContent〉
              〈xs:extension base="期末本币余额类型"〉
                〈xs:attribute ref="locID" use="optional" fixed="020515"/〉
              〈/xs:extension〉
            〈/xs:simpleContent〉
          〈/xs:complexType〉
        〈/xs:element〉
      〈/xs:sequence〉
      〈xs:attribute ref="locID" use="optional" fixed="T205"/〉
    〈/xs:complexType〉
  〈/xs:element〉
  〈xs:element name="记账凭证"〉
    〈xs:complexType〉
      〈xs:sequence〉
        〈xs:element name="记账凭证日期"〉
          〈xs:complexType〉
            〈xs:simpleContent〉
              〈xs:extension base="记账凭证日期类型"〉
                〈xs:attribute ref="locID" use="optional" fixed="020601"/〉
              〈/xs:extension〉
            〈/xs:simpleContent〉
          〈/xs:complexType〉
        〈/xs:element〉
        〈xs:element name="会计年度"〉
          〈xs:complexType〉
            〈xs:simpleContent〉
              〈xs:extension base="会计年度类型"〉
                〈xs:attribute ref="locID" use="optional" fixed="010110"/〉
              〈/xs:extension〉
            〈/xs:simpleContent〉
          〈/xs:complexType〉
        〈/xs:element〉
        〈xs:element name="会计期间号"〉
          〈xs:complexType〉
            〈xs:simpleContent〉
              〈xs:extension base="会计期间号类型"〉
                〈xs:attribute ref="locID" use="optional" fixed="010201"/〉
              〈/xs:extension〉
            〈/xs:simpleContent〉
          〈/xs:complexType〉
        〈/xs:element〉
        〈xs:element name="记账凭证类型编号"〉
          〈xs:complexType〉
```

```
        <xs:simpleContent>
          <xs:extension base="记账凭证类型编号类型">
            <xs:attribute ref="locID" use="optional" fixed="010301"/>
          </xs:extension>
        </xs:simpleContent>
      </xs:complexType>
    </xs:element>
    <xs:element name="记账凭证编号">
      <xs:complexType>
        <xs:simpleContent>
          <xs:extension base="记账凭证编号类型">
            <xs:attribute ref="locID" use="optional" fixed="020602"/>
          </xs:extension>
        </xs:simpleContent>
      </xs:complexType>
    </xs:element>
    <xs:element name="记账凭证行号">
      <xs:complexType>
        <xs:simpleContent>
          <xs:extension base="记账凭证行号类型">
            <xs:attribute ref="locID" use="optional" fixed="020603"/>
          </xs:extension>
        </xs:simpleContent>
      </xs:complexType>
    </xs:element>
    <xs:element name="记账凭证摘要" minOccurs="0">
      <xs:complexType>
        <xs:simpleContent>
          <xs:extension base="记账凭证摘要类型">
            <xs:attribute ref="locID" use="optional" fixed="020604"/>
          </xs:extension>
        </xs:simpleContent>
      </xs:complexType>
    </xs:element>
    <xs:element name="科目编号">
      <xs:complexType>
        <xs:simpleContent>
          <xs:extension base="科目编号类型">
            <xs:attribute ref="locID" use="optional" fixed="020201"/>
          </xs:extension>
        </xs:simpleContent>
      </xs:complexType>
    </xs:element>
    <xs:element name="辅助项1编号" minOccurs="0">
      <xs:complexType>
```

```
      〈xs:simpleContent〉
        〈xs:extension base = "辅助项编号类型"〉
          〈xs:attribute ref = "locID" use = "optional" fixed = "020301"/〉
        〈/xs:extension〉
      〈/xs:simpleContent〉
    〈/xs:complexType〉
  〈/xs:element〉
  〈xs:element name = "辅助项 2 编号" minOccurs = "0"〉
    〈xs:complexType〉
      〈xs:simpleContent〉
        〈xs:extension base = "辅助项编号类型"〉
          〈xs:attribute ref = "locID" use = "optional" fixed = "020301"/〉
        〈/xs:extension〉
      〈/xs:simpleContent〉
    〈/xs:complexType〉
  〈/xs:element〉
  〈xs:element name = "辅助项 3 编号" minOccurs = "0"〉
    〈xs:complexType〉
      〈xs:simpleContent〉
        〈xs:extension base = "辅助项编号类型"〉
          〈xs:attribute ref = "locID" use = "optional" fixed = "020301"/〉
        〈/xs:extension〉
      〈/xs:simpleContent〉
    〈/xs:complexType〉
  〈/xs:element〉
  〈xs:element name = "辅助项 4 编号" minOccurs = "0"〉
    〈xs:complexType〉
      〈xs:simpleContent〉
        〈xs:extension base = "辅助项编号类型"〉
          〈xs:attribute ref = "locID" use = "optional" fixed = "020301"/〉
        〈/xs:extension〉
      〈/xs:simpleContent〉
    〈/xs:complexType〉
  〈/xs:element〉
  〈xs:element name = "辅助项 5 编号" minOccurs = "0"〉
    〈xs:complexType〉
      〈xs:simpleContent〉
        〈xs:extension base = "辅助项编号类型"〉
          〈xs:attribute ref = "locID" use = "optional" fixed = "020301"/〉
        〈/xs:extension〉
      〈/xs:simpleContent〉
    〈/xs:complexType〉
  〈/xs:element〉
  〈xs:element name = "辅助项 6 编号" minOccurs = "0"〉
    〈xs:complexType〉
```

```
        <xs:simpleContent>
          <xs:extension base="辅助项编号类型">
            <xs:attribute ref="locID" use="optional" fixed="020301"/>
          </xs:extension>
        </xs:simpleContent>
      </xs:complexType>
    </xs:element>
    <xs:element name="辅助项 7 编号" minOccurs="0">
      <xs:complexType>
        <xs:simpleContent>
          <xs:extension base="辅助项编号类型">
            <xs:attribute ref="locID" use="optional" fixed="020301"/>
          </xs:extension>
        </xs:simpleContent>
      </xs:complexType>
    </xs:element>
    <xs:element name="辅助项 8 编号" minOccurs="0">
      <xs:complexType>
        <xs:simpleContent>
          <xs:extension base="辅助项编号类型">
            <xs:attribute ref="locID" use="optional" fixed="020301"/>
          </xs:extension>
        </xs:simpleContent>
      </xs:complexType>
    </xs:element>
    <xs:element name="辅助项 9 编号" minOccurs="0">
      <xs:complexType>
        <xs:simpleContent>
          <xs:extension base="辅助项编号类型">
            <xs:attribute ref="locID" use="optional" fixed="020301"/>
          </xs:extension>
        </xs:simpleContent>
      </xs:complexType>
    </xs:element>
    <xs:element name="辅助项 10 编号" minOccurs="0">
      <xs:complexType>
        <xs:simpleContent>
          <xs:extension base="辅助项编号类型">
            <xs:attribute ref="locID" use="optional" fixed="020301"/>
          </xs:extension>
        </xs:simpleContent>
      </xs:complexType>
    </xs:element>
    <xs:element name="辅助项 11 编号" minOccurs="0">
      <xs:complexType>
```

```
        <xs:simpleContent>
          <xs:extension base="辅助项编号类型">
            <xs:attribute ref="locID" use="optional" fixed="020301"/>
          </xs:extension>
        </xs:simpleContent>
      </xs:complexType>
    </xs:element>
    <xs:element name="辅助项 12 编号" minOccurs="0">
      <xs:complexType>
        <xs:simpleContent>
          <xs:extension base="辅助项编号类型">
            <xs:attribute ref="locID" use="optional" fixed="020301"/>
          </xs:extension>
        </xs:simpleContent>
      </xs:complexType>
    </xs:element>
    <xs:element name="辅助项 13 编号" minOccurs="0">
      <xs:complexType>
        <xs:simpleContent>
          <xs:extension base="辅助项编号类型">
            <xs:attribute ref="locID" use="optional" fixed="020301"/>
          </xs:extension>
        </xs:simpleContent>
      </xs:complexType>
    </xs:element>
    <xs:element name="辅助项 14 编号" minOccurs="0">
      <xs:complexType>
        <xs:simpleContent>
          <xs:extension base="辅助项编号类型">
            <xs:attribute ref="locID" use="optional" fixed="020301"/>
          </xs:extension>
        </xs:simpleContent>
      </xs:complexType>
    </xs:element>
    <xs:element name="辅助项 15 编号" minOccurs="0">
      <xs:complexType>
        <xs:simpleContent>
          <xs:extension base="辅助项编号类型">
            <xs:attribute ref="locID" use="optional" fixed="020301"/>
          </xs:extension>
        </xs:simpleContent>
      </xs:complexType>
    </xs:element>
    <xs:element name="辅助项 16 编号" minOccurs="0">
      <xs:complexType>
```

```
      <xs:simpleContent>
        <xs:extension base="辅助项编号类型">
          <xs:attribute ref="locID" use="optional" fixed="020301"/>
        </xs:extension>
      </xs:simpleContent>
    </xs:complexType>
  </xs:element>
  <xs:element name="辅助项 17 编号" minOccurs="0">
    <xs:complexType>
      <xs:simpleContent>
        <xs:extension base="辅助项编号类型">
          <xs:attribute ref="locID" use="optional" fixed="020301"/>
        </xs:extension>
      </xs:simpleContent>
    </xs:complexType>
  </xs:element>
  <xs:element name="辅助项 18 编号" minOccurs="0">
    <xs:complexType>
      <xs:simpleContent>
        <xs:extension base="辅助项编号类型">
          <xs:attribute ref="locID" use="optional" fixed="020301"/>
        </xs:extension>
      </xs:simpleContent>
    </xs:complexType>
  </xs:element>
  <xs:element name="辅助项 19 编号" minOccurs="0">
    <xs:complexType>
      <xs:simpleContent>
        <xs:extension base="辅助项编号类型">
          <xs:attribute ref="locID" use="optional" fixed="020301"/>
        </xs:extension>
      </xs:simpleContent>
    </xs:complexType>
  </xs:element>
  <xs:element name="辅助项 20 编号" minOccurs="0">
    <xs:complexType>
      <xs:simpleContent>
        <xs:extension base="辅助项编号类型">
          <xs:attribute ref="locID" use="optional" fixed="020301"/>
        </xs:extension>
      </xs:simpleContent>
    </xs:complexType>
  </xs:element>
  <xs:element name="辅助项 21 编号" minOccurs="0">
    <xs:complexType>
```

```
      <xs:simpleContent>
        <xs:extension base="辅助项编号类型">
          <xs:attribute ref="locID" use="optional" fixed="020301"/>
        </xs:extension>
      </xs:simpleContent>
    </xs:complexType>
  </xs:element>
  <xs:element name="辅助项 22 编号" minOccurs="0">
    <xs:complexType>
      <xs:simpleContent>
        <xs:extension base="辅助项编号类型">
          <xs:attribute ref="locID" use="optional" fixed="020301"/>
        </xs:extension>
      </xs:simpleContent>
    </xs:complexType>
  </xs:element>
  <xs:element name="辅助项 23 编号" minOccurs="0">
    <xs:complexType>
      <xs:simpleContent>
        <xs:extension base="辅助项编号类型">
          <xs:attribute ref="locID" use="optional" fixed="020301"/>
        </xs:extension>
      </xs:simpleContent>
    </xs:complexType>
  </xs:element>
  <xs:element name="辅助项 24 编号" minOccurs="0">
    <xs:complexType>
      <xs:simpleContent>
        <xs:extension base="辅助项编号类型">
          <xs:attribute ref="locID" use="optional" fixed="020301"/>
        </xs:extension>
      </xs:simpleContent>
    </xs:complexType>
  </xs:element>
  <xs:element name="辅助项 25 编号" minOccurs="0">
    <xs:complexType>
      <xs:simpleContent>
        <xs:extension base="辅助项编号类型">
          <xs:attribute ref="locID" use="optional" fixed="020301"/>
        </xs:extension>
      </xs:simpleContent>
    </xs:complexType>
  </xs:element>
  <xs:element name="辅助项 26 编号" minOccurs="0">
    <xs:complexType>
```

```
        〈xs:simpleContent〉
          〈xs:extension base = "辅助项编号类型"〉
            〈xs:attribute ref = "locID" use = "optional" fixed = "020301"/〉
          〈/xs:extension〉
        〈/xs:simpleContent〉
      〈/xs:complexType〉
    〈/xs:element〉
    〈xs:element name = "辅助项 27 编号" minOccurs = "0"〉
      〈xs:complexType〉
        〈xs:simpleContent〉
          〈xs:extension base = "辅助项编号类型"〉
            〈xs:attribute ref = "locID" use = "optional" fixed = "020301"/〉
          〈/xs:extension〉
        〈/xs:simpleContent〉
      〈/xs:complexType〉
    〈/xs:element〉
    〈xs:element name = "辅助项 28 编号" minOccurs = "0"〉
      〈xs:complexType〉
        〈xs:simpleContent〉
          〈xs:extension base = "辅助项编号类型"〉
            〈xs:attribute ref = "locID" use = "optional" fixed = "020301"/〉
          〈/xs:extension〉
        〈/xs:simpleContent〉
      〈/xs:complexType〉
    〈/xs:element〉
    〈xs:element name = "辅助项 29 编号" minOccurs = "0"〉
      〈xs:complexType〉
        〈xs:simpleContent〉
          〈xs:extension base = "辅助项编号类型"〉
            〈xs:attribute ref = "locID" use = "optional" fixed = "020301"/〉
          〈/xs:extension〉
        〈/xs:simpleContent〉
      〈/xs:complexType〉
    〈/xs:element〉
    〈xs:element name = "辅助项 30 编号" minOccurs = "0"〉
      〈xs:complexType〉
        〈xs:simpleContent〉
          〈xs:extension base = "辅助项编号类型"〉
            〈xs:attribute ref = "locID" use = "optional" fixed = "020301"/〉
          〈/xs:extension〉
        〈/xs:simpleContent〉
      〈/xs:complexType〉
    〈/xs:element〉
    〈xs:element name = "币种编码"〉
      〈xs:complexType〉
```

```
      <xs:simpleContent>
        <xs:extension base="币种编码类型">
          <xs:attribute ref="locID" use="optional" fixed="010501"/>
        </xs:extension>
      </xs:simpleContent>
    </xs:complexType>
  </xs:element>
  <xs:element name="计量单位" minOccurs="0">
    <xs:complexType>
      <xs:simpleContent>
        <xs:extension base="计量单位类型">
          <xs:attribute ref="locID" use="optional" fixed="020503"/>
        </xs:extension>
      </xs:simpleContent>
    </xs:complexType>
  </xs:element>
  <xs:element name="借方数量" minOccurs="0">
    <xs:complexType>
      <xs:simpleContent>
        <xs:extension base="借方数量类型">
          <xs:attribute ref="locID" use="optional" fixed="020507"/>
        </xs:extension>
      </xs:simpleContent>
    </xs:complexType>
  </xs:element>
  <xs:element name="借方原币金额">
    <xs:complexType>
      <xs:simpleContent>
        <xs:extension base="借方原币金额类型">
          <xs:attribute ref="locID" use="optional" fixed="020508"/>
        </xs:extension>
      </xs:simpleContent>
    </xs:complexType>
  </xs:element>
  <xs:element name="借方本币金额">
    <xs:complexType>
      <xs:simpleContent>
        <xs:extension base="借方本币金额类型">
          <xs:attribute ref="locID" use="optional" fixed="020509"/>
        </xs:extension>
      </xs:simpleContent>
    </xs:complexType>
  </xs:element>
  <xs:element name="贷方数量" minOccurs="0">
    <xs:complexType>
```

```
        〈xs:simpleContent〉
          〈xs:extension base="贷方数量类型"〉
            〈xs:attribute ref="locID" use="optional" fixed="020510"/〉
          〈/xs:extension〉
        〈/xs:simpleContent〉
      〈/xs:complexType〉
    〈/xs:element〉
    〈xs:element name="贷方原币金额"〉
      〈xs:complexType〉
        〈xs:simpleContent〉
          〈xs:extension base="贷方原币金额类型"〉
            〈xs:attribute ref="locID" use="optional" fixed="020511"/〉
          〈/xs:extension〉
        〈/xs:simpleContent〉
      〈/xs:complexType〉
    〈/xs:element〉
    〈xs:element name="贷方本币金额" nillable="1"〉
      〈xs:complexType〉
        〈xs:simpleContent〉
          〈xs:extension base="贷方本币金额类型"〉
            〈xs:attribute ref="locID" use="optional" fixed="020512"/〉
          〈/xs:extension〉
        〈/xs:simpleContent〉
      〈/xs:complexType〉
    〈/xs:element〉
    〈xs:element name="汇率类型编号" minOccurs="0"〉
      〈xs:complexType〉
        〈xs:simpleContent〉
          〈xs:extension base="汇率类型编号类型"〉
            〈xs:attribute ref="企业:locID" use="optional" fixed="010401"/〉
          〈/xs:extension〉
        〈/xs:simpleContent〉
      〈/xs:complexType〉
    〈/xs:element〉
    〈xs:element name="汇率" minOccurs="0"〉
      〈xs:complexType〉
        〈xs:simpleContent〉
          〈xs:extension base="汇率类型"〉
            〈xs:attribute ref="locID" use="optional" fixed="020605"/〉
          〈/xs:extension〉
        〈/xs:simpleContent〉
      〈/xs:complexType〉
    〈/xs:element〉
    〈xs:element name="单价" minOccurs="0"〉
      〈xs:complexType〉
```

```
      〈xs:simpleContent〉
        〈xs:extension base="单价类型"〉
          〈xs:attribute ref="locID" use="optional" fixed="020606"/〉
        〈/xs:extension〉
      〈/xs:simpleContent〉
    〈/xs:complexType〉
  〈/xs:element〉
  〈xs:element name="凭证头可扩展字段结构值" minOccurs="0"〉
    〈xs:complexType〉
      〈xs:simpleContent〉
        〈xs:extension base="凭证头可扩展字段结构值类型"〉
          〈xs:attribute ref="locID" use="optional" fixed="020607"/〉
        〈/xs:extension〉
      〈/xs:simpleContent〉
    〈/xs:complexType〉
  〈/xs:element〉
  〈xs:element name="分录行可扩展字段结构值" minOccurs="0"〉
    〈xs:complexType〉
      〈xs:simpleContent〉
        〈xs:extension base="分录行可扩展字段结构值类型"〉
          〈xs:attribute ref="locID" use="optional" fixed="020608"/〉
        〈/xs:extension〉
      〈/xs:simpleContent〉
    〈/xs:complexType〉
  〈/xs:element〉
  〈xs:element name="结算方式编码" minOccurs="0"〉
    〈xs:complexType〉
      〈xs:simpleContent〉
        〈xs:extension base="结算方式编码类型"〉
          〈xs:attribute ref="locID" use="optional" fixed="010601"/〉
        〈/xs:extension〉
      〈/xs:simpleContent〉
    〈/xs:complexType〉
  〈/xs:element〉
  〈xs:element name="票据类型" minOccurs="0"〉
    〈xs:complexType〉
      〈xs:simpleContent〉
        〈xs:extension base="票据类型类型"〉
          〈xs:attribute ref="locID" use="optional" fixed="020609"/〉
        〈/xs:extension〉
      〈/xs:simpleContent〉
    〈/xs:complexType〉
  〈/xs:element〉
  〈xs:element name="票据号" minOccurs="0"〉
    〈xs:complexType〉
```

```
        <xs:simpleContent>
          <xs:extension base="票据号类型">
            <xs:attribute ref="locID" use="optional" fixed="020610"/>
          </xs:extension>
        </xs:simpleContent>
      </xs:complexType>
    </xs:element>
    <xs:element name="票据日期" minOccurs="0">
      <xs:complexType>
        <xs:simpleContent>
          <xs:extension base="票据日期类型">
            <xs:attribute ref="locID" fixed="020611"/>
          </xs:extension>
        </xs:simpleContent>
      </xs:complexType>
    </xs:element>
    <xs:element name="附件数">
      <xs:complexType>
        <xs:simpleContent>
          <xs:extension base="附件数类型">
            <xs:attribute ref="locID" use="optional" fixed="020612"/>
          </xs:extension>
        </xs:simpleContent>
      </xs:complexType>
    </xs:element>
    <xs:element name="制单人">
      <xs:complexType>
        <xs:simpleContent>
          <xs:extension base="制单人类型">
            <xs:attribute ref="locID" use="optional" fixed="020613"/>
          </xs:extension>
        </xs:simpleContent>
      </xs:complexType>
    </xs:element>
    <xs:element name="审核人" minOccurs="0">
      <xs:complexType>
        <xs:simpleContent>
          <xs:extension base="审核人类型">
            <xs:attribute ref="locID" use="optional" fixed="020614"/>
          </xs:extension>
        </xs:simpleContent>
      </xs:complexType>
    </xs:element>
    <xs:element name="记账人" minOccurs="0">
      <xs:complexType>
```

```
        <xs:simpleContent>
          <xs:extension base="记账人类型">
            <xs:attribute ref="locID" use="optional" fixed="020615"/>
          </xs:extension>
        </xs:simpleContent>
      </xs:complexType>
    </xs:element>
    <xs:element name="记账标志">
      <xs:complexType>
        <xs:simpleContent>
          <xs:extension base="记账标志类型">
            <xs:attribute ref="locID" use="optional" fixed="020616"/>
          </xs:extension>
        </xs:simpleContent>
      </xs:complexType>
    </xs:element>
    <xs:element name="作废标志">
      <xs:complexType>
        <xs:simpleContent>
          <xs:extension base="作废标志类型">
            <xs:attribute ref="locID" use="optional" fixed="020617"/>
          </xs:extension>
        </xs:simpleContent>
      </xs:complexType>
    </xs:element>
    <xs:element name="凭证来源系统">
      <xs:complexType>
        <xs:simpleContent>
          <xs:extension base="凭证来源系统类型">
            <xs:attribute ref="locID" use="optional" fixed="020618"/>
          </xs:extension>
        </xs:simpleContent>
      </xs:complexType>
    </xs:element>
  </xs:sequence>
  <xs:attribute ref="locID" use="optional" fixed="T206"/>
 </xs:complexType>
</xs:element>
<xs:element name="现金流量凭证项目数据">
 <xs:complexType>
  <xs:sequence>
    <xs:element name="记账凭证类型编号">
      <xs:complexType>
        <xs:simpleContent>
          <xs:extension base="记账凭证类型编号类型">
```

```
        <xs:attribute ref="locID" use="optional" fixed="010301"/>
      </xs:extension>
    </xs:simpleContent>
  </xs:complexType>
</xs:element>
<xs:element name="记账凭证编号">
  <xs:complexType>
    <xs:simpleContent>
      <xs:extension base="记账凭证编号类型">
        <xs:attribute ref="locID" use="optional" fixed="020602"/>
      </xs:extension>
    </xs:simpleContent>
  </xs:complexType>
</xs:element>
<xs:element name="币种编码">
  <xs:complexType>
    <xs:simpleContent>
      <xs:extension base="币种编码类型">
        <xs:attribute ref="locID" use="optional" fixed="010501"/>
      </xs:extension>
    </xs:simpleContent>
  </xs:complexType>
</xs:element>
<xs:element name="现金流量行号">
  <xs:complexType>
    <xs:simpleContent>
      <xs:extension base="现金流量行号类型">
        <xs:attribute ref="locID" use="optional" fixed="020701"/>
      </xs:extension>
    </xs:simpleContent>
  </xs:complexType>
</xs:element>
<xs:element name="现金流量摘要" minOccurs="0">
  <xs:complexType>
    <xs:simpleContent>
      <xs:extension base="现金流量摘要类型">
        <xs:attribute ref="locID" use="optional" fixed="020702"/>
      </xs:extension>
    </xs:simpleContent>
  </xs:complexType>
</xs:element>
<xs:element name="现金流量项目编码">
  <xs:complexType>
    <xs:simpleContent>
      <xs:extension base="现金流量项目编码类型">
```

```
                <xs:attribute ref="locID" use="optional" fixed="020401"/>
              </xs:extension>
            </xs:simpleContent>
          </xs:complexType>
        </xs:element>
        <xs:element name="现金流量项目属性">
          <xs:complexType>
            <xs:simpleContent>
              <xs:extension base="现金流量项目属性类型">
                <xs:attribute ref="locID" use="optional" fixed="020408"/>
              </xs:extension>
            </xs:simpleContent>
          </xs:complexType>
        </xs:element>
        <xs:element name="现金流量原币金额">
          <xs:complexType>
            <xs:simpleContent>
              <xs:extension base="现金流量原币金额类型">
                <xs:attribute ref="locID" use="optional" fixed="020703"/>
              </xs:extension>
            </xs:simpleContent>
          </xs:complexType>
        </xs:element>
        <xs:element name="现金流量本币金额">
          <xs:complexType>
            <xs:simpleContent>
              <xs:extension base="现金流量本币金额类型">
                <xs:attribute ref="locID" use="optional" fixed="020704"/>
              </xs:extension>
            </xs:simpleContent>
          </xs:complexType>
        </xs:element>
      </xs:sequence>
      <xs:attribute ref="locID" use="optional" fixed="T207"/>
    </xs:complexType>
  </xs:element>
  <xs:element name="报表集">
    <xs:complexType>
      <xs:sequence>
        <xs:element name="报表编号">
          <xs:complexType>
            <xs:simpleContent>
              <xs:extension base="报表编号类型">
                <xs:attribute ref="locID" use="optional" fixed="020801"/>
              </xs:extension>
```

```
      </xs:simpleContent>
    </xs:complexType>
  </xs:element>
  <xs:element name="报表名称">
    <xs:complexType>
      <xs:simpleContent>
        <xs:extension base="报表名称类型">
          <xs:attribute ref="locID" use="optional" fixed="020802"/>
        </xs:extension>
      </xs:simpleContent>
    </xs:complexType>
  </xs:element>
  <xs:element name="报表报告日">
    <xs:complexType>
      <xs:simpleContent>
        <xs:extension base="报表报告日类型">
          <xs:attribute ref="locID" use="optional" fixed="020803"/>
        </xs:extension>
      </xs:simpleContent>
    </xs:complexType>
  </xs:element>
  <xs:element name="报表报告期">
    <xs:complexType>
      <xs:simpleContent>
        <xs:extension base="报表报告期类型">
          <xs:attribute ref="locID" use="optional" fixed="020804"/>
        </xs:extension>
      </xs:simpleContent>
    </xs:complexType>
  </xs:element>
  <xs:element name="编制单位">
    <xs:complexType>
      <xs:simpleContent>
        <xs:extension base="编制单位类型">
          <xs:attribute ref="locID" use="optional" fixed="020805"/>
        </xs:extension>
      </xs:simpleContent>
    </xs:complexType>
  </xs:element>
  <xs:element name="货币单位">
    <xs:complexType>
      <xs:simpleContent>
        <xs:extension base="货币单位类型">
          <xs:attribute ref="locID" use="optional" fixed="020806"/>
        </xs:extension>
```

```
            </xs:simpleContent>
          </xs:complexType>
        </xs:element>
      </xs:sequence>
      <xs:attribute ref="locID" use="optional" fixed="T208"/>
    </xs:complexType>
  </xs:element>
  <xs:element name="报表项数据">
    <xs:complexType>
      <xs:sequence>
        <xs:element name="报表编号">
          <xs:complexType>
            <xs:simpleContent>
              <xs:extension base="报表编号类型">
                <xs:attribute ref="locID" use="optional" fixed="020801"/>
              </xs:extension>
            </xs:simpleContent>
          </xs:complexType>
        </xs:element>
        <xs:element name="报表项编号">
          <xs:complexType>
            <xs:simpleContent>
              <xs:extension base="报表项编号类型">
                <xs:attribute ref="locID" use="optional" fixed="020901"/>
              </xs:extension>
            </xs:simpleContent>
          </xs:complexType>
        </xs:element>
        <xs:element name="报表项名称">
          <xs:complexType>
            <xs:simpleContent>
              <xs:extension base="报表项名称类型">
                <xs:attribute ref="locID" use="optional" fixed="020902"/>
              </xs:extension>
            </xs:simpleContent>
          </xs:complexType>
        </xs:element>
        <xs:element name="报表项公式">
          <xs:complexType>
            <xs:simpleContent>
              <xs:extension base="报表项公式类型">
                <xs:attribute ref="locID" use="optional" fixed="020903"/>
              </xs:extension>
            </xs:simpleContent>
          </xs:complexType>
```

```
        </xs:element>
        <xs:element name="报表项数值">
          <xs:complexType>
            <xs:simpleContent>
              <xs:extension base="报表项数值类型">
                <xs:attribute ref="locID" use="optional" fixed="020904"/>
              </xs:extension>
            </xs:simpleContent>
          </xs:complexType>
        </xs:element>
      </xs:sequence>
      <xs:attribute ref="locID" use="optional" fixed="T209"/>
    </xs:complexType>
  </xs:element>
</xs:schema>
```

A.4 应收应付类 XML 大纲(Schema)

```
<?xml version="1.0" encoding="GB18030"?>
<xs:schema xmlns:xs="http://www.w3.org/2001/XMLSchema" xmlns:企业
="http://sxbw.audit.gov.cn/AccountingSoftwareDataInterfaceStandard/2010/SOE/XMLSchema"
xmlns="http://sxbw.audit.gov.cn/AccountingSoftwareDataInterfaceStandard/2010/SOE/
XMLSchema" targetNamespace="http://sxbw.audit.gov.cn/AccountingSoftwareDataInterfaceStandard/
2010/SOE/XMLSchema" elementFormDefault="qualified" attributeFormDefault="unqualified">
  <xs:include schemaLocation="标准数据元素类型.xsd"/>
  <xs:element name="应收应付">
    <xs:complexType>
      <xs:sequence>
        <xs:element ref="单据类型" maxOccurs="unbounded"/>
        <xs:element ref="交易类型" maxOccurs="unbounded"/>
        <xs:element ref="应收明细表" maxOccurs="unbounded"/>
        <xs:element ref="应付明细表" maxOccurs="unbounded"/>
      </xs:sequence>
      <xs:attribute ref="locID" use="optional" fixed="U03"/>
    </xs:complexType>
  </xs:element>
  <xs:element name="单据类型">
    <xs:complexType>
      <xs:sequence>
        <xs:element name="单据类型编码">
          <xs:complexType>
            <xs:simpleContent>
              <xs:extension base="单据类型编码类型">
                <xs:attribute ref="locID" use="optional" fixed="030101"/>
              </xs:extension>
```

```
            </xs:simpleContent>
          </xs:complexType>
        </xs:element>
        <xs:element name="单据类型名称">
          <xs:complexType>
            <xs:simpleContent>
              <xs:extension base="单据类型名称类型">
                <xs:attribute ref="locID" use="optional" fixed="030102"/>
              </xs:extension>
            </xs:simpleContent>
          </xs:complexType>
        </xs:element>
      </xs:sequence>
      <xs:attribute ref="locID" use="optional" fixed="T301"/>
    </xs:complexType>
  </xs:element>
  <xs:element name="交易类型">
    <xs:complexType>
      <xs:sequence>
        <xs:element name="交易类型编码">
          <xs:complexType>
            <xs:simpleContent>
              <xs:extension base="交易类型编码类型">
                <xs:attribute ref="locID" use="optional" fixed="030201"/>
              </xs:extension>
            </xs:simpleContent>
          </xs:complexType>
        </xs:element>
        <xs:element name="交易类型名称">
          <xs:complexType>
            <xs:simpleContent>
              <xs:extension base="交易类型名称类型">
                <xs:attribute ref="locID" use="optional" fixed="030202"/>
              </xs:extension>
            </xs:simpleContent>
          </xs:complexType>
        </xs:element>
      </xs:sequence>
      <xs:attribute ref="locID" use="optional" fixed="T302"/>
    </xs:complexType>
  </xs:element>
  <xs:element name="应收明细表">
    <xs:complexType>
      <xs:sequence>
        <xs:element name="客户编码">
```

```
      〈xs:complexType〉
        〈xs:simpleContent〉
          〈xs:extension base="客户编码类型"〉
            〈xs:attribute ref="locID" use="optional" fixed="011001"/〉
          〈/xs:extension〉
        〈/xs:simpleContent〉
      〈/xs:complexType〉
    〈/xs:element〉
    〈xs:element name="科目编号"〉
      〈xs:complexType〉
        〈xs:simpleContent〉
          〈xs:extension base="科目编号类型"〉
            〈xs:attribute ref="locID" use="optional" fixed="020201"/〉
          〈/xs:extension〉
        〈/xs:simpleContent〉
      〈/xs:complexType〉
    〈/xs:element〉
    〈xs:element name="记账凭证日期"minOccurs="0"〉
      〈xs:complexType〉
        〈xs:simpleContent〉
          〈xs:extension base="记账凭证日期类型"〉
            〈xs:attribute ref="locID" use="optional" fixed="020601"/〉
          〈/xs:extension〉
        〈/xs:simpleContent〉
      〈/xs:complexType〉
    〈/xs:element〉
    〈xs:element name="记账日期"minOccurs="0"〉
      〈xs:complexType〉
        〈xs:simpleContent〉
          〈xs:extension base="记账日期类型"〉
            〈xs:attribute ref="locID" use="optional" fixed="030301"/〉
          〈/xs:extension〉
        〈/xs:simpleContent〉
      〈/xs:complexType〉
    〈/xs:element〉
    〈xs:element name="会计年度"〉
      〈xs:complexType〉
        〈xs:simpleContent〉
          〈xs:extension base="会计年度类型"〉
            〈xs:attribute ref="locID" use="optional" fixed="010110"/〉
          〈/xs:extension〉
        〈/xs:simpleContent〉
      〈/xs:complexType〉
    〈/xs:element〉
    〈xs:element name="会计期间号"〉
```

```
  <xs:complexType>
    <xs:simpleContent>
      <xs:extension base="会计期间号类型">
        <xs:attribute ref="locID" use="optional" fixed="010201"/>
      </xs:extension>
    </xs:simpleContent>
  </xs:complexType>
</xs:element>
<xs:element name="记账凭证类型编号"minOccurs="0">
  <xs:complexType>
    <xs:simpleContent>
      <xs:extension base="记账凭证类型编号类型">
        <xs:attribute ref="locID" use="optional" fixed="010301"/>
      </xs:extension>
    </xs:simpleContent>
  </xs:complexType>
</xs:element>
<xs:element name="记账凭证编号"minOccurs="0">
  <xs:complexType>
    <xs:simpleContent>
      <xs:extension base="记账凭证编号类型">
        <xs:attribute ref="locID" use="optional" fixed="020602"/>
      </xs:extension>
    </xs:simpleContent>
  </xs:complexType>
</xs:element>
<xs:element name="本位币">
  <xs:complexType>
    <xs:simpleContent>
      <xs:extension base="本位币类型">
        <xs:attribute ref="locID" use="optional" fixed="010109"/>
      </xs:extension>
    </xs:simpleContent>
  </xs:complexType>
</xs:element>
<xs:element name="汇率"minOccurs="0">
  <xs:complexType>
    <xs:simpleContent>
      <xs:extension base="汇率类型">
        <xs:attribute ref="locID" use="optional" fixed="020605"/>
      </xs:extension>
    </xs:simpleContent>
  </xs:complexType>
</xs:element>
<xs:element name="余额方向">
```

```
        <xs:complexType>
          <xs:simpleContent>
            <xs:extension base="余额方向类型">
              <xs:attribute ref="locID" use="optional" fixed="020205"/>
            </xs:extension>
          </xs:simpleContent>
        </xs:complexType>
      </xs:element>
      <xs:element name="本币余额"minOccurs="0">
        <xs:complexType>
          <xs:simpleContent>
            <xs:extension base="本币余额类型">
              <xs:attribute ref="locID" use="optional" fixed="030302"/>
            </xs:extension>
          </xs:simpleContent>
        </xs:complexType>
      </xs:element>
      <xs:element name="原币余额"minOccurs="0">
        <xs:complexType>
          <xs:simpleContent>
            <xs:extension base="原币余额类型">
              <xs:attribute ref="locID" use="optional" fixed="030303"/>
            </xs:extension>
          </xs:simpleContent>
        </xs:complexType>
      </xs:element>
      <xs:element name="本币发生金额">
        <xs:complexType>
          <xs:simpleContent>
            <xs:extension base="本币发生金额类型">
              <xs:attribute ref="locID" use="optional" fixed="030304"/>
            </xs:extension>
          </xs:simpleContent>
        </xs:complexType>
      </xs:element>
      <xs:element name="原币币种">
        <xs:complexType>
          <xs:simpleContent>
            <xs:extension base="原币币种类型">
              <xs:attribute ref="locID" use="optional" fixed="030305"/>
            </xs:extension>
          </xs:simpleContent>
        </xs:complexType>
      </xs:element>
      <xs:element name="原币发生金额">
```

```
<xs:complexType>
  <xs:simpleContent>
    <xs:extension base="原币发生金额类型">
      <xs:attribute ref="locID" use="optional" fixed="030306"/>
    </xs:extension>
  </xs:simpleContent>
</xs:complexType>
</xs:element>
<xs:element name="摘要" minOccurs="0">
  <xs:complexType>
    <xs:simpleContent>
      <xs:extension base="摘要类型">
        <xs:attribute ref="locID" use="optional" fixed="030307"/>
      </xs:extension>
    </xs:simpleContent>
  </xs:complexType>
</xs:element>
<xs:element name="到期日" minOccurs="0">
  <xs:complexType>
    <xs:simpleContent>
      <xs:extension base="到期日类型">
        <xs:attribute ref="locID" use="optional" fixed="030308"/>
      </xs:extension>
    </xs:simpleContent>
  </xs:complexType>
</xs:element>
<xs:element name="核销凭证编号" minOccurs="0">
  <xs:complexType>
    <xs:simpleContent>
      <xs:extension base="核销凭证编号类型">
        <xs:attribute ref="locID" use="optional" fixed="030309"/>
      </xs:extension>
    </xs:simpleContent>
  </xs:complexType>
</xs:element>
<xs:element name="核销日期" minOccurs="0">
  <xs:complexType>
    <xs:simpleContent>
      <xs:extension base="核销日期类型">
        <xs:attribute ref="locID" use="optional" fixed="030310"/>
      </xs:extension>
    </xs:simpleContent>
  </xs:complexType>
</xs:element>
<xs:element name="单据类型编码" minOccurs="0">
```

```
  <xs:complexType>
    <xs:simpleContent>
      <xs:extension base="单据类型编码类型">
        <xs:attribute ref="locID" use="optional" fixed="030101"/>
      </xs:extension>
    </xs:simpleContent>
  </xs:complexType>
</xs:element>
<xs:element name="交易类型编码"minOccurs="0">
  <xs:complexType>
    <xs:simpleContent>
      <xs:extension base="交易类型编码类型">
        <xs:attribute ref="locID" use="optional" fixed="030201"/>
      </xs:extension>
    </xs:simpleContent>
  </xs:complexType>
</xs:element>
<xs:element name="单据编号" minOccurs="0">
  <xs:complexType>
    <xs:simpleContent>
      <xs:extension base="单据编号类型">
        <xs:attribute ref="locID" use="optional" fixed="030311"/>
      </xs:extension>
    </xs:simpleContent>
  </xs:complexType>
</xs:element>
<xs:element name="发票号" minOccurs="0">
  <xs:complexType>
    <xs:simpleContent>
      <xs:extension base="发票号类型">
        <xs:attribute ref="locID" use="optional" fixed="030312"/>
      </xs:extension>
    </xs:simpleContent>
  </xs:complexType>
</xs:element>
<xs:element name="合同号" minOccurs="0">
  <xs:complexType>
    <xs:simpleContent>
      <xs:extension base="合同号类型">
        <xs:attribute ref="locID" use="optional" fixed="030313"/>
      </xs:extension>
    </xs:simpleContent>
  </xs:complexType>
</xs:element>
<xs:element name="项目编码" minOccurs="0">
```

```
        <xs:complexType>
          <xs:simpleContent>
            <xs:extension base="项目编码类型">
              <xs:attribute ref="locID" use="optional" fixed="030314"/>
            </xs:extension>
          </xs:simpleContent>
        </xs:complexType>
      </xs:element>
      <xs:element name="结算方式编码" minOccurs="0">
        <xs:complexType>
          <xs:simpleContent>
            <xs:extension base="结算方式编码类型">
              <xs:attribute ref="locID" use="optional" fixed="010601"/>
            </xs:extension>
          </xs:simpleContent>
        </xs:complexType>
      </xs:element>
      <xs:element name="付款日期" minOccurs="0">
        <xs:complexType>
          <xs:simpleContent>
            <xs:extension base="付款日期类型">
              <xs:attribute ref="locID" use="optional" fixed="030315"/>
            </xs:extension>
          </xs:simpleContent>
        </xs:complexType>
      </xs:element>
      <xs:element name="核销标志">
        <xs:complexType>
          <xs:simpleContent>
            <xs:extension base="核销标志类型">
              <xs:attribute ref="locID" use="optional" fixed="030316"/>
            </xs:extension>
          </xs:simpleContent>
        </xs:complexType>
      </xs:element>
      <xs:element name="汇票编号" minOccurs="0">
        <xs:complexType>
          <xs:simpleContent>
            <xs:extension base="汇票编号类型">
              <xs:attribute ref="locID" use="optional" fixed="030317"/>
            </xs:extension>
          </xs:simpleContent>
        </xs:complexType>
      </xs:element>
    </xs:sequence>
```

```
        <xs:attribute ref="locID" use="optional" fixed="T303"/>
      </xs:complexType>
    </xs:element>
    <xs:element name="应付明细表">
      <xs:complexType>
        <xs:sequence>
          <xs:element name="供应商编码">
            <xs:complexType>
              <xs:simpleContent>
                <xs:extension base="供应商编码类型">
                  <xs:attribute ref="locID" use="optional" fixed="010901"/>
                </xs:extension>
              </xs:simpleContent>
            </xs:complexType>
          </xs:element>
          <xs:element name="科目编号">
            <xs:complexType>
              <xs:simpleContent>
                <xs:extension base="科目编号类型">
                  <xs:attribute ref="locID" use="optional" fixed="020201"/>
                </xs:extension>
              </xs:simpleContent>
            </xs:complexType>
          </xs:element>
          <xs:element name="记账凭证日期"minOccurs="0">
            <xs:complexType>
              <xs:simpleContent>
                <xs:extension base="记账凭证日期类型">
                  <xs:attribute ref="locID" use="optional" fixed="020601"/>
                </xs:extension>
              </xs:simpleContent>
            </xs:complexType>
          </xs:element>
          <xs:element name="记账日期"minOccurs="0">
            <xs:complexType>
              <xs:simpleContent>
                <xs:extension base="记账日期类型">
                  <xs:attribute ref="locID" use="optional" fixed="030301"/>
                </xs:extension>
              </xs:simpleContent>
            </xs:complexType>
          </xs:element>
          <xs:element name="会计年度">
            <xs:complexType>
              <xs:simpleContent>
```

```
        <xs:extension base="会计年度类型">
          <xs:attribute ref="locID" use="optional" fixed="010110"/>
        </xs:extension>
      </xs:simpleContent>
    </xs:complexType>
  </xs:element>
  <xs:element name="会计期间号">
    <xs:complexType>
      <xs:simpleContent>
        <xs:extension base="会计期间号类型">
          <xs:attribute ref="locID" use="optional" fixed="010201"/>
        </xs:extension>
      </xs:simpleContent>
    </xs:complexType>
  </xs:element>
  <xs:element name="记账凭证类型编号"minOccurs="0">
    <xs:complexType>
      <xs:simpleContent>
        <xs:extension base="记账凭证类型编号类型">
          <xs:attribute ref="locID" use="optional" fixed="010301"/>
        </xs:extension>
      </xs:simpleContent>
    </xs:complexType>
  </xs:element>
  <xs:element name="记账凭证编号"minOccurs="0">
    <xs:complexType>
      <xs:simpleContent>
        <xs:extension base="记账凭证编号类型">
          <xs:attribute ref="locID" use="optional" fixed="020602"/>
        </xs:extension>
      </xs:simpleContent>
    </xs:complexType>
  </xs:element>
  <xs:element name="本位币">
    <xs:complexType>
      <xs:simpleContent>
        <xs:extension base="本位币类型">
          <xs:attribute ref="locID" use="optional" fixed="010109"/>
        </xs:extension>
      </xs:simpleContent>
    </xs:complexType>
  </xs:element>
  <xs:element name="汇率"minOccurs="0">
    <xs:complexType>
      <xs:simpleContent>
```

```
        〈xs:extension base = "汇率类型"〉
          〈xs:attribute ref = "locID" use = "optional" fixed = "020605"/〉
        〈/xs:extension〉
      〈/xs:simpleContent〉
    〈/xs:complexType〉
  〈/xs:element〉
  〈xs:element name = "余额方向"〉
    〈xs:complexType〉
      〈xs:simpleContent〉
        〈xs:extension base = "余额方向类型"〉
          〈xs:attribute ref = "locID" use = "optional" fixed = "020205"/〉
        〈/xs:extension〉
      〈/xs:simpleContent〉
    〈/xs:complexType〉
  〈/xs:element〉
  〈xs:element name = "本币余额"minOccurs = "0"〉
    〈xs:complexType〉
      〈xs:simpleContent〉
        〈xs:extension base = "本币余额类型"〉
          〈xs:attribute ref = "locID" use = "optional" fixed = "030302"/〉
        〈/xs:extension〉
      〈/xs:simpleContent〉
    〈/xs:complexType〉
  〈/xs:element〉
  〈xs:element name = "原币余额""minOccurs = "0"〉
    〈xs:complexType〉
      〈xs:simpleContent〉
        〈xs:extension base = "原币余额类型"〉
          〈xs:attribute ref = "locID" use = "optional" fixed = "030303"/〉
        〈/xs:extension〉
      〈/xs:simpleContent〉
    〈/xs:complexType〉
  〈/xs:element〉
  〈xs:element name = "本币发生金额"〉
    〈xs:complexType〉
      〈xs:simpleContent〉
        〈xs:extension base = "本币发生金额类型"〉
          〈xs:attribute ref = "locID" use = "optional" fixed = "030304"/〉
        〈/xs:extension〉
      〈/xs:simpleContent〉
    〈/xs:complexType〉
  〈/xs:element〉
  〈xs:element name = "原币币种"〉
    〈xs:complexType〉
      〈xs:simpleContent〉
```

```
      <xs:extension base="原币币种类型">
        <xs:attribute ref="locID" use="optional" fixed="030305"/>
      </xs:extension>
    </xs:simpleContent>
  </xs:complexType>
</xs:element>
<xs:element name="原币发生金额">
  <xs:complexType>
    <xs:simpleContent>
      <xs:extension base="原币发生金额类型">
        <xs:attribute ref="locID" use="optional" fixed="030306"/>
      </xs:extension>
    </xs:simpleContent>
  </xs:complexType>
</xs:element>
<xs:element name="摘要" minOccurs="0">
  <xs:complexType>
    <xs:simpleContent>
      <xs:extension base="摘要类型">
        <xs:attribute ref="locID" use="optional" fixed="030307"/>
      </xs:extension>
    </xs:simpleContent>
  </xs:complexType>
</xs:element>
<xs:element name="到期日" minOccurs="0">
  <xs:complexType>
    <xs:simpleContent>
      <xs:extension base="到期日类型">
        <xs:attribute ref="locID" use="optional" fixed="030308"/>
      </xs:extension>
    </xs:simpleContent>
  </xs:complexType>
</xs:element>
<xs:element name="核销凭证编号" minOccurs="0">
  <xs:complexType>
    <xs:simpleContent>
      <xs:extension base="核销凭证编号类型">
        <xs:attribute ref="locID" use="optional" fixed="030309"/>
      </xs:extension>
    </xs:simpleContent>
  </xs:complexType>
</xs:element>
<xs:element name="核销日期" minOccurs="0">
  <xs:complexType>
    <xs:simpleContent>
```

```
        〈xs:extension base = "核销日期类型"〉
          〈xs:attribute ref = "locID" use = "optional" fixed = "030310"/〉
        〈/xs:extension〉
      〈/xs:simpleContent〉
    〈/xs:complexType〉
  〈/xs:element〉
  〈xs:element name = "单据类型编码" minOccurs = "0"〉
    〈xs:complexType〉
      〈xs:simpleContent〉
        〈xs:extension base = "单据类型编码类型"〉
          〈xs:attribute ref = "locID" use = "optional" fixed = "030101"/〉
        〈/xs:extension〉
      〈/xs:simpleContent〉
    〈/xs:complexType〉
  〈/xs:element〉
  〈xs:element name = "交易类型编码"minOccurs = "0" 〉
    〈xs:complexType〉
      〈xs:simpleContent〉
        〈xs:extension base = "交易类型编码类型"〉
          〈xs:attribute ref = "locID" use = "optional" fixed = "030201"/〉
        〈/xs:extension〉
      〈/xs:simpleContent〉
    〈/xs:complexType〉
  〈/xs:element〉
  〈xs:element name = "单据编号" minOccurs = "0"〉
    〈xs:complexType〉
      〈xs:simpleContent〉
        〈xs:extension base = "单据编号类型"〉
          〈xs:attribute ref = "locID" use = "optional" fixed = "030311"/〉
        〈/xs:extension〉
      〈/xs:simpleContent〉
    〈/xs:complexType〉
  〈/xs:element〉
  〈xs:element name = "发票号" minOccurs = "0"〉
    〈xs:complexType〉
      〈xs:simpleContent〉
        〈xs:extension base = "发票号类型"〉
          〈xs:attribute ref = "locID" use = "optional" fixed = "030312"/〉
        〈/xs:extension〉
      〈/xs:simpleContent〉
    〈/xs:complexType〉
  〈/xs:element〉
  〈xs:element name = "合同号" minOccurs = "0"〉
    〈xs:complexType〉
      〈xs:simpleContent〉
```

```
          〈xs:extension base = "合同号类型"〉
            〈xs:attribute ref = "locID" use = "optional" fixed = "030313"/〉
          〈/xs:extension〉
        〈/xs:simpleContent〉
      〈/xs:complexType〉
    〈/xs:element〉
    〈xs:element name = "项目编码" minOccurs = "0"〉
      〈xs:complexType〉
        〈xs:simpleContent〉
          〈xs:extension base = "项目编码类型"〉
            〈xs:attribute ref = "locID" use = "optional" fixed = "030314"/〉
          〈/xs:extension〉
        〈/xs:simpleContent〉
      〈/xs:complexType〉
    〈/xs:element〉
    〈xs:element name = "结算方式编码" minOccurs = "0"〉
      〈xs:complexType〉
        〈xs:simpleContent〉
          〈xs:extension base = "结算方式编码类型"〉
            〈xs:attribute ref = "locID" use = "optional" fixed = "010601"/〉
          〈/xs:extension〉
        〈/xs:simpleContent〉
      〈/xs:complexType〉
    〈/xs:element〉
    〈xs:element name = "付款日期" minOccurs = "0"〉
      〈xs:complexType〉
        〈xs:simpleContent〉
          〈xs:extension base = "付款日期类型"〉
            〈xs:attribute ref = "locID" use = "optional" fixed = "030315"/〉
          〈/xs:extension〉
        〈/xs:simpleContent〉
      〈/xs:complexType〉
    〈/xs:element〉
    〈xs:element name = "核销标志"〉
      〈xs:complexType〉
        〈xs:simpleContent〉
          〈xs:extension base = "核销标志类型"〉
            〈xs:attribute ref = "locID" use = "optional" fixed = "030316"/〉
          〈/xs:extension〉
        〈/xs:simpleContent〉
      〈/xs:complexType〉
    〈/xs:element〉
    〈xs:element name = "汇票编号" minOccurs = "0"〉
      〈xs:complexType〉
        〈xs:simpleContent〉
```

```
            <xs:extension base="汇票编号类型">
              <xs:attribute ref="locID" use="optional" fixed="030317"/>
            </xs:extension>
          </xs:simpleContent>
        </xs:complexType>
      </xs:element>
    </xs:sequence>
    <xs:attribute ref="locID" use="optional" fixed="T304"/>
  </xs:complexType>
</xs:element>
</xs:schema>
```

A.5 固定资产类 XML 大纲(Schema)

```
<?xml version="1.0" encoding="GB18030"?>
<xs:schema xmlns:xs="http://www.w3.org/2001/XMLSchema" xmlns:企业
="http://sxbw.audit.gov.cn/AccountingSoftwareDataInterfaceStandard/2010/SOE/XMLSchema"
xmlns="http://sxbw.audit.gov.cn/AccountingSoftwareDataInterfaceStandard/2010/SOE/
XMLSchema" targetNamespace="http://sxbw.audit.gov.cn/AccountingSoftwareDataInterfaceStandard/
2010/SOE/XMLSchema" elementFormDefault="qualified" attributeFormDefault="unqualified">
  <xs:include schemaLocation="标准数据元素类型.xsd"/>
  <xs:element name="固定资产">
    <xs:complexType>
      <xs:sequence>
        <xs:element ref="固定资产基础信息"/>
        <xs:element ref="固定资产类别设置" maxOccurs="unbounded"/>
        <xs:element ref="固定资产变动方式" maxOccurs="unbounded"/>
        <xs:element ref="固定资产折旧方法" maxOccurs="unbounded"/>
        <xs:element ref="固定资产使用状况" maxOccurs="unbounded"/>
        <xs:element ref="固定资产卡片" maxOccurs="unbounded"/>
        <xs:element ref="固定资产卡片实物信息" maxOccurs="unbounded"/>
        <xs:element ref="固定资产卡片使用信息" maxOccurs="unbounded"/>
        <xs:element ref="固定资产减少情况" maxOccurs="unbounded"/>
        <xs:element ref="固定资产减少实物信息" maxOccurs="unbounded"/>
        <xs:element ref="固定资产变动情况" maxOccurs="unbounded"/>
      </xs:sequence>
      <xs:attribute ref="locID" use="optional" fixed="U04"/>
    </xs:complexType>
  </xs:element>
  <xs:element name="固定资产基础信息">
    <xs:complexType>
      <xs:sequence>
        <xs:element name="固定资产对账科目" maxOccurs="unbounded">
          <xs:complexType>
            <xs:simpleContent>
```

```
            <xs:extension base="固定资产对账科目类型">
              <xs:attribute ref="locID" use="optional" fixed="040101"/>
            </xs:extension>
          </xs:simpleContent>
        </xs:complexType>
      </xs:element>
      <xs:element name="减值准备对账科目" maxOccurs="unbounded">
        <xs:complexType>
          <xs:simpleContent>
            <xs:extension base="减值准备对账科目类型">
              <xs:attribute ref="locID" use="optional" fixed="040102"/>
            </xs:extension>
          </xs:simpleContent>
        </xs:complexType>
      </xs:element>
      <xs:element name="累计折旧对账科目" maxOccurs="unbounded">
        <xs:complexType>
          <xs:simpleContent>
            <xs:extension base="累计折旧对账科目类型">
              <xs:attribute ref="locID" use="optional" fixed="040103"/>
            </xs:extension>
          </xs:simpleContent>
        </xs:complexType>
      </xs:element>
    </xs:sequence>
    <xs:attribute ref="locID" use="optional" fixed="T401"/>
  </xs:complexType>
</xs:element>
<xs:element name="固定资产类别设置">
  <xs:complexType>
    <xs:sequence>
      <xs:element name="固定资产类别编码规则">
        <xs:complexType>
          <xs:simpleContent>
            <xs:extension base="固定资产类别编码规则类型">
              <xs:attribute ref="locID" use="optional" fixed="040201"/>
            </xs:extension>
          </xs:simpleContent>
        </xs:complexType>
      </xs:element>
      <xs:element name="固定资产类别编码">
        <xs:complexType>
          <xs:simpleContent>
            <xs:extension base="固定资产类别编码类型">
              <xs:attribute ref="locID" use="optional" fixed="040202"/>
```

```
        </xs:extension>
      </xs:simpleContent>
    </xs:complexType>
  </xs:element>
  <xs:element name="固定资产类别名称">
    <xs:complexType>
      <xs:simpleContent>
        <xs:extension base="固定资产类别名称类型">
          <xs:attribute ref="locID" use="optional" fixed="040203"/>
        </xs:extension>
      </xs:simpleContent>
    </xs:complexType>
  </xs:element>
</xs:sequence>
<xs:attribute ref="locID" use="optional" fixed="T402"/>
</xs:complexType>
</xs:element>
<xs:element name="固定资产变动方式">
  <xs:complexType>
    <xs:sequence>
      <xs:element name="变动方式编码">
        <xs:complexType>
          <xs:simpleContent>
            <xs:extension base="变动方式编码类型">
              <xs:attribute ref="locID" use="optional" fixed="040301"/>
            </xs:extension>
          </xs:simpleContent>
        </xs:complexType>
      </xs:element>
      <xs:element name="变动方式名称">
        <xs:complexType>
          <xs:simpleContent>
            <xs:extension base="变动方式名称类型">
              <xs:attribute ref="locID" use="optional" fixed="040302"/>
            </xs:extension>
          </xs:simpleContent>
        </xs:complexType>
      </xs:element>
    </xs:sequence>
    <xs:attribute ref="locID" use="optional" fixed="T403"/>
  </xs:complexType>
</xs:element>
<xs:element name="固定资产折旧方法">
  <xs:complexType>
    <xs:sequence>
```

```
        〈xs:element name = "折旧方法编码"〉
          〈xs:complexType〉
            〈xs:simpleContent〉
              〈xs:extension base = "折旧方法编码类型"〉
                〈xs:attribute ref = "locID" use = "optional" fixed = "040401"/〉
              〈/xs:extension〉
            〈/xs:simpleContent〉
          〈/xs:complexType〉
        〈/xs:element〉
        〈xs:element name = "折旧方法名称"〉
          〈xs:complexType〉
            〈xs:simpleContent〉
              〈xs:extension base = "折旧方法名称类型"〉
                〈xs:attribute ref = "locID" use = "optional" fixed = "040402"/〉
              〈/xs:extension〉
            〈/xs:simpleContent〉
          〈/xs:complexType〉
        〈/xs:element〉
        〈xs:element name = "折旧公式"〉
          〈xs:complexType〉
            〈xs:simpleContent〉
              〈xs:extension base = "折旧公式类型"〉
                〈xs:attribute ref = "locID" use = "optional" fixed = "040403"/〉
              〈/xs:extension〉
            〈/xs:simpleContent〉
          〈/xs:complexType〉
        〈/xs:element〉
      〈/xs:sequence〉
      〈xs:attribute ref = "locID" use = "optional" fixed = "T404"/〉
    〈/xs:complexType〉
  〈/xs:element〉
  〈xs:element name = "固定资产使用状况"〉
    〈xs:complexType〉
      〈xs:sequence〉
        〈xs:element name = "使用状况编码"〉
          〈xs:complexType〉
            〈xs:simpleContent〉
              〈xs:extension base = "使用状况编码类型"〉
                〈xs:attribute ref = "locID" use = "optional" fixed = "040501"/〉
              〈/xs:extension〉
            〈/xs:simpleContent〉
          〈/xs:complexType〉
        〈/xs:element〉
        〈xs:element name = "使用状况名称"〉
          〈xs:complexType〉
```

```
        〈xs:simpleContent〉
          〈xs:extension base="使用状况名称类型"〉
            〈xs:attribute ref="locID" use="optional" fixed="040502"/〉
          〈/xs:extension〉
        〈/xs:simpleContent〉
      〈/xs:complexType〉
    〈/xs:element〉
  〈/xs:sequence〉
  〈xs:attribute ref="locID" use="optional" fixed="T405"/〉
〈/xs:complexType〉
〈/xs:element〉
〈xs:element name="固定资产卡片"〉
  〈xs:complexType〉
    〈xs:sequence〉
      〈xs:element name="固定资产卡片编号"〉
        〈xs:complexType〉
          〈xs:simpleContent〉
            〈xs:extension base="固定资产卡片编号类型"〉
              〈xs:attribute ref="locID" use="optional" fixed="040601"/〉
            〈/xs:extension〉
          〈/xs:simpleContent〉
        〈/xs:complexType〉
      〈/xs:element〉
      〈xs:element name="固定资产类别编码"〉
        〈xs:complexType〉
          〈xs:simpleContent〉
            〈xs:extension base="固定资产类别编码类型"〉
              〈xs:attribute ref="locID" use="optional" fixed="040202"/〉
            〈/xs:extension〉
          〈/xs:simpleContent〉
        〈/xs:complexType〉
      〈/xs:element〉
      〈xs:element name="固定资产编码"〉
        〈xs:complexType〉
          〈xs:simpleContent〉
            〈xs:extension base="固定资产编码类型"〉
              〈xs:attribute ref="locID" use="optional" fixed="040602"/〉
            〈/xs:extension〉
          〈/xs:simpleContent〉
        〈/xs:complexType〉
      〈/xs:element〉
      〈xs:element name="固定资产名称"〉
        〈xs:complexType〉
          〈xs:simpleContent〉
            〈xs:extension base="固定资产名称类型"〉
```

```
        <xs:attribute ref="locID" use="optional" fixed="040603"/>
      </xs:extension>
    </xs:simpleContent>
  </xs:complexType>
</xs:element>
<xs:element name="固定资产入账日期">
  <xs:complexType>
    <xs:simpleContent>
      <xs:extension base="固定资产入账日期类型">
        <xs:attribute ref="locID" use="optional" fixed="040604"/>
      </xs:extension>
    </xs:simpleContent>
  </xs:complexType>
</xs:element>
<xs:element name="会计期间号">
  <xs:complexType>
    <xs:simpleContent>
      <xs:extension base="会计期间号类型">
        <xs:attribute ref="locID" use="optional" fixed="010201"/>
      </xs:extension>
    </xs:simpleContent>
  </xs:complexType>
</xs:element>
<xs:element name="固定资产计量单位">
  <xs:complexType>
    <xs:simpleContent>
      <xs:extension base="固定资产计量单位类型">
        <xs:attribute ref="locID" use="optional" fixed="040605"/>
      </xs:extension>
    </xs:simpleContent>
  </xs:complexType>
</xs:element>
<xs:element name="固定资产数量">
  <xs:complexType>
    <xs:simpleContent>
      <xs:extension base="固定资产数量类型">
        <xs:attribute ref="locID" use="optional" fixed="040606"/>
      </xs:extension>
    </xs:simpleContent>
  </xs:complexType>
</xs:element>
<xs:element name="变动方式编码">
  <xs:complexType>
    <xs:simpleContent>
      <xs:extension base="变动方式编码类型">
```

```
        <xs:attribute ref="locID" use="optional" fixed="040301"/>
      </xs:extension>
    </xs:simpleContent>
  </xs:complexType>
</xs:element>
<xs:element name="折旧方法编码">
  <xs:complexType>
    <xs:simpleContent>
      <xs:extension base="折旧方法编码类型">
        <xs:attribute ref="locID" use="optional" fixed="040401"/>
      </xs:extension>
    </xs:simpleContent>
  </xs:complexType>
</xs:element>
<xs:element name="使用状况编码">
  <xs:complexType>
    <xs:simpleContent>
      <xs:extension base="使用状况编码类型">
        <xs:attribute ref="locID" use="optional" fixed="040501"/>
      </xs:extension>
    </xs:simpleContent>
  </xs:complexType>
</xs:element>
<xs:element name="预计使用月份">
  <xs:complexType>
    <xs:simpleContent>
      <xs:extension base="预计使用月份类型">
        <xs:attribute ref="locID" use="optional" fixed="040607"/>
      </xs:extension>
    </xs:simpleContent>
  </xs:complexType>
</xs:element>
<xs:element name="已计提月份">
  <xs:complexType>
    <xs:simpleContent>
      <xs:extension base="已计提月份类型">
        <xs:attribute ref="locID" use="optional" fixed="040608"/>
      </xs:extension>
    </xs:simpleContent>
  </xs:complexType>
</xs:element>
<xs:element name="本位币">
  <xs:complexType>
    <xs:simpleContent>
      <xs:extension base="本位币类型">
```

```
        <xs:attribute ref="locID" use="optional" fixed="010109"/>
      </xs:extension>
    </xs:simpleContent>
  </xs:complexType>
</xs:element>
<xs:element name="固定资产原值">
  <xs:complexType>
    <xs:simpleContent>
      <xs:extension base="固定资产原值类型">
        <xs:attribute ref="locID" use="optional" fixed="040609"/>
      </xs:extension>
    </xs:simpleContent>
  </xs:complexType>
</xs:element>
<xs:element name="固定资产累计折旧">
  <xs:complexType>
    <xs:simpleContent>
      <xs:extension base="固定资产累计折旧类型">
        <xs:attribute ref="locID" use="optional" fixed="040610"/>
      </xs:extension>
    </xs:simpleContent>
  </xs:complexType>
</xs:element>
<xs:element name="固定资产净值">
  <xs:complexType>
    <xs:simpleContent>
      <xs:extension base="固定资产净值类型">
        <xs:attribute ref="locID" use="optional" fixed="040611"/>
      </xs:extension>
    </xs:simpleContent>
  </xs:complexType>
</xs:element>
<xs:element name="固定资产累计减值准备">
  <xs:complexType>
    <xs:simpleContent>
      <xs:extension base="固定资产累计减值准备类型">
        <xs:attribute ref="locID" use="optional" fixed="040612"/>
      </xs:extension>
    </xs:simpleContent>
  </xs:complexType>
</xs:element>
<xs:element name="固定资产净残值率">
  <xs:complexType>
    <xs:simpleContent>
      <xs:extension base="固定资产净残值率类型">
```

```
        <xs:attribute ref="locID" use="optional" fixed="040613"/>
      </xs:extension>
    </xs:simpleContent>
  </xs:complexType>
</xs:element>
<xs:element name="固定资产净残值">
  <xs:complexType>
    <xs:simpleContent>
      <xs:extension base="固定资产净残值类型">
        <xs:attribute ref="locID" use="optional" fixed="040614"/>
      </xs:extension>
    </xs:simpleContent>
  </xs:complexType>
</xs:element>
<xs:element name="固定资产月折旧率">
  <xs:complexType>
    <xs:simpleContent>
      <xs:extension base="固定资产月折旧率类型">
        <xs:attribute ref="locID" use="optional" fixed="040615"/>
      </xs:extension>
    </xs:simpleContent>
  </xs:complexType>
</xs:element>
<xs:element name="固定资产月折旧额">
  <xs:complexType>
    <xs:simpleContent>
      <xs:extension base="固定资产月折旧额类型">
        <xs:attribute ref="locID" use="optional" fixed="040616"/>
      </xs:extension>
    </xs:simpleContent>
  </xs:complexType>
</xs:element>
<xs:element name="固定资产工作量单位" minOccurs="0">
  <xs:complexType>
    <xs:simpleContent>
      <xs:extension base="固定资产工作量单位类型">
        <xs:attribute ref="locID" use="optional" fixed="040617"/>
      </xs:extension>
    </xs:simpleContent>
  </xs:complexType>
</xs:element>
<xs:element name="固定资产工作总量" minOccurs="0">
  <xs:complexType>
    <xs:simpleContent>
      <xs:extension base="固定资产工作总量类型">
```

```
              <xs:attribute ref="locID" use="optional" fixed="040618"/>
            </xs:extension>
          </xs:simpleContent>
        </xs:complexType>
      </xs:element>
      <xs:element name="累计工作总量" minOccurs="0">
        <xs:complexType>
          <xs:simpleContent>
            <xs:extension base="累计工作总量类型">
              <xs:attribute ref="locID" use="optional" fixed="040619"/>
            </xs:extension>
          </xs:simpleContent>
        </xs:complexType>
      </xs:element>
      <xs:element name="固定资产对账科目" minOccurs="0">
        <xs:complexType>
          <xs:simpleContent>
            <xs:extension base="固定资产对账科目类型">
              <xs:attribute ref="locID" use="optional" fixed="040101"/>
            </xs:extension>
          </xs:simpleContent>
        </xs:complexType>
      </xs:element>
      <xs:element name="减值准备对账科目" minOccurs="0">
        <xs:complexType>
          <xs:simpleContent>
            <xs:extension base="减值准备对账科目类型">
              <xs:attribute ref="locID" use="optional" fixed="040102"/>
            </xs:extension>
          </xs:simpleContent>
        </xs:complexType>
      </xs:element>
      <xs:element name="累计折旧对账科目" minOccurs="0">
        <xs:complexType>
          <xs:simpleContent>
            <xs:extension base="累计折旧对账科目类型">
              <xs:attribute ref="locID" use="optional" fixed="040103"/>
            </xs:extension>
          </xs:simpleContent>
        </xs:complexType>
      </xs:element>
    </xs:sequence>
    <xs:attribute ref="locID" use="optional" fixed="T406"/>
  </xs:complexType>
</xs:element>
```

```
〈xs:element name="固定资产卡片实物信息"〉
  〈xs:complexType〉
    〈xs:sequence〉
      〈xs:element name="固定资产卡片编号"〉
        〈xs:complexType〉
          〈xs:simpleContent〉
            〈xs:extension base="固定资产卡片编号类型"〉
              〈xs:attribute ref="locID" use="optional" fixed="040601"/〉
            〈/xs:extension〉
          〈/xs:simpleContent〉
        〈/xs:complexType〉
      〈/xs:element〉
      〈xs:element name="会计期间号"〉
        〈xs:complexType〉
          〈xs:simpleContent〉
            〈xs:extension base="会计期间号类型"〉
              〈xs:attribute ref="locID" use="optional" fixed="010201"/〉
            〈/xs:extension〉
          〈/xs:simpleContent〉
        〈/xs:complexType〉
      〈/xs:element〉
      〈xs:element name="固定资产标签号"〉
        〈xs:complexType〉
          〈xs:simpleContent〉
            〈xs:extension base="固定资产标签号类型"〉
              〈xs:attribute ref="locID" use="optional" fixed="040701"/〉
            〈/xs:extension〉
          〈/xs:simpleContent〉
        〈/xs:complexType〉
      〈/xs:element〉
      〈xs:element name="固定资产位置" minOccurs="0"〉
        〈xs:complexType〉
          〈xs:simpleContent〉
            〈xs:extension base="固定资产位置类型"〉
              〈xs:attribute ref="locID" use="optional" fixed="040702"/〉
            〈/xs:extension〉
          〈/xs:simpleContent〉
        〈/xs:complexType〉
      〈/xs:element〉
      〈xs:element name="固定资产规格型号"〉
        〈xs:complexType〉
          〈xs:simpleContent〉
            〈xs:extension base="固定资产规格型号类型"〉
              〈xs:attribute ref="locID" use="optional" fixed="040703"/〉
            〈/xs:extension〉
```

```
          </xs:simpleContent>
        </xs:complexType>
      </xs:element>
    </xs:sequence>
    <xs:attribute ref="locID" use="optional" fixed="T407"/>
  </xs:complexType>
</xs:element>
<xs:element name="固定资产卡片使用信息">
  <xs:complexType>
    <xs:sequence>
      <xs:element name="固定资产卡片编号">
        <xs:complexType>
          <xs:simpleContent>
            <xs:extension base="固定资产卡片编号类型">
              <xs:attribute ref="locID" use="optional" fixed="040601"/>
            </xs:extension>
          </xs:simpleContent>
        </xs:complexType>
      </xs:element>
      <xs:element name="固定资产标签号">
        <xs:complexType>
          <xs:simpleContent>
            <xs:extension base="固定资产标签号类型">
              <xs:attribute ref="locID" use="optional" fixed="040701"/>
            </xs:extension>
          </xs:simpleContent>
        </xs:complexType>
      </xs:element>
      <xs:element name="会计期间号">
        <xs:complexType>
          <xs:simpleContent>
            <xs:extension base="会计期间号类型">
              <xs:attribute ref="locID" use="optional" fixed="010201"/>
            </xs:extension>
          </xs:simpleContent>
        </xs:complexType>
      </xs:element>
      <xs:element name="部门编码">
        <xs:complexType>
          <xs:simpleContent>
            <xs:extension base="部门编码类型">
              <xs:attribute ref="locID" use="optional" fixed="010701"/>
            </xs:extension>
          </xs:simpleContent>
        </xs:complexType>
```

```
        </xs:element>
        <xs:element name="折旧分配比例">
          <xs:complexType>
            <xs:simpleContent>
              <xs:extension base="折旧分配比例类型">
                <xs:attribute ref="locID" use="optional" fixed="040801"/>
              </xs:extension>
            </xs:simpleContent>
          </xs:complexType>
        </xs:element>
      </xs:sequence>
      <xs:attribute ref="locID" use="optional" fixed="T408"/>
    </xs:complexType>
  </xs:element>
  <xs:element name="固定资产减少情况">
    <xs:complexType>
      <xs:sequence>
        <xs:element name="固定资产减少流水号">
          <xs:complexType>
            <xs:simpleContent>
              <xs:extension base="固定资产减少流水号类型">
                <xs:attribute ref="locID" use="optional" fixed="040901"/>
              </xs:extension>
            </xs:simpleContent>
          </xs:complexType>
        </xs:element>
        <xs:element name="减少发生日期">
          <xs:complexType>
            <xs:simpleContent>
              <xs:extension base="减少发生日期类型">
                <xs:attribute ref="locID" use="optional" fixed="040902"/>
              </xs:extension>
            </xs:simpleContent>
          </xs:complexType>
        </xs:element>
        <xs:element name="会计期间号">
          <xs:complexType>
            <xs:simpleContent>
              <xs:extension base="会计期间号类型">
                <xs:attribute ref="locID" use="optional" fixed="010201"/>
              </xs:extension>
            </xs:simpleContent>
          </xs:complexType>
        </xs:element>
        <xs:element name="变动方式编码">
```

```
    <xs:complexType>
      <xs:simpleContent>
        <xs:extension base="变动方式编码类型">
          <xs:attribute ref="locID" use="optional" fixed="040301"/>
        </xs:extension>
      </xs:simpleContent>
    </xs:complexType>
  </xs:element>
  <xs:element name="固定资产卡片编号">
    <xs:complexType>
      <xs:simpleContent>
        <xs:extension base="固定资产卡片编号类型">
          <xs:attribute ref="locID" use="optional" fixed="040601"/>
        </xs:extension>
      </xs:simpleContent>
    </xs:complexType>
  </xs:element>
  <xs:element name="固定资产名称">
    <xs:complexType>
      <xs:simpleContent>
        <xs:extension base="固定资产名称类型">
          <xs:attribute ref="locID" use="optional" fixed="040603"/>
        </xs:extension>
      </xs:simpleContent>
    </xs:complexType>
  </xs:element>
  <xs:element name="固定资产编码">
    <xs:complexType>
      <xs:simpleContent>
        <xs:extension base="固定资产编码类型">
          <xs:attribute ref="locID" use="optional" fixed="040602"/>
        </xs:extension>
      </xs:simpleContent>
    </xs:complexType>
  </xs:element>
  <xs:element name="固定资产减少数量">
    <xs:complexType>
      <xs:simpleContent>
        <xs:extension base="固定资产减少数量类型">
          <xs:attribute ref="locID" use="optional" fixed="040903"/>
        </xs:extension>
      </xs:simpleContent>
    </xs:complexType>
  </xs:element>
  <xs:element name="固定资产减少原值">
```

```
      <xs:complexType>
        <xs:simpleContent>
          <xs:extension base="固定资产减少原值类型">
            <xs:attribute ref="locID" use="optional" fixed="040904"/>
          </xs:extension>
        </xs:simpleContent>
      </xs:complexType>
    </xs:element>
    <xs:element name="固定资产减少累计折旧">
      <xs:complexType>
        <xs:simpleContent>
          <xs:extension base="固定资产减少累计折旧类型">
            <xs:attribute ref="locID" use="optional" fixed="040905"/>
          </xs:extension>
        </xs:simpleContent>
      </xs:complexType>
    </xs:element>
    <xs:element name="固定资产减少减值准备">
      <xs:complexType>
        <xs:simpleContent>
          <xs:extension base="固定资产减少减值准备类型">
            <xs:attribute ref="locID" use="optional" fixed="040906"/>
          </xs:extension>
        </xs:simpleContent>
      </xs:complexType>
    </xs:element>
    <xs:element name="固定资产减少残值">
      <xs:complexType>
        <xs:simpleContent>
          <xs:extension base="固定资产减少残值类型">
            <xs:attribute ref="locID" use="optional" fixed="040907"/>
          </xs:extension>
        </xs:simpleContent>
      </xs:complexType>
    </xs:element>
    <xs:element name="清理收入" minOccurs="0">
      <xs:complexType>
        <xs:simpleContent>
          <xs:extension base="清理收入类型">
            <xs:attribute ref="locID" use="optional" fixed="040908"/>
          </xs:extension>
        </xs:simpleContent>
      </xs:complexType>
    </xs:element>
    <xs:element name="清理费用" minOccurs="0">
```

```
        <xs:complexType>
          <xs:simpleContent>
            <xs:extension base="清理费用类型">
              <xs:attribute ref="locID" use="optional" fixed="040909"/>
            </xs:extension>
          </xs:simpleContent>
        </xs:complexType>
      </xs:element>
      <xs:element name="固定资产减少原因">
        <xs:complexType>
          <xs:simpleContent>
            <xs:extension base="固定资产减少原因类型">
              <xs:attribute ref="locID" use="optional" fixed="040910"/>
            </xs:extension>
          </xs:simpleContent>
        </xs:complexType>
      </xs:element>
    </xs:sequence>
    <xs:attribute ref="locID" use="optional" fixed="T409"/>
  </xs:complexType>
</xs:element>
<xs:element name="固定资产减少实物信息">
  <xs:complexType>
    <xs:sequence>
      <xs:element name="固定资产减少流水号">
        <xs:complexType>
          <xs:simpleContent>
            <xs:extension base="固定资产减少流水号类型">
              <xs:attribute ref="locID" use="optional" fixed="040901"/>
            </xs:extension>
          </xs:simpleContent>
        </xs:complexType>
      </xs:element>
      <xs:element name="固定资产卡片编号">
        <xs:complexType>
          <xs:simpleContent>
            <xs:extension base="固定资产卡片编号类型">
              <xs:attribute ref="locID" use="optional" fixed="040601"/>
            </xs:extension>
          </xs:simpleContent>
        </xs:complexType>
      </xs:element>
      <xs:element name="固定资产标签号">
        <xs:complexType>
          <xs:simpleContent>
```

```
          〈xs:extension base="固定资产标签号类型"〉
            〈xs:attribute ref="locID" use="optional" fixed="040701"/〉
          〈/xs:extension〉
        〈/xs:simpleContent〉
      〈/xs:complexType〉
    〈/xs:element〉
    〈xs:element name="会计期间号"〉
      〈xs:complexType〉
        〈xs:simpleContent〉
          〈xs:extension base="企业:会计期间号类型"〉
            〈xs:attribute ref="企业:locID" use="optional" fixed="010201"/〉
          〈/xs:extension〉
        〈/xs:simpleContent〉
      〈/xs:complexType〉
    〈/xs:element〉
  〈/xs:sequence〉
  〈xs:attribute ref="locID" use="optional" fixed="T410"/〉
 〈/xs:complexType〉
〈/xs:element〉
〈xs:element name="固定资产变动情况"〉
 〈xs:complexType〉
  〈xs:sequence〉
    〈xs:element name="固定资产变动流水号"〉
      〈xs:complexType〉
        〈xs:simpleContent〉
          〈xs:extension base="固定资产变动流水号类型"〉
            〈xs:attribute ref="locID" use="optional" fixed="041101"/〉
          〈/xs:extension〉
        〈/xs:simpleContent〉
      〈/xs:complexType〉
    〈/xs:element〉
    〈xs:element name="固定资产变动日期"〉
      〈xs:complexType〉
        〈xs:simpleContent〉
          〈xs:extension base="固定资产变动日期类型"〉
            〈xs:attribute ref="locID" use="optional" fixed="041102"/〉
          〈/xs:extension〉
        〈/xs:simpleContent〉
      〈/xs:complexType〉
    〈/xs:element〉
    〈xs:element name="会计期间号"〉
      〈xs:complexType〉
        〈xs:simpleContent〉
          〈xs:extension base="会计期间号类型"〉
            〈xs:attribute ref="locID" use="optional" fixed="010201"/〉
```

```
        </xs:extension>
      </xs:simpleContent>
    </xs:complexType>
  </xs:element>
  <xs:element name="固定资产卡片编号">
    <xs:complexType>
      <xs:simpleContent>
        <xs:extension base="固定资产卡片编号类型">
          <xs:attribute ref="locID" use="optional" fixed="040601"/>
        </xs:extension>
      </xs:simpleContent>
    </xs:complexType>
  </xs:element>
  <xs:element name="固定资产编码">
    <xs:complexType>
      <xs:simpleContent>
        <xs:extension base="固定资产编码类型">
          <xs:attribute ref="locID" use="optional" fixed="040602"/>
        </xs:extension>
      </xs:simpleContent>
    </xs:complexType>
  </xs:element>
  <xs:element name="固定资产名称">
    <xs:complexType>
      <xs:simpleContent>
        <xs:extension base="固定资产名称类型">
          <xs:attribute ref="locID" use="optional" fixed="040603"/>
        </xs:extension>
      </xs:simpleContent>
    </xs:complexType>
  </xs:element>
  <xs:element name="变动方式编码">
    <xs:complexType>
      <xs:simpleContent>
        <xs:extension base="变动方式编码类型">
          <xs:attribute ref="locID" use="optional" fixed="040301"/>
        </xs:extension>
      </xs:simpleContent>
    </xs:complexType>
  </xs:element>
  <xs:element name="固定资产标签号">
    <xs:complexType>
      <xs:simpleContent>
        <xs:extension base="固定资产标签号类型">
          <xs:attribute ref="locID" use="optional" fixed="040701"/>
```

```
            </xs:extension>
          </xs:simpleContent>
        </xs:complexType>
      </xs:element>
      <xs:element name="变动前内容及数值">
        <xs:complexType>
          <xs:simpleContent>
            <xs:extension base="变动前内容及数值类型">
              <xs:attribute ref="locID" use="optional" fixed="041103"/>
            </xs:extension>
          </xs:simpleContent>
        </xs:complexType>
      </xs:element>
      <xs:element name="变动后内容及数值">
        <xs:complexType>
          <xs:simpleContent>
            <xs:extension base="变动后内容及数值类型">
              <xs:attribute ref="locID" use="optional" fixed="041104"/>
            </xs:extension>
          </xs:simpleContent>
        </xs:complexType>
      </xs:element>
      <xs:element name="固定资产变动原因">
        <xs:complexType>
          <xs:simpleContent>
            <xs:extension base="固定资产变动原因类型">
              <xs:attribute ref="locID" use="optional" fixed="041105"/>
            </xs:extension>
          </xs:simpleContent>
        </xs:complexType>
      </xs:element>
    </xs:sequence>
    <xs:attribute ref="locID" use="optional" fixed="T411"/>
  </xs:complexType>
 </xs:element>
</xs:schema>
```

A.6 员工薪酬类 XML 大纲(Schema)

```
<? xml version="1.0" encoding="GB18030"?>
<xs:schema xmlns:xs="http://www.w3.org/2001/XMLSchema" xmlns:企业="http://sxbw.audit.gov.cn/AccountingSoftwareDataInterfaceStandard/2010/SOE/XMLSchema" xmlns="http://sxbw.audit.gov.cn/AccountingSoftwareDataInterfaceStandard/2010/SOE/XMLSchema" targetNamespace="http://sxbw.audit.gov.cn/AccountingSoftwareDataInterfaceStandard/2010/SOE/XMLSchema" elementFormDefault="qualified" attributeFormDefault="unqualified">
```

```
〈xs:include schemaLocation = "标准数据元素类型.xsd"/〉
〈xs:element name = "员工薪酬"〉
  〈xs:complexType〉
    〈xs:sequence〉
      〈xs:element ref = "薪酬期间" maxOccurs = "unbounded"/〉
      〈xs:element ref = "薪酬项目" maxOccurs = "unbounded"/〉
      〈xs:element ref = "员工薪酬记录" maxOccurs = "unbounded"/〉
      〈xs:element ref = "员工薪酬记录明细" maxOccurs = "unbounded"/〉
    〈/xs:sequence〉
    〈xs:attribute ref = "locID" use = "optional" fixed = "U05"/〉
  〈/xs:complexType〉
〈/xs:element〉
〈xs:element name = "薪酬期间"〉
  〈xs:complexType〉
    〈xs:sequence〉
      〈xs:element name = "薪酬年度"〉
        〈xs:complexType〉
          〈xs:simpleContent〉
            〈xs:extension base = "薪酬年度类型"〉
              〈xs:attribute ref = "locID" use = "optional" fixed = "050101"/〉
            〈/xs:extension〉
          〈/xs:simpleContent〉
        〈/xs:complexType〉
      〈/xs:element〉
      〈xs:element name = "薪酬期间号"〉
        〈xs:complexType〉
          〈xs:simpleContent〉
            〈xs:extension base = "薪酬期间号类型"〉
              〈xs:attribute ref = "locID" use = "optional" fixed = "050102"/〉
            〈/xs:extension〉
          〈/xs:simpleContent〉
        〈/xs:complexType〉
      〈/xs:element〉
      〈xs:element name = "薪酬期间起始日期"〉
        〈xs:complexType〉
          〈xs:simpleContent〉
            〈xs:extension base = "薪酬期间起始日期类型"〉
              〈xs:attribute ref = "locID" use = "optional" fixed = "050103"/〉
            〈/xs:extension〉
          〈/xs:simpleContent〉
        〈/xs:complexType〉
      〈/xs:element〉
      〈xs:element name = "薪酬期间结束日期"〉
        〈xs:complexType〉
          〈xs:simpleContent〉
```

```
            <xs:extension base="薪酬期间结束日期类型">
              <xs:attribute ref="locID" use="optional" fixed="050104"/>
            </xs:extension>
          </xs:simpleContent>
        </xs:complexType>
      </xs:element>
    </xs:sequence>
    <xs:attribute ref="locID" use="optional" fixed="T501"/>
  </xs:complexType>
</xs:element>
<xs:element name="薪酬项目">
  <xs:complexType>
    <xs:sequence>
      <xs:element name="薪酬类别名称">
        <xs:complexType>
          <xs:simpleContent>
            <xs:extension base="薪酬类别名称类型">
              <xs:attribute ref="locID" use="optional" fixed="050201"/>
            </xs:extension>
          </xs:simpleContent>
        </xs:complexType>
      </xs:element>
      <xs:element name="薪酬项目编码">
        <xs:complexType>
          <xs:simpleContent>
            <xs:extension base="薪酬项目编码类型">
              <xs:attribute ref="locID" use="optional" fixed="050202"/>
            </xs:extension>
          </xs:simpleContent>
        </xs:complexType>
      </xs:element>
      <xs:element name="薪酬项目名称">
        <xs:complexType>
          <xs:simpleContent>
            <xs:extension base="薪酬项目名称类型">
              <xs:attribute ref="locID" use="optional" fixed="050203"/>
            </xs:extension>
          </xs:simpleContent>
        </xs:complexType>
      </xs:element>
    </xs:sequence>
    <xs:attribute ref="locID" use="optional" fixed="T502"/>
  </xs:complexType>
</xs:element>
<xs:element name="员工薪酬记录">
```

```
<xs:complexType>
  <xs:sequence>
    <xs:element name="员工编码">
      <xs:complexType>
        <xs:simpleContent>
          <xs:extension base="员工编码类型">
            <xs:attribute ref="locID" use="optional" fixed="010801"/>
          </xs:extension>
        </xs:simpleContent>
      </xs:complexType>
    </xs:element>
    <xs:element name="员工类别">
      <xs:complexType>
        <xs:simpleContent>
          <xs:extension base="员工类别类型">
            <xs:attribute ref="locID" use="optional" fixed="050301"/>
          </xs:extension>
        </xs:simpleContent>
      </xs:complexType>
    </xs:element>
    <xs:element name="部门编码">
      <xs:complexType>
        <xs:simpleContent>
          <xs:extension base="部门编码类型">
            <xs:attribute ref="locID" use="optional" fixed="010701"/>
          </xs:extension>
        </xs:simpleContent>
      </xs:complexType>
    </xs:element>
    <xs:element name="薪酬类别名称">
      <xs:complexType>
        <xs:simpleContent>
          <xs:extension base="薪酬类别名称类型">
            <xs:attribute ref="locID" use="optional" fixed="050201"/>
          </xs:extension>
        </xs:simpleContent>
      </xs:complexType>
    </xs:element>
    <xs:element name="薪酬年度">
      <xs:complexType>
        <xs:simpleContent>
          <xs:extension base="薪酬年度类型">
            <xs:attribute ref="locID" use="optional" fixed="050101"/>
          </xs:extension>
        </xs:simpleContent>
```

```
        </xs:complexType>
      </xs:element>
      <xs:element name="薪酬期间号">
        <xs:complexType>
          <xs:simpleContent>
            <xs:extension base="薪酬期间号类型">
              <xs:attribute ref="locID" fixed="050102"/>
            </xs:extension>
          </xs:simpleContent>
        </xs:complexType>
      </xs:element>
      <xs:element name="会计年度">
        <xs:complexType>
          <xs:simpleContent>
            <xs:extension base="会计年度类型">
              <xs:attribute ref="locID" use="optional" fixed="010110"/>
            </xs:extension>
          </xs:simpleContent>
        </xs:complexType>
      </xs:element>
      <xs:element name="会计期间号">
        <xs:complexType>
          <xs:simpleContent>
            <xs:extension base="会计期间号类型">
              <xs:attribute ref="locID" use="optional" fixed="010201"/>
            </xs:extension>
          </xs:simpleContent>
        </xs:complexType>
      </xs:element>
      <xs:element name="币种编码">
        <xs:complexType>
          <xs:simpleContent>
            <xs:extension base="币种编码类型">
              <xs:attribute ref="locID" use="optional" fixed="010501"/>
            </xs:extension>
          </xs:simpleContent>
        </xs:complexType>
      </xs:element>
    </xs:sequence>
    <xs:attribute ref="locID" use="optional" fixed="T503"/>
  </xs:complexType>
</xs:element>
<xs:element name="员工薪酬记录明细">
  <xs:complexType>
    <xs:sequence>
```

```
<xs:element name="员工编码">
  <xs:complexType>
    <xs:simpleContent>
      <xs:extension base="员工编码类型">
        <xs:attribute ref="locID" use="optional" fixed="010801"/>
      </xs:extension>
    </xs:simpleContent>
  </xs:complexType>
</xs:element>
<xs:element name="薪酬类别名称">
  <xs:complexType>
    <xs:simpleContent>
      <xs:extension base="薪酬类别名称类型">
        <xs:attribute ref="locID" use="optional" fixed="050201"/>
      </xs:extension>
    </xs:simpleContent>
  </xs:complexType>
</xs:element>
<xs:element name="薪酬年度">
  <xs:complexType>
    <xs:simpleContent>
      <xs:extension base="薪酬年度类型">
        <xs:attribute ref="locID" use="optional" fixed="050101"/>
      </xs:extension>
    </xs:simpleContent>
  </xs:complexType>
</xs:element>
<xs:element name="薪酬期间号">
  <xs:complexType>
    <xs:simpleContent>
      <xs:extension base="薪酬期间号类型">
        <xs:attribute ref="locID" use="optional" fixed="050102"/>
      </xs:extension>
    </xs:simpleContent>
  </xs:complexType>
</xs:element>
<xs:element name="薪酬项目编码">
  <xs:complexType>
    <xs:simpleContent>
      <xs:extension base="薪酬项目编码类型">
        <xs:attribute ref="locID" use="optional" fixed="050202"/>
      </xs:extension>
    </xs:simpleContent>
  </xs:complexType>
</xs:element>
```

```
        <xs:element name="薪酬金额">
          <xs:complexType>
            <xs:simpleContent>
              <xs:extension base="薪酬金额类型">
                <xs:attribute ref="locID" use="optional" fixed="050401"/>
              </xs:extension>
            </xs:simpleContent>
          </xs:complexType>
        </xs:element>
      </xs:sequence>
      <xs:attribute ref="locID" use="optional" fixed="T504"/>
    </xs:complexType>
  </xs:element>
</xs:schema>
```

附 录 B
（资料性附录）
企业会计核算软件数据接口的 XML 实例

B.1 公共档案类 XML 实例

```
〈? xml version = "1.0" encoding = "GB18030"?〉
〈公共档案
xsi: schemaLocation = " http://sxbw. audit. gov. cn/AccountingSoftwareDataInterfaceStandard/
2010/SOE/XMLSchema 公共档案.xsd" xmlns:企业
= "http://sxbw.audit.gov.cn/AccountingSoftwareDataInterfaceStandard/2010/SOE/XMLSchema"
xmlns = "http://sxbw.audit.gov.cn/AccountingSoftwareDataInterfaceStandard/2010/SOE/XMLSchema"
xmlns:xsi = "http://www.w3.org/2001/XMLSchema-instance"〉
  〈电子账簿〉
    〈电子账簿编号〉1〈/电子账簿编号〉
    〈电子账簿名称〉北京某公司演示账套〈/电子账簿名称〉
    〈会计核算单位〉北京某公司〈/会计核算单位〉
    〈组织机构代码〉12353687521〈/组织机构代码〉
    〈单位性质〉企业单位〈/单位性质〉
    〈行业〉机械行业〈/行业〉
    〈开发单位〉北京某软件公司〈/开发单位〉
    〈版本号〉V6.0〈/版本号〉
    〈本位币〉人民币〈/本位币〉
    〈会计年度〉2009〈/会计年度〉
    〈标准版本号〉GB/T 24589.1—2010〈/标准版本号〉
  〈/电子账簿〉
  〈会计期间〉
    〈会计年度〉2009〈/会计年度〉
    〈会计期间号〉1〈/会计期间号〉
    〈会计期间起始日期〉20090101〈/会计期间起始日期〉
    〈会计期间结束日期〉20090131〈/会计期间结束日期〉
  〈/会计期间〉
  〈会计期间〉
    〈会计年度〉2009〈/会计年度〉
    〈会计期间号〉2〈/会计期间号〉
    〈会计期间起始日期〉20090201〈/会计期间起始日期〉
    〈会计期间结束日期〉20090228〈/会计期间结束日期〉
  〈/会计期间〉
  〈记账凭证类型〉
    〈记账凭证类型编号〉01〈/记账凭证类型编号〉
    〈记账凭证类型名称〉记账凭证〈/记账凭证类型名称〉
```

〈记账凭证类型简称〉记〈/记账凭证类型简称〉
〈/记账凭证类型〉
〈汇率类型〉
〈汇率类型编号〉01〈/汇率类型编号〉
〈汇率类型名称〉买入汇率〈/汇率类型名称〉
〈/汇率类型〉
〈汇率类型〉
〈汇率类型编号〉02〈/汇率类型编号〉
〈汇率类型名称〉卖出汇率〈/汇率类型名称〉
〈/汇率类型〉
〈币种〉
〈币种编码〉01〈/币种编码〉
〈币种名称〉人民币〈/币种名称〉
〈/币种〉
〈结算方式〉
〈结算方式编码〉1〈/结算方式编码〉
〈结算方式名称〉现金〈/结算方式名称〉
〈/结算方式〉
〈结算方式〉
〈结算方式编码〉2〈/结算方式编码〉
〈结算方式名称〉支票〈/结算方式名称〉
〈/结算方式〉
〈部门档案〉
〈部门编码〉101〈/部门编码〉
〈部门名称〉市场部〈/部门名称〉
〈上级部门编码/〉
〈/部门档案〉
〈部门档案〉
〈部门编码〉102〈/部门编码〉
〈部门名称〉销售部〈/部门名称〉
〈上级部门编码/〉
〈/部门档案〉
〈部门档案〉
〈部门编码〉103〈/部门编码〉
〈部门名称〉北京业务部〈/部门名称〉
〈上级部门编码〉102〈/上级部门编码〉
〈/部门档案〉
〈员工档案〉
〈员工编码〉1541〈/员工编码〉
〈员工姓名〉钟和平〈/员工姓名〉
〈证件类别〉身份证〈/证件类别〉
〈证件号码〉110108198102121811〈/证件号码〉
〈性别〉男〈/性别〉

  〈出生日期〉19810212〈/出生日期〉
  〈部门编码〉102〈/部门编码〉
  〈入职日期〉20081212〈/入职日期〉
  〈离职日期〉20091011〈/离职日期〉
〈/员工档案〉
〈供应商档案〉
  〈供应商编码〉1001〈/供应商编码〉
  〈供应商名称〉手机电池供应商〈/供应商名称〉
  〈供应商简称〉手机电〈/供应商简称〉
〈/供应商档案〉
〈客户档案〉
  〈客户编码〉3001〈/客户编码〉
  〈客户名称〉烽火连天科技发展公司〈/客户名称〉
  〈客户简称〉烽火连天〈/客户简称〉
〈/客户档案〉
〈自定义档案项〉
  〈档案编码〉1〈/档案编码〉
  〈档案名称〉项目〈/档案名称〉
  〈档案描述/〉
  〈是否有层级特征〉0〈/是否有层级特征〉
  〈档案编码规则/〉
〈/自定义档案项〉
〈自定义档案项〉
  〈档案编码〉2〈/档案编码〉
  〈档案名称〉商品分类〈/档案名称〉
  〈档案描述/〉
  〈是否有层级特征〉1〈/是否有层级特征〉
  〈档案编码规则〉1-2-2〈/档案编码规则〉
〈/自定义档案项〉
〈自定义档案值〉
  〈档案编码〉1〈/档案编码〉
  〈档案值编码〉1〈/档案值编码〉
  〈档案值名称〉办公大楼装修〈/档案值名称〉
  〈档案值描述/〉
  〈档案值父节点/〉
  〈档案值级次〉1〈/档案值级次〉
〈/自定义档案值〉
〈自定义档案值〉
  〈档案编码〉1〈/档案编码〉
  〈档案值编码〉2〈/档案值编码〉
  〈档案值名称〉生产线改造〈/档案值名称〉
  〈档案值描述/〉
  〈档案值父节点/〉

```
    〈档案值级次〉1〈/档案值级次〉
  〈/自定义档案值〉
  〈自定义档案值〉
    〈档案编码〉2〈/档案编码〉
    〈档案值编码〉1〈/档案值编码〉
    〈档案值名称〉电器〈/档案值名称〉
    〈档案值描述/〉
    〈档案值父节点/〉
    〈档案值级次〉1〈/档案值级次〉
  〈/自定义档案值〉
  〈自定义档案值〉
    〈档案编码〉2〈/档案编码〉
    〈档案值编码〉101〈/档案值编码〉
    〈档案值名称〉家电〈/档案值名称〉
    〈档案值描述/〉
    〈档案值父节点〉1〈/档案值父节点〉
    〈档案值级次〉2〈/档案值级次〉
  〈/自定义档案值〉
〈/公共档案〉
```

B.2 总账类 XML 实例

```
〈? xml version = "1.0" encoding = "GB18030"?〉
〈总账
xsi: schemaLocation = " http://sxbw. audit. gov. cn/AccountingSoftwareDataInterfaceStandard/
2010/SOE/XMLSchema 总账.xsd" xmlns:企业
 = "http://sxbw.audit.gov.cn/AccountingSoftwareDataInterfaceStandard/2010/SOE/XMLSchema"
xmlns = "http://sxbw.audit.gov.cn/AccountingSoftwareDataInterfaceStandard/2010/SOE/XMLSchema"
xmlns:xsi = "http://www.w3.org/2001/XMLSchema-instance"〉
  〈总账基础信息〉
    〈结构分隔符〉-〈/结构分隔符〉
    〈会计科目编号规则〉4-2-2-2〈/会计科目编号规则〉
    〈现金流量项目编码规则〉4-2-2〈/现金流量项目编码规则〉
    〈凭证头可扩展字段结构〉出纳〈/凭证头可扩展字段结构〉
    〈凭证头可扩展结构对应档案〉业务员档案〈/凭证头可扩展结构对应档案〉
    〈分录行可扩展字段结构〉项目〈/分录行可扩展字段结构〉
    〈分录行可扩展字段对应档案〉项目档案〈/分录行可扩展字段对应档案〉
  〈/总账基础信息〉
  〈会计科目〉
    〈科目编号〉1001〈/科目编号〉
    〈科目名称〉现金〈/科目名称〉
    〈科目级次〉1〈/科目级次〉
    〈科目类型〉资产〈/科目类型〉
```

〈余额方向〉借〈/余额方向〉
〈/会计科目〉
〈会计科目〉
〈科目编号〉1002〈/科目编号〉
〈科目名称〉银行存款〈/科目名称〉
〈科目级次〉1〈/科目级次〉
〈科目类型〉资产〈/科目类型〉
〈余额方向〉借〈/余额方向〉
〈/会计科目〉
〈会计科目〉
〈科目编号〉1009〈/科目编号〉
〈科目名称〉其他货币资金〈/科目名称〉
〈科目级次〉1〈/科目级次〉
〈科目类型〉资产〈/科目类型〉
〈余额方向〉借〈/余额方向〉
〈/会计科目〉
〈会计科目〉
〈科目编号〉100901〈/科目编号〉
〈科目名称〉外埠存款〈/科目名称〉
〈科目级次〉2〈/科目级次〉
〈科目类型〉资产〈/科目类型〉
〈余额方向〉借〈/余额方向〉
〈/会计科目〉
〈会计科目〉
〈科目编号〉100902〈/科目编号〉
〈科目名称〉银行本票〈/科目名称〉
〈科目级次〉2〈/科目级次〉
〈科目类型〉资产〈/科目类型〉
〈余额方向〉借〈/余额方向〉
〈/会计科目〉
〈会计科目〉
〈科目编号〉100903〈/科目编号〉
〈科目名称〉银行汇票〈/科目名称〉
〈科目级次〉2〈/科目级次〉
〈科目类型〉资产〈/科目类型〉
〈余额方向〉借〈/余额方向〉
〈/会计科目〉
〈会计科目〉
〈科目编号〉1131〈/科目编号〉
〈科目名称〉应收账款〈/科目名称〉
〈科目级次〉1〈/科目级次〉
〈科目类型〉资产〈/科目类型〉
〈余额方向〉借〈/余额方向〉

```
〈/会计科目〉
〈会计科目〉
  〈科目编号〉2121〈/科目编号〉
  〈科目名称〉应付账款〈/科目名称〉
  〈科目级次〉1〈/科目级次〉
  〈科目类型〉负债〈/科目类型〉
  〈余额方向〉贷〈/余额方向〉
〈/会计科目〉
〈会计科目〉
  〈科目编号〉2181〈/科目编号〉
  〈科目名称〉其他应付款〈/科目名称〉
  〈科目级次〉1〈/科目级次〉
  〈科目类型〉负债〈/科目类型〉
  〈余额方向〉贷〈/余额方向〉
〈/会计科目〉
〈科目辅助核算〉
  〈科目编号〉1131〈/科目编号〉
  〈辅助项编号〉1〈/辅助项编号〉
  〈辅助项名称〉客户〈/辅助项名称〉
  〈对应档案〉客户〈/对应档案〉
  〈辅助项描述〉客户明细核算〈/辅助项描述〉
〈/科目辅助核算〉
〈科目辅助核算〉
  〈科目编号〉1133〈/科目编号〉
  〈辅助项编号〉1〈/辅助项编号〉
  〈辅助项名称〉客户〈/辅助项名称〉
  〈对应档案〉客户 〈/对应档案〉
  〈辅助项描述〉客户明细核算〈/辅助项描述〉
〈/科目辅助核算〉
〈科目辅助核算〉
  〈科目编号〉2121〈/科目编号〉
  〈辅助项编号〉1〈/辅助项编号〉
  〈辅助项名称〉供应商〈/辅助项名称〉
  〈对应档案〉供应商 〈/对应档案〉
  〈辅助项描述〉供应商明细核算〈/辅助项描述〉
〈/科目辅助核算〉
〈科目辅助核算〉
  〈科目编号〉2181〈/科目编号〉
  〈辅助项编号〉1〈/辅助项编号〉
  〈辅助项名称〉供应商〈/辅助项名称〉
  〈对应档案〉供应商〈/对应档案〉
  〈辅助项描述〉供应商明细核算〈/辅助项描述〉
〈/科目辅助核算〉
```

〈现金流量项目〉
〈现金流量项目编码〉1〈/现金流量项目编码〉
〈现金流量项目名称〉销售商品、提供劳务收到的现金〈/现金流量项目名称〉
〈现金流量项目描述〉销售商品、提供劳务收到的现金〈/现金流量项目描述〉
〈是否末级〉1〈/是否末级〉
〈现金流量项目级次〉1〈/现金流量项目级次〉
〈现金流量项目父节点/〉
〈现金流量数据来源〉1〈/现金流量数据来源〉
〈现金流量项目属性〉1〈/现金流量项目属性〉
〈/现金流量项目〉
〈现金流量项目〉
〈现金流量项目编码〉2〈/现金流量项目编码〉
〈现金流量项目名称〉收到的税费返还〈/现金流量项目名称〉
〈现金流量项目描述/〉
〈是否末级〉1〈/是否末级〉
〈现金流量项目级次〉1〈/现金流量项目级次〉
〈现金流量项目父节点/〉
〈现金流量数据来源〉1〈/现金流量数据来源〉
〈现金流量项目属性〉1〈/现金流量项目属性〉
〈/现金流量项目〉
〈科目余额及发生额〉
〈科目编号〉1001〈/科目编号〉
〈辅助项 1 编号/〉
〈辅助项 2 编号/〉
〈辅助项 3 编号/〉
〈辅助项 4 编号/〉
〈辅助项 5 编号/〉
〈辅助项 6 编号/〉
〈辅助项 7 编号/〉
〈辅助项 8 编号/〉
〈辅助项 9 编号/〉
〈辅助项 10 编号/〉
〈辅助项 11 编号/〉
〈辅助项 12 编号/〉
〈辅助项 13 编号/〉
〈辅助项 14 编号/〉
〈辅助项 15 编号/〉
〈辅助项 16 编号/〉
〈辅助项 17 编号/〉
〈辅助项 18 编号/〉
〈辅助项 19 编号/〉
〈辅助项 20 编号/〉
〈辅助项 21 编号/〉

〈辅助项 22 编号/〉
〈辅助项 23 编号/〉
〈辅助项 24 编号/〉
〈辅助项 25 编号/〉
〈辅助项 26 编号/〉
〈辅助项 27 编号/〉
〈辅助项 28 编号/〉
〈辅助项 29 编号/〉
〈辅助项 30 编号/〉
〈期初余额方向〉借〈/期初余额方向〉
〈期末余额方向〉借〈/期末余额方向〉
〈币种编码〉1〈/币种编码〉
〈计量单位/〉
〈会计年度〉2009〈/会计年度〉
〈会计期间号〉1〈/会计期间号〉
〈期初数量〉0〈/期初数量〉
〈期初原币余额〉1000〈/期初原币余额〉
〈期初本币余额〉1000〈/期初本币余额〉
〈借方数量〉0〈/借方数量〉
〈借方原币金额〉2000〈/借方原币金额〉
〈借方本币金额〉2000〈/借方本币金额〉
〈贷方数量〉0〈/贷方数量〉
〈贷方原币金额〉2500〈/贷方原币金额〉
〈贷方本币金额〉2500〈/贷方本币金额〉
〈期末数量〉0〈/期末数量〉
〈期末原币余额〉500〈/期末原币余额〉
〈期末本币余额〉500〈/期末本币余额〉
〈/科目余额及发生额〉
〈科目余额及发生额〉
〈科目编号〉1131〈/科目编号〉
〈辅助项 1 编号〉001(客户 A)〈/辅助项 1 编号〉
〈辅助项 2 编号/〉
〈辅助项 3 编号/〉
〈辅助项 4 编号/〉
〈辅助项 5 编号/〉
〈辅助项 6 编号/〉
〈辅助项 7 编号/〉
〈辅助项 8 编号/〉
〈辅助项 9 编号/〉
〈辅助项 10 编号/〉
〈辅助项 11 编号/〉
〈辅助项 12 编号/〉
〈辅助项 13 编号/〉

〈辅助项 14 编号/〉
〈辅助项 15 编号/〉
〈辅助项 16 编号/〉
〈辅助项 17 编号/〉
〈辅助项 18 编号/〉
〈辅助项 19 编号/〉
〈辅助项 20 编号/〉
〈辅助项 21 编号/〉
〈辅助项 22 编号/〉
〈辅助项 23 编号/〉
〈辅助项 24 编号/〉
〈辅助项 25 编号/〉
〈辅助项 26 编号/〉
〈辅助项 27 编号/〉
〈辅助项 28 编号/〉
〈辅助项 29 编号/〉
〈辅助项 30 编号/〉
〈期初余额方向〉借〈/期初余额方向〉
〈期末余额方向〉借〈/期末余额方向〉
〈币种编码〉1〈/币种编码〉
〈计量单位/〉
〈会计年度〉2009〈/会计年度〉
〈会计期间号〉1〈/会计期间号〉
〈期初数量〉0〈/期初数量〉
〈期初原币余额〉1000〈/期初原币余额〉
〈期初本币余额〉1000〈/期初本币余额〉
〈借方数量〉0〈/借方数量〉
〈借方原币金额〉2000〈/借方原币金额〉
〈借方本币金额〉2000〈/借方本币金额〉
〈贷方数量〉0〈/贷方数量〉
〈贷方原币金额〉2500〈/贷方原币金额〉
〈贷方本币金额〉2500〈/贷方本币金额〉
〈期末数量〉0〈/期末数量〉
〈期末原币余额〉500〈/期末原币余额〉
〈期末本币余额〉500〈/期末本币余额〉
〈/科目余额及发生额〉
〈科目余额及发生额〉
〈科目编号〉2121〈/科目编号〉
〈辅助项 1 编号〉001(供应商 A)〈/辅助项 1 编号〉
〈辅助项 2 编号/〉
〈辅助项 3 编号/〉
〈辅助项 4 编号/〉
〈辅助项 5 编号/〉

〈辅助项 6 编号/〉
〈辅助项 7 编号/〉
〈辅助项 8 编号/〉
〈辅助项 9 编号/〉
〈辅助项 10 编号/〉
〈辅助项 11 编号/〉
〈辅助项 12 编号/〉
〈辅助项 13 编号/〉
〈辅助项 14 编号/〉
〈辅助项 15 编号/〉
〈辅助项 16 编号/〉
〈辅助项 17 编号/〉
〈辅助项 18 编号/〉
〈辅助项 19 编号/〉
〈辅助项 20 编号/〉
〈辅助项 21 编号/〉
〈辅助项 22 编号/〉
〈辅助项 23 编号/〉
〈辅助项 24 编号/〉
〈辅助项 25 编号/〉
〈辅助项 26 编号/〉
〈辅助项 27 编号/〉
〈辅助项 28 编号/〉
〈辅助项 29 编号/〉
〈辅助项 30 编号/〉
〈期初余额方向〉贷〈/期初余额方向〉
〈期末余额方向〉贷〈/期末余额方向〉
〈币种编码〉1〈/币种编码〉
〈计量单位/〉
〈会计年度〉2009〈/会计年度〉
〈会计期间号〉1〈/会计期间号〉
〈期初数量〉0〈/期初数量〉
〈期初原币余额〉1000〈/期初原币余额〉
〈期初本币余额〉1000〈/期初本币余额〉
〈借方数量〉0〈/借方数量〉
〈借方原币金额〉2000〈/借方原币金额〉
〈借方本币金额〉2000〈/借方本币金额〉
〈贷方数量〉0〈/贷方数量〉
〈贷方原币金额〉2500〈/贷方原币金额〉
〈贷方本币金额〉2500〈/贷方本币金额〉
〈期末数量〉0〈/期末数量〉
〈期末原币余额〉500〈/期末原币余额〉
〈期末本币余额〉500〈/期末本币余额〉

〈/科目余额及发生额〉
〈记账凭证〉
〈记账凭证日期〉20090101〈/记账凭证日期〉
〈会计年度〉2009〈/会计年度〉
〈会计期间号〉1〈/会计期间号〉
〈记账凭证类型编号〉1〈/记账凭证类型编号〉
〈记账凭证编号〉收 001〈/记账凭证编号〉
〈记账凭证行号〉1〈/记账凭证行号〉
〈记账凭证摘要〉收款〈/记账凭证摘要〉
〈科目编号〉1002〈/科目编号〉
〈辅助项 1 编号/〉
〈辅助项 2 编号/〉
〈辅助项 3 编号/〉
〈辅助项 4 编号/〉
〈辅助项 5 编号/〉
〈辅助项 6 编号/〉
〈辅助项 7 编号/〉
〈辅助项 8 编号/〉
〈辅助项 9 编号/〉
〈辅助项 10 编号/〉
〈辅助项 11 编号/〉
〈辅助项 12 编号/〉
〈辅助项 13 编号/〉
〈辅助项 14 编号/〉
〈辅助项 15 编号/〉
〈辅助项 16 编号/〉
〈辅助项 17 编号/〉
〈辅助项 18 编号/〉
〈辅助项 19 编号/〉
〈辅助项 20 编号/〉
〈辅助项 21 编号/〉
〈辅助项 22 编号/〉
〈辅助项 23 编号/〉
〈辅助项 24 编号/〉
〈辅助项 25 编号/〉
〈辅助项 26 编号/〉
〈辅助项 27 编号/〉
〈辅助项 28 编号/〉
〈辅助项 29 编号/〉
〈辅助项 30 编号/〉
〈币种编码〉1〈/币种编码〉
〈计量单位/〉
〈借方数量〉0〈/借方数量〉

〈借方原币金额〉2000〈/借方原币金额〉
〈借方本币金额〉2000〈/借方本币金额〉
〈贷方数量〉0〈/贷方数量〉
〈贷方原币金额〉0〈/贷方原币金额〉
〈贷方本币金额〉0〈/贷方本币金额〉
〈汇率类型编号〉1〈/汇率类型编号〉
〈汇率〉1〈/汇率〉
〈单价〉15〈/单价〉
〈凭证头可扩展字段结构值〉0001〈/凭证头可扩展字段结构值〉
〈分录行可扩展字段结构值〉01〈/分录行可扩展字段结构值〉
〈结算方式编码〉1〈/结算方式编码〉
〈票据类型〉现金支票〈/票据类型〉
〈票据号〉0001〈/票据号〉
〈票据日期〉20090101〈/票据日期〉
〈附件数〉1〈/附件数〉
〈制单人〉101〈/制单人〉
〈审核人〉0002〈/审核人〉
〈记账人〉0003〈/记账人〉
〈记账标志〉1〈/记账标志〉
〈作废标志〉0〈/作废标志〉
〈凭证来源系统/〉
〈/记账凭证〉
〈记账凭证〉
〈记账凭证日期〉20090101〈/记账凭证日期〉
〈会计年度〉2009〈/会计年度〉
〈会计期间号〉1〈/会计期间号〉
〈记账凭证类型编号〉1〈/记账凭证类型编号〉
〈记账凭证编号〉收 001〈/记账凭证编号〉
〈记账凭证行号〉2〈/记账凭证行号〉
〈记账凭证摘要〉收款〈/记账凭证摘要〉
〈科目编号〉1131〈/科目编号〉
〈辅助项 1 编号〉001(客户 A)〈/辅助项 1 编号〉
〈辅助项 2 编号/〉
〈辅助项 3 编号/〉
〈辅助项 4 编号/〉
〈辅助项 5 编号/〉
〈辅助项 6 编号/〉
〈辅助项 7 编号/〉
〈辅助项 8 编号/〉
〈辅助项 9 编号/〉
〈辅助项 10 编号/〉
〈辅助项 11 编号/〉
〈辅助项 12 编号/〉

〈辅助项 13 编号/〉
〈辅助项 14 编号/〉
〈辅助项 15 编号/〉
〈辅助项 16 编号/〉
〈辅助项 17 编号/〉
〈辅助项 18 编号/〉
〈辅助项 19 编号/〉
〈辅助项 20 编号/〉
〈辅助项 21 编号/〉
〈辅助项 22 编号/〉
〈辅助项 23 编号/〉
〈辅助项 24 编号/〉
〈辅助项 25 编号/〉
〈辅助项 26 编号/〉
〈辅助项 27 编号/〉
〈辅助项 28 编号/〉
〈辅助项 29 编号/〉
〈辅助项 30 编号/〉
〈币种编码〉1〈/币种编码〉
〈计量单位/〉
〈借方数量〉0〈/借方数量〉
〈借方原币金额〉0〈/借方原币金额〉
〈借方本币金额〉0〈/借方本币金额〉
〈贷方数量〉0〈/贷方数量〉
〈贷方原币金额〉2000〈/贷方原币金额〉
〈贷方本币金额〉2000〈/贷方本币金额〉
〈汇率类型编号〉1〈/汇率类型编号〉
〈汇率〉1〈/汇率〉
〈单价〉15〈/单价〉
〈凭证头可扩展字段结构值/〉
〈分录行可扩展字段结构值/〉
〈结算方式编码/〉
〈票据类型/〉
〈票据号/〉
〈附件数〉1〈/附件数〉
〈制单人〉102〈/制单人〉
〈审核人〉0002〈/审核人〉
〈记账人〉0003〈/记账人〉
〈记账标志〉1〈/记账标志〉
〈作废标志〉0〈/作废标志〉
〈凭证来源系统/〉
〈/记账凭证〉
〈记账凭证〉

〈记账凭证日期〉20090101〈/记账凭证日期〉
〈会计年度〉2009〈/会计年度〉
〈会计期间号〉1〈/会计期间号〉
〈记账凭证类型编号〉1〈/记账凭证类型编号〉
〈记账凭证编号〉付 001〈/记账凭证编号〉
〈记账凭证行号〉1〈/记账凭证行号〉
〈记账凭证摘要〉付款〈/记账凭证摘要〉
〈科目编号〉2121〈/科目编号〉
〈辅助项 1 编号〉001(供应商 A)〈/辅助项 1 编号〉
〈辅助项 2 编号/〉
〈辅助项 3 编号/〉
〈辅助项 4 编号/〉
〈辅助项 5 编号/〉
〈辅助项 6 编号/〉
〈辅助项 7 编号/〉
〈辅助项 8 编号/〉
〈辅助项 9 编号/〉
〈辅助项 10 编号/〉
〈辅助项 11 编号/〉
〈辅助项 12 编号/〉
〈辅助项 13 编号/〉
〈辅助项 14 编号/〉
〈辅助项 15 编号/〉
〈辅助项 16 编号/〉
〈辅助项 17 编号/〉
〈辅助项 18 编号/〉
〈辅助项 19 编号/〉
〈辅助项 20 编号/〉
〈辅助项 21 编号/〉
〈辅助项 22 编号/〉
〈辅助项 23 编号/〉
〈辅助项 24 编号/〉
〈辅助项 25 编号/〉
〈辅助项 26 编号/〉
〈辅助项 27 编号/〉
〈辅助项 28 编号/〉
〈辅助项 29 编号/〉
〈辅助项 30 编号/〉
〈币种编码〉1〈/币种编码〉
〈计量单位/〉
〈借方数量〉0〈/借方数量〉
〈借方原币金额〉2500〈/借方原币金额〉
〈借方本币金额〉2500〈/借方本币金额〉

〈贷方数量〉0〈/贷方数量〉
〈贷方原币金额〉0〈/贷方原币金额〉
〈贷方本币金额〉0〈/贷方本币金额〉
〈汇率类型编号〉1〈/汇率类型编号〉
〈汇率〉1〈/汇率〉
〈单价〉15〈/单价〉
〈凭证头可扩展字段结构值/〉
〈分录行可扩展字段结构值/〉
〈结算方式编码/〉
〈票据类型/〉
〈票据号/〉
〈附件数〉1〈/附件数〉
〈制单人〉102〈/制单人〉
〈审核人〉0002〈/审核人〉
〈记账人〉0003〈/记账人〉
〈记账标志〉1〈/记账标志〉
〈作废标志〉0〈/作废标志〉
〈凭证来源系统/〉
〈/记账凭证〉
〈记账凭证〉
〈记账凭证日期〉20090101〈/记账凭证日期〉
〈会计年度〉2009〈/会计年度〉
〈会计期间号〉1〈/会计期间号〉
〈记账凭证类型编号〉1〈/记账凭证类型编号〉
〈记账凭证编号〉付 001〈/记账凭证编号〉
〈记账凭证行号〉2〈/记账凭证行号〉
〈记账凭证摘要〉付款〈/记账凭证摘要〉
〈科目编号〉1002〈/科目编号〉
〈辅助项 1 编号/〉
〈辅助项 2 编号/〉
〈辅助项 3 编号/〉
〈辅助项 4 编号/〉
〈辅助项 5 编号/〉
〈辅助项 6 编号/〉
〈辅助项 7 编号/〉
〈辅助项 8 编号/〉
〈辅助项 9 编号/〉
〈辅助项 10 编号/〉
〈辅助项 11 编号/〉
〈辅助项 12 编号/〉
〈辅助项 13 编号/〉
〈辅助项 14 编号/〉
〈辅助项 15 编号/〉

〈辅助项 16 编号/〉
〈辅助项 17 编号/〉
〈辅助项 18 编号/〉
〈辅助项 19 编号/〉
〈辅助项 20 编号/〉
〈辅助项 21 编号/〉
〈辅助项 22 编号/〉
〈辅助项 23 编号/〉
〈辅助项 24 编号/〉
〈辅助项 25 编号/〉
〈辅助项 26 编号/〉
〈辅助项 27 编号/〉
〈辅助项 28 编号/〉
〈辅助项 29 编号/〉
〈辅助项 30 编号/〉
〈币种编码〉1〈/币种编码〉
〈计量单位/〉
〈借方数量〉0〈/借方数量〉
〈借方原币金额〉0〈/借方原币金额〉
〈借方本币金额〉0〈/借方本币金额〉
〈贷方数量〉0〈/贷方数量〉
〈贷方原币金额〉0〈/贷方原币金额〉
〈贷方本币金额〉0〈/贷方本币金额〉
〈汇率类型编号〉1〈/汇率类型编号〉
〈汇率〉1〈/汇率〉
〈单价〉15〈/单价〉
〈凭证头可扩展字段结构值/〉
〈分录行可扩展字段结构值/〉
〈结算方式编码/〉
〈票据类型〉转账支票〈/票据类型〉
〈票据号〉0010〈/票据号〉
〈票据日期〉20090101〈/票据日期〉
〈附件数〉1〈/附件数〉
〈制单人〉102〈/制单人〉
〈审核人〉0002〈/审核人〉
〈记账人〉0003〈/记账人〉
〈记账标志〉1〈/记账标志〉
〈作废标志〉0〈/作废标志〉
〈凭证来源系统/〉
〈/记账凭证〉
〈现金流量凭证项目数据〉
〈记账凭证类型编号〉1〈/记账凭证类型编号〉
〈记账凭证编号〉收 001〈/记账凭证编号〉

```
  〈币种编码〉1〈/币种编码〉
  〈现金流量行号〉1〈/现金流量行号〉
  〈现金流量摘要/〉
  〈现金流量项目编码〉1〈/现金流量项目编码〉
  〈现金流量项目属性〉1〈/现金流量项目属性〉
  〈现金流量原币金额〉1000〈/现金流量原币金额〉
  〈现金流量本币金额〉1000〈/现金流量本币金额〉
〈/现金流量凭证项目数据〉
〈报表集〉
  〈报表编号〉1〈/报表编号〉
  〈报表名称〉资产负债表〈/报表名称〉
  〈报表报告日〉20081231〈/报表报告日〉
  〈报表报告期/〉
  〈编制单位〉北京某公司〈/编制单位〉
  〈货币单位〉万元〈/货币单位〉
〈/报表集〉
〈报表集〉
  〈报表编号〉2〈/报表编号〉
  〈报表名称〉损益表〈/报表名称〉
  〈报表报告日〉20081231〈/报表报告日〉
  〈报表报告期〉200812〈/报表报告期〉
  〈编制单位〉北京某公司〈/编制单位〉
  〈货币单位〉万元〈/货币单位〉
〈/报表集〉
〈报表项数据〉
  〈报表编号〉1〈/报表编号〉
  〈报表项编号〉101〈/报表项编号〉
  〈报表项名称〉货币资金期末数〈/报表项名称〉
  〈报表项公式〉公式表达式〈/报表项公式〉
  〈报表项数值〉500.20〈/报表项数值〉
〈/报表项数据〉
〈报表项数据〉
  〈报表编号〉1〈/报表编号〉
  〈报表项编号〉201〈/报表项编号〉
  〈报表项名称〉货币资金年初数〈/报表项名称〉
  〈报表项公式〉公式表达式〈/报表项公式〉
  〈报表项数值〉500.20〈/报表项数值〉
〈/报表项数据〉
〈报表项数据〉
  〈报表编号〉1〈/报表编号〉
  〈报表项编号〉102〈/报表项编号〉
  〈报表项名称〉交易性金融资产期末数〈/报表项名称〉
  〈报表项公式〉公式表达式〈/报表项公式〉
```

```
    〈报表项数值〉500.20〈/报表项数值〉
  〈/报表项数据〉
〈/总账〉
```

B.3 应收应付类 XML 实例

```
〈? xml version = "1.0" encoding = "GB18030"?〉
〈应收应付
xsi: schemaLocation = " http://sxbw. audit. gov. cn/AccountingSoftwareDataInterfaceStandard/
2010/SOE/XMLSchema 应收应付.xsd" xmlns:企业
 = "http://sxbw.audit.gov.cn/AccountingSoftwareDataInterfaceStandard/2010/SOE/XMLSchema"
xmlns = "http://sxbw.audit.gov.cn/AccountingSoftwareDataInterfaceStandard/2010/SOE/XMLSchema"
xmlns:xsi = "http://www.w3.org/2001/XMLSchema-instance"〉
  〈单据类型〉
    〈单据类型编码〉D01〈/单据类型编码〉
    〈单据类型名称〉应收单〈/单据类型名称〉
  〈/单据类型〉
  〈单据类型〉
    〈单据类型编码〉D02〈/单据类型编码〉
    〈单据类型名称〉收款单〈/单据类型名称〉
  〈/单据类型〉
  〈单据类型〉
    〈单据类型编码〉D03〈/单据类型编码〉
    〈单据类型名称〉应付单〈/单据类型名称〉
  〈/单据类型〉
  〈单据类型〉
    〈单据类型编码〉D04〈/单据类型编码〉
    〈单据类型名称〉付款单〈/单据类型名称〉
  〈/单据类型〉
  〈交易类型〉
    〈交易类型编码〉D0101〈/交易类型编码〉
    〈交易类型名称〉销售应收单〈/交易类型名称〉
  〈/交易类型〉
  〈交易类型〉
    〈交易类型编码〉D0201〈/交易类型编码〉
    〈交易类型名称〉销售收款单〈/交易类型名称〉
  〈/交易类型〉
  〈交易类型〉
    〈交易类型编码〉D0301〈/交易类型编码〉
    〈交易类型名称〉采购应付单〈/交易类型名称〉
  〈/交易类型〉
  〈交易类型〉
    〈交易类型编码〉D0401〈/交易类型编码〉
```

〈交易类型名称〉采购付款单〈/交易类型名称〉
〈/交易类型〉
〈应收明细表〉
〈客户编码〉CU01〈/客户编码〉
〈科目编号〉1122〈/科目编号〉
〈记账凭证日期〉20090101〈/记账凭证日期〉
〈记账日期〉20090101〈/记账日期〉
〈会计年度〉2009〈/会计年度〉
〈会计期间号〉1〈/会计期间号〉
〈记账凭证类型编号〉1〈/记账凭证类型编号〉
〈记账凭证编号〉1〈/记账凭证编号〉
〈本位币〉人民币〈/本位币〉
〈汇率〉7〈/汇率〉
〈余额方向〉借〈/余额方向〉
〈本币余额〉0〈/本币余额〉
〈原币余额〉0〈/原币余额〉
〈本币发生金额〉7000000〈/本币发生金额〉
〈原币币种〉美元〈/原币币种〉
〈原币发生金额〉1000000〈/原币发生金额〉
〈摘要〉销售 HR 产品〈/摘要〉
〈到期日〉20090201〈/到期日〉
〈核销凭证编号〉2〈/核销凭证编号〉
〈核销日期〉20090131〈/核销日期〉
〈单据类型编码〉D01〈/单据类型编码〉
〈交易类型编码〉D0101〈/交易类型编码〉
〈单据编号〉D01-20090101〈/单据编号〉
〈发票号〉NO. 0000001〈/发票号〉
〈合同号/〉
〈项目编码/〉
〈结算方式编码/〉
〈核销标志〉1〈/核销标志〉
〈汇票编号/〉
〈/应收明细表〉
〈应收明细表〉
〈客户编码〉CU01〈/客户编码〉
〈科目编号〉1122〈/科目编号〉
〈记账凭证日期〉20090131〈/记账凭证日期〉
〈记账日期〉20090131〈/记账日期〉
〈会计年度〉2009〈/会计年度〉
〈会计期间号〉1〈/会计期间号〉
〈记账凭证类型编号〉1〈/记账凭证类型编号〉
〈记账凭证编号〉2〈/记账凭证编号〉
〈本位币〉人民币〈/本位币〉

〈汇率〉7〈/汇率〉
〈余额方向〉借〈/余额方向〉
〈本币余额〉0〈/本币余额〉
〈原币余额〉0〈/原币余额〉
〈本币发生金额〉-7000000〈/本币发生金额〉
〈原币币种〉美元〈/原币币种〉
〈原币发生金额〉-1000000〈/原币发生金额〉
〈摘要〉收到销售款〈/摘要〉
〈到期日〉20090201〈/到期日〉
〈核销凭证编号〉1〈/核销凭证编号〉
〈核销日期〉20090131〈/核销日期〉
〈单据类型编码〉D02〈/单据类型编码〉
〈交易类型编码〉D0201〈/交易类型编码〉
〈单据编号〉D02-20090131〈/单据编号〉
〈发票号〉NO.0000001〈/发票号〉
〈合同号/〉
〈项目编码/〉
〈结算方式编码/〉
〈核销标志〉1〈/核销标志〉
〈汇票编号/〉
〈/应收明细表〉
〈应付明细表〉
〈供应商编码〉PR01〈/供应商编码〉
〈科目编号〉2202〈/科目编号〉
〈记账凭证日期〉20090301〈/记账凭证日期〉
〈记账日期〉20090302〈/记账日期〉
〈会计年度〉2009〈/会计年度〉
〈会计期间号〉3〈/会计期间号〉
〈记账凭证类型编号〉1〈/记账凭证类型编号〉
〈记账凭证编号〉3〈/记账凭证编号〉
〈本位币〉人民币〈/本位币〉
〈汇率〉1〈/汇率〉
〈余额方向〉贷〈/余额方向〉
〈本币余额〉0〈/本币余额〉
〈原币余额〉0〈/原币余额〉
〈本币发生金额〉10000〈/本币发生金额〉
〈原币币种〉人民币〈/原币币种〉
〈原币发生金额〉10000〈/原币发生金额〉
〈摘要〉购买笔记本〈/摘要〉
〈到期日〉20090401〈/到期日〉
〈核销凭证编号〉4〈/核销凭证编号〉
〈核销日期〉20090331〈/核销日期〉
〈单据类型编码〉D03〈/单据类型编码〉

〈交易类型编码〉D0301〈/交易类型编码〉
〈单据编号〉D03-20090301〈/单据编号〉
〈发票号〉NO.0000002〈/发票号〉
〈合同号〉NO.001〈/合同号〉
〈项目编码/〉
〈结算方式编码/〉
〈核销标志〉1〈/核销标志〉
〈汇票编号/〉
〈/应付明细表〉
〈应付明细表〉
〈供应商编码〉PR01〈/供应商编码〉
〈科目编号〉2202〈/科目编号〉
〈记账凭证日期〉20090331〈/记账凭证日期〉
〈记账日期〉20090331〈/记账日期〉
〈会计年度〉2009〈/会计年度〉
〈会计期间号〉3〈/会计期间号〉
〈记账凭证类型编号〉1〈/记账凭证类型编号〉
〈记账凭证编号〉4〈/记账凭证编号〉
〈本位币〉人民币〈/本位币〉
〈汇率〉1〈/汇率〉
〈余额方向〉贷〈/余额方向〉
〈本币余额〉0〈/本币余额〉
〈原币余额〉0〈/原币余额〉
〈本币发生金额〉-10000〈/本币发生金额〉
〈原币币种〉人民币〈/原币币种〉
〈原币发生金额〉-10000〈/原币发生金额〉
〈摘要〉支付货款〈/摘要〉
〈到期日〉20090401〈/到期日〉
〈核销凭证编号〉3〈/核销凭证编号〉
〈单据类型编码〉D04〈/单据类型编码〉
〈交易类型编码〉D0401〈/交易类型编码〉
〈单据编号〉D04-20090331〈/单据编号〉
〈发票号〉NO.0000002〈/发票号〉
〈合同号〉NO.001〈/合同号〉
〈项目编码/〉
〈结算方式编码/〉
〈核销标志〉1〈/核销标志〉
〈汇票编号/〉
〈/应付明细表〉
〈/应收应付〉

B.4 固定资产类 XML 实例

〈? xml version = "1.0" encoding = "GB18030"?〉
〈固定资产
xsi: schemaLocation = " http://sxbw. audit. gov. cn/AccountingSoftwareDataInterfaceStandard/2010/SOE/XMLSchema 固定资产.xsd" xmlns:企业
= "http://sxbw.audit.gov.cn/AccountingSoftwareDataInterfaceStandard/2010/SOE/XMLSchema"
xmlns = "http://sxbw.audit.gov.cn/AccountingSoftwareDataInterfaceStandard/2010/SOE/XMLSchema"
xmlns:xsi = "http://www.w3.org/2001/XMLSchema-instance"〉
〈固定资产基础信息〉
〈固定资产对账科目〉1601〈/固定资产对账科目〉
〈减值准备对账科目〉1602〈/减值准备对账科目〉
〈累计折旧对账科目〉1603〈/累计折旧对账科目〉
〈/固定资产基础信息〉
〈固定资产类别设置〉
〈固定资产类别编码规则〉2〈/固定资产类别编码规则〉
〈固定资产类别编码〉01〈/固定资产类别编码〉
〈固定资产类别名称〉电子设备〈/固定资产类别名称〉
〈/固定资产类别设置〉
〈固定资产类别设置〉
〈固定资产类别编码规则〉2〈/固定资产类别编码规则〉
〈固定资产类别编码〉02〈/固定资产类别编码〉
〈固定资产类别名称〉机器设备〈/固定资产类别名称〉
〈/固定资产类别设置〉
〈固定资产变动方式〉
〈变动方式编码〉0001〈/变动方式编码〉
〈变动方式名称〉购入〈/变动方式名称〉
〈/固定资产变动方式〉
〈固定资产变动方式〉
〈变动方式编码〉0002〈/变动方式编码〉
〈变动方式名称〉资产调入〈/变动方式名称〉
〈/固定资产变动方式〉
〈固定资产变动方式〉
〈变动方式编码〉0003〈/变动方式编码〉
〈变动方式名称〉自行建造〈/变动方式名称〉
〈/固定资产变动方式〉
〈固定资产变动方式〉
〈变动方式编码〉0004〈/变动方式编码〉
〈变动方式名称〉资产减值〈/变动方式名称〉
〈/固定资产变动方式〉
〈固定资产变动方式〉
〈变动方式编码〉0005〈/变动方式编码〉

〈变动方式名称〉资产重估〈/变动方式名称〉
〈/固定资产变动方式〉
〈固定资产变动方式〉
〈变动方式编码〉0006〈/变动方式编码〉
〈变动方式名称〉原值变更〈/变动方式名称〉
〈/固定资产变动方式〉
〈固定资产变动方式〉
〈变动方式编码〉0007〈/变动方式编码〉
〈变动方式名称〉累计折旧变更〈/变动方式名称〉
〈/固定资产变动方式〉
〈固定资产变动方式〉
〈变动方式编码〉0008〈/变动方式编码〉
〈变动方式名称〉折旧方法变更〈/变动方式名称〉
〈/固定资产变动方式〉
〈固定资产变动方式〉
〈变动方式编码〉0009〈/变动方式编码〉
〈变动方式名称〉使用年限变更〈/变动方式名称〉
〈/固定资产变动方式〉
〈固定资产变动方式〉
〈变动方式编码〉0010〈/变动方式编码〉
〈变动方式名称〉残值率变更〈/变动方式名称〉
〈/固定资产变动方式〉
〈固定资产变动方式〉
〈变动方式编码〉0011〈/变动方式编码〉
〈变动方式名称〉使用信息变更〈/变动方式名称〉
〈/固定资产变动方式〉
〈固定资产变动方式〉
〈变动方式编码〉0012〈/变动方式编码〉
〈变动方式名称〉资产位置变更〈/变动方式名称〉
〈/固定资产变动方式〉
〈固定资产变动方式〉
〈变动方式编码〉0013〈/变动方式编码〉
〈变动方式名称〉资产处置〈/变动方式名称〉
〈/固定资产变动方式〉
〈固定资产变动方式〉
〈变动方式编码〉0014〈/变动方式编码〉
〈变动方式名称〉资产调出〈/变动方式名称〉
〈/固定资产变动方式〉
〈固定资产折旧方法〉
〈折旧方法编码〉01〈/折旧方法编码〉
〈折旧方法名称〉直线法〈/折旧方法名称〉
〈折旧公式〉折旧额=(资产原值-累计减值准备)＊折旧率
折旧率=(1-残值率)/使用年限〈/折旧公式〉

〈/固定资产折旧方法〉
〈固定资产折旧方法〉
〈折旧方法编码〉02〈/折旧方法编码〉
〈折旧方法名称〉双倍余额递减法〈/折旧方法名称〉
〈折旧公式〉折旧额＝(资产原值-累计折旧-减值准备)＊折旧率
折旧率＝2/预计使用年限/12〈/折旧公式〉
〈/固定资产折旧方法〉
〈固定资产折旧方法〉
〈折旧方法编码〉03〈/折旧方法编码〉
〈折旧方法名称〉年数总和法〈/折旧方法名称〉
〈折旧公式〉折旧额＝(资产原值-预计残值-累计减值准备)＊折旧率
折旧率＝尚可使用年限/预计使用年数总和/12〈/折旧公式〉
〈/固定资产折旧方法〉
〈固定资产使用状况〉
〈使用状况编码〉01〈/使用状况编码〉
〈使用状况名称〉未使用〈/使用状况名称〉
〈/固定资产使用状况〉
〈固定资产使用状况〉
〈使用状况编码〉02〈/使用状况编码〉
〈使用状况名称〉使用中〈/使用状况名称〉
〈/固定资产使用状况〉
〈固定资产使用状况〉
〈使用状况编码〉03〈/使用状况编码〉
〈使用状况名称〉季节性停用〈/使用状况名称〉
〈/固定资产使用状况〉
〈固定资产卡片〉
〈固定资产卡片编号〉KP-0001〈/固定资产卡片编号〉
〈固定资产类别编码〉01〈/固定资产类别编码〉
〈固定资产编码〉DYJ-HQ〈/固定资产编码〉
〈固定资产名称〉惠普打印机〈/固定资产名称〉
〈固定资产入账日期〉20090101〈/固定资产入账日期〉
〈会计期间号〉1〈/会计期间号〉
〈固定资产计量单位〉台〈/固定资产计量单位〉
〈固定资产数量〉3〈/固定资产数量〉
〈变动方式编码〉0001〈/变动方式编码〉
〈折旧方法编码〉01〈/折旧方法编码〉
〈使用状况编码〉02〈/使用状况编码〉
〈预计使用月份〉60〈/预计使用月份〉
〈已计提月份〉0〈/已计提月份〉
〈本位币〉人民币〈/本位币〉
〈固定资产原值〉10000〈/固定资产原值〉
〈固定资产累计折旧〉0〈/固定资产累计折旧〉
〈固定资产净值〉10000〈/固定资产净值〉

〈固定资产累计减值准备〉0〈/固定资产累计减值准备〉
〈固定资产净残值率〉0.1〈/固定资产净残值率〉
〈固定资产净残值〉1000〈/固定资产净残值〉
〈固定资产月折旧率〉0〈/固定资产月折旧率〉
〈固定资产月折旧额〉0〈/固定资产月折旧额〉
〈固定资产工作量单位/〉
〈固定资产工作总量〉0〈/固定资产工作总量〉
〈累计工作总量〉0〈/累计工作总量〉
〈固定资产对账科目〉1601〈/固定资产对账科目〉
〈减值准备对账科目〉1602〈/减值准备对账科目〉
〈累计折旧对账科目〉1603〈/累计折旧对账科目〉
〈/固定资产卡片〉
〈固定资产卡片〉
〈固定资产卡片编号〉KP-0001〈/固定资产卡片编号〉
〈固定资产类别编码〉01〈/固定资产类别编码〉
〈固定资产编码〉DYJ-HQ〈/固定资产编码〉
〈固定资产名称〉惠普打印机〈/固定资产名称〉
〈固定资产入账日期〉20090101〈/固定资产入账日期〉
〈会计期间号〉2〈/会计期间号〉
〈固定资产计量单位〉台〈/固定资产计量单位〉
〈固定资产数量〉3〈/固定资产数量〉
〈变动方式编码〉0001〈/变动方式编码〉
〈折旧方法编码〉01〈/折旧方法编码〉
〈使用状况编码〉02〈/使用状况编码〉
〈预计使用月份〉60〈/预计使用月份〉
〈已计提月份〉1〈/已计提月份〉
〈本位币〉人民币〈/本位币〉
〈固定资产原值〉10000〈/固定资产原值〉
〈固定资产累计折旧〉150〈/固定资产累计折旧〉
〈固定资产净值〉9850〈/固定资产净值〉
〈固定资产累计减值准备〉0〈/固定资产累计减值准备〉
〈固定资产净残值率〉0.1〈/固定资产净残值率〉
〈固定资产净残值〉1000〈/固定资产净残值〉
〈固定资产月折旧率〉0.015〈/固定资产月折旧率〉
〈固定资产月折旧额〉150〈/固定资产月折旧额〉
〈固定资产工作量单位/〉
〈固定资产工作总量〉0〈/固定资产工作总量〉
〈累计工作总量〉0〈/累计工作总量〉
〈固定资产对账科目〉1601〈/固定资产对账科目〉
〈减值准备对账科目〉1602〈/减值准备对账科目〉
〈累计折旧对账科目〉1603〈/累计折旧对账科目〉
〈/固定资产卡片〉
〈固定资产卡片〉

〈固定资产卡片编号〉KP-0001〈/固定资产卡片编号〉
〈固定资产类别编码〉01〈/固定资产类别编码〉
〈固定资产编码〉DYJ-HQ〈/固定资产编码〉
〈固定资产名称〉惠普打印机〈/固定资产名称〉
〈固定资产入账日期〉20090101〈/固定资产入账日期〉
〈会计期间号〉3〈/会计期间号〉
〈固定资产计量单位〉台〈/固定资产计量单位〉
〈固定资产数量〉3〈/固定资产数量〉
〈变动方式编码〉0001〈/变动方式编码〉
〈折旧方法编码〉01〈/折旧方法编码〉
〈使用状况编码〉02〈/使用状况编码〉
〈预计使用月份〉60〈/预计使用月份〉
〈已计提月份〉2〈/已计提月份〉
〈本位币〉人民币〈/本位币〉
〈固定资产原值〉10000〈/固定资产原值〉
〈固定资产累计折旧〉300〈/固定资产累计折旧〉
〈固定资产净值〉9700〈/固定资产净值〉
〈固定资产累计减值准备〉0〈/固定资产累计减值准备〉
〈固定资产净残值率〉0.1〈/固定资产净残值率〉
〈固定资产净残值〉1000〈/固定资产净残值〉
〈固定资产月折旧率〉0.015〈/固定资产月折旧率〉
〈固定资产月折旧额〉150〈/固定资产月折旧额〉
〈固定资产工作量单位/〉
〈固定资产工作总量〉0〈/固定资产工作总量〉
〈累计工作总量〉0〈/累计工作总量〉
〈固定资产对账科目〉1601〈/固定资产对账科目〉
〈减值准备对账科目〉1602〈/减值准备对账科目〉
〈累计折旧对账科目〉1603〈/累计折旧对账科目〉
〈/固定资产卡片〉
〈固定资产卡片〉
〈固定资产卡片编号〉KP-0002〈/固定资产卡片编号〉
〈固定资产类别编码〉02〈/固定资产类别编码〉
〈固定资产编码〉CC-FD〈/固定资产编码〉
〈固定资产名称〉叉车〈/固定资产名称〉
〈固定资产入账日期〉20090101〈/固定资产入账日期〉
〈会计期间号〉1〈/会计期间号〉
〈固定资产计量单位〉台〈/固定资产计量单位〉
〈固定资产数量〉2〈/固定资产数量〉
〈变动方式编码〉0001〈/变动方式编码〉
〈折旧方法编码〉01〈/折旧方法编码〉
〈使用状况编码〉02〈/使用状况编码〉
〈预计使用月份〉120〈/预计使用月份〉
〈已计提月份〉100〈/已计提月份〉

〈本位币〉人民币〈/本位币〉
〈固定资产原值〉100000〈/固定资产原值〉
〈固定资产累计折旧〉75000〈/固定资产累计折旧〉
〈固定资产净值〉25000〈/固定资产净值〉
〈固定资产累计减值准备〉0〈/固定资产累计减值准备〉
〈固定资产净残值率〉0.1〈/固定资产净残值率〉
〈固定资产净残值〉10000〈/固定资产净残值〉
〈固定资产月折旧率〉0.0075〈/固定资产月折旧率〉
〈固定资产月折旧额〉750〈/固定资产月折旧额〉
〈固定资产工作量单位/〉
〈固定资产工作总量〉0〈/固定资产工作总量〉
〈累计工作总量〉0〈/累计工作总量〉
〈固定资产对账科目〉1601〈/固定资产对账科目〉
〈减值准备对账科目〉1602〈/减值准备对账科目〉
〈累计折旧对账科目〉1603〈/累计折旧对账科目〉
〈/固定资产卡片〉
〈固定资产卡片〉
〈固定资产卡片编号〉KP-0002〈/固定资产卡片编号〉
〈固定资产类别编码〉02〈/固定资产类别编码〉
〈固定资产编码〉CC-FD〈/固定资产编码〉
〈固定资产名称〉叉车〈/固定资产名称〉
〈固定资产入账日期〉20090101〈/固定资产入账日期〉
〈会计期间号〉2〈/会计期间号〉
〈固定资产计量单位〉台〈/固定资产计量单位〉
〈固定资产数量〉2〈/固定资产数量〉
〈变动方式编码〉0001〈/变动方式编码〉
〈折旧方法编码〉01〈/折旧方法编码〉
〈使用状况编码〉02〈/使用状况编码〉
〈预计使用月份〉120〈/预计使用月份〉
〈已计提月份〉101〈/已计提月份〉
〈本位币〉人民币〈/本位币〉
〈固定资产原值〉100000〈/固定资产原值〉
〈固定资产累计折旧〉75750〈/固定资产累计折旧〉
〈固定资产净值〉24250〈/固定资产净值〉
〈固定资产累计减值准备〉0〈/固定资产累计减值准备〉
〈固定资产净残值率〉0.1〈/固定资产净残值率〉
〈固定资产净残值〉10000〈/固定资产净残值〉
〈固定资产月折旧率〉0.0075〈/固定资产月折旧率〉
〈固定资产月折旧额〉750〈/固定资产月折旧额〉
〈固定资产工作量单位/〉
〈固定资产工作总量〉0〈/固定资产工作总量〉
〈累计工作总量〉0〈/累计工作总量〉
〈固定资产对账科目〉1601〈/固定资产对账科目〉

〈减值准备对账科目〉1602〈/减值准备对账科目〉
〈累计折旧对账科目〉1603〈/累计折旧对账科目〉
〈/固定资产卡片〉
〈固定资产卡片〉
〈固定资产卡片编号〉KP-0002〈/固定资产卡片编号〉
〈固定资产类别编码〉02〈/固定资产类别编码〉
〈固定资产编码〉CC-FD〈/固定资产编码〉
〈固定资产名称〉叉车〈/固定资产名称〉
〈固定资产入账日期〉20090101〈/固定资产入账日期〉
〈会计期间号〉3〈/会计期间号〉
〈固定资产计量单位〉台〈/固定资产计量单位〉
〈固定资产数量〉1〈/固定资产数量〉
〈变动方式编码〉0001〈/变动方式编码〉
〈折旧方法编码〉01〈/折旧方法编码〉
〈使用状况编码〉02〈/使用状况编码〉
〈预计使用月份〉120〈/预计使用月份〉
〈已计提月份〉102〈/已计提月份〉
〈本位币〉人民币〈/本位币〉
〈固定资产原值〉50000〈/固定资产原值〉
〈固定资产累计折旧〉38250〈/固定资产累计折旧〉
〈固定资产净值〉11750〈/固定资产净值〉
〈固定资产累计减值准备〉0〈/固定资产累计减值准备〉
〈固定资产净残值率〉0.1〈/固定资产净残值率〉
〈固定资产净残值〉5000〈/固定资产净残值〉
〈固定资产月折旧率〉0.0075〈/固定资产月折旧率〉
〈固定资产月折旧额〉750〈/固定资产月折旧额〉
〈固定资产工作量单位/〉
〈固定资产工作总量〉0〈/固定资产工作总量〉
〈累计工作总量〉0〈/累计工作总量〉
〈固定资产对账科目〉1601〈/固定资产对账科目〉
〈减值准备对账科目〉1602〈/减值准备对账科目〉
〈累计折旧对账科目〉1603〈/累计折旧对账科目〉
〈/固定资产卡片〉
〈固定资产卡片实物信息〉
〈固定资产卡片编号〉KP-0001〈/固定资产卡片编号〉
〈会计期间号〉1〈/会计期间号〉
〈固定资产标签号〉BQ-00001〈/固定资产标签号〉
〈固定资产位置〉财务部办公室〈/固定资产位置〉
〈固定资产规格型号〉DJ3848〈/固定资产规格型号〉
〈/固定资产卡片实物信息〉
〈固定资产卡片实物信息〉
〈固定资产卡片编号〉KP-0001〈/固定资产卡片编号〉
〈会计期间号〉1〈/会计期间号〉

〈固定资产标签号〉BQ-00002〈/固定资产标签号〉
〈固定资产位置〉财务部办公室〈/固定资产位置〉
〈固定资产规格型号〉DJ3848〈/固定资产规格型号〉
〈/固定资产卡片实物信息〉
〈固定资产卡片实物信息〉
〈固定资产卡片编号〉KP-0001〈/固定资产卡片编号〉
〈会计期间号〉1〈/会计期间号〉
〈固定资产标签号〉BQ-00003〈/固定资产标签号〉
〈固定资产位置〉财务部办公室〈/固定资产位置〉
〈固定资产规格型号〉DJ3848〈/固定资产规格型号〉
〈/固定资产卡片实物信息〉
〈固定资产卡片实物信息〉
〈固定资产卡片编号〉KP-0001〈/固定资产卡片编号〉
〈会计期间号〉2〈/会计期间号〉
〈固定资产标签号〉BQ-00001〈/固定资产标签号〉
〈固定资产位置〉计划部办公室〈/固定资产位置〉
〈固定资产规格型号〉DJ3848〈/固定资产规格型号〉
〈/固定资产卡片实物信息〉
〈固定资产卡片实物信息〉
〈固定资产卡片编号〉KP-0001〈/固定资产卡片编号〉
〈会计期间号〉2〈/会计期间号〉
〈固定资产标签号〉BQ-00002〈/固定资产标签号〉
〈固定资产位置〉财务部办公室〈/固定资产位置〉
〈固定资产规格型号〉DJ3848〈/固定资产规格型号〉
〈/固定资产卡片实物信息〉
〈固定资产卡片实物信息〉
〈固定资产卡片编号〉KP-0001〈/固定资产卡片编号〉
〈会计期间号〉2〈/会计期间号〉
〈固定资产标签号〉BQ-00003〈/固定资产标签号〉
〈固定资产位置〉财务部办公室〈/固定资产位置〉
〈固定资产规格型号〉DJ3848〈/固定资产规格型号〉
〈/固定资产卡片实物信息〉
〈固定资产卡片实物信息〉
〈固定资产卡片编号〉KP-0001〈/固定资产卡片编号〉
〈会计期间号〉3〈/会计期间号〉
〈固定资产标签号〉BQ-00001〈/固定资产标签号〉
〈固定资产位置〉计划部办公室〈/固定资产位置〉
〈固定资产规格型号〉DJ3848〈/固定资产规格型号〉
〈/固定资产卡片实物信息〉
〈固定资产卡片实物信息〉
〈固定资产卡片编号〉KP-0001〈/固定资产卡片编号〉
〈会计期间号〉3〈/会计期间号〉
〈固定资产标签号〉BQ-00002〈/固定资产标签号〉

〈固定资产位置〉财务部办公室〈/固定资产位置〉
〈固定资产规格型号〉DJ3848〈/固定资产规格型号〉
〈/固定资产卡片实物信息〉
〈固定资产卡片实物信息〉
〈固定资产卡片编号〉KP-0001〈/固定资产卡片编号〉
〈会计期间号〉3〈/会计期间号〉
〈固定资产标签号〉BQ-00003〈/固定资产标签号〉
〈固定资产位置〉财务部办公室〈/固定资产位置〉
〈固定资产规格型号〉DJ3848〈/固定资产规格型号〉
〈/固定资产卡片实物信息〉
〈固定资产卡片实物信息〉
〈固定资产卡片编号〉KP-0002〈/固定资产卡片编号〉
〈会计期间号〉1〈/会计期间号〉
〈固定资产标签号〉BQ-00004〈/固定资产标签号〉
〈固定资产位置〉一车间东南角〈/固定资产位置〉
〈固定资产规格型号〉DJ3848〈/固定资产规格型号〉
〈/固定资产卡片实物信息〉
〈固定资产卡片实物信息〉
〈固定资产卡片编号〉KP-0002〈/固定资产卡片编号〉
〈会计期间号〉1〈/会计期间号〉
〈固定资产标签号〉BQ-00005〈/固定资产标签号〉
〈固定资产位置〉一车间东南角〈/固定资产位置〉
〈固定资产规格型号〉DJ3848〈/固定资产规格型号〉
〈/固定资产卡片实物信息〉
〈固定资产卡片实物信息〉
〈固定资产卡片编号〉KP-0002〈/固定资产卡片编号〉
〈会计期间号〉2〈/会计期间号〉
〈固定资产标签号〉BQ-00004〈/固定资产标签号〉
〈固定资产位置〉一车间东南角〈/固定资产位置〉
〈固定资产规格型号〉DJ3848〈/固定资产规格型号〉
〈/固定资产卡片实物信息〉
〈固定资产卡片实物信息〉
〈固定资产卡片编号〉KP-0002〈/固定资产卡片编号〉
〈会计期间号〉2〈/会计期间号〉
〈固定资产标签号〉BQ-00005〈/固定资产标签号〉
〈固定资产位置〉一车间东南角〈/固定资产位置〉
〈固定资产规格型号〉DJ3848〈/固定资产规格型号〉
〈/固定资产卡片实物信息〉
〈固定资产卡片实物信息〉
〈固定资产卡片编号〉KP-0002〈/固定资产卡片编号〉
〈会计期间号〉3〈/会计期间号〉
〈固定资产标签号〉BQ-00005〈/固定资产标签号〉
〈固定资产位置〉一车间东南角〈/固定资产位置〉

〈固定资产规格型号〉DJ3848〈/固定资产规格型号〉
〈/固定资产卡片实物信息〉
〈固定资产卡片使用信息〉
〈固定资产卡片编号〉KP-0001〈/固定资产卡片编号〉
〈固定资产标签号〉BQ-00001〈/固定资产标签号〉
〈会计期间号〉1〈/会计期间号〉
〈部门编码〉01〈/部门编码〉
〈折旧分配比例〉0.5〈/折旧分配比例〉
〈/固定资产卡片使用信息〉
〈固定资产卡片使用信息〉
〈固定资产卡片编号〉KP-0001〈/固定资产卡片编号〉
〈固定资产标签号〉BQ-00001〈/固定资产标签号〉
〈会计期间号〉1〈/会计期间号〉
〈部门编码〉02〈/部门编码〉
〈折旧分配比例〉0.5〈/折旧分配比例〉
〈/固定资产卡片使用信息〉
〈固定资产卡片使用信息〉
〈固定资产卡片编号〉KP-0001〈/固定资产卡片编号〉
〈固定资产标签号〉BQ-00002〈/固定资产标签号〉
〈会计期间号〉1〈/会计期间号〉
〈部门编码〉01〈/部门编码〉
〈折旧分配比例〉1.0〈/折旧分配比例〉
〈/固定资产卡片使用信息〉
〈固定资产卡片使用信息〉
〈固定资产卡片编号〉KP-0001〈/固定资产卡片编号〉
〈固定资产标签号〉BQ-00003〈/固定资产标签号〉
〈会计期间号〉1〈/会计期间号〉
〈部门编码〉01〈/部门编码〉
〈折旧分配比例〉1.0〈/折旧分配比例〉
〈/固定资产卡片使用信息〉
〈固定资产卡片使用信息〉
〈固定资产卡片编号〉KP-0001〈/固定资产卡片编号〉
〈固定资产标签号〉BQ-00001〈/固定资产标签号〉
〈会计期间号〉2〈/会计期间号〉
〈部门编码〉01〈/部门编码〉
〈折旧分配比例〉0.5〈/折旧分配比例〉
〈/固定资产卡片使用信息〉
〈固定资产卡片使用信息〉
〈固定资产卡片编号〉KP-0001〈/固定资产卡片编号〉
〈固定资产标签号〉BQ-00001〈/固定资产标签号〉
〈会计期间号〉2〈/会计期间号〉
〈部门编码〉02〈/部门编码〉
〈折旧分配比例〉0.5〈/折旧分配比例〉

〈/固定资产卡片使用信息〉
〈固定资产卡片使用信息〉
〈固定资产卡片编号〉KP-0001〈/固定资产卡片编号〉
〈固定资产标签号〉BQ-00002〈/固定资产标签号〉
〈会计期间号〉2〈/会计期间号〉
〈部门编码〉01〈/部门编码〉
〈折旧分配比例〉1.0〈/折旧分配比例〉
〈/固定资产卡片使用信息〉
〈固定资产卡片使用信息〉
〈固定资产卡片编号〉KP-0001〈/固定资产卡片编号〉
〈固定资产标签号〉BQ-00003〈/固定资产标签号〉
〈会计期间号〉2〈/会计期间号〉
〈部门编码〉01〈/部门编码〉
〈折旧分配比例〉1.0〈/折旧分配比例〉
〈/固定资产卡片使用信息〉
〈固定资产卡片使用信息〉
〈固定资产卡片编号〉KP-0001〈/固定资产卡片编号〉
〈固定资产标签号〉BQ-00001〈/固定资产标签号〉
〈会计期间号〉3〈/会计期间号〉
〈部门编码〉01〈/部门编码〉
〈折旧分配比例〉0.6〈/折旧分配比例〉
〈/固定资产卡片使用信息〉
〈固定资产卡片使用信息〉
〈固定资产卡片编号〉KP-0001〈/固定资产卡片编号〉
〈固定资产标签号〉BQ-00001〈/固定资产标签号〉
〈会计期间号〉3〈/会计期间号〉
〈部门编码〉02〈/部门编码〉
〈折旧分配比例〉0.4〈/折旧分配比例〉
〈/固定资产卡片使用信息〉
〈固定资产卡片使用信息〉
〈固定资产卡片编号〉KP-0001〈/固定资产卡片编号〉
〈固定资产标签号〉BQ-00002〈/固定资产标签号〉
〈会计期间号〉3〈/会计期间号〉
〈部门编码〉01〈/部门编码〉
〈折旧分配比例〉1.0〈/折旧分配比例〉
〈/固定资产卡片使用信息〉
〈固定资产卡片使用信息〉
〈固定资产卡片编号〉KP-0001〈/固定资产卡片编号〉
〈固定资产标签号〉BQ-00003〈/固定资产标签号〉
〈会计期间号〉3〈/会计期间号〉
〈部门编码〉01〈/部门编码〉
〈折旧分配比例〉1.0〈/折旧分配比例〉
〈/固定资产卡片使用信息〉

〈固定资产卡片使用信息〉
〈固定资产卡片编号〉KP-0002〈/固定资产卡片编号〉
〈固定资产标签号〉BQ-00004〈/固定资产标签号〉
〈会计期间号〉1〈/会计期间号〉
〈部门编码〉03〈/部门编码〉
〈折旧分配比例〉1.0〈/折旧分配比例〉
〈/固定资产卡片使用信息〉
〈固定资产卡片使用信息〉
〈固定资产卡片编号〉KP-0002〈/固定资产卡片编号〉
〈固定资产标签号〉BQ-00005〈/固定资产标签号〉
〈会计期间号〉1〈/会计期间号〉
〈部门编码〉03〈/部门编码〉
〈折旧分配比例〉1.0〈/折旧分配比例〉
〈/固定资产卡片使用信息〉
〈固定资产卡片使用信息〉
〈固定资产卡片编号〉KP-0002〈/固定资产卡片编号〉
〈固定资产标签号〉BQ-00004〈/固定资产标签号〉
〈会计期间号〉2〈/会计期间号〉
〈部门编码〉03〈/部门编码〉
〈折旧分配比例〉1.0〈/折旧分配比例〉
〈/固定资产卡片使用信息〉
〈固定资产卡片使用信息〉
〈固定资产卡片编号〉KP-0002〈/固定资产卡片编号〉
〈固定资产标签号〉BQ-00005〈/固定资产标签号〉
〈会计期间号〉2〈/会计期间号〉
〈部门编码〉03〈/部门编码〉
〈折旧分配比例〉1.0〈/折旧分配比例〉
〈/固定资产卡片使用信息〉
〈固定资产卡片使用信息〉
〈固定资产卡片编号〉KP-0002〈/固定资产卡片编号〉
〈固定资产标签号〉BQ-00005〈/固定资产标签号〉
〈会计期间号〉3〈/会计期间号〉
〈部门编码〉03〈/部门编码〉
〈折旧分配比例〉1.0〈/折旧分配比例〉
〈/固定资产卡片使用信息〉
〈固定资产减少情况〉
〈固定资产减少流水号〉CH-00001〈/固定资产减少流水号〉
〈减少发生日期〉20090325〈/减少发生日期〉
〈会计期间号〉3〈/会计期间号〉
〈变动方式编码〉0013〈/变动方式编码〉
〈固定资产卡片编号〉KP-0002〈/固定资产卡片编号〉
〈固定资产名称〉叉车〈/固定资产名称〉
〈固定资产编码〉CC-FD〈/固定资产编码〉

〈固定资产减少数量〉1〈/固定资产减少数量〉
〈固定资产减少原值〉50000〈/固定资产减少原值〉
〈固定资产减少累计折旧〉38250〈/固定资产减少累计折旧〉
〈固定资产减少减值准备〉0〈/固定资产减少减值准备〉
〈固定资产减少残值〉5000〈/固定资产减少残值〉
〈清理收入〉1000〈/清理收入〉
〈清理费用〉0〈/清理费用〉
〈固定资产减少原因〉因为已损坏进行清理〈/固定资产减少原因〉
〈/固定资产减少情况〉
〈固定资产减少实物信息〉
〈固定资产减少流水号〉CH-00001〈/固定资产减少流水号〉
〈固定资产卡片编号〉KP-0002〈/固定资产卡片编号〉
〈固定资产标签号〉BQ-00004〈/固定资产标签号〉
〈会计期间号〉3〈/会计期间号〉
〈/固定资产减少实物信息〉
〈固定资产变动情况〉
〈固定资产变动流水号〉BG-00001〈/固定资产变动流水号〉
〈固定资产变动日期〉20090220〈/固定资产变动日期〉
〈会计期间号〉2〈/会计期间号〉
〈固定资产卡片编号〉KP-0001〈/固定资产卡片编号〉
〈固定资产编码〉DYJ-HQ〈/固定资产编码〉
〈固定资产名称〉惠普打印机〈/固定资产名称〉
〈变动方式编码〉0012〈/变动方式编码〉
〈固定资产标签号〉BQ-00001〈/固定资产标签号〉
〈变动前内容及数值〉财务部办公室〈/变动前内容及数值〉
〈变动后内容及数值〉计划部办公室〈/变动后内容及数值〉
〈固定资产变动原因〉位置调整〈/固定资产变动原因〉
〈/固定资产变动情况〉
〈固定资产变动情况〉
〈固定资产变动流水号〉BG-00002〈/固定资产变动流水号〉
〈固定资产变动日期〉20090320〈/固定资产变动日期〉
〈会计期间号〉3〈/会计期间号〉
〈固定资产卡片编号〉KP-0001〈/固定资产卡片编号〉
〈固定资产编码〉DYJ-HQ〈/固定资产编码〉
〈固定资产名称〉惠普打印机〈/固定资产名称〉
〈变动方式编码〉0012〈/变动方式编码〉
〈固定资产标签号〉BQ-00001〈/固定资产标签号〉
〈变动前内容及数值〉50%〈/变动前内容及数值〉
〈变动后内容及数值〉60%〈/变动后内容及数值〉
〈固定资产变动原因〉根据使用情况重新调整分配比例〈/固定资产变动原因〉
〈/固定资产变动情况〉
〈固定资产变动情况〉
〈固定资产变动流水号〉BG-00002〈/固定资产变动流水号〉

```
    〈固定资产变动日期〉20090320〈/固定资产变动日期〉
    〈会计期间号〉3〈/会计期间号〉
    〈固定资产卡片编号〉KP-0001〈/固定资产卡片编号〉
    〈固定资产编码〉DYJ-HQ〈/固定资产编码〉
    〈固定资产名称〉惠普打印机〈/固定资产名称〉
    〈变动方式编码〉0012〈/变动方式编码〉
    〈固定资产标签号〉BQ-00001〈/固定资产标签号〉
    〈变动前内容及数值〉50%〈/变动前内容及数值〉
    〈变动后内容及数值〉40%〈/变动后内容及数值〉
    〈固定资产变动原因〉根据使用情况重新调整分配比例〈/固定资产变动原因〉
  〈/固定资产变动情况〉
〈/固定资产〉
```

B.5 员工薪酬类 XML 实例

```
〈? xml version = "1.0" encoding = "GB18030"?〉
〈员工薪酬
xsi: schemaLocation = " http://sxbw. audit. gov. cn/AccountingSoftwareDataInterfaceStandard/
2010/SOE/XMLSchema 员工薪酬.xsd" xmlns:企业
 = "http://sxbw.audit.gov.cn/AccountingSoftwareDataInterfaceStandard/2010/SOE/XMLSchema"
xmlns = "http://sxbw.audit.gov.cn/AccountingSoftwareDataInterfaceStandard/2010/SOE/XMLSchema"
xmlns:xsi = "http://www.w3.org/2001/XMLSchema-instance"〉
  〈薪酬期间〉
    〈薪酬年度〉2009〈/薪酬年度〉
    〈薪酬期间号〉01〈/薪酬期间号〉
    〈薪酬期间起始日期〉20090101〈/薪酬期间起始日期〉
    〈薪酬期间结束日期〉20090131〈/薪酬期间结束日期〉
  〈/薪酬期间〉
  〈薪酬期间〉
    〈薪酬年度〉2009〈/薪酬年度〉
    〈薪酬期间号〉02〈/薪酬期间号〉
    〈薪酬期间起始日期〉20090201〈/薪酬期间起始日期〉
    〈薪酬期间结束日期〉20090228〈/薪酬期间结束日期〉
  〈/薪酬期间〉
  〈薪酬期间〉
    〈薪酬年度〉2009〈/薪酬年度〉
    〈薪酬期间号〉03〈/薪酬期间号〉
    〈薪酬期间起始日期〉20090301〈/薪酬期间起始日期〉
    〈薪酬期间结束日期〉20090331〈/薪酬期间结束日期〉
  〈/薪酬期间〉
  〈薪酬项目〉
    〈薪酬类别名称〉营销人员薪酬〈/薪酬类别名称〉
    〈薪酬项目编码〉01〈/薪酬项目编码〉
```

```
    〈薪酬项目名称〉保底工资〈/薪酬项目名称〉
  〈/薪酬项目〉
  〈薪酬项目〉
    〈薪酬类别名称〉营销人员薪酬〈/薪酬类别名称〉
    〈薪酬项目编码〉02〈/薪酬项目编码〉
    〈薪酬项目名称〉销售提成〈/薪酬项目名称〉
  〈/薪酬项目〉
  〈薪酬项目〉
    〈薪酬类别名称〉行政人员薪酬〈/薪酬类别名称〉
    〈薪酬项目编码〉01〈/薪酬项目编码〉
    〈薪酬项目名称〉基本工资〈/薪酬项目名称〉
  〈/薪酬项目〉
  〈薪酬项目〉
    〈薪酬类别名称〉行政人员薪酬〈/薪酬类别名称〉
    〈薪酬项目编码〉02〈/薪酬项目编码〉
    〈薪酬项目名称〉月度奖金〈/薪酬项目名称〉
  〈/薪酬项目〉
  〈薪酬项目〉
    〈薪酬类别名称〉兼职用工薪酬〈/薪酬类别名称〉
    〈薪酬项目编码〉01〈/薪酬项目编码〉
    〈薪酬项目名称〉小时工资〈/薪酬项目名称〉
  〈/薪酬项目〉
  〈员工薪酬记录〉
    〈员工编码〉101〈/员工编码〉
    〈员工类别〉在编人员〈/员工类别〉
    〈部门编码〉201〈/部门编码〉
    〈薪酬类别名称〉行政人员薪酬〈/薪酬类别名称〉
    〈薪酬年度〉2009〈/薪酬年度〉
    〈薪酬期间号〉01〈/薪酬期间号〉
    〈会计年度〉2009〈/会计年度〉
    〈会计期间号〉1〈/会计期间号〉
    〈币种编码〉1〈/币种编码〉
  〈/员工薪酬记录〉
  〈员工薪酬记录〉
    〈员工编码〉101〈/员工编码〉
    〈员工类别〉在编人员〈/员工类别〉
    〈部门编码〉201〈/部门编码〉
    〈薪酬类别名称〉行政人员薪酬〈/薪酬类别名称〉
    〈薪酬年度〉2009〈/薪酬年度〉
    〈薪酬期间号〉02〈/薪酬期间号〉
    〈会计年度〉2009〈/会计年度〉
    〈会计期间号〉2〈/会计期间号〉
    〈币种编码〉1〈/币种编码〉
```

〈/员工薪酬记录〉
〈员工薪酬记录〉
〈员工编码〉102〈/员工编码〉
〈员工类别〉在编人员〈/员工类别〉
〈部门编码〉202〈/部门编码〉
〈薪酬类别名称〉营销人员薪酬〈/薪酬类别名称〉
〈薪酬年度〉2009〈/薪酬年度〉
〈薪酬期间号〉01〈/薪酬期间号〉
〈会计年度〉2009〈/会计年度〉
〈会计期间号〉1〈/会计期间号〉
〈币种编码〉1〈/币种编码〉
〈/员工薪酬记录〉
〈员工薪酬记录〉
〈员工编码〉103〈/员工编码〉
〈员工类别〉在编人员〈/员工类别〉
〈部门编码〉203〈/部门编码〉
〈薪酬类别名称〉行政人员薪酬〈/薪酬类别名称〉
〈薪酬年度〉2009〈/薪酬年度〉
〈薪酬期间号〉01〈/薪酬期间号〉
〈会计年度〉2009〈/会计年度〉
〈会计期间号〉1〈/会计期间号〉
〈币种编码〉1〈/币种编码〉
〈/员工薪酬记录〉
〈员工薪酬记录〉
〈员工编码〉104〈/员工编码〉
〈员工类别〉非全日用工〈/员工类别〉
〈部门编码〉201〈/部门编码〉
〈薪酬类别名称〉兼职用工薪酬〈/薪酬类别名称〉
〈薪酬年度〉2009〈/薪酬年度〉
〈薪酬期间号〉01〈/薪酬期间号〉
〈会计年度〉2009〈/会计年度〉
〈会计期间号〉1〈/会计期间号〉
〈币种编码〉1〈/币种编码〉
〈/员工薪酬记录〉
〈员工薪酬记录明细〉
〈员工编码〉101〈/员工编码〉
〈薪酬类别名称〉行政人员薪酬〈/薪酬类别名称〉
〈薪酬年度〉2009〈/薪酬年度〉
〈薪酬期间号〉01〈/薪酬期间号〉
〈薪酬项目编码〉01〈/薪酬项目编码〉
〈薪酬金额〉3500〈/薪酬金额〉
〈/员工薪酬记录明细〉
〈员工薪酬记录明细〉

〈员工编码〉102〈/员工编码〉
〈薪酬类别名称〉行政人员薪酬〈/薪酬类别名称〉
〈薪酬年度〉2009〈/薪酬年度〉
〈薪酬期间号〉01〈/薪酬期间号〉
〈薪酬项目编码〉01〈/薪酬项目编码〉
〈薪酬金额〉2500〈/薪酬金额〉
〈/员工薪酬记录明细〉
〈员工薪酬记录明细〉
〈员工编码〉103〈/员工编码〉
〈薪酬类别名称〉营销人员薪酬〈/薪酬类别名称〉
〈薪酬年度〉2009〈/薪酬年度〉
〈薪酬期间号〉01〈/薪酬期间号〉
〈薪酬项目编码〉01〈/薪酬项目编码〉
〈薪酬金额〉1500〈/薪酬金额〉
〈/员工薪酬记录明细〉
〈员工薪酬记录明细〉
〈员工编码〉103〈/员工编码〉
〈薪酬类别名称〉营销人员薪酬〈/薪酬类别名称〉
〈薪酬年度〉2009〈/薪酬年度〉
〈薪酬期间号〉01〈/薪酬期间号〉
〈薪酬项目编码〉02〈/薪酬项目编码〉
〈薪酬金额〉3800〈/薪酬金额〉
〈/员工薪酬记录明细〉
〈/员工薪酬〉

参 考 文 献

[1] GB 18030—2005 信息技术 中文编码字符集

[2] GB/T 18793—2002 信息技术 可扩展置标语言(XML)1.0

[3] 《企业会计准则》(2006年2月15日发布)

[4] 《企业内部控制基本规范》(2008年6月26日发布)

[5] 《会计基础工作规范》

ICS 35.240
L 74

中华人民共和国国家标准

GB/T 24589.2—2010

财经信息技术　会计核算软件数据接口
第2部分:行政事业单位

Financial information technology—Data interface of accounting software—Part 2:Non-profit government agencies

2010-06-30 发布　　2010-12-01 实施

中华人民共和国国家质量监督检验检疫总局
中国国家标准化管理委员会　发布

前　　言

GB/T 24589《财经信息技术　会计核算软件数据接口》分为4个部分：

——第1部分：企业；

——第2部分：行政事业单位；

——第3部分：总预算会计；

——第4部分：商业银行。

本部分为GB/T 24589的第2部分。

本部分按照GB/T 1.1—2009给出的规则起草。

本部分由中华人民共和国审计署提出。

本部分由全国审计信息化标准化技术委员会归口。

本部分起草单位：中华人民共和国审计署计算机技术中心、北京用友政务软件有限公司、浪潮集团山东通用软件有限公司、金蝶软件（中国）有限公司、甲骨文（中国）软件系统有限公司、南京审计学院、广东省审计厅、杭州新中大软件股份有限公司、重庆金算盘软件有限公司、思爱普（北京）软件系统有限公司、中国电子技术标准化研究所。

本部分主要起草人：王智玉、杨蕴毅、于广军、付学军、白冰、焦学瑞、金纪文、林小锤、彭涛、张宏、杨春、于文波、冯宇、黎光。

引　言

本部分的名称中“财经”的含义是“‘财’指财政、财务；‘经’指经济活动”。本系列标准致力于财经信息技术领域的会计核算软件数据接口的标准化工作。

由于财务、税务、审计业务的财务数据可追溯性要求，按照我国1997年开始执行的原会计制度(包括16个具体准则和1个基本准则)制定的国家标准GB/T 19581—2004并不废止，继续有效，对应2006年底之前的会计核算软件产品。

从2007年1月1日起实施的是新的会计准则体系，包括1个基本准则、38个具体准则及其准则应用指南，结束了我国会计“制度”和“准则”两张皮的历史，实现了国际接轨，有利于我国融入国际经济体系。按照新的会计准则、《会计基础工作规范》、《事业单位会计制度》及其《行政单位会计制度》，全国审计信息化标准化技术委员会重新制定了本系列标准，对应2007年以后实施的新的会计制度下的会计核算软件数据接口产品。

财经信息技术　会计核算软件数据接口
第2部分:行政事业单位

1　范围

GB/T 24589的本部分规定了会计核算软件接口的数据格式要求,包括会计核算数据元素、数据接口输出文件的内容和格式的要求。

本部分适用于行政事业单位所使用的会计核算软件的设计、研制、管理、购销和应用。

2　规范性引用文件

下列文件对于本文件的应用是必不可少的。凡是注日期的引用文件,仅注日期的版本适用于本文件。凡是不注日期的引用文件,其最新版本(包括所有的修改单)适用于本文件。

GB/T 2260—2007　中华人民共和国行政区划代码

GB/T 2261.1—2003　个人基本信息分类与代码　第1部分:人的性别代码

GB/T 4754　国民经济行业分类

GB/T 4658—2006　学历代码

GB/T 6864—2003　中华人民共和国学位代码

GB/T 7408—2005　数据元和交换格式　信息交换　日期和时间表示法(ISO 8601:2000,IDT)

GB/T 8561—2001　专业技术职务代码

GB 11714—1997　全国组织机构代码编制规则

GB/T 12406—2008　表示货币和资金的代码(ISO 4217:2001,IDT)

GB/T 12407—2008　职务级别代码

GB/T 18142—2000　信息技术　数据元素值格式记法(ISO/IEC 14957:1996,IDT)

3　术语和定义

下列术语和定义适用于本文件。

3.1

会计核算软件　accounting software

会计核算工作用的计算机应用软件。

3.2

数据接口　data interface

计算机软件系统之间传送数据、交换信息的接口,以电子文件的形式实现。

3.3

XML文件　extensible markup language file

用具有数据描述功能、高度结构性及可验证性的可扩展置标语言描述的数据文件。

3.4

数据文件　data file

用于会计核算数据交换或处理的文件。

3.5

数据元素 data element

用一组属性描述定义、标识、表示和允许值的数据单元。

注：在本标准中是会计核算软件的数据接口所输出数据的不可分割的基本单位。

3.6

数据结构 data structure

会计核算软件数据接口所输出数据的内部构成，包含有若干个不同的数据元素。

3.7

电子账簿 electronic accounting book

会计核算单位用以记录一套账务数据所用的计算机电子文件的集合，它是通过会计核算软件进行会计核算生成的，并存储在计算机存储设备或媒体中。

3.8

辅助核算 subsidiary accounting

从不同的角度对财务信息进行的细分。辅助核算与会计科目的组合使用，可全面反映行政事业单位的经济业务，也可使账务处理更加灵活，充分发挥会计电算化的优势。

4 数据元素

4.1 数据元素的描述规则

数据元素的描述格式如下：

a) 数据元素的标识符：在本标准中，它是各个数据元素的唯一标识，采用六位数字来标记；其中第1～2位表示为元素类别号，第3～4位为该类别中的数据表编号，第5～6位为数据表中经过元素标准化合并后的顺序号，如果某表中出现了之前已经编号的元素则不重复编号。本部分中，第1～2位的表示按如下分类：
——01 表示公共档案类
——02 表示总账类
——03 表示资产类
——04 表示工资类

b) 数据元素的名称：数据元素的中文名称；

c) 数据元素的说明：数据元素的含义描述；

d) 数据元素的表示：数据元素值的类型及长度的表示形式，按照 GB/T 18142—2000 的要求，具体表示如下：
——C 表示数字、字母、汉字及其他字符等
——C n 表示 n 位字符的固定长度
——C..n 表示最多为 n 位字符的可变长度
——I..n 表示最多为 n 位的整数可计算形式
——Dw.d 表示十进制小数可计算形式，w 表示包含小数点前后字符位在内的整个字段最多字符位数，d 表示小数点后的最多字符位数

e) 数据元素的注释：与该数据元素相关的其他说明。

4.2 数据元素细目

4.2.1 公共档案类数据元素

标识符：010101

名称:电子账簿编号
说明:会计核算软件中当前电子账簿的编号
表示:C..60
注释:

标识符:010102
名称:电子账簿名称
说明:会计核算软件中当前电子账簿的名称
表示:C..200
注释:

标识符:010103
名称:会计核算单位
说明:使用会计核算软件单位的法定名称
表示:C..200
注释:

标识符:010104
名称:组织机构代码
说明:行政事业单位的组织机构代码
表示:C..20
注释:按照 GB 11714—1997 的要求编制。

标识符:010105
名称:单位类型
说明:赋值为“行政单位”、“事业单位”或“其他”
表示:C..8
注释:

标识符:010106
名称:行业
说明:行业名称
表示:C..20
注释:按照 GB/T 4754 编制。

标识符:010107
名称:行政区划代码
说明:单位所在地的行政区划代码
表示:C..20
注释:依据国家标准 GB/T 2260—2007 编制。

标识符:010108
名称:预算管理级次

说明:按照财政与行政事业单位的预算领拨缴销和管理关系而划分的行政事业单位预算管理等级次序

表示:C..20

注释:例如“一级预算单位”、“二级预算单位”、“三级预算单位”。

标识符:010109

名称:经费来源

说明:经费的来源

表示:C..20

注释:例如“全额拨款”、“差额补贴”、“自收自支”。

标识符:010110

名称:开发单位

说明:开发会计核算软件的单位名称

表示:C..200

注释:

标识符:010111

名称:版本号

说明:会计核算软件的版本标识

表示:C..20

注释:

标识符:010112

名称:本位币

说明:会计核算软件中本电子账簿所使用的记账本位币

表示:C..30

注释:按照 GB/T 12406—2008 表示。

标识符:010113

名称:会计年度

说明:当前财务会计报告年属

表示:C4

注释:例如“2008”。

标识符:010114

名称:标准版本号

说明:当前使用的接口标准的版本号

表示:C..30

注释:用标准发布的编号来表示,如“GB/T 19581—2004”。

标识符:010201

名称:会计期间号

说明:会计期间的编号,按行政事业单位会计准则为 1～12 月
表示:C..15
注释:

标识符:010202
名称:会计期间起始日期
说明:当前会计期间对应的起始自然日期
表示:C8
注释:按照 GB/T 7408—2005 表示为"CCYYMMDD"。

标识符:010203
名称:会计期间结束日期
说明:当前会计期间对应的结束自然日期
表示:C8
注释:按照 GB/T 7408—2005 表示为"CCYYMMDD"。

标识符:010301
名称:开户银行代码
说明:对每一个开户银行的编码
表示:C..60
注释:

标识符:010302
名称:开户银行名称
说明:银行或金融机构的名称
表示:C..200
注释:

标识符:010303
名称:银行账号
说明:人员或机构在银行所开设账户的账号
表示:C..60
注释:

标识符:010304
名称:账户类型
说明:银行账户的类型
表示:C..30
注释:

标识符:010401
名称:结算方式编码
说明:结算方式的编码

表示:C..60
注释:

标识符:010402
名称:结算方式名称
说明:结算方式的名称
表示:C..60
注释:

标识符:010501
名称:内设机构编码
说明:单位内部部门机构的编码
表示:C..60
注释:

标识符:010502
名称:内设机构名称
说明:单位内部部门机构的名称
表示:C..200
注释:

标识符:010503
名称:上级机构编码
说明:本级部门的上级部门的编码
表示:C..60
注释:

标识符:010601
名称:职工类别编码
说明:职工类别的编码
表示:C..60
注释:

标识符:010602
名称:职工类别名称
说明:职工类别的名称
表示:C..60
注释:例如“在职”、“离休”、“退休”、“退职”、“试用”等。

标识符:010701
名称:职工编号
说明:职工的编号
表示:C..60

注释：

标识符：010702
名称：职工姓名
说明：职工的姓名
表示：C..30
注释：

标识符：010703
名称：证件类别
说明：职工的证件类别名称
表示：C..30
注释：例如“身份证”、“军官证”、“护照”等，对于同时具有多个有效证件情况，可任选一个。

标识符：010704
名称：证件号码
说明：职工的证件号码
表示：C..30
注释：

标识符：010705
名称：性别
说明：职工的性别
表示：C..20
注释：按照 GB/T 2261.1—2003 表示。

标识符：010706
名称：民族
说明：本人所属，国家认可在公安户籍管理部门正式登记注册的民族的名称
表示：C..60
注释：

标识符：010707
名称：出生日期
说明：职工的出生年月日
表示：C8
注释：按照 GB/T 7408—2005 表示为“CCYYMMDD”。

标识符：010708
名称：干部职务级别
说明：干部所任职务的级别的名称
表示：C..60
注释：按照 GB/T 12407—2008 表示。

标识符:010709
名称:专业技术职务
说明:经专业技术职务任职资格评审委员会评审并正式批准,或参加国家统一专业技术资格考试合格而取得的专业技术资格的名称
表示:C..60
注释:按照 GB/T 8561—2001 表示。

标识符:010710
名称:学历
说明:本人接受的由国家教育行政部门认可的各类学校正式教育并获得有关证书的最高学习程度的名称
表示:C..60
注释:按照 GB/T 4658—2006 表示。

标识符:010711
名称:学位
说明:取得正式学位的名称
表示:C..60
注释:按照 GB/T 6864—2003 表示。

标识符:010712
名称:入职日期
说明:职工的入职日期
表示:C8
注释:按照 GB/T 7408—2005 表示为"CCYYMMDD"。

标识符:010713
名称:离职日期
说明:职工的离职日期
表示:C8
注释:按照 GB/T 7408—2005 表示为"CCYYMMDD"。

标识符:010801
名称:项目编码
说明:对每一个项目的编码
表示:C..60
注释:

标识符:010802
名称:项目名称
说明:预算单位进行的特定行政工作任务或事业发展工作任务
表示:C..200
注释:

标识符:010803
名称:级次
说明:项目在分级规则中所对应的级次
表示:I..2
注释:项目在分级规则中所对应的级次

标识符:010804
名称:项目类型
说明:项目的类型
表示:C..30
注释:例如“行政事业类项目”、“基本建设类项目”、“其他类项目”等。

标识符:010805
名称:项目类别
说明:为了便于预算的编制和审核以及项目滚动管理,按照部门预算测算以及编报的要求所划分的项目分类的名称
表示:C..30
注释:

标识符:010806
名称:项目属性
说明:项目的属性
表示:C..30
注释:例如“延续项目”、“新增项目”。

标识符:010807
名称:项目起始日期
说明:项目的开始日期
表示:C8
注释:按照 GB/T 7408—2005 表示为“CCYYMMDD”。

标识符:010808
名称:项目结束日期
说明:项目的结束日期
表示:C8
注释:按照 GB/T 7408—2005 表示为“CCYYMMDD”。

标识符:010901
名称:档案编码
说明:电子账簿需要使用的其他档案的编码
表示:C..30
注释:不包括已确定的固定档案,例如“内设机构”。

标识符:010902
名称:档案名称
说明:电子账簿需要使用的档案的名称
表示:C..200
注释:

标识符:010903
名称:档案描述
说明:电子账簿需要使用的档案的说明
表示:C..1000
注释:

标识符:010904
名称:是否有层级特征
说明:档案的值是否有上下层级结构的选择开关项
表示:C1
注释:"1"表示有,"0"表示无。

标识符:010905
名称:档案编码规则
说明:自定义档案的编码规则
表示:C..200
注释:若有层级特征时的编码规则,各级次编号的长度用[-]隔开形成序列,例如1-2-2-2。

标识符:011001
名称:档案值编码
说明:每个档案的内容值的编码,其中涉及政府收支分类科目、资金性质等依据相关标准进行编制
表示:C..60
注释:

标识符:011002
名称:档案值名称
说明:每个档案的内容值的名称
表示:C..200
注释:

标识符:011003
名称:档案值描述
说明:档案值的详细描述解释
表示:C..1000
注释:

标识符:011004

名称:档案值父节点
说明:档案值的父节点的编码
表示:C..60
注释:引用[档案值编码],如果有编码规则,自动带出,否则导出表示层级关系。

标识符:011005
名称:档案值级次
说明:当前值在所属档案结构中的级次
表示:C..2
注释:若没有层级特征则为1。

标识符:011101
名称:币种编码
说明:货币种类的编码
表示:C..10
注释:按照GB/T 12406—2008表示。

标识符:011102
名称:币种名称
说明:会计科目核算中涉及的货币种类名称
表示:C..30
注释:按照GB/T 12406—2008表示。

标识符:011201
名称:汇率类型编号
说明:区分同一源币种和目标币种的不同折算率的类型编码
表示:C..60
注释:

标识符:011202
名称:汇率类型名称
说明:区分同一源币种和目标币种的不同折算率的类型名称
表示:C..60
注释:例如“买入汇率”、“卖出汇率”。

4.2.2 总账类数据元素

标识符:020101
名称:结构分隔符
说明:科目辅助核算结构、扩展字段结构的各段之间的分隔符
表示:C1
注释:例如指定分隔符:“-”。

标识符:020102

名称:会计科目编号规则

说明:会计科目各级次编号的长度序列,科目各级次编号的长度用[-]隔开形成序列

表示:C..200

注释:例如“4-2-2”或“4-3-4”。

标识符:020103

名称:凭证头可扩展字段结构

说明:用户可以为凭证额外自定义需要记录的重要信息的字段,可以是多个扩展字段的结构组合,可以为空

表示:C..2000

注释:例如“业务日期”,最多30个段。

标识符:020104

名称:凭证头可扩展结构对应档案

说明:凭证各个扩展字段对应的档案,可以多个扩展字段对应同一个档案,也可以无档案(用NULL表示)

表示:C..2000

注释:

标识符:020105

名称:分录行可扩展字段结构

说明:用户可以为分录额外自定义需要记录的重要信息的字段,可以是多个扩展字段的结构组合,可以为空

表示:C..2000

注释:例如“结算方式-票据类别-票据号-票据日期”,最多30个段。

标识符:020106

名称:分录行可扩展字段对应档案

说明:分录扩展字段对应的档案,可以多个扩展字段对应同一个档案,也可以无档案(用NULL表示)

表示:C..2000

注释:例如“结算方式档案-票据类别档案-NULL-NULL”。

标识符:020201

名称:记账凭证类型编号

说明:记账凭证类型的编号

表示:C..60

注释:

标识符:020202

名称:记账凭证类型名称

说明:记账凭证类型的名称

表示:C..60

注释:例如“记账凭证”。

标识符:020203
名称:记账凭证类型简称
说明:记账凭证类型的简称
表示:C..20
注释:例如“记”,有些单位称“字”。

标识符:020301
名称:科目编号
说明:对每一个会计科目,按会计制度和业务性质进行分类的编码
表示:C..60
注释:

标识符:020302
名称:科目名称
说明:科目编号末级所对应科目的名称
表示:C..60
注释:例如“事业支出”。

标识符:020303
名称:科目级次
说明:科目编号在科目结构中所对应的级次
表示:I..2
注释:

标识符:020304
名称:科目类型
说明:会计科目的种类,如资产类、负债类、净资产、收入类和支出类等
表示:C..20
注释:

标识符:020305
名称:余额方向
说明:会计科目余额的借、贷方向
表示:C..4
注释:表示为“借”、“贷”或“借方”、“贷方”。

标识符:020401
名称:辅助项编号
说明:会计科目的辅助核算项序号
表示:C..60
注释:

标识符:020402
名称:辅助项名称
说明:会计科目的辅助核算项名称
表示:C..200
注释:

标识符:020403
名称:对应档案
说明:辅助项对应的档案
表示:C..200
注释:表示为相应的"部门档案"、"员工档案"、"供应商档案"、"客户档案"、"自定义档案的名称"。

标识符:020404
名称:辅助项描述
说明:辅助项的描述
表示:C..2000
注释:

标识符:020501
名称:期初余额方向
说明:会计科目期初余额的借、贷方向
表示:C..4
注释:表示为"借"、"贷"或"借方"、"贷方"。

标识符:020502
名称:期末余额方向
说明:会计科目期末余额的借、贷方向
表示:C..4
注释:表示为"借"、"贷"或"借方"、"贷方"。

标识符:020503
名称:计量单位
说明:会计核算中度量业务对象的实物计量尺度
表示:C..10
注释:

标识符:020504
名称:期初数量
说明:会计科目账户的期初数量余额
表示:D20.6
注释:

标识符:020505

名称:期初原币余额
说明:会计科目账户的期初原币余额
表示:D20.2
注释:

标识符:020506
名称:期初本币余额
说明:会计科目账户的期初本位币金额
表示:D20.2
注释:

标识符:020507
名称:借方数量
说明:科目余额及发生额数据表中某月借方发生数量的合计数
表示:D20.6
注释:

标识符:020508
名称:借方原币金额
说明:科目余额及发生额数据表中某月借方原币发生额的合计数
表示:D20.2
注释:

标识符:020509
名称:借方本币金额
说明:科目余额及发生额数据表中某月借方发生额的本币合计数
表示:D20.2
注释:

标识符:020510
名称:贷方数量
说明:科目余额及发生额数据表中某月贷方发生数量的合计数
表示:D20.6
注释:

标识符:020511
名称:贷方原币金额
说明:科目余额及发生额数据表中某月贷方原币发生额的合计数
表示:D20.2
注释:

标识符:020512
名称:贷方本币金额

说明:科目余额及发生额数据表中某月贷方发生额的本币合计数
表示:D20.2
注释:

标识符:020513
名称:期末数量
说明:会计科目账户的期末数量余额
表示:D20.6
注释:

标识符:020514
名称:期末原币余额
说明:会计科目账户的期末原币金额
表示:D20.2
注释:

标识符:020515
名称:期末本币余额
说明:会计科目账户的期末本位币金额
表示:D20.2
注释:

标识符:020601
名称:记账凭证日期
说明:制作记账凭证的日期
表示:C8
注释:按照 GB/T 7408—2005 表示为“CCYYMMDD”。

标识符:020602
名称:记账凭证编号
说明:记账凭证的顺序编号
表示:C..60
注释:依据《会计基础工作规范》对记账凭证连续编号。

标识符:020603
名称:记账凭证行号
说明:某一记账凭证各分录行的顺序编号
表示:C..5
注释:

标识符:020604
名称:记账凭证摘要
说明:记账凭证的简要业务说明

表示:C..300
注释:

标识符:020605
名称:汇率
说明:记账汇率
表示:D13.4
注释:

标识符:020606
名称:单价
说明:具有数量特性的科目所涉及的单位价格
表示:D20.4
注释:

标识符:020607
名称:凭证头可扩展字段结构值
说明:当前凭证头的用户自定义字段的值
表示:C..300
注释:

标识符:020608
名称:分录行可扩展字段结构值
说明:当前分录行的用户自定义字段的值
表示:C..300
注释:

标识符:020609
名称:票据类型
说明:票据的种类
表示:C..60
注释:

标识符:020610
名称:票据号
说明:票据的编号
表示:C..60
注释:

标识符:020611
名称:票据日期
说明:票据的制单日期
表示:C8

注释:按照 GB/T 7408—2005 表示为“CCYYMMDD”。

标识符:020612
名称:附件数
说明:记账凭证所附的原始凭证张数
表示:I..4
注释:

标识符:020613
名称:制单人
说明:制作记账凭证的会计人员
表示:C..30
注释:

标识符:020614
名称:审核人
说明:审核记账凭证的会计人员
表示:C..30
注释:

标识符:020615
名称:记账人
说明:对记账凭证进行记账处理的会计人员
表示:C..30
注释:

标识符:020616
名称:记账标志
说明:记账凭证是否记账的标识
表示:C1
注释:完成赋值为“1”,否则赋值为“0”。

标识符:020617
名称:作废标志
说明:已经生成凭证编号,但未进行账簿登记的凭证,予以作废处理所做的标识
表示:C1
注释:作废赋值为“1”,否则赋值为“0”。

标识符:020618
名称:凭证来源系统
说明:凭证来源于其他模块的名称
表示:C..20

注释:为空就来源于总账,其他来源例如"应收"、"应付"、"工资"、"固定资产"。

标识符:020701
名称:报表编号
说明:报表的唯一索引代号
表示:C..20
注释:

标识符:020702
名称:报表名称
说明:对外报送报表的名称
表示:C..60
注释:报表范围包括"事业单位资产负债表"、"事业单位收入支出表"、"事业单位事业支出明细表"、"事业单位经营支出明细表"、"行政单位资产负债表"、"行政单位收入支出表"、"行政单位经费支出明细表"。

标识符:020703
名称:报表报告日
说明:报表数据所对应的会计日期(日)。
表示:C8
注释:例如资产负债表,报表报告日为"20081231",按照 GB/T 7408—2005 表示为"CCYYMMDD"。

标识符:020704
名称:报表报告期
说明:报表数据所对应的会计期间
表示:C..6
注释:例如利润表,2008 年报表报告期为"2008",2008 年 12 月报表报告期为"200812"。

标识符:020705
名称:编制单位
说明:编制会计报表的单位名称
表示:C..200
注释:

标识符:020706
名称:货币单位
说明:货币的计量单位
表示:C..30
注释:例如:万元。

标识符:020801
名称:报表项编号

说明：报表项目的顺序编号
表示：C..20
注释：

标识符：020802
名称：报表项名称
说明：报表中所列项目的名称
表示：C..200
注释：

标识符：020803
名称：报表项公式
说明：报表项目的计算公式，为文本型，可以是业务函数
表示：C..2000
注释：

标识符：020804
名称：报表项数值
说明：报表项目的数值
表示：D20.2
注释：

标识符：020901
名称：支出功能分类代码
说明：反映政府活动的不同功能和政策目标的政府支出分类的代码
表示：C..30
注释：

标识符：020902
名称：支出功能分类名称
说明：反映政府活动的不同功能和政策目标的政府支出分类的名称
表示：C..60
注释：

标识符：020903
名称：支出经济分类代码
说明：反映政府支出的经济性质和具体用途的政府支出分类的代码
表示：C..30
注释：

标识符：020904
名称：支出经济分类名称
说明：反映政府支出的经济性质和具体用途的政府支出分类的名称

表示:C..60
注释:

标识符:020905
名称:资金性质代码
说明:用于反映、统计和管理各级财政业务资金不同类型的结构构成的代码
表示:C..30
注释:

标识符:020906
名称:资金性质名称
说明:用于反映、统计和管理各级财政业务资金不同类型的结构构成的名称
表示:C..60
注释:

标识符:020907
名称:预算来源代码
说明:在预算指标管理业务中对财政性资金按来源进行资金划分的代码
表示:C..30
注释:

标识符:020908
名称:预算来源名称
说明:在预算指标管理业务中对财政性资金按来源进行资金划分的名称
表示:C..60
注释:

标识符:020909
名称:本年预算金额
说明:本年预算的金额
表示:D20.2
注释:

标识符:020910
名称:累计调增金额
说明:到当前月份为止发生的预算调增金额的累计金额
表示:D20.2
注释:

标识符:020911
名称:累计调减金额
说明:到当前月份为止发生的预算调减金额的累计金额
表示:D20.2

注释：

标识符:020912
名称:合计
说明:本年预算与累计调整的合计金额
表示:D20.2
注释：

标识符:021001
名称:支付方式代码
说明:财政资金由财政部门拨付到用款单位的方式的代码
表示:C..30
注释：

标识符:021002
名称:支付方式名称
说明:财政资金由财政部门拨付到用款单位的方式的名称
表示:C..60
注释：

标识符:021003
名称:上年结余金额
说明:上年结余的金额
表示:D20.2
注释：

标识符:021004
名称:本期调增金额
说明:本期调增的金额
表示:D20.2
注释：

标识符:021005
名称:本期调减金额
说明:本期调减的金额
表示:D20.2
注释：

标识符:021006
名称:本期支出金额
说明:到当前月份为止预算实际支出金额
表示:D20.2
注释：

标识符:021007
名称:累计支出金额
说明:到当前月份为止预算实际支出金额的累计金额
表示:D20.2
注释:

标识符:021008
名称:本年预算结余金额
说明:本年预算结余的金额
表示:D20.2
注释:

标识符:021101
名称:收入分类代码
说明:将各类政府收入按其性质进行归类和层次划分的代码
表示:C..20
注释:

标识符:021102
名称:收入分类名称
说明:将各类政府收入按其性质进行归类和层次划分的名称
表示:C..60
注释:

标识符:021103
名称:收入项目代码
说明:具体收入项目的代码
表示:C..20
注释:

标识符:021104
名称:收入项目名称
说明:具体收入项目的名称
表示:C..60
注释:

标识符:021105
名称:本期收入金额
说明:本期收入的金额
表示:D20.2
注释:

标识符:021106

名称:累计收入金额
说明:累计收入的金额
表示:D20.2
注释:

4.2.3 资产类数据元素

标识符:030101
名称:固定资产对账科目
说明:固定资产原值与总账的对账科目
表示:C..60
注释:例如“1601”。

标识符:030201
名称:固定资产类别编码规则
说明:固定资产类别各级次编号的长度序列
表示:C..60
注释:固定资产类别各级次编号的长度用[-]隔开形成序列,如“2-2”或“2-2-2”。

标识符:030202
名称:固定资产类别编码
说明:固定资产类别的编码
表示:C..60
注释:

标识符:030203
名称:固定资产类别名称
说明:固定资产类别的名称
表示:C..60
注释:例如“房屋建筑物”、“机器设备”、“电子设备”等。

标识符:030301
名称:变动方式编码
说明:固定资产卡片各种变动业务的编码
表示:C..60
注释:例如,资产购入“01”、资产处置“02”、资产减值“03”、资产重估“04”、资产原值变更“05”、资产累计折旧变更“06”。

标识符:030302
名称:变动方式名称
说明:固定资产卡片各种变动业务的名称
表示:C..60
注释:

标识符:030401
名称:使用状况编码
说明:固定资产使用状况的编码
表示:C..60
注释:

标识符:030402
名称:使用状况名称
说明:固定资产使用状况的名称
表示:C..60
注释:例如“使用中”、“未使用”、“季节性停用”等。

标识符:030501
名称:固定资产卡片编号
说明:登记固定资产信息的卡片的编号
表示:C..60
注释:例如“KP001”或“0001”。

标识符:030502
名称:固定资产编码
说明:固定资产的编码,建议:固定资产类别编码+序号
表示:C..60
注释:例如“DYJ-001”。

标识符:030503
名称:固定资产名称
说明:固定资产的名称
表示:C..200
注释:例如“打印机”。

标识符:030504
名称:固定资产入账日期
说明:固定资产的入账日期
表示:C8
注释:按照 GB/T 7408—2005 表示为“CCYYMMDD”。

标识符:030505
名称:固定资产计量单位
说明:固定资产的计量单位
表示:C..60
注释:例如:“台”或“辆”等。

标识符:030506

名称:固定资产数量
说明:固定资产的数量
表示:D20.6
注释:

标识符:030507
名称:固定资产原值
说明:当前期间末固定资产原值
表示:D20.2
注释:

标识符:030508
名称:固定资产净值
说明:当前期间末固定资产净值
表示:D20.2
注释:

标识符:030509
名称:固定资产增减对应凭证编号
说明:固定资产增减对应的凭证编号
表示:C..60
注释:

标识符:030601
名称:固定资产标签号
说明:如果软件没有进行实物管理时,固定资产标签号可以等于资产卡片编号
表示:C..200
注释:例如“BQ-001”、“BQ-002”。

标识符:030602
名称:固定资产位置
说明:固定资产实物存放的地点
表示:C..60
注释:

标识符:030603
名称:固定资产规格型号
说明:固定资产实物的规格型号
表示:C..60
注释:

标识符:030801
名称:固定资产减少流水号

说明:固定资产减少业务的单据编号
表示:C..60
注释:可以是单据号,也可是流水号。

标识符:030802
名称:减少发生日期
说明:固定资产减少的发生日期
表示:C8
注释:按照 GB/T 7408—2005 表示为"CCYYMMDD"。

标识符:030803
名称:固定资产减少数量
说明:固定资产减少的数量
表示:D20.6
注释:

标识符:030804
名称:固定资产减少原值
说明:固定资产减少的原值
表示:D20.2
注释:

标识符:030805
名称:固定资产减少累计折旧
说明:固定资产减少的累计折旧额
表示:D20.2
注释:

标识符:030806
名称:固定资产减少减值准备
说明:固定资产减少的减值准备
表示:D20.2
注释:

标识符:030807
名称:固定资产减少残值
说明:固定资产减少掉的残余价值
表示:D20.2
注释:

标识符:030808
名称:清理收入
说明:固定资产清理过程中所产生的收入

表示:D20.2
注释:

标识符:030809
名称:清理费用
说明:固定资产清理过程中所发生的费用
表示:D20.2
注释:

标识符:030810
名称:固定资产减少原因
说明:固定资产减少的原因
表示:C..200
注释:

标识符:031001
名称:固定资产变动流水号
说明:固定资产变动业务的单据编号
表示:C..60
注释:可以是单据号,也可是流水号。

标识符:031002
名称:固定资产变动日期
说明:进行资产变动的日期
表示:C8
注释:按照 GB/T 7408—2005 表示为"CCYYMMDD"。

标识符:031003
名称:变动前内容及数值
说明:资产变动前内容或数值。
表示:C..60
注释:例如,折旧方法变更时,变更前内容为"直线法";资产原值变更时,变更前内容为"10000"。

标识符:031004
名称:变动后内容及数值
说明:资产变动后内容或数值。
表示:C..60
注释:例如,折旧方法变更时,变更后内容为"双倍余额递减法";资产原值变更时,变更前内容为"20000"。

标识符:031005
名称:固定资产变动原因
说明:进行资产变动的原因

表示:C..200

注释:

4.2.4 工资类数据元素

标识符:040101

名称:工资年度

说明:发放工资的年度编号

表示:C4

注释:例如“2008”。

标识符:040102

名称:工资期间号

说明:发放工资的期间编号

表示:C..2

注释:例如“2”。

标识符:040103

名称:工资期间起始日期

说明:工资期间的开始日期

表示:C8

注释:按照 GB/T 7408—2005 表示为“CCYYMMDD”。

标识符:040104

名称:工资期间结束日期

说明:工资期间的结束日期

表示:C8

注释:按照 GB/T 7408—2005 表示为“CCYYMMDD”。

标识符:040201

名称:工资类别名称

说明:工资类别的名称

表示:C..60

注释:根据发放对象不同和发放时间不同而确定,不同工资类别下的工资项目不同。

标识符:040202

名称:工资项目编码

说明:工资项目的编码

表示:C..60

注释:例如“001”。

标识符:040203

名称:工资项目名称

说明:发放工资的项目名称

表示:C..60
注释:例如“岗位工资”、“岗位津贴”、“考勤扣款”等。

标识符:040401
名称:工资金额
说明:工资项目的发放金额
表示:D20.2
注释:只输出金额型的工资项目值。

5 接口文件的输出

5.1 输出文件的格式

输出的接口文件应采用XML格式,具体格式参见附录A,实例参见附录B。

5.2 输出文件的数据结构

本部分要求输出文件的数据结构按照以下各表格中的规定输出,其中“数据元素标识符”栏中的编号对应4.2中所描述的标准化数据元素。

5.2.1 公共档案类数据结构

见表1。

表1 公共档案类数据结构

编号	数据表名	数据元素标识符	数据元素名
01	电子账簿	010101	电子账簿编号
		010102	电子账簿名称
		010103	会计核算单位
		010104	组织机构代码
		010105	单位类型
		010106	行业
		010107	行政区划代码
		010108	预算管理级次
		010109	经费来源
		010110	开发单位
		010111	版本号
		010112	本位币
		010113	会计年度
		010114	标准版本号
02	会计期间	010113	会计年度
		010201	会计期间号

表 1（续）

编号	数据表名	数据元素标识符	数据元素名
02	会计期间	010202	会计期间起始日期
		010203	会计期间结束日期
03	银行账户信息	010301	开户银行代码
		010302	开户银行名称
		010303	银行账号
		010304	账户类型
04	结算方式	010401	结算方式编码
		010402	结算方式名称
05	内设机构	010501	内设机构编码
		010502	内设机构名称
		010503	上级机构编码
06	职工类别	010601	职工类别编码
		010602	职工类别名称
07	职工档案	010701	职工编号
		010702	职工姓名
		010703	证件类别
		010704	证件号码
		010705	性别
		010706	民族
		010707	出生日期
		010601	职工类别编码
		010501	内设机构编码
		010708	干部职务级别
		010709	专业技术职务
		010710	学历
		010711	学位
		010712	入职日期
		010713	离职日期
08	项目	010801	项目编码
		010802	项目名称
		010803	级次
		010804	项目类型
		010805	项目类别
		010806	项目属性

表 1（续）

编号	数据表名	数据元素标识符	数据元素名
08	项目	010807	项目起始日期
		010808	项目结束日期
09	自定义档案项	010901	档案编码
		010902	档案名称
		010903	档案描述
		010904	是否有层级特征
		010905	档案编码规则
10	自定义档案值	010901	档案编码
		011001	档案值编码
		011002	档案值名称
		011003	档案值描述
		011004	档案值父节点
		011005	档案值级次
11	币种	011101	币种编码
		011102	币种名称
12	汇率类型	011201	汇率类型编号
		011202	汇率类型名称

5.2.2 总账类数据结构

见表 2。

表 2 总账类数据结构

编号	数据表名	数据元素标识符	数据元素名
01	总账基础信息	020101	结构分隔符
		020102	会计科目编号规则
		020103	凭证头可扩展字段结构
		020104	凭证头可扩展结构对应档案
		020105	分录行可扩展字段结构
		020106	分录行可扩展字段对应档案
02	记账凭证类型	020201	记账凭证类型编号
		020202	记账凭证类型名称
		020203	记账凭证类型简称
03	会计科目	020301	科目编号
		020302	科目名称
		020303	科目级次

表 2（续）

编号	数据表名	数据元素标识符	数据元素名
03	会计科目	020304	科目类型
		020305	余额方向
04	科目辅助核算	020301	科目编号
		020401	辅助项编号
		020402	辅助项名称
		020403	对应档案
		020404	辅助项描述
05	科目余额及发生额	020301	科目编号
		020401	辅助项 1 编号
		020401	辅助项 2 编号
		020401	辅助项 3 编号
		020401	辅助项 4 编号
		020401	辅助项 5 编号
		020401	辅助项 6 编号
		020401	辅助项 7 编号
		020401	辅助项 8 编号
		020401	辅助项 9 编号
		020401	辅助项 10 编号
		020401	辅助项 11 编号
		020401	辅助项 12 编号
		020401	辅助项 13 编号
		020401	辅助项 14 编号
		020401	辅助项 15 编号
		020401	辅助项 16 编号
		020401	辅助项 17 编号
		020401	辅助项 18 编号
		020401	辅助项 19 编号
		020401	辅助项 20 编号
		020401	辅助项 21 编号
		020401	辅助项 22 编号
		020401	辅助项 23 编号
		020401	辅助项 24 编号
		020401	辅助项 25 编号
		020401	辅助项 26 编号

表 2（续）

编号	数据表名	数据元素标识符	数据元素名
05	科目余额及发生额	020401	辅助项 27 编号
		020401	辅助项 28 编号
		020401	辅助项 29 编号
		020401	辅助项 30 编号
		020501	期初余额方向
		020502	期末余额方向
		011101	币种编码
		020503	计量单位
		010113	会计年度
		010201	会计期间号
		020504	期初数量
		020505	期初原币余额
		020506	期初本币余额
		020507	借方数量
		020508	借方原币金额
		020509	借方本币金额
		020510	贷方数量
		020511	贷方原币金额
		020512	贷方本币金额
		020513	期末数量
		020514	期末原币余额
		020515	期末本币余额
06	记账凭证	020601	记账凭证日期
		010113	会计年度
		010201	会计期间号
		020201	记账凭证类型编号
		020602	记账凭证编号
		020603	记账凭证行号
		020604	记账凭证摘要
		020301	科目编号
		020401	辅助项 1 编号
		020401	辅助项 2 编号
		020401	辅助项 3 编号
		020401	辅助项 4 编号

表 2（续）

编号	数据表名	数据元素标识符	数据元素名
06	记账凭证	020401	辅助项 5 编号
		020401	辅助项 6 编号
		020401	辅助项 7 编号
		020401	辅助项 8 编号
		020401	辅助项 9 编号
		020401	辅助项 10 编号
		020401	辅助项 11 编号
		020401	辅助项 12 编号
		020401	辅助项 13 编号
		020401	辅助项 14 编号
		020401	辅助项 15 编号
		020401	辅助项 16 编号
		020401	辅助项 17 编号
		020401	辅助项 18 编号
		020401	辅助项 19 编号
		020401	辅助项 20 编号
		020401	辅助项 21 编号
		020401	辅助项 22 编号
		020401	辅助项 23 编号
		020401	辅助项 24 编号
		020401	辅助项 25 编号
		020401	辅助项 26 编号
		020401	辅助项 27 编号
		020401	辅助项 28 编号
		020401	辅助项 29 编号
		020401	辅助项 30 编号
		011101	币种编码
		020503	计量单位
		020507	借方数量
		020508	借方原币金额
		020509	借方本币金额
		020510	贷方数量
		020511	贷方原币金额
		020512	贷方本币金额

表2（续）

编号	数据表名	数据元素标识符	数据元素名
06	记账凭证	011201	汇率类型编号
		020605	汇率
		020606	单价
		020607	凭证头可扩展字段结构值
		020608	分录行可扩展字段结构值
		010401	结算方式编码
		020609	票据类型
		020610	票据号
		020611	票据日期
		020612	附件数
		020613	制单人
		020614	审核人
		020615	记账人
		020616	记账标志
		020617	作废标志
		020618	凭证来源系统
07	报表集	020701	报表编号
		020702	报表名称
		020703	报表报告日
		020704	报表报告期
		020705	编制单位
		020706	货币单位
08	报表项数据	020701	报表编号
		020801	报表项编号
		020802	报表项名称
		020803	报表项公式
		020804	报表项数值
09	本年预算指标	010113	会计年度
		010201	会计期间号
		020901	支出功能分类代码
		020902	支出功能分类名称
		020903	支出经济分类代码
		020904	支出经济分类名称
		010801	项目编码

表 2（续）

编号	数据表名	数据元素标识符	数据元素名
09	本年预算指标	020905	资金性质代码
		020906	资金性质名称
		020907	预算来源代码
		020908	预算来源名称
		020909	本年预算金额
		020910	累计调增金额
		020911	累计调减金额
		020912	合计
10	预算支出情况表	010113	会计年度
		010201	会计期间号
		020901	支出功能分类代码
		020902	支出功能分类名称
		020903	支出经济分类代码
		020904	支出经济分类名称
		010801	项目编码
		020905	资金性质代码
		020906	资金性质名称
		020907	预算来源代码
		020908	预算来源名称
		021001	支付方式代码
		021002	支付方式名称
		021003	上年结余金额
		020909	本年预算金额
		021004	本期调增金额
		021005	本期调减金额
		020910	累计调增金额
		020911	累计调减金额
		021006	本期支出金额
		021007	累计支出金额
		021008	本年预算结余金额
11	预算收入情况表	010113	会计年度
		010201	会计期间号
		021101	收入分类代码
		021102	收入分类名称

表 2（续）

编号	数据表名	数据元素标识符	数据元素名
11	预算收入情况表	021103	收入项目代码
		021104	收入项目名称
		020909	本年预算金额
		021004	本期调增金额
		021005	本期调减金额
		020910	累计调增金额
		020911	累计调减金额
		021105	本期收入金额
		021106	累计收入金额

5.2.3 资产类数据结构

见表 3。

表 3 资产类数据结构

编号	数据表名	数据元素标识符	数据元素名
01	固定资产基础信息	030101	固定资产对账科目
02	固定资产类别设置	030201	固定资产类别编码规则
		030202	固定资产类别编码
		030203	固定资产类别名称
03	固定资产变动方式	030301	变动方式编码
		030302	变动方式名称
04	固定资产使用状况	030401	使用状况编码
		030402	使用状况名称
05	固定资产卡片	030501	固定资产卡片编号
		030202	固定资产类别编码
		030502	固定资产编码
		030503	固定资产名称
		030504	固定资产入账日期
		010201	会计期间号
		030505	固定资产计量单位
		030506	固定资产数量
		030301	变动方式编码
		030401	使用状况编码
		010112	本位币
		030507	固定资产原值

表 3（续）

编号	数据表名	数据元素标识符	数据元素名
05	固定资产卡片	030508	固定资产净值
		030509	固定资产增减对应凭证编号
06	固定资产卡片实物信息	030501	固定资产卡片编号
		010201	会计期间号
		030601	固定资产标签号
		030602	固定资产位置
		030603	固定资产规格型号
07	固定资产卡片使用信息	030501	固定资产卡片编号
		030601	固定资产标签号
		010201	会计期间号
		010501	内设机构编码
08	固定资产减少情况	030801	固定资产减少流水号
		030802	减少发生日期
		010201	会计期间号
		030301	变动方式编码
		030501	固定资产卡片编号
		030503	固定资产名称
		030502	固定资产编码
		030803	固定资产减少数量
		030804	固定资产减少原值
		030805	固定资产减少累计折旧
		030806	固定资产减少减值准备
		030807	固定资产减少残值
		030808	清理收入
		030809	清理费用
		030810	固定资产减少原因
09	固定资产减少实物信息	030801	固定资产减少流水号
		030501	固定资产卡片编号
		030601	固定资产标签号
		010201	会计期间号
10	固定资产变动情况	031001	固定资产变动流水号
		010201	会计期间号
		030501	固定资产卡片编号
		030502	固定资产编码

表 3（续）

编号	数据表名	数据元素标识符	数据元素名
10	固定资产变动情况	030503	固定资产名称
		030301	变动方式编码
		031002	固定资产变动日期
		031003	变动前内容及数值
		031004	变动后内容及数值
		031005	固定资产变动原因

5.2.4 工资类数据结构

见表 4。

表 4 工资类数据结构

编号	数据表名	数据元素标识符	数据元素名
01	工资期间	040101	工资年度
		040102	工资期间号
		040103	工资期间起始日期
		040104	工资期间结束日期
02	工资项目	040201	工资类别名称
		040202	工资项目编码
		040203	工资项目名称
		020903	支出经济分类代码
03	工资记录	010701	职工编号
		010702	职工姓名
		010501	内设机构编码
		040201	工资类别名称
		040101	工资年度
		040102	工资期间号
		010113	会计年度
		010201	会计期间号
		011101	币种编码
04	工资记录明细	010701	职工编号
		040201	工资类别名称
		040101	工资年度
		040102	工资期间号
		040202	工资项目编码
		040401	工资金额

5.3 输出文件的输出说明

本部分并不要求按照5.2的数据结构的各项数据内容全部输出，它应按照实际存在和要求的数据内容来确定数据文件的输出内容。

5.4 输出文件的时间要求

本部分规定的会计软件数据接口的数据文件的输出时间要求见表5。

表5 输出文件的时间要求

分类码	分类名称	编号	数据表名	数据表类型	输出时间要求
01	公共档案	01	电子账簿	基础信息	一次性输出
		02	会计期间	基础信息	一次性输出
		03	银行账户信息	基础信息	一次性输出
		04	结算方式	基础信息	一次性输出
		05	内设机构	基础信息	一次性输出
		06	职工类别	基础信息	一次性输出
		07	职工档案	基础信息	一次性输出
		08	项目	基础信息	一次性输出
		09	自定义档案项	基础信息	一次性输出
		10	自定义档案值	基础信息	一次性输出
		11	币种	基础信息	一次性输出
		12	汇率类型	基础信息	一次性输出
02	总账	01	总账基础信息	基础信息	一次性输出
		02	记账凭证类型	基础信息	一次性输出
		03	会计科目	基础信息	一次性输出
		04	科目辅助核算	基础信息	一次性输出
		05	科目余额及发生额	业务数据	按月输出
		06	记账凭证	业务数据	按月输出
		07	报表集	基础信息	按月输出
		08	报表项数据	财务报表	按月输出
		09	本年预算指标	业务数据	按月输出
		10	预算支出情况表	业务数据	按月输出
		11	预算收入情况表	业务数据	按月输出
03	资产	01	固定资产基础信息	基础信息	一次性输出
		02	固定资产类别设置	基础信息	一次性输出
		03	固定资产变动方式	基础信息	一次性输出
		04	固定资产使用状况	基础信息	一次性输出
		05	固定资产卡片	业务数据	按月输出

表 5（续）

分类码	分类名称	编号	数据表名	数据表类型	输出时间要求
03	资产	06	固定资产卡片实物信息	业务数据	按月输出
		07	固定资产卡片使用信息	业务数据	按月输出
		08	固定资产减少情况	业务数据	按月输出
		09	固定资产减少实物信息	业务数据	按月输出
		10	固定资产变动情况	业务数据	按月输出
04	工资	01	工资期间	基础信息	一次性输出
		02	工资项目	基础信息	一次性输出
		03	工资记录	业务数据	按月输出
		04	工资记录明细	业务数据	按月输出

6 符合性评价

声称符合本部分的产品应符合第 4 章“数据元素”和第 5 章“接口文件的输出”的要求。均需获得指定机构的标准符合性证明。

附 录 A
（资料性附录）
行政事业单位会计核算软件数据接口的 XML 大纲（Schema）

A.1 标准元素类型类 XML 大纲（Schema）

```
<?xml version="1.0" encoding="GB18030"?>
<xs:schema xmlns:xs="http://www.w3.org/2001/XMLSchema" xmlns:行政事业单位
="http://sxbw.audit.gov.cn/AccountingSoftwareDataInterfaceStandard/2010/PSGA/XMLSchema"
xmlns="http://sxbw.audit.gov.cn/AccountingSoftwareDataInterfaceStandard/2010/PSGA/XMLSchema"
targetNamespace="http://sxbw.audit.gov.cn/AccountingSoftwareDataInterfaceStandard/2010/PSGA/
XMLSchema" elementFormDefault="qualified" attributeFormDefault="unqualified">
    <xs:attribute name="locID">
        <xs:annotation>
            <xs:documentation>数据标识符</xs:documentation>
        </xs:annotation>
        <xs:simpleType>
            <xs:restriction base="xs:string"/>
        </xs:simpleType>
    </xs:attribute>
    <xs:simpleType name="电子账簿编号类型">
        <xs:restriction base="xs:string">
            <xs:maxLength value="60"/>
        </xs:restriction>
    </xs:simpleType>
    <xs:simpleType name="电子账簿名称类型">
        <xs:restriction base="xs:string">
            <xs:maxLength value="200"/>
        </xs:restriction>
    </xs:simpleType>
    <xs:simpleType name="会计核算单位类型">
        <xs:restriction base="xs:string">
            <xs:maxLength value="200"/>
        </xs:restriction>
    </xs:simpleType>
    <xs:simpleType name="组织机构代码类型">
        <xs:restriction base="xs:string">
            <xs:maxLength value="20"/>
        </xs:restriction>
    </xs:simpleType>
    <xs:simpleType name="单位类型类型">
        <xs:restriction base="xs:string">
            <xs:maxLength value="8"/>
```

```
        〈/xs:restriction〉
    〈/xs:simpleType〉
    〈xs:simpleType name="行业类型"〉
        〈xs:restriction base="xs:string"〉
            〈xs:maxLength value="20"/〉
        〈/xs:restriction〉
    〈/xs:simpleType〉
    〈xs:simpleType name="行政区划代码类型"〉
        〈xs:restriction base="xs:string"〉
            〈xs:maxLength value="20"/〉
        〈/xs:restriction〉
    〈/xs:simpleType〉
    〈xs:simpleType name="预算管理级次类型"〉
        〈xs:restriction base="xs:string"〉
            〈xs:maxLength value="20"/〉
        〈/xs:restriction〉
    〈/xs:simpleType〉
    〈xs:simpleType name="经费来源类型"〉
        〈xs:restriction base="xs:string"〉
            〈xs:maxLength value="20"/〉
        〈/xs:restriction〉
    〈/xs:simpleType〉
    〈xs:simpleType name="开发单位类型"〉
        〈xs:restriction base="xs:string"〉
            〈xs:maxLength value="200"/〉
        〈/xs:restriction〉
    〈/xs:simpleType〉
    〈xs:simpleType name="版本号类型"〉
        〈xs:restriction base="xs:string"〉
            〈xs:maxLength value="20"/〉
        〈/xs:restriction〉
    〈/xs:simpleType〉
    〈xs:simpleType name="本位币类型"〉
        〈xs:restriction base="xs:string"〉
            〈xs:maxLength value="30"/〉
        〈/xs:restriction〉
    〈/xs:simpleType〉
    〈xs:simpleType name="会计年度类型"〉
        〈xs:restriction base="xs:string"〉
            〈xs:length value="4"/〉
        〈/xs:restriction〉
    〈/xs:simpleType〉
    〈xs:simpleType name="标准版本号类型"〉
        〈xs:restriction base="xs:string"〉
            〈xs:maxLength value="30"/〉
```

```
    </xs:restriction>
</xs:simpleType>
<xs:simpleType name="会计期间号类型">
    <xs:restriction base="xs:string">
        <xs:maxLength value="15"/>
    </xs:restriction>
</xs:simpleType>
<xs:simpleType name="会计期间起始日期类型">
    <xs:restriction base="xs:string">
        <xs:length value="8"/>
    </xs:restriction>
</xs:simpleType>
<xs:simpleType name="会计期间结束日期类型">
    <xs:restriction base="xs:string">
        <xs:length value="8"/>
    </xs:restriction>
</xs:simpleType>
<xs:simpleType name="开户银行代码类型">
    <xs:restriction base="xs:string">
        <xs:maxLength value="60"/>
    </xs:restriction>
</xs:simpleType>
<xs:simpleType name="开户银行名称类型">
    <xs:restriction base="xs:string">
        <xs:maxLength value="200"/>
    </xs:restriction>
</xs:simpleType>
<xs:simpleType name="银行账号类型">
    <xs:restriction base="xs:string">
        <xs:maxLength value="60"/>
    </xs:restriction>
</xs:simpleType>
<xs:simpleType name="账户类型类型">
    <xs:restriction base="xs:string">
        <xs:maxLength value="30"/>
    </xs:restriction>
</xs:simpleType>
<xs:simpleType name="结算方式编码类型">
    <xs:restriction base="xs:string">
        <xs:maxLength value="60"/>
    </xs:restriction>
</xs:simpleType>
<xs:simpleType name="结算方式名称类型">
    <xs:restriction base="xs:string">
        <xs:maxLength value="60"/>
```

```
        〈/xs:restriction〉
    〈/xs:simpleType〉
    〈xs:simpleType name="内设机构编码类型"〉
        〈xs:restriction base="xs:string"〉
            〈xs:maxLength value="60"/〉
        〈/xs:restriction〉
    〈/xs:simpleType〉
    〈xs:simpleType name="内设机构名称类型"〉
        〈xs:restriction base="xs:string"〉
            〈xs:maxLength value="200"/〉
        〈/xs:restriction〉
    〈/xs:simpleType〉
    〈xs:simpleType name="上级机构编码类型"〉
        〈xs:restriction base="xs:string"〉
            〈xs:maxLength value="60"/〉
        〈/xs:restriction〉
    〈/xs:simpleType〉
    〈xs:simpleType name="职工类别编码类型"〉
        〈xs:restriction base="xs:string"〉
            〈xs:maxLength value="60"/〉
        〈/xs:restriction〉
    〈/xs:simpleType〉
    〈xs:simpleType name="职工类别名称类型"〉
        〈xs:restriction base="xs:string"〉
            〈xs:maxLength value="60"/〉
        〈/xs:restriction〉
    〈/xs:simpleType〉
    〈xs:simpleType name="职工编号类型"〉
        〈xs:restriction base="xs:string"〉
            〈xs:maxLength value="60"/〉
        〈/xs:restriction〉
    〈/xs:simpleType〉
    〈xs:simpleType name="职工姓名类型"〉
        〈xs:restriction base="xs:string"〉
            〈xs:maxLength value="30"/〉
        〈/xs:restriction〉
    〈/xs:simpleType〉
    〈xs:simpleType name="证件类别类型"〉
        〈xs:restriction base="xs:string"〉
            〈xs:maxLength value="30"/〉
        〈/xs:restriction〉
    〈/xs:simpleType〉
    〈xs:simpleType name="证件号码类型"〉
        〈xs:restriction base="xs:string"〉
            〈xs:maxLength value="30"/〉
```

```
    </xs:restriction>
</xs:simpleType>
<xs:simpleType name="性别类型">
    <xs:restriction base="xs:string">
        <xs:maxLength value="20"/>
    </xs:restriction>
</xs:simpleType>
<xs:simpleType name="民族类型">
    <xs:restriction base="xs:string">
        <xs:maxLength value="60"/>
    </xs:restriction>
</xs:simpleType>
<xs:simpleType name="出生日期类型">
    <xs:restriction base="xs:string">
        <xs:length value="8"/>
    </xs:restriction>
</xs:simpleType>
<xs:simpleType name="干部职务级别类型">
    <xs:restriction base="xs:string">
        <xs:maxLength value="60"/>
    </xs:restriction>
</xs:simpleType>
<xs:simpleType name="专业技术职务类型">
    <xs:restriction base="xs:string">
        <xs:maxLength value="60"/>
    </xs:restriction>
</xs:simpleType>
<xs:simpleType name="学历类型">
    <xs:restriction base="xs:string">
        <xs:maxLength value="60"/>
    </xs:restriction>
</xs:simpleType>
<xs:simpleType name="学位类型">
    <xs:restriction base="xs:string">
        <xs:maxLength value="60"/>
    </xs:restriction>
</xs:simpleType>
<xs:simpleType name="入职日期类型">
    <xs:restriction base="xs:string">
        <xs:length value="8"/>
    </xs:restriction>
</xs:simpleType>
<xs:simpleType name="离职日期类型">
    <xs:restriction base="xs:string">
        <xs:length value="8"/>
```

```
        </xs:restriction>
    </xs:simpleType>
    <xs:simpleType name="项目编码类型">
        <xs:restriction base="xs:string">
            <xs:maxLength value="60"/>
        </xs:restriction>
    </xs:simpleType>
    <xs:simpleType name="项目名称类型">
        <xs:restriction base="xs:string">
            <xs:maxLength value="200"/>
        </xs:restriction>
    </xs:simpleType>
    <xs:simpleType name="级次类型">
        <xs:restriction base="xs:short"/>
    </xs:simpleType>
    <xs:simpleType name="项目类型类型">
        <xs:restriction base="xs:string">
            <xs:maxLength value="30"/>
        </xs:restriction>
    </xs:simpleType>
    <xs:simpleType name="项目类别类型">
        <xs:restriction base="xs:string">
            <xs:maxLength value="30"/>
        </xs:restriction>
    </xs:simpleType>
    <xs:simpleType name="项目属性类型">
        <xs:restriction base="xs:string">
            <xs:maxLength value="30"/>
        </xs:restriction>
    </xs:simpleType>
    <xs:simpleType name="项目起始日期类型">
        <xs:restriction base="xs:string">
            <xs:length value="8"/>
        </xs:restriction>
    </xs:simpleType>
    <xs:simpleType name="项目结束日期类型">
        <xs:restriction base="xs:string">
            <xs:length value="8"/>
        </xs:restriction>
    </xs:simpleType>
    <xs:simpleType name="档案编码类型">
        <xs:restriction base="xs:string">
            <xs:maxLength value="30"/>
        </xs:restriction>
    </xs:simpleType>
```

```
<xs:simpleType name="档案名称类型">
    <xs:restriction base="xs:string">
        <xs:maxLength value="200"/>
    </xs:restriction>
</xs:simpleType>
<xs:simpleType name="档案描述类型">
    <xs:restriction base="xs:string">
        <xs:maxLength value="1000"/>
    </xs:restriction>
</xs:simpleType>
<xs:simpleType name="是否有层级特征类型">
    <xs:restriction base="xs:string">
        <xs:length value="1"/>
    </xs:restriction>
</xs:simpleType>
<xs:simpleType name="档案编码规则类型">
    <xs:restriction base="xs:string">
        <xs:maxLength value="200"/>
    </xs:restriction>
</xs:simpleType>
<xs:simpleType name="档案值编码类型">
    <xs:restriction base="xs:string">
        <xs:maxLength value="60"/>
    </xs:restriction>
</xs:simpleType>
<xs:simpleType name="档案值名称类型">
    <xs:restriction base="xs:string">
        <xs:maxLength value="200"/>
    </xs:restriction>
</xs:simpleType>
<xs:simpleType name="档案值描述类型">
    <xs:restriction base="xs:string">
        <xs:maxLength value="1000"/>
    </xs:restriction>
</xs:simpleType>
<xs:simpleType name="档案值父节点类型">
    <xs:restriction base="xs:string">
        <xs:maxLength value="60"/>
    </xs:restriction>
</xs:simpleType>
<xs:simpleType name="档案值级次类型">
    <xs:restriction base="xs:string">
        <xs:maxLength value="2"/>
    </xs:restriction>
</xs:simpleType>
```

```
<xs:simpleType name="币种编码类型">
    <xs:restriction base="xs:string">
        <xs:maxLength value="10"/>
    </xs:restriction>
</xs:simpleType>
<xs:simpleType name="币种名称类型">
    <xs:restriction base="xs:string">
        <xs:maxLength value="30"/>
    </xs:restriction>
</xs:simpleType>
<xs:simpleType name="汇率类型编号类型">
    <xs:restriction base="xs:string">
        <xs:maxLength value="60"/>
    </xs:restriction>
</xs:simpleType>
<xs:simpleType name="汇率类型名称类型">
    <xs:restriction base="xs:string">
        <xs:maxLength value="60"/>
    </xs:restriction>
</xs:simpleType>
<xs:simpleType name="结构分隔符类型">
    <xs:restriction base="xs:string">
        <xs:length value="1"/>
    </xs:restriction>
</xs:simpleType>
<xs:simpleType name="会计科目编号规则类型">
    <xs:restriction base="xs:string">
        <xs:maxLength value="200"/>
    </xs:restriction>
</xs:simpleType>
<xs:simpleType name="凭证头可扩展字段结构类型">
    <xs:restriction base="xs:string">
        <xs:maxLength value="2000"/>
    </xs:restriction>
</xs:simpleType>
<xs:simpleType name="凭证头可扩展结构对应档案类型">
    <xs:restriction base="xs:string">
        <xs:maxLength value="2000"/>
    </xs:restriction>
</xs:simpleType>
<xs:simpleType name="分录行可扩展字段结构类型">
    <xs:restriction base="xs:string">
        <xs:maxLength value="2000"/>
    </xs:restriction>
</xs:simpleType>
```

```
<xs:simpleType name="分录行可扩展字段对应档案类型">
    <xs:restriction base="xs:string">
        <xs:maxLength value="2000"/>
    </xs:restriction>
</xs:simpleType>
<xs:simpleType name="记账凭证类型编号类型">
    <xs:restriction base="xs:string">
        <xs:maxLength value="60"/>
    </xs:restriction>
</xs:simpleType>
<xs:simpleType name="记账凭证类型名称类型">
    <xs:restriction base="xs:string">
        <xs:maxLength value="60"/>
    </xs:restriction>
</xs:simpleType>
<xs:simpleType name="记账凭证类型简称类型">
    <xs:restriction base="xs:string">
        <xs:maxLength value="20"/>
    </xs:restriction>
</xs:simpleType>
<xs:simpleType name="科目编号类型">
    <xs:restriction base="xs:string">
        <xs:maxLength value="60"/>
    </xs:restriction>
</xs:simpleType>
<xs:simpleType name="科目名称类型">
    <xs:restriction base="xs:string">
        <xs:maxLength value="60"/>
    </xs:restriction>
</xs:simpleType>
<xs:simpleType name="科目级次类型">
    <xs:restriction base="xs:short"/>
</xs:simpleType>
<xs:simpleType name="科目类型类型">
    <xs:restriction base="xs:string">
        <xs:maxLength value="20"/>
    </xs:restriction>
</xs:simpleType>
<xs:simpleType name="余额方向类型">
    <xs:restriction base="xs:string">
        <xs:maxLength value="4"/>
    </xs:restriction>
</xs:simpleType>
<xs:simpleType name="辅助项编号类型">
    <xs:restriction base="xs:string">
```

```
        <xs:maxLength value="60"/>
    </xs:restriction>
</xs:simpleType>
<xs:simpleType name="辅助项名称类型">
    <xs:restriction base="xs:string">
        <xs:maxLength value="200"/>
    </xs:restriction>
</xs:simpleType>
<xs:simpleType name="对应档案类型">
    <xs:restriction base="xs:string">
        <xs:maxLength value="200"/>
    </xs:restriction>
</xs:simpleType>
<xs:simpleType name="辅助项描述类型">
    <xs:restriction base="xs:string">
        <xs:maxLength value="2000"/>
    </xs:restriction>
</xs:simpleType>
<xs:simpleType name="期初余额方向类型">
    <xs:restriction base="xs:string">
        <xs:maxLength value="4"/>
    </xs:restriction>
</xs:simpleType>
<xs:simpleType name="期末余额方向类型">
    <xs:restriction base="xs:string">
        <xs:maxLength value="4"/>
    </xs:restriction>
</xs:simpleType>
<xs:simpleType name="计量单位类型">
    <xs:restriction base="xs:string">
        <xs:maxLength value="10"/>
    </xs:restriction>
</xs:simpleType>
<xs:simpleType name="期初数量类型">
    <xs:restriction base="xs:double"/>
</xs:simpleType>
<xs:simpleType name="期初原币余额类型">
    <xs:restriction base="xs:double"/>
</xs:simpleType>
<xs:simpleType name="期初本币余额类型">
    <xs:restriction base="xs:double"/>
</xs:simpleType>
<xs:simpleType name="借方数量类型">
    <xs:restriction base="xs:double"/>
</xs:simpleType>
```

```
〈xs:simpleType name="借方原币金额类型"〉
    〈xs:restriction base="xs:double"/〉
〈/xs:simpleType〉
〈xs:simpleType name="借方本币金额类型"〉
    〈xs:restriction base="xs:double"/〉
〈/xs:simpleType〉
〈xs:simpleType name="贷方数量类型"〉
    〈xs:restriction base="xs:double"/〉
〈/xs:simpleType〉
〈xs:simpleType name="贷方原币金额类型"〉
    〈xs:restriction base="xs:double"/〉
〈/xs:simpleType〉
〈xs:simpleType name="贷方本币金额类型"〉
    〈xs:restriction base="xs:double"/〉
〈/xs:simpleType〉
〈xs:simpleType name="期末数量类型"〉
    〈xs:restriction base="xs:double"/〉
〈/xs:simpleType〉
〈xs:simpleType name="期末原币余额类型"〉
    〈xs:restriction base="xs:double"/〉
〈/xs:simpleType〉
〈xs:simpleType name="期末本币余额类型"〉
    〈xs:restriction base="xs:double"/〉
〈/xs:simpleType〉
〈xs:simpleType name="记账凭证日期类型"〉
    〈xs:restriction base="xs:string"〉
        〈xs:length value="8"/〉
    〈/xs:restriction〉
〈/xs:simpleType〉
〈xs:simpleType name="记账凭证编号类型"〉
    〈xs:restriction base="xs:string"〉
        〈xs:maxLength value="60"/〉
    〈/xs:restriction〉
〈/xs:simpleType〉
〈xs:simpleType name="记账凭证行号类型"〉
    〈xs:restriction base="xs:string"〉
        〈xs:maxLength value="5"/〉
    〈/xs:restriction〉
〈/xs:simpleType〉
〈xs:simpleType name="记账凭证摘要类型"〉
    〈xs:restriction base="xs:string"〉
        〈xs:maxLength value="300"/〉
    〈/xs:restriction〉
〈/xs:simpleType〉
〈xs:simpleType name="汇率类型"〉
```

```
        <xs:restriction base="xs:double"/>
    </xs:simpleType>
    <xs:simpleType name="单价类型">
        <xs:restriction base="xs:double"/>
    </xs:simpleType>
    <xs:simpleType name="凭证头可扩展字段结构值类型">
        <xs:restriction base="xs:string">
            <xs:maxLength value="300"/>
        </xs:restriction>
    </xs:simpleType>
    <xs:simpleType name="分录行可扩展字段结构值类型">
        <xs:restriction base="xs:string">
            <xs:maxLength value="300"/>
        </xs:restriction>
    </xs:simpleType>
    <xs:simpleType name="票据类型类型">
        <xs:restriction base="xs:string">
            <xs:maxLength value="60"/>
        </xs:restriction>
    </xs:simpleType>
    <xs:simpleType name="票据号类型">
        <xs:restriction base="xs:string">
            <xs:maxLength value="60"/>
        </xs:restriction>
    </xs:simpleType>
    <xs:simpleType name="票据日期类型">
        <xs:restriction base="xs:string">
            <xs:length value="8"/>
        </xs:restriction>
    </xs:simpleType>
    <xs:simpleType name="附件数类型">
        <xs:restriction base="xs:int"/>
    </xs:simpleType>
    <xs:simpleType name="制单人类型">
        <xs:restriction base="xs:string">
            <xs:maxLength value="30"/>
        </xs:restriction>
    </xs:simpleType>
    <xs:simpleType name="审核人类型">
        <xs:restriction base="xs:string">
            <xs:maxLength value="30"/>
        </xs:restriction>
    </xs:simpleType>
    <xs:simpleType name="记账人类型">
        <xs:restriction base="xs:string">
```

```
        <xs:maxLength value="30"/>
    </xs:restriction>
</xs:simpleType>
<xs:simpleType name="记账标志类型">
    <xs:restriction base="xs:string">
        <xs:length value="1"/>
    </xs:restriction>
</xs:simpleType>
<xs:simpleType name="作废标志类型">
    <xs:restriction base="xs:string">
        <xs:length value="1"/>
    </xs:restriction>
</xs:simpleType>
<xs:simpleType name="凭证来源系统类型">
    <xs:restriction base="xs:string">
        <xs:maxLength value="20"/>
    </xs:restriction>
</xs:simpleType>
<xs:simpleType name="报表编号类型">
    <xs:restriction base="xs:string">
        <xs:maxLength value="20"/>
    </xs:restriction>
</xs:simpleType>
<xs:simpleType name="报表名称类型">
    <xs:restriction base="xs:string">
        <xs:maxLength value="60"/>
    </xs:restriction>
</xs:simpleType>
<xs:simpleType name="报表报告日类型">
    <xs:restriction base="xs:string">
        <xs:length value="8"/>
    </xs:restriction>
</xs:simpleType>
<xs:simpleType name="报表报告期类型">
    <xs:restriction base="xs:string">
        <xs:maxLength value="8"/>
    </xs:restriction>
</xs:simpleType>
<xs:simpleType name="编制单位类型">
    <xs:restriction base="xs:string">
        <xs:maxLength value="200"/>
    </xs:restriction>
</xs:simpleType>
<xs:simpleType name="货币单位类型">
    <xs:restriction base="xs:string">
```

```
        <xs:maxLength value="30"/>
    </xs:restriction>
</xs:simpleType>
<xs:simpleType name="报表项编号类型">
    <xs:restriction base="xs:string">
        <xs:maxLength value="20"/>
    </xs:restriction>
</xs:simpleType>
<xs:simpleType name="报表项名称类型">
    <xs:restriction base="xs:string">
        <xs:maxLength value="200"/>
    </xs:restriction>
</xs:simpleType>
<xs:simpleType name="报表项公式类型">
    <xs:restriction base="xs:string">
        <xs:maxLength value="2000"/>
    </xs:restriction>
</xs:simpleType>
<xs:simpleType name="报表项数值类型">
    <xs:restriction base="xs:double"/>
</xs:simpleType>
<xs:simpleType name="支出功能分类代码类型">
    <xs:restriction base="xs:string">
        <xs:maxLength value="30"/>
    </xs:restriction>
</xs:simpleType>
<xs:simpleType name="支出功能分类名称类型">
    <xs:restriction base="xs:string">
        <xs:maxLength value="60"/>
    </xs:restriction>
</xs:simpleType>
<xs:simpleType name="支出经济分类代码类型">
    <xs:restriction base="xs:string">
        <xs:maxLength value="30"/>
    </xs:restriction>
</xs:simpleType>
<xs:simpleType name="支出经济分类名称类型">
    <xs:restriction base="xs:string">
        <xs:maxLength value="60"/>
    </xs:restriction>
</xs:simpleType>
<xs:simpleType name="资金性质代码类型">
    <xs:restriction base="xs:string">
        <xs:maxLength value="30"/>
    </xs:restriction>
```

```
〈/xs:simpleType〉
〈xs:simpleType name = "资金性质名称类型"〉
    〈xs:restriction base = "xs:string"〉
        〈xs:maxLength value = "60"/〉
    〈/xs:restriction〉
〈/xs:simpleType〉
〈xs:simpleType name = "预算来源代码类型"〉
    〈xs:restriction base = "xs:string"〉
        〈xs:maxLength value = "30"/〉
    〈/xs:restriction〉
〈/xs:simpleType〉
〈xs:simpleType name = "预算来源名称类型"〉
    〈xs:restriction base = "xs:string"〉
        〈xs:maxLength value = "60"/〉
    〈/xs:restriction〉
〈/xs:simpleType〉
〈xs:simpleType name = "本年预算金额类型"〉
    〈xs:restriction base = "xs:double"/〉
〈/xs:simpleType〉
〈xs:simpleType name = "累计调增金额类型"〉
    〈xs:restriction base = "xs:double"/〉
〈/xs:simpleType〉
〈xs:simpleType name = "累计调减金额类型"〉
    〈xs:restriction base = "xs:double"/〉
〈/xs:simpleType〉
〈xs:simpleType name = "合计类型"〉
    〈xs:restriction base = "xs:double"/〉
〈/xs:simpleType〉
〈xs:simpleType name = "支付方式代码类型"〉
    〈xs:restriction base = "xs:string"〉
        〈xs:maxLength value = "30"/〉
    〈/xs:restriction〉
〈/xs:simpleType〉
〈xs:simpleType name = "支付方式名称类型"〉
    〈xs:restriction base = "xs:string"〉
        〈xs:maxLength value = "60"/〉
    〈/xs:restriction〉
〈/xs:simpleType〉
〈xs:simpleType name = "上年结余金额类型"〉
    〈xs:restriction base = "xs:double"/〉
〈/xs:simpleType〉
〈xs:simpleType name = "本期调增金额类型"〉
    〈xs:restriction base = "xs:double"/〉
〈/xs:simpleType〉
〈xs:simpleType name = "本期调减金额类型"〉
```

```
        <xs:restriction base="xs:double"/>
    </xs:simpleType>
    <xs:simpleType name="本期支出金额类型">
        <xs:restriction base="xs:double"/>
    </xs:simpleType>
    <xs:simpleType name="累计支出金额类型">
        <xs:restriction base="xs:double"/>
    </xs:simpleType>
    <xs:simpleType name="本年预算结余金额类型">
        <xs:restriction base="xs:double"/>
    </xs:simpleType>
    <xs:simpleType name="收入分类代码类型">
        <xs:restriction base="xs:string">
            <xs:maxLength value="20"/>
        </xs:restriction>
    </xs:simpleType>
    <xs:simpleType name="收入分类名称类型">
        <xs:restriction base="xs:string">
            <xs:maxLength value="60"/>
        </xs:restriction>
    </xs:simpleType>
    <xs:simpleType name="收入项目代码类型">
        <xs:restriction base="xs:string">
            <xs:maxLength value="20"/>
        </xs:restriction>
    </xs:simpleType>
    <xs:simpleType name="收入项目名称类型">
        <xs:restriction base="xs:string">
            <xs:maxLength value="60"/>
        </xs:restriction>
    </xs:simpleType>
    <xs:simpleType name="本期收入金额类型">
        <xs:restriction base="xs:double"/>
    </xs:simpleType>
    <xs:simpleType name="累计收入金额类型">
        <xs:restriction base="xs:double"/>
    </xs:simpleType>
    <xs:simpleType name="固定资产对账科目类型">
        <xs:restriction base="xs:string">
            <xs:maxLength value="60"/>
        </xs:restriction>
    </xs:simpleType>
    <xs:simpleType name="固定资产类别编码规则类型">
        <xs:restriction base="xs:string">
            <xs:maxLength value="60"/>
```

```
    </xs:restriction>
</xs:simpleType>
<xs:simpleType name="固定资产类别编码类型">
    <xs:restriction base="xs:string">
        <xs:maxLength value="60"/>
    </xs:restriction>
</xs:simpleType>
<xs:simpleType name="固定资产类别名称类型">
    <xs:restriction base="xs:string">
        <xs:maxLength value="60"/>
    </xs:restriction>
</xs:simpleType>
<xs:simpleType name="变动方式编码类型">
    <xs:restriction base="xs:string">
        <xs:maxLength value="60"/>
    </xs:restriction>
</xs:simpleType>
<xs:simpleType name="变动方式名称类型">
    <xs:restriction base="xs:string">
        <xs:maxLength value="60"/>
    </xs:restriction>
</xs:simpleType>
<xs:simpleType name="使用状况编码类型">
    <xs:restriction base="xs:string">
        <xs:maxLength value="60"/>
    </xs:restriction>
</xs:simpleType>
<xs:simpleType name="使用状况名称类型">
    <xs:restriction base="xs:string">
        <xs:maxLength value="60"/>
    </xs:restriction>
</xs:simpleType>
<xs:simpleType name="固定资产卡片编号类型">
    <xs:restriction base="xs:string">
        <xs:maxLength value="60"/>
    </xs:restriction>
</xs:simpleType>
<xs:simpleType name="固定资产编码类型">
    <xs:restriction base="xs:string">
        <xs:maxLength value="60"/>
    </xs:restriction>
</xs:simpleType>
<xs:simpleType name="固定资产名称类型">
    <xs:restriction base="xs:string">
        <xs:maxLength value="200"/>
```

```
        </xs:restriction>
    </xs:simpleType>
    <xs:simpleType name="固定资产入账日期类型">
        <xs:restriction base="xs:string">
            <xs:length value="8"/>
        </xs:restriction>
    </xs:simpleType>
    <xs:simpleType name="固定资产计量单位类型">
        <xs:restriction base="xs:string">
            <xs:maxLength value="60"/>
        </xs:restriction>
    </xs:simpleType>
    <xs:simpleType name="固定资产数量类型">
        <xs:restriction base="xs:double"/>
    </xs:simpleType>
    <xs:simpleType name="固定资产原值类型">
        <xs:restriction base="xs:double"/>
    </xs:simpleType>
    <xs:simpleType name="固定资产净值类型">
        <xs:restriction base="xs:double"/>
    </xs:simpleType>
    <xs:simpleType name="固定资产增减对应凭证编号类型">
        <xs:restriction base="xs:string">
            <xs:maxLength value="60"/>
        </xs:restriction>
    </xs:simpleType>
    <xs:simpleType name="固定资产标签号类型">
        <xs:restriction base="xs:string">
            <xs:maxLength value="200"/>
        </xs:restriction>
    </xs:simpleType>
    <xs:simpleType name="固定资产位置类型">
        <xs:restriction base="xs:string">
            <xs:maxLength value="60"/>
        </xs:restriction>
    </xs:simpleType>
    <xs:simpleType name="固定资产规格型号类型">
        <xs:restriction base="xs:string">
            <xs:maxLength value="60"/>
        </xs:restriction>
    </xs:simpleType>
    <xs:simpleType name="固定资产减少流水号类型">
        <xs:restriction base="xs:string">
            <xs:maxLength value="60"/>
        </xs:restriction>
```

```
</xs:simpleType>
<xs:simpleType name="减少发生日期类型">
    <xs:restriction base="xs:string">
        <xs:length value="8"/>
    </xs:restriction>
</xs:simpleType>
<xs:simpleType name="固定资产减少数量类型">
    <xs:restriction base="xs:double"/>
</xs:simpleType>
<xs:simpleType name="固定资产减少原值类型">
    <xs:restriction base="xs:double"/>
</xs:simpleType>
<xs:simpleType name="固定资产减少减值准备类型">
    <xs:restriction base="xs:double"/>
</xs:simpleType>
<xs:simpleType name="固定资产减少残值类型">
    <xs:restriction base="xs:double"/>
</xs:simpleType>
<xs:simpleType name="清理收入类型">
    <xs:restriction base="xs:double"/>
</xs:simpleType>
<xs:simpleType name="清理费用类型">
    <xs:restriction base="xs:double"/>
</xs:simpleType>
<xs:simpleType name="固定资产减少累计折旧类型">
    <xs:restriction base="xs:double"/>
</xs:simpleType>
<xs:simpleType name="固定资产减少原因类型">
    <xs:restriction base="xs:string">
        <xs:maxLength value="200"/>
    </xs:restriction>
</xs:simpleType>
<xs:simpleType name="固定资产变动流水号类型">
    <xs:restriction base="xs:string">
        <xs:maxLength value="60"/>
    </xs:restriction>
</xs:simpleType>
<xs:simpleType name="变动前内容及数值类型">
    <xs:restriction base="xs:string">
        <xs:maxLength value="60"/>
    </xs:restriction>
</xs:simpleType>
<xs:simpleType name="变动后内容及数值类型">
    <xs:restriction base="xs:string">
        <xs:maxLength value="60"/>
```

```
    </xs:restriction>
  </xs:simpleType>
  <xs:simpleType name="固定资产变动原因类型">
    <xs:restriction base="xs:string">
      <xs:maxLength value="200"/>
    </xs:restriction>
  </xs:simpleType>
  <xs:simpleType name="固定资产变动日期类型">
    <xs:restriction base="xs:string">
      <xs:length value="8"/>
    </xs:restriction>
  </xs:simpleType>
  <xs:simpleType name="工资年度类型">
    <xs:restriction base="xs:string">
      <xs:length value="4"/>
    </xs:restriction>
  </xs:simpleType>
  <xs:simpleType name="工资期间号类型">
    <xs:restriction base="xs:string">
      <xs:maxLength value="2"/>
    </xs:restriction>
  </xs:simpleType>
  <xs:simpleType name="工资期间起始日期类型">
    <xs:restriction base="xs:string">
      <xs:length value="8"/>
    </xs:restriction>
  </xs:simpleType>
  <xs:simpleType name="工资期间结束日期类型">
    <xs:restriction base="xs:string">
      <xs:length value="8"/>
    </xs:restriction>
  </xs:simpleType>
  <xs:simpleType name="工资类别名称类型">
    <xs:restriction base="xs:string">
      <xs:maxLength value="60"/>
    </xs:restriction>
  </xs:simpleType>
  <xs:simpleType name="工资项目编码类型">
    <xs:restriction base="xs:string">
      <xs:maxLength value="60"/>
    </xs:restriction>
  </xs:simpleType>
  <xs:simpleType name="工资项目名称类型">
    <xs:restriction base="xs:string">
      <xs:maxLength value="60"/>
```

```
        〈/xs:restriction〉
    〈/xs:simpleType〉
    〈xs:simpleType name = "工资金额类型"〉
        〈xs:restriction base = "xs:double"/〉
    〈/xs:simpleType〉
〈/xs:schema〉
```

A.2 公共档案类 XML 大纲(Schema)

```
〈? xml version = "1.0" encoding = "GB18030"?〉
〈xs:schema xmlns:xs = "http://www.w3.org/2001/XMLSchema" xmlns:行政事业单位
= "http://sxbw.audit.gov.cn/AccountingSoftwareDataInterfaceStandard/2010/PSGA/XMLSchema"
xmlns = "http://sxbw.audit.gov.cn/AccountingSoftwareDataInterfaceStandard/2010/PSGA/XMLSchema"
targetNamespace = " http://sxbw. audit. gov. cn/AccountingSoftwareDataInterfaceStandard/2010/PSGA/
XMLSchema" elementFormDefault = "qualified" attributeFormDefault = "unqualified"〉
    〈xs:include schemaLocation = "标准数据元素类型.xsd"/〉
    〈xs:element name = "公共档案"〉
        〈xs:complexType〉
            〈xs:sequence〉
                〈xs:element ref = "电子账簿"/〉
                〈xs:element ref = "会计期间" maxOccurs = "unbounded"/〉
                〈xs:element ref = "银行账户信息" maxOccurs = "unbounded"/〉
                〈xs:element ref = "结算方式" maxOccurs = "unbounded"/〉
                〈xs:element ref = "内设机构" maxOccurs = "unbounded"/〉
                〈xs:element ref = "职工类别" maxOccurs = "unbounded"/〉
                〈xs:element ref = "职工档案" maxOccurs = "unbounded"/〉
                〈xs:element ref = "项目" maxOccurs = "unbounded"/〉
                〈xs:element ref = "自定义档案项" minOccurs = "0" maxOccurs = "unbounded"/〉
                〈xs:element ref = "自定义档案值" minOccurs = "0" maxOccurs = "unbounded"/〉
                〈xs:element ref = "币种" maxOccurs = "unbounded"/〉
                〈xs:element ref = "汇率类型" maxOccurs = "unbounded"/〉
            〈/xs:sequence〉
            〈xs:attribute ref = "locID" use = "optional" fixed = "S01"/〉
        〈/xs:complexType〉
    〈/xs:element〉
    〈xs:element name = "电子账簿"〉
        〈xs:complexType〉
            〈xs:sequence〉
                〈xs:element name = "电子账簿编号"〉
                    〈xs:complexType〉
                        〈xs:simpleContent〉
                            〈xs:extension base = "电子账簿编号类型"〉
                                〈xs:attribute ref = "locID" use = "optional" fixed = "010101"/〉
                            〈/xs:extension〉
                        〈/xs:simpleContent〉
```

```
            </xs:complexType>
        </xs:element>
        <xs:element name="电子账簿名称">
            <xs:complexType>
                <xs:simpleContent>
                    <xs:extension base="电子账簿名称类型">
                        <xs:attribute ref="locID" use="optional" fixed="010102"/>
                    </xs:extension>
                </xs:simpleContent>
            </xs:complexType>
        </xs:element>
        <xs:element name="会计核算单位">
            <xs:complexType>
                <xs:simpleContent>
                    <xs:extension base="会计核算单位类型">
                        <xs:attribute ref="locID" use="optional" fixed="010103"/>
                    </xs:extension>
                </xs:simpleContent>
            </xs:complexType>
        </xs:element>
        <xs:element name="组织机构代码">
            <xs:complexType>
                <xs:simpleContent>
                    <xs:extension base="组织机构代码类型">
                        <xs:attribute ref="locID" use="optional" fixed="010104"/>
                    </xs:extension>
                </xs:simpleContent>
            </xs:complexType>
        </xs:element>
        <xs:element name="单位类型">
            <xs:complexType>
                <xs:simpleContent>
                    <xs:extension base="单位类型类型">
                        <xs:attribute ref="locID" use="optional" fixed="010105"/>
                    </xs:extension>
                </xs:simpleContent>
            </xs:complexType>
        </xs:element>
        <xs:element name="行业">
            <xs:complexType>
                <xs:simpleContent>
                    <xs:extension base="行业类型">
                        <xs:attribute ref="locID" use="optional" fixed="010106"/>
                    </xs:extension>
                </xs:simpleContent>
```

```
        〈/xs:complexType〉
    〈/xs:element〉
    〈xs:element name="行政区划代码"〉
        〈xs:complexType〉
            〈xs:simpleContent〉
                〈xs:extension base="行政区划代码类型"〉
                    〈xs:attribute ref="locID" use="optional" fixed="010107"/〉
                〈/xs:extension〉
            〈/xs:simpleContent〉
        〈/xs:complexType〉
    〈/xs:element〉
    〈xs:element name="预算管理级次"〉
        〈xs:complexType〉
            〈xs:simpleContent〉
                〈xs:extension base="预算管理级次类型"〉
                    〈xs:attribute ref="locID" use="optional" fixed="010108"/〉
                〈/xs:extension〉
            〈/xs:simpleContent〉
        〈/xs:complexType〉
    〈/xs:element〉
    〈xs:element name="经费来源"〉
        〈xs:complexType〉
            〈xs:simpleContent〉
                〈xs:extension base="经费来源类型"〉
                    〈xs:attribute ref="locID" use="optional" fixed="010109"/〉
                〈/xs:extension〉
            〈/xs:simpleContent〉
        〈/xs:complexType〉
    〈/xs:element〉
    〈xs:element name="开发单位"〉
        〈xs:complexType〉
            〈xs:simpleContent〉
                〈xs:extension base="开发单位类型"〉
                    〈xs:attribute ref="locID" use="optional" fixed="010110"/〉
                〈/xs:extension〉
            〈/xs:simpleContent〉
        〈/xs:complexType〉
    〈/xs:element〉
    〈xs:element name="版本号"〉
        〈xs:complexType〉
            〈xs:simpleContent〉
                〈xs:extension base="版本号类型"〉
                    〈xs:attribute ref="locID" use="optional" fixed="010111"/〉
                〈/xs:extension〉
            〈/xs:simpleContent〉
```

```
            </xs:complexType>
        </xs:element>
        <xs:element name="本位币">
            <xs:complexType>
                <xs:simpleContent>
                    <xs:extension base="本位币类型">
                        <xs:attribute ref="locID" use="optional" fixed="010112"/>
                    </xs:extension>
                </xs:simpleContent>
            </xs:complexType>
        </xs:element>
        <xs:element name="会计年度">
            <xs:complexType>
                <xs:simpleContent>
                    <xs:extension base="会计年度类型">
                        <xs:attribute ref="locID" use="optional" fixed="010113"/>
                    </xs:extension>
                </xs:simpleContent>
            </xs:complexType>
        </xs:element>
        <xs:element name="标准版本号">
            <xs:complexType>
                <xs:simpleContent>
                    <xs:extension base="标准版本号类型">
                        <xs:attribute ref="locID" use="optional" fixed="010114"/>
                    </xs:extension>
                </xs:simpleContent>
            </xs:complexType>
        </xs:element>
    </xs:sequence>
    <xs:attribute ref="locID" use="optional" fixed="T0101"/>
  </xs:complexType>
</xs:element>
<xs:element name="会计期间">
  <xs:complexType>
    <xs:sequence>
        <xs:element name="会计年度">
            <xs:complexType>
                <xs:simpleContent>
                    <xs:extension base="会计年度类型">
                        <xs:attribute ref="locID" use="optional" fixed="010113"/>
                    </xs:extension>
                </xs:simpleContent>
            </xs:complexType>
        </xs:element>
```

```
        〈xs：element name = "会计期间号"〉
            〈xs：complexType〉
                〈xs：simpleContent〉
                    〈xs：extension base = "会计期间号类型"〉
                        〈xs：attribute ref = "locID" use = "optional" fixed = "010201"/〉
                    〈/xs：extension〉
                〈/xs：simpleContent〉
            〈/xs：complexType〉
        〈/xs：element〉
        〈xs：element name = "会计期间起始日期"〉
            〈xs：complexType〉
                〈xs：simpleContent〉
                    〈xs：extension base = "会计期间起始日期类型"〉
                        〈xs：attribute ref = "locID" use = "optional" fixed = "010202"/〉
                    〈/xs：extension〉
                〈/xs：simpleContent〉
            〈/xs：complexType〉
        〈/xs：element〉
        〈xs：element name = "会计期间结束日期"〉
            〈xs：complexType〉
                〈xs：simpleContent〉
                    〈xs：extension base = "会计期间结束日期类型"〉
                        〈xs：attribute ref = "locID" use = "optional" fixed = "010203"/〉
                    〈/xs：extension〉
                〈/xs：simpleContent〉
            〈/xs：complexType〉
        〈/xs：element〉
    〈/xs：sequence〉
    〈xs：attribute ref = "locID" use = "optional" fixed = "T0102"/〉
  〈/xs：complexType〉
〈/xs：element〉
〈xs：element name = "银行账户信息"〉
  〈xs：complexType〉
    〈xs：sequence〉
        〈xs：element name = "开户银行代码"〉
            〈xs：complexType〉
                〈xs：simpleContent〉
                    〈xs：extension base = "开户银行代码类型"〉
                        〈xs：attribute ref = "locID" use = "optional" fixed = "010301"/〉
                    〈/xs：extension〉
                〈/xs：simpleContent〉
            〈/xs：complexType〉
        〈/xs：element〉
        〈xs：element name = "开户银行名称"〉
            〈xs：complexType〉
```

```
                        <xs:simpleContent>
                            <xs:extension base="开户银行名称类型">
                                <xs:attribute ref="locID" use="optional" fixed="010302"/>
                            </xs:extension>
                        </xs:simpleContent>
                    </xs:complexType>
                </xs:element>
                <xs:element name="银行账号">
                    <xs:complexType>
                        <xs:simpleContent>
                            <xs:extension base="银行账号类型">
                                <xs:attribute ref="locID" use="optional" fixed="010303"/>
                            </xs:extension>
                        </xs:simpleContent>
                    </xs:complexType>
                </xs:element>
                <xs:element name="账户类型">
                    <xs:complexType>
                        <xs:simpleContent>
                            <xs:extension base="账户类型类型">
                                <xs:attribute ref="locID" use="optional" fixed="010304"/>
                            </xs:extension>
                        </xs:simpleContent>
                    </xs:complexType>
                </xs:element>
            </xs:sequence>
            <xs:attribute ref="locID" use="optional" fixed="T0103"/>
        </xs:complexType>
    </xs:element>
    <xs:element name="结算方式">
        <xs:complexType>
            <xs:sequence>
                <xs:element name="结算方式编码">
                    <xs:complexType>
                        <xs:simpleContent>
                            <xs:extension base="结算方式编码类型">
                                <xs:attribute ref="locID" use="optional" fixed="010401"/>
                            </xs:extension>
                        </xs:simpleContent>
                    </xs:complexType>
                </xs:element>
                <xs:element name="结算方式名称">
                    <xs:complexType>
                        <xs:simpleContent>
                            <xs:extension base="结算方式名称类型">
```

```
                        〈xs:attribute ref="locID" use="optional" fixed="010402"/〉
                    〈/xs:extension〉
                〈/xs:simpleContent〉
            〈/xs:complexType〉
        〈/xs:element〉
    〈/xs:sequence〉
    〈xs:attribute ref="locID" fixed="T0104"/〉
  〈/xs:complexType〉
〈/xs:element〉
〈xs:element name="内设机构"〉
  〈xs:complexType〉
    〈xs:sequence〉
        〈xs:element name="内设机构编码"〉
            〈xs:complexType〉
                〈xs:simpleContent〉
                    〈xs:extension base="内设机构编码类型"〉
                        〈xs:attribute ref="locID" use="optional" fixed="010501"/〉
                    〈/xs:extension〉
                〈/xs:simpleContent〉
            〈/xs:complexType〉
        〈/xs:element〉
        〈xs:element name="内设机构名称"〉
            〈xs:complexType〉
                〈xs:simpleContent〉
                    〈xs:extension base="内设机构名称类型"〉
                        〈xs:attribute ref="locID" use="optional" fixed="010502"/〉
                    〈/xs:extension〉
                〈/xs:simpleContent〉
            〈/xs:complexType〉
        〈/xs:element〉
        〈xs:element name="上级机构编码" minOccurs="0"〉
            〈xs:complexType〉
                〈xs:simpleContent〉
                    〈xs:extension base="上级机构编码类型"〉
                        〈xs:attribute ref="locID" use="optional" fixed="010503"/〉
                    〈/xs:extension〉
                〈/xs:simpleContent〉
            〈/xs:complexType〉
        〈/xs:element〉
    〈/xs:sequence〉
    〈xs:attribute ref="locID" use="optional" fixed="T0105"/〉
  〈/xs:complexType〉
〈/xs:element〉
〈xs:element name="职工类别"〉
  〈xs:complexType〉
```

```
        <xs:sequence>
            <xs:element name="职工类别编码">
                <xs:complexType>
                    <xs:simpleContent>
                        <xs:extension base="职工类别编码类型">
                            <xs:attribute ref="locID" use="optional" fixed="010601"/>
                        </xs:extension>
                    </xs:simpleContent>
                </xs:complexType>
            </xs:element>
            <xs:element name="职工类别名称">
                <xs:complexType>
                    <xs:simpleContent>
                        <xs:extension base="职工类别名称类型">
                            <xs:attribute ref="locID" use="optional" fixed="010602"/>
                        </xs:extension>
                    </xs:simpleContent>
                </xs:complexType>
            </xs:element>
        </xs:sequence>
        <xs:attribute ref="locID" fixed="T0106"/>
    </xs:complexType>
</xs:element>
<xs:element name="职工档案">
    <xs:complexType>
        <xs:sequence>
            <xs:element name="职工编号">
                <xs:complexType>
                    <xs:simpleContent>
                        <xs:extension base="职工编号类型">
                            <xs:attribute ref="locID" use="optional" fixed="010701"/>
                        </xs:extension>
                    </xs:simpleContent>
                </xs:complexType>
            </xs:element>
            <xs:element name="职工姓名">
                <xs:complexType>
                    <xs:simpleContent>
                        <xs:extension base="职工姓名类型">
                            <xs:attribute ref="locID" use="optional" fixed="010702"/>
                        </xs:extension>
                    </xs:simpleContent>
                </xs:complexType>
            </xs:element>
            <xs:element name="证件类别">
```

```
        〈xs:complexType〉
            〈xs:simpleContent〉
                〈xs:extension base="证件类别类型"〉
                    〈xs:attribute ref="locID" use="optional" fixed="010703"/〉
                〈/xs:extension〉
            〈/xs:simpleContent〉
        〈/xs:complexType〉
    〈/xs:element〉
    〈xs:element name="证件号码"〉
        〈xs:complexType〉
            〈xs:simpleContent〉
                〈xs:extension base="证件号码类型"〉
                    〈xs:attribute ref="locID" use="optional" fixed="010704"/〉
                〈/xs:extension〉
            〈/xs:simpleContent〉
        〈/xs:complexType〉
    〈/xs:element〉
    〈xs:element name="性别"〉
        〈xs:complexType〉
            〈xs:simpleContent〉
                〈xs:extension base="性别类型"〉
                    〈xs:attribute ref="locID" use="optional" fixed="010705"/〉
                〈/xs:extension〉
            〈/xs:simpleContent〉
        〈/xs:complexType〉
    〈/xs:element〉
    〈xs:element name="民族"〉
        〈xs:complexType〉
            〈xs:simpleContent〉
                〈xs:extension base="民族类型"〉
                    〈xs:attribute ref="locID" use="optional" fixed="010706"/〉
                〈/xs:extension〉
            〈/xs:simpleContent〉
        〈/xs:complexType〉
    〈/xs:element〉
    〈xs:element name="出生日期"〉
        〈xs:complexType〉
            〈xs:simpleContent〉
                〈xs:extension base="出生日期类型"〉
                    〈xs:attribute ref="locID" use="optional" fixed="010707"/〉
                〈/xs:extension〉
            〈/xs:simpleContent〉
        〈/xs:complexType〉
    〈/xs:element〉
    〈xs:element name="职工类别编码"〉
```

```
        <xs:complexType>
            <xs:simpleContent>
                <xs:extension base="职工类别编码类型">
                    <xs:attribute ref="locID" use="optional" fixed="010601"/>
                </xs:extension>
            </xs:simpleContent>
        </xs:complexType>
    </xs:element>
    <xs:element name="内设机构编码">
        <xs:complexType>
            <xs:simpleContent>
                <xs:extension base="内设机构编码类型">
                    <xs:attribute ref="locID" use="optional" fixed="010501"/>
                </xs:extension>
            </xs:simpleContent>
        </xs:complexType>
    </xs:element>
    <xs:element name="干部职务级别" minOccurs="0">
        <xs:complexType>
            <xs:simpleContent>
                <xs:extension base="干部职务级别类型">
                    <xs:attribute ref="locID" use="optional" fixed="010708"/>
                </xs:extension>
            </xs:simpleContent>
        </xs:complexType>
    </xs:element>
    <xs:element name="专业技术职务" minOccurs="0">
        <xs:complexType>
            <xs:simpleContent>
                <xs:extension base="专业技术职务类型">
                    <xs:attribute ref="locID" use="optional" fixed="010709"/>
                </xs:extension>
            </xs:simpleContent>
        </xs:complexType>
    </xs:element>
    <xs:element name="学历">
        <xs:complexType>
            <xs:simpleContent>
                <xs:extension base="学历类型">
                    <xs:attribute ref="locID" use="optional" fixed="010710"/>
                </xs:extension>
            </xs:simpleContent>
        </xs:complexType>
    </xs:element>
    <xs:element name="学位" minOccurs="0">
```

```
                〈xs:complexType〉
                    〈xs:simpleContent〉
                        〈xs:extension base="学位类型"〉
                            〈xs:attribute ref="locID" use="optional" fixed="010711"/〉
                        〈/xs:extension〉
                    〈/xs:simpleContent〉
                〈/xs:complexType〉
            〈/xs:element〉
            〈xs:element name="入职日期"〉
                〈xs:complexType〉
                    〈xs:simpleContent〉
                        〈xs:extension base="入职日期类型"〉
                            〈xs:attribute ref="locID" use="optional" fixed="010712"/〉
                        〈/xs:extension〉
                    〈/xs:simpleContent〉
                〈/xs:complexType〉
            〈/xs:element〉
            〈xs:element name="离职日期" minOccurs="0"〉
                〈xs:complexType〉
                    〈xs:simpleContent〉
                        〈xs:extension base="离职日期类型"〉
                            〈xs:attribute ref="locID" use="optional" fixed="010713"/〉
                        〈/xs:extension〉
                    〈/xs:simpleContent〉
                〈/xs:complexType〉
            〈/xs:element〉
        〈/xs:sequence〉
        〈xs:attribute ref="locID" use="optional" fixed="T0107"/〉
    〈/xs:complexType〉
〈/xs:element〉
〈xs:element name="项目"〉
    〈xs:complexType〉
        〈xs:sequence〉
            〈xs:element name="项目编码"〉
                〈xs:complexType〉
                    〈xs:simpleContent〉
                        〈xs:extension base="项目编码类型"〉
                            〈xs:attribute ref="locID" use="optional" fixed="010801"/〉
                        〈/xs:extension〉
                    〈/xs:simpleContent〉
                〈/xs:complexType〉
            〈/xs:element〉
            〈xs:element name="项目名称"〉
                〈xs:complexType〉
                    〈xs:simpleContent〉
```

```
                    <xs:extension base="项目名称类型">
                        <xs:attribute ref="locID" use="optional" fixed="010802"/>
                    </xs:extension>
                </xs:simpleContent>
            </xs:complexType>
        </xs:element>
        <xs:element name="级次">
            <xs:complexType>
                <xs:simpleContent>
                    <xs:extension base="级次类型">
                        <xs:attribute ref="locID" use="optional" fixed="010803"/>
                    </xs:extension>
                </xs:simpleContent>
            </xs:complexType>
        </xs:element>
        <xs:element name="项目类型">
            <xs:complexType>
                <xs:simpleContent>
                    <xs:extension base="项目类型类型">
                        <xs:attribute ref="locID" use="optional" fixed="010804"/>
                    </xs:extension>
                </xs:simpleContent>
            </xs:complexType>
        </xs:element>
        <xs:element name="项目类别">
            <xs:complexType>
                <xs:simpleContent>
                    <xs:extension base="项目类别类型">
                        <xs:attribute ref="locID" use="optional" fixed="010805"/>
                    </xs:extension>
                </xs:simpleContent>
            </xs:complexType>
        </xs:element>
        <xs:element name="项目属性">
            <xs:complexType>
                <xs:simpleContent>
                    <xs:extension base="项目属性类型">
                        <xs:attribute ref="locID" use="optional" fixed="010806"/>
                    </xs:extension>
                </xs:simpleContent>
            </xs:complexType>
        </xs:element>
        <xs:element name="项目起始日期">
            <xs:complexType>
                <xs:simpleContent>
```

```
                        <xs:extension base="项目起始日期类型">
                            <xs:attribute ref="locID" use="optional" fixed="010807"/>
                        </xs:extension>
                    </xs:simpleContent>
                </xs:complexType>
            </xs:element>
            <xs:element name="项目结束日期">
                <xs:complexType>
                    <xs:simpleContent>
                        <xs:extension base="项目结束日期类型">
                            <xs:attribute ref="locID" use="optional" fixed="010808"/>
                        </xs:extension>
                    </xs:simpleContent>
                </xs:complexType>
            </xs:element>
        </xs:sequence>
        <xs:attribute ref="locID" use="optional" fixed="T0108"/>
    </xs:complexType>
</xs:element>
<xs:element name="自定义档案项">
    <xs:complexType>
        <xs:sequence>
            <xs:element name="档案编码">
                <xs:complexType>
                    <xs:simpleContent>
                        <xs:extension base="档案编码类型">
                            <xs:attribute ref="locID" use="optional" fixed="010901"/>
                        </xs:extension>
                    </xs:simpleContent>
                </xs:complexType>
            </xs:element>
            <xs:element name="档案名称">
                <xs:complexType>
                    <xs:simpleContent>
                        <xs:extension base="档案名称类型">
                            <xs:attribute ref="locID" use="optional" fixed="010902"/>
                        </xs:extension>
                    </xs:simpleContent>
                </xs:complexType>
            </xs:element>
            <xs:element name="档案描述" minOccurs="0">
                <xs:complexType>
                    <xs:simpleContent>
                        <xs:extension base="档案描述类型">
                            <xs:attribute ref="locID" use="optional" fixed="010903"/>
```

```
                        </xs:extension>
                    </xs:simpleContent>
                </xs:complexType>
            </xs:element>
            <xs:element name="是否有层级特征">
                <xs:complexType>
                    <xs:simpleContent>
                        <xs:extension base="是否有层级特征类型">
                            <xs:attribute ref="locID" use="optional" fixed="010904"/>
                        </xs:extension>
                    </xs:simpleContent>
                </xs:complexType>
            </xs:element>
            <xs:element name="档案编码规则" minOccurs="0">
                <xs:complexType>
                    <xs:simpleContent>
                        <xs:extension base="档案编码规则类型">
                            <xs:attribute ref="locID" use="optional" fixed="010905"/>
                        </xs:extension>
                    </xs:simpleContent>
                </xs:complexType>
            </xs:element>
        </xs:sequence>
        <xs:attribute ref="locID" use="optional" fixed="T0109"/>
    </xs:complexType>
</xs:element>
<xs:element name="自定义档案值">
    <xs:complexType>
        <xs:sequence>
            <xs:element name="档案编码">
                <xs:complexType>
                    <xs:simpleContent>
                        <xs:extension base="档案编码类型">
                            <xs:attribute ref="locID" use="optional" fixed="010901"/>
                        </xs:extension>
                    </xs:simpleContent>
                </xs:complexType>
            </xs:element>
            <xs:element name="档案值编码">
                <xs:complexType>
                    <xs:simpleContent>
                        <xs:extension base="档案值编码类型">
                            <xs:attribute ref="locID" use="optional" fixed="011001"/>
                        </xs:extension>
                    </xs:simpleContent>
```

```
            </xs:complexType>
        </xs:element>
        <xs:element name="档案值名称">
            <xs:complexType>
                <xs:simpleContent>
                    <xs:extension base="档案值名称类型">
                        <xs:attribute ref="locID" use="optional" fixed="011002"/>
                    </xs:extension>
                </xs:simpleContent>
            </xs:complexType>
        </xs:element>
        <xs:element name="档案值描述" minOccurs="0">
            <xs:complexType>
                <xs:simpleContent>
                    <xs:extension base="档案值描述类型">
                        <xs:attribute ref="locID" use="optional" fixed="011003"/>
                    </xs:extension>
                </xs:simpleContent>
            </xs:complexType>
        </xs:element>
        <xs:element name="档案值父节点" minOccurs="0">
            <xs:complexType>
                <xs:simpleContent>
                    <xs:extension base="档案值父节点类型">
                        <xs:attribute ref="locID" use="optional" fixed="011004"/>
                    </xs:extension>
                </xs:simpleContent>
            </xs:complexType>
        </xs:element>
        <xs:element name="档案值级次">
            <xs:complexType>
                <xs:simpleContent>
                    <xs:extension base="档案值级次类型">
                        <xs:attribute ref="locID" use="optional" fixed="011005"/>
                    </xs:extension>
                </xs:simpleContent>
            </xs:complexType>
        </xs:element>
    </xs:sequence>
    <xs:attribute ref="locID" use="optional" fixed="T0110"/>
  </xs:complexType>
</xs:element>
<xs:element name="币种">
  <xs:complexType>
    <xs:sequence>
```

```
            <xs:element name="币种编码">
                <xs:complexType>
                    <xs:simpleContent>
                        <xs:extension base="币种编码类型">
                            <xs:attribute ref="locID" use="optional" fixed="011101"/>
                        </xs:extension>
                    </xs:simpleContent>
                </xs:complexType>
            </xs:element>
            <xs:element name="币种名称">
                <xs:complexType>
                    <xs:simpleContent>
                        <xs:extension base="币种名称类型">
                            <xs:attribute ref="locID" use="optional" fixed="011102"/>
                        </xs:extension>
                    </xs:simpleContent>
                </xs:complexType>
            </xs:element>
        </xs:sequence>
        <xs:attribute ref="locID" use="optional" fixed="T0111"/>
    </xs:complexType>
</xs:element>
<xs:element name="汇率类型">
    <xs:complexType>
        <xs:sequence>
            <xs:element name="汇率类型编号">
                <xs:complexType>
                    <xs:simpleContent>
                        <xs:extension base="汇率类型编号类型">
                            <xs:attribute ref="locID" use="optional" fixed="011201"/>
                        </xs:extension>
                    </xs:simpleContent>
                </xs:complexType>
            </xs:element>
            <xs:element name="汇率类型名称">
                <xs:complexType>
                    <xs:simpleContent>
                        <xs:extension base="汇率类型名称类型">
                            <xs:attribute ref="locID" use="optional" fixed="011202"/>
                        </xs:extension>
                    </xs:simpleContent>
                </xs:complexType>
            </xs:element>
        </xs:sequence>
        <xs:attribute ref="locID" use="optional" fixed="T0112"/>
```

```
        </xs:complexType>
    </xs:element>
</xs:schema>
```

A.3 总账类 XML 大纲(Schema)

```
<? xml version="1.0" encoding="GB18030"?>
<xs:schema xmlns:xs="http://www.w3.org/2001/XMLSchema" xmlns:行政事业单位
="http://sxbw.audit.gov.cn/AccountingSoftwareDataInterfaceStandard/2010/PSGA/XMLSchema"
xmlns="http://sxbw.audit.gov.cn/AccountingSoftwareDataInterfaceStandard/2010/PSGA/XMLSchema"
targetNamespace="http://sxbw.audit.gov.cn/AccountingSoftwareDataInterfaceStandard/2010/PSGA/
XMLSchema" elementFormDefault="qualified" attributeFormDefault="unqualified">
    <xs:include schemaLocation="标准数据元素类型.xsd"/>
    <xs:element name="总账">
        <xs:complexType>
            <xs:sequence>
                <xs:element ref="总账基础信息"/>
                <xs:element ref="记账凭证类型" maxOccurs="unbounded"/>
                <xs:element ref="会计科目" maxOccurs="unbounded"/>
                <xs:element ref="科目辅助核算" minOccurs="0" maxOccurs="unbounded"/>
                <xs:element ref="科目余额及发生额" maxOccurs="unbounded"/>
                <xs:element ref="记账凭证" maxOccurs="unbounded"/>
                <xs:element ref="报表集" maxOccurs="unbounded"/>
                <xs:element ref="报表项数据" maxOccurs="unbounded"/>
                <xs:element ref="本年预算指标" maxOccurs="unbounded"/>
                <xs:element ref="预算支出情况表" maxOccurs="unbounded"/>
                <xs:element ref="预算收入情况表" maxOccurs="unbounded"/>
            </xs:sequence>
            <xs:attribute ref="locID" use="optional" fixed="S02"/>
        </xs:complexType>
    </xs:element>
    <xs:element name="总账基础信息">
        <xs:complexType>
            <xs:sequence>
                <xs:element name="结构分隔符">
                    <xs:complexType>
                        <xs:simpleContent>
                            <xs:extension base="结构分隔符类型">
                                <xs:attribute ref="locID" use="optional" fixed="020101"/>
                            </xs:extension>
                        </xs:simpleContent>
                    </xs:complexType>
                </xs:element>
                <xs:element name="会计科目编号规则">
                    <xs:complexType>
```

```
            <xs:simpleContent>
                <xs:extension base="会计科目编号规则类型">
                    <xs:attribute ref="locID" use="optional" fixed="020102"/>
                </xs:extension>
            </xs:simpleContent>
        </xs:complexType>
    </xs:element>
    <xs:element name="凭证头可扩展字段结构" minOccurs="0">
        <xs:complexType>
            <xs:simpleContent>
                <xs:extension base="凭证头可扩展字段结构类型">
                    <xs:attribute ref="locID" use="optional" fixed="020103"/>
                </xs:extension>
            </xs:simpleContent>
        </xs:complexType>
    </xs:element>
    <xs:element name="凭证头可扩展结构对应档案" minOccurs="0">
        <xs:complexType>
            <xs:simpleContent>
                <xs:extension base="凭证头可扩展结构对应档案类型">
                    <xs:attribute ref="locID" use="optional" fixed="020104"/>
                </xs:extension>
            </xs:simpleContent>
        </xs:complexType>
    </xs:element>
    <xs:element name="分录行可扩展字段结构" minOccurs="0">
        <xs:complexType>
            <xs:simpleContent>
                <xs:extension base="分录行可扩展字段结构类型">
                    <xs:attribute ref="locID" use="optional" fixed="020105"/>
                </xs:extension>
            </xs:simpleContent>
        </xs:complexType>
    </xs:element>
    <xs:element name="分录行可扩展字段对应档案" minOccurs="0">
        <xs:complexType>
            <xs:simpleContent>
                <xs:extension base="分录行可扩展字段对应档案类型">
                    <xs:attribute ref="locID" use="optional" fixed="020106"/>
                </xs:extension>
            </xs:simpleContent>
        </xs:complexType>
    </xs:element>
</xs:sequence>
<xs:attribute ref="locID" fixed="T0201"/>
```

```
        〈/xs:complexType〉
    〈/xs:element〉
    〈xs:element name="记账凭证类型"〉
        〈xs:complexType〉
            〈xs:sequence〉
                〈xs:element name="记账凭证类型编号"〉
                    〈xs:complexType〉
                        〈xs:simpleContent〉
                            〈xs:extension base="记账凭证类型编号类型"〉
                                〈xs:attribute ref="locID" use="optional" fixed="020201"/〉
                            〈/xs:extension〉
                        〈/xs:simpleContent〉
                    〈/xs:complexType〉
                〈/xs:element〉
                〈xs:element name="记账凭证类型名称"〉
                    〈xs:complexType〉
                        〈xs:simpleContent〉
                            〈xs:extension base="记账凭证类型名称类型"〉
                                〈xs:attribute ref="locID" use="optional" fixed="020202"/〉
                            〈/xs:extension〉
                        〈/xs:simpleContent〉
                    〈/xs:complexType〉
                〈/xs:element〉
                〈xs:element name="记账凭证类型简称" minOccurs="0"〉
                    〈xs:complexType〉
                        〈xs:simpleContent〉
                            〈xs:extension base="记账凭证类型简称类型"〉
                                〈xs:attribute ref="locID" use="optional" fixed="020203"/〉
                            〈/xs:extension〉
                        〈/xs:simpleContent〉
                    〈/xs:complexType〉
                〈/xs:element〉
            〈/xs:sequence〉
            〈xs:attribute ref="locID" use="optional" fixed="T0202"/〉
        〈/xs:complexType〉
    〈/xs:element〉
    〈xs:element name="会计科目"〉
        〈xs:complexType〉
            〈xs:sequence〉
                〈xs:element name="科目编号"〉
                    〈xs:complexType〉
                        〈xs:simpleContent〉
                            〈xs:extension base="科目编号类型"〉
                                〈xs:attribute ref="locID" use="optional" fixed="020301"/〉
                            〈/xs:extension〉
```

```
                    </xs:simpleContent>
                </xs:complexType>
            </xs:element>
            <xs:element name="科目名称">
                <xs:complexType>
                    <xs:simpleContent>
                        <xs:extension base="科目名称类型">
                            <xs:attribute ref="locID" use="optional" fixed="020302"/>
                        </xs:extension>
                    </xs:simpleContent>
                </xs:complexType>
            </xs:element>
            <xs:element name="科目级次">
                <xs:complexType>
                    <xs:simpleContent>
                        <xs:extension base="科目级次类型">
                            <xs:attribute ref="locID" use="optional" fixed="020303"/>
                        </xs:extension>
                    </xs:simpleContent>
                </xs:complexType>
            </xs:element>
            <xs:element name="科目类型">
                <xs:complexType>
                    <xs:simpleContent>
                        <xs:extension base="科目类型类型">
                            <xs:attribute ref="locID" use="optional" fixed="020304"/>
                        </xs:extension>
                    </xs:simpleContent>
                </xs:complexType>
            </xs:element>
            <xs:element name="余额方向">
                <xs:complexType>
                    <xs:simpleContent>
                        <xs:extension base="余额方向类型">
                            <xs:attribute ref="locID" use="optional" fixed="020305"/>
                        </xs:extension>
                    </xs:simpleContent>
                </xs:complexType>
            </xs:element>
        </xs:sequence>
        <xs:attribute ref="locID" fixed="T0203"/>
    </xs:complexType>
</xs:element>
<xs:element name="科目辅助核算">
    <xs:complexType>
```

```
〈xs:sequence〉
    〈xs:element name="科目编号"〉
        〈xs:complexType〉
            〈xs:simpleContent〉
                〈xs:extension base="科目编号类型"〉
                    〈xs:attribute ref="locID" use="optional" fixed="020301"/〉
                〈/xs:extension〉
            〈/xs:simpleContent〉
        〈/xs:complexType〉
    〈/xs:element〉
    〈xs:element name="辅助项编号"〉
        〈xs:complexType〉
            〈xs:simpleContent〉
                〈xs:extension base="辅助项编号类型"〉
                    〈xs:attribute ref="locID" use="optional" fixed="020401"/〉
                〈/xs:extension〉
            〈/xs:simpleContent〉
        〈/xs:complexType〉
    〈/xs:element〉
    〈xs:element name="辅助项名称"〉
        〈xs:complexType〉
            〈xs:simpleContent〉
                〈xs:extension base="辅助项名称类型"〉
                    〈xs:attribute ref="locID" use="optional" fixed="020402"/〉
                〈/xs:extension〉
            〈/xs:simpleContent〉
        〈/xs:complexType〉
    〈/xs:element〉
    〈xs:element name="对应档案"〉
        〈xs:complexType〉
            〈xs:simpleContent〉
                〈xs:extension base="对应档案类型"〉
                    〈xs:attribute ref="locID" use="optional" fixed="020403"/〉
                〈/xs:extension〉
            〈/xs:simpleContent〉
        〈/xs:complexType〉
    〈/xs:element〉
    〈xs:element name="辅助项描述" minOccurs="0"〉
        〈xs:complexType〉
            〈xs:simpleContent〉
                〈xs:extension base="辅助项描述类型"〉
                    〈xs:attribute ref="locID" use="optional" fixed="020404"/〉
                〈/xs:extension〉
            〈/xs:simpleContent〉
        〈/xs:complexType〉
```

```
            </xs:element>
        </xs:sequence>
        <xs:attribute ref="locID" fixed="T0204"/>
    </xs:complexType>
</xs:element>
<xs:element name="科目余额及发生额">
    <xs:complexType>
        <xs:sequence>
            <xs:element name="科目编号">
                <xs:complexType>
                    <xs:simpleContent>
                        <xs:extension base="科目编号类型">
                            <xs:attribute ref="locID" use="optional" fixed="020301"/>
                        </xs:extension>
                    </xs:simpleContent>
                </xs:complexType>
            </xs:element>
            <xs:element name="辅助项 1 编号" minOccurs="0">
                <xs:complexType>
                    <xs:simpleContent>
                        <xs:extension base="辅助项编号类型">
                            <xs:attribute ref="locID" use="optional" fixed="020401"/>
                        </xs:extension>
                    </xs:simpleContent>
                </xs:complexType>
            </xs:element>
            <xs:element name="辅助项 2 编号" minOccurs="0">
                <xs:complexType>
                    <xs:simpleContent>
                        <xs:extension base="辅助项编号类型">
                            <xs:attribute ref="locID" use="optional" fixed="020401"/>
                        </xs:extension>
                    </xs:simpleContent>
                </xs:complexType>
            </xs:element>
            <xs:element name="辅助项 3 编号" minOccurs="0">
                <xs:complexType>
                    <xs:simpleContent>
                        <xs:extension base="辅助项编号类型">
                            <xs:attribute ref="locID" use="optional" fixed="020401"/>
                        </xs:extension>
                    </xs:simpleContent>
                </xs:complexType>
            </xs:element>
            <xs:element name="辅助项 4 编号" minOccurs="0">
```

```
        〈xs:complexType〉
            〈xs:simpleContent〉
                〈xs:extension base="辅助项编号类型"〉
                    〈xs:attribute ref="locID" use="optional" fixed="020401"/〉
                〈/xs:extension〉
            〈/xs:simpleContent〉
        〈/xs:complexType〉
    〈/xs:element〉
    〈xs:element name="辅助项 5 编号" minOccurs="0"〉
        〈xs:complexType〉
            〈xs:simpleContent〉
                〈xs:extension base="辅助项编号类型"〉
                    〈xs:attribute ref="locID" use="optional" fixed="020401"/〉
                〈/xs:extension〉
            〈/xs:simpleContent〉
        〈/xs:complexType〉
    〈/xs:element〉
    〈xs:element name="辅助项 6 编号" minOccurs="0"〉
        〈xs:complexType〉
            〈xs:simpleContent〉
                〈xs:extension base="辅助项编号类型"〉
                    〈xs:attribute ref="locID" use="optional" fixed="020401"/〉
                〈/xs:extension〉
            〈/xs:simpleContent〉
        〈/xs:complexType〉
    〈/xs:element〉
    〈xs:element name="辅助项 7 编号" minOccurs="0"〉
        〈xs:complexType〉
            〈xs:simpleContent〉
                〈xs:extension base="辅助项编号类型"〉
                    〈xs:attribute ref="locID" use="optional" fixed="020401"/〉
                〈/xs:extension〉
            〈/xs:simpleContent〉
        〈/xs:complexType〉
    〈/xs:element〉
    〈xs:element name="辅助项 8 编号" minOccurs="0"〉
        〈xs:complexType〉
            〈xs:simpleContent〉
                〈xs:extension base="辅助项编号类型"〉
                    〈xs:attribute ref="locID" use="optional" fixed="020401"/〉
                〈/xs:extension〉
            〈/xs:simpleContent〉
        〈/xs:complexType〉
    〈/xs:element〉
    〈xs:element name="辅助项 9 编号" minOccurs="0"〉
```

```
        <xs:complexType>
            <xs:simpleContent>
                <xs:extension base="辅助项编号类型">
                    <xs:attribute ref="locID" use="optional" fixed="020401"/>
                </xs:extension>
            </xs:simpleContent>
        </xs:complexType>
    </xs:element>
    <xs:element name="辅助项 10 编号" minOccurs="0">
        <xs:complexType>
            <xs:simpleContent>
                <xs:extension base="辅助项编号类型">
                    <xs:attribute ref="locID" use="optional" fixed="020401"/>
                </xs:extension>
            </xs:simpleContent>
        </xs:complexType>
    </xs:element>
    <xs:element name="辅助项 11 编号" minOccurs="0">
        <xs:complexType>
            <xs:simpleContent>
                <xs:extension base="辅助项编号类型">
                    <xs:attribute ref="locID" use="optional" fixed="020401"/>
                </xs:extension>
            </xs:simpleContent>
        </xs:complexType>
    </xs:element>
    <xs:element name="辅助项 12 编号" minOccurs="0">
        <xs:complexType>
            <xs:simpleContent>
                <xs:extension base="辅助项编号类型">
                    <xs:attribute ref="locID" use="optional" fixed="020401"/>
                </xs:extension>
            </xs:simpleContent>
        </xs:complexType>
    </xs:element>
    <xs:element name="辅助项 13 编号" minOccurs="0">
        <xs:complexType>
            <xs:simpleContent>
                <xs:extension base="辅助项编号类型">
                    <xs:attribute ref="locID" use="optional" fixed="020401"/>
                </xs:extension>
            </xs:simpleContent>
        </xs:complexType>
    </xs:element>
    <xs:element name="辅助项 14 编号" minOccurs="0">
```

```
        〈xs:complexType〉
            〈xs:simpleContent〉
                〈xs:extension base="辅助项编号类型"〉
                    〈xs:attribute ref="locID" use="optional" fixed="020401"/〉
                〈/xs:extension〉
            〈/xs:simpleContent〉
        〈/xs:complexType〉
    〈/xs:element〉
    〈xs:element name="辅助项 15 编号" minOccurs="0"〉
        〈xs:complexType〉
            〈xs:simpleContent〉
                〈xs:extension base="辅助项编号类型"〉
                    〈xs:attribute ref="locID" use="optional" fixed="020401"/〉
                〈/xs:extension〉
            〈/xs:simpleContent〉
        〈/xs:complexType〉
    〈/xs:element〉
    〈xs:element name="辅助项 16 编号" minOccurs="0"〉
        〈xs:complexType〉
            〈xs:simpleContent〉
                〈xs:extension base="辅助项编号类型"〉
                    〈xs:attribute ref="locID" use="optional" fixed="020401"/〉
                〈/xs:extension〉
            〈/xs:simpleContent〉
        〈/xs:complexType〉
    〈/xs:element〉
    〈xs:element name="辅助项 17 编号" minOccurs="0"〉
        〈xs:complexType〉
            〈xs:simpleContent〉
                〈xs:extension base="辅助项编号类型"〉
                    〈xs:attribute ref="locID" use="optional" fixed="020401"/〉
                〈/xs:extension〉
            〈/xs:simpleContent〉
        〈/xs:complexType〉
    〈/xs:element〉
    〈xs:element name="辅助项 18 编号" minOccurs="0"〉
        〈xs:complexType〉
            〈xs:simpleContent〉
                〈xs:extension base="辅助项编号类型"〉
                    〈xs:attribute ref="locID" use="optional" fixed="020401"/〉
                〈/xs:extension〉
            〈/xs:simpleContent〉
        〈/xs:complexType〉
    〈/xs:element〉
    〈xs:element name="辅助项 19 编号" minOccurs="0"〉
```

```
        〈xs:complexType〉
            〈xs:simpleContent〉
                〈xs:extension base="辅助项编号类型"〉
                    〈xs:attribute ref="locID" use="optional" fixed="020401"/〉
                〈/xs:extension〉
            〈/xs:simpleContent〉
        〈/xs:complexType〉
    〈/xs:element〉
    〈xs:element name="辅助项 20 编号" minOccurs="0"〉
        〈xs:complexType〉
            〈xs:simpleContent〉
                〈xs:extension base="辅助项编号类型"〉
                    〈xs:attribute ref="locID" use="optional" fixed="020401"/〉
                〈/xs:extension〉
            〈/xs:simpleContent〉
        〈/xs:complexType〉
    〈/xs:element〉
    〈xs:element name="辅助项 21 编号" minOccurs="0"〉
        〈xs:complexType〉
            〈xs:simpleContent〉
                〈xs:extension base="辅助项编号类型"〉
                    〈xs:attribute ref="locID" use="optional" fixed="020401"/〉
                〈/xs:extension〉
            〈/xs:simpleContent〉
        〈/xs:complexType〉
    〈/xs:element〉
    〈xs:element name="辅助项 22 编号" minOccurs="0"〉
        〈xs:complexType〉
            〈xs:simpleContent〉
                〈xs:extension base="辅助项编号类型"〉
                    〈xs:attribute ref="locID" use="optional" fixed="020401"/〉
                〈/xs:extension〉
            〈/xs:simpleContent〉
        〈/xs:complexType〉
    〈/xs:element〉
    〈xs:element name="辅助项 23 编号" minOccurs="0"〉
        〈xs:complexType〉
            〈xs:simpleContent〉
                〈xs:extension base="辅助项编号类型"〉
                    〈xs:attribute ref="locID" use="optional" fixed="020401"/〉
                〈/xs:extension〉
            〈/xs:simpleContent〉
        〈/xs:complexType〉
    〈/xs:element〉
    〈xs:element name="辅助项 24 编号" minOccurs="0"〉
```

```
        <xs:complexType>
            <xs:simpleContent>
                <xs:extension base="辅助项编号类型">
                    <xs:attribute ref="locID" use="optional" fixed="020401"/>
                </xs:extension>
            </xs:simpleContent>
        </xs:complexType>
    </xs:element>
    <xs:element name="辅助项 25 编号" minOccurs="0">
        <xs:complexType>
            <xs:simpleContent>
                <xs:extension base="辅助项编号类型">
                    <xs:attribute ref="locID" use="optional" fixed="020401"/>
                </xs:extension>
            </xs:simpleContent>
        </xs:complexType>
    </xs:element>
    <xs:element name="辅助项 26 编号" minOccurs="0">
        <xs:complexType>
            <xs:simpleContent>
                <xs:extension base="辅助项编号类型">
                    <xs:attribute ref="locID" use="optional" fixed="020401"/>
                </xs:extension>
            </xs:simpleContent>
        </xs:complexType>
    </xs:element>
    <xs:element name="辅助项 27 编号" minOccurs="0">
        <xs:complexType>
            <xs:simpleContent>
                <xs:extension base="辅助项编号类型">
                    <xs:attribute ref="locID" use="optional" fixed="020401"/>
                </xs:extension>
            </xs:simpleContent>
        </xs:complexType>
    </xs:element>
    <xs:element name="辅助项 28 编号" minOccurs="0">
        <xs:complexType>
            <xs:simpleContent>
                <xs:extension base="辅助项编号类型">
                    <xs:attribute ref="locID" use="optional" fixed="020401"/>
                </xs:extension>
            </xs:simpleContent>
        </xs:complexType>
    </xs:element>
    <xs:element name="辅助项 29 编号" minOccurs="0">
```

```
        <xs:complexType>
            <xs:simpleContent>
                <xs:extension base="辅助项编号类型">
                    <xs:attribute ref="locID" use="optional" fixed="020401"/>
                </xs:extension>
            </xs:simpleContent>
        </xs:complexType>
    </xs:element>
    <xs:element name="辅助项 30 编号" minOccurs="0">
        <xs:complexType>
            <xs:simpleContent>
                <xs:extension base="辅助项编号类型">
                    <xs:attribute ref="locID" use="optional" fixed="020401"/>
                </xs:extension>
            </xs:simpleContent>
        </xs:complexType>
    </xs:element>
    <xs:element name="期初余额方向">
        <xs:complexType>
            <xs:simpleContent>
                <xs:extension base="期初余额方向类型">
                    <xs:attribute ref="locID" use="optional" fixed="020501"/>
                </xs:extension>
            </xs:simpleContent>
        </xs:complexType>
    </xs:element>
    <xs:element name="期末余额方向">
        <xs:complexType>
            <xs:simpleContent>
                <xs:extension base="期末余额方向类型">
                    <xs:attribute ref="locID" use="optional" fixed="020502"/>
                </xs:extension>
            </xs:simpleContent>
        </xs:complexType>
    </xs:element>
    <xs:element name="币种编码">
        <xs:complexType>
            <xs:simpleContent>
                <xs:extension base="币种编码类型">
                    <xs:attribute ref="locID" use="optional" fixed="011101"/>
                </xs:extension>
            </xs:simpleContent>
        </xs:complexType>
    </xs:element>
    <xs:element name="计量单位" minOccurs="0">
```

```
        <xs:complexType>
            <xs:simpleContent>
                <xs:extension base="计量单位类型">
                    <xs:attribute ref="locID" use="optional" fixed="020503"/>
                </xs:extension>
            </xs:simpleContent>
        </xs:complexType>
    </xs:element>
    <xs:element name="会计年度">
        <xs:complexType>
            <xs:simpleContent>
                <xs:extension base="会计年度类型">
                    <xs:attribute ref="locID" use="optional" fixed="010113"/>
                </xs:extension>
            </xs:simpleContent>
        </xs:complexType>
    </xs:element>
    <xs:element name="会计期间号">
        <xs:complexType>
            <xs:simpleContent>
                <xs:extension base="会计期间号类型">
                    <xs:attribute ref="locID" use="optional" fixed="010201"/>
                </xs:extension>
            </xs:simpleContent>
        </xs:complexType>
    </xs:element>
    <xs:element name="期初数量" minOccurs="0">
        <xs:complexType>
            <xs:simpleContent>
                <xs:extension base="期初数量类型">
                    <xs:attribute ref="locID" use="optional" fixed="020504"/>
                </xs:extension>
            </xs:simpleContent>
        </xs:complexType>
    </xs:element>
    <xs:element name="期初原币余额">
        <xs:complexType>
            <xs:simpleContent>
                <xs:extension base="期初原币余额类型">
                    <xs:attribute ref="locID" use="optional" fixed="020505"/>
                </xs:extension>
            </xs:simpleContent>
        </xs:complexType>
    </xs:element>
    <xs:element name="期初本币余额">
```

```
            <xs:complexType>
                <xs:simpleContent>
                    <xs:extension base="期初本币余额类型">
                        <xs:attribute ref="locID" use="optional" fixed="020506"/>
                    </xs:extension>
                </xs:simpleContent>
            </xs:complexType>
        </xs:element>
        <xs:element name="借方数量" minOccurs="0">
            <xs:complexType>
                <xs:simpleContent>
                    <xs:extension base="借方数量类型">
                        <xs:attribute ref="locID" use="optional" fixed="020507"/>
                    </xs:extension>
                </xs:simpleContent>
            </xs:complexType>
        </xs:element>
        <xs:element name="借方原币金额">
            <xs:complexType>
                <xs:simpleContent>
                    <xs:extension base="借方原币金额类型">
                        <xs:attribute ref="locID" use="optional" fixed="020508"/>
                    </xs:extension>
                </xs:simpleContent>
            </xs:complexType>
        </xs:element>
        <xs:element name="借方本币金额">
            <xs:complexType>
                <xs:simpleContent>
                    <xs:extension base="借方本币金额类型">
                        <xs:attribute ref="locID" use="optional" fixed="020509"/>
                    </xs:extension>
                </xs:simpleContent>
            </xs:complexType>
        </xs:element>
        <xs:element name="贷方数量" minOccurs="0">
            <xs:complexType>
                <xs:simpleContent>
                    <xs:extension base="贷方数量类型">
                        <xs:attribute ref="locID" use="optional" fixed="020510"/>
                    </xs:extension>
                </xs:simpleContent>
            </xs:complexType>
        </xs:element>
        <xs:element name="贷方原币金额">
```

```
        <xs:complexType>
            <xs:simpleContent>
                <xs:extension base="贷方原币金额类型">
                    <xs:attribute ref="locID" use="optional" fixed="020511"/>
                </xs:extension>
            </xs:simpleContent>
        </xs:complexType>
    </xs:element>
    <xs:element name="贷方本币金额">
        <xs:complexType>
            <xs:simpleContent>
                <xs:extension base="贷方本币金额类型">
                    <xs:attribute ref="locID" use="optional" fixed="020512"/>
                </xs:extension>
            </xs:simpleContent>
        </xs:complexType>
    </xs:element>
    <xs:element name="期末数量" minOccurs="0">
        <xs:complexType>
            <xs:simpleContent>
                <xs:extension base="期末数量类型">
                    <xs:attribute ref="locID" use="optional" fixed="020513"/>
                </xs:extension>
            </xs:simpleContent>
        </xs:complexType>
    </xs:element>
    <xs:element name="期末原币余额">
        <xs:complexType>
            <xs:simpleContent>
                <xs:extension base="期末原币余额类型">
                    <xs:attribute ref="locID" use="optional" fixed="020514"/>
                </xs:extension>
            </xs:simpleContent>
        </xs:complexType>
    </xs:element>
    <xs:element name="期末本币余额">
        <xs:complexType>
            <xs:simpleContent>
                <xs:extension base="期末本币余额类型">
                    <xs:attribute ref="locID" use="optional" fixed="020515"/>
                </xs:extension>
            </xs:simpleContent>
        </xs:complexType>
    </xs:element>
</xs:sequence>
```

```
            〈xs:attribute ref="locID" use="optional" fixed="T0205"/〉
        〈/xs:complexType〉
    〈/xs:element〉
    〈xs:element name="记账凭证"〉
        〈xs:complexType〉
            〈xs:sequence〉
                〈xs:element name="记账凭证日期"〉
                    〈xs:complexType〉
                        〈xs:simpleContent〉
                            〈xs:extension base="记账凭证日期类型"〉
                                〈xs:attribute ref="locID" use="optional" fixed="020601"/〉
                            〈/xs:extension〉
                        〈/xs:simpleContent〉
                    〈/xs:complexType〉
                〈/xs:element〉
                〈xs:element name="会计年度"〉
                    〈xs:complexType〉
                        〈xs:simpleContent〉
                            〈xs:extension base="会计年度类型"〉
                                〈xs:attribute ref="locID" use="optional" fixed="010113"/〉
                            〈/xs:extension〉
                        〈/xs:simpleContent〉
                    〈/xs:complexType〉
                〈/xs:element〉
                〈xs:element name="会计期间号"〉
                    〈xs:complexType〉
                        〈xs:simpleContent〉
                            〈xs:extension base="会计期间号类型"〉
                                〈xs:attribute ref="locID" use="optional" fixed="010201"/〉
                            〈/xs:extension〉
                        〈/xs:simpleContent〉
                    〈/xs:complexType〉
                〈/xs:element〉
                〈xs:element name="记账凭证类型编号"〉
                    〈xs:complexType〉
                        〈xs:simpleContent〉
                            〈xs:extension base="记账凭证类型编号类型"〉
                                〈xs:attribute ref="locID" use="optional" fixed="020201"/〉
                            〈/xs:extension〉
                        〈/xs:simpleContent〉
                    〈/xs:complexType〉
                〈/xs:element〉
                〈xs:element name="记账凭证编号"〉
                    〈xs:complexType〉
                        〈xs:simpleContent〉
```

```
                〈xs:extension base = "记账凭证编号类型"〉
                    〈xs:attribute ref = "locID" use = "optional" fixed = "020602"/〉
                〈/xs:extension〉
            〈/xs:simpleContent〉
        〈/xs:complexType〉
    〈/xs:element〉
    〈xs:element name = "记账凭证行号"〉
        〈xs:complexType〉
            〈xs:simpleContent〉
                〈xs:extension base = "记账凭证行号类型"〉
                    〈xs:attribute ref = "locID" use = "optional" fixed = "020603"/〉
                〈/xs:extension〉
            〈/xs:simpleContent〉
        〈/xs:complexType〉
    〈/xs:element〉
    〈xs:element name = "记账凭证摘要" minOccurs = "0"〉
        〈xs:complexType〉
            〈xs:simpleContent〉
                〈xs:extension base = "记账凭证摘要类型"〉
                    〈xs:attribute ref = "locID" use = "optional" fixed = "020604"/〉
                〈/xs:extension〉
            〈/xs:simpleContent〉
        〈/xs:complexType〉
    〈/xs:element〉
    〈xs:element name = "科目编号"〉
        〈xs:complexType〉
            〈xs:simpleContent〉
                〈xs:extension base = "科目编号类型"〉
                    〈xs:attribute ref = "locID" use = "optional" fixed = "020301"/〉
                〈/xs:extension〉
            〈/xs:simpleContent〉
        〈/xs:complexType〉
    〈/xs:element〉
    〈xs:element name = "辅助项 1 编号" minOccurs = "0"〉
        〈xs:complexType〉
            〈xs:simpleContent〉
                〈xs:extension base = "辅助项编号类型"〉
                    〈xs:attribute ref = "locID" use = "optional" fixed = "020401"/〉
                〈/xs:extension〉
            〈/xs:simpleContent〉
        〈/xs:complexType〉
    〈/xs:element〉
    〈xs:element name = "辅助项 2 编号" minOccurs = "0"〉
        〈xs:complexType〉
            〈xs:simpleContent〉
```

```
                <xs:extension base="辅助项编号类型">
                    <xs:attribute ref="locID" use="optional" fixed="020401"/>
                </xs:extension>
            </xs:simpleContent>
        </xs:complexType>
    </xs:element>
    <xs:element name="辅助项 3 编号" minOccurs="0">
        <xs:complexType>
            <xs:simpleContent>
                <xs:extension base="辅助项编号类型">
                    <xs:attribute ref="locID" use="optional" fixed="020401"/>
                </xs:extension>
            </xs:simpleContent>
        </xs:complexType>
    </xs:element>
    <xs:element name="辅助项 4 编号" minOccurs="0">
        <xs:complexType>
            <xs:simpleContent>
                <xs:extension base="辅助项编号类型">
                    <xs:attribute ref="locID" use="optional" fixed="020401"/>
                </xs:extension>
            </xs:simpleContent>
        </xs:complexType>
    </xs:element>
    <xs:element name="辅助项 5 编号" minOccurs="0">
        <xs:complexType>
            <xs:simpleContent>
                <xs:extension base="辅助项编号类型">
                    <xs:attribute ref="locID" use="optional" fixed="020401"/>
                </xs:extension>
            </xs:simpleContent>
        </xs:complexType>
    </xs:element>
    <xs:element name="辅助项 6 编号" minOccurs="0">
        <xs:complexType>
            <xs:simpleContent>
                <xs:extension base="辅助项编号类型">
                    <xs:attribute ref="locID" use="optional" fixed="020401"/>
                </xs:extension>
            </xs:simpleContent>
        </xs:complexType>
    </xs:element>
    <xs:element name="辅助项 7 编号" minOccurs="0">
        <xs:complexType>
            <xs:simpleContent>
```

```
                <xs:extension base="辅助项编号类型">
                    <xs:attribute ref="locID" use="optional" fixed="020401"/>
                </xs:extension>
            </xs:simpleContent>
        </xs:complexType>
    </xs:element>
    <xs:element name="辅助项 8 编号" minOccurs="0">
        <xs:complexType>
            <xs:simpleContent>
                <xs:extension base="辅助项编号类型">
                    <xs:attribute ref="locID" use="optional" fixed="020401"/>
                </xs:extension>
            </xs:simpleContent>
        </xs:complexType>
    </xs:element>
    <xs:element name="辅助项 9 编号" minOccurs="0">
        <xs:complexType>
            <xs:simpleContent>
                <xs:extension base="辅助项编号类型">
                    <xs:attribute ref="locID" use="optional" fixed="020401"/>
                </xs:extension>
            </xs:simpleContent>
        </xs:complexType>
    </xs:element>
    <xs:element name="辅助项 10 编号" minOccurs="0">
        <xs:complexType>
            <xs:simpleContent>
                <xs:extension base="辅助项编号类型">
                    <xs:attribute ref="locID" use="optional" fixed="020401"/>
                </xs:extension>
            </xs:simpleContent>
        </xs:complexType>
    </xs:element>
    <xs:element name="辅助项 11 编号" minOccurs="0">
        <xs:complexType>
            <xs:simpleContent>
                <xs:extension base="辅助项编号类型">
                    <xs:attribute ref="locID" use="optional" fixed="020401"/>
                </xs:extension>
            </xs:simpleContent>
        </xs:complexType>
    </xs:element>
    <xs:element name="辅助项 12 编号" minOccurs="0">
        <xs:complexType>
            <xs:simpleContent>
```

```
                <xs:extension base="辅助项编号类型">
                    <xs:attribute ref="locID" use="optional" fixed="020401"/>
                </xs:extension>
            </xs:simpleContent>
        </xs:complexType>
    </xs:element>
    <xs:element name="辅助项 13 编号" minOccurs="0">
        <xs:complexType>
            <xs:simpleContent>
                <xs:extension base="辅助项编号类型">
                    <xs:attribute ref="locID" use="optional" fixed="020401"/>
                </xs:extension>
            </xs:simpleContent>
        </xs:complexType>
    </xs:element>
    <xs:element name="辅助项 14 编号" minOccurs="0">
        <xs:complexType>
            <xs:simpleContent>
                <xs:extension base="辅助项编号类型">
                    <xs:attribute ref="locID" use="optional" fixed="020401"/>
                </xs:extension>
            </xs:simpleContent>
        </xs:complexType>
    </xs:element>
    <xs:element name="辅助项 15 编号" minOccurs="0">
        <xs:complexType>
            <xs:simpleContent>
                <xs:extension base="辅助项编号类型">
                    <xs:attribute ref="locID" use="optional" fixed="020401"/>
                </xs:extension>
            </xs:simpleContent>
        </xs:complexType>
    </xs:element>
    <xs:element name="辅助项 16 编号" minOccurs="0">
        <xs:complexType>
            <xs:simpleContent>
                <xs:extension base="辅助项编号类型">
                    <xs:attribute ref="locID" use="optional" fixed="020401"/>
                </xs:extension>
            </xs:simpleContent>
        </xs:complexType>
    </xs:element>
    <xs:element name="辅助项 17 编号" minOccurs="0">
        <xs:complexType>
            <xs:simpleContent>
```

```
                <xs:extension base="辅助项编号类型">
                    <xs:attribute ref="locID" use="optional" fixed="020401"/>
                </xs:extension>
            </xs:simpleContent>
        </xs:complexType>
    </xs:element>
    <xs:element name="辅助项 18 编号" minOccurs="0">
        <xs:complexType>
            <xs:simpleContent>
                <xs:extension base="辅助项编号类型">
                    <xs:attribute ref="locID" use="optional" fixed="020401"/>
                </xs:extension>
            </xs:simpleContent>
        </xs:complexType>
    </xs:element>
    <xs:element name="辅助项 19 编号" minOccurs="0">
        <xs:complexType>
            <xs:simpleContent>
                <xs:extension base="辅助项编号类型">
                    <xs:attribute ref="locID" use="optional" fixed="020401"/>
                </xs:extension>
            </xs:simpleContent>
        </xs:complexType>
    </xs:element>
    <xs:element name="辅助项 20 编号" minOccurs="0">
        <xs:complexType>
            <xs:simpleContent>
                <xs:extension base="辅助项编号类型">
                    <xs:attribute ref="locID" use="optional" fixed="020401"/>
                </xs:extension>
            </xs:simpleContent>
        </xs:complexType>
    </xs:element>
    <xs:element name="辅助项 21 编号" minOccurs="0">
        <xs:complexType>
            <xs:simpleContent>
                <xs:extension base="辅助项编号类型">
                    <xs:attribute ref="locID" use="optional" fixed="020401"/>
                </xs:extension>
            </xs:simpleContent>
        </xs:complexType>
    </xs:element>
    <xs:element name="辅助项 22 编号" minOccurs="0">
        <xs:complexType>
            <xs:simpleContent>
```

```
                〈xs:extension base = "辅助项编号类型"〉
                    〈xs:attribute ref = "locID" use = "optional" fixed = "020401"/〉
                〈/xs:extension〉
            〈/xs:simpleContent〉
        〈/xs:complexType〉
    〈/xs:element〉
    〈xs:element name = "辅助项 23 编号" minOccurs = "0"〉
        〈xs:complexType〉
            〈xs:simpleContent〉
                〈xs:extension base = "辅助项编号类型"〉
                    〈xs:attribute ref = "locID" use = "optional" fixed = "020401"/〉
                〈/xs:extension〉
            〈/xs:simpleContent〉
        〈/xs:complexType〉
    〈/xs:element〉
    〈xs:element name = "辅助项 24 编号" minOccurs = "0"〉
        〈xs:complexType〉
            〈xs:simpleContent〉
                〈xs:extension base = "辅助项编号类型"〉
                    〈xs:attribute ref = "locID" use = "optional" fixed = "020401"/〉
                〈/xs:extension〉
            〈/xs:simpleContent〉
        〈/xs:complexType〉
    〈/xs:element〉
    〈xs:element name = "辅助项 25 编号" minOccurs = "0"〉
        〈xs:complexType〉
            〈xs:simpleContent〉
                〈xs:extension base = "辅助项编号类型"〉
                    〈xs:attribute ref = "locID" use = "optional" fixed = "020401"/〉
                〈/xs:extension〉
            〈/xs:simpleContent〉
        〈/xs:complexType〉
    〈/xs:element〉
    〈xs:element name = "辅助项 26 编号" minOccurs = "0"〉
        〈xs:complexType〉
            〈xs:simpleContent〉
                〈xs:extension base = "辅助项编号类型"〉
                    〈xs:attribute ref = "locID" use = "optional" fixed = "020401"/〉
                〈/xs:extension〉
            〈/xs:simpleContent〉
        〈/xs:complexType〉
    〈/xs:element〉
    〈xs:element name = "辅助项 27 编号" minOccurs = "0"〉
        〈xs:complexType〉
            〈xs:simpleContent〉
```

```
            <xs:extension base="辅助项编号类型">
                <xs:attribute ref="locID" use="optional" fixed="020401"/>
            </xs:extension>
        </xs:simpleContent>
    </xs:complexType>
</xs:element>
<xs:element name="辅助项 28 编号" minOccurs="0">
    <xs:complexType>
        <xs:simpleContent>
            <xs:extension base="辅助项编号类型">
                <xs:attribute ref="locID" use="optional" fixed="020401"/>
            </xs:extension>
        </xs:simpleContent>
    </xs:complexType>
</xs:element>
<xs:element name="辅助项 29 编号" minOccurs="0">
    <xs:complexType>
        <xs:simpleContent>
            <xs:extension base="辅助项编号类型">
                <xs:attribute ref="locID" use="optional" fixed="020401"/>
            </xs:extension>
        </xs:simpleContent>
    </xs:complexType>
</xs:element>
<xs:element name="辅助项 30 编号" minOccurs="0">
    <xs:complexType>
        <xs:simpleContent>
            <xs:extension base="辅助项编号类型">
                <xs:attribute ref="locID" use="optional" fixed="020401"/>
            </xs:extension>
        </xs:simpleContent>
    </xs:complexType>
</xs:element>
<xs:element name="币种编码">
    <xs:complexType>
        <xs:simpleContent>
            <xs:extension base="币种编码类型">
                <xs:attribute ref="locID" use="optional" fixed="011101"/>
            </xs:extension>
        </xs:simpleContent>
    </xs:complexType>
</xs:element>
<xs:element name="计量单位" minOccurs="0">
    <xs:complexType>
        <xs:simpleContent>
```

```
                <xs:extension base="计量单位类型">
                    <xs:attribute ref="locID" use="optional" fixed="020503"/>
                </xs:extension>
            </xs:simpleContent>
        </xs:complexType>
    </xs:element>
    <xs:element name="借方数量" minOccurs="0">
        <xs:complexType>
            <xs:simpleContent>
                <xs:extension base="借方数量类型">
                    <xs:attribute ref="locID" use="optional" fixed="020507"/>
                </xs:extension>
            </xs:simpleContent>
        </xs:complexType>
    </xs:element>
    <xs:element name="借方原币金额">
        <xs:complexType>
            <xs:simpleContent>
                <xs:extension base="借方原币金额类型">
                    <xs:attribute ref="locID" use="optional" fixed="020508"/>
                </xs:extension>
            </xs:simpleContent>
        </xs:complexType>
    </xs:element>
    <xs:element name="借方本币金额">
        <xs:complexType>
            <xs:simpleContent>
                <xs:extension base="借方本币金额类型">
                    <xs:attribute ref="locID" use="optional" fixed="020509"/>
                </xs:extension>
            </xs:simpleContent>
        </xs:complexType>
    </xs:element>
    <xs:element name="贷方数量" minOccurs="0">
        <xs:complexType>
            <xs:simpleContent>
                <xs:extension base="贷方数量类型">
                    <xs:attribute ref="locID" use="optional" fixed="020510"/>
                </xs:extension>
            </xs:simpleContent>
        </xs:complexType>
    </xs:element>
    <xs:element name="贷方原币金额">
        <xs:complexType>
            <xs:simpleContent>
```

```
                〈xs:extension base="贷方原币金额类型"〉
                    〈xs:attribute ref="locID" use="optional" fixed="020511"/〉
                〈/xs:extension〉
            〈/xs:simpleContent〉
        〈/xs:complexType〉
    〈/xs:element〉
    〈xs:element name="贷方本币金额"〉
        〈xs:complexType〉
            〈xs:simpleContent〉
                〈xs:extension base="贷方本币金额类型"〉
                    〈xs:attribute ref="locID" use="optional" fixed="020512"/〉
                〈/xs:extension〉
            〈/xs:simpleContent〉
        〈/xs:complexType〉
    〈/xs:element〉
    〈xs:element name="汇率类型编号" minOccurs="0"〉
        〈xs:complexType〉
            〈xs:simpleContent〉
                〈xs:extension base="汇率类型编号类型"〉
                    〈xs:attribute ref="locID" use="optional" fixed="011201"/〉
                〈/xs:extension〉
            〈/xs:simpleContent〉
        〈/xs:complexType〉
    〈/xs:element〉
    〈xs:element name="汇率" minOccurs="0"〉
        〈xs:complexType〉
            〈xs:simpleContent〉
                〈xs:extension base="汇率类型"〉
                    〈xs:attribute ref="locID" use="optional" fixed="020605"/〉
                〈/xs:extension〉
            〈/xs:simpleContent〉
        〈/xs:complexType〉
    〈/xs:element〉
    〈xs:element name="单价" minOccurs="0"〉
        〈xs:complexType〉
            〈xs:simpleContent〉
                〈xs:extension base="单价类型"〉
                    〈xs:attribute ref="locID" use="optional" fixed="020606"/〉
                〈/xs:extension〉
            〈/xs:simpleContent〉
        〈/xs:complexType〉
    〈/xs:element〉
    〈xs:element name="凭证头可扩展字段结构值" minOccurs="0"〉
        〈xs:complexType〉
            〈xs:simpleContent〉
```

```
                <xs:extension base="凭证头可扩展字段结构值类型">
                    <xs:attribute ref="locID" use="optional" fixed="020607"/>
                </xs:extension>
            </xs:simpleContent>
        </xs:complexType>
    </xs:element>
    <xs:element name="分录行可扩展字段结构值" minOccurs="0">
        <xs:complexType>
            <xs:simpleContent>
                <xs:extension base="分录行可扩展字段结构值类型">
                    <xs:attribute ref="locID" use="optional" fixed="020608"/>
                </xs:extension>
            </xs:simpleContent>
        </xs:complexType>
    </xs:element>
    <xs:element name="结算方式编码" minOccurs="0">
        <xs:complexType>
            <xs:simpleContent>
                <xs:extension base="结算方式编码类型">
                    <xs:attribute ref="locID" use="optional" fixed="010401"/>
                </xs:extension>
            </xs:simpleContent>
        </xs:complexType>
    </xs:element>
    <xs:element name="票据类型" minOccurs="0">
        <xs:complexType>
            <xs:simpleContent>
                <xs:extension base="票据类型类型">
                    <xs:attribute ref="locID" use="optional" fixed="020609"/>
                </xs:extension>
            </xs:simpleContent>
        </xs:complexType>
    </xs:element>
    <xs:element name="票据号" minOccurs="0">
        <xs:complexType>
            <xs:simpleContent>
                <xs:extension base="票据号类型">
                    <xs:attribute ref="locID" use="optional" fixed="020610"/>
                </xs:extension>
            </xs:simpleContent>
        </xs:complexType>
    </xs:element>
    <xs:element name="票据日期" minOccurs="0">
        <xs:complexType>
            <xs:simpleContent>
```

```
              〈xs:extension base = "票据日期类型"〉
                  〈xs:attribute ref = "locID" use = "optional" fixed = "020611"/〉
              〈/xs:extension〉
          〈/xs:simpleContent〉
      〈/xs:complexType〉
  〈/xs:element〉
  〈xs:element name = "附件数"〉
      〈xs:complexType〉
          〈xs:simpleContent〉
              〈xs:extension base = "附件数类型"〉
                  〈xs:attribute ref = "locID" use = "optional" fixed = "020612"/〉
              〈/xs:extension〉
          〈/xs:simpleContent〉
      〈/xs:complexType〉
  〈/xs:element〉
  〈xs:element name = "制单人"〉
      〈xs:complexType〉
          〈xs:simpleContent〉
              〈xs:extension base = "制单人类型"〉
                  〈xs:attribute ref = "locID" use = "optional" fixed = "020613"/〉
              〈/xs:extension〉
          〈/xs:simpleContent〉
      〈/xs:complexType〉
  〈/xs:element〉
  〈xs:element name = "审核人" minOccurs = "0"〉
      〈xs:complexType〉
          〈xs:simpleContent〉
              〈xs:extension base = "审核人类型"〉
                  〈xs:attribute ref = "locID" use = "optional" fixed = "020614"/〉
              〈/xs:extension〉
          〈/xs:simpleContent〉
      〈/xs:complexType〉
  〈/xs:element〉
  〈xs:element name = "记账人" minOccurs = "0"〉
      〈xs:complexType〉
          〈xs:simpleContent〉
              〈xs:extension base = "记账人类型"〉
                  〈xs:attribute ref = "locID" use = "optional" fixed = "020615"/〉
              〈/xs:extension〉
          〈/xs:simpleContent〉
      〈/xs:complexType〉
  〈/xs:element〉
  〈xs:element name = "记账标志"〉
      〈xs:complexType〉
          〈xs:simpleContent〉
```

```
                        <xs:extension base="记账标志类型">
                            <xs:attribute ref="locID" use="optional" fixed="020616"/>
                        </xs:extension>
                    </xs:simpleContent>
                </xs:complexType>
            </xs:element>
            <xs:element name="作废标志">
                <xs:complexType>
                    <xs:simpleContent>
                        <xs:extension base="作废标志类型">
                            <xs:attribute ref="locID" use="optional" fixed="020617"/>
                        </xs:extension>
                    </xs:simpleContent>
                </xs:complexType>
            </xs:element>
            <xs:element name="凭证来源系统">
                <xs:complexType>
                    <xs:simpleContent>
                        <xs:extension base="凭证来源系统类型">
                            <xs:attribute ref="locID" use="optional" fixed="020618"/>
                        </xs:extension>
                    </xs:simpleContent>
                </xs:complexType>
            </xs:element>
        </xs:sequence>
        <xs:attribute ref="locID" use="optional" fixed="T0206"/>
    </xs:complexType>
</xs:element>
<xs:element name="报表集">
    <xs:complexType>
        <xs:sequence>
            <xs:element name="报表编号">
                <xs:complexType>
                    <xs:simpleContent>
                        <xs:extension base="报表编号类型">
                            <xs:attribute ref="locID" use="optional" fixed="020701"/>
                        </xs:extension>
                    </xs:simpleContent>
                </xs:complexType>
            </xs:element>
            <xs:element name="报表名称">
                <xs:complexType>
                    <xs:simpleContent>
                        <xs:extension base="报表名称类型">
                            <xs:attribute ref="locID" use="optional" fixed="020702"/>
```

```
                〈/xs:extension〉
            〈/xs:simpleContent〉
        〈/xs:complexType〉
    〈/xs:element〉
    〈xs:element name="报表报告日"〉
        〈xs:complexType〉
            〈xs:simpleContent〉
                〈xs:extension base="报表报告日类型"〉
                    〈xs:attribute ref="locID" use="optional" fixed="020703"/〉
                〈/xs:extension〉
            〈/xs:simpleContent〉
        〈/xs:complexType〉
    〈/xs:element〉
    〈xs:element name="报表报告期"〉
        〈xs:complexType〉
            〈xs:simpleContent〉
                〈xs:extension base="报表报告期类型"〉
                    〈xs:attribute ref="locID" use="optional" fixed="020704"/〉
                〈/xs:extension〉
            〈/xs:simpleContent〉
        〈/xs:complexType〉
    〈/xs:element〉
    〈xs:element name="编制单位"〉
        〈xs:complexType〉
            〈xs:simpleContent〉
                〈xs:extension base="编制单位类型"〉
                    〈xs:attribute ref="locID" use="optional" fixed="020705"/〉
                〈/xs:extension〉
            〈/xs:simpleContent〉
        〈/xs:complexType〉
    〈/xs:element〉
    〈xs:element name="货币单位"〉
        〈xs:complexType〉
            〈xs:simpleContent〉
                〈xs:extension base="货币单位类型"〉
                    〈xs:attribute ref="locID" use="optional" fixed="020706"/〉
                〈/xs:extension〉
            〈/xs:simpleContent〉
        〈/xs:complexType〉
    〈/xs:element〉
  〈/xs:sequence〉
  〈xs:attribute ref="locID" use="optional" fixed="T0207"/〉
〈/xs:complexType〉
〈/xs:element〉
〈xs:element name="报表项数据"〉
```

```
<xs:complexType>
    <xs:sequence>
        <xs:element name="报表编号">
            <xs:complexType>
                <xs:simpleContent>
                    <xs:extension base="报表编号类型">
                        <xs:attribute ref="locID" use="optional" fixed="020701"/>
                    </xs:extension>
                </xs:simpleContent>
            </xs:complexType>
        </xs:element>
        <xs:element name="报表项编号">
            <xs:complexType>
                <xs:simpleContent>
                    <xs:extension base="报表项编号类型">
                        <xs:attribute ref="locID" use="optional" fixed="020801"/>
                    </xs:extension>
                </xs:simpleContent>
            </xs:complexType>
        </xs:element>
        <xs:element name="报表项名称">
            <xs:complexType>
                <xs:simpleContent>
                    <xs:extension base="报表项名称类型">
                        <xs:attribute ref="locID" use="optional" fixed="020802"/>
                    </xs:extension>
                </xs:simpleContent>
            </xs:complexType>
        </xs:element>
        <xs:element name="报表项公式">
            <xs:complexType>
                <xs:simpleContent>
                    <xs:extension base="报表项公式类型">
                        <xs:attribute ref="locID" use="optional" fixed="020803"/>
                    </xs:extension>
                </xs:simpleContent>
            </xs:complexType>
        </xs:element>
        <xs:element name="报表项数值">
            <xs:complexType>
                <xs:simpleContent>
                    <xs:extension base="报表项数值类型">
                        <xs:attribute ref="locID" use="optional" fixed="020804"/>
                    </xs:extension>
                </xs:simpleContent>
```

```
                </xs:complexType>
            </xs:element>
        </xs:sequence>
        <xs:attribute ref="locID" use="optional" fixed="T0208"/>
    </xs:complexType>
</xs:element>
<xs:element name="本年预算指标">
    <xs:complexType>
        <xs:sequence>
            <xs:element name="会计年度">
                <xs:complexType>
                    <xs:simpleContent>
                        <xs:extension base="会计年度类型">
                            <xs:attribute ref="locID" use="optional" fixed="010113"/>
                        </xs:extension>
                    </xs:simpleContent>
                </xs:complexType>
            </xs:element>
            <xs:element name="会计期间号">
                <xs:complexType>
                    <xs:simpleContent>
                        <xs:extension base="会计期间号类型">
                            <xs:attribute ref="locID" use="optional" fixed="010201"/>
                        </xs:extension>
                    </xs:simpleContent>
                </xs:complexType>
            </xs:element>
            <xs:element name="支出功能分类代码">
                <xs:complexType>
                    <xs:simpleContent>
                        <xs:extension base="支出功能分类代码类型">
                            <xs:attribute ref="locID" use="optional" fixed="020901"/>
                        </xs:extension>
                    </xs:simpleContent>
                </xs:complexType>
            </xs:element>
            <xs:element name="支出功能分类名称">
                <xs:complexType>
                    <xs:simpleContent>
                        <xs:extension base="支出功能分类名称类型">
                            <xs:attribute ref="locID" use="optional" fixed="020902"/>
                        </xs:extension>
                    </xs:simpleContent>
                </xs:complexType>
            </xs:element>
```

```
〈xs:element name="支出经济分类代码"〉
    〈xs:complexType〉
        〈xs:simpleContent〉
            〈xs:extension base="支出经济分类代码类型"〉
                〈xs:attribute ref="locID" use="optional" fixed="020903"/〉
            〈/xs:extension〉
        〈/xs:simpleContent〉
    〈/xs:complexType〉
〈/xs:element〉
〈xs:element name="支出经济分类名称"〉
    〈xs:complexType〉
        〈xs:simpleContent〉
            〈xs:extension base="支出经济分类名称类型"〉
                〈xs:attribute ref="locID" use="optional" fixed="020904"/〉
            〈/xs:extension〉
        〈/xs:simpleContent〉
    〈/xs:complexType〉
〈/xs:element〉
〈xs:element name="项目编码"〉
    〈xs:complexType〉
        〈xs:simpleContent〉
            〈xs:extension base="项目编码类型"〉
                〈xs:attribute ref="locID" use="optional" fixed="010801"/〉
            〈/xs:extension〉
        〈/xs:simpleContent〉
    〈/xs:complexType〉
〈/xs:element〉
〈xs:element name="资金性质代码"〉
    〈xs:complexType〉
        〈xs:simpleContent〉
            〈xs:extension base="资金性质代码类型"〉
                〈xs:attribute ref="locID" use="optional" fixed="020905"/〉
            〈/xs:extension〉
        〈/xs:simpleContent〉
    〈/xs:complexType〉
〈/xs:element〉
〈xs:element name="资金性质名称"〉
    〈xs:complexType〉
        〈xs:simpleContent〉
            〈xs:extension base="资金性质名称类型"〉
                〈xs:attribute ref="locID" use="optional" fixed="020906"/〉
            〈/xs:extension〉
        〈/xs:simpleContent〉
    〈/xs:complexType〉
〈/xs:element〉
```

```
<xs:element name="预算来源代码">
    <xs:complexType>
        <xs:simpleContent>
            <xs:extension base="预算来源代码类型">
                <xs:attribute ref="locID" use="optional" fixed="020907"/>
            </xs:extension>
        </xs:simpleContent>
    </xs:complexType>
</xs:element>
<xs:element name="预算来源名称">
    <xs:complexType>
        <xs:simpleContent>
            <xs:extension base="预算来源名称类型">
                <xs:attribute ref="locID" use="optional" fixed="020908"/>
            </xs:extension>
        </xs:simpleContent>
    </xs:complexType>
</xs:element>
<xs:element name="本年预算金额">
    <xs:complexType>
        <xs:simpleContent>
            <xs:extension base="本年预算金额类型">
                <xs:attribute ref="locID" use="optional" fixed="020909"/>
            </xs:extension>
        </xs:simpleContent>
    </xs:complexType>
</xs:element>
<xs:element name="累计调增金额">
    <xs:complexType>
        <xs:simpleContent>
            <xs:extension base="累计调增金额类型">
                <xs:attribute ref="locID" use="optional" fixed="020910"/>
            </xs:extension>
        </xs:simpleContent>
    </xs:complexType>
</xs:element>
<xs:element name="累计调减金额">
    <xs:complexType>
        <xs:simpleContent>
            <xs:extension base="累计调减金额类型">
                <xs:attribute ref="locID" use="optional" fixed="020911"/>
            </xs:extension>
        </xs:simpleContent>
    </xs:complexType>
</xs:element>
```

```
              〈xs:element name="合计"〉
                  〈xs:complexType〉
                      〈xs:simpleContent〉
                          〈xs:extension base="合计类型"〉
                              〈xs:attribute ref="locID" use="optional" fixed="020912"/〉
                          〈/xs:extension〉
                      〈/xs:simpleContent〉
                  〈/xs:complexType〉
              〈/xs:element〉
          〈/xs:sequence〉
          〈xs:attribute ref="locID" use="optional" fixed="T0209"/〉
      〈/xs:complexType〉
  〈/xs:element〉
  〈xs:element name="预算支出情况表"〉
      〈xs:complexType〉
          〈xs:sequence〉
              〈xs:element name="会计年度"〉
                  〈xs:complexType〉
                      〈xs:simpleContent〉
                          〈xs:extension base="会计年度类型"〉
                              〈xs:attribute ref="locID" use="optional" fixed="010113"/〉
                          〈/xs:extension〉
                      〈/xs:simpleContent〉
                  〈/xs:complexType〉
              〈/xs:element〉
              〈xs:element name="会计期间号"〉
                  〈xs:complexType〉
                      〈xs:simpleContent〉
                          〈xs:extension base="会计期间号类型"〉
                              〈xs:attribute ref="locID" use="optional" fixed="010201"/〉
                          〈/xs:extension〉
                      〈/xs:simpleContent〉
                  〈/xs:complexType〉
              〈/xs:element〉
              〈xs:element name="支出功能分类代码"〉
                  〈xs:complexType〉
                      〈xs:simpleContent〉
                          〈xs:extension base="支出功能分类代码类型"〉
                              〈xs:attribute ref="locID" use="optional" fixed="020901"/〉
                          〈/xs:extension〉
                      〈/xs:simpleContent〉
                  〈/xs:complexType〉
              〈/xs:element〉
              〈xs:element name="支出功能分类名称"〉
                  〈xs:complexType〉
```

```
        <xs:simpleContent>
          <xs:extension base="支出功能分类名称类型">
            <xs:attribute ref="locID" use="optional" fixed="020902"/>
          </xs:extension>
        </xs:simpleContent>
      </xs:complexType>
    </xs:element>
    <xs:element name="支出经济分类代码">
      <xs:complexType>
        <xs:simpleContent>
          <xs:extension base="支出经济分类代码类型">
            <xs:attribute ref="locID" use="optional" fixed="020903"/>
          </xs:extension>
        </xs:simpleContent>
      </xs:complexType>
    </xs:element>
    <xs:element name="支出经济分类名称">
      <xs:complexType>
        <xs:simpleContent>
          <xs:extension base="支出经济分类名称类型">
            <xs:attribute ref="locID" use="optional" fixed="020904"/>
          </xs:extension>
        </xs:simpleContent>
      </xs:complexType>
    </xs:element>
    <xs:element name="项目编码">
      <xs:complexType>
        <xs:simpleContent>
          <xs:extension base="项目编码类型">
            <xs:attribute ref="locID" use="optional" fixed="010801"/>
          </xs:extension>
        </xs:simpleContent>
      </xs:complexType>
    </xs:element>
    <xs:element name="资金性质代码">
      <xs:complexType>
        <xs:simpleContent>
          <xs:extension base="资金性质代码类型">
            <xs:attribute ref="locID" use="optional" fixed="020905"/>
          </xs:extension>
        </xs:simpleContent>
      </xs:complexType>
    </xs:element>
    <xs:element name="资金性质名称">
      <xs:complexType>
```

```
                <xs:simpleContent>
                    <xs:extension base="资金性质名称类型">
                        <xs:attribute ref="locID" use="optional" fixed="020906"/>
                    </xs:extension>
                </xs:simpleContent>
            </xs:complexType>
        </xs:element>
        <xs:element name="预算来源代码">
            <xs:complexType>
                <xs:simpleContent>
                    <xs:extension base="预算来源代码类型">
                        <xs:attribute ref="locID" use="optional" fixed="020907"/>
                    </xs:extension>
                </xs:simpleContent>
            </xs:complexType>
        </xs:element>
        <xs:element name="预算来源名称">
            <xs:complexType>
                <xs:simpleContent>
                    <xs:extension base="预算来源名称类型">
                        <xs:attribute ref="locID" use="optional" fixed="020908"/>
                    </xs:extension>
                </xs:simpleContent>
            </xs:complexType>
        </xs:element>
        <xs:element name="支付方式代码">
            <xs:complexType>
                <xs:simpleContent>
                    <xs:extension base="支付方式代码类型">
                        <xs:attribute ref="locID" use="optional" fixed="021001"/>
                    </xs:extension>
                </xs:simpleContent>
            </xs:complexType>
        </xs:element>
        <xs:element name="支付方式名称">
            <xs:complexType>
                <xs:simpleContent>
                    <xs:extension base="支付方式名称类型">
                        <xs:attribute ref="locID" use="optional" fixed="021002"/>
                    </xs:extension>
                </xs:simpleContent>
            </xs:complexType>
        </xs:element>
        <xs:element name="上年结余金额">
            <xs:complexType>
```

```
        <xs:simpleContent>
            <xs:extension base="上年结余金额类型">
                <xs:attribute ref="locID" use="optional" fixed="021003"/>
            </xs:extension>
        </xs:simpleContent>
    </xs:complexType>
</xs:element>
<xs:element name="本年预算金额">
    <xs:complexType>
        <xs:simpleContent>
            <xs:extension base="本年预算金额类型">
                <xs:attribute ref="locID" use="optional" fixed="020909"/>
            </xs:extension>
        </xs:simpleContent>
    </xs:complexType>
</xs:element>
<xs:element name="本期调增金额">
    <xs:complexType>
        <xs:simpleContent>
            <xs:extension base="本期调增金额类型">
                <xs:attribute ref="locID" use="optional" fixed="021004"/>
            </xs:extension>
        </xs:simpleContent>
    </xs:complexType>
</xs:element>
<xs:element name="本期调减金额">
    <xs:complexType>
        <xs:simpleContent>
            <xs:extension base="本期调减金额类型">
                <xs:attribute ref="locID" use="optional" fixed="021005"/>
            </xs:extension>
        </xs:simpleContent>
    </xs:complexType>
</xs:element>
<xs:element name="累计调增金额">
    <xs:complexType>
        <xs:simpleContent>
            <xs:extension base="累计调增金额类型">
                <xs:attribute ref="locID" use="optional" fixed="020910"/>
            </xs:extension>
        </xs:simpleContent>
    </xs:complexType>
</xs:element>
<xs:element name="累计调减金额">
    <xs:complexType>
```

```
                <xs:simpleContent>
                    <xs:extension base="累计调减金额类型">
                        <xs:attribute ref="locID" use="optional" fixed="020911"/>
                    </xs:extension>
                </xs:simpleContent>
            </xs:complexType>
        </xs:element>
        <xs:element name="本期支出金额">
            <xs:complexType>
                <xs:simpleContent>
                    <xs:extension base="本期支出金额类型">
                        <xs:attribute ref="locID" use="optional" fixed="021006"/>
                    </xs:extension>
                </xs:simpleContent>
            </xs:complexType>
        </xs:element>
        <xs:element name="累计支出金额">
            <xs:complexType>
                <xs:simpleContent>
                    <xs:extension base="累计支出金额类型">
                        <xs:attribute ref="locID" use="optional" fixed="021007"/>
                    </xs:extension>
                </xs:simpleContent>
            </xs:complexType>
        </xs:element>
        <xs:element name="本年预算结余金额">
            <xs:complexType>
                <xs:simpleContent>
                    <xs:extension base="本年预算结余金额类型">
                        <xs:attribute ref="locID" use="optional" fixed="021008"/>
                    </xs:extension>
                </xs:simpleContent>
            </xs:complexType>
        </xs:element>
    </xs:sequence>
    <xs:attribute ref="locID" use="optional" fixed="T0210"/>
</xs:complexType>
</xs:element>
<xs:element name="预算收入情况表">
    <xs:complexType>
        <xs:sequence>
            <xs:element name="会计年度">
                <xs:complexType>
                    <xs:simpleContent>
                        <xs:extension base="会计年度类型">
```

```
                <xs:attribute ref="locID" use="optional" fixed="010113"/>
            </xs:extension>
        </xs:simpleContent>
    </xs:complexType>
</xs:element>
<xs:element name="会计期间号">
    <xs:complexType>
        <xs:simpleContent>
            <xs:extension base="会计期间号类型">
                <xs:attribute ref="locID" use="optional" fixed="010201"/>
            </xs:extension>
        </xs:simpleContent>
    </xs:complexType>
</xs:element>
<xs:element name="收入分类代码">
    <xs:complexType>
        <xs:simpleContent>
            <xs:extension base="收入分类代码类型">
                <xs:attribute ref="locID" use="optional" fixed="021101"/>
            </xs:extension>
        </xs:simpleContent>
    </xs:complexType>
</xs:element>
<xs:element name="收入分类名称">
    <xs:complexType>
        <xs:simpleContent>
            <xs:extension base="收入分类名称类型">
                <xs:attribute ref="locID" use="optional" fixed="021102"/>
            </xs:extension>
        </xs:simpleContent>
    </xs:complexType>
</xs:element>
<xs:element name="收入项目代码">
    <xs:complexType>
        <xs:simpleContent>
            <xs:extension base="收入项目代码类型">
                <xs:attribute ref="locID" use="optional" fixed="021103"/>
            </xs:extension>
        </xs:simpleContent>
    </xs:complexType>
</xs:element>
<xs:element name="收入项目名称">
    <xs:complexType>
        <xs:simpleContent>
            <xs:extension base="收入项目名称类型">
```

```
                <xs:attribute ref="locID" use="optional" fixed="021104"/>
            </xs:extension>
        </xs:simpleContent>
    </xs:complexType>
</xs:element>
<xs:element name="本年预算金额">
    <xs:complexType>
        <xs:simpleContent>
            <xs:extension base="本年预算金额类型">
                <xs:attribute ref="locID" use="optional" fixed="020909"/>
            </xs:extension>
        </xs:simpleContent>
    </xs:complexType>
</xs:element>
<xs:element name="本期调增金额">
    <xs:complexType>
        <xs:simpleContent>
            <xs:extension base="本期调增金额类型">
                <xs:attribute ref="locID" use="optional" fixed="021004"/>
            </xs:extension>
        </xs:simpleContent>
    </xs:complexType>
</xs:element>
<xs:element name="本期调减金额">
    <xs:complexType>
        <xs:simpleContent>
            <xs:extension base="本期调减金额类型">
                <xs:attribute ref="locID" use="optional" fixed="021005"/>
            </xs:extension>
        </xs:simpleContent>
    </xs:complexType>
</xs:element>
<xs:element name="累计调增金额">
    <xs:complexType>
        <xs:simpleContent>
            <xs:extension base="累计调增金额类型">
                <xs:attribute ref="locID" use="optional" fixed="020910"/>
            </xs:extension>
        </xs:simpleContent>
    </xs:complexType>
</xs:element>
<xs:element name="累计调减金额">
    <xs:complexType>
        <xs:simpleContent>
            <xs:extension base="累计调减金额类型">
```

```
                        <xs:attribute ref="locID" use="optional" fixed="020911"/>
                    </xs:extension>
                </xs:simpleContent>
            </xs:complexType>
        </xs:element>
        <xs:element name="本期收入金额">
            <xs:complexType>
                <xs:simpleContent>
                    <xs:extension base="本期收入金额类型">
                        <xs:attribute ref="locID" use="optional" fixed="021105"/>
                    </xs:extension>
                </xs:simpleContent>
            </xs:complexType>
        </xs:element>
        <xs:element name="累计收入金额">
            <xs:complexType>
                <xs:simpleContent>
                    <xs:extension base="累计收入金额类型">
                        <xs:attribute ref="locID" use="optional" fixed="021106"/>
                    </xs:extension>
                </xs:simpleContent>
            </xs:complexType>
        </xs:element>
    </xs:sequence>
    <xs:attribute ref="locID" use="optional" fixed="T0211"/>
  </xs:complexType>
 </xs:element>
</xs:schema>
```

A.4 资产类 XML 大纲(Schema)

```
<?xml version="1.0" encoding="GB18030"?>
<xs:schema xmlns:xs="http://www.w3.org/2001/XMLSchema" xmlns:行政事业单位
="http://sxbw.audit.gov.cn/AccountingSoftwareDataInterfaceStandard/2010/PSGA/XMLSchema"
xmlns="http://sxbw.audit.gov.cn/AccountingSoftwareDataInterfaceStandard/2010/PSGA/XMLSchema"
targetNamespace="http://sxbw.audit.gov.cn/AccountingSoftwareDataInterfaceStandard/2010/PSGA/
XMLSchema" elementFormDefault="qualified" attributeFormDefault="unqualified">
    <xs:include schemaLocation="标准数据元素类型.xsd"/>
    <xs:element name="固定资产">
        <xs:complexType>
            <xs:sequence>
                <xs:element ref="固定资产基础信息"/>
                <xs:element ref="固定资产类别设置" maxOccurs="unbounded"/>
                <xs:element ref="固定资产变动方式" maxOccurs="unbounded"/>
                <xs:element ref="固定资产使用状况" maxOccurs="unbounded"/>
```

```
        <xs:element ref="固定资产卡片" maxOccurs="unbounded"/>
        <xs:element ref="固定资产卡片实物信息" maxOccurs="unbounded"/>
        <xs:element ref="固定资产卡片使用信息" maxOccurs="unbounded"/>
        <xs:element ref="固定资产减少情况" maxOccurs="unbounded"/>
        <xs:element ref="固定资产减少实物信息" maxOccurs="unbounded"/>
        <xs:element ref="固定资产变动情况" maxOccurs="unbounded"/>
      </xs:sequence>
      <xs:attribute ref="locID" use="optional" fixed="S03"/>
    </xs:complexType>
  </xs:element>
  <xs:element name="固定资产基础信息">
    <xs:complexType>
      <xs:sequence>
        <xs:element name="固定资产对账科目" maxOccurs="unbounded">
          <xs:complexType>
            <xs:simpleContent>
              <xs:extension base="固定资产对账科目类型">
                <xs:attribute ref="locID" use="optional" fixed="030101"/>
              </xs:extension>
            </xs:simpleContent>
          </xs:complexType>
        </xs:element>
      </xs:sequence>
      <xs:attribute ref="locID" use="optional" fixed="T0301"/>
    </xs:complexType>
  </xs:element>
  <xs:element name="固定资产类别设置">
    <xs:complexType>
      <xs:sequence>
        <xs:element name="固定资产类别编码规则">
          <xs:complexType>
            <xs:simpleContent>
              <xs:extension base="固定资产类别编码规则类型">
                <xs:attribute ref="locID" use="optional" fixed="030201"/>
              </xs:extension>
            </xs:simpleContent>
          </xs:complexType>
        </xs:element>
        <xs:element name="固定资产类别编码">
          <xs:complexType>
            <xs:simpleContent>
              <xs:extension base="固定资产类别编码类型">
                <xs:attribute ref="locID" use="optional" fixed="030202"/>
              </xs:extension>
            </xs:simpleContent>
```

```
                〈/xs:complexType〉
            〈/xs:element〉
            〈xs:element name = "固定资产类别名称"〉
                〈xs:complexType〉
                    〈xs:simpleContent〉
                        〈xs:extension base = "固定资产类别名称类型"〉
                            〈xs:attribute ref = "locID" use = "optional" fixed = "030203"/〉
                        〈/xs:extension〉
                    〈/xs:simpleContent〉
                〈/xs:complexType〉
            〈/xs:element〉
        〈/xs:sequence〉
        〈xs:attribute ref = "locID" use = "optional" fixed = "T0302"/〉
    〈/xs:complexType〉
〈/xs:element〉
〈xs:element name = "固定资产变动方式"〉
    〈xs:complexType〉
        〈xs:sequence〉
            〈xs:element name = "变动方式编码"〉
                〈xs:complexType〉
                    〈xs:simpleContent〉
                        〈xs:extension base = "变动方式编码类型"〉
                            〈xs:attribute ref = "locID" use = "optional" fixed = "030301"/〉
                        〈/xs:extension〉
                    〈/xs:simpleContent〉
                〈/xs:complexType〉
            〈/xs:element〉
            〈xs:element name = "变动方式名称"〉
                〈xs:complexType〉
                    〈xs:simpleContent〉
                        〈xs:extension base = "变动方式名称类型"〉
                            〈xs:attribute ref = "locID" use = "optional" fixed = "030302"/〉
                        〈/xs:extension〉
                    〈/xs:simpleContent〉
                〈/xs:complexType〉
            〈/xs:element〉
        〈/xs:sequence〉
        〈xs:attribute ref = "locID" use = "optional" fixed = "T0303"/〉
    〈/xs:complexType〉
〈/xs:element〉
〈xs:element name = "固定资产使用状况"〉
    〈xs:complexType〉
        〈xs:sequence〉
            〈xs:element name = "使用状况编码"〉
                〈xs:complexType〉
```

```
                        〈xs:simpleContent〉
                            〈xs:extension base="使用状况编码类型"〉
                                〈xs:attribute ref="locID" use="optional" fixed="030401"/〉
                            〈/xs:extension〉
                        〈/xs:simpleContent〉
                    〈/xs:complexType〉
                〈/xs:element〉
                〈xs:element name="使用状况名称"〉
                    〈xs:complexType〉
                        〈xs:simpleContent〉
                            〈xs:extension base="使用状况名称类型"〉
                                〈xs:attribute ref="locID" use="optional" fixed="030402"/〉
                            〈/xs:extension〉
                        〈/xs:simpleContent〉
                    〈/xs:complexType〉
                〈/xs:element〉
            〈/xs:sequence〉
            〈xs:attribute ref="locID" use="optional" fixed="T0304"/〉
        〈/xs:complexType〉
    〈/xs:element〉
    〈xs:element name="固定资产卡片"〉
        〈xs:complexType〉
            〈xs:sequence〉
                〈xs:element name="固定资产卡片编号"〉
                    〈xs:complexType〉
                        〈xs:simpleContent〉
                            〈xs:extension base="固定资产卡片编号类型"〉
                                〈xs:attribute ref="locID" use="optional" fixed="030501"/〉
                            〈/xs:extension〉
                        〈/xs:simpleContent〉
                    〈/xs:complexType〉
                〈/xs:element〉
                〈xs:element name="固定资产类别编码"〉
                    〈xs:complexType〉
                        〈xs:simpleContent〉
                            〈xs:extension base="固定资产类别编码类型"〉
                                〈xs:attribute ref="locID" use="optional" fixed="030202"/〉
                            〈/xs:extension〉
                        〈/xs:simpleContent〉
                    〈/xs:complexType〉
                〈/xs:element〉
                〈xs:element name="固定资产编码"〉
                    〈xs:complexType〉
                        〈xs:simpleContent〉
                            〈xs:extension base="固定资产编码类型"〉
```

```
                <xs:attribute ref="locID" use="optional" fixed="030502"/>
            </xs:extension>
        </xs:simpleContent>
    </xs:complexType>
</xs:element>
<xs:element name="固定资产名称">
    <xs:complexType>
        <xs:simpleContent>
            <xs:extension base="固定资产名称类型">
                <xs:attribute ref="locID" use="optional" fixed="030503"/>
            </xs:extension>
        </xs:simpleContent>
    </xs:complexType>
</xs:element>
<xs:element name="固定资产入账日期">
    <xs:complexType>
        <xs:simpleContent>
            <xs:extension base="固定资产入账日期类型">
                <xs:attribute ref="locID" use="optional" fixed="030504"/>
            </xs:extension>
        </xs:simpleContent>
    </xs:complexType>
</xs:element>
<xs:element name="会计期间号">
    <xs:complexType>
        <xs:simpleContent>
            <xs:extension base="会计期间号类型">
                <xs:attribute ref="locID" use="optional" fixed="010201"/>
            </xs:extension>
        </xs:simpleContent>
    </xs:complexType>
</xs:element>
<xs:element name="固定资产计量单位">
    <xs:complexType>
        <xs:simpleContent>
            <xs:extension base="固定资产计量单位类型">
                <xs:attribute ref="locID" use="optional" fixed="030505"/>
            </xs:extension>
        </xs:simpleContent>
    </xs:complexType>
</xs:element>
<xs:element name="固定资产数量">
    <xs:complexType>
        <xs:simpleContent>
            <xs:extension base="固定资产数量类型">
```

```
                    <xs:attribute ref="locID" use="optional" fixed="030506"/>
                </xs:extension>
            </xs:simpleContent>
        </xs:complexType>
    </xs:element>
    <xs:element name="变动方式编码">
        <xs:complexType>
            <xs:simpleContent>
                <xs:extension base="变动方式编码类型">
                    <xs:attribute ref="locID" use="optional" fixed="030301"/>
                </xs:extension>
            </xs:simpleContent>
        </xs:complexType>
    </xs:element>
    <xs:element name="使用状况编码">
        <xs:complexType>
            <xs:simpleContent>
                <xs:extension base="使用状况编码类型">
                    <xs:attribute ref="locID" use="optional" fixed="030401"/>
                </xs:extension>
            </xs:simpleContent>
        </xs:complexType>
    </xs:element>
    <xs:element name="本位币">
        <xs:complexType>
            <xs:simpleContent>
                <xs:extension base="本位币类型">
                    <xs:attribute ref="locID" use="optional" fixed="010112"/>
                </xs:extension>
            </xs:simpleContent>
        </xs:complexType>
    </xs:element>
    <xs:element name="固定资产原值">
        <xs:complexType>
            <xs:simpleContent>
                <xs:extension base="固定资产原值类型">
                    <xs:attribute ref="locID" use="optional" fixed="030507"/>
                </xs:extension>
            </xs:simpleContent>
        </xs:complexType>
    </xs:element>
    <xs:element name="固定资产净值">
        <xs:complexType>
            <xs:simpleContent>
                <xs:extension base="固定资产净值类型">
```

```
                <xs:attribute ref="locID" use="optional" fixed="030508"/>
              </xs:extension>
            </xs:simpleContent>
          </xs:complexType>
        </xs:element>
        <xs:element name="固定资产增减对应凭证编号">
          <xs:complexType>
            <xs:simpleContent>
              <xs:extension base="固定资产增减对应凭证编号类型">
                <xs:attribute ref="locID" use="optional" fixed="030509"/>
              </xs:extension>
            </xs:simpleContent>
          </xs:complexType>
        </xs:element>
      </xs:sequence>
      <xs:attribute ref="locID" use="optional" fixed="T0305"/>
    </xs:complexType>
  </xs:element>
  <xs:element name="固定资产卡片实物信息">
    <xs:complexType>
      <xs:sequence>
        <xs:element name="固定资产卡片编号">
          <xs:complexType>
            <xs:simpleContent>
              <xs:extension base="固定资产卡片编号类型">
                <xs:attribute ref="locID" use="optional" fixed="030501"/>
              </xs:extension>
            </xs:simpleContent>
          </xs:complexType>
        </xs:element>
        <xs:element name="会计期间号">
          <xs:complexType>
            <xs:simpleContent>
              <xs:extension base="会计期间号类型">
                <xs:attribute ref="locID" use="optional" fixed="010201"/>
              </xs:extension>
            </xs:simpleContent>
          </xs:complexType>
        </xs:element>
        <xs:element name="固定资产标签号" minOccurs="0">
          <xs:complexType>
            <xs:simpleContent>
              <xs:extension base="固定资产标签号类型">
                <xs:attribute ref="locID" use="optional" fixed="030601"/>
              </xs:extension>
```

```
                </xs:simpleContent>
            </xs:complexType>
        </xs:element>
        <xs:element name="固定资产位置" minOccurs="0">
            <xs:complexType>
                <xs:simpleContent>
                    <xs:extension base="固定资产位置类型">
                        <xs:attribute ref="locID" use="optional" fixed="030602"/>
                    </xs:extension>
                </xs:simpleContent>
            </xs:complexType>
        </xs:element>
        <xs:element name="固定资产规格型号">
            <xs:complexType>
                <xs:simpleContent>
                    <xs:extension base="固定资产规格型号类型">
                        <xs:attribute ref="locID" use="optional" fixed="030603"/>
                    </xs:extension>
                </xs:simpleContent>
            </xs:complexType>
        </xs:element>
    </xs:sequence>
    <xs:attribute ref="locID" use="optional" fixed="T0306"/>
  </xs:complexType>
</xs:element>
<xs:element name="固定资产卡片使用信息">
  <xs:complexType>
    <xs:sequence>
        <xs:element name="固定资产卡片编号">
            <xs:complexType>
                <xs:simpleContent>
                    <xs:extension base="固定资产卡片编号类型">
                        <xs:attribute ref="locID" use="optional" fixed="030501"/>
                    </xs:extension>
                </xs:simpleContent>
            </xs:complexType>
        </xs:element>
        <xs:element name="固定资产标签号" minOccurs="0">
            <xs:complexType>
                <xs:simpleContent>
                    <xs:extension base="固定资产标签号类型">
                        <xs:attribute ref="locID" use="optional" fixed="030601"/>
                    </xs:extension>
                </xs:simpleContent>
            </xs:complexType>
```

```
                〈/xs:element〉
                〈xs:element name = "会计期间号"〉
                    〈xs:complexType〉
                        〈xs:simpleContent〉
                            〈xs:extension base = "会计期间号类型"〉
                                〈xs:attribute ref = " locID" use = "optional" fixed = "010201"/〉
                            〈/xs:extension〉
                        〈/xs:simpleContent〉
                    〈/xs:complexType〉
                〈/xs:element〉
                〈xs:element name = "内设机构编码"〉
                    〈xs:complexType〉
                        〈xs:simpleContent〉
                            〈xs:extension base = "内设机构编码类型"〉
                                〈xs:attribute ref = "locID" use = "optional" fixed = "010501"/〉
                            〈/xs:extension〉
                        〈/xs:simpleContent〉
                    〈/xs:complexType〉
                〈/xs:element〉
            〈/xs:sequence〉
            〈xs:attribute ref = "locID" use = "optional" fixed = "T0307"/〉
        〈/xs:complexType〉
    〈/xs:element〉
    〈xs:element name = "固定资产减少情况"〉
        〈xs:complexType〉
            〈xs:sequence〉
                〈xs:element name = "固定资产减少流水号"〉
                    〈xs:complexType〉
                        〈xs:simpleContent〉
                            〈xs:extension base = "固定资产减少流水号类型"〉
                                〈xs:attribute ref = "locID" use = "optional" fixed = "030801"/〉
                            〈/xs:extension〉
                        〈/xs:simpleContent〉
                    〈/xs:complexType〉
                〈/xs:element〉
                〈xs:element name = "减少发生日期"〉
                    〈xs:complexType〉
                        〈xs:simpleContent〉
                            〈xs:extension base = "减少发生日期类型"〉
                                〈xs:attribute ref = "locID" use = "optional" fixed = "030802"/〉
                            〈/xs:extension〉
                        〈/xs:simpleContent〉
                    〈/xs:complexType〉
                〈/xs:element〉
                〈xs:element name = "会计期间号"〉
```

```
        <xs:complexType>
            <xs:simpleContent>
                <xs:extension base="会计期间号类型">
                    <xs:attribute ref="locID" use="optional" fixed="010201"/>
                </xs:extension>
            </xs:simpleContent>
        </xs:complexType>
    </xs:element>
    <xs:element name="变动方式编码">
        <xs:complexType>
            <xs:simpleContent>
                <xs:extension base="变动方式编码类型">
                    <xs:attribute ref="locID" use="optional" fixed="030301"/>
                </xs:extension>
            </xs:simpleContent>
        </xs:complexType>
    </xs:element>
    <xs:element name="固定资产卡片编号">
        <xs:complexType>
            <xs:simpleContent>
                <xs:extension base="固定资产卡片编号类型">
                    <xs:attribute ref="locID" use="optional" fixed="030501"/>
                </xs:extension>
            </xs:simpleContent>
        </xs:complexType>
    </xs:element>
    <xs:element name="固定资产名称">
        <xs:complexType>
            <xs:simpleContent>
                <xs:extension base="固定资产名称类型">
                    <xs:attribute ref="locID" use="optional" fixed="030503"/>
                </xs:extension>
            </xs:simpleContent>
        </xs:complexType>
    </xs:element>
    <xs:element name="固定资产编码">
        <xs:complexType>
            <xs:simpleContent>
                <xs:extension base="固定资产编码类型">
                    <xs:attribute ref="locID" use="optional" fixed="030502"/>
                </xs:extension>
            </xs:simpleContent>
        </xs:complexType>
    </xs:element>
    <xs:element name="固定资产减少数量">
```

```
        〈xs:complexType〉
            〈xs:simpleContent〉
                〈xs:extension base="固定资产减少数量类型"〉
                    〈xs:attribute ref="locID" use="optional" fixed="030803"/〉
                〈/xs:extension〉
            〈/xs:simpleContent〉
        〈/xs:complexType〉
    〈/xs:element〉
    〈xs:element name="固定资产减少原值"〉
        〈xs:complexType〉
            〈xs:simpleContent〉
                〈xs:extension base="固定资产减少原值类型"〉
                    〈xs:attribute ref="locID" use="optional" fixed="030804"/〉
                〈/xs:extension〉
            〈/xs:simpleContent〉
        〈/xs:complexType〉
    〈/xs:element〉
    〈xs:element name="固定资产减少累计折旧"〉
        〈xs:complexType〉
            〈xs:simpleContent〉
                〈xs:extension base="固定资产减少累计折旧类型"〉
                    〈xs:attribute ref="locID" use="optional" fixed="030805"/〉
                〈/xs:extension〉
            〈/xs:simpleContent〉
        〈/xs:complexType〉
    〈/xs:element〉
    〈xs:element name="固定资产减少减值准备" minOccurs="0"〉
        〈xs:complexType〉
            〈xs:simpleContent〉
                〈xs:extension base="固定资产减少减值准备类型"〉
                    〈xs:attribute ref="locID" use="optional" fixed="030806"/〉
                〈/xs:extension〉
            〈/xs:simpleContent〉
        〈/xs:complexType〉
    〈/xs:element〉
    〈xs:element name="固定资产减少残值"〉
        〈xs:complexType〉
            〈xs:simpleContent〉
                〈xs:extension base="固定资产减少残值类型"〉
                    〈xs:attribute ref="locID" use="optional" fixed="030807"/〉
                〈/xs:extension〉
            〈/xs:simpleContent〉
        〈/xs:complexType〉
    〈/xs:element〉
    〈xs:element name="清理收入" minOccurs="0"〉
```

```xml
                <xs:complexType>
                    <xs:simpleContent>
                        <xs:extension base="清理收入类型">
                            <xs:attribute ref="locID" use="optional" fixed="030808"/>
                        </xs:extension>
                    </xs:simpleContent>
                </xs:complexType>
            </xs:element>
            <xs:element name="清理费用" minOccurs="0">
                <xs:complexType>
                    <xs:simpleContent>
                        <xs:extension base="清理费用类型">
                            <xs:attribute ref="locID" use="optional" fixed="030809"/>
                        </xs:extension>
                    </xs:simpleContent>
                </xs:complexType>
            </xs:element>
            <xs:element name="固定资产减少原因">
                <xs:complexType>
                    <xs:simpleContent>
                        <xs:extension base="固定资产减少原因类型">
                            <xs:attribute ref="locID" use="optional" fixed="030810"/>
                        </xs:extension>
                    </xs:simpleContent>
                </xs:complexType>
            </xs:element>
        </xs:sequence>
        <xs:attribute ref="locID" use="optional" fixed="T0308"/>
    </xs:complexType>
</xs:element>
<xs:element name="固定资产减少实物信息">
    <xs:complexType>
        <xs:sequence>
            <xs:element name="固定资产减少流水号">
                <xs:complexType>
                    <xs:simpleContent>
                        <xs:extension base="固定资产减少流水号类型">
                            <xs:attribute ref="locID" use="optional" fixed="030801"/>
                        </xs:extension>
                    </xs:simpleContent>
                </xs:complexType>
            </xs:element>
            <xs:element name="固定资产卡片编号">
                <xs:complexType>
                    <xs:simpleContent>
```

```
                    <xs:extension base="固定资产卡片编号类型">
                        <xs:attribute ref="locID" use="optional" fixed="030501"/>
                    </xs:extension>
                </xs:simpleContent>
            </xs:complexType>
        </xs:element>
        <xs:element name="固定资产标签号" minOccurs="0">
            <xs:complexType>
                <xs:simpleContent>
                    <xs:extension base="固定资产标签号类型">
                        <xs:attribute ref="locID" use="optional" fixed="030601"/>
                    </xs:extension>
                </xs:simpleContent>
            </xs:complexType>
        </xs:element>
        <xs:element name="会计期间号">
            <xs:complexType>
                <xs:simpleContent>
                    <xs:extension base="会计期间号类型">
                        <xs:attribute ref="locID" use="optional" fixed="010201"/>
                    </xs:extension>
                </xs:simpleContent>
            </xs:complexType>
        </xs:element>
    </xs:sequence>
    <xs:attribute ref="locID" use="optional" fixed="T0309"/>
  </xs:complexType>
</xs:element>
<xs:element name="固定资产变动情况">
  <xs:complexType>
    <xs:sequence>
        <xs:element name="固定资产变动流水号">
            <xs:complexType>
                <xs:simpleContent>
                    <xs:extension base="固定资产变动流水号类型">
                        <xs:attribute ref="locID" use="optional" fixed="031001"/>
                    </xs:extension>
                </xs:simpleContent>
            </xs:complexType>
        </xs:element>
        <xs:element name="会计期间号">
            <xs:complexType>
                <xs:simpleContent>
                    <xs:extension base="会计期间号类型">
                        <xs:attribute ref="locID" use="optional" fixed="010201"/>
```

```
                    </xs:extension>
                </xs:simpleContent>
            </xs:complexType>
        </xs:element>
        <xs:element name = "固定资产卡片编号">
            <xs:complexType>
                <xs:simpleContent>
                    <xs:extension base = "固定资产卡片编号类型">
                        <xs:attribute ref = "locID" use = "optional" fixed = "030501"/>
                    </xs:extension>
                </xs:simpleContent>
            </xs:complexType>
        </xs:element>
        <xs:element name = "固定资产编码">
            <xs:complexType>
                <xs:simpleContent>
                    <xs:extension base = "固定资产编码类型">
                        <xs:attribute ref = "locID" use = "optional" fixed = "030502"/>
                    </xs:extension>
                </xs:simpleContent>
            </xs:complexType>
        </xs:element>
        <xs:element name = "固定资产名称">
            <xs:complexType>
                <xs:simpleContent>
                    <xs:extension base = "固定资产名称类型">
                        <xs:attribute ref = "locID" use = "optional" fixed = "030503"/>
                    </xs:extension>
                </xs:simpleContent>
            </xs:complexType>
        </xs:element>
        <xs:element name = "变动方式编码">
            <xs:complexType>
                <xs:simpleContent>
                    <xs:extension base = "变动方式编码类型">
                        <xs:attribute ref = "locID" use = "optional" fixed = "030301"/>
                    </xs:extension>
                </xs:simpleContent>
            </xs:complexType>
        </xs:element>
        <xs:element name = "固定资产标签号" minOccurs = "0">
            <xs:complexType>
                <xs:simpleContent>
                    <xs:extension base = "固定资产标签号类型">
                        <xs:attribute ref = "locID" use = "optional" fixed = "030601"/>
```

```
                </xs:extension>
            </xs:simpleContent>
        </xs:complexType>
    </xs:element>
    <xs:element name="固定资产变动日期">
        <xs:complexType>
            <xs:simpleContent>
                <xs:extension base="固定资产变动日期类型">
                    <xs:attribute ref="locID" use="optional" fixed="031002"/>
                </xs:extension>
            </xs:simpleContent>
        </xs:complexType>
    </xs:element>
    <xs:element name="变动前内容及数值">
        <xs:complexType>
            <xs:simpleContent>
                <xs:extension base="变动前内容及数值类型">
                    <xs:attribute ref="locID" use="optional" fixed="031003"/>
                </xs:extension>
            </xs:simpleContent>
        </xs:complexType>
    </xs:element>
    <xs:element name="变动后内容及数值">
        <xs:complexType>
            <xs:simpleContent>
                <xs:extension base="变动后内容及数值类型">
                    <xs:attribute ref="locID" use="optional" fixed="031004"/>
                </xs:extension>
            </xs:simpleContent>
        </xs:complexType>
    </xs:element>
    <xs:element name="固定资产变动原因">
        <xs:complexType>
            <xs:simpleContent>
                <xs:extension base="固定资产变动原因类型">
                    <xs:attribute ref="locID" use="optional" fixed="031005"/>
                </xs:extension>
            </xs:simpleContent>
        </xs:complexType>
    </xs:element>
  </xs:sequence>
  <xs:attribute ref="locID" use="optional" fixed="T0310"/>
 </xs:complexType>
</xs:element>
</xs:schema>
```

A.5 工资类 XML 大纲(Schema)

```
<? xml version = "1.0" encoding = "GB18030"?>
<xs:schema xmlns:xs = "http://www.w3.org/2001/XMLSchema" xmlns:行政事业单位
= "http://sxbw.audit.gov.cn/AccountingSoftwareDataInterfaceStandard/2010/PSGA/XMLSchema"
xmlns = "http://sxbw.audit.gov.cn/AccountingSoftwareDataInterfaceStandard/2010/PSGA/XMLSchema"
targetNamespace = " http://sxbw. audit. gov. cn/AccountingSoftwareDataInterfaceStandard/2010/PSGA/
XMLSchema" elementFormDefault = "qualified" attributeFormDefault = "unqualified">
    <xs:include schemaLocation = "标准数据元素类型.xsd"/>
    <xs:element name = "工资">
        <xs:complexType>
            <xs:sequence>
                <xs:element ref = "工资期间" maxOccurs = "unbounded"/>
                <xs:element ref = "工资项目" maxOccurs = "unbounded"/>
                <xs:element ref = "工资记录" maxOccurs = "unbounded"/>
                <xs:element ref = "工资记录明细" maxOccurs = "unbounded"/>
            </xs:sequence>
            <xs:attribute ref = "locID" use = "optional" fixed = "S04"/>
        </xs:complexType>
    </xs:element>
    <xs:element name = "工资期间">
        <xs:complexType>
            <xs:sequence>
                <xs:element name = "工资年度">
                    <xs:complexType>
                        <xs:simpleContent>
                            <xs:extension base = "工资年度类型">
                                <xs:attribute ref = "locID" use = "optional" fixed = "040101"/>
                            </xs:extension>
                        </xs:simpleContent>
                    </xs:complexType>
                </xs:element>
                <xs:element name = "工资期间号">
                    <xs:complexType>
                        <xs:simpleContent>
                            <xs:extension base = "工资期间号类型">
                                <xs:attribute ref = "locID" use = "optional" fixed = "040102"/>
                            </xs:extension>
                        </xs:simpleContent>
                    </xs:complexType>
                </xs:element>
                <xs:element name = "工资期间起始日期">
                    <xs:complexType>
                        <xs:simpleContent>
```

```
                    〈xs:extension base="工资期间起始日期类型"〉
                        〈xs:attribute ref="locID" use="optional" fixed="040103"/〉
                    〈/xs:extension〉
                〈/xs:simpleContent〉
            〈/xs:complexType〉
        〈/xs:element〉
        〈xs:element name="工资期间结束日期"〉
            〈xs:complexType〉
                〈xs:simpleContent〉
                    〈xs:extension base="工资期间结束日期类型"〉
                        〈xs:attribute ref="locID" use="optional" fixed="040104"/〉
                    〈/xs:extension〉
                〈/xs:simpleContent〉
            〈/xs:complexType〉
        〈/xs:element〉
    〈/xs:sequence〉
    〈xs:attribute ref="locID" use="optional" fixed="T0401"/〉
  〈/xs:complexType〉
〈/xs:element〉
〈xs:element name="工资项目"〉
  〈xs:complexType〉
    〈xs:sequence〉
        〈xs:element name="工资类别名称"〉
            〈xs:complexType〉
                〈xs:simpleContent〉
                    〈xs:extension base="工资类别名称类型"〉
                        〈xs:attribute ref="locID" use="optional" fixed="040201"/〉
                    〈/xs:extension〉
                〈/xs:simpleContent〉
            〈/xs:complexType〉
        〈/xs:element〉
        〈xs:element name="工资项目编码"〉
            〈xs:complexType〉
                〈xs:simpleContent〉
                    〈xs:extension base="工资项目编码类型"〉
                        〈xs:attribute ref="locID" use="optional" fixed="040202"/〉
                    〈/xs:extension〉
                〈/xs:simpleContent〉
            〈/xs:complexType〉
        〈/xs:element〉
        〈xs:element name="工资项目名称"〉
            〈xs:complexType〉
                〈xs:simpleContent〉
                    〈xs:extension base="工资项目名称类型"〉
                        〈xs:attribute ref="locID" use="optional" fixed="040203"/〉
```

```
                        </xs:extension>
                    </xs:simpleContent>
                </xs:complexType>
            </xs:element>
            <xs:element name="支出经济分类代码">
                <xs:complexType>
                    <xs:simpleContent>
                        <xs:extension base="支出经济分类代码类型">
                            <xs:attribute ref="locID" use="optional" fixed="020903"/>
                        </xs:extension>
                    </xs:simpleContent>
                </xs:complexType>
            </xs:element>
        </xs:sequence>
        <xs:attribute ref="locID" use="optional" fixed="T0402"/>
    </xs:complexType>
</xs:element>
<xs:element name="工资记录">
    <xs:complexType>
        <xs:sequence>
            <xs:element name="职工编号">
                <xs:complexType>
                    <xs:simpleContent>
                        <xs:extension base="职工编号类型">
                            <xs:attribute ref="locID" use="optional" fixed="010701"/>
                        </xs:extension>
                    </xs:simpleContent>
                </xs:complexType>
            </xs:element>
            <xs:element name="职工姓名">
                <xs:complexType>
                    <xs:simpleContent>
                        <xs:extension base="职工姓名类型">
                            <xs:attribute ref="locID" use="optional" fixed="010702"/>
                        </xs:extension>
                    </xs:simpleContent>
                </xs:complexType>
            </xs:element>
            <xs:element name="内设机构编码">
                <xs:complexType>
                    <xs:simpleContent>
                        <xs:extension base="内设机构编码类型">
                            <xs:attribute ref="locID" use="optional" fixed="010501"/>
                        </xs:extension>
                    </xs:simpleContent>
```

```
        </xs:complexType>
    </xs:element>
    <xs:element name="工资类别名称">
        <xs:complexType>
            <xs:simpleContent>
                <xs:extension base="工资类别名称类型">
                    <xs:attribute ref="locID" use="optional" fixed="040201"/>
                </xs:extension>
            </xs:simpleContent>
        </xs:complexType>
    </xs:element>
    <xs:element name="工资年度">
        <xs:complexType>
            <xs:simpleContent>
                <xs:extension base="工资年度类型">
                    <xs:attribute ref="locID" use="optional" fixed="040101"/>
                </xs:extension>
            </xs:simpleContent>
        </xs:complexType>
    </xs:element>
    <xs:element name="工资期间号">
        <xs:complexType>
            <xs:simpleContent>
                <xs:extension base="工资期间号类型">
                    <xs:attribute ref="locID" use="optional" fixed="040102"/>
                </xs:extension>
            </xs:simpleContent>
        </xs:complexType>
    </xs:element>
    <xs:element name="会计年度">
        <xs:complexType>
            <xs:simpleContent>
                <xs:extension base="会计年度类型">
                    <xs:attribute ref="locID" use="optional" fixed="010113"/>
                </xs:extension>
            </xs:simpleContent>
        </xs:complexType>
    </xs:element>
    <xs:element name="会计期间号">
        <xs:complexType>
            <xs:simpleContent>
                <xs:extension base="会计期间号类型">
                    <xs:attribute ref="locID" use="optional" fixed="010201"/>
                </xs:extension>
            </xs:simpleContent>
```

```
                〈/xs:complexType〉
            〈/xs:element〉
            〈xs:element name="币种编码"〉
                〈xs:complexType〉
                    〈xs:simpleContent〉
                        〈xs:extension base="币种编码类型"〉
                            〈xs:attribute ref="locID" use="optional" fixed="011101"/〉
                        〈/xs:extension〉
                    〈/xs:simpleContent〉
                〈/xs:complexType〉
            〈/xs:element〉
        〈/xs:sequence〉
        〈xs:attribute ref="locID" use="optional" fixed="T0403"/〉
    〈/xs:complexType〉
〈/xs:element〉
〈xs:element name="工资记录明细"〉
    〈xs:complexType〉
        〈xs:sequence〉
            〈xs:element name="职工编号"〉
                〈xs:complexType〉
                    〈xs:simpleContent〉
                        〈xs:extension base="职工编号类型"〉
                            〈xs:attribute ref="locID" use="optional" fixed="010701"/〉
                        〈/xs:extension〉
                    〈/xs:simpleContent〉
                〈/xs:complexType〉
            〈/xs:element〉
            〈xs:element name="工资类别名称"〉
                〈xs:complexType〉
                    〈xs:simpleContent〉
                        〈xs:extension base="工资类别名称类型"〉
                            〈xs:attribute ref="locID" use="optional" fixed="040201"/〉
                        〈/xs:extension〉
                    〈/xs:simpleContent〉
                〈/xs:complexType〉
            〈/xs:element〉
            〈xs:element name="工资年度"〉
                〈xs:complexType〉
                    〈xs:simpleContent〉
                        〈xs:extension base="工资年度类型"〉
                            〈xs:attribute ref="locID" use="optional" fixed="040101"/〉
                        〈/xs:extension〉
                    〈/xs:simpleContent〉
                〈/xs:complexType〉
            〈/xs:element〉
```

```
            <xs:element name="工资期间号">
                <xs:complexType>
                    <xs:simpleContent>
                        <xs:extension base="工资期间号类型">
                            <xs:attribute ref="locID" use="optional" fixed="040102"/>
                        </xs:extension>
                    </xs:simpleContent>
                </xs:complexType>
            </xs:element>
            <xs:element name="工资项目编码">
                <xs:complexType>
                    <xs:simpleContent>
                        <xs:extension base="工资项目编码类型">
                            <xs:attribute ref="locID" use="optional" fixed="040202"/>
                        </xs:extension>
                    </xs:simpleContent>
                </xs:complexType>
            </xs:element>
            <xs:element name="工资金额">
                <xs:complexType>
                    <xs:simpleContent>
                        <xs:extension base="工资金额类型">
                            <xs:attribute ref="locID" use="optional" fixed="040401"/>
                        </xs:extension>
                    </xs:simpleContent>
                </xs:complexType>
            </xs:element>
        </xs:sequence>
        <xs:attribute ref="locID" use="optional" fixed="T0404"/>
    </xs:complexType>
  </xs:element>
</xs:schema>
```

附 录 B
（资料性附录）
行政事业单位会计核算软件数据接口的 XML 实例

B.1 公共档案类 XML 实例


```
〈? xml version = "1.0" encoding = "GB18030"?〉
〈公共档案
xsi:schemaLocation = "http://sxbw.audit.gov.cn/AccountingSoftwareDataInterfaceStandard/2010/PSGA/XMLSchema 公共档案.xsd" xmlns:行政事业单位
= "http://sxbw.audit.gov.cn/AccountingSoftwareDataInterfaceStandard/2010/PSGA/XMLSchema"
xmlns = "http://sxbw.audit.gov.cn/AccountingSoftwareDataInterfaceStandard/2010/PSGA/XMLSchema"
xmlns:xsi = "http://www.w3.org/2001/XMLSchema - instance"〉
    〈电子账簿〉
        〈电子账簿编号〉1〈/电子账簿编号〉
        〈电子账簿名称〉演示账簿〈/电子账簿名称〉
        〈会计核算单位〉某公司〈/会计核算单位〉
        〈组织机构代码〉12353687521〈/组织机构代码〉
        〈单位类型〉行政单位〈/单位类型〉
        〈行业〉纺织业〈/行业〉
        〈行政区划代码〉100094〈/行政区划代码〉
        〈预算管理级次〉一级预算单位〈/预算管理级次〉
        〈经费来源〉全额拨款〈/经费来源〉
        〈开发单位〉某软件公司〈/开发单位〉
        〈版本号〉V9.7.2〈/版本号〉
        〈本位币〉人民币〈/本位币〉
        〈会计年度〉2009〈/会计年度〉
        〈标准版本号〉GB/T 24589.2—2010〈/标准版本号〉
    〈/电子账簿〉
    〈会计期间〉
        〈会计年度〉2009〈/会计年度〉
        〈会计期间号〉1〈/会计期间号〉
        〈会计期间起始日期〉20090101〈/会计期间起始日期〉
        〈会计期间结束日期〉20090131〈/会计期间结束日期〉
    〈/会计期间〉
    〈银行账户信息〉
        〈开户银行代码〉010001〈/开户银行代码〉
        〈开户银行名称〉招商银行〈/开户银行名称〉
        〈银行账号〉8998010122254367〈/银行账号〉
        〈账户类型〉储蓄账户〈/账户类型〉
    〈/银行账户信息〉
```

```
〈结算方式〉
    〈结算方式编码〉1〈/结算方式编码〉
    〈结算方式名称〉现金〈/结算方式名称〉
〈/结算方式〉
〈内设机构〉
    〈内设机构编码〉101〈/内设机构编码〉
    〈内设机构名称〉财务科〈/内设机构名称〉
    〈上级机构编码/〉
〈/内设机构〉
〈内设机构〉
    〈内设机构编码〉102〈/内设机构编码〉
    〈内设机构名称〉国库科〈/内设机构名称〉
    〈上级机构编码/〉
〈/内设机构〉
〈内设机构〉
    〈内设机构编码〉103〈/内设机构编码〉
    〈内设机构名称〉农业科处室〈/内设机构名称〉
    〈上级机构编码〉102〈/上级机构编码〉
〈/内设机构〉
〈职工类别〉
    〈职工类别编码〉01〈/职工类别编码〉
    〈职工类别名称〉在职〈/职工类别名称〉
〈/职工类别〉
〈职工档案〉
    〈职工编号〉1201〈/职工编号〉
    〈职工姓名〉张三〈/职工姓名〉
    〈证件类别〉居民身份证〈/证件类别〉
    〈证件号码〉110108198212121821〈/证件号码〉
    〈性别〉男〈/性别〉
    〈民族〉汉〈/民族〉
    〈出生日期〉19670416〈/出生日期〉
    〈职工类别编码〉01〈/职工类别编码〉
    〈内设机构编码〉103〈/内设机构编码〉
    〈干部职务级别〉乡科级正职〈/干部职务级别〉
    〈专业技术职务〉工程师〈/专业技术职务〉
    〈学历〉大学本科〈/学历〉
    〈学位〉学士〈/学位〉
    〈入职日期〉20010701〈/入职日期〉
    〈离职日期〉20090305〈/离职日期〉
〈/职工档案〉
〈项目〉
    〈项目编码〉001〈/项目编码〉
    〈项目名称〉某某大楼建设〈/项目名称〉
```

〈级次〉1〈/级次〉
〈项目类型〉基建项目〈/项目类型〉
〈项目类别〉基建处项目〈/项目类别〉
〈项目属性〉新增项目〈/项目属性〉
〈项目起始日期〉20090416〈/项目起始日期〉
〈项目结束日期〉20110416〈/项目结束日期〉
〈/项目〉
〈自定义档案项〉
〈档案编码〉1〈/档案编码〉
〈档案名称〉危改项目〈/档案名称〉
〈档案描述/〉
〈是否有层级特征〉0〈/是否有层级特征〉
〈档案编码规则/〉
〈/自定义档案项〉
〈自定义档案项〉
〈档案编码〉2〈/档案编码〉
〈档案名称〉商品分类〈/档案名称〉
〈档案描述/〉
〈是否有层级特征〉1〈/是否有层级特征〉
〈档案编码规则〉1-2-2〈/档案编码规则〉
〈/自定义档案项〉
〈自定义档案值〉
〈档案编码〉1〈/档案编码〉
〈档案值编码〉1〈/档案值编码〉
〈档案值名称〉办公大楼装修〈/档案值名称〉
〈档案值描述/〉
〈档案值父节点/〉
〈档案值级次〉1〈/档案值级次〉
〈/自定义档案值〉
〈自定义档案值〉
〈档案编码〉1〈/档案编码〉
〈档案值编码〉2〈/档案值编码〉
〈档案值名称〉办公室改造装修〈/档案值名称〉
〈档案值描述/〉
〈档案值父节点/〉
〈档案值级次〉1〈/档案值级次〉
〈/自定义档案值〉
〈自定义档案值〉
〈档案编码〉2〈/档案编码〉
〈档案值编码〉1〈/档案值编码〉
〈档案值名称〉电脑〈/档案值名称〉
〈档案值描述/〉
〈档案值父节点/〉

```
        〈档案值级次〉1〈/档案值级次〉
    〈/自定义档案值〉
    〈自定义档案值〉
        〈档案编码〉2〈/档案编码〉
        〈档案值编码〉101〈/档案值编码〉
        〈档案值名称〉空调〈/档案值名称〉
        〈档案值描述/〉
        〈档案值父节点〉1〈/档案值父节点〉
        〈档案值级次〉2〈/档案值级次〉
    〈/自定义档案值〉
    〈币种〉
        〈币种编码〉01〈/币种编码〉
        〈币种名称〉人民币〈/币种名称〉
    〈/币种〉
    〈汇率类型〉
        〈汇率类型编号〉01〈/汇率类型编号〉
        〈汇率类型名称〉买入汇率〈/汇率类型名称〉
    〈/汇率类型〉
    〈汇率类型〉
        〈汇率类型编号〉02〈/汇率类型编号〉
        〈汇率类型名称〉卖出汇率〈/汇率类型名称〉
    〈/汇率类型〉
〈/公共档案〉
```

B.2 总账类 XML 实例

```
〈? xml version = "1.0" encoding = "GB18030"?〉
〈总账
xsi: schemaLocation = " http://sxbw. audit. gov. cn/AccountingSoftwareDataInterfaceStandard/
2010/PSGA/XMLSchema 总账.xsd" xmlns:行政事业单位
 = "http://sxbw.audit.gov.cn/AccountingSoftwareDataInterfaceStandard/2010/PSGA/XMLSchema"
xmlns = "http://sxbw.audit.gov.cn/AccountingSoftwareDataInterfaceStandard/2010/PSGA/XMLSchema"
xmlns:xsi = "http://www.w3.org/2001/XMLSchema-instance"〉
〈总账基础信息〉
        〈结构分隔符〉-〈/结构分隔符〉
        〈会计科目编号规则〉4-2-2-2〈/会计科目编号规则〉
        〈凭证头可扩展字段结构/〉
        〈凭证头可扩展结构对应档案/〉
        〈分录行可扩展字段结构〉结算方式-票据类别-票据号-票据日期〈/分录行可扩展字段结构〉
        〈分录行可扩展字段对应档案〉结算方式-票据类别-票据号-票据日期〈/分录行可扩展字段对应
档案〉
    〈/总账基础信息〉
    〈记账凭证类型〉
```

〈记账凭证类型编号〉01〈/记账凭证类型编号〉
〈记账凭证类型名称〉记账凭证〈/记账凭证类型名称〉
〈记账凭证类型简称〉记〈/记账凭证类型简称〉
〈/记账凭证类型〉
〈会计科目〉
〈科目编号〉101〈/科目编号〉
〈科目名称〉现金〈/科目名称〉
〈科目级次〉1〈/科目级次〉
〈科目类型〉资产〈/科目类型〉
〈余额方向〉借〈/余额方向〉
〈/会计科目〉
〈会计科目〉
〈科目编号〉102〈/科目编号〉
〈科目名称〉银行存款〈/科目名称〉
〈科目级次〉1〈/科目级次〉
〈科目类型〉资产〈/科目类型〉
〈余额方向〉借〈/余额方向〉
〈/会计科目〉
〈会计科目〉
〈科目编号〉107〈/科目编号〉
〈科目名称〉零余额账户用款额度〈/科目名称〉
〈科目级次〉1〈/科目级次〉
〈科目类型〉资产〈/科目类型〉
〈余额方向〉借〈/余额方向〉
〈/会计科目〉
〈会计科目〉
〈科目编号〉10701〈/科目编号〉
〈科目名称〉基本经费〈/科目名称〉
〈科目级次〉2〈/科目级次〉
〈科目类型〉资产〈/科目类型〉
〈余额方向〉借〈/余额方向〉
〈/会计科目〉
〈会计科目〉
〈科目编号〉10702〈/科目编号〉
〈科目名称〉项目经费〈/科目名称〉
〈科目级次〉2〈/科目级次〉
〈科目类型〉资产〈/科目类型〉
〈余额方向〉借〈/余额方向〉
〈/会计科目〉
〈会计科目〉
〈科目编号〉117〈/科目编号〉
〈科目名称〉对外投资〈/科目名称〉
〈科目级次〉1〈/科目级次〉

```
    〈科目类型〉资产〈/科目类型〉
    〈余额方向〉借〈/余额方向〉
〈/会计科目〉
〈会计科目〉
    〈科目编号〉201〈/科目编号〉
    〈科目名称〉应缴预算款〈/科目名称〉
    〈科目级次〉1〈/科目级次〉
    〈科目类型〉负债〈/科目类型〉
    〈余额方向〉贷〈/余额方向〉
〈/会计科目〉
〈会计科目〉
    〈科目编号〉205〈/科目编号〉
    〈科目名称〉代管资金〈/科目名称〉
    〈科目级次〉1〈/科目级次〉
    〈科目类型〉负债〈/科目类型〉
    〈余额方向〉贷〈/余额方向〉
〈/会计科目〉
〈科目辅助核算〉
    〈科目编号〉10701〈/科目编号〉
    〈辅助项编号〉1〈/辅助项编号〉
    〈辅助项名称〉职员〈/辅助项名称〉
    〈对应档案〉〉职员〈/对应档案〉
    〈辅助项描述〉〉职员明细核算〈/辅助项描述〉
〈/科目辅助核算〉
〈科目辅助核算〉
    〈科目编号〉117〈/科目编号〉
    〈辅助项编号〉1〈/辅助项编号〉
    〈辅助项名称〉〉职员〈/辅助项名称〉
    〈对应档案〉〉职员〈/对应档案〉
    〈辅助项描述〉〉职员明细核算〈/辅助项描述〉
〈/科目辅助核算〉
〈科目辅助核算〉
    〈科目编号〉201〈/科目编号〉
    〈辅助项编号〉1〈/辅助项编号〉
    〈辅助项名称〉往来单位〈/辅助项名称〉
    〈对应档案〉往来单位〈/对应档案〉
    〈辅助项描述〉往来单位明细核算〈/辅助项描述〉
〈/科目辅助核算〉
〈科目辅助核算〉
    〈科目编号〉205〈/科目编号〉
    〈辅助项编号〉1〈/辅助项编号〉
    〈辅助项名称〉往来单位〈/辅助项名称〉
    〈对应档案〉往来单位〈/对应档案〉
```

〈辅助项描述〉往来单位明细核算〈/辅助项描述〉
〈/科目辅助核算〉
〈科目余额及发生额〉
〈科目编号〉101〈/科目编号〉
〈辅助项1编号/〉
〈辅助项2编号/〉
〈辅助项3编号/〉
〈辅助项4编号/〉
〈辅助项5编号/〉
〈辅助项6编号/〉
〈辅助项7编号/〉
〈辅助项8编号/〉
〈辅助项9编号/〉
〈辅助项10编号/〉
〈辅助项11编号/〉
〈辅助项12编号/〉
〈辅助项13编号/〉
〈辅助项14编号/〉
〈辅助项15编号/〉
〈辅助项16编号/〉
〈辅助项17编号/〉
〈辅助项18编号/〉
〈辅助项19编号/〉
〈辅助项20编号/〉
〈辅助项21编号/〉
〈辅助项22编号/〉
〈辅助项23编号/〉
〈辅助项24编号/〉
〈辅助项25编号/〉
〈辅助项26编号/〉
〈辅助项27编号/〉
〈辅助项28编号/〉
〈辅助项29编号/〉
〈辅助项30编号/〉
〈期初余额方向〉借〈/期初余额方向〉
〈期末余额方向〉借〈/期末余额方向〉
〈币种编码〉1〈/币种编码〉
〈计量单位/〉
〈会计年度〉2009〈/会计年度〉
〈会计期间号〉1〈/会计期间号〉
〈期初数量〉0〈/期初数量〉
〈期初原币余额〉1000〈/期初原币余额〉
〈期初本币余额〉1000〈/期初本币余额〉

〈借方数量〉0〈/借方数量〉
〈借方原币金额〉2000〈/借方原币金额〉
〈借方本币金额〉2000〈/借方本币金额〉
〈贷方数量〉0〈/贷方数量〉
〈贷方原币金额〉2500〈/贷方原币金额〉
〈贷方本币金额〉2500〈/贷方本币金额〉
〈期末数量〉0〈/期末数量〉
〈期末原币余额〉500〈/期末原币余额〉
〈期末本币余额〉500〈/期末本币余额〉
〈/科目余额及发生额〉
〈科目余额及发生额〉
〈科目编号〉102〈/科目编号〉
〈辅助项 1 编号/〉
〈辅助项 2 编号/〉
〈辅助项 3 编号/〉
〈辅助项 4 编号/〉
〈辅助项 5 编号/〉
〈辅助项 6 编号/〉
〈辅助项 7 编号/〉
〈辅助项 8 编号/〉
〈辅助项 9 编号/〉
〈辅助项 10 编号/〉
〈辅助项 11 编号/〉
〈辅助项 12 编号/〉
〈辅助项 13 编号/〉
〈辅助项 14 编号/〉
〈辅助项 15 编号/〉
〈辅助项 16 编号/〉
〈辅助项 17 编号/〉
〈辅助项 18 编号/〉
〈辅助项 19 编号/〉
〈辅助项 20 编号/〉
〈辅助项 21 编号/〉
〈辅助项 22 编号/〉
〈辅助项 23 编号/〉
〈辅助项 24 编号/〉
〈辅助项 25 编号/〉
〈辅助项 26 编号/〉
〈辅助项 27 编号/〉
〈辅助项 28 编号/〉
〈辅助项 29 编号/〉
〈辅助项 30 编号/〉
〈期初余额方向〉借〈/期初余额方向〉

〈期末余额方向〉借〈/期末余额方向〉
〈币种编码〉1〈/币种编码〉
〈计量单位/〉
〈会计年度〉2009〈/会计年度〉
〈会计期间号〉1〈/会计期间号〉
〈期初数量〉0〈/期初数量〉
〈期初原币余额〉2000〈/期初原币余额〉
〈期初本币余额〉2000〈/期初本币余额〉
〈借方数量〉0〈/借方数量〉
〈借方原币金额〉1000〈/借方原币金额〉
〈借方本币金额〉1000〈/借方本币金额〉
〈贷方数量〉0〈/贷方数量〉
〈贷方原币金额〉500〈/贷方原币金额〉
〈贷方本币金额〉500〈/贷方本币金额〉
〈期末数量〉0〈/期末数量〉
〈期末原币余额〉2500〈/期末原币余额〉
〈期末本币余额〉2500〈/期末本币余额〉
〈/科目余额及发生额〉
〈科目余额及发生额〉
〈科目编号〉117〈/科目编号〉
〈辅助项 1 编号〉001(职员 A)〈/辅助项 1 编号〉
〈辅助项 2 编号/〉
〈辅助项 3 编号/〉
〈辅助项 4 编号/〉
〈辅助项 5 编号/〉
〈辅助项 6 编号/〉
〈辅助项 7 编号/〉
〈辅助项 8 编号/〉
〈辅助项 9 编号/〉
〈辅助项 10 编号/〉
〈辅助项 11 编号/〉
〈辅助项 12 编号/〉
〈辅助项 13 编号/〉
〈辅助项 14 编号/〉
〈辅助项 15 编号/〉
〈辅助项 16 编号/〉
〈辅助项 17 编号/〉
〈辅助项 18 编号/〉
〈辅助项 19 编号/〉
〈辅助项 20 编号/〉
〈辅助项 21 编号/〉
〈辅助项 22 编号/〉
〈辅助项 23 编号/〉

〈辅助项 24 编号/〉
〈辅助项 25 编号/〉
〈辅助项 26 编号/〉
〈辅助项 27 编号/〉
〈辅助项 28 编号/〉
〈辅助项 29 编号/〉
〈辅助项 30 编号/〉
〈期初余额方向〉借〈/期初余额方向〉
〈期末余额方向〉借〈/期末余额方向〉
〈币种编码〉1〈/币种编码〉
〈计量单位/〉
〈会计年度〉2009〈/会计年度〉
〈会计期间号〉1〈/会计期间号〉
〈期初数量〉0〈/期初数量〉
〈期初原币余额〉1000〈/期初原币余额〉
〈期初本币余额〉1000〈/期初本币余额〉
〈借方数量〉0〈/借方数量〉
〈借方原币金额〉2000〈/借方原币金额〉
〈借方本币金额〉2000〈/借方本币金额〉
〈贷方数量〉0〈/贷方数量〉
〈贷方原币金额〉2500〈/贷方原币金额〉
〈贷方本币金额〉2500〈/贷方本币金额〉
〈期末数量〉0〈/期末数量〉
〈期末原币余额〉500〈/期末原币余额〉
〈期末本币余额〉500〈/期末本币余额〉
〈/科目余额及发生额〉
〈科目余额及发生额〉
〈科目编号〉10701〈/科目编号〉
〈辅助项 1 编号〉001(职员 A)〈/辅助项 1 编号〉
〈辅助项 2 编号/〉
〈辅助项 3 编号/〉
〈辅助项 4 编号/〉
〈辅助项 5 编号/〉
〈辅助项 6 编号/〉
〈辅助项 7 编号/〉
〈辅助项 8 编号/〉
〈辅助项 9 编号/〉
〈辅助项 10 编号/〉
〈辅助项 11 编号/〉
〈辅助项 12 编号/〉
〈辅助项 13 编号/〉
〈辅助项 14 编号/〉
〈辅助项 15 编号/〉

〈辅助项 16 编号/〉
〈辅助项 17 编号/〉
〈辅助项 18 编号/〉
〈辅助项 19 编号/〉
〈辅助项 20 编号/〉
〈辅助项 21 编号/〉
〈辅助项 22 编号/〉
〈辅助项 23 编号/〉
〈辅助项 24 编号/〉
〈辅助项 25 编号/〉
〈辅助项 26 编号/〉
〈辅助项 27 编号/〉
〈辅助项 28 编号/〉
〈辅助项 29 编号/〉
〈辅助项 30 编号/〉
〈期初余额方向〉借〈/期初余额方向〉
〈期末余额方向〉借〈/期末余额方向〉
〈币种编码〉1〈/币种编码〉
〈计量单位/〉
〈会计年度〉2009〈/会计年度〉
〈会计期间号〉1〈/会计期间号〉
〈期初数量〉0〈/期初数量〉
〈期初原币余额〉1000〈/期初原币余额〉
〈期初本币余额〉1000〈/期初本币余额〉
〈借方数量〉0〈/借方数量〉
〈借方原币金额〉2000〈/借方原币金额〉
〈借方本币金额〉2000〈/借方本币金额〉
〈贷方数量〉0〈/贷方数量〉
〈贷方原币金额〉2500〈/贷方原币金额〉
〈贷方本币金额〉2500〈/贷方本币金额〉
〈期末数量〉0〈/期末数量〉
〈期末原币余额〉500〈/期末原币余额〉
〈期末本币余额〉500〈/期末本币余额〉
〈/科目余额及发生额〉
〈科目余额及发生额〉
〈科目编号〉201〈/科目编号〉
〈辅助项 1 编号〉001(职员 A)〈/辅助项 1 编号〉
〈辅助项 2 编号/〉
〈辅助项 3 编号/〉
〈辅助项 4 编号/〉
〈辅助项 5 编号/〉
〈辅助项 6 编号/〉
〈辅助项 7 编号/〉

〈辅助项 8 编号/〉
〈辅助项 9 编号/〉
〈辅助项 10 编号/〉
〈辅助项 11 编号/〉
〈辅助项 12 编号/〉
〈辅助项 13 编号/〉
〈辅助项 14 编号/〉
〈辅助项 15 编号/〉
〈辅助项 16 编号/〉
〈辅助项 17 编号/〉
〈辅助项 18 编号/〉
〈辅助项 19 编号/〉
〈辅助项 20 编号/〉
〈辅助项 21 编号/〉
〈辅助项 22 编号/〉
〈辅助项 23 编号/〉
〈辅助项 24 编号/〉
〈辅助项 25 编号/〉
〈辅助项 26 编号/〉
〈辅助项 27 编号/〉
〈辅助项 28 编号/〉
〈辅助项 29 编号/〉
〈辅助项 30 编号/〉
〈期初余额方向〉贷〈/期初余额方向〉
〈期末余额方向〉贷〈/期末余额方向〉
〈币种编码〉1〈/币种编码〉
〈计量单位/〉
〈会计年度〉2009〈/会计年度〉
〈会计期间号〉1〈/会计期间号〉
〈期初数量〉0〈/期初数量〉
〈期初原币余额〉1000〈/期初原币余额〉
〈期初本币余额〉1000〈/期初本币余额〉
〈借方数量〉0〈/借方数量〉
〈借方原币金额〉2000〈/借方原币金额〉
〈借方本币金额〉2000〈/借方本币金额〉
〈贷方数量〉0〈/贷方数量〉
〈贷方原币金额〉2500〈/贷方原币金额〉
〈贷方本币金额〉2500〈/贷方本币金额〉
〈期末数量〉0〈/期末数量〉
〈期末原币余额〉500〈/期末原币余额〉
〈期末本币余额〉500〈/期末本币余额〉
〈/科目余额及发生额〉
〈科目余额及发生额〉

〈科目编号〉205〈/科目编号〉
〈辅助项 1 编号〉001(职员 A)〈/辅助项 1 编号〉
〈辅助项 2 编号/〉
〈辅助项 3 编号/〉
〈辅助项 4 编号/〉
〈辅助项 5 编号/〉
〈辅助项 6 编号/〉
〈辅助项 7 编号/〉
〈辅助项 8 编号/〉
〈辅助项 9 编号/〉
〈辅助项 10 编号/〉
〈辅助项 11 编号/〉
〈辅助项 12 编号/〉
〈辅助项 13 编号/〉
〈辅助项 14 编号/〉
〈辅助项 15 编号/〉
〈辅助项 16 编号/〉
〈辅助项 17 编号/〉
〈辅助项 18 编号/〉
〈辅助项 19 编号/〉
〈辅助项 20 编号/〉
〈辅助项 21 编号/〉
〈辅助项 22 编号/〉
〈辅助项 23 编号/〉
〈辅助项 24 编号/〉
〈辅助项 25 编号/〉
〈辅助项 26 编号/〉
〈辅助项 27 编号/〉
〈辅助项 28 编号/〉
〈辅助项 29 编号/〉
〈辅助项 30 编号/〉
〈期初余额方向〉贷〈/期初余额方向〉
〈期末余额方向〉贷〈/期末余额方向〉
〈币种编码〉1〈/币种编码〉
〈计量单位/〉
〈会计年度〉2009〈/会计年度〉
〈会计期间号〉1〈/会计期间号〉
〈期初数量〉0〈/期初数量〉
〈期初原币余额〉1000〈/期初原币余额〉
〈期初本币余额〉1000〈/期初本币余额〉
〈借方数量〉0〈/借方数量〉
〈借方原币金额〉2000〈/借方原币金额〉
〈借方本币金额〉2000〈/借方本币金额〉

〈贷方数量〉0〈/贷方数量〉
〈贷方原币金额〉2500〈/贷方原币金额〉
〈贷方本币金额〉2500〈/贷方本币金额〉
〈期末数量〉0〈/期末数量〉
〈期末原币余额〉500〈/期末原币余额〉
〈期末本币余额〉500〈/期末本币余额〉
〈/科目余额及发生额〉
〈记账凭证〉
〈记账凭证日期〉20090101〈/记账凭证日期〉
〈会计年度〉2009〈/会计年度〉
〈会计期间号〉1〈/会计期间号〉
〈记账凭证类型编号〉记〈/记账凭证类型编号〉
〈记账凭证编号〉记账 1〈/记账凭证编号〉
〈记账凭证行号〉1〈/记账凭证行号〉
〈记账凭证摘要〉收款〈/记账凭证摘要〉
〈科目编号〉102〈/科目编号〉
〈辅助项 1 编号/〉
〈辅助项 2 编号/〉
〈辅助项 3 编号/〉
〈辅助项 4 编号/〉
〈辅助项 5 编号/〉
〈辅助项 6 编号/〉
〈辅助项 7 编号/〉
〈辅助项 8 编号/〉
〈辅助项 9 编号/〉
〈辅助项 10 编号/〉
〈辅助项 11 编号/〉
〈辅助项 12 编号/〉
〈辅助项 13 编号/〉
〈辅助项 14 编号/〉
〈辅助项 15 编号/〉
〈辅助项 16 编号/〉
〈辅助项 17 编号/〉
〈辅助项 18 编号/〉
〈辅助项 19 编号/〉
〈辅助项 20 编号/〉
〈辅助项 21 编号/〉
〈辅助项 22 编号/〉
〈辅助项 23 编号/〉
〈辅助项 24 编号/〉
〈辅助项 25 编号/〉
〈辅助项 26 编号/〉
〈辅助项 27 编号/〉

〈辅助项 28 编号/〉
〈辅助项 29 编号/〉
〈辅助项 30 编号/〉
〈币种编码〉1〈/币种编码〉
〈计量单位/〉
〈借方数量〉0〈/借方数量〉
〈借方原币金额〉2000〈/借方原币金额〉
〈借方本币金额〉2000〈/借方本币金额〉
〈贷方数量〉0〈/贷方数量〉
〈贷方原币金额〉0〈/贷方原币金额〉
〈贷方本币金额〉0〈/贷方本币金额〉
〈汇率〉1.00〈/汇率〉
〈凭证头可扩展字段结构值/〉
〈分录行可扩展字段结构值/〉
〈结算方式编码〉1〈/结算方式编码〉
〈票据类型/〉
〈票据号/〉
〈附件数〉0〈/附件数〉
〈制单人〉张三〈/制单人〉
〈审核人/〉
〈记账人/〉
〈记账标志〉1〈/记账标志〉
〈作废标志〉0〈/作废标志〉
〈凭证来源系统/〉
〈/记账凭证〉
〈记账凭证〉
〈记账凭证日期〉20090101〈/记账凭证日期〉
〈会计年度〉2009〈/会计年度〉
〈会计期间号〉1〈/会计期间号〉
〈记账凭证类型编号〉记〈/记账凭证类型编号〉
〈记账凭证编号〉记账 1〈/记账凭证编号〉
〈记账凭证行号〉1〈/记账凭证行号〉
〈记账凭证摘要〉收款〈/记账凭证摘要〉
〈科目编号〉117〈/科目编号〉
〈辅助项 1 编号〉001(职员 A)〈/辅助项 1 编号〉
〈辅助项 2 编号/〉
〈辅助项 3 编号/〉
〈辅助项 4 编号/〉
〈辅助项 5 编号/〉
〈辅助项 6 编号/〉
〈辅助项 7 编号/〉
〈辅助项 8 编号/〉
〈辅助项 9 编号/〉

〈辅助项10编号/〉
〈辅助项11编号/〉
〈辅助项12编号/〉
〈辅助项13编号/〉
〈辅助项14编号/〉
〈辅助项15编号/〉
〈辅助项16编号/〉
〈辅助项17编号/〉
〈辅助项18编号/〉
〈辅助项19编号/〉
〈辅助项20编号/〉
〈辅助项21编号/〉
〈辅助项22编号/〉
〈辅助项23编号/〉
〈辅助项24编号/〉
〈辅助项25编号/〉
〈辅助项26编号/〉
〈辅助项27编号/〉
〈辅助项28编号/〉
〈辅助项29编号/〉
〈辅助项30编号/〉
〈币种编码〉1〈/币种编码〉
〈计量单位/〉
〈借方数量〉0〈/借方数量〉
〈借方原币金额〉0〈/借方原币金额〉
〈借方本币金额〉0〈/借方本币金额〉
〈贷方数量〉0〈/贷方数量〉
〈贷方原币金额〉2000〈/贷方原币金额〉
〈贷方本币金额〉2000〈/贷方本币金额〉
〈汇率〉1.00〈/汇率〉
〈凭证头可扩展字段结构值/〉
〈分录行可扩展字段结构值/〉
〈结算方式编码〉1〈/结算方式编码〉
〈票据类型/〉
〈票据号/〉
〈附件数〉0〈/附件数〉
〈制单人〉张三〈/制单人〉
〈审核人/〉
〈记账人/〉
〈记账标志〉1〈/记账标志〉
〈作废标志〉0〈/作废标志〉
〈凭证来源系统/〉
〈/记账凭证〉

〈报表集〉
〈报表编号〉1〈/报表编号〉
〈报表名称〉资产负债表〈/报表名称〉
〈报表报告日〉20081231〈/报表报告日〉
〈报表报告期〉200812〈/报表报告期〉
〈编制单位〉用友政务软件股份有限公司〈/编制单位〉
〈货币单位〉人民币〈/货币单位〉
〈/报表集〉
〈报表项数据〉
〈报表编号〉1〈/报表编号〉
〈报表项编号〉1〈/报表项编号〉
〈报表项名称〉现金〈/报表项名称〉
〈报表项公式〉〈/报表项公式〉
〈报表项数值〉180001.36〈/报表项数值〉
〈/报表项数据〉
〈报表项数据〉
〈报表编号〉1〈/报表编号〉
〈报表项编号〉1〈/报表项编号〉
〈报表项名称〉银行存款〈/报表项名称〉
〈报表项公式〉〈/报表项公式〉
〈报表项数值〉2800001.36〈/报表项数值〉
〈/报表项数据〉
〈本年预算指标〉
〈会计年度〉2009〈/会计年度〉
〈会计期间号〉1〈/会计期间号〉
〈支出功能分类代码〉2300205〈/支出功能分类代码〉
〈支出功能分类名称〉农村义务教育补助支出〈/支出功能分类名称〉
〈支出经济分类代码〉302〈/支出经济分类代码〉
〈支出经济分类名称〉商品服务支出〈/支出经济分类名称〉
〈项目编码〉12009020398〈/项目编码〉
〈资金性质代码〉01〈/资金性质代码〉
〈资金性质名称〉一般预算〈/资金性质名称〉
〈预算来源代码〉20398〈/预算来源代码〉
〈预算来源名称〉正常公用支出〈/预算来源名称〉
〈本年预算金额〉520000〈/本年预算金额〉
〈累计调增金额〉20000〈/累计调增金额〉
〈累计调减金额〉40000〈/累计调减金额〉
〈合计〉500000〈/合计〉
〈/本年预算指标〉
〈预算支出情况表〉
〈会计年度〉2009〈/会计年度〉
〈会计期间号〉1〈/会计期间号〉
〈支出功能分类代码〉2300205〈/支出功能分类代码〉

〈支出功能分类名称〉农村义务教育补助支出〈/支出功能分类名称〉
〈支出经济分类代码〉302〈/支出经济分类代码〉
〈支出经济分类名称〉商品服务支出〈/支出经济分类名称〉
〈项目编码〉12009020398〈/项目编码〉
〈资金性质代码〉01〈/资金性质代码〉
〈资金性质名称〉一般预算〈/资金性质名称〉
〈预算来源代码〉20398〈/预算来源代码〉
〈预算来源名称〉正常公用支出〈/预算来源名称〉
〈支付方式代码〉04〈/支付方式代码〉
〈支付方式名称〉授权支付〈/支付方式名称〉
〈上年结余金额〉100000〈/上年结余金额〉
〈本年预算金额〉520000〈/本年预算金额〉
〈本期调增金额〉0〈/本期调增金额〉
〈本期调减金额〉0〈/本期调减金额〉
〈累计调增金额〉20000〈/累计调增金额〉
〈累计调减金额〉40000〈/累计调减金额〉
〈本期支出金额〉50000〈/本期支出金额〉
〈累计支出金额〉450000〈/累计支出金额〉
〈本年预算结余金额〉50000〈/本年预算结余金额〉
〈/预算支出情况表〉
〈预算收入情况表〉
〈会计年度〉2009〈/会计年度〉
〈会计期间号〉1〈/会计期间号〉
〈收入分类代码〉101044301〈/收入分类代码〉
〈收入分类名称〉国有企业所得税待分配收入〈/收入分类名称〉
〈收入项目代码〉01〈/收入项目代码〉
〈收入项目名称〉一般预算〈/收入项目名称〉
〈本年预算金额〉520000〈/本年预算金额〉
〈本期调增金额〉0〈/本期调增金额〉
〈本期调减金额〉0〈/本期调减金额〉
〈累计调增金额〉20000〈/累计调增金额〉
〈累计调减金额〉40000〈/累计调减金额〉
〈本期收入金额〉30000〈/本期收入金额〉
〈累计收入金额〉30000〈/累计收入金额〉
〈/预算收入情况表〉
〈/总账〉

B.3 资产类 XML 实例

〈? xml version = "1.0" encoding = "GB18030"?〉
〈固定资产
xsi:schemaLocation = " http://sxbw.audit.gov.cn/AccountingSoftwareDataInterfaceStandard/2010/PSGA/XMLSchema 固定资产.xsd" xmlns:行政事业单位

```
="http://sxbw.audit.gov.cn/AccountingSoftwareDataInterfaceStandard/2010/PSGA/XMLSchema"
xmlns="http://sxbw.audit.gov.cn/AccountingSoftwareDataInterfaceStandard/2010/PSGA/XMLSchema"
xmlns:xsi="http://www.w3.org/2001/XMLSchema-instance"〉
    〈固定资产基础信息〉
        〈固定资产对账科目〉601〈/固定资产对账科目〉
    〈/固定资产基础信息〉
    〈固定资产类别设置〉
        〈固定资产类别编码规则〉2〈/固定资产类别编码规则〉
        〈固定资产类别编码〉01〈/固定资产类别编码〉
        〈固定资产类别名称〉电子设备〈/固定资产类别名称〉
    〈/固定资产类别设置〉
    〈固定资产类别设置〉
        〈固定资产类别编码规则〉2〈/固定资产类别编码规则〉
        〈固定资产类别编码〉02〈/固定资产类别编码〉
        〈固定资产类别名称〉机器设备〈/固定资产类别名称〉
    〈/固定资产类别设置〉
    〈固定资产变动方式〉
        〈变动方式编码〉0001〈/变动方式编码〉
        〈变动方式名称〉购入〈/变动方式名称〉
    〈/固定资产变动方式〉
    〈固定资产变动方式〉
        〈变动方式编码〉0002〈/变动方式编码〉
        〈变动方式名称〉资产调入〈/变动方式名称〉
    〈/固定资产变动方式〉
    〈固定资产变动方式〉
        〈变动方式编码〉0003〈/变动方式编码〉
        〈变动方式名称〉自行建造〈/变动方式名称〉
    〈/固定资产变动方式〉
    〈固定资产变动方式〉
        〈变动方式编码〉0004〈/变动方式编码〉
        〈变动方式名称〉资产减值〈/变动方式名称〉
    〈/固定资产变动方式〉
    〈固定资产变动方式〉
        〈变动方式编码〉0005〈/变动方式编码〉
        〈变动方式名称〉资产重估〈/变动方式名称〉
    〈/固定资产变动方式〉
    〈固定资产变动方式〉
        〈变动方式编码〉0006〈/变动方式编码〉
        〈变动方式名称〉原值变更〈/变动方式名称〉
    〈/固定资产变动方式〉
    〈固定资产变动方式〉
        〈变动方式编码〉0007〈/变动方式编码〉
        〈变动方式名称〉累计折旧变更〈/变动方式名称〉
```

〈/固定资产变动方式〉
〈固定资产变动方式〉
〈变动方式编码〉0008〈/变动方式编码〉
〈变动方式名称〉折旧方法变更〈/变动方式名称〉
〈/固定资产变动方式〉
〈固定资产变动方式〉
〈变动方式编码〉0009〈/变动方式编码〉
〈变动方式名称〉使用年限变更〈/变动方式名称〉
〈/固定资产变动方式〉
〈固定资产变动方式〉
〈变动方式编码〉0010〈/变动方式编码〉
〈变动方式名称〉残值率变更〈/变动方式名称〉
〈/固定资产变动方式〉
〈固定资产变动方式〉
〈变动方式编码〉0011〈/变动方式编码〉
〈变动方式名称〉使用信息变更〈/变动方式名称〉
〈/固定资产变动方式〉
〈固定资产变动方式〉
〈变动方式编码〉0012〈/变动方式编码〉
〈变动方式名称〉资产位置变更〈/变动方式名称〉
〈/固定资产变动方式〉
〈固定资产变动方式〉
〈变动方式编码〉0013〈/变动方式编码〉
〈变动方式名称〉资产处置〈/变动方式名称〉
〈/固定资产变动方式〉
〈固定资产变动方式〉
〈变动方式编码〉0014〈/变动方式编码〉
〈变动方式名称〉资产调出〈/变动方式名称〉
〈/固定资产变动方式〉
〈固定资产使用状况〉
〈使用状况编码〉01〈/使用状况编码〉
〈使用状况名称〉未使用〈/使用状况名称〉
〈/固定资产使用状况〉
〈固定资产使用状况〉
〈使用状况编码〉02〈/使用状况编码〉
〈使用状况名称〉使用中〈/使用状况名称〉
〈/固定资产使用状况〉
〈固定资产使用状况〉
〈使用状况编码〉03〈/使用状况编码〉
〈使用状况名称〉季节性停用〈/使用状况名称〉
〈/固定资产使用状况〉
〈固定资产卡片〉
〈固定资产卡片编号〉KP-0001〈/固定资产卡片编号〉

〈固定资产类别编码〉01〈/固定资产类别编码〉
〈固定资产编码〉DYJ-HQ〈/固定资产编码〉
〈固定资产名称〉惠普打印机〈/固定资产名称〉
〈固定资产入账日期〉20090101〈/固定资产入账日期〉
〈会计期间号〉1〈/会计期间号〉
〈固定资产计量单位〉台〈/固定资产计量单位〉
〈固定资产数量〉3〈/固定资产数量〉
〈变动方式编码〉0001〈/变动方式编码〉
〈使用状况编码〉02〈/使用状况编码〉
〈本位币〉人民币〈/本位币〉
〈固定资产原值〉10000〈/固定资产原值〉
〈固定资产净值〉10000〈/固定资产净值〉
〈固定资产增减对应凭证编号/〉
〈/固定资产卡片〉
〈固定资产卡片〉
〈固定资产卡片编号〉KP-0001〈/固定资产卡片编号〉
〈固定资产类别编码〉01〈/固定资产类别编码〉
〈固定资产编码〉DYJ-HQ〈/固定资产编码〉
〈固定资产名称〉惠普打印机〈/固定资产名称〉
〈固定资产入账日期〉20090101〈/固定资产入账日期〉
〈会计期间号〉2〈/会计期间号〉
〈固定资产计量单位〉台〈/固定资产计量单位〉
〈固定资产数量〉3〈/固定资产数量〉
〈变动方式编码〉0001〈/变动方式编码〉
〈使用状况编码〉02〈/使用状况编码〉
〈本位币〉人民币〈/本位币〉
〈固定资产原值〉10000〈/固定资产原值〉
〈固定资产净值〉10000〈/固定资产净值〉
〈固定资产增减对应凭证编号/〉
〈/固定资产卡片〉
〈固定资产卡片〉
〈固定资产卡片编号〉KP-0002〈/固定资产卡片编号〉
〈固定资产类别编码〉02〈/固定资产类别编码〉
〈固定资产编码〉CC-F〈/固定资产编码〉
〈固定资产名称〉叉车〈/固定资产名称〉
〈固定资产入账日期〉20090101〈/固定资产入账日期〉
〈会计期间号〉2〈/会计期间号〉
〈固定资产计量单位〉台〈/固定资产计量单位〉
〈固定资产数量〉2〈/固定资产数量〉
〈变动方式编码〉0001〈/变动方式编码〉
〈使用状况编码〉02〈/使用状况编码〉
〈本位币〉人民币〈/本位币〉
〈固定资产原值〉100000〈/固定资产原值〉

　　〈固定资产净值〉100000〈/固定资产净值〉
　　〈固定资产增减对应凭证编号/〉
〈/固定资产卡片〉
〈固定资产卡片实物信息〉
　　〈固定资产卡片编号〉KP-0001〈/固定资产卡片编号〉
　　〈会计期间号〉1〈/会计期间号〉
　　〈固定资产标签号〉BQ-00001〈/固定资产标签号〉
　　〈固定资产位置〉财务部办公室〈/固定资产位置〉
　　〈固定资产规格型号〉DJ3848〈/固定资产规格型号〉
〈/固定资产卡片实物信息〉
〈固定资产卡片实物信息〉
　　〈固定资产卡片编号〉KP-0001〈/固定资产卡片编号〉
　　〈会计期间号〉1〈/会计期间号〉
　　〈固定资产标签号〉BQ-00002〈/固定资产标签号〉
　　〈固定资产位置〉财务部办公室〈/固定资产位置〉
　　〈固定资产规格型号〉DJ3848〈/固定资产规格型号〉
〈/固定资产卡片实物信息〉
〈固定资产卡片实物信息〉
　　〈固定资产卡片编号〉KP-0001〈/固定资产卡片编号〉
　　〈会计期间号〉1〈/会计期间号〉
　　〈固定资产标签号〉BQ-00003〈/固定资产标签号〉
　　〈固定资产位置〉财务部办公室〈/固定资产位置〉
　　〈固定资产规格型号〉DJ3848〈/固定资产规格型号〉
〈/固定资产卡片实物信息〉
〈固定资产卡片实物信息〉
　　〈固定资产卡片编号〉KP-0001〈/固定资产卡片编号〉
　　〈会计期间号〉2〈/会计期间号〉
　　〈固定资产标签号〉BQ-00001〈/固定资产标签号〉
　　〈固定资产位置〉计划部办公室〈/固定资产位置〉
　　〈固定资产规格型号〉DJ3848〈/固定资产规格型号〉
〈/固定资产卡片实物信息〉
〈固定资产卡片实物信息〉
　　〈固定资产卡片编号〉KP-0001〈/固定资产卡片编号〉
　　〈会计期间号〉2〈/会计期间号〉
　　〈固定资产标签号〉BQ-00002〈/固定资产标签号〉
　　〈固定资产位置〉财务部办公室〈/固定资产位置〉
　　〈固定资产规格型号〉DJ3848〈/固定资产规格型号〉
〈/固定资产卡片实物信息〉
〈固定资产卡片实物信息〉
　　〈固定资产卡片编号〉KP-0001〈/固定资产卡片编号〉
　　〈会计期间号〉2〈/会计期间号〉
　　〈固定资产标签号〉BQ-00003〈/固定资产标签号〉
　　〈固定资产位置〉财务部办公室〈/固定资产位置〉

〈固定资产规格型号〉DJ3848〈/固定资产规格型号〉
〈/固定资产卡片实物信息〉
〈固定资产卡片实物信息〉
〈固定资产卡片编号〉KP-0002〈/固定资产卡片编号〉
〈会计期间号〉2〈/会计期间号〉
〈固定资产标签号〉BQ-00004〈/固定资产标签号〉
〈固定资产位置〉一车间东南角〈/固定资产位置〉
〈固定资产规格型号〉FD15-14〈/固定资产规格型号〉
〈/固定资产卡片实物信息〉
〈固定资产卡片实物信息〉
〈固定资产卡片编号〉KP-0002〈/固定资产卡片编号〉
〈会计期间号〉2〈/会计期间号〉
〈固定资产标签号〉BQ-00005〈/固定资产标签号〉
〈固定资产位置〉一车间东南角〈/固定资产位置〉
〈固定资产规格型号〉FD15-14〈/固定资产规格型号〉
〈/固定资产卡片实物信息〉
〈固定资产卡片实物信息〉
〈固定资产卡片编号〉KP-0002〈/固定资产卡片编号〉
〈会计期间号〉3〈/会计期间号〉
〈固定资产标签号〉BQ-00004〈/固定资产标签号〉
〈固定资产位置〉一车间东南角〈/固定资产位置〉
〈固定资产规格型号〉FD15-14〈/固定资产规格型号〉
〈/固定资产卡片实物信息〉
〈固定资产卡片实物信息〉
〈固定资产卡片编号〉KP-0002〈/固定资产卡片编号〉
〈会计期间号〉3〈/会计期间号〉
〈固定资产标签号〉BQ-00005〈/固定资产标签号〉
〈固定资产位置〉一车间东南角〈/固定资产位置〉
〈固定资产规格型号〉FD15-14〈/固定资产规格型号〉
〈/固定资产卡片实物信息〉
〈固定资产卡片使用信息〉
〈固定资产卡片编号〉KP-0001〈/固定资产卡片编号〉
〈固定资产标签号〉BQ-0001〈/固定资产标签号〉
〈会计期间号〉1〈/会计期间号〉
〈内设机构编码〉101〈/内设机构编码〉
〈/固定资产卡片使用信息〉
〈固定资产卡片使用信息〉
〈固定资产卡片编号〉KP-0001〈/固定资产卡片编号〉
〈固定资产标签号〉BQ-0002〈/固定资产标签号〉
〈会计期间号〉1〈/会计期间号〉
〈内设机构编码〉101〈/内设机构编码〉
〈/固定资产卡片使用信息〉
〈固定资产卡片使用信息〉

〈固定资产卡片编号〉KP-0001〈/固定资产卡片编号〉
〈固定资产标签号〉BQ-0001〈/固定资产标签号〉
〈会计期间号〉2〈/会计期间号〉
〈内设机构编码〉102〈/内设机构编码〉
〈/固定资产卡片使用信息〉
〈固定资产卡片使用信息〉
〈固定资产卡片编号〉KP-0001〈/固定资产卡片编号〉
〈固定资产标签号〉BQ-0003〈/固定资产标签号〉
〈会计期间号〉2〈/会计期间号〉
〈内设机构编码〉101〈/内设机构编码〉
〈/固定资产卡片使用信息〉
〈固定资产卡片使用信息〉
〈固定资产卡片编号〉KP-0001〈/固定资产卡片编号〉
〈固定资产标签号〉BQ-0001〈/固定资产标签号〉
〈会计期间号〉3〈/会计期间号〉
〈内设机构编码〉101〈/内设机构编码〉
〈/固定资产卡片使用信息〉
〈固定资产卡片使用信息〉
〈固定资产卡片编号〉KP-0001〈/固定资产卡片编号〉
〈固定资产标签号〉BQ-0001〈/固定资产标签号〉
〈会计期间号〉3〈/会计期间号〉
〈内设机构编码〉102〈/内设机构编码〉
〈/固定资产卡片使用信息〉
〈固定资产卡片使用信息〉
〈固定资产卡片编号〉KP-0002〈/固定资产卡片编号〉
〈固定资产标签号〉BQ-0004〈/固定资产标签号〉
〈会计期间号〉3〈/会计期间号〉
〈内设机构编码〉103〈/内设机构编码〉
〈/固定资产卡片使用信息〉
〈固定资产减少情况〉
〈固定资产减少流水号〉CH-00001〈/固定资产减少流水号〉
〈减少发生日期〉20090325〈/减少发生日期〉
〈会计期间号〉3〈/会计期间号〉
〈变动方式编码〉0013〈/变动方式编码〉
〈固定资产卡片编号〉KP-0002〈/固定资产卡片编号〉
〈固定资产名称〉叉车〈/固定资产名称〉
〈固定资产编码〉CC-FD〈/固定资产编码〉
〈固定资产减少数量〉1〈/固定资产减少数量〉
〈固定资产减少原值〉50000〈/固定资产减少原值〉
〈固定资产减少累计折旧〉38250〈/固定资产减少累计折旧〉
〈固定资产减少减值准备〉0〈/固定资产减少减值准备〉
〈固定资产减少残值〉5000〈/固定资产减少残值〉
〈清理收入〉1000〈/清理收入〉

〈固定资产减少原因〉因为已损坏进行清理〈/固定资产减少原因〉
〈/固定资产减少情况〉
〈固定资产减少实物信息〉
〈固定资产减少流水号〉CH-00001〈/固定资产减少流水号〉
〈固定资产卡片编号〉KP-0002〈/固定资产卡片编号〉
〈固定资产标签号〉BQ-00004〈/固定资产标签号〉
〈会计期间号〉1〈/会计期间号〉
〈/固定资产减少实物信息〉
〈固定资产变动情况〉
〈固定资产变动流水号〉BG-00001〈/固定资产变动流水号〉
〈会计期间号〉2〈/会计期间号〉
〈固定资产卡片编号〉KP-0001〈/固定资产卡片编号〉
〈固定资产编码〉DYJ-HQ〈/固定资产编码〉
〈固定资产名称〉惠普打印机〈/固定资产名称〉
〈变动方式编码〉0012〈/变动方式编码〉
〈固定资产变动日期〉20090220〈/固定资产变动日期〉
〈变动前内容及数值〉财务部办公室〈/变动前内容及数值〉
〈变动后内容及数值〉计划部办公室〈/变动后内容及数值〉
〈固定资产变动原因〉位置调整〈/固定资产变动原因〉
〈/固定资产变动情况〉
〈固定资产变动情况〉
〈固定资产变动流水号〉BG-00003〈/固定资产变动流水号〉
〈会计期间号〉3〈/会计期间号〉
〈固定资产卡片编号〉KP-0001〈/固定资产卡片编号〉
〈固定资产编码〉DYJ-HQ〈/固定资产编码〉
〈固定资产名称〉惠普打印机〈/固定资产名称〉
〈变动方式编码〉0010〈/变动方式编码〉
〈固定资产变动日期〉20090320〈/固定资产变动日期〉
〈变动前内容及数值〉10%〈/变动前内容及数值〉
〈变动后内容及数值〉5%〈/变动后内容及数值〉
〈固定资产变动原因〉残值率变更〈/固定资产变动原因〉
〈/固定资产变动情况〉
〈/固定资产〉

B.4 工资类 XML 实例

〈? xml version = "1.0" encoding = "GB18030"?〉
〈工资
xsi: schemaLocation = " http://sxbw. audit. gov. cn/AccountingSoftwareDataInterfaceStandard/2010/PSGA/XMLSchema 工资.xsd" xmlns:行政事业单位
= "http://sxbw.audit.gov.cn/AccountingSoftwareDataInterfaceStandard/2010/PSGA/XMLSchema"
xmlns = "http://sxbw.audit.gov.cn/AccountingSoftwareDataInterfaceStandard/2010/PSGA/XMLSchema"
xmlns:xsi = "http://www.w3.org/2001/XMLSchema-instance"〉

〈工资期间〉
〈工资年度〉2009〈/工资年度〉
〈工资期间号〉1〈/工资期间号〉
〈工资期间起始日期〉20090101〈/工资期间起始日期〉
〈工资期间结束日期〉20090131〈/工资期间结束日期〉
〈/工资期间〉
〈工资期间〉
〈工资年度〉2009〈/工资年度〉
〈工资期间号〉2〈/工资期间号〉
〈工资期间起始日期〉20090201〈/工资期间起始日期〉
〈工资期间结束日期〉20090228〈/工资期间结束日期〉
〈/工资期间〉
〈工资项目〉
〈工资类别名称〉管理人员〈/工资类别名称〉
〈工资项目编码〉1〈/工资项目编码〉
〈工资项目名称〉管理人员基本工资〈/工资项目名称〉
〈支出经济分类代码〉301010103〈/支出经济分类代码〉
〈/工资项目〉
〈工资项目〉
〈工资类别名称〉管理人员〈/工资类别名称〉
〈工资项目编码〉2〈/工资项目编码〉
〈工资项目名称〉管理人员奖金〈/工资项目名称〉
〈支出经济分类代码〉301010101〈/支出经济分类代码〉
〈/工资项目〉
〈工资项目〉
〈工资类别名称〉管理人员〈/工资类别名称〉
〈工资项目编码〉3〈/工资项目编码〉
〈工资项目名称〉管理人员交通补助〈/工资项目名称〉
〈支出经济分类代码〉301010104〈/支出经济分类代码〉
〈/工资项目〉
〈工资项目〉
〈工资类别名称〉管理人员〈/工资类别名称〉
〈工资项目编码〉4〈/工资项目编码〉
〈工资项目名称〉住房公积金扣款〈/工资项目名称〉
〈支出经济分类代码〉301010201〈/支出经济分类代码〉
〈/工资项目〉
〈工资项目〉
〈工资类别名称〉管理人员〈/工资类别名称〉
〈工资项目编码〉5〈/工资项目编码〉
〈工资项目名称〉管理人员加班补助〈/工资项目名称〉
〈支出经济分类代码〉303010701〈/支出经济分类代码〉
〈/工资项目〉
〈工资项目〉

```
        〈工资类别名称〉职工〈/工资类别名称〉
        〈工资项目编码〉6〈/工资项目编码〉
        〈工资项目名称〉职工基本工资〈/工资项目名称〉
        〈支出经济分类代码〉301010107〈/支出经济分类代码〉
    〈/工资项目〉
    〈工资项目〉
        〈工资类别名称〉职工〈/工资类别名称〉
        〈工资项目编码〉7〈/工资项目编码〉
        〈工资项目名称〉职工交通补助〈/工资项目名称〉
        〈支出经济分类代码〉301010108〈/支出经济分类代码〉
    〈/工资项目〉
    〈工资记录〉
        〈职工编号〉1201〈/职工编号〉
        〈职工姓名〉张三〈/职工姓名〉
        〈内设机构编码〉101〈/内设机构编码〉
        〈工资类别名称〉管理人员〈/工资类别名称〉
        〈工资年度〉2009〈/工资年度〉
        〈工资期间号〉1〈/工资期间号〉
        〈会计年度〉2009〈/会计年度〉
        〈会计期间号〉1〈/会计期间号〉
        〈币种编码〉01〈/币种编码〉
    〈/工资记录〉
    〈工资记录〉
        〈职工编号〉1202〈/职工编号〉
        〈职工姓名〉李四〈/职工姓名〉
        〈内设机构编码〉101〈/内设机构编码〉
        〈工资类别名称〉职工〈/工资类别名称〉
        〈工资年度〉2009〈/工资年度〉
        〈工资期间号〉1〈/工资期间号〉
        〈会计年度〉2009〈/会计年度〉
        〈会计期间号〉1〈/会计期间号〉
        〈币种编码〉01〈/币种编码〉
    〈/工资记录〉
    〈工资记录〉
        〈职工编号〉1201〈/职工编号〉
        〈职工姓名〉张三〈/职工姓名〉
        〈内设机构编码〉101〈/内设机构编码〉
        〈工资类别名称〉管理人员〈/工资类别名称〉
        〈工资年度〉2009〈/工资年度〉
        〈工资期间号〉2〈/工资期间号〉
        〈会计年度〉2009〈/会计年度〉
        〈会计期间号〉2〈/会计期间号〉
        〈币种编码〉01〈/币种编码〉
```

〈/工资记录〉
〈工资记录〉
〈职工编号〉1202〈/职工编号〉
〈职工姓名〉李四〈/职工姓名〉
〈内设机构编码〉101〈/内设机构编码〉
〈工资类别名称〉职工〈/工资类别名称〉
〈工资年度〉2009〈/工资年度〉
〈工资期间号〉2〈/工资期间号〉
〈会计年度〉2009〈/会计年度〉
〈会计期间号〉2〈/会计期间号〉
〈币种编码〉01〈/币种编码〉
〈/工资记录〉
〈工资记录明细〉
〈职工编号〉1201〈/职工编号〉
〈工资类别名称〉管理人员〈/工资类别名称〉
〈工资年度〉2009〈/工资年度〉
〈工资期间号〉1〈/工资期间号〉
〈工资项目编码〉1〈/工资项目编码〉
〈工资金额〉15000〈/工资金额〉
〈/工资记录明细〉
〈工资记录明细〉
〈职工编号〉1201〈/职工编号〉
〈工资类别名称〉管理人员〈/工资类别名称〉
〈工资年度〉2009〈/工资年度〉
〈工资期间号〉1〈/工资期间号〉
〈工资项目编码〉2〈/工资项目编码〉
〈工资金额〉2700〈/工资金额〉
〈/工资记录明细〉
〈工资记录明细〉
〈职工编号〉1201〈/职工编号〉
〈工资类别名称〉管理人员〈/工资类别名称〉
〈工资年度〉2009〈/工资年度〉
〈工资期间号〉1〈/工资期间号〉
〈工资项目编码〉3〈/工资项目编码〉
〈工资金额〉350〈/工资金额〉
〈/工资记录明细〉
〈工资记录明细〉
〈职工编号〉1201〈/职工编号〉
〈工资类别名称〉管理人员〈/工资类别名称〉
〈工资年度〉2009〈/工资年度〉
〈工资期间号〉1〈/工资期间号〉
〈工资项目编码〉4〈/工资项目编码〉
〈工资金额〉1300〈/工资金额〉

〈/工资记录明细〉
〈工资记录明细〉
〈职工编号〉1201〈/职工编号〉
〈工资类别名称〉管理人员〈/工资类别名称〉
〈工资年度〉2009〈/工资年度〉
〈工资期间号〉1〈/工资期间号〉
〈工资项目编码〉5〈/工资项目编码〉
〈工资金额〉1200〈/工资金额〉
〈/工资记录明细〉
〈/工资〉

参 考 文 献

[1] GB 18030—2005 信息技术 中文编码字符集
[2] GB/T 18793—2002 信息技术 可扩展置标语言(XML)1.0
[3] 《会计基础工作规范》(1996年)
[4] 《事业单位会计制度》(1997年)
[5] 《行政单位会计制度》(1998年)

ICS 17.040.10
J 04

中华人民共和国国家标准化指导性技术文件

GB/Z 24636.5—2010

产品几何技术规范(GPS)统计公差 第5部分:装配批(孔、轴配合)的统计质量指标

Geometrical product specifications(GPS)—Statistical tolerance— Part 5:Statistical quality indices of an assembly lot (hole/shaft fits)

2011-01-10 发布　　　　2011-10-01 实施

中华人民共和国国家质量监督检验检疫总局
中国国家标准化管理委员会　发布

前　言

GB/Z 24636《产品几何技术规范(GPS)统计公差》分为如下五部分:

——第1部分:术语、定义和基本概念;

——第2部分:统计公差值及其图样标注;

——第3部分:零件批(过程)的统计质量指标;

——第4部分:基于给定置信水平的统计公差设计;

——第5部分:装配批(孔、轴配合)的统计质量指标。

本部分为GB/Z 24636的第5部分。

本部分的附录A、附录B和附录C为资料性附录。

本部分由全国产品几何技术规范标准化技术委员会提出并归口。

本部分起草单位:山东理工大学、浙江亚太机电股份有限公司、中机生产力促进中心、中原工学院、郑州大学。

本部分主要起草人:张宇、施瑞康、熊焜、赵则祥、张琳娜、黄国兴。

产品几何技术规范(GPS)统计公差 第5部分:装配批(孔、轴配合)的统计质量指标

1 范围

GB/Z 24636的本部分规定了装配批(孔、轴配合)的统计质量指标,给出配合质量指标及其相关分析方法和保证配合质量的统计公差设计方法。

本部分适用于具有双侧规范限并应用统计过程控制的孔、轴配合尺寸。

2 规范性引用文件

下列文件中的条款通过GB/Z 24636的本部分的引用而成为本部分的条款。凡是注日期的引用文件,其随后所有的修改单(不包括勘误的内容)或修订版均不适用于本部分。然而,鼓励根据本部分达成协议的各方研究是否可使用这些文件的最新版本。凡是不注日期的引用文件,其最新版本适用于本部分。

GB/T 1800.1—2009 产品几何技术规范(GPS) 极限与配合 第1部分:公差、偏差和配合的基础(ISO 286-1:1988,MOD)

GB/Z 20308 产品几何技术规范(GPS) 总体规划(GB/Z 20308—2006,ISO/TR 14638:1995,MOD)

GB/Z 24636.1 产品几何技术规范(GPS) 统计公差 第1部分:术语、定义和基本概念

GB/Z 24636.3—2009 产品几何技术规范(GPS) 统计公差 第3部分:零件批(过程)的统计质量指标

GB/Z 24636.4—2009 产品几何技术规范(GPS) 统计公差 第4部分:基于给定置信水平的统计公差设计

3 术语和定义

GB/Z 24636.1确立的以及下列术语和定义适用于GB/Z 24636的本部分。

3.1 配合能力指数

3.1.1

配合能力 fit capability

配合能力是配合后间隙或过盈的分布相对于配合公差的度量,配合能力为配合后间隙或过盈的六倍标准差,表示为$6\sigma_f$。

注:σ_f是配合后间隙或过盈的标准差,$\sigma_f=\sqrt{\sigma_H^2+\sigma_S^2}$,$\sigma_H$和$\sigma_S$分别为孔和轴配合尺寸的标准差。

3.1.2

配合能力指数(FC_p) fit capability index

配合公差T_f和配合能力$6\sigma_f$的比值,其表达式为:

$$FC_p=\frac{T_f}{6\sigma_f}=\frac{USL_f-LSL_f}{6\sigma_f} \quad \cdots\cdots(1)$$

式中:

T_f——孔、轴配合公差,T_H和T_S分别是孔公差和轴公差,$T_f=T_H+T_S$;

USL_f——孔、轴配合的间隙或过盈的上规范限;

LSL_f——孔、轴配合的间隙或过盈的下规范限。

[GB/T 1800.1—2009,定义 3.14.4]

注：FC_p 并不反映孔、轴配合尺寸分布相对各自公差带中心的偏移对装配质量的影响，它仅反映形成孔、轴配合尺寸的最终工序满足配合精度要求的潜在能力，而对配合尺寸的最重要的影响因素是孔、轴尺寸的分布特性。

3.1.3

配合偏移参数(k_f)　fit shift parameter

配合后间隙或过盈的均值 μ_f 相对于配合目标值 M_f 的偏移和配合公差半值之比，其表达式为：

$$k_f = \frac{\mu_f - M_f}{(USL_f - LSL_f)/2} = \frac{\Delta_f}{T_f/2} = \frac{2(\Delta_H - \Delta_S)}{T_f} \quad \cdots\cdots(2)$$

式中：

μ_f——配合后间隙或过盈的均值；

M_f——装配尺寸的配合目标值；

Δ_f——配合后间隙或过盈的均值对配合目标值的偏移，$\Delta_f = \mu_f - M_f = \Delta_H - \Delta_S$；

Δ_H——孔的均值对其目标值的偏移；

Δ_S——轴的均值对其目标值的偏移。

注：$\Delta_H = \mu_H - M_H$，μ_H 是孔的均值，M_H 是孔的目标值；$\Delta_S = \mu_S - M_S$，μ_S 是轴的均值，M_S 是轴的目标值。

3.1.4

配合能力指数(FC_{pk})　fit capability index

配合特性的均值到双侧规范限的距离分别和配合能力的半值之比的最小值，表达式为：

$$FC_{pk} = \min\left\{\frac{USL_f - \mu_f}{3\sigma_f}, \frac{\mu_f - LSL_f}{3\sigma_f}\right\} \quad \cdots\cdots(3)$$

等效公式为：

$$FC_{pk} = FC_p(1 - |k_f|), 0 \leqslant |k_f| \leqslant 1 \quad \cdots\cdots(4)$$

式中：

$\frac{USL_f - \mu_f}{3\sigma_f}$——孔、轴配合的间隙或过盈的上规范限的配合能力指数；

$\frac{\mu_f - LSL_f}{3\sigma_f}$——孔、轴配合的间隙或过盈的下规范限的配合能力指数。

3.1.5

配合能力指数(FC_{pm})　fit capability index

配合公差和特定的统计量 $6\tau_f$ 的比值，表达式为：

$$FC_{pm} = \frac{T_f}{6\tau_f} = \frac{USL_f - LSL_f}{6\sqrt{\sigma_f^2 + (\mu_f - M_f)^2}} = \frac{FC_p}{\sqrt{1+\delta_f^2}} \quad \cdots\cdots(5)$$

式中：

τ_f——配合特性(间隙或过盈)对其目标值偏差的平方的数学期望的正平方根。

δ_f——装配尺寸分布的标准偏移量，$\delta_f = \frac{\mu_f - M_f}{\sigma_f}$。

注：FC_{pm} 指数综合反映了孔、轴工序的波动和对配合目标值的偏移两方面因素对装配质量的影响，可作为衡量装配尺寸对中性的指标。

3.2

孔、轴配合的质量指标　quality indices of hole/shaft fit

3.2.1

孔、轴配合中间区率(优等率)　($P_{C(f)}$) Superior degree percentage of hole/shaft fit (or percentage of clearances or interferences in defined middle zone of fit tolerance)

装配批的间隙或过盈在配合中间区(优等区)内的数量和该装配批的数量之比，以百分率表示。配合中间区率（优等率）$P_{C(f)}$按以下两种情况计算：

a） 配合中间区率（优等率）为配合公差带中心的三分之一区域

$$P_{C(f)}(M_f \pm T_f/6) = \{\Phi[FC_p(1-3k_f)] - \Phi[-FC_p(1+3k_f)]\} \times 100\% \quad \cdots\cdots\cdots\cdots(6)$$

b） 配合中间区率（优等率）为配合公差带中心的二分之一区域

$$P_{C(f)}(M_f \pm T_f/4) = \{\Phi[1.5FC_p(1-2k_f)] - \Phi[-1.5FC_p(1+2k_f)]\} \times 100\% \quad \cdots\cdots(7)$$

注：为简化应用，促进配合质量的提高，优先推荐采用$P_{C(f)}(M_f \pm T_f/6)$指标。

3.2.2

配合平均质量损失率（$P_{ql(f)}$） fraction of average fit quality loss

装配批的间隙或过盈偏离目标间隙或目标过盈而对社会和用户造成的平均质量损失，以百分率表示，其表达式为：

$$P_{ql(f)} = \left[\frac{1}{(3FC_p)^2} + k_f^2\right] \times 100\% \quad \cdots\cdots\cdots\cdots(8)$$

4 装配批（孔、轴配合）的统计质量指标与两个（孔、轴）配合尺寸的统计参数的关系

4.1 概述

装配批（孔、轴配合）的统计质量指标与两个（孔、轴）配合尺寸的统计参数的关系是面向配合质量指标的统计公差设计的基础，也是根据两个（孔、轴）配合尺寸的统计参数预测装配批（孔、轴配合）的统计质量指标的主要依据。统计质量指标与两个（孔、轴）配合尺寸的统计公差的关系是统计参数的关系在特定条件下（孔、轴配合尺寸的统计参数均达到统计公差的界限值时）的体现。

4.2 配合能力指数 FC_p 与两个配合尺寸的过程能力指数的关系

$$FC_p = \frac{T_f}{6\sigma_f} = \frac{T_H + T_S}{6\sigma_f} = \frac{1}{\sqrt{\frac{1}{C_{p(H)}^2} + \left(\frac{1}{rC_{p(S)}}\right)^2}} + \frac{1}{\sqrt{\frac{1}{C_{p(S)}^2} + \left(\frac{r}{C_{p(H)}}\right)^2}} \quad \cdots\cdots\cdots\cdots(9)$$

式中：

r——孔、轴公差的比值，$r = T_H/T_S$。

4.3 配合偏移参数 k_f 与两个配合尺寸的偏移参数 k_H 和 k_S 的关系

$$k_f = \frac{\Delta_f}{T_f/2} = \frac{2(\Delta_H - \Delta_S)}{T_H + T_S} = \frac{rk_H - k_S}{1+r} \quad \cdots\cdots\cdots\cdots(10)$$

注：孔、轴公差比 $r=1$ 时，$k_f = 0.5(k_H - k_S)$；孔、轴公差比 $r=1.6$ 时，$k_f \approx 0.615k_H - 0.385k_S$。

4.4 配合中间区率（优等率）$P_{C(f)}$与两个配合尺寸的过程能力指数及偏移参数的关系

配合中间区率（优等率）$P_{C(f)}$可由两个配合尺寸的过程能力指数及偏移参数进行预测，即：

$$P_{C(f)}(M_f \pm T_f/6) = \left\{\Phi\left\{\left[\frac{1}{\sqrt{\frac{1}{C_{p(H)}^2} + \left(\frac{1}{rC_{p(S)}}\right)^2}} + \frac{1}{\sqrt{\frac{1}{C_{p(S)}^2} + \left(\frac{r}{C_{p(H)}}\right)^2}}\right] \times \left[1 - 3\left(\frac{rk_H - k_S}{1+r}\right)\right]\right\} - \Phi\left\{\left[-\left(\frac{1}{\sqrt{\frac{1}{C_{p(H)}^2} + \left(\frac{1}{rC_{p(S)}}\right)^2}} + \frac{1}{\sqrt{\frac{1}{C_{p(S)}^2} + \left(\frac{r}{C_{p(H)}}\right)^2}}\right)\right] \times \left[1 + 3\left(\frac{rk_H - k_S}{1+r}\right)\right]\right\}\right\} \times 100\% \quad \cdots(11)$$

4.5 配合平均质量损失率 $P_{ql(f)}$ 与两个配合尺寸的过程能力指数及偏移参数的关系

配合平均质量损失率 $P_{ql(f)}$ 可由两个配合尺寸的过程能力指数及偏移参数进行预测，即：

$$P_{ql(f)} = \left\{\left(\frac{rk_H - k_S}{1+r}\right)^2 + \left[3\left(\frac{1}{\sqrt{\frac{1}{C_{p(H)}^2} + \left(\frac{1}{rC_{p(S)}}\right)^2}} + \frac{1}{\sqrt{\frac{1}{C_{p(S)}^2} + \left(\frac{r}{C_{p(H)}}\right)^2}}\right)\right]^{-2}\right\} \times 100\% \quad \cdots(12)$$

4.6 配合能力指数 FC_{pk} 与两个配合尺寸的过程能力指数及偏移参数的关系

配合能力指数 FC_{pk} 可由两个配合尺寸的过程能力指数及偏移参数表示，即：

$$FC_{pk}=FC_p(1-|k_f|)=\left[\frac{1}{\sqrt{\frac{1}{C_{p(H)}^2}+\left(\frac{1}{rC_{p(S)}}\right)^2}}+\frac{1}{\sqrt{\frac{1}{C_{p(S)}^2}+\left(\frac{r}{C_{p(H)}}\right)^2}}\right]\left(1-\left|\frac{rk_H-k_S}{1+r}\right|\right) \quad \cdots(13)$$

5 配合质量指标的统计公差值

5.1 配合中间区率(优等率)分级

配合中间区率(优等率)$P_{C(f)}$的统计公差值采用百分比表示，一般取小数点后一位或二位。可参照GB/Z 24636.3—2009的表4过程中间区率(优等率)的标准化分级数值。常用统计公差数值范围在60%～95%，参见附录B中的表B.9。

5.2 配合平均质量损失率分级

配合平均质量损失率$P_{ql(f)}$的统计公差值采用百分比表示。一般取小数点后一位或二位。可参照GB/Z 24636.3—2009的表5过程平均质量损失率P_{ql}的标准化分级数值。常用统计公差数值范围在3%～12%，参见附录B中的表B.10。

5.3 配合能力指数分级

配合能力指数分级常用统计公差数值范围在1.33～3.0。

6 保证配合质量指标的孔、轴统计公差设计

6.1 利用配合能力指数FC_p与两个配合尺寸过程能力指数的关系设定统计公差

6.1.1 孔、轴配合尺寸的统计公差的均等设定

配合能力指数统计公差FC_p^*与两个配合尺寸过程能力指数的统计公差之间有如下关系：

$$FC_p^*=\frac{1}{\sqrt{\frac{1}{C_{p(H)}^{*2}}+\left(\frac{1}{rC_{p(S)}^*}\right)^2}}+\frac{1}{\sqrt{\frac{1}{C_{p(S)}^{*2}}+\left(\frac{r}{C_{p(H)}^*}\right)^2}}=C_p^*\ \frac{r+1}{\sqrt{1+r^2}} \quad \cdots\cdots\cdots\cdots(14)$$

注1：适用于孔、轴零件批均待加工的情形。

注2：为简化问题，将孔、轴的过程能力指数的统计公差设定相等，即$C_{p(H)}^*=C_{p(S)}^*=C_p^*$。

注3：当孔、轴公差比$r=1$时，$FC_p^*=C_p^*\ \frac{1+1}{\sqrt{1+1^2}}\approx1.414C_p^*$；

当孔、轴公差比$r=1.6$时，$FC_p^*=C_p^*\ \frac{1.6+1}{\sqrt{1+1.6^2}}\approx1.378C_p^*$。

6.1.2 根据配合质量要求和孔、轴配合尺寸中的孔或轴零件批的统计参数，设定待加工轴或孔的过程能力指数的统计公差

适用于孔、轴配合尺寸中的孔或轴零件批加工完毕并获得其受控状态下的统计参数，只对待加工轴或孔的过程能力指数设定统计公差。

已知$C_{p(H)}=1.20$，$r=1.6$，若设定FC_p^*为1.70，代入公式(14)，则轴的配合尺寸的过程能力指数统计公差$C_{p(S)}^*=1.32$

为方便应用，附录B中的表B.1和表B.2分别给出$r=1.0$和$r=1.6$时的$C_{p(H)}$、$C_{p(S)}$和FC_p的对应数值表。

6.2 利用配合偏移参数与孔、轴配合尺寸偏移参数的关系设定孔、轴配合的统计公差

在统计公差设计中，令孔、轴偏移参数的统计公差k_H^*、k_S^*相等，即$k_H^*=k_S^*=k^*$，孔、轴偏移参数在其绝对值均达到统计公差k^*时将有两种情况：

1) k_H和k_S的方向相反且其绝对值均达到统计公差k^*，即：

孔、轴公差比$r=1$时，$k_f^*=0.5(k_H^*-k_S^*)=0.5(k^*-(-k^*))=k^*$；

孔、轴公差比$r=1.6$时，$k_f^*\approx0.615\ \ k_H^*-0.385k_S^*=0.615k^*-0.385(-k^*)=k^*$。

2) k_H和k_S的方向相同且其绝对值均达到统计公差k^*，即：

孔、轴公差比 $r=1$ 时，$k_f^*=0.5(k_H^*-k_S^*)=0.5(k^*-k^*)=0$；

孔、轴公差比 $r=1.6$ 时，$k_f^*\approx 0.615k_H^*-0.385k_S^*=0.615k^*-0.385k^*=0.23k^*$。

在规定孔、轴配合尺寸偏移参数的统计公差时，并不知 k_H 和 k_S 的方向，不可能假设两种情况分别给定孔、轴配合尺寸偏移参数的统计公差，而只能按照最不利的第1)种情况建立孔、轴偏移参数和配合偏移参数的统计公差之间的关系。因此，孔、轴偏移参数的统计公差应等于配合偏移参数的统计公差，即不论孔、轴公差是否相等，$k_H^*=k_S^*=k_f^*$ 都成立。这样才能保证任何情况下，只要孔、轴偏移参数满足统计公差要求，配合偏移参数也不会超出其预期范围。配合能力指数、偏移参数与孔、轴配合尺寸的过程能力指数、偏移参数的统计公差之间的关系归纳为表1。

表1　配合能力指数、偏移参数与孔、轴配合尺寸过程能力指数、偏移参数的统计公差之间的关系(k_H^*、k_S^* 相等)

孔、轴公差比 r	配合能力指数	配合偏移参数
1	$FC_p^*=1.414C_p^*$	$k_f^*=k^*$
1.6	$FC_p^*=1.378C_p^*$	$k_f^*=k^*$

附 录 A
（资料性附录）
面向配合质量目标的统计公差设计及应用示例

A.1 配合质量指标的选择

从使用功能看，配合质量最明显地表现在装配尺寸对中性指标上。将配合中间区率（优等率）和配合平均质量损失率作为配合的质量指标均是理想的选择。此外，配合能力指数 FC_p、FC_{pk} 和 FC_{pm} 也可以用于配合质量评价。由于配合质量指标一般难以直接检测，所以配合质量指标是通过对孔、轴配合尺寸的质量目标和统计公差的合理设计间接保证的。如果两个相配合的孔、轴零件批在质量设计阶段明确规定配合中间区率（优等率）和配合平均质量损失率的目标值和统计公差，利用上述配合质量指标与两个配合尺寸的过程能力指数及偏移参数的关系，可以通过设定孔、轴配合尺寸的质量目标和统计公差予以保证。

A.2 配合质量指标的目标值和统计公差选择

配合中间区率（优等率）和配合平均质量损失率的目标值统计公差应基于两个相配合的孔、轴零件批的过程能力指数合理选定。若配合孔、轴零件批的过程能力指数未知，应通过过程能力调查和分析进行估计。

配合能力指数 FC_{pk} 来源于广泛采用的过程能力指数 C_{pk}，对于熟悉该指数的技术人员和质量工程师，采用该指数或许更易于接受。

配合能力指数 FC_{pm} 来源于近年来开始被工业界接受的过程能力指数 C_{pm}，鉴于其和配合平均质量损失率 $P_{ql(f)}$ 数值有一一对应的关系（参见 GB/Z 24636.3—2009 的附录 A.1.2），选用时可以根据需要确定其中一个指标即可。

上述各配合质量指标和配合能力指数的目标值设定应当是通过对相配合的孔、轴零件批的统计过程控制可以实现的目标。相配合的孔、轴零件批的过程能力指数及偏移参数的统计公差应是设定时的重要依据。可参考本部分附录 B。

A.3 根据孔、轴配合尺寸的过程能力指数及偏移参数的统计公差保证和预测配合质量

当形成孔、轴配合尺寸制造工序的统计公差设定相等，即 $C^*_{p(H)}=C^*_{p(S)}=C^*_p$，孔、轴偏移参数的统计公差 k^*_H、k^*_S 相等，即 $k^*_H=k^*_S=k^*$，这意味着孔、轴配合尺寸均值对目标值的偏移参数 k_H 和 k_S 的方向可以相同或相反两种情况。

A.3.1 k_H 和 k_S 的方向相反情况

k_H 和 k_S 的方向相反且均达到统计公差限，属于最不理想情况，这种极端条件下可保证的配合质量可根据本部分附录 A 中表 A.1 中的公式估算。

表 A.1 根据两个配合尺寸的过程能力指数的统计公差估计可保证的配合质量（k_H 和 k_S 的方向相反）

配合质量指标	孔、轴公差比	计 算 公 式
配合中间区率	$r=1$	$P_{C(f)}(M_f \pm T_f/6)=\{\Phi[1.414C^*_p(1-3k^*)]-\Phi[-1.414C^*_p(1+3k^*)]\}\times 100\%$
配合平均质量损失率		$P_{ql(f)}=\left[\dfrac{1}{(4.242C^*_p)^2}+(k^*)^2\right]\times 100\%$
配合能力指数		$FC_{pk}\approx 1.414C^*_p(1-k^*)$

表 A.1（续）

配合质量指标	孔、轴公差比	计 算 公 式
配合中间区率	$r=1.6$	$P_{C(f)}(M_f \pm T_f/6)=\{\Phi[1.378C_p^*(1-3k^*)]-\Phi[-1.378C_p^*(1+3k^*)]\}\times 100\%$
配合平均质量损失率		$P_{ql(f)}=\left[\frac{1}{(4.134C_p^*)^2}+(k^*)^2\right]\times 100\%$
配合能力指数		$FC_{pk}\approx 1.378C_p^*(1-k^*)$

A.3.2　k_H 和 k_S 的方向相同情况

k_H 和 k_S 的方向相同且均达到统计公差限时，此情况属于充分利用统计公差的较理想情况，可保证的配合质量可根据表 A.2 估算。

表 A.2　根据两个配合尺寸的过程能力指数的统计公差估计可保证的配合质量（k_H 和 k_S 的方向相同）

配合质量指标	孔、轴公差比	计 算 公 式
配合中间区率	$r=1$	$P_{C(f)}(M_f \pm T_f/6)=\{\Phi[1.414C_p^*]-\Phi[-1.414C_p^*]\}\times 100\%$
配合平均质量损失率		$P_{ql(f)}=\frac{1}{(4.242C_p^*)^2}\times 100\%$
配合能力指数		$FC_{pk}\approx 1.414C_p^*$
配合中间区率	$r=1.6$	$P_{C(f)}(M_f \pm T_f/6)=\{\Phi[1.378C_p^*(1-0.69k^*)]-\Phi[-1.378C_p^*(1+0.69k^*)]\}\times 100\%$
配合平均质量损失率		$P_{ql(f)}=\left[\frac{1}{(4.134C_p^*)^2}+(0.23k^*)^2\right]\times 100\%$
配合能力指数		$FC_{pk}\approx 1.378C_p^*(1-0.23k^*)$

A.3.3　根据 k_H 和 k_S 的方向相同和相反概率均等的假设预测的配合质量

在一般情况下，孔、轴配合尺寸的制造最终工序是相互独立的，因此，k_H 和 k_S 的方向相反和相同两种情况的概率是相等的。根据 k_H 和 k_S 的方向相等和相反概率均等的假设预测配合质量。表 A.3 估算公式是较为合理的配合质量预测模式。

表 A.3　根据 k_H 和 k_S 的方向相同和相反概率均等的假设预测配合质量

配合质量指标	孔、轴公差比	计 算 公 式
配合中间区率	$r=1$	$P_{C(f)}(M_f \pm T_f/6)=(0.5\{\Phi[1.414C_p^*(1-3k^*)]-\Phi[-1.414C_p^*(1+3k^*)]\}$ $+0.5\{\Phi[1.414C_p^*]-\Phi[-1.414C_p^*]\})\times 100\%$
配合平均质量损失率		$P_{ql(f)}=\left[\frac{1}{(4.242C_p^*)^2}+0.5(k^*)^2\right]\times 100\%$
配合能力指数		$FC_{pk}\approx 1.414C_p^*(1-0.5k^*)$
配合中间区率	$r=1.6$	$P_{C(f)}(M_f \pm T_f/6)=(0.5\{\Phi[1.378C_p^*(1-0.69k^*)]-\Phi[-1.378C_p^*(1+0.69k^*)]\}$ $+0.5\{\Phi[1.378C_p^*(1-3k^*)]-\Phi[-1.378C_p^*(1+3k^*)]\})\times 100\%$
配合平均质量损失率		$P_{ql(f)}=\left[\frac{1}{(4.134C_p^*)^2}+0.5265(k^*)^2\right]\times 100\%$
配合能力指数		$FC_{pk}\approx 1.378C_p^*(1-0.615k^*)$

A.3.4 应用表格的设计及应用

A.3.4.1 应用表格的设计

面向配合质量的统计公差涉及因素和情况较多，为便于应用，统计公差标准第5部分的附录B提供了统计公差设计中经常应用的10个应用数值表。各表内容、说明及用途参见表A.4。

表A.4 附录B的内容、说明及用途一览表

序号	名称	说明	用途
B.1	$r=1.0$ 时的 $C_{p(H)}$，$C_{p(S)}$ 和 FC_p 的对应数值表		配合能力分析和面向配合质量的统计公差设计
B.2	$r=1.6$ 的 $C_{p(H)}$，$C_{p(S)}$ 和 FC_p 的对应数值表		配合能力分析和面向配合质量的统计公差设计
B.3	$r=1.0$ 时基于 C_p^* 和 k^* 的配合质量指标 $P_{C(f)}(M_f \pm T_f/6)$ 的数值表	按 k_H 和 k_S 的方向相反的假设估算	根据配合质量要求选择孔、轴配合尺寸的统计公差
B.4	$r=1.6$ 时基于 C_p^* 和 k^* 的配合质量指标 $P_{C(f)}(M_f \pm T_f/6)$ 的数值表	按 k_H 和 k_S 的方向相反的假设估算	根据配合质量要求选择孔、轴配合尺寸的统计公差
B.5	$r=1.0$ 时基于 C_p^* 和 k^* 的配合质量指标 $P_{ql(f)}$ 的数值表	按 k_H 和 k_S 的方向相反的假设估算	根据配合质量要求选择孔、轴配合尺寸的统计公差
B.6	$r=1.6$ 时基于 C_p^* 和 k^* 的配合质量指标 $P_{ql(f)}$ 的数值表	按 k_H 和 k_S 的方向相反的假设估算	根据配合质量要求选择孔、轴配合尺寸的统计公差
B.7	$r=1.0$ 时基于 C_p^* 和 k^* 的配合能力指数 FC_{pk}^* 的数值表	按 k_H 和 k_S 的方向相反的假设估算	根据配合质量要求选择孔、轴配合尺寸的统计公差
B.8	$r=1.6$ 时基于 C_p^* 和 k^* 的配合能力指数 FC_{pk}^* 的数值表	按 k_H 和 k_S 的方向相反的假设估算	根据配合质量要求选择孔、轴配合尺寸的统计公差
B.9	基于 FC_p 和 k_f 的配合中间区率 $P_{C(f)}(M_f \pm T_f/6)$ 的数值表		根据配合统计参数的预测配合质量
B.10	基于 FC_p 和 k_f 的配合平均质量损失率 $P_{ql(f)}$ 的数值表		根据配合统计参数的预测配合质量

孔、轴配合尺寸的偏移参数的统计公差 k^*，过程能力指数的统计公差 C_p^* 及孔、轴公差比 r 对配合质量均有不同程度的影响，根据两个配合尺寸的平均偏移不同假设条件估算的配合质量也有较大差异。应合理应用附录B中的常用数值表，确定孔、轴配合尺寸的统计公差。

A.3.4.2 按表A.1中的公式形成的附录B表B.3～表B.8的功能及应用

附录B中的表B.3～表B.8均按表A.1中的公式估算，基于 k_H 和 k_S 的方向相反且均达到统计公差限的假设，主要用于根据配合质量要求选择孔、轴配合尺寸的统计公差。按照表A.1中的公式给定孔、轴配合尺寸的统计公差比按表A.2和表A.3更严格。

例如，根据表A.3中的公式给定孔、轴配合尺寸的统计公差，$C_p^*=1.2$ 时，$r=1.0$ 时，保证 $P_{C(f)}^* \geqslant 90\%$ 的孔、轴配合尺寸的统计公差 $(C_p^*, k^*)=(1.2, 0.07)$；根据附表A.1，$C_p^*=1.2$ 时，$r=1.0$ 时，保证 $P_{C(f)} \geqslant 90\%$ 的孔、轴配合尺寸的统计公差 $(C_p^*, k^*)=(1.2, 0.05)$。

显然，按照表A.1中的公式估算，在形成孔、轴配合尺寸的制造工序的统计公差的极端条件下也可保证的配合质量具有极高的置信水平。

A.4 孔、轴配合的统计公差图样标注

A.4.1 配合中间区率(优等率)$P_{C(f)}$ 的标注

示例 1:配合优等率不小于 86%的标注(配合优等率为配合公差带中心的三分之一区域)

$$\phi 35\ \frac{M6}{h6}\ \mathbf{ST}:P_{C(f)}(-0.006\ 5\pm 0.004\ 5)\geqslant 86\%$$

其中:35 为公称尺寸,配合目标值 $M_f=-0.006\ 5$,$T_f=0.027$,$\frac{T_f}{6}=0.004\ 5$。

示例 2:配合中间区率不小于 95%的标注(中间区为配合公差带中心的二分之一区域)

$$\phi 35\ \frac{M6}{h6}\ \mathbf{ST}:P_{C(f)}(-0.006\ 5\pm 0.006\ 75)\geqslant 95\%$$

其中:35 为公称尺寸,配合目标值 $M_f=-0.006\ 5$,$T_f=0.027$,$\frac{T_f}{4}=0.006\ 75$。

A.4.2 配合平均质量损失率 $P_{ql(f)}$ 的标注

示例:

$$\phi 35\ \frac{M6}{h5}\ \mathbf{ST}:P_{ql(f)}\leqslant 5.0\%$$

A.4.3 配合能力指数的标注

示例 1:FC_{pk} 不小于 1.5 的标注

$$\phi 35\ \frac{M6}{h5}\ \mathbf{ST}:FC_{pk}\geqslant 1.5$$

示例 2:FC_{pm} 不小于 1.5 的标注

$$\phi 35\ \frac{M6}{h5}\ \mathbf{ST}:FC_{pm}\geqslant 1.5$$

A.5 面向配合质量目标的统计公差的应用及示例

A.5.1 根据配合质量指标设计孔、轴配合尺寸的统计公差

示例 1:某活塞销和活塞销孔的配合为 $\phi 35\ \frac{M6}{h5}$,孔 $\phi 35M6(^{-0.004}_{-0.020})$,轴 $\phi 35h5(^{0}_{-0.011})$,如图 A.1 所示。

单位为毫米

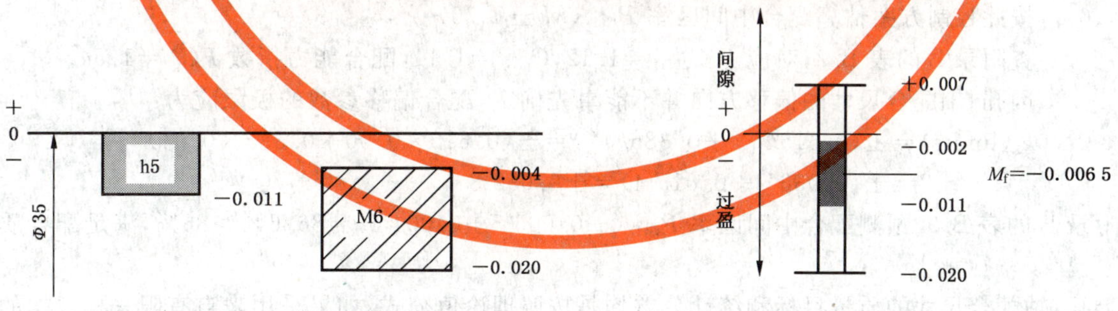

a) 孔、轴公差带图　　b) 配合公差带图

注:$T_f=T_H+T_S=0.016+0.011=0.027$;$T_f/2=0.027/2=0.013\ 5$;$M_f=0.007-0.013\ 5=-0.006\ 5$;$T_f/6=0.027/6=0.004\ 5$;配合中间区范围 $-0.006\ 5+0.004\ 5=-0.002$;$-0.006\ 5-0.004\ 5=-0.011$

图 A.1 活塞销和活塞销孔的孔、轴公差带和配合公差带图

a) 预先设定满足该项配合质量要求为:

1) 配合优等率,即配合中间区率 $P_{C(f)}(-0.006\ 5\pm 0.004\ 5)\geqslant 86\%$;配合中间区范围为:$-0.011\sim-0.002$ mm;

2) 配合的合格率为 100%,即所有配合均应在 $-0.020\sim+0.007$ mm 范围内;

3) 在满足上述配合要求的前提下，孔、轴配合尺寸的最终工序不合格率应控制在0.1%以内。

孔、轴配合尺寸的最终工序分别为超精镗和精磨。进给控制均由设备保证且应用统计过程控制进行过程监控。

b) 已知 $C_{p(H)}=1.12$，$C_{p(S)}=1.11$。满足上述配合质量要求及孔、轴配合尺寸的最终工序质量控制要求的统计公差设计步骤如下：

1) 由GB/Z 24636.3—2009中附录B中表B.1"基于 C_p 和 k 值的过程不合格率 P_d 的数值表"，选择二组保证工序不合格率在0.1%以内的统计公差(C_p^*，k^*)，分别为(1.12，0.06)和(1.11，0.04)。

2) 由预定的 $P_{C(f)}(-0.006\,5\pm0.004\,5)\geqslant86\%$，根据本附录的表A.1的第4个公式形成的电子表格，基于过程能力指数的统计公差 C_p^* 和过程偏移参数的统计公差 k^* 的配合质量指标 $P_{C(f)}$ 的数值，选择一组保证配合质量指标 $P_{C(f)}(M_f\pm T_f/6)\geqslant86\%$ 的孔、轴配合尺寸的统计公差(C_p^*，k^*)均为(1.11，0.06)。同时满足零件层面控制工序不合格率及装配层面配合质量指标要求的孔、轴配合尺寸的统计公差(C_p^*，k^*)应为(1.12，0.06)或(1.11，0.04)。确定前者用于孔配合尺寸，后者用于轴配合尺寸。

3) 设定孔、轴配合尺寸标准差的统计公差 σ_H^* 和 σ_S^*

$$\sigma_H^*=\frac{T_H}{6C_p^*}=\frac{0.016}{6\times1.12}\approx0.002\,4\ \text{mm}$$

$$\sigma_S^*=\frac{T_S}{6C_p^*}=\frac{0.011}{6\times1.11}\approx0.001\,7\ \text{mm}$$

4) 设定孔、轴配合尺寸均值偏移的统计公差 Δ_H^* 和 Δ_S^*

由2)确定孔、轴配合尺寸的统计公差知 $k_H^*=0.06$，$k_S^*=0.04$

$\Delta_H^*=0.5k_H^*T_H=0.5\times0.06\times0.016=0.000\,48\ \text{mm}$

$\Delta_S^*=0.5k_S^*T_S=0.5\times0.04\times0.011=0.000\,22\ \text{mm}$

5) 设定孔、轴配合尺寸均值的目标值及控制范围

活塞销孔：$\phi34.988\pm0.000\,48\ \text{mm}$

活塞销：$\phi34.994\,5\pm0.000\,22\ \text{mm}$

6) 按此控制方案估算配合中间区率 $P_{C(f)}(M_f\pm T_f/6)$

查附录B的表B.2，对应于 $C_{p(H)}^*=1.12$，$C_{p(S)}^*=1.11$，配合能力指数 $FC_p^*=1.54$。

因孔、轴配合尺寸的偏移方向并不能事先确定，配合偏移参数的极限应为：

$$\begin{aligned}k_f(\text{limits})&=\pm(0.615k_H{}^*+0.385k_S{}^*)=\pm(0.615\times0.06+0.385\times0.04)\\&=\pm(0.036\,9+0.015\,4)=\pm0.052\,3\end{aligned}$$

查附录B的表B.9，预测配合中间区率 $P_{C(f)}(-0.006\,5\pm0.004\,5)=86.6\%>86\%$，满足配合质量要求。

以上孔、轴配合尺寸的质量目标和统计公差均是按照理论值公式，如果采用来自有限采样数据的估计值，还应按照本标准第4部分估算。

7) 统计公差的图样标注

在装配图的标注：

$$\phi35\,\frac{\text{M6}}{\text{h5}}\ \textbf{ST}: P_{C(f)}(-0.006\,5\pm0.004\,5)\geqslant86.0\%$$

在孔、轴零件图上的标注：

活塞销：$\phi35\text{h5}\left({}^{\ 0}_{-0.011}\right)$**ST**：$P_d\leqslant0.10\%$

活塞销孔：$\phi35\text{M6}\left({}^{-0.020}_{-0.040}\right)$**ST**：$P_d\leqslant0.10\%$

8) 中层、下层统计公差在相关过程质量控制文件中的表达

中层——无量纲统计公差的表达：

活塞销孔：$\phi35\mathrm{M}6(^{-0.020}_{-0.040})$ **ST**：$(C^{*}_{p(H)},k^{*}_{H})=(1.12,0.06)$

活塞销：$\phi35\mathrm{h}5(^{\ 0}_{-0.011})$ **ST**：$(C^{*}_{p(S)},k^{*}_{S})=(1.11,0.04)$

下层——有量纲统计公差的表达：

活塞销孔：$\phi35\mathrm{M}6(^{-0.020}_{-0.040})$ **ST**：$(\sigma^{*}_{H},\Delta^{*}_{H})=(0.002\ 4,0.000\ 48)$

活塞销：$\phi35\mathrm{h}5(^{\ 0}_{-0.011})$ **ST**：$(\sigma^{*}_{S},\Delta^{*}_{S})=(0.001\ 7,0.000\ 22)$

A.5.2 用两个配合尺寸的过程能力指数预测孔、轴配合零件批配合质量并改进制造过程及配合质量

如果两个孔、轴配合零件批的配合尺寸的过程能力指数已知，可利用两个配合尺寸的过程能力指数及偏移参数预测配合质量的评价指标，并根据预测对孔、轴配合零件后续批的加工做出指导以改进配合质量。

示例 2：某拖拉机传动箱中的齿轮孔和传动轴的配合为 $\phi40\mathrm{H}7/\mathrm{js}6$，齿轮孔 $\phi40\mathrm{H}7(^{+0.025}_{\ 0})$，传动轴 $\phi40\mathrm{js}6(^{+0.008}_{-0.008})$。

单位为毫米

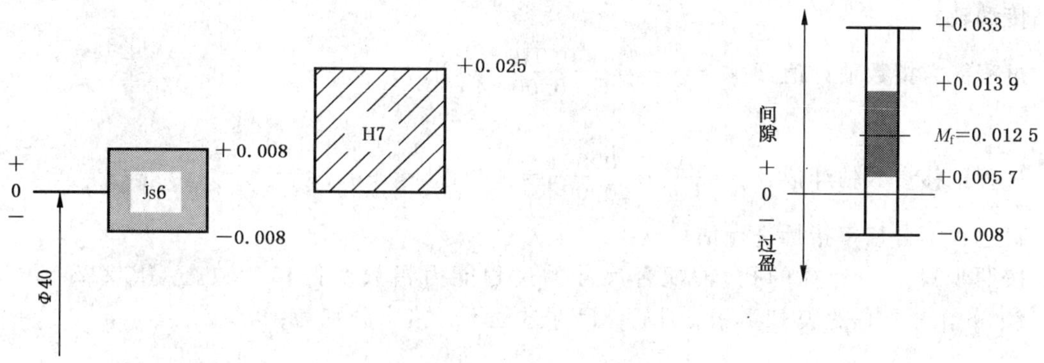

a） 孔、轴公差带图　　　b） 配合公差带图

注：$T_f=T_H+T_S=0.025+0.016=0.041$；$T_f/2=0.041/2=0.020\ 5$；$M_f=0.033-0.020\ 5=0.012\ 5$；

$T_f/6=0.041/6=0.006\ 8$；配合中间区范围 $0.012\ 5+0.006\ 8=0.013\ 9$；$0.012\ 5-0.006\ 8=0.005\ 7$

图 A.2 齿轮孔和传动轴的孔、轴公差带和配合公差带图

齿轮孔的最终工序为拉削而传动轴最终工序为磨削。齿轮孔和传动轴的每批批量为 1 500 件套。已知齿轮孔和传动轴最终工序均采用均值-极差控制图且处于受控状态。

a） 零件层次的过程质量要求为：孔、轴配合尺寸最终工序的过程不合格率要求为不大于 0.10 %，配合层次的质量要求为：配合中间区率要求为不小于 88%。

b） 根据该批次的统计参数预测孔、轴配合尺寸的合格率和配合质量，采用面向配合质量的统计公差技术提高孔、轴配合尺寸的合格率并改进配合质量，步骤如下：

1） 明确已知条件：孔、轴配合尺寸的目标值为公差带中心值，即，齿轮孔 $\phi40.012\ 5$，传动轴 $\phi40.00$。根据受控状态的均值-极差控制图的数据，孔、轴配合尺寸的控制图各子组（子组大小 $n=5$，子组个数 $m=20$）的平均极差和均值分别为：

齿轮孔：$\bar{R}_H=0.008\ 6\ \mathrm{mm}$，$\bar{\bar{x}}_H=40.012\ 1\ \mathrm{mm}$

传动轴：$\bar{R}_S=0.005\ 6\ \mathrm{mm}$，$\bar{\bar{x}}_S=40.001\ \mathrm{mm}$

2） 计算齿轮孔和传动轴配合尺寸最终工序的统计参数

齿轮孔：

标准偏差估计值：$\hat{\sigma}_{\bar{R}(H)}=\bar{R}_H/d_2=0.008\ 6/2.326=0.003\ 7\ \mathrm{mm}$，

其中，系数 d_2 查 GB/Z 24636.4—2009 中表 3 系数 d_2 数值表。

均值估计值：$\hat{\mu}_H=\bar{\bar{x}}_H=40.012\ 1\ \mathrm{mm}$

对目标值的偏移：$\hat{\Delta}_H=\hat{\mu}_H-M_H=40.0121-40.0125=-0.0004$ mm

传动轴：

标准偏差估计值：$\hat{\sigma}_{\bar{R}(S)}=\bar{R}_S/d_2=0.0056/2.326=0.0024$ mm，

均值估计值：$\hat{\mu}_S=\bar{\bar{x}}_S=40.001$ mm

对目标值的偏移：$\hat{\Delta}_S=\hat{\mu}_S-M_S=40.001-40=+0.001$ mm

3） 根据孔、轴配合尺寸的标准偏差和均值的估计值计算过程能力指数和偏移参数的估计值

齿轮孔：

过程能力指数估计值：$\hat{C}_{p(H)}=\dfrac{T_H}{6\hat{\sigma}_H}=\dfrac{0.025}{6\times 0.0037}\approx 1.13$

过程偏移参数估计值：$\hat{k}_H=\dfrac{\hat{\Delta}_H}{T_H/2}=\dfrac{-0.0004}{0.0125}=-0.032\approx-0.03$

传动轴：

过程能力指数估计值：$\hat{C}_{p(S)}=\dfrac{T_S}{6\hat{\sigma}_S}=\dfrac{0.016}{6\times 0.0024}\approx 1.11$

过程偏移参数估计值：$\hat{k}_S=\dfrac{\hat{\Delta}_S}{T_S/2}=\dfrac{0.001}{0.008}=+0.125\approx+0.13$

4） 对过程不合格率指标进行估算

按照步骤3)中计算的孔、轴配合尺寸的过程能力指数及偏移参数查GB/Z 24636.3—2009中附录B的表B.1，孔、轴配合尺寸过程不合格率分别为：

孔：$\hat{P}_{d(H)}=0.0744\%$

轴：$\hat{P}_{d(S)}=0.1967\%$

5） 配合能力分析

根据孔、轴配合尺寸过程能力指数的估计值预测配合质量：

配合后间隙或过盈的标准差：

$\sigma_f=\sqrt{\sigma_H^2+\sigma_S^2}=\sqrt{0.0037^2+0.0024^2}\approx 0.0044$ mm

配合后间隙或过盈的均值估计值：

$\hat{\mu}_f=\bar{\bar{x}}_H-\bar{\bar{x}}_S=40.0121-40.001=0.0111$ mm

配合后平均间隙对配合目标值的偏移估计值：

$\hat{\Delta}_f=\hat{\mu}_f-M_f=0.0111-0.0125=-0.0014$ mm

配合能力指数估计值：

$F\hat{C}_p=\dfrac{T_f}{6\hat{\sigma}_f}=\dfrac{0.041}{6\times 0.0044}\approx 1.55$

配合偏移参数估计值：

$\hat{k}_f=\dfrac{\hat{\Delta}_f}{T_f/2}=\dfrac{-0.0014}{0.0205}\approx-0.068$

或

$\hat{k}_f\approx 0.615\hat{k}_H-0.385\hat{k}_S=0.615\times(-0.032)-0.385\times 0.125=-0.068$

6） 配合质量预测

根据估算的孔、轴配合尺寸过程能力指数和偏移参数直接按照本部分的公式(6)计算配

合中间区率：

$P_{C(f)}(0.012\ 5\pm0.006\ 8)=\{\Phi[FC_p(1-3k_f)]-\Phi[-FC_p(1+3k_f)]\}\times100\%$

$=\{\Phi[1.55(1-3\times0.068)]-\Phi[-1.55(1+3\times0.068)]\}\times100\%$

$=\{\Phi[1.233\ 8]-\Phi[-1.866\ 2]\}\times100\%$

$=[0.891\ 361-0.031\ 007]\times100\%$

$=86.04\%$

7) 根据预测的配合质量，提出降低轴配合尺寸的不合格率并改进配合质量的调整措施

分析：

$P_{C(f)}(0.012\ 5\pm0.006\ 8)=86.04\%<88\%$，不满足配合质量要求。

齿轮孔的最终工序为拉削，拉刀为定尺寸刀具，加工过程稳定，$\hat{C}_{p(H)}=1.13$，$\hat{P}_{d(H)}=0.074\ 4\%$，满足不合格率不大于0.10%的要求。不必调整。传动轴最终工序为磨削，便于调整，且$\hat{C}_{p(S)}=1.11$，$\hat{P}_{d(S)}=0.196\ 7\%$，不合格率大于该项质量指标要求0.10%。

分析：

不满足配合质量要求，主要原因是轴的配合尺寸均值对目标值的偏移相对较大且方向和孔的偏移方向相反，通过调整可以提高轴配合尺寸的合格率的同时改进配合质量。

将轴的均值由40.001控制为39.999 7，$\hat{\Delta}_S$由+1 μm控制为−0.3 μm，将使轴的配合尺寸的不合格率由0.196 7%下降为0.095%，配合中间区率$P_{C(f)}$由86%提高到88%，均满足零件层次和配合层次统计公差要求，降低制造过程不合格品率并提高配合中间区率的效果明显。

附 录 B
（资料性附录）
面向配合质量目标的统计公差设计常用数值表

表 B.1 $r=1.0$ 时的 $C_{p(H)}$、$C_{p(S)}$ 和 FC_p 的对应数值表

$C_{p(H)}$	$C_{p(S)}$																				
	0.9	0.92	0.94	0.96	0.98	1	1.02	1.04	1.06	1.08	1.1	1.12	1.14	1.16	1.18	1.2	1.22	1.24	1.26	1.28	1.3
0.9	1.27	1.29	1.3	1.31	1.33	1.34	1.35	1.36	1.37	1.38	1.39	1.4	1.41	1.42	1.43	1.44	1.45	1.46	1.46	1.47	1.48
0.92	1.29	1.3	1.31	1.33	1.34	1.35	1.37	1.38	1.39	1.4	1.41	1.42	1.43	1.44	1.45	1.46	1.47	1.48	1.49	1.49	1.5
0.94	1.3	1.31	1.33	1.34	1.36	1.37	1.38	1.39	1.41	1.42	1.43	1.44	1.45	1.46	1.47	1.48	1.49	1.5	1.51	1.52	1.52
0.96	1.31	1.33	1.34	1.36	1.37	1.39	1.4	1.41	1.42	1.44	1.45	1.46	1.47	1.48	1.49	1.5	1.51	1.52	1.53	1.54	1.54
0.98	1.33	1.34	1.36	1.37	1.39	1.4	1.41	1.43	1.44	1.45	1.46	1.48	1.49	1.5	1.51	1.52	1.53	1.54	1.55	1.56	1.57
1	1.34	1.35	1.37	1.39	1.4	1.41	1.43	1.44	1.45	1.47	1.48	1.49	1.5	1.51	1.53	1.54	1.55	1.56	1.57	1.58	1.59
1.02	1.35	1.37	1.38	1.4	1.41	1.43	1.44	1.46	1.47	1.48	1.5	1.51	1.52	1.53	1.54	1.55	1.57	1.58	1.59	1.6	1.6
1.04	1.36	1.38	1.39	1.41	1.43	1.44	1.46	1.47	1.48	1.5	1.51	1.52	1.54	1.55	1.56	1.57	1.58	1.59	1.6	1.61	1.62
1.06	1.37	1.39	1.41	1.42	1.44	1.45	1.47	1.48	1.5	1.51	1.53	1.54	1.55	1.57	1.58	1.59	1.6	1.61	1.62	1.63	1.64
1.08	1.38	1.4	1.42	1.44	1.45	1.47	1.48	1.5	1.51	1.53	1.54	1.55	1.57	1.58	1.59	1.61	1.62	1.63	1.64	1.65	1.66
1.1	1.39	1.41	1.43	1.45	1.46	1.48	1.5	1.51	1.53	1.54	1.56	1.57	1.58	1.6	1.61	1.62	1.63	1.65	1.66	1.67	1.68
1.12	1.4	1.42	1.44	1.46	1.48	1.49	1.51	1.52	1.54	1.55	1.57	1.58	1.6	1.61	1.62	1.64	1.65	1.66	1.67	1.69	1.7
1.14	1.41	1.43	1.45	1.47	1.49	1.5	1.52	1.54	1.55	1.57	1.58	1.6	1.61	1.63	1.64	1.65	1.67	1.68	1.69	1.7	1.71
1.16	1.42	1.44	1.46	1.48	1.5	1.51	1.53	1.55	1.57	1.58	1.6	1.61	1.63	1.64	1.65	1.67	1.68	1.69	1.71	1.72	1.73
1.18	1.43	1.45	1.47	1.49	1.51	1.53	1.54	1.56	1.58	1.59	1.61	1.62	1.64	1.65	1.67	1.68	1.7	1.71	1.72	1.74	1.75
1.2	1.44	1.46	1.48	1.5	1.52	1.54	1.55	1.57	1.59	1.61	1.62	1.64	1.65	1.67	1.68	1.7	1.71	1.72	1.74	1.75	1.76
1.22	1.45	1.47	1.49	1.51	1.53	1.55	1.57	1.58	1.6	1.62	1.63	1.65	1.67	1.68	1.7	1.71	1.73	1.74	1.75	1.77	1.78
1.24	1.46	1.48	1.5	1.52	1.54	1.56	1.58	1.59	1.61	1.63	1.65	1.66	1.68	1.69	1.71	1.72	1.74	1.75	1.77	1.78	1.79
1.26	1.46	1.49	1.51	1.53	1.55	1.57	1.59	1.6	1.62	1.64	1.66	1.67	1.69	1.71	1.72	1.74	1.75	1.77	1.78	1.8	1.81
1.28	1.47	1.49	1.52	1.54	1.56	1.58	1.6	1.61	1.63	1.65	1.67	1.69	1.7	1.72	1.74	1.75	1.77	1.78	1.8	1.81	1.82
1.3	1.48	1.5	1.52	1.54	1.57	1.59	1.6	1.62	1.64	1.66	1.68	1.7	1.71	1.73	1.75	1.76	1.78	1.79	1.81	1.82	1.84
1.32	1.49	1.51	1.53	1.55	1.57	1.59	1.61	1.63	1.65	1.67	1.69	1.71	1.73	1.74	1.76	1.78	1.79	1.81	1.82	1.84	1.85
1.34	1.49	1.52	1.54	1.56	1.58	1.6	1.62	1.64	1.66	1.68	1.7	1.72	1.74	1.75	1.77	1.79	1.8	1.82	1.84	1.85	1.87
1.36	1.5	1.52	1.55	1.57	1.59	1.61	1.63	1.65	1.67	1.69	1.71	1.73	1.75	1.77	1.78	1.8	1.82	1.83	1.85	1.86	1.88
1.38	1.51	1.53	1.55	1.58	1.6	1.62	1.64	1.66	1.68	1.7	1.72	1.74	1.76	1.78	1.79	1.81	1.83	1.84	1.86	1.88	1.89
1.4	1.51	1.54	1.56	1.58	1.61	1.63	1.65	1.67	1.69	1.71	1.73	1.75	1.77	1.79	1.8	1.82	1.84	1.86	1.87	1.89	1.91
1.42	1.52	1.54	1.57	1.59	1.61	1.64	1.66	1.68	1.7	1.72	1.74	1.76	1.78	1.8	1.82	1.83	1.85	1.87	1.88	1.9	1.92

表 B.1（续）

$C_{p(H)}$	$C_{p(S)}$																				
	0.9	0.92	0.94	0.96	0.98	1	1.02	1.04	1.06	1.08	1.1	1.12	1.14	1.16	1.18	1.2	1.22	1.24	1.26	1.28	1.3
1.44	1.53	1.55	1.57	1.6	1.62	1.64	1.66	1.69	1.71	1.73	1.75	1.77	1.79	1.81	1.83	1.84	1.86	1.88	1.9	1.91	1.93
1.46	1.53	1.56	1.58	1.6	1.63	1.65	1.67	1.69	1.72	1.74	1.76	1.78	1.8	1.82	1.84	1.85	1.87	1.89	1.91	1.92	1.94
1.48	1.54	1.56	1.59	1.61	1.63	1.66	1.68	1.7	1.72	1.74	1.77	1.79	1.81	1.83	1.85	1.86	1.88	1.9	1.92	1.94	1.95
1.5	1.54	1.57	1.59	1.62	1.64	1.66	1.69	1.71	1.73	1.75	1.77	1.79	1.82	1.84	1.85	1.87	1.89	1.91	1.93	1.95	1.96
1.52	1.55	1.57	1.6	1.62	1.65	1.67	1.69	1.72	1.74	1.76	1.78	1.8	1.82	1.84	1.86	1.88	1.9	1.92	1.94	1.96	1.98
1.54	1.55	1.58	1.6	1.63	1.65	1.68	1.7	1.72	1.75	1.77	1.79	1.81	1.83	1.85	1.87	1.89	1.91	1.93	1.95	1.97	1.99
1.56	1.56	1.58	1.61	1.64	1.66	1.68	1.71	1.73	1.75	1.78	1.8	1.82	1.84	1.86	1.88	1.9	1.92	1.94	1.96	1.98	2
1.58	1.56	1.59	1.62	1.64	1.67	1.69	1.71	1.74	1.76	1.78	1.81	1.83	1.85	1.87	1.89	1.91	1.93	1.95	1.97	1.99	2.01
1.6	1.57	1.6	1.62	1.65	1.67	1.7	1.72	1.74	1.77	1.79	1.81	1.84	1.86	1.88	1.9	1.92	1.94	1.96	1.98	2	2.02
1.62	1.57	1.6	1.63	1.65	1.68	1.7	1.73	1.75	1.77	1.8	1.82	1.84	1.86	1.89	1.91	1.93	1.95	1.97	1.99	2.01	2.03
1.64	1.58	1.6	1.63	1.66	1.68	1.71	1.73	1.76	1.78	1.8	1.83	1.85	1.87	1.89	1.92	1.94	1.96	1.98	2	2.02	2.04
1.66	1.58	1.61	1.64	1.66	1.69	1.71	1.74	1.76	1.79	1.81	1.83	1.86	1.88	1.9	1.92	1.95	1.97	1.99	2.01	2.03	2.05
1.68	1.59	1.61	1.64	1.67	1.69	1.72	1.74	1.77	1.79	1.82	1.84	1.86	1.89	1.91	1.93	1.95	1.97	2	2.02	2.04	2.06
1.7	1.59	1.62	1.65	1.67	1.7	1.72	1.75	1.77	1.8	1.82	1.85	1.87	1.89	1.92	1.94	1.96	1.98	2	2.02	2.05	2.07
1.72	1.59	1.62	1.65	1.68	1.7	1.73	1.75	1.78	1.8	1.83	1.85	1.88	1.9	1.92	1.95	1.97	1.99	2.01	2.03	2.05	2.07
1.74	1.6	1.63	1.65	1.68	1.71	1.73	1.76	1.79	1.81	1.84	1.86	1.88	1.91	1.93	1.95	1.98	2	2.02	2.04	2.06	2.08
1.76	1.6	1.63	1.66	1.69	1.71	1.74	1.77	1.79	1.82	1.84	1.87	1.89	1.91	1.94	1.96	1.98	2.01	2.03	2.05	2.07	2.09
1.78	1.61	1.63	1.66	1.69	1.72	1.74	1.77	1.8	1.82	1.85	1.87	1.9	1.92	1.94	1.97	1.99	2.01	2.03	2.06	2.08	2.1
1.8	1.61	1.64	1.67	1.69	1.72	1.75	1.77	1.8	1.83	1.85	1.88	1.9	1.93	1.95	1.97	2	2.02	2.04	2.06	2.09	2.11
1.82	1.61	1.64	1.67	1.7	1.73	1.75	1.78	1.81	1.83	1.86	1.88	1.91	1.93	1.96	1.98	2	2.03	2.05	2.07	2.09	2.12
1.84	1.62	1.65	1.67	1.7	1.73	1.76	1.78	1.81	1.84	1.86	1.89	1.91	1.94	1.96	1.99	2.01	2.03	2.06	2.08	2.1	2.12
1.86	1.62	1.65	1.68	1.71	1.73	1.76	1.79	1.82	1.84	1.87	1.89	1.92	1.94	1.97	1.99	2.02	2.04	2.06	2.09	2.11	2.13
1.88	1.62	1.65	1.68	1.71	1.74	1.77	1.79	1.82	1.85	1.87	1.9	1.92	1.95	1.97	2	2.02	2.05	2.07	2.09	2.12	2.14
1.9	1.63	1.66	1.69	1.71	1.74	1.77	1.8	1.82	1.85	1.88	1.9	1.93	1.96	1.98	2	2.03	2.05	2.08	2.1	2.12	2.15
1.92	1.63	1.66	1.69	1.72	1.75	1.77	1.8	1.83	1.86	1.88	1.91	1.93	1.96	1.99	2.01	2.04	2.06	2.08	2.11	2.13	2.15
1.94	1.63	1.66	1.69	1.72	1.75	1.78	1.81	1.83	1.86	1.89	1.91	1.94	1.97	1.99	2.02	2.04	2.07	2.09	2.11	2.14	2.16
1.96	1.64	1.67	1.7	1.72	1.75	1.78	1.81	1.84	1.86	1.89	1.92	1.94	1.97	2	2.02	2.05	2.07	2.1	2.12	2.14	2.17
1.98	1.64	1.67	1.7	1.73	1.76	1.79	1.81	1.84	1.87	1.9	1.92	1.95	1.98	2	2.03	2.05	2.08	2.1	2.13	2.15	2.17
2	1.64	1.67	1.7	1.73	1.76	1.79	1.82	1.85	1.87	1.9	1.93	1.95	1.98	2.01	2.03	2.06	2.08	2.11	2.13	2.16	2.18
2.02	1.64	1.67	1.7	1.73	1.76	1.79	1.82	1.85	1.88	1.9	1.93	1.96	1.99	2.01	2.04	2.06	2.09	2.11	2.14	2.16	2.19
2.04	1.65	1.68	1.71	1.74	1.77	1.8	1.82	1.85	1.88	1.91	1.94	1.96	1.99	2.02	2.04	2.07	2.09	2.12	2.14	2.17	2.19
2.06	1.65	1.68	1.71	1.74	1.77	1.8	1.83	1.86	1.89	1.91	1.94	1.97	1.99	2.02	2.05	2.07	2.1	2.12	2.15	2.17	2.2
2.08	1.65	1.68	1.71	1.74	1.77	1.8	1.83	1.86	1.89	1.92	1.94	1.97	2	2.03	2.05	2.08	2.1	2.13	2.16	2.18	2.2

表 B.1（续）

$C_{p(H)}$	$C_{p(S)}$																				
	1.32	1.34	1.36	1.38	1.4	1.42	1.44	1.46	1.48	1.5	1.52	1.54	1.56	1.58	1.6	1.62	1.64	1.66	1.68	1.7	1.72
0.9	1.49	1.49	1.5	1.51	1.51	1.52	1.53	1.53	1.54	1.54	1.55	1.55	1.56	1.56	1.57	1.57	1.58	1.58	1.59	1.59	1.59
0.92	1.51	1.52	1.52	1.53	1.54	1.54	1.55	1.56	1.56	1.57	1.57	1.58	1.58	1.59	1.6	1.6	1.6	1.61	1.61	1.62	1.62
0.94	1.53	1.54	1.55	1.55	1.56	1.57	1.57	1.58	1.59	1.59	1.6	1.6	1.61	1.62	1.62	1.63	1.63	1.64	1.64	1.65	1.65
0.96	1.55	1.56	1.57	1.58	1.58	1.59	1.6	1.6	1.61	1.62	1.62	1.63	1.64	1.64	1.65	1.65	1.66	1.66	1.67	1.67	1.68
0.98	1.57	1.58	1.59	1.6	1.61	1.61	1.62	1.63	1.63	1.64	1.65	1.65	1.66	1.67	1.67	1.68	1.68	1.69	1.69	1.7	1.7
1	1.59	1.6	1.61	1.62	1.63	1.64	1.64	1.65	1.66	1.66	1.67	1.68	1.68	1.69	1.7	1.7	1.71	1.71	1.72	1.72	1.73
1.02	1.61	1.62	1.63	1.64	1.65	1.66	1.66	1.67	1.68	1.69	1.69	1.7	1.71	1.71	1.72	1.73	1.73	1.74	1.74	1.75	1.75
1.04	1.63	1.64	1.65	1.66	1.67	1.68	1.69	1.69	1.7	1.71	1.72	1.72	1.73	1.74	1.74	1.75	1.76	1.76	1.77	1.77	1.78
1.06	1.65	1.66	1.67	1.68	1.69	1.7	1.71	1.72	1.72	1.73	1.74	1.75	1.75	1.76	1.77	1.77	1.78	1.79	1.79	1.8	1.8
1.08	1.67	1.68	1.69	1.7	1.71	1.72	1.73	1.74	1.74	1.75	1.76	1.77	1.78	1.78	1.79	1.8	1.8	1.81	1.82	1.82	1.83
1.1	1.69	1.7	1.71	1.72	1.73	1.74	1.75	1.76	1.77	1.77	1.78	1.79	1.8	1.81	1.81	1.82	1.83	1.83	1.84	1.85	1.85
1.12	1.71	1.72	1.73	1.74	1.75	1.76	1.77	1.78	1.79	1.79	1.8	1.81	1.82	1.83	1.84	1.84	1.85	1.86	1.86	1.87	1.88
1.14	1.73	1.74	1.75	1.76	1.77	1.78	1.79	1.8	1.81	1.82	1.82	1.83	1.84	1.85	1.86	1.86	1.87	1.88	1.89	1.89	1.9
1.16	1.74	1.75	1.77	1.78	1.79	1.8	1.81	1.82	1.83	1.84	1.84	1.85	1.86	1.87	1.88	1.89	1.89	1.9	1.91	1.92	1.92
1.18	1.76	1.77	1.78	1.79	1.8	1.82	1.83	1.84	1.85	1.85	1.86	1.87	1.88	1.89	1.9	1.91	1.92	1.92	1.93	1.94	1.95
1.2	1.78	1.79	1.8	1.81	1.82	1.83	1.84	1.85	1.86	1.87	1.88	1.89	1.9	1.91	1.92	1.93	1.94	1.95	1.95	1.96	1.97
1.22	1.79	1.8	1.82	1.83	1.84	1.85	1.86	1.87	1.88	1.89	1.9	1.91	1.92	1.93	1.94	1.95	1.96	1.97	1.97	1.98	1.99
1.24	1.81	1.82	1.83	1.84	1.86	1.87	1.88	1.89	1.9	1.91	1.92	1.93	1.94	1.95	1.96	1.97	1.98	1.99	2	2	2.01
1.26	1.82	1.84	1.85	1.86	1.87	1.88	1.9	1.91	1.92	1.93	1.94	1.95	1.96	1.97	1.98	1.99	2	2.01	2.02	2.02	2.03
1.28	1.84	1.85	1.86	1.88	1.89	1.9	1.91	1.92	1.94	1.95	1.96	1.97	1.98	1.99	2	2.01	2.02	2.03	2.04	2.05	2.05
1.3	1.85	1.87	1.88	1.89	1.91	1.92	1.93	1.94	1.95	1.96	1.98	1.99	2	2.01	2.02	2.03	2.04	2.05	2.06	2.07	2.07
1.32	1.87	1.88	1.89	1.91	1.92	1.93	1.95	1.96	1.97	1.98	1.99	2	2.02	2.03	2.04	2.05	2.06	2.07	2.08	2.09	2.09
1.34	1.88	1.9	1.91	1.92	1.94	1.95	1.96	1.97	1.99	2	2.01	2.02	2.03	2.04	2.05	2.07	2.08	2.09	2.1	2.1	2.11
1.36	1.89	1.91	1.92	1.94	1.95	1.96	1.98	1.99	2	2.02	2.03	2.04	2.05	2.06	2.07	2.08	2.09	2.1	2.11	2.12	2.13
1.38	1.91	1.92	1.94	1.95	1.97	1.98	1.99	2.01	2.02	2.03	2.04	2.06	2.07	2.08	2.09	2.1	2.11	2.12	2.13	2.14	2.15
1.4	1.92	1.94	1.95	1.97	1.98	1.99	2.01	2.02	2.03	2.05	2.06	2.07	2.08	2.1	2.11	2.12	2.13	2.14	2.15	2.16	2.17
1.42	1.93	1.95	1.96	1.98	1.99	2.01	2.02	2.04	2.05	2.06	2.08	2.09	2.1	2.11	2.12	2.14	2.15	2.16	2.17	2.18	2.19
1.44	1.95	1.96	1.98	1.99	2.01	2.02	2.04	2.05	2.06	2.08	2.09	2.1	2.12	2.13	2.14	2.15	2.16	2.18	2.19	2.2	2.21
1.46	1.96	1.97	1.99	2.01	2.02	2.04	2.05	2.06	2.08	2.09	2.11	2.12	2.13	2.14	2.16	2.17	2.18	2.19	2.2	2.22	2.23
1.48	1.97	1.99	2	2.02	2.03	2.05	2.06	2.08	2.09	2.11	2.12	2.13	2.15	2.16	2.17	2.19	2.2	2.21	2.22	2.23	2.24

表 B.1（续）

$C_{p(H)}$	$C_{p(S)}$																				
	1.32	1.34	1.36	1.38	1.4	1.42	1.44	1.46	1.48	1.5	1.52	1.54	1.56	1.58	1.6	1.62	1.64	1.66	1.68	1.7	1.72
1.5	1.98	2	2.02	2.03	2.05	2.06	2.08	2.09	2.11	2.12	2.14	2.15	2.16	2.18	2.19	2.2	2.21	2.23	2.24	2.25	2.26
1.52	1.99	2.01	2.03	2.04	2.06	2.08	2.09	2.11	2.12	2.14	2.15	2.16	2.18	2.19	2.2	2.22	2.23	2.24	2.25	2.27	2.28
1.54	2	2.02	2.04	2.06	2.07	2.09	2.1	2.12	2.13	2.15	2.16	2.18	2.19	2.21	2.22	2.23	2.25	2.26	2.27	2.28	2.29
1.56	2.02	2.03	2.05	2.07	2.08	2.1	2.12	2.13	2.15	2.16	2.18	2.19	2.21	2.22	2.23	2.25	2.26	2.27	2.29	2.3	2.31
1.58	2.03	2.04	2.06	2.08	2.1	2.11	2.13	2.14	2.16	2.18	2.19	2.21	2.22	2.23	2.25	2.26	2.28	2.29	2.3	2.31	2.33
1.6	2.04	2.05	2.07	2.09	2.11	2.12	2.14	2.16	2.17	2.19	2.2	2.22	2.23	2.25	2.26	2.28	2.29	2.3	2.32	2.33	2.34
1.62	2.05	2.07	2.08	2.1	2.12	2.14	2.15	2.17	2.19	2.2	2.22	2.23	2.25	2.26	2.28	2.29	2.31	2.32	2.33	2.35	2.36
1.64	2.06	2.08	2.09	2.11	2.13	2.15	2.16	2.18	2.2	2.21	2.23	2.25	2.26	2.28	2.29	2.31	2.32	2.33	2.35	2.36	2.37
1.66	2.07	2.09	2.1	2.12	2.14	2.16	2.18	2.19	2.21	2.23	2.24	2.26	2.27	2.29	2.3	2.32	2.33	2.35	2.36	2.38	2.39
1.68	2.08	2.1	2.11	2.13	2.15	2.17	2.19	2.2	2.22	2.24	2.25	2.27	2.29	2.3	2.32	2.33	2.35	2.36	2.38	2.39	2.4
1.7	2.09	2.1	2.12	2.14	2.16	2.18	2.2	2.22	2.23	2.25	2.27	2.28	2.3	2.31	2.33	2.35	2.36	2.38	2.39	2.4	2.42
1.72	2.09	2.11	2.13	2.15	2.17	2.19	2.21	2.23	2.24	2.26	2.28	2.29	2.31	2.33	2.34	2.36	2.37	2.39	2.4	2.42	2.43
1.74	2.1	2.12	2.14	2.16	2.18	2.2	2.22	2.24	2.25	2.27	2.29	2.31	2.32	2.34	2.36	2.37	2.39	2.4	2.42	2.43	2.45
1.76	2.11	2.13	2.15	2.17	2.19	2.21	2.23	2.25	2.27	2.28	2.3	2.32	2.33	2.35	2.37	2.38	2.4	2.42	2.43	2.45	2.46
1.78	2.12	2.14	2.16	2.18	2.2	2.22	2.24	2.26	2.28	2.29	2.31	2.33	2.35	2.36	2.38	2.4	2.41	2.43	2.44	2.46	2.47
1.8	2.13	2.15	2.17	2.19	2.21	2.23	2.25	2.27	2.29	2.3	2.32	2.34	2.36	2.37	2.39	2.41	2.42	2.44	2.46	2.47	2.49
1.82	2.14	2.16	2.18	2.2	2.22	2.24	2.26	2.28	2.3	2.32	2.33	2.35	2.37	2.39	2.4	2.42	2.44	2.45	2.47	2.48	2.5
1.84	2.15	2.17	2.19	2.21	2.23	2.25	2.27	2.29	2.31	2.33	2.34	2.36	2.38	2.4	2.41	2.43	2.45	2.47	2.48	2.5	2.51
1.86	2.15	2.17	2.2	2.22	2.24	2.26	2.28	2.3	2.32	2.34	2.35	2.37	2.39	2.41	2.43	2.44	2.46	2.48	2.49	2.51	2.53
1.88	2.16	2.18	2.2	2.22	2.25	2.27	2.29	2.31	2.33	2.35	2.36	2.38	2.4	2.42	2.44	2.45	2.47	2.49	2.51	2.52	2.54
1.9	2.17	2.19	2.21	2.23	2.25	2.27	2.3	2.32	2.34	2.35	2.37	2.39	2.41	2.43	2.45	2.47	2.48	2.5	2.52	2.53	2.55
1.92	2.18	2.2	2.22	2.24	2.26	2.28	2.3	2.32	2.34	2.36	2.38	2.4	2.42	2.44	2.46	2.48	2.49	2.51	2.53	2.55	2.56
1.94	2.18	2.21	2.23	2.25	2.27	2.29	2.31	2.33	2.35	2.37	2.39	2.41	2.43	2.45	2.47	2.49	2.5	2.52	2.54	2.56	2.57
1.96	2.19	2.21	2.23	2.26	2.28	2.3	2.32	2.34	2.36	2.38	2.4	2.42	2.44	2.46	2.48	2.5	2.52	2.53	2.55	2.57	2.59
1.98	2.2	2.22	2.24	2.26	2.29	2.31	2.33	2.35	2.37	2.39	2.41	2.43	2.45	2.47	2.49	2.51	2.53	2.54	2.56	2.58	2.6
2	2.2	2.23	2.25	2.27	2.29	2.32	2.34	2.36	2.38	2.4	2.42	2.44	2.46	2.48	2.5	2.52	2.54	2.55	2.57	2.59	2.61
2.02	2.21	2.23	2.26	2.28	2.3	2.32	2.35	2.37	2.39	2.41	2.43	2.45	2.47	2.49	2.51	2.53	2.55	2.57	2.58	2.6	2.62
2.04	2.22	2.24	2.26	2.29	2.31	2.33	2.35	2.37	2.4	2.42	2.44	2.46	2.48	2.5	2.52	2.54	2.56	2.58	2.59	2.61	2.63
2.06	2.22	2.25	2.27	2.29	2.32	2.34	2.36	2.38	2.4	2.43	2.45	2.47	2.49	2.51	2.53	2.55	2.57	2.59	2.6	2.62	2.64
2.08	2.23	2.25	2.28	2.3	2.32	2.35	2.37	2.39	2.41	2.43	2.45	2.48	2.5	2.52	2.54	2.56	2.58	2.59	2.61	2.63	2.65

表 B.1（续）

$C_{p(H)}$	$C_{p(S)}$																				
	1.74	1.76	1.78	1.8	1.82	1.84	1.86	1.88	1.9	1.92	1.94	1.96	1.98	2	2.02	2.04	2.06	2.08	2.1	2.12	2.14
0.9	1.6	1.6	1.61	1.61	1.61	1.62	1.62	1.62	1.63	1.63	1.63	1.64	1.64	1.64	1.64	1.65	1.65	1.65	1.65	1.66	1.66
0.92	1.63	1.63	1.63	1.64	1.64	1.65	1.65	1.65	1.66	1.66	1.66	1.67	1.67	1.67	1.67	1.68	1.68	1.68	1.69	1.69	1.69
0.94	1.65	1.66	1.66	1.67	1.67	1.67	1.68	1.68	1.69	1.69	1.69	1.7	1.7	1.7	1.7	1.71	1.71	1.71	1.72	1.72	1.72
0.96	1.68	1.69	1.69	1.69	1.7	1.7	1.71	1.71	1.71	1.72	1.72	1.72	1.73	1.73	1.73	1.74	1.74	1.74	1.75	1.75	1.75
0.98	1.71	1.71	1.72	1.72	1.73	1.73	1.73	1.74	1.74	1.75	1.75	1.75	1.76	1.76	1.76	1.77	1.77	1.77	1.78	1.78	1.78
1	1.73	1.74	1.74	1.75	1.75	1.76	1.76	1.77	1.77	1.77	1.78	1.78	1.79	1.79	1.79	1.8	1.8	1.8	1.81	1.81	1.81
1.02	1.76	1.77	1.77	1.77	1.78	1.78	1.79	1.79	1.8	1.8	1.81	1.81	1.81	1.82	1.82	1.82	1.83	1.83	1.83	1.84	1.84
1.04	1.79	1.79	1.8	1.8	1.81	1.81	1.82	1.82	1.82	1.83	1.83	1.84	1.84	1.85	1.85	1.85	1.86	1.86	1.86	1.87	1.87
1.06	1.81	1.82	1.82	1.83	1.83	1.84	1.84	1.85	1.85	1.86	1.86	1.86	1.87	1.87	1.88	1.88	1.89	1.89	1.89	1.9	1.9
1.08	1.84	1.84	1.85	1.85	1.86	1.86	1.87	1.87	1.88	1.88	1.89	1.89	1.9	1.9	1.9	1.91	1.91	1.92	1.92	1.92	1.93
1.1	1.86	1.87	1.87	1.88	1.88	1.89	1.89	1.9	1.9	1.91	1.91	1.92	1.92	1.93	1.93	1.94	1.94	1.94	1.95	1.95	1.96
1.12	1.88	1.89	1.9	1.9	1.91	1.91	1.92	1.92	1.93	1.93	1.94	1.94	1.95	1.95	1.96	1.96	1.97	1.97	1.98	1.98	1.98
1.14	1.91	1.91	1.92	1.93	1.93	1.94	1.94	1.95	1.96	1.96	1.97	1.97	1.98	1.98	1.99	1.99	1.99	2	2	2.01	2.01
1.16	1.93	1.94	1.94	1.95	1.96	1.96	1.97	1.97	1.98	1.99	1.99	2	2	2.01	2.01	2.02	2.02	2.03	2.03	2.04	2.04
1.18	1.95	1.96	1.97	1.97	1.98	1.99	1.99	2	2	2.01	2.02	2.02	2.03	2.03	2.04	2.04	2.05	2.05	2.06	2.06	2.07
1.2	1.98	1.98	1.99	2	2	2.01	2.02	2.02	2.03	2.04	2.04	2.05	2.05	2.06	2.06	2.07	2.07	2.08	2.08	2.09	2.09
1.22	2	2.01	2.01	2.02	2.03	2.03	2.04	2.05	2.05	2.06	2.07	2.07	2.08	2.08	2.09	2.09	2.1	2.1	2.11	2.11	2.12
1.24	2.02	2.03	2.03	2.04	2.05	2.06	2.06	2.07	2.08	2.08	2.09	2.1	2.1	2.11	2.11	2.12	2.12	2.13	2.14	2.14	2.15
1.26	2.04	2.05	2.06	2.06	2.07	2.08	2.09	2.09	2.1	2.11	2.11	2.12	2.13	2.13	2.14	2.14	2.15	2.16	2.16	2.17	2.17
1.28	2.06	2.07	2.08	2.09	2.09	2.1	2.11	2.12	2.12	2.13	2.14	2.14	2.15	2.16	2.16	2.17	2.17	2.18	2.19	2.19	2.2
1.3	2.08	2.09	2.1	2.11	2.12	2.12	2.13	2.14	2.15	2.15	2.16	2.17	2.17	2.18	2.19	2.19	2.2	2.2	2.21	2.22	2.22
1.32	2.1	2.11	2.12	2.13	2.14	2.15	2.15	2.16	2.17	2.18	2.18	2.19	2.2	2.2	2.21	2.22	2.22	2.23	2.24	2.24	2.25
1.34	2.12	2.13	2.14	2.15	2.16	2.17	2.17	2.18	2.19	2.2	2.21	2.21	2.22	2.23	2.23	2.24	2.25	2.25	2.26	2.27	2.27
1.36	2.14	2.15	2.16	2.17	2.18	2.19	2.2	2.2	2.21	2.22	2.23	2.23	2.24	2.25	2.26	2.26	2.27	2.28	2.28	2.29	2.3
1.38	2.16	2.17	2.18	2.19	2.2	2.21	2.22	2.22	2.23	2.24	2.25	2.26	2.26	2.27	2.28	2.29	2.29	2.3	2.31	2.31	2.32
1.4	2.18	2.19	2.2	2.21	2.22	2.23	2.24	2.25	2.25	2.26	2.27	2.28	2.29	2.29	2.3	2.31	2.32	2.32	2.33	2.34	2.34
1.42	2.2	2.21	2.22	2.23	2.24	2.25	2.26	2.27	2.27	2.28	2.29	2.3	2.31	2.32	2.32	2.33	2.34	2.35	2.35	2.36	2.37
1.44	2.22	2.23	2.24	2.25	2.26	2.27	2.28	2.29	2.3	2.3	2.31	2.32	2.33	2.34	2.35	2.35	2.36	2.37	2.38	2.38	2.39
1.46	2.24	2.25	2.26	2.27	2.28	2.29	2.3	2.31	2.32	2.32	2.33	2.34	2.35	2.36	2.37	2.37	2.38	2.39	2.4	2.4	2.41
1.48	2.25	2.27	2.28	2.29	2.3	2.31	2.32	2.33	2.34	2.34	2.35	2.36	2.37	2.38	2.39	2.4	2.4	2.41	2.42	2.43	2.43

表 B.1（续）

$C_{p(H)}$	$C_{p(S)}$																				
	1.74	1.76	1.78	1.8	1.82	1.84	1.86	1.88	1.9	1.92	1.94	1.96	1.98	2	2.02	2.04	2.06	2.08	2.1	2.12	2.14
1.5	2.27	2.28	2.29	2.3	2.32	2.33	2.34	2.35	2.35	2.36	2.37	2.38	2.39	2.4	2.41	2.42	2.43	2.43	2.44	2.45	2.46
1.52	2.29	2.3	2.31	2.32	2.33	2.34	2.35	2.36	2.37	2.38	2.39	2.4	2.41	2.42	2.43	2.44	2.45	2.45	2.46	2.47	2.48
1.54	2.31	2.32	2.33	2.34	2.35	2.36	2.37	2.38	2.39	2.4	2.41	2.42	2.43	2.44	2.45	2.46	2.47	2.48	2.48	2.49	2.5
1.56	2.32	2.33	2.35	2.36	2.37	2.38	2.39	2.4	2.41	2.42	2.43	2.44	2.45	2.46	2.47	2.48	2.49	2.5	2.5	2.51	2.52
1.58	2.34	2.35	2.36	2.37	2.39	2.4	2.41	2.42	2.43	2.44	2.45	2.46	2.47	2.48	2.49	2.5	2.51	2.52	2.53	2.53	2.54
1.6	2.36	2.37	2.38	2.39	2.4	2.41	2.43	2.44	2.45	2.46	2.47	2.48	2.49	2.5	2.51	2.52	2.53	2.54	2.55	2.55	2.56
1.62	2.37	2.38	2.4	2.41	2.42	2.43	2.44	2.45	2.47	2.48	2.49	2.5	2.51	2.52	2.53	2.54	2.55	2.56	2.57	2.57	2.58
1.64	2.39	2.4	2.41	2.42	2.44	2.45	2.46	2.47	2.48	2.49	2.5	2.52	2.53	2.54	2.55	2.56	2.57	2.58	2.59	2.59	2.6
1.66	2.4	2.42	2.43	2.44	2.45	2.47	2.48	2.49	2.5	2.51	2.52	2.53	2.54	2.55	2.57	2.58	2.59	2.59	2.6	2.61	2.62
1.68	2.42	2.43	2.44	2.46	2.47	2.48	2.49	2.51	2.52	2.53	2.54	2.55	2.56	2.57	2.58	2.59	2.6	2.61	2.62	2.63	2.64
1.7	2.43	2.45	2.46	2.47	2.48	2.5	2.51	2.52	2.53	2.55	2.56	2.57	2.58	2.59	2.6	2.61	2.62	2.63	2.64	2.65	2.66
1.72	2.45	2.46	2.47	2.49	2.5	2.51	2.53	2.54	2.55	2.56	2.57	2.59	2.6	2.61	2.62	2.63	2.64	2.65	2.66	2.67	2.68
1.74	2.46	2.47	2.49	2.5	2.52	2.53	2.54	2.55	2.57	2.58	2.59	2.6	2.61	2.63	2.64	2.65	2.66	2.67	2.68	2.69	2.7
1.76	2.47	2.49	2.5	2.52	2.53	2.54	2.56	2.57	2.58	2.59	2.61	2.62	2.63	2.64	2.65	2.67	2.68	2.69	2.7	2.71	2.72
1.78	2.49	2.5	2.52	2.53	2.55	2.56	2.57	2.59	2.6	2.61	2.62	2.64	2.65	2.66	2.67	2.68	2.69	2.7	2.72	2.73	2.74
1.8	2.5	2.52	2.53	2.55	2.56	2.57	2.59	2.6	2.61	2.63	2.64	2.65	2.66	2.68	2.69	2.7	2.71	2.72	2.73	2.74	2.76
1.82	2.52	2.53	2.55	2.56	2.57	2.59	2.6	2.62	2.63	2.64	2.65	2.67	2.68	2.69	2.7	2.72	2.73	2.74	2.75	2.76	2.77
1.84	2.53	2.54	2.56	2.57	2.59	2.6	2.62	2.63	2.64	2.66	2.67	2.68	2.7	2.71	2.72	2.73	2.74	2.76	2.77	2.78	2.79
1.86	2.54	2.56	2.57	2.59	2.6	2.62	2.63	2.64	2.66	2.67	2.69	2.7	2.71	2.72	2.74	2.75	2.76	2.77	2.78	2.8	2.81
1.88	2.55	2.57	2.59	2.6	2.62	2.63	2.64	2.66	2.67	2.69	2.7	2.71	2.73	2.74	2.75	2.76	2.78	2.79	2.8	2.81	2.82
1.9	2.57	2.58	2.6	2.61	2.63	2.64	2.66	2.67	2.69	2.7	2.71	2.73	2.74	2.75	2.77	2.78	2.79	2.81	2.82	2.83	2.84
1.92	2.58	2.59	2.61	2.63	2.64	2.66	2.67	2.69	2.7	2.72	2.73	2.74	2.76	2.77	2.78	2.8	2.81	2.82	2.83	2.85	2.86
1.94	2.59	2.61	2.62	2.64	2.65	2.67	2.69	2.7	2.71	2.73	2.74	2.76	2.77	2.79	2.8	2.81	2.82	2.84	2.85	2.86	2.87
1.96	2.6	2.62	2.64	2.65	2.67	2.68	2.7	2.71	2.73	2.74	2.76	2.77	2.79	2.8	2.81	2.83	2.84	2.85	2.87	2.88	2.89
1.98	2.61	2.63	2.65	2.66	2.68	2.7	2.71	2.73	2.74	2.76	2.77	2.79	2.8	2.81	2.83	2.84	2.86	2.87	2.88	2.89	2.91
2	2.63	2.64	2.66	2.68	2.69	2.71	2.72	2.74	2.75	2.77	2.79	2.8	2.81	2.83	2.84	2.86	2.87	2.88	2.9	2.91	2.92
2.02	2.64	2.65	2.67	2.69	2.7	2.72	2.74	2.75	2.77	2.78	2.8	2.81	2.83	2.84	2.86	2.87	2.88	2.9	2.91	2.92	2.94
2.04	2.65	2.67	2.68	2.7	2.72	2.73	2.75	2.76	2.78	2.8	2.81	2.83	2.84	2.86	2.87	2.88	2.9	2.91	2.93	2.94	2.95
2.06	2.66	2.68	2.69	2.71	2.73	2.74	2.76	2.78	2.79	2.81	2.82	2.84	2.86	2.87	2.88	2.9	2.91	2.93	2.94	2.95	2.97
2.08	2.67	2.69	2.7	2.72	2.74	2.76	2.77	2.79	2.81	2.82	2.84	2.85	2.87	2.88	2.9	2.91	2.93	2.94	2.96	2.97	2.98

表 B.2　r=1.6 的 $C_{p(H)}$、$C_{p(S)}$ 和 FC_p 的对应数值表

$C_{p(H)}$	$C_{p(S)}$																				
	0.9	0.92	0.94	0.96	0.98	1	1.02	1.04	1.06	1.08	1.1	1.12	1.14	1.16	1.18	1.2	1.22	1.24	1.26	1.28	1.3
0.9	1.24	1.25	1.25	1.26	1.27	1.27	1.28	1.29	1.29	1.3	1.3	1.31	1.31	1.32	1.32	1.32	1.33	1.33	1.34	1.34	1.34
0.92	1.26	1.27	1.28	1.28	1.29	1.3	1.3	1.31	1.31	1.32	1.32	1.33	1.33	1.34	1.34	1.35	1.35	1.36	1.36	1.36	1.37
0.94	1.28	1.29	1.3	1.3	1.31	1.32	1.32	1.33	1.34	1.34	1.35	1.35	1.36	1.36	1.37	1.37	1.38	1.38	1.38	1.39	1.39
0.96	1.3	1.31	1.31	1.32	1.33	1.34	1.34	1.35	1.36	1.36	1.37	1.38	1.38	1.39	1.39	1.4	1.4	1.4	1.41	1.41	1.42
0.98	1.32	1.33	1.33	1.34	1.35	1.36	1.37	1.37	1.38	1.39	1.39	1.4	1.4	1.41	1.41	1.42	1.42	1.43	1.43	1.44	1.44
1	1.33	1.34	1.35	1.36	1.37	1.38	1.39	1.39	1.4	1.41	1.41	1.42	1.42	1.43	1.44	1.44	1.45	1.45	1.46	1.46	1.46
1.02	1.35	1.36	1.37	1.38	1.39	1.4	1.41	1.41	1.42	1.43	1.43	1.44	1.45	1.45	1.46	1.46	1.47	1.47	1.48	1.48	1.49
1.04	1.37	1.38	1.39	1.4	1.41	1.42	1.43	1.43	1.44	1.45	1.45	1.46	1.47	1.47	1.48	1.49	1.49	1.5	1.5	1.51	1.51
1.06	1.39	1.4	1.41	1.42	1.43	1.44	1.44	1.45	1.46	1.47	1.48	1.48	1.49	1.5	1.5	1.51	1.51	1.52	1.52	1.53	1.53
1.08	1.4	1.41	1.43	1.44	1.45	1.45	1.46	1.47	1.48	1.49	1.5	1.5	1.51	1.52	1.52	1.53	1.54	1.54	1.55	1.55	1.56
1.1	1.42	1.43	1.44	1.45	1.46	1.47	1.48	1.49	1.5	1.51	1.52	1.52	1.53	1.54	1.54	1.55	1.56	1.56	1.57	1.57	1.58
1.12	1.44	1.45	1.46	1.47	1.48	1.49	1.5	1.51	1.52	1.53	1.54	1.54	1.55	1.56	1.57	1.57	1.58	1.58	1.59	1.6	1.6
1.14	1.45	1.46	1.48	1.49	1.5	1.51	1.52	1.53	1.54	1.55	1.55	1.56	1.57	1.58	1.59	1.59	1.6	1.61	1.61	1.62	1.62
1.16	1.47	1.48	1.49	1.5	1.52	1.53	1.54	1.55	1.56	1.57	1.57	1.58	1.59	1.6	1.61	1.61	1.62	1.63	1.63	1.64	1.65
1.18	1.48	1.5	1.51	1.52	1.53	1.54	1.55	1.56	1.57	1.58	1.59	1.6	1.61	1.62	1.63	1.63	1.64	1.65	1.65	1.66	1.67
1.2	1.5	1.51	1.52	1.54	1.55	1.56	1.57	1.58	1.59	1.6	1.61	1.62	1.63	1.64	1.65	1.65	1.66	1.67	1.68	1.68	1.69
1.22	1.51	1.53	1.54	1.55	1.56	1.58	1.59	1.6	1.61	1.62	1.63	1.64	1.65	1.66	1.67	1.67	1.68	1.69	1.7	1.7	1.71
1.24	1.53	1.54	1.55	1.57	1.58	1.59	1.6	1.62	1.63	1.64	1.65	1.66	1.67	1.68	1.68	1.69	1.7	1.71	1.72	1.72	1.73
1.26	1.54	1.56	1.57	1.58	1.6	1.61	1.62	1.63	1.64	1.65	1.66	1.67	1.68	1.69	1.7	1.71	1.72	1.73	1.74	1.74	1.75
1.28	1.55	1.57	1.58	1.6	1.61	1.62	1.64	1.65	1.66	1.67	1.68	1.69	1.7	1.71	1.72	1.73	1.74	1.75	1.76	1.76	1.77
1.3	1.57	1.58	1.6	1.61	1.63	1.64	1.65	1.66	1.68	1.69	1.7	1.71	1.72	1.73	1.74	1.75	1.76	1.77	1.78	1.78	1.79
1.32	1.58	1.6	1.61	1.63	1.64	1.65	1.67	1.68	1.69	1.7	1.72	1.73	1.74	1.75	1.76	1.77	1.78	1.79	1.79	1.8	1.81
1.34	1.59	1.61	1.63	1.64	1.66	1.67	1.68	1.7	1.71	1.72	1.73	1.74	1.75	1.77	1.78	1.79	1.8	1.8	1.81	1.82	1.83
1.36	1.61	1.62	1.64	1.65	1.67	1.68	1.7	1.71	1.72	1.74	1.75	1.76	1.77	1.78	1.79	1.8	1.81	1.82	1.83	1.84	1.85
1.38	1.62	1.64	1.65	1.67	1.68	1.7	1.71	1.73	1.74	1.75	1.76	1.78	1.79	1.8	1.81	1.82	1.83	1.84	1.85	1.86	1.87
1.4	1.63	1.65	1.67	1.68	1.7	1.71	1.73	1.74	1.75	1.77	1.78	1.79	1.8	1.82	1.83	1.84	1.85	1.86	1.87	1.88	1.89
1.42	1.64	1.66	1.68	1.69	1.71	1.73	1.74	1.76	1.77	1.78	1.8	1.81	1.82	1.83	1.84	1.86	1.87	1.88	1.89	1.9	1.91
1.44	1.65	1.67	1.69	1.71	1.72	1.74	1.75	1.77	1.78	1.8	1.81	1.82	1.84	1.85	1.86	1.87	1.88	1.89	1.9	1.91	1.92
1.46	1.67	1.68	1.7	1.72	1.74	1.75	1.77	1.78	1.8	1.81	1.83	1.84	1.85	1.86	1.88	1.89	1.9	1.91	1.92	1.93	1.94
1.48	1.68	1.7	1.71	1.73	1.75	1.77	1.78	1.8	1.81	1.83	1.84	1.85	1.87	1.88	1.89	1.9	1.92	1.93	1.94	1.95	1.96

表 B.2（续）

$C_{p(H)}$	$C_{p(S)}$																				
	0.9	0.92	0.94	0.96	0.98	1	1.02	1.04	1.06	1.08	1.1	1.12	1.14	1.16	1.18	1.2	1.22	1.24	1.26	1.28	1.3
1.5	1.69	1.71	1.73	1.74	1.76	1.78	1.79	1.81	1.83	1.84	1.86	1.87	1.88	1.9	1.91	1.92	1.93	1.94	1.96	1.97	1.98
1.52	1.7	1.72	1.74	1.76	1.77	1.79	1.81	1.82	1.84	1.85	1.87	1.88	1.9	1.91	1.92	1.94	1.95	1.96	1.97	1.98	1.99
1.54	1.71	1.73	1.75	1.77	1.79	1.8	1.82	1.84	1.85	1.87	1.88	1.9	1.91	1.93	1.94	1.95	1.96	1.98	1.99	2	2.01
1.56	1.72	1.74	1.76	1.78	1.8	1.82	1.83	1.85	1.87	1.88	1.9	1.91	1.93	1.94	1.95	1.97	1.98	1.99	2	2.02	2.03
1.58	1.73	1.75	1.77	1.79	1.81	1.83	1.84	1.86	1.88	1.89	1.91	1.93	1.94	1.96	1.97	1.98	2	2.01	2.02	2.03	2.04
1.6	1.74	1.76	1.78	1.8	1.82	1.84	1.86	1.87	1.89	1.91	1.92	1.94	1.95	1.97	1.98	2	2.01	2.02	2.04	2.05	2.06
1.62	1.75	1.77	1.79	1.81	1.83	1.85	1.87	1.89	1.9	1.92	1.94	1.95	1.97	1.98	2	2.01	2.03	2.04	2.05	2.06	2.08
1.64	1.76	1.78	1.8	1.82	1.84	1.86	1.88	1.9	1.92	1.93	1.95	1.97	1.98	2	2.01	2.03	2.04	2.05	2.07	2.08	2.09
1.66	1.77	1.79	1.81	1.83	1.85	1.87	1.89	1.91	1.93	1.95	1.96	1.98	1.99	2.01	2.03	2.04	2.05	2.07	2.08	2.1	2.11
1.68	1.78	1.8	1.82	1.84	1.86	1.88	1.9	1.92	1.94	1.96	1.97	1.99	2.01	2.02	2.04	2.05	2.07	2.08	2.1	2.11	2.12
1.7	1.79	1.81	1.83	1.85	1.87	1.89	1.91	1.93	1.95	1.97	1.99	2	2.02	2.04	2.05	2.07	2.08	2.1	2.11	2.13	2.14
1.72	1.79	1.82	1.84	1.86	1.88	1.9	1.92	1.94	1.96	1.98	2	2.02	2.03	2.05	2.07	2.08	2.1	2.11	2.13	2.14	2.15
1.74	1.8	1.83	1.85	1.87	1.89	1.91	1.93	1.95	1.97	1.99	2.01	2.03	2.05	2.06	2.08	2.1	2.11	2.13	2.14	2.15	2.17
1.76	1.81	1.83	1.86	1.88	1.9	1.92	1.94	1.96	1.98	2	2.02	2.04	2.06	2.08	2.09	2.11	2.12	2.14	2.15	2.17	2.18
1.78	1.82	1.84	1.87	1.89	1.91	1.93	1.95	1.98	2	2.01	2.03	2.05	2.07	2.09	2.1	2.12	2.14	2.15	2.17	2.18	2.2
1.8	1.83	1.85	1.88	1.9	1.92	1.94	1.96	1.99	2.01	2.03	2.04	2.06	2.08	2.1	2.12	2.13	2.15	2.17	2.18	2.2	2.21
1.82	1.84	1.86	1.88	1.91	1.93	1.95	1.97	2	2.02	2.04	2.06	2.07	2.09	2.11	2.13	2.15	2.16	2.18	2.2	2.21	2.23
1.84	1.84	1.87	1.89	1.92	1.94	1.96	1.98	2.01	2.03	2.05	2.07	2.09	2.1	2.12	2.14	2.16	2.18	2.19	2.21	2.22	2.24
1.86	1.85	1.88	1.9	1.92	1.95	1.97	1.99	2.02	2.04	2.06	2.08	2.1	2.12	2.13	2.15	2.17	2.19	2.21	2.22	2.24	2.25
1.88	1.86	1.88	1.91	1.93	1.96	1.98	2	2.02	2.05	2.07	2.09	2.11	2.13	2.15	2.16	2.18	2.2	2.22	2.23	2.25	2.27
1.9	1.86	1.89	1.92	1.94	1.97	1.99	2.01	2.03	2.06	2.08	2.1	2.12	2.14	2.16	2.18	2.19	2.21	2.23	2.25	2.26	2.28
1.92	1.87	1.9	1.92	1.95	1.97	2	2.02	2.04	2.07	2.09	2.11	2.13	2.15	2.17	2.19	2.21	2.22	2.24	2.26	2.28	2.29
1.94	1.88	1.91	1.93	1.96	1.98	2.01	2.03	2.05	2.07	2.1	2.12	2.14	2.16	2.18	2.2	2.22	2.24	2.25	2.27	2.29	2.31
1.96	1.89	1.91	1.94	1.96	1.99	2.01	2.04	2.06	2.08	2.11	2.13	2.15	2.17	2.19	2.21	2.23	2.25	2.27	2.28	2.3	2.32
1.98	1.89	1.92	1.95	1.97	2	2.02	2.05	2.07	2.09	2.12	2.14	2.16	2.18	2.2	2.22	2.24	2.26	2.28	2.3	2.31	2.33
2	1.9	1.93	1.95	1.98	2.01	2.03	2.05	2.08	2.1	2.12	2.15	2.17	2.19	2.21	2.23	2.25	2.27	2.29	2.31	2.33	2.34
2.02	1.91	1.93	1.96	1.99	2.01	2.04	2.06	2.09	2.11	2.13	2.16	2.18	2.2	2.22	2.24	2.26	2.28	2.3	2.32	2.34	2.35
2.04	1.91	1.94	1.97	1.99	2.02	2.05	2.07	2.1	2.12	2.14	2.17	2.19	2.21	2.23	2.25	2.27	2.29	2.31	2.33	2.35	2.37
2.06	1.92	1.95	1.97	2	2.03	2.05	2.08	2.1	2.13	2.15	2.17	2.2	2.22	2.24	2.26	2.28	2.3	2.32	2.34	2.36	2.38
2.08	1.92	1.95	1.98	2.01	2.03	2.06	2.09	2.11	2.14	2.16	2.18	2.21	2.23	2.25	2.27	2.29	2.31	2.33	2.35	2.37	2.39

表 B.2（续）

$C_{p(H)}$	$C_{p(S)}$																				
	1.32	1.34	1.36	1.38	1.4	1.42	1.44	1.46	1.48	1.5	1.52	1.54	1.56	1.58	1.6	1.62	1.64	1.66	1.68	1.7	1.72
0.9	1.35	1.35	1.35	1.35	1.36	1.36	1.36	1.36	1.37	1.37	1.37	1.37	1.38	1.38	1.38	1.38	1.38	1.39	1.39	1.39	1.39
0.92	1.37	1.37	1.38	1.38	1.38	1.39	1.39	1.39	1.39	1.4	1.4	1.4	1.4	1.4	1.41	1.41	1.41	1.41	1.41	1.42	1.42
0.94	1.4	1.4	1.4	1.41	1.41	1.41	1.41	1.42	1.42	1.42	1.42	1.43	1.43	1.43	1.43	1.44	1.44	1.44	1.44	1.44	1.45
0.96	1.42	1.42	1.43	1.43	1.43	1.44	1.44	1.44	1.45	1.45	1.45	1.45	1.46	1.46	1.46	1.46	1.47	1.47	1.47	1.47	1.47
0.98	1.44	1.45	1.45	1.46	1.46	1.46	1.47	1.47	1.47	1.47	1.48	1.48	1.48	1.48	1.49	1.49	1.49	1.49	1.5	1.5	1.5
1	1.47	1.47	1.48	1.48	1.48	1.49	1.49	1.49	1.5	1.5	1.5	1.51	1.51	1.51	1.51	1.52	1.52	1.52	1.52	1.53	1.53
1.02	1.49	1.5	1.5	1.5	1.51	1.51	1.52	1.52	1.52	1.53	1.53	1.53	1.53	1.54	1.54	1.54	1.54	1.55	1.55	1.55	1.55
1.04	1.52	1.52	1.52	1.53	1.53	1.54	1.54	1.54	1.55	1.55	1.55	1.56	1.56	1.56	1.57	1.57	1.57	1.57	1.58	1.58	1.58
1.06	1.54	1.54	1.55	1.55	1.56	1.56	1.56	1.57	1.57	1.58	1.58	1.58	1.59	1.59	1.59	1.59	1.6	1.6	1.6	1.6	1.61
1.08	1.56	1.57	1.57	1.58	1.58	1.59	1.59	1.59	1.6	1.6	1.6	1.61	1.61	1.61	1.62	1.62	1.62	1.63	1.63	1.63	1.63
1.1	1.59	1.59	1.6	1.6	1.6	1.61	1.61	1.62	1.62	1.62	1.63	1.63	1.64	1.64	1.64	1.65	1.65	1.65	1.65	1.66	1.66
1.12	1.61	1.61	1.62	1.62	1.63	1.63	1.64	1.64	1.65	1.65	1.65	1.66	1.66	1.66	1.67	1.67	1.68	1.68	1.68	1.69	
1.14	1.63	1.64	1.64	1.65	1.65	1.66	1.66	1.66	1.67	1.67	1.68	1.68	1.69	1.69	1.69	1.7	1.7	1.7	1.71	1.71	1.71
1.16	1.65	1.66	1.66	1.67	1.67	1.68	1.68	1.69	1.69	1.7	1.7	1.71	1.71	1.71	1.72	1.72	1.72	1.73	1.73	1.73	1.74
1.18	1.67	1.68	1.69	1.69	1.7	1.7	1.71	1.71	1.72	1.72	1.73	1.73	1.74	1.74	1.75	1.75	1.75	1.76	1.76	1.76	
1.2	1.7	1.7	1.71	1.71	1.72	1.72	1.73	1.73	1.74	1.74	1.75	1.75	1.76	1.76	1.77	1.77	1.77	1.78	1.78	1.78	1.79
1.22	1.72	1.72	1.73	1.74	1.74	1.75	1.75	1.76	1.76	1.77	1.77	1.78	1.78	1.79	1.79	1.79	1.8	1.8	1.81	1.81	1.81
1.24	1.74	1.74	1.75	1.76	1.76	1.77	1.77	1.78	1.79	1.79	1.8	1.8	1.8	1.81	1.81	1.82	1.82	1.83	1.83	1.83	1.84
1.26	1.76	1.77	1.77	1.78	1.78	1.79	1.8	1.8	1.81	1.81	1.82	1.82	1.83	1.83	1.84	1.84	1.85	1.85	1.85	1.86	1.86
1.28	1.78	1.79	1.79	1.8	1.81	1.81	1.82	1.82	1.83	1.84	1.84	1.85	1.85	1.86	1.86	1.86	1.87	1.87	1.88	1.88	1.89
1.3	1.8	1.81	1.81	1.82	1.83	1.83	1.84	1.85	1.85	1.86	1.86	1.87	1.87	1.88	1.88	1.89	1.89	1.9	1.9	1.91	1.91
1.32	1.82	1.83	1.83	1.84	1.85	1.85	1.86	1.87	1.87	1.88	1.89	1.89	1.9	1.9	1.91	1.91	1.92	1.92	1.93	1.93	1.93
1.34	1.84	1.85	1.85	1.86	1.87	1.88	1.88	1.89	1.9	1.9	1.91	1.91	1.92	1.92	1.93	1.93	1.94	1.94	1.95	1.95	1.96
1.36	1.86	1.87	1.87	1.88	1.89	1.9	1.9	1.91	1.92	1.92	1.93	1.93	1.94	1.95	1.95	1.96	1.96	1.97	1.97	1.98	1.98
1.38	1.88	1.89	1.89	1.9	1.91	1.92	1.92	1.93	1.94	1.94	1.95	1.96	1.96	1.97	1.97	1.98	1.98	1.99	1.99	2	2
1.4	1.9	1.9	1.91	1.92	1.93	1.94	1.94	1.95	1.96	1.97	1.97	1.98	1.98	1.99	2	2	2.01	2.01	2.02	2.02	2.03
1.42	1.91	1.92	1.93	1.94	1.95	1.96	1.96	1.97	1.98	1.99	1.99	2	2.01	2.01	2.02	2.02	2.03	2.03	2.04	2.05	2.05
1.44	1.93	1.94	1.95	1.96	1.97	1.98	1.98	1.99	2	2.01	2.01	2.02	2.03	2.03	2.04	2.05	2.05	2.06	2.06	2.07	2.07
1.46	1.95	1.96	1.97	1.98	1.99	2	2	2.01	2.02	2.03	2.03	2.04	2.05	2.05	2.06	2.07	2.07	2.08	2.08	2.09	2.1
1.48	1.97	1.98	1.99	2	2.01	2.02	2.02	2.03	2.04	2.05	2.05	2.06	2.07	2.08	2.08	2.09	2.09	2.1	2.11	2.11	2.12

表 B.2（续）

$C_{p(H)}$	$C_{p(S)}$																				
	1.32	1.34	1.36	1.38	1.4	1.42	1.44	1.46	1.48	1.5	1.52	1.54	1.56	1.58	1.6	1.62	1.64	1.66	1.68	1.7	1.72
1.5	1.99	2	2.01	2.02	2.03	2.03	2.04	2.05	2.06	2.07	2.07	2.08	2.09	2.1	2.1	2.11	2.12	2.12	2.13	2.13	2.14
1.52	2	2.01	2.02	2.03	2.04	2.05	2.06	2.07	2.08	2.09	2.09	2.1	2.11	2.12	2.12	2.13	2.14	2.14	2.15	2.16	2.16
1.54	2.02	2.03	2.04	2.05	2.06	2.07	2.08	2.09	2.1	2.11	2.11	2.12	2.13	2.14	2.14	2.15	2.16	2.16	2.17	2.18	2.18
1.56	2.04	2.05	2.06	2.07	2.08	2.09	2.1	2.11	2.12	2.13	2.13	2.14	2.15	2.16	2.16	2.17	2.18	2.19	2.19	2.2	2.21
1.58	2.06	2.07	2.08	2.09	2.1	2.11	2.12	2.13	2.14	2.14	2.15	2.16	2.17	2.18	2.18	2.19	2.2	2.21	2.21	2.22	2.23
1.6	2.07	2.08	2.09	2.11	2.12	2.13	2.14	2.15	2.15	2.16	2.17	2.18	2.19	2.2	2.2	2.21	2.22	2.23	2.23	2.24	2.25
1.62	2.09	2.1	2.11	2.12	2.13	2.14	2.15	2.16	2.17	2.18	2.19	2.2	2.21	2.22	2.22	2.23	2.24	2.25	2.25	2.26	2.27
1.64	2.1	2.12	2.13	2.14	2.15	2.16	2.17	2.18	2.19	2.2	2.21	2.22	2.23	2.24	2.24	2.25	2.26	2.27	2.27	2.28	2.29
1.66	2.12	2.13	2.14	2.16	2.17	2.18	2.19	2.2	2.21	2.22	2.23	2.24	2.25	2.25	2.26	2.27	2.28	2.29	2.3	2.3	2.31
1.68	2.14	2.15	2.16	2.17	2.18	2.2	2.21	2.22	2.23	2.24	2.25	2.26	2.26	2.27	2.28	2.29	2.3	2.31	2.32	2.32	2.33
1.7	2.15	2.16	2.18	2.19	2.2	2.21	2.22	2.23	2.24	2.25	2.26	2.27	2.28	2.29	2.3	2.31	2.32	2.33	2.33	2.34	2.35
1.72	2.17	2.18	2.19	2.2	2.22	2.23	2.24	2.25	2.26	2.27	2.28	2.29	2.3	2.31	2.32	2.33	2.34	2.35	2.35	2.36	2.37
1.74	2.18	2.2	2.21	2.22	2.23	2.24	2.26	2.27	2.28	2.29	2.3	2.31	2.32	2.33	2.34	2.35	2.36	2.37	2.37	2.38	2.39
1.76	2.2	2.21	2.22	2.24	2.25	2.26	2.27	2.28	2.3	2.31	2.32	2.33	2.34	2.35	2.36	2.37	2.38	2.38	2.39	2.4	2.41
1.78	2.21	2.23	2.24	2.25	2.26	2.28	2.29	2.3	2.31	2.32	2.33	2.34	2.35	2.37	2.37	2.38	2.39	2.4	2.41	2.42	2.43
1.8	2.23	2.24	2.25	2.27	2.28	2.29	2.3	2.32	2.33	2.34	2.35	2.36	2.37	2.38	2.39	2.4	2.41	2.42	2.43	2.44	2.45
1.82	2.24	2.25	2.27	2.28	2.3	2.31	2.32	2.33	2.34	2.36	2.37	2.38	2.39	2.4	2.41	2.42	2.43	2.44	2.45	2.46	2.47
1.84	2.25	2.27	2.28	2.3	2.31	2.32	2.34	2.35	2.36	2.37	2.38	2.4	2.41	2.42	2.43	2.44	2.45	2.46	2.47	2.48	2.49
1.86	2.27	2.28	2.3	2.31	2.33	2.34	2.35	2.36	2.38	2.39	2.4	2.41	2.42	2.43	2.45	2.46	2.47	2.48	2.49	2.49	2.5
1.88	2.28	2.3	2.31	2.33	2.34	2.35	2.37	2.38	2.39	2.4	2.42	2.43	2.44	2.45	2.46	2.47	2.48	2.49	2.5	2.51	2.52
1.9	2.3	2.31	2.33	2.34	2.35	2.37	2.38	2.4	2.41	2.42	2.43	2.45	2.46	2.47	2.48	2.49	2.5	2.51	2.52	2.53	2.54
1.92	2.31	2.32	2.34	2.35	2.37	2.38	2.4	2.41	2.42	2.44	2.45	2.46	2.47	2.48	2.5	2.51	2.52	2.53	2.54	2.55	2.56
1.94	2.32	2.34	2.35	2.37	2.38	2.4	2.41	2.43	2.44	2.45	2.46	2.48	2.49	2.5	2.51	2.52	2.53	2.55	2.56	2.57	2.58
1.96	2.33	2.35	2.37	2.38	2.4	2.41	2.43	2.44	2.45	2.47	2.48	2.49	2.5	2.52	2.53	2.54	2.55	2.56	2.57	2.58	2.59
1.98	2.35	2.36	2.38	2.4	2.41	2.43	2.44	2.45	2.47	2.48	2.5	2.51	2.52	2.53	2.55	2.56	2.57	2.58	2.59	2.6	2.61
2	2.36	2.38	2.39	2.41	2.42	2.44	2.45	2.47	2.48	2.5	2.51	2.52	2.54	2.55	2.56	2.57	2.58	2.6	2.61	2.62	2.63
2.02	2.37	2.39	2.41	2.42	2.44	2.45	2.47	2.48	2.5	2.51	2.53	2.54	2.55	2.56	2.58	2.59	2.6	2.61	2.62	2.64	2.65
2.04	2.38	2.4	2.42	2.43	2.45	2.47	2.48	2.5	2.51	2.53	2.54	2.55	2.57	2.58	2.59	2.6	2.62	2.63	2.64	2.65	2.66
2.06	2.4	2.41	2.43	2.45	2.46	2.48	2.5	2.51	2.53	2.54	2.55	2.57	2.58	2.6	2.61	2.62	2.63	2.65	2.66	2.67	2.68
2.08	2.41	2.43	2.44	2.46	2.48	2.49	2.51	2.52	2.54	2.55	2.57	2.58	2.6	2.61	2.62	2.64	2.65	2.66	2.67	2.68	2.7

表 B.2（续）

$C_{p(H)}$	$C_{p(S)}$																				
	1.74	1.76	1.78	1.8	1.82	1.84	1.86	1.88	1.9	1.92	1.94	1.96	1.98	2	2.02	2.04	2.06	2.08	2.1	2.12	2.14
0.9	1.39	1.39	1.39	1.4	1.4	1.4	1.4	1.4	1.4	1.4	1.4	1.41	1.41	1.41	1.41	1.41	1.41	1.41	1.41	1.41	1.41
0.92	1.42	1.42	1.42	1.42	1.43	1.43	1.43	1.43	1.43	1.43	1.43	1.43	1.44	1.44	1.44	1.44	1.44	1.44	1.44	1.44	1.44
0.94	1.45	1.45	1.45	1.45	1.45	1.46	1.46	1.46	1.46	1.46	1.46	1.46	1.46	1.47	1.47	1.47	1.47	1.47	1.47	1.47	1.47
0.96	1.47	1.48	1.48	1.48	1.48	1.48	1.48	1.49	1.49	1.49	1.49	1.49	1.49	1.49	1.5	1.5	1.5	1.5	1.5	1.5	1.5
0.98	1.5	1.5	1.51	1.51	1.51	1.51	1.51	1.52	1.52	1.52	1.52	1.52	1.52	1.52	1.52	1.53	1.53	1.53	1.53	1.53	1.53
1	1.53	1.53	1.53	1.54	1.54	1.54	1.54	1.54	1.54	1.55	1.55	1.55	1.55	1.55	1.55	1.55	1.56	1.56	1.56	1.56	1.56
1.02	1.56	1.56	1.56	1.56	1.56	1.57	1.57	1.57	1.57	1.57	1.57	1.58	1.58	1.58	1.58	1.58	1.58	1.58	1.59	1.59	1.59
1.04	1.58	1.59	1.59	1.59	1.59	1.59	1.6	1.6	1.6	1.6	1.6	1.6	1.61	1.61	1.61	1.61	1.61	1.61	1.61	1.62	1.62
1.06	1.61	1.61	1.61	1.62	1.62	1.62	1.62	1.62	1.63	1.63	1.63	1.63	1.63	1.64	1.64	1.64	1.64	1.64	1.64	1.64	1.65
1.08	1.64	1.64	1.64	1.64	1.65	1.65	1.65	1.65	1.65	1.66	1.66	1.66	1.66	1.66	1.66	1.67	1.67	1.67	1.67	1.67	1.67
1.1	1.66	1.66	1.67	1.67	1.67	1.67	1.68	1.68	1.68	1.68	1.68	1.69	1.69	1.69	1.69	1.69	1.7	1.7	1.7	1.7	1.7
1.12	1.69	1.69	1.69	1.7	1.7	1.7	1.7	1.71	1.71	1.71	1.71	1.71	1.72	1.72	1.72	1.72	1.72	1.72	1.73	1.73	1.73
1.14	1.71	1.72	1.72	1.72	1.73	1.73	1.73	1.73	1.73	1.74	1.74	1.74	1.74	1.75	1.75	1.75	1.75	1.75	1.75	1.76	1.76
1.16	1.74	1.74	1.75	1.75	1.75	1.75	1.76	1.76	1.76	1.76	1.77	1.77	1.77	1.77	1.77	1.78	1.78	1.78	1.78	1.78	1.79
1.18	1.77	1.77	1.77	1.77	1.78	1.78	1.78	1.79	1.79	1.79	1.79	1.79	1.8	1.8	1.8	1.8	1.81	1.81	1.81	1.81	1.81
1.2	1.79	1.79	1.8	1.8	1.8	1.81	1.81	1.81	1.81	1.82	1.82	1.82	1.82	1.83	1.83	1.83	1.83	1.83	1.84	1.84	1.84
1.22	1.82	1.82	1.82	1.83	1.83	1.83	1.83	1.84	1.84	1.84	1.85	1.85	1.85	1.85	1.85	1.86	1.86	1.86	1.86	1.87	1.87
1.24	1.84	1.84	1.85	1.85	1.85	1.86	1.86	1.86	1.87	1.87	1.87	1.87	1.88	1.88	1.88	1.88	1.89	1.89	1.89	1.89	1.89
1.26	1.87	1.87	1.87	1.88	1.88	1.88	1.89	1.89	1.89	1.89	1.9	1.9	1.9	1.91	1.91	1.91	1.91	1.91	1.92	1.92	1.92
1.28	1.89	1.89	1.9	1.9	1.9	1.91	1.91	1.91	1.92	1.92	1.92	1.93	1.93	1.93	1.93	1.94	1.94	1.94	1.94	1.95	1.95
1.3	1.91	1.92	1.92	1.93	1.93	1.93	1.94	1.94	1.94	1.95	1.95	1.95	1.95	1.96	1.96	1.96	1.97	1.97	1.97	1.97	1.97
1.32	1.94	1.94	1.95	1.95	1.95	1.96	1.96	1.96	1.97	1.97	1.97	1.98	1.98	1.98	1.99	1.99	1.99	1.99	2	2	2
1.34	1.96	1.97	1.97	1.97	1.98	1.98	1.99	1.99	1.99	2	2	2	2.01	2.01	2.01	2.01	2.02	2.02	2.02	2.03	2.03
1.36	1.99	1.99	1.99	2	2	2.01	2.01	2.01	2.02	2.02	2.02	2.03	2.03	2.03	2.04	2.04	2.04	2.05	2.05	2.05	2.05
1.38	2.01	2.01	2.02	2.02	2.03	2.03	2.03	2.04	2.04	2.05	2.05	2.05	2.06	2.06	2.06	2.07	2.07	2.07	2.07	2.08	2.08
1.4	2.03	2.04	2.04	2.05	2.05	2.05	2.06	2.06	2.07	2.07	2.07	2.08	2.08	2.08	2.09	2.09	2.09	2.1	2.1	2.1	2.11
1.42	2.06	2.06	2.07	2.07	2.07	2.08	2.08	2.09	2.09	2.09	2.1	2.1	2.11	2.11	2.11	2.12	2.12	2.12	2.13	2.13	2.13
1.44	2.08	2.08	2.09	2.09	2.1	2.1	2.11	2.11	2.11	2.12	2.12	2.13	2.13	2.13	2.14	2.14	2.14	2.15	2.15	2.15	2.16
1.46	2.1	2.11	2.11	2.12	2.12	2.13	2.13	2.13	2.14	2.14	2.15	2.15	2.15	2.16	2.16	2.17	2.17	2.17	2.18	2.18	2.18
1.48	2.12	2.13	2.13	2.14	2.14	2.15	2.15	2.16	2.16	2.17	2.17	2.17	2.18	2.18	2.19	2.19	2.19	2.2	2.2	2.2	2.21

表 B.2（续）

$C_{p(H)}$	$C_{p(S)}$																				
	1.74	1.76	1.78	1.8	1.82	1.84	1.86	1.88	1.9	1.92	1.94	1.96	1.98	2	2.02	2.04	2.06	2.08	2.1	2.12	2.14
1.5	2.15	2.15	2.16	2.16	2.17	2.17	2.18	2.18	2.19	2.19	2.19	2.2	2.2	2.21	2.21	2.21	2.22	2.22	2.23	2.23	2.23
1.52	2.17	2.17	2.18	2.18	2.19	2.19	2.2	2.2	2.21	2.21	2.22	2.22	2.23	2.23	2.24	2.24	2.24	2.25	2.25	2.25	2.26
1.54	2.19	2.2	2.2	2.21	2.21	2.22	2.22	2.23	2.23	2.24	2.24	2.25	2.25	2.25	2.26	2.26	2.27	2.27	2.27	2.28	2.28
1.56	2.21	2.22	2.22	2.23	2.23	2.24	2.25	2.25	2.26	2.26	2.27	2.27	2.27	2.28	2.28	2.29	2.29	2.3	2.3	2.3	2.31
1.58	2.23	2.24	2.25	2.25	2.26	2.26	2.27	2.27	2.28	2.28	2.29	2.29	2.3	2.3	2.31	2.31	2.32	2.32	2.32	2.33	2.33
1.6	2.25	2.26	2.27	2.27	2.28	2.28	2.29	2.3	2.3	2.31	2.31	2.32	2.32	2.33	2.33	2.33	2.34	2.34	2.35	2.35	2.36
1.62	2.28	2.28	2.29	2.29	2.3	2.31	2.31	2.32	2.32	2.33	2.33	2.34	2.34	2.35	2.35	2.36	2.36	2.37	2.37	2.38	2.38
1.64	2.3	2.3	2.31	2.32	2.32	2.33	2.33	2.34	2.35	2.35	2.36	2.36	2.37	2.37	2.38	2.38	2.39	2.39	2.39	2.4	2.4
1.66	2.32	2.32	2.33	2.34	2.34	2.35	2.36	2.36	2.37	2.37	2.38	2.38	2.39	2.39	2.4	2.4	2.41	2.41	2.42	2.42	2.43
1.68	2.34	2.34	2.35	2.36	2.36	2.37	2.38	2.38	2.39	2.4	2.4	2.41	2.41	2.42	2.42	2.43	2.43	2.44	2.44	2.45	2.45
1.7	2.36	2.36	2.37	2.38	2.39	2.39	2.4	2.4	2.41	2.42	2.42	2.43	2.43	2.44	2.44	2.45	2.46	2.46	2.46	2.47	2.47
1.72	2.38	2.39	2.39	2.4	2.41	2.41	2.42	2.43	2.43	2.44	2.44	2.45	2.46	2.46	2.47	2.47	2.48	2.48	2.49	2.49	2.5
1.74	2.4	2.41	2.41	2.42	2.43	2.43	2.44	2.45	2.45	2.46	2.47	2.47	2.48	2.48	2.49	2.5	2.5	2.51	2.51	2.52	2.52
1.76	2.42	2.43	2.43	2.44	2.45	2.45	2.46	2.47	2.48	2.48	2.49	2.49	2.5	2.51	2.51	2.52	2.52	2.53	2.53	2.54	2.54
1.78	2.44	2.44	2.45	2.46	2.47	2.48	2.48	2.49	2.5	2.5	2.51	2.52	2.52	2.53	2.53	2.54	2.55	2.55	2.56	2.56	2.57
1.8	2.46	2.46	2.47	2.48	2.49	2.5	2.5	2.51	2.52	2.52	2.53	2.54	2.54	2.55	2.56	2.56	2.57	2.57	2.58	2.58	2.59
1.82	2.48	2.48	2.49	2.5	2.51	2.52	2.52	2.53	2.54	2.54	2.55	2.56	2.56	2.57	2.58	2.58	2.59	2.59	2.6	2.61	2.61
1.84	2.49	2.5	2.51	2.52	2.53	2.54	2.54	2.55	2.56	2.57	2.57	2.58	2.59	2.59	2.6	2.6	2.61	2.62	2.62	2.63	2.63
1.86	2.51	2.52	2.53	2.54	2.55	2.56	2.56	2.57	2.58	2.59	2.59	2.6	2.61	2.61	2.62	2.63	2.63	2.64	2.64	2.65	2.66
1.88	2.53	2.54	2.55	2.56	2.57	2.57	2.58	2.59	2.6	2.61	2.61	2.62	2.63	2.63	2.64	2.65	2.65	2.66	2.67	2.67	2.68
1.9	2.55	2.56	2.57	2.58	2.59	2.59	2.6	2.61	2.62	2.63	2.63	2.64	2.65	2.65	2.66	2.67	2.67	2.68	2.69	2.69	2.7
1.92	2.57	2.58	2.59	2.6	2.6	2.61	2.62	2.63	2.64	2.65	2.65	2.66	2.67	2.68	2.68	2.69	2.7	2.7	2.71	2.72	2.72
1.94	2.59	2.6	2.61	2.61	2.62	2.63	2.64	2.65	2.66	2.67	2.67	2.68	2.69	2.7	2.7	2.71	2.72	2.72	2.73	2.74	2.74
1.96	2.6	2.61	2.62	2.63	2.64	2.65	2.66	2.67	2.68	2.69	2.69	2.7	2.71	2.72	2.72	2.73	2.74	2.74	2.75	2.76	2.76
1.98	2.62	2.63	2.64	2.65	2.66	2.67	2.68	2.69	2.7	2.7	2.71	2.72	2.73	2.74	2.74	2.75	2.76	2.77	2.77	2.78	2.79
2	2.64	2.65	2.66	2.67	2.68	2.69	2.7	2.71	2.72	2.72	2.73	2.74	2.75	2.76	2.76	2.77	2.78	2.79	2.79	2.8	2.81
2.02	2.66	2.67	2.68	2.69	2.7	2.71	2.72	2.73	2.73	2.74	2.75	2.76	2.77	2.78	2.78	2.79	2.8	2.81	2.81	2.82	2.83
2.04	2.67	2.68	2.69	2.71	2.72	2.72	2.73	2.74	2.75	2.76	2.77	2.78	2.79	2.8	2.8	2.81	2.82	2.83	2.83	2.84	2.85
2.06	2.69	2.7	2.71	2.72	2.73	2.74	2.75	2.76	2.77	2.78	2.79	2.8	2.81	2.81	2.82	2.83	2.84	2.85	2.85	2.86	2.87
2.08	2.71	2.72	2.73	2.74	2.75	2.76	2.77	2.78	2.79	2.8	2.81	2.82	2.83	2.83	2.84	2.85	2.86	2.87	2.87	2.88	2.89

表 B.3 r=1.0 时基于 C_p^* 和 k^* 的配合质量指标 $P_{C(f)}(M_f \pm T_f/6)$(%)的数值表

C_p^*	k^*																				
	0.00	0.01	0.02	0.03	0.04	0.05	0.06	0.07	0.08	0.09	0.10	0.11	0.12	0.13	0.14	0.15	0.16	0.17	0.18	0.19	0.20
0.9	79.7	79.7	79.6	79.4	79.2	78.9	78.5	78.1	77.6	77.1	76.4	75.8	75.1	74.3	73.4	72.6	71.6	70.6	69.6	68.5	67.4
0.92	80.7	80.6	80.5	80.4	80.1	79.8	79.5	79.0	78.5	78.0	77.3	76.6	75.9	75.1	74.2	73.3	72.4	71.3	70.3	69.1	68.0
0.94	81.6	81.6	81.5	81.3	81.1	80.8	80.4	79.9	79.4	78.8	78.2	77.5	76.7	75.9	75.0	74.1	73.1	72.0	70.9	69.8	68.6
0.96	82.5	82.5	82.4	82.2	82.0	81.6	81.3	80.8	80.3	79.7	79.0	78.3	77.5	76.7	75.7	74.8	73.8	72.7	71.6	70.4	69.1
0.98	83.4	83.4	83.3	83.1	82.8	82.5	82.1	81.6	81.1	80.5	79.8	79.1	78.3	77.4	76.5	75.5	74.4	73.3	72.2	71.0	69.7
1	84.3	84.2	84.1	83.9	83.7	83.3	82.9	82.4	81.9	81.3	80.6	79.8	79.0	78.1	77.2	76.1	75.1	73.9	72.8	71.5	70.2
1.02	85.1	85.0	84.9	84.7	84.5	84.1	83.7	83.2	82.7	82.0	81.3	80.6	79.7	78.8	77.8	76.8	75.7	74.5	73.3	72.1	70.7
1.04	85.9	85.8	85.7	85.5	85.2	84.9	84.5	84.0	83.4	82.8	82.0	81.3	80.4	79.5	78.5	77.4	76.3	75.1	73.9	72.6	71.2
1.06	86.6	86.6	86.5	86.3	86.0	85.6	85.2	84.7	84.1	83.5	82.7	81.9	81.1	80.1	79.1	78.0	76.9	75.7	74.4	73.1	71.7
1.08	87.3	87.3	87.2	87.0	86.7	86.3	85.9	85.4	84.8	84.1	83.4	82.6	81.7	80.7	79.7	78.6	77.5	76.2	74.9	73.6	72.2
1.1	88.0	88.0	87.9	87.7	87.4	87.0	86.6	86.1	85.5	84.8	84.0	83.2	82.3	81.3	80.3	79.2	78.0	76.8	75.5	74.1	72.7
1.12	88.7	88.6	88.5	88.3	88.0	87.7	87.2	86.7	86.1	85.4	84.6	83.8	82.9	81.9	80.9	79.7	78.5	77.3	75.9	74.6	73.1
1.14	89.3	89.3	89.1	88.9	88.6	88.3	87.8	87.3	86.7	86.0	85.2	84.4	83.5	82.5	81.4	80.3	79.1	77.8	76.4	75.0	73.6
1.16	89.9	89.9	89.7	89.5	89.2	88.9	88.4	87.9	87.3	86.6	85.8	85.0	84.0	83.0	81.9	80.8	79.6	78.3	76.9	75.5	74.0
1.18	90.5	90.4	90.3	90.1	89.8	89.4	89.0	88.5	87.8	87.1	86.4	85.5	84.6	83.5	82.5	81.3	80.0	78.7	77.4	75.9	74.4
1.2	91.0	91.0	90.9	90.7	90.4	90.0	89.5	89.0	88.4	87.7	86.9	86.0	85.1	84.1	82.9	81.8	80.5	79.2	77.8	76.3	74.8
1.22	91.5	91.5	91.4	91.2	90.9	90.5	90.1	89.5	88.9	88.2	87.4	86.5	85.6	84.5	83.4	82.2	81.0	79.6	78.2	76.8	75.2
1.24	92.0	92.0	91.9	91.7	91.4	91.0	90.5	90.0	89.4	88.7	87.9	87.0	86.1	85.0	83.9	82.7	81.4	80.1	78.7	77.2	75.6
1.26	92.5	92.5	92.4	92.1	91.9	91.5	91.0	90.5	89.9	89.1	88.4	87.5	86.5	85.5	84.4	83.2	81.9	80.5	79.1	77.6	76.0
1.28	93.0	92.9	92.8	92.6	92.3	91.9	91.5	90.9	90.3	89.6	88.8	87.9	87.0	85.9	84.8	83.6	82.3	80.9	79.5	78.0	76.4
1.3	93.4	93.4	93.2	93.0	92.7	92.4	91.9	91.4	90.7	90.0	89.2	88.4	87.4	86.4	85.2	84.0	82.7	81.3	79.9	78.3	76.7
1.32	93.8	93.8	93.6	93.4	93.1	92.8	92.3	91.8	91.2	90.5	89.7	88.8	87.8	86.8	85.6	84.4	83.1	81.7	80.3	78.7	77.1
1.34	94.2	94.1	94.0	93.8	93.5	93.2	92.7	92.2	91.6	90.9	90.1	89.2	88.2	87.2	86.1	84.8	83.5	82.1	80.7	79.1	77.5
1.36	94.6	94.5	94.4	94.2	93.9	93.5	93.1	92.6	92.0	91.3	90.5	89.6	88.6	87.6	86.4	85.2	83.9	82.5	81.0	79.5	77.8
1.38	94.9	94.9	94.7	94.5	94.3	93.9	93.5	92.9	92.3	91.6	90.8	90.0	89.0	88.0	86.8	85.6	84.3	82.9	81.4	79.8	78.2
1.4	95.2	95.2	95.1	94.9	94.6	94.2	93.8	93.3	92.7	92.0	91.2	90.3	89.4	88.3	87.2	86.0	84.7	83.3	81.8	80.2	78.5
1.42	95.5	95.5	95.4	95.2	94.9	94.6	94.1	93.6	93.0	92.3	91.6	90.7	89.7	88.7	87.6	86.3	85.0	83.6	82.1	80.5	78.8
1.44	95.8	95.8	95.7	95.5	95.2	94.9	94.4	93.9	93.3	92.7	91.9	91.0	90.1	89.1	87.9	86.7	85.4	84.0	82.5	80.9	79.2
1.46	96.1	96.1	96.0	95.8	95.5	95.2	94.7	94.2	93.6	93.0	92.2	91.4	90.4	89.4	88.3	87.1	85.7	84.3	82.8	81.2	79.5
1.48	96.4	96.3	96.2	96.0	95.8	95.4	95.0	94.5	93.9	93.3	92.5	91.7	90.8	89.7	88.6	87.4	86.1	84.7	83.2	81.5	79.8

表 B.3（续）

$C_p{}^*$	k^*																				
	0.00	0.01	0.02	0.03	0.04	0.05	0.06	0.07	0.08	0.09	0.10	0.11	0.12	0.13	0.14	0.15	0.16	0.17	0.18	0.19	0.20
1.5	96.6	96.6	96.5	96.3	96.0	95.7	95.3	94.8	94.2	93.6	92.8	92.0	91.1	90.1	88.9	87.7	86.4	85.0	83.5	81.9	80.2
1.52	96.8	96.8	96.7	96.5	96.3	95.9	95.5	95.1	94.5	93.9	93.1	92.3	91.4	90.4	89.3	88.1	86.7	85.3	83.8	82.2	80.5
1.54	97.1	97.0	96.9	96.7	96.5	96.2	95.8	95.3	94.8	94.1	93.4	92.6	91.7	90.7	89.6	88.4	87.1	85.7	84.1	82.5	80.8
1.56	97.3	97.2	97.1	97.0	96.7	96.4	96.0	95.5	95.0	94.4	93.7	92.9	92.0	91.0	89.9	88.7	87.4	86.0	84.5	82.8	81.1
1.58	97.5	97.4	97.3	97.2	96.9	96.6	96.2	95.8	95.2	94.6	93.9	93.1	92.2	91.3	90.2	89.0	87.7	86.3	84.8	83.1	81.4
1.6	97.6	97.6	97.5	97.3	97.1	96.8	96.4	96.0	95.5	94.9	94.2	93.4	92.5	91.5	90.5	89.3	88.0	86.6	85.1	83.4	81.7
1.62	97.8	97.8	97.7	97.5	97.3	97.0	96.6	96.2	95.7	95.1	94.4	93.6	92.8	91.8	90.7	89.6	88.3	86.9	85.4	83.8	82.0
1.64	98.0	97.9	97.8	97.7	97.5	97.2	96.8	96.4	95.9	95.3	94.6	93.9	93.0	92.1	91.0	89.9	88.6	87.2	85.7	84.1	82.3
1.66	98.1	98.1	98.0	97.8	97.6	97.4	97.0	96.6	96.1	95.5	94.9	94.1	93.3	92.3	91.3	90.1	88.9	87.5	86.0	84.3	82.6
1.68	98.2	98.2	98.1	98.0	97.8	97.5	97.2	96.8	96.3	95.7	95.1	94.3	93.5	92.6	91.5	90.4	89.1	87.8	86.3	84.6	82.9
1.7	98.4	98.3	98.3	98.1	97.9	97.7	97.3	96.9	96.5	95.9	95.3	94.6	93.7	92.8	91.8	90.7	89.4	88.0	86.5	84.9	83.2
1.75	98.7	98.6	98.6	98.4	98.2	98.0	97.7	97.3	96.9	96.4	95.8	95.1	94.3	93.4	92.4	91.3	90.1	88.7	87.2	85.6	83.9
1.8	98.9	98.9	98.8	98.7	98.5	98.3	98.0	97.7	97.3	96.8	96.2	95.6	94.8	94.0	93.0	91.9	90.7	89.4	87.9	86.3	84.6
1.85	99.1	99.1	99.0	98.9	98.8	98.6	98.3	98.0	97.6	97.1	96.6	96.0	95.3	94.5	93.5	92.5	91.3	90.0	88.6	87.0	85.2
1.9	99.3	99.3	99.2	99.1	99.0	98.8	98.5	98.3	97.9	97.5	97.0	96.4	95.7	94.9	94.0	93.0	91.9	90.6	89.2	87.6	85.9
1.95	99.4	99.4	99.3	99.3	99.1	99.0	98.8	98.5	98.2	97.8	97.3	96.8	96.1	95.4	94.5	93.5	92.4	91.2	89.8	88.2	86.5
2	99.5	99.5	99.5	99.4	99.3	99.1	98.9	98.7	98.4	98.0	97.6	97.1	96.5	95.8	94.9	94.0	92.9	91.7	90.3	88.8	87.1
2.05	99.6	99.6	99.6	99.5	99.4	99.3	99.1	98.9	98.6	98.3	97.9	97.4	96.8	96.1	95.4	94.5	93.4	92.2	90.9	89.4	87.7
2.1	99.7	99.7	99.7	99.6	99.5	99.4	99.2	99.0	98.8	98.5	98.1	97.7	97.1	96.5	95.7	94.9	93.9	92.7	91.4	89.9	88.3
2.15	99.8	99.8	99.7	99.7	99.6	99.5	99.3	99.2	98.9	98.7	98.3	97.9	97.4	96.8	96.1	95.3	94.3	93.2	91.9	90.4	88.8
2.2	99.8	99.8	99.8	99.7	99.7	99.6	99.5	99.3	99.1	98.8	98.5	98.1	97.7	97.1	96.4	95.6	94.7	93.6	92.4	90.9	89.3
2.25	99.9	99.8	99.8	99.8	99.7	99.6	99.5	99.4	99.2	99.0	98.7	98.3	97.9	97.4	96.7	96.0	95.1	94.0	92.8	91.4	89.8
2.3	99.9	99.9	99.9	99.8	99.8	99.7	99.6	99.5	99.3	99.1	98.9	98.5	98.1	97.6	97.0	96.3	95.5	94.4	93.3	91.9	90.3
2.35	99.9	99.9	99.9	99.9	99.8	99.8	99.7	99.6	99.4	99.2	99.0	98.7	98.3	97.9	97.3	96.6	95.8	94.8	93.7	92.3	90.8
2.4	99.9	99.9	99.9	99.9	99.9	99.8	99.7	99.6	99.5	99.3	99.1	98.9	98.5	98.1	97.5	96.9	96.1	95.2	94.1	92.8	91.3
2.45	99.9	99.9	99.9	99.9	99.9	99.8	99.8	99.7	99.6	99.4	99.2	99.0	98.7	98.3	97.8	97.2	96.4	95.5	94.4	93.2	91.7
2.5	100.0	100.0	99.9	99.9	99.9	99.9	99.8	99.7	99.6	99.5	99.3	99.1	98.8	98.4	98.0	97.4	96.7	95.8	94.8	93.6	92.1
2.55	100.0	100.0	100.0	99.9	99.9	99.9	99.8	99.8	99.7	99.6	99.4	99.2	98.9	98.6	98.2	97.6	97.0	96.1	95.1	93.9	92.5
2.6	100.0	100.0	100.0	100.0	99.9	99.9	99.9	99.8	99.7	99.6	99.5	99.3	99.1	98.8	98.4	97.8	97.2	96.4	95.5	94.3	92.9
2.65	100.0	100.0	100.0	100.0	99.9	99.9	99.9	99.8	99.8	99.7	99.6	99.4	99.2	98.9	98.5	98.0	97.4	96.7	95.8	94.6	93.3

表 B.4 $r=1.6$ 时基于 C_p^* 和 k^* 的配合质量指标 $P_{C(f)}(M_f \pm T_f/6)$(%)的数值表

C_p^*	k^*																				
	0.00	0.01	0.02	0.03	0.04	0.05	0.06	0.07	0.08	0.09	0.10	0.11	0.12	0.13	0.14	0.15	0.16	0.17	0.18	0.19	0.20
0.9	78.5	78.5	78.4	78.2	78.0	77.7	77.4	77.0	76.5	76.0	75.4	74.7	74.0	73.3	72.5	71.6	70.7	69.8	68.8	67.7	66.6
0.92	79.5	79.5	79.4	79.2	79.0	78.7	78.3	77.9	77.4	76.9	76.3	75.6	74.9	74.1	73.3	72.4	71.5	70.5	69.5	68.4	67.3
0.94	80.5	80.4	80.3	80.2	79.9	79.6	79.3	78.8	78.3	77.8	77.2	76.5	75.7	74.9	74.1	73.2	72.2	71.2	70.1	69.0	67.9
0.96	81.4	81.4	81.3	81.1	80.9	80.5	80.2	79.7	79.2	78.6	78.0	77.3	76.5	75.7	74.8	73.9	72.9	71.9	70.8	69.6	68.5
0.98	82.3	82.3	82.2	82.0	81.7	81.4	81.0	80.6	80.1	79.5	78.8	78.1	77.3	76.5	75.6	74.6	73.6	72.5	71.4	70.2	69.0
1	83.2	83.1	83.0	82.9	82.6	82.3	81.9	81.4	80.9	80.3	79.6	78.9	78.1	77.2	76.3	75.3	74.2	73.2	72.0	70.8	69.6
1.02	84.0	84.0	83.9	83.7	83.4	83.1	82.7	82.2	81.7	81.0	80.4	79.6	78.8	77.9	77.0	75.9	74.9	73.8	72.6	71.4	70.1
1.04	84.8	84.8	84.7	84.5	84.2	83.9	83.5	83.0	82.4	81.8	81.1	80.3	79.5	78.6	77.6	76.6	75.5	74.4	73.1	71.9	70.6
1.06	85.6	85.6	85.4	85.2	85.0	84.6	84.2	83.7	83.1	82.5	81.8	81.0	80.2	79.2	78.3	77.2	76.1	74.9	73.7	72.4	71.1
1.08	86.3	86.3	86.2	86.0	85.7	85.4	84.9	84.4	83.8	83.2	82.5	81.7	80.8	79.9	78.9	77.8	76.7	75.5	74.2	72.9	71.6
1.1	87.0	87.0	86.9	86.7	86.4	86.1	85.6	85.1	84.5	83.9	83.1	82.3	81.4	80.5	79.5	78.4	77.2	76.0	74.7	73.4	72.0
1.12	87.7	87.7	87.6	87.4	87.1	86.7	86.3	85.8	85.2	84.5	83.8	82.9	82.0	81.1	80.0	78.9	77.8	76.5	75.2	73.9	72.5
1.14	88.4	88.3	88.2	88.0	87.7	87.4	86.9	86.4	85.8	85.1	84.4	83.5	82.6	81.7	80.6	79.5	78.3	77.0	75.7	74.3	72.9
1.16	89.0	89.0	88.8	88.6	88.4	88.0	87.5	87.0	86.4	85.7	85.0	84.1	83.2	82.2	81.1	80.0	78.8	77.5	76.2	74.8	73.3
1.18	89.6	89.6	89.4	89.2	88.9	88.6	88.1	87.6	87.0	86.3	85.5	84.7	83.7	82.7	81.7	80.5	79.3	78.0	76.7	75.2	73.8
1.2	90.2	90.1	90.0	89.8	89.5	89.1	88.7	88.2	87.5	86.8	86.1	85.2	84.3	83.3	82.2	81.0	79.8	78.5	77.1	75.7	74.2
1.22	90.7	90.7	90.6	90.4	90.1	89.7	89.2	88.7	88.1	87.4	86.6	85.7	84.8	83.8	82.7	81.5	80.3	78.9	77.6	76.1	74.6
1.24	91.2	91.2	91.1	90.9	90.6	90.2	89.8	89.2	88.6	87.9	87.1	86.2	85.3	84.3	83.2	82.0	80.7	79.4	78.0	76.5	75.0
1.26	91.7	91.7	91.6	91.4	91.1	90.7	90.3	89.7	89.1	88.4	87.6	86.7	85.8	84.7	83.6	82.4	81.2	79.8	78.4	76.9	75.4
1.28	92.2	92.2	92.1	91.8	91.6	91.2	90.7	90.2	89.6	88.9	88.1	87.2	86.2	85.2	84.1	82.9	81.6	80.2	78.8	77.3	75.7
1.3	92.7	92.6	92.5	92.3	92.0	91.6	91.2	90.6	90.0	89.3	88.5	87.6	86.7	85.6	84.5	83.3	82.0	80.7	79.2	77.7	76.1
1.32	93.1	93.1	92.9	92.7	92.4	92.1	91.6	91.1	90.5	89.7	89.0	88.1	87.1	86.1	84.9	83.7	82.4	81.1	79.6	78.1	76.5
1.34	93.5	93.5	93.4	93.1	92.9	92.5	92.0	91.5	90.9	90.2	89.4	88.5	87.5	86.5	85.4	84.1	82.8	81.5	80.0	78.5	76.8
1.36	93.9	93.9	93.7	93.5	93.3	92.9	92.4	91.9	91.3	90.6	89.8	88.9	87.9	86.9	85.8	84.5	83.2	81.8	80.4	78.8	77.2
1.38	94.3	94.2	94.1	93.9	93.6	93.3	92.8	92.3	91.7	91.0	90.2	89.3	88.3	87.3	86.2	84.9	83.6	82.2	80.7	79.2	77.5
1.4	94.6	94.6	94.5	94.3	94.0	93.6	93.2	92.6	92.0	91.3	90.5	89.7	88.7	87.7	86.5	85.3	84.0	82.6	81.1	79.5	77.9
1.42	95.0	94.9	94.8	94.6	94.3	94.0	93.5	93.0	92.4	91.7	90.9	90.0	89.1	88.0	86.9	85.7	84.4	83.0	81.5	79.9	78.2
1.44	95.3	95.2	95.1	94.9	94.6	94.3	93.9	93.3	92.7	92.0	91.3	90.4	89.4	88.4	87.3	86.0	84.7	83.3	81.8	80.2	78.6
1.46	95.6	95.5	95.4	95.2	95.0	94.6	94.2	93.7	93.1	92.4	91.6	90.7	89.8	88.8	87.6	86.4	85.1	83.7	82.2	80.6	78.9
1.48	95.9	95.8	95.7	95.5	95.2	94.9	94.5	94.0	93.4	92.7	91.9	91.1	90.1	89.1	88.0	86.7	85.4	84.0	82.5	80.9	79.2

表 B.4（续）

C_p*	k*																				
	0.00	0.01	0.02	0.03	0.04	0.05	0.06	0.07	0.08	0.09	0.10	0.11	0.12	0.13	0.14	0.15	0.16	0.17	0.18	0.19	0.20
1.5	96.1	96.1	96.0	95.8	95.5	95.2	94.8	94.3	93.7	93.0	92.2	91.4	90.5	89.4	88.3	87.1	85.8	84.4	82.8	81.2	79.5
1.52	96.4	96.3	96.2	96.0	95.8	95.4	95.0	94.5	94.0	93.3	92.5	91.7	90.8	89.8	88.6	87.4	86.1	84.7	83.2	81.6	79.9
1.54	96.6	96.6	96.5	96.3	96.0	95.7	95.3	94.8	94.2	93.6	92.8	92.0	91.1	90.1	89.0	87.7	86.4	85.0	83.5	81.9	80.2
1.56	96.8	96.8	96.7	96.5	96.3	95.9	95.5	95.1	94.5	93.9	93.1	92.3	91.4	90.4	89.3	88.1	86.7	85.3	83.8	82.2	80.5
1.58	97.1	97.0	96.9	96.7	96.5	96.2	95.8	95.3	94.8	94.1	93.4	92.6	91.7	90.7	89.6	88.4	87.1	85.6	84.1	82.5	80.8
1.6	97.3	97.2	97.1	96.9	96.7	96.4	96.0	95.5	95.0	94.4	93.7	92.9	92.0	91.0	89.9	88.7	87.4	86.0	84.4	82.8	81.1
1.62	97.4	97.4	97.3	97.1	96.9	96.6	96.2	95.8	95.2	94.6	93.9	93.1	92.2	91.2	90.2	89.0	87.7	86.3	84.7	83.1	81.4
1.64	97.6	97.6	97.5	97.3	97.1	96.8	96.4	96.0	95.5	94.8	94.2	93.4	92.5	91.5	90.4	89.3	88.0	86.6	85.0	83.4	81.7
1.66	97.8	97.8	97.7	97.5	97.3	97.0	96.6	96.2	95.7	95.1	94.4	93.6	92.7	91.8	90.7	89.5	88.3	86.9	85.3	83.7	82.0
1.68	97.9	97.9	97.8	97.7	97.4	97.2	96.8	96.4	95.9	95.3	94.6	93.9	93.0	92.0	91.0	89.8	88.5	87.1	85.6	84.0	82.3
1.7	98.1	98.1	98.0	97.8	97.6	97.3	97.0	96.6	96.1	95.5	94.8	94.1	93.2	92.3	91.2	90.1	88.8	87.4	85.9	84.3	82.6
1.75	98.4	98.4	98.3	98.2	98.0	97.7	97.4	97.0	96.5	96.0	95.3	94.6	93.8	92.9	91.9	90.7	89.5	88.1	86.6	85.0	83.3
1.8	98.7	98.7	98.6	98.5	98.3	98.0	97.7	97.4	96.9	96.4	95.8	95.1	94.3	93.5	92.5	91.4	90.1	88.8	87.3	85.7	83.9
1.85	98.9	98.9	98.8	98.7	98.5	98.3	98.0	97.7	97.3	96.8	96.2	95.6	94.8	94.0	93.0	91.9	90.7	89.4	87.9	86.3	84.6
1.9	99.1	99.1	99.0	98.9	98.8	98.6	98.3	98.0	97.6	97.2	96.6	96.0	95.3	94.5	93.5	92.5	91.3	90.0	88.6	87.0	85.3
1.95	99.3	99.3	99.2	99.1	99.0	98.8	98.5	98.3	97.9	97.5	97.0	96.4	95.7	94.9	94.0	93.0	91.9	90.6	89.2	87.6	85.9
2	99.4	99.4	99.3	99.3	99.1	99.0	98.8	98.5	98.2	97.8	97.3	96.7	96.1	95.4	94.5	93.5	92.4	91.2	89.8	88.2	86.5
2.05	99.5	99.5	99.5	99.4	99.3	99.1	98.9	98.7	98.4	98.0	97.6	97.1	96.5	95.8	94.9	94.0	92.9	91.7	90.3	88.8	87.1
2.1	99.6	99.6	99.6	99.5	99.4	99.3	99.1	98.9	98.6	98.3	97.9	97.4	96.8	96.1	95.3	94.4	93.4	92.2	90.8	89.3	87.6
2.15	99.7	99.7	99.6	99.6	99.5	99.4	99.2	99.0	98.8	98.5	98.1	97.6	97.1	96.5	95.7	94.8	93.8	92.7	91.4	89.9	88.2
2.2	99.8	99.7	99.7	99.7	99.6	99.5	99.3	99.2	98.9	98.6	98.3	97.9	97.4	96.8	96.1	95.2	94.3	93.1	91.8	90.4	88.7
2.25	99.8	99.8	99.8	99.7	99.7	99.6	99.4	99.3	99.1	98.8	98.5	98.1	97.6	97.1	96.4	95.6	94.7	93.6	92.3	90.9	89.3
2.3	99.8	99.8	99.8	99.8	99.7	99.6	99.5	99.4	99.2	99.0	98.7	98.3	97.9	97.3	96.7	95.9	95.0	94.0	92.8	91.4	89.8
2.35	99.9	99.9	99.9	99.8	99.8	99.7	99.6	99.5	99.3	99.1	98.8	98.5	98.1	97.6	97.0	96.3	95.4	94.4	93.2	91.8	90.2
2.4	99.9	99.9	99.9	99.9	99.8	99.7	99.7	99.5	99.4	99.2	99.0	98.7	98.3	97.8	97.2	96.6	95.7	94.7	93.6	92.3	90.7
2.45	99.9	99.9	99.9	99.9	99.8	99.8	99.7	99.6	99.5	99.3	99.1	98.8	98.5	98.0	97.5	96.8	96.0	95.1	94.0	92.7	91.2
2.5	99.9	99.9	99.9	99.9	99.9	99.8	99.8	99.7	99.6	99.4	99.2	99.0	98.6	98.2	97.7	97.1	96.3	95.4	94.3	93.1	91.6
2.55	100.0	100.0	99.9	99.9	99.9	99.9	99.8	99.7	99.6	99.5	99.3	99.1	98.8	98.4	97.9	97.3	96.6	95.7	94.7	93.5	92.0
2.6	100.0	100.0	100.0	99.9	99.9	99.9	99.8	99.8	99.7	99.6	99.4	99.2	98.9	98.6	98.1	97.6	96.9	96.0	95.0	93.8	92.4
2.65	100.0	100.0	100.0	100.0	99.9	99.9	99.9	99.8	99.7	99.6	99.5	99.3	99.0	98.7	98.3	97.8	97.1	96.3	95.4	94.2	92.8

表 B.5　r=1.0 时基于 C_p^* 和 k^* 的配合质量指标 $P_{ql(f)}$(%)的数值表

C_p^*	k^*																				
	0.00	0.01	0.02	0.03	0.04	0.05	0.06	0.07	0.08	0.09	0.10	0.11	0.12	0.13	0.14	0.15	0.16	0.17	0.18	0.19	0.20
0.9	6.86	6.87	6.90	6.95	7.02	7.11	7.22	7.35	7.50	7.67	7.86	8.07	8.30	8.6	8.8	9.1	9.4	9.8	10.1	10.5	10.9
0.92	6.57	6.58	6.61	6.66	6.73	6.82	6.93	7.06	7.21	7.38	7.57	7.78	8.01	8.26	8.5	8.8	9.1	9.5	9.8	10.2	10.6
0.94	6.29	6.30	6.33	6.38	6.45	6.54	6.65	6.78	6.93	7.10	7.29	7.50	7.73	7.98	8.2	8.5	8.8	9.2	9.5	9.9	10.3
0.96	6.03	6.04	6.07	6.12	6.19	6.28	6.39	6.52	6.67	6.84	7.03	7.24	7.47	7.72	7.99	8.3	8.6	8.9	9.3	9.6	10.0
0.98	5.79	5.80	5.83	5.88	5.95	6.04	6.15	6.28	6.43	6.60	6.79	7.00	7.23	7.48	7.75	8.04	8.3	8.7	9.0	9.4	9.8
1	5.56	5.57	5.60	5.65	5.72	5.81	5.92	6.05	6.20	6.37	6.56	6.77	7.00	7.25	7.52	7.81	8.1	8.4	8.8	9.2	9.6
1.02	5.34	5.35	5.38	5.43	5.50	5.59	5.70	5.83	5.98	6.15	6.34	6.55	6.78	7.03	7.30	7.59	7.90	8.2	8.6	9.0	9.3
1.04	5.14	5.15	5.18	5.23	5.30	5.39	5.50	5.63	5.78	5.95	6.14	6.35	6.58	6.83	7.10	7.39	7.70	8.0	8.4	8.7	9.1
1.06	4.95	4.96	4.99	5.04	5.11	5.20	5.31	5.44	5.59	5.76	5.95	6.16	6.39	6.64	6.91	7.20	7.51	7.84	8.2	8.6	8.9
1.08	4.76	4.77	4.80	4.85	4.92	5.01	5.12	5.25	5.40	5.57	5.76	5.97	6.20	6.45	6.72	7.01	7.32	7.65	8.0	8.4	8.8
1.1	4.59	4.60	4.63	4.68	4.75	4.84	4.95	5.08	5.23	5.40	5.59	5.80	6.03	6.28	6.55	6.84	7.15	7.48	7.83	8.2	8.6
1.12	4.43	4.44	4.47	4.52	4.59	4.68	4.79	4.92	5.07	5.24	5.43	5.64	5.87	6.12	6.39	6.68	6.99	7.32	7.67	8.0	8.4
1.14	4.28	4.29	4.32	4.37	4.44	4.53	4.64	4.77	4.92	5.09	5.28	5.49	5.72	5.97	6.24	6.53	6.84	7.17	7.52	7.9	8.3
1.16	4.13	4.14	4.17	4.22	4.29	4.38	4.49	4.62	4.77	4.94	5.13	5.34	5.57	5.82	6.09	6.38	6.69	7.02	7.37	7.74	8.1
1.18	3.99	4.00	4.03	4.08	4.15	4.24	4.35	4.48	4.63	4.80	4.99	5.20	5.43	5.68	5.95	6.24	6.55	6.88	7.23	7.60	8.0
1.2	3.86	3.87	3.90	3.95	4.02	4.11	4.22	4.35	4.50	4.67	4.86	5.07	5.30	5.55	5.82	6.11	6.42	6.75	7.10	7.47	7.9
1.22	3.73	3.74	3.77	3.82	3.89	3.98	4.09	4.22	4.37	4.54	4.73	4.94	5.17	5.42	5.69	5.98	6.29	6.62	6.97	7.34	7.73
1.24	3.61	3.62	3.65	3.70	3.77	3.86	3.97	4.10	4.25	4.42	4.61	4.82	5.05	5.30	5.57	5.86	6.17	6.50	6.85	7.22	7.61
1.26	3.50	3.51	3.54	3.59	3.66	3.75	3.86	3.99	4.14	4.31	4.50	4.71	4.94	5.19	5.46	5.75	6.06	6.39	6.74	7.11	7.50
1.28	3.39	3.40	3.43	3.48	3.55	3.64	3.75	3.88	4.03	4.20	4.39	4.60	4.83	5.08	5.35	5.64	5.95	6.28	6.63	7.00	7.39
1.3	3.29	3.30	3.33	3.38	3.45	3.54	3.65	3.78	3.93	4.10	4.29	4.50	4.73	4.98	5.25	5.54	5.85	6.18	6.53	6.90	7.29
1.32	3.19	3.20	3.23	3.28	3.35	3.44	3.55	3.68	3.83	4.00	4.19	4.40	4.63	4.88	5.15	5.44	5.75	6.08	6.43	6.80	7.19
1.34	3.09	3.10	3.13	3.18	3.25	3.34	3.45	3.58	3.73	3.90	4.09	4.30	4.53	4.78	5.05	5.34	5.65	5.98	6.33	6.70	7.09
1.36	3.00	3.01	3.04	3.09	3.16	3.25	3.36	3.49	3.64	3.81	4.00	4.21	4.44	4.69	4.96	5.25	5.56	5.89	6.24	6.61	7.00
1.38	2.92	2.93	2.96	3.01	3.08	3.17	3.28	3.41	3.56	3.73	3.92	4.13	4.36	4.61	4.88	5.17	5.48	5.81	6.16	6.53	6.92
1.4	2.84	2.85	2.88	2.93	3.00	3.09	3.20	3.33	3.48	3.65	3.84	4.05	4.28	4.53	4.80	5.09	5.40	5.73	6.08	6.45	6.84
1.42	2.76	2.77	2.80	2.85	2.92	3.01	3.12	3.25	3.40	3.57	3.76	3.97	4.20	4.45	4.72	5.01	5.32	5.65	6.00	6.37	6.76
1.44	2.68	2.69	2.72	2.77	2.84	2.93	3.04	3.17	3.32	3.49	3.68	3.89	4.12	4.37	4.64	4.93	5.24	5.57	5.92	6.29	6.68
1.46	2.61	2.62	2.65	2.70	2.77	2.86	2.97	3.10	3.25	3.42	3.61	3.82	4.05	4.30	4.57	4.86	5.17	5.50	5.85	6.22	6.61
1.48	2.54	2.55	2.58	2.63	2.70	2.79	2.90	3.03	3.18	3.35	3.54	3.75	3.98	4.23	4.50	4.79	5.10	5.43	5.78	6.15	6.54

表 B.5（续）

$C_p{}^*$	k^*																				
	0.00	0.01	0.02	0.03	0.04	0.05	0.06	0.07	0.08	0.09	0.10	0.11	0.12	0.13	0.14	0.15	0.16	0.17	0.18	0.19	0.20
1.5	2.47	2.48	2.51	2.56	2.63	2.72	2.83	2.96	3.11	3.28	3.47	3.68	3.91	4.16	4.43	4.72	5.03	5.36	5.71	6.08	6.47
1.52	2.41	2.42	2.45	2.50	2.57	2.66	2.77	2.90	3.05	3.22	3.41	3.62	3.85	4.10	4.37	4.66	4.97	5.30	5.65	6.02	6.41
1.54	2.34	2.35	2.38	2.43	2.50	2.59	2.70	2.83	2.98	3.15	3.34	3.55	3.78	4.03	4.30	4.59	4.90	5.23	5.58	5.95	6.34
1.56	2.28	2.29	2.32	2.37	2.44	2.53	2.64	2.77	2.92	3.09	3.28	3.49	3.72	3.97	4.24	4.53	4.84	5.17	5.52	5.89	6.28
1.58	2.23	2.24	2.27	2.32	2.39	2.48	2.59	2.72	2.87	3.04	3.23	3.44	3.67	3.92	4.19	4.48	4.79	5.12	5.47	5.84	6.23
1.6	2.17	2.18	2.21	2.26	2.33	2.42	2.53	2.66	2.81	2.98	3.17	3.38	3.61	3.86	4.13	4.42	4.73	5.06	5.41	5.78	6.17
1.62	2.12	2.13	2.16	2.21	2.28	2.37	2.48	2.61	2.76	2.93	3.12	3.33	3.56	3.81	4.08	4.37	4.68	5.01	5.36	5.73	6.12
1.64	2.07	2.08	2.11	2.16	2.23	2.32	2.43	2.56	2.71	2.88	3.07	3.28	3.51	3.76	4.03	4.32	4.63	4.96	5.31	5.68	6.07
1.66	2.02	2.03	2.06	2.11	2.18	2.27	2.38	2.51	2.66	2.83	3.02	3.23	3.46	3.71	3.98	4.27	4.58	4.91	5.26	5.63	6.02
1.68	1.97	1.98	2.01	2.06	2.13	2.22	2.33	2.46	2.61	2.78	2.97	3.18	3.41	3.66	3.93	4.22	4.53	4.86	5.21	5.58	5.97
1.7	1.92	1.93	1.96	2.01	2.08	2.17	2.28	2.41	2.56	2.73	2.92	3.13	3.36	3.61	3.88	4.17	4.48	4.81	5.16	5.53	5.92
1.75	1.81	1.82	1.85	1.90	1.97	2.06	2.17	2.30	2.45	2.62	2.81	3.02	3.25	3.50	3.77	4.06	4.37	4.70	5.05	5.42	5.81
1.8	1.72	1.73	1.76	1.81	1.88	1.97	2.08	2.21	2.36	2.53	2.72	2.93	3.16	3.41	3.68	3.97	4.28	4.61	4.96	5.33	5.72
1.85	1.62	1.63	1.66	1.71	1.78	1.87	1.98	2.11	2.26	2.43	2.62	2.83	3.06	3.31	3.58	3.87	4.18	4.51	4.86	5.23	5.62
1.9	1.54	1.55	1.58	1.63	1.70	1.79	1.90	2.03	2.18	2.35	2.54	2.75	2.98	3.23	3.50	3.79	4.10	4.43	4.78	5.15	5.54
1.95	1.46	1.47	1.50	1.55	1.62	1.71	1.82	1.95	2.10	2.27	2.46	2.67	2.90	3.15	3.42	3.71	4.02	4.35	4.70	5.07	5.46
2	1.39	1.40	1.43	1.48	1.55	1.64	1.75	1.88	2.03	2.20	2.39	2.60	2.83	3.08	3.35	3.64	3.95	4.28	4.63	5.00	5.39
2.05	1.32	1.33	1.36	1.41	1.48	1.57	1.68	1.81	1.96	2.13	2.32	2.53	2.76	3.01	3.28	3.57	3.88	4.21	4.56	4.93	5.32
2.1	1.26	1.27	1.30	1.35	1.42	1.51	1.62	1.75	1.90	2.07	2.26	2.47	2.70	2.95	3.22	3.51	3.82	4.15	4.50	4.87	5.26
2.15	1.20	1.21	1.24	1.29	1.36	1.45	1.56	1.69	1.84	2.01	2.20	2.41	2.64	2.89	3.16	3.45	3.76	4.09	4.44	4.81	5.20
2.2	1.15	1.16	1.19	1.24	1.31	1.40	1.51	1.64	1.79	1.96	2.15	2.36	2.59	2.84	3.11	3.40	3.71	4.04	4.39	4.76	5.15
2.25	1.10	1.11	1.14	1.19	1.26	1.35	1.46	1.59	1.74	1.91	2.10	2.31	2.54	2.79	3.06	3.35	3.66	3.99	4.34	4.71	5.10
2.3	1.05	1.06	1.09	1.14	1.21	1.30	1.41	1.54	1.69	1.86	2.05	2.26	2.49	2.74	3.01	3.30	3.61	3.94	4.29	4.66	5.05
2.35	1.01	1.02	1.05	1.10	1.17	1.26	1.37	1.50	1.65	1.82	2.01	2.22	2.45	2.70	2.97	3.26	3.57	3.90	4.25	4.62	5.01
2.4	0.96	0.97	1.00	1.05	1.12	1.21	1.32	1.45	1.60	1.77	1.96	2.17	2.40	2.65	2.92	3.21	3.52	3.85	4.20	4.57	4.96
2.45	0.93	0.94	0.97	1.02	1.09	1.18	1.29	1.42	1.57	1.74	1.93	2.14	2.37	2.62	2.89	3.18	3.49	3.82	4.17	4.54	4.93
2.5	0.89	0.90	0.93	0.98	1.05	1.14	1.25	1.38	1.53	1.70	1.89	2.10	2.33	2.58	2.85	3.14	3.45	3.78	4.13	4.50	4.89
2.55	0.85	0.86	0.89	0.94	1.01	1.10	1.21	1.34	1.49	1.66	1.85	2.06	2.29	2.54	2.81	3.10	3.41	3.74	4.09	4.46	4.85
2.6	0.82	0.83	0.86	0.91	0.98	1.07	1.18	1.31	1.46	1.63	1.82	2.03	2.26	2.51	2.78	3.07	3.38	3.71	4.06	4.43	4.82
2.65	0.79	0.80	0.83	0.88	0.95	1.04	1.15	1.28	1.43	1.60	1.79	2.00	2.23	2.48	2.75	3.04	3.35	3.68	4.03	4.40	4.79

表 B.6　r=1.6 时基于 C_p^* 和 k^* 的配合质量指标 $P_{ql(f)}$(%)的数值表

C_p^*	k^*																				
	0.00	0.01	0.02	0.03	0.04	0.05	0.06	0.07	0.08	0.09	0.10	0.11	0.12	0.13	0.14	0.15	0.16	0.17	0.18	0.19	0.20
0.9	7.22	7.23	7.26	7.31	7.38	7.47	7.58	7.71	7.86	8.03	8.22	8.4	8.7	8.9	9.2	9.5	9.8	10.1	10.5	10.8	11.2
0.92	6.91	6.92	6.95	7.00	7.07	7.16	7.27	7.40	7.55	7.72	7.91	8.12	8.4	8.6	8.9	9.2	9.5	9.8	10.2	10.5	10.9
0.94	6.62	6.63	6.66	6.71	6.78	6.87	6.98	7.11	7.26	7.43	7.62	7.83	8.06	8.3	8.6	8.9	9.2	9.5	9.9	10.2	10.6
0.96	6.35	6.36	6.39	6.44	6.51	6.60	6.71	6.84	6.99	7.16	7.35	7.56	7.79	8.04	8.3	8.6	8.9	9.2	9.6	10.0	10.3
0.98	6.09	6.10	6.13	6.18	6.25	6.34	6.45	6.58	6.73	6.90	7.09	7.30	7.53	7.78	8.1	8.3	8.7	9.0	9.3	9.7	10.1
1	5.85	5.86	5.89	5.94	6.01	6.10	6.21	6.34	6.49	6.66	6.85	7.06	7.29	7.54	7.81	8.1	8.4	8.7	9.1	9.5	9.9
1.02	5.62	5.63	5.66	5.71	5.78	5.87	5.98	6.11	6.26	6.43	6.62	6.83	7.06	7.31	7.58	7.87	8.2	8.5	8.9	9.2	9.6
1.04	5.41	5.42	5.45	5.50	5.57	5.66	5.77	5.90	6.05	6.22	6.41	6.62	6.85	7.10	7.37	7.66	8.0	8.3	8.6	9.0	9.4
1.06	5.21	5.22	5.25	5.30	5.37	5.46	5.57	5.70	5.85	6.02	6.21	6.42	6.65	6.90	7.17	7.46	7.77	8.1	8.4	8.8	9.2
1.08	5.02	5.03	5.06	5.11	5.18	5.27	5.38	5.51	5.66	5.83	6.02	6.23	6.46	6.71	6.98	7.27	7.58	7.9	8.3	8.6	9.0
1.1	4.84	4.85	4.88	4.93	5.00	5.09	5.20	5.33	5.48	5.65	5.84	6.05	6.28	6.53	6.80	7.09	7.40	7.73	8.1	8.4	8.8
1.12	4.66	4.67	4.70	4.75	4.82	4.91	5.02	5.15	5.30	5.47	5.66	5.87	6.10	6.35	6.62	6.91	7.22	7.55	7.9	8.3	8.7
1.14	4.50	4.51	4.54	4.59	4.66	4.75	4.86	4.99	5.14	5.31	5.50	5.71	5.94	6.19	6.46	6.75	7.06	7.39	7.7	8.1	8.5
1.16	4.35	4.36	4.39	4.44	4.51	4.60	4.71	4.84	4.99	5.16	5.35	5.56	5.79	6.04	6.31	6.60	6.91	7.24	7.59	8.0	8.3
1.18	4.20	4.21	4.24	4.29	4.36	4.45	4.56	4.69	4.84	5.01	5.20	5.41	5.64	5.89	6.16	6.45	6.76	7.09	7.44	7.8	8.2
1.2	4.06	4.07	4.10	4.15	4.22	4.31	4.42	4.55	4.70	4.87	5.06	5.27	5.50	5.75	6.02	6.31	6.62	6.95	7.30	7.67	8.1
1.22	3.93	3.94	3.97	4.02	4.09	4.18	4.29	4.42	4.57	4.74	4.93	5.14	5.37	5.62	5.89	6.18	6.49	6.82	7.17	7.54	7.9
1.24	3.81	3.82	3.85	3.90	3.97	4.06	4.17	4.30	4.45	4.62	4.81	5.02	5.25	5.50	5.77	6.06	6.37	6.70	7.05	7.42	7.8
1.26	3.69	3.70	3.73	3.78	3.85	3.94	4.05	4.18	4.33	4.50	4.69	4.90	5.13	5.38	5.65	5.94	6.25	6.58	6.93	7.30	7.69
1.28	3.57	3.58	3.61	3.66	3.73	3.82	3.93	4.06	4.21	4.38	4.57	4.78	5.01	5.26	5.53	5.82	6.13	6.46	6.81	7.18	7.57
1.3	3.46	3.47	3.50	3.55	3.62	3.71	3.82	3.95	4.10	4.27	4.46	4.67	4.90	5.15	5.42	5.71	6.02	6.35	6.70	7.07	7.46
1.32	3.36	3.37	3.40	3.45	3.52	3.61	3.72	3.85	4.00	4.17	4.36	4.57	4.80	5.05	5.32	5.61	5.92	6.25	6.60	6.97	7.36
1.34	3.26	3.27	3.30	3.35	3.42	3.51	3.62	3.75	3.90	4.07	4.26	4.47	4.70	4.95	5.22	5.51	5.82	6.15	6.50	6.87	7.26
1.36	3.16	3.17	3.20	3.25	3.32	3.41	3.52	3.65	3.80	3.97	4.16	4.37	4.60	4.85	5.12	5.41	5.72	6.05	6.40	6.77	7.16
1.38	3.07	3.08	3.11	3.16	3.23	3.32	3.43	3.56	3.71	3.88	4.07	4.28	4.51	4.76	5.03	5.32	5.63	5.96	6.31	6.68	7.07
1.4	2.99	3.00	3.03	3.08	3.15	3.24	3.35	3.48	3.63	3.80	3.99	4.20	4.43	4.68	4.95	5.24	5.55	5.88	6.23	6.60	6.99
1.42	2.90	2.91	2.94	2.99	3.06	3.15	3.26	3.39	3.54	3.71	3.90	4.11	4.34	4.59	4.86	5.15	5.46	5.79	6.14	6.51	6.90
1.44	2.82	2.83	2.86	2.91	2.98	3.07	3.18	3.31	3.46	3.63	3.82	4.03	4.26	4.51	4.78	5.07	5.38	5.71	6.06	6.43	6.82
1.46	2.75	2.76	2.79	2.84	2.91	3.00	3.11	3.24	3.39	3.56	3.75	3.96	4.19	4.44	4.71	5.00	5.31	5.64	5.99	6.36	6.75
1.48	2.67	2.68	2.71	2.76	2.83	2.92	3.03	3.16	3.31	3.48	3.67	3.88	4.11	4.36	4.63	4.92	5.23	5.56	5.91	6.28	6.67

表 B.6（续）

C_p^*	k^*																				
	0.00	0.01	0.02	0.03	0.04	0.05	0.06	0.07	0.08	0.09	0.10	0.11	0.12	0.13	0.14	0.15	0.16	0.17	0.18	0.19	0.20
1.5	2.60	2.61	2.64	2.69	2.76	2.85	2.96	3.09	3.24	3.41	3.60	3.81	4.04	4.29	4.56	4.85	5.16	5.49	5.84	6.21	6.60
1.52	2.53	2.54	2.57	2.62	2.69	2.78	2.89	3.02	3.17	3.34	3.53	3.74	3.97	4.22	4.49	4.78	5.09	5.42	5.77	6.14	6.53
1.54	2.47	2.48	2.51	2.56	2.63	2.72	2.83	2.96	3.11	3.28	3.47	3.68	3.91	4.16	4.43	4.72	5.03	5.36	5.71	6.08	6.47
1.56	2.40	2.41	2.44	2.49	2.56	2.65	2.76	2.89	3.04	3.21	3.40	3.61	3.84	4.09	4.36	4.65	4.96	5.29	5.64	6.01	6.40
1.58	2.34	2.35	2.38	2.43	2.50	2.59	2.70	2.83	2.98	3.15	3.34	3.55	3.78	4.03	4.30	4.59	4.90	5.23	5.58	5.95	6.34
1.6	2.29	2.30	2.33	2.38	2.45	2.54	2.65	2.78	2.93	3.10	3.29	3.50	3.73	3.98	4.25	4.54	4.85	5.18	5.53	5.90	6.29
1.62	2.23	2.24	2.27	2.32	2.39	2.48	2.59	2.72	2.87	3.04	3.23	3.44	3.67	3.92	4.19	4.48	4.79	5.12	5.47	5.84	6.23
1.64	2.18	2.19	2.22	2.27	2.34	2.43	2.54	2.67	2.82	2.99	3.18	3.39	3.62	3.87	4.14	4.43	4.74	5.07	5.42	5.79	6.18
1.66	2.12	2.13	2.16	2.21	2.28	2.37	2.48	2.61	2.76	2.93	3.12	3.33	3.56	3.81	4.08	4.37	4.68	5.01	5.36	5.73	6.12
1.68	2.07	2.08	2.11	2.16	2.23	2.32	2.43	2.56	2.71	2.88	3.07	3.28	3.51	3.76	4.03	4.32	4.63	4.96	5.31	5.68	6.07
1.7	2.02	2.03	2.06	2.11	2.18	2.27	2.38	2.51	2.66	2.83	3.02	3.23	3.46	3.71	3.98	4.27	4.58	4.91	5.26	5.63	6.02
1.75	1.91	1.92	1.95	2.00	2.07	2.16	2.27	2.40	2.55	2.72	2.91	3.12	3.35	3.60	3.87	4.16	4.47	4.80	5.15	5.52	5.91
1.8	1.81	1.82	1.85	1.90	1.97	2.06	2.17	2.30	2.45	2.62	2.81	3.02	3.25	3.50	3.77	4.06	4.37	4.70	5.05	5.42	5.81
1.85	1.71	1.72	1.75	1.80	1.87	1.96	2.07	2.20	2.35	2.52	2.71	2.92	3.15	3.40	3.67	3.96	4.27	4.60	4.95	5.32	5.71
1.9	1.62	1.63	1.66	1.71	1.78	1.87	1.98	2.11	2.26	2.43	2.62	2.83	3.06	3.31	3.58	3.87	4.18	4.51	4.86	5.23	5.62
1.95	1.54	1.55	1.58	1.63	1.70	1.79	1.90	2.03	2.18	2.35	2.54	2.75	2.98	3.23	3.50	3.79	4.10	4.43	4.78	5.15	5.54
2	1.46	1.47	1.50	1.55	1.62	1.71	1.82	1.95	2.10	2.27	2.46	2.67	2.90	3.15	3.42	3.71	4.02	4.35	4.70	5.07	5.46
2.05	1.39	1.40	1.43	1.48	1.55	1.64	1.75	1.88	2.03	2.20	2.39	2.60	2.83	3.08	3.35	3.64	3.95	4.28	4.63	5.00	5.39
2.1	1.33	1.34	1.37	1.42	1.49	1.58	1.69	1.82	1.97	2.14	2.33	2.54	2.77	3.02	3.29	3.58	3.89	4.22	4.57	4.94	5.33
2.15	1.27	1.28	1.31	1.36	1.43	1.52	1.63	1.76	1.91	2.08	2.27	2.48	2.71	2.96	3.23	3.52	3.83	4.16	4.51	4.88	5.27
2.2	1.21	1.22	1.25	1.30	1.37	1.46	1.57	1.70	1.85	2.02	2.21	2.42	2.65	2.90	3.17	3.46	3.77	4.10	4.45	4.82	5.21
2.25	1.16	1.17	1.20	1.25	1.32	1.41	1.52	1.65	1.80	1.97	2.16	2.37	2.60	2.85	3.12	3.41	3.72	4.05	4.40	4.77	5.16
2.3	1.11	1.12	1.15	1.20	1.27	1.36	1.47	1.60	1.75	1.92	2.11	2.32	2.55	2.80	3.07	3.36	3.67	4.00	4.35	4.72	5.11
2.35	1.06	1.07	1.10	1.15	1.22	1.31	1.42	1.55	1.70	1.87	2.06	2.27	2.50	2.75	3.02	3.31	3.62	3.95	4.30	4.67	5.06
2.4	1.02	1.03	1.06	1.11	1.18	1.27	1.38	1.51	1.66	1.83	2.02	2.23	2.46	2.71	2.98	3.27	3.58	3.91	4.26	4.63	5.02
2.45	0.97	0.98	1.01	1.06	1.13	1.22	1.33	1.46	1.61	1.78	1.97	2.18	2.41	2.66	2.93	3.22	3.53	3.86	4.21	4.58	4.97
2.5	0.94	0.95	0.98	1.03	1.10	1.19	1.30	1.43	1.58	1.75	1.94	2.15	2.38	2.63	2.90	3.19	3.50	3.83	4.18	4.55	4.94
2.55	0.90	0.91	0.94	0.99	1.06	1.15	1.26	1.39	1.54	1.71	1.90	2.11	2.34	2.59	2.86	3.15	3.46	3.79	4.14	4.51	4.90
2.6	0.87	0.88	0.91	0.96	1.03	1.12	1.23	1.36	1.51	1.68	1.87	2.08	2.31	2.56	2.83	3.12	3.43	3.76	4.11	4.48	4.87
2.65	0.83	0.84	0.87	0.92	0.99	1.08	1.19	1.32	1.47	1.64	1.83	2.04	2.27	2.52	2.79	3.08	3.39	3.72	4.07	4.44	4.83

表 B.7　r=1.0 时基于 C_p^* 和 k^* 的配合能力指数 FC_{pk}(%)的数值表

C_p^*	k^*																				
	0.00	0.01	0.02	0.03	0.04	0.05	0.06	0.07	0.08	0.09	0.10	0.11	0.12	0.13	0.14	0.15	0.16	0.17	0.18	0.19	0.20
0.9	1.27	1.26	1.25	1.23	1.22	1.21	1.20	1.18	1.17	1.16	1.15	1.13	1.12	1.11	1.09	1.08	1.07	1.06	1.04	1.03	1.02
0.92	1.30	1.29	1.28	1.26	1.25	1.24	1.22	1.21	1.20	1.18	1.17	1.16	1.14	1.13	1.12	1.11	1.09	1.08	1.07	1.05	1.04
0.94	1.33	1.32	1.30	1.29	1.28	1.26	1.25	1.24	1.22	1.21	1.20	1.18	1.17	1.16	1.14	1.13	1.12	1.10	1.09	1.08	1.06
0.96	1.36	1.34	1.33	1.32	1.30	1.29	1.28	1.26	1.25	1.24	1.22	1.21	1.19	1.18	1.17	1.15	1.14	1.13	1.11	1.10	1.09
0.98	1.39	1.37	1.36	1.34	1.33	1.32	1.30	1.29	1.28	1.26	1.25	1.23	1.22	1.21	1.19	1.18	1.16	1.15	1.14	1.12	1.11
1	1.41	1.40	1.39	1.37	1.36	1.34	1.33	1.32	1.30	1.29	1.27	1.26	1.24	1.23	1.22	1.20	1.19	1.17	1.16	1.15	1.13
1.02	1.44	1.43	1.41	1.40	1.38	1.37	1.36	1.34	1.33	1.31	1.30	1.28	1.27	1.25	1.24	1.23	1.21	1.20	1.18	1.17	1.15
1.04	1.47	1.46	1.44	1.43	1.41	1.40	1.38	1.37	1.35	1.34	1.32	1.31	1.29	1.28	1.26	1.25	1.24	1.22	1.21	1.19	1.18
1.06	1.50	1.48	1.47	1.45	1.44	1.42	1.41	1.39	1.38	1.36	1.35	1.33	1.32	1.30	1.29	1.27	1.26	1.24	1.23	1.21	1.20
1.08	1.53	1.51	1.50	1.48	1.47	1.45	1.44	1.42	1.41	1.39	1.37	1.36	1.34	1.33	1.31	1.30	1.28	1.27	1.25	1.24	1.22
1.1	1.56	1.54	1.52	1.51	1.49	1.48	1.46	1.45	1.43	1.42	1.40	1.38	1.37	1.35	1.34	1.32	1.31	1.29	1.28	1.26	1.24
1.12	1.58	1.57	1.55	1.54	1.52	1.50	1.49	1.47	1.46	1.44	1.43	1.41	1.39	1.38	1.36	1.35	1.33	1.31	1.30	1.28	1.27
1.14	1.61	1.60	1.58	1.56	1.55	1.53	1.52	1.50	1.48	1.47	1.45	1.43	1.42	1.40	1.39	1.37	1.35	1.34	1.32	1.31	1.29
1.16	1.64	1.62	1.61	1.59	1.57	1.56	1.54	1.53	1.51	1.49	1.48	1.46	1.44	1.43	1.41	1.39	1.38	1.36	1.35	1.33	1.31
1.18	1.67	1.65	1.64	1.62	1.60	1.59	1.57	1.55	1.54	1.52	1.50	1.49	1.47	1.45	1.44	1.42	1.40	1.39	1.37	1.35	1.34
1.2	1.70	1.68	1.66	1.65	1.63	1.61	1.60	1.58	1.56	1.54	1.53	1.51	1.49	1.48	1.46	1.44	1.43	1.41	1.39	1.37	1.36
1.22	1.73	1.71	1.69	1.67	1.66	1.64	1.62	1.60	1.59	1.57	1.55	1.54	1.52	1.50	1.48	1.47	1.45	1.43	1.41	1.40	1.38
1.24	1.75	1.74	1.72	1.70	1.68	1.67	1.65	1.63	1.61	1.60	1.58	1.56	1.54	1.53	1.51	1.49	1.47	1.46	1.44	1.42	1.40
1.26	1.78	1.76	1.75	1.73	1.71	1.69	1.67	1.66	1.64	1.62	1.60	1.59	1.57	1.55	1.53	1.51	1.50	1.48	1.46	1.44	1.43
1.28	1.81	1.79	1.77	1.76	1.74	1.72	1.70	1.68	1.67	1.65	1.63	1.61	1.59	1.57	1.56	1.54	1.52	1.50	1.48	1.47	1.45
1.3	1.84	1.82	1.80	1.78	1.76	1.75	1.73	1.71	1.69	1.67	1.65	1.64	1.62	1.60	1.58	1.56	1.54	1.53	1.51	1.49	1.47
1.32	1.87	1.85	1.83	1.81	1.79	1.77	1.75	1.74	1.72	1.70	1.68	1.66	1.64	1.62	1.61	1.59	1.57	1.55	1.53	1.51	1.49
1.34	1.90	1.88	1.86	1.84	1.82	1.80	1.78	1.76	1.74	1.72	1.71	1.69	1.67	1.65	1.63	1.61	1.59	1.57	1.55	1.53	1.52
1.36	1.92	1.90	1.88	1.87	1.85	1.83	1.81	1.79	1.77	1.75	1.73	1.71	1.69	1.67	1.65	1.63	1.62	1.60	1.58	1.56	1.54
1.38	1.95	1.93	1.91	1.89	1.87	1.85	1.83	1.82	1.80	1.78	1.76	1.74	1.72	1.70	1.68	1.66	1.64	1.62	1.60	1.58	1.56
1.4	1.98	1.96	1.94	1.92	1.90	1.88	1.86	1.84	1.82	1.80	1.78	1.76	1.74	1.72	1.70	1.68	1.66	1.64	1.62	1.60	1.58
1.42	2.01	1.99	1.97	1.95	1.93	1.91	1.89	1.87	1.85	1.83	1.81	1.79	1.77	1.75	1.73	1.71	1.69	1.67	1.65	1.63	1.61
1.44	2.04	2.02	2.00	1.98	1.96	1.93	1.91	1.89	1.87	1.85	1.83	1.81	1.79	1.77	1.75	1.73	1.71	1.69	1.67	1.65	1.63
1.46	2.06	2.04	2.02	2.00	1.98	1.96	1.94	1.92	1.90	1.88	1.86	1.84	1.82	1.80	1.78	1.76	1.73	1.71	1.69	1.67	1.65
1.48	2.09	2.07	2.05	2.03	2.01	1.99	1.97	1.95	1.93	1.90	1.88	1.86	1.84	1.82	1.80	1.78	1.76	1.74	1.72	1.70	1.67

表 B.7（续）

C_p^*	k^*																				
	0.00	0.01	0.02	0.03	0.04	0.05	0.06	0.07	0.08	0.09	0.10	0.11	0.12	0.13	0.14	0.15	0.16	0.17	0.18	0.19	0.20
1.5	2.12	2.10	2.08	2.06	2.04	2.02	1.99	1.97	1.95	1.93	1.91	1.89	1.87	1.85	1.82	1.80	1.78	1.76	1.74	1.72	1.70
1.52	2.15	2.13	2.11	2.09	2.06	2.04	2.02	2.00	1.98	1.96	1.93	1.91	1.89	1.87	1.85	1.83	1.81	1.78	1.76	1.74	1.72
1.54	2.18	2.16	2.13	2.11	2.09	2.07	2.05	2.03	2.00	1.98	1.96	1.94	1.92	1.89	1.87	1.85	1.83	1.81	1.79	1.76	1.74
1.56	2.21	2.18	2.16	2.14	2.12	2.10	2.07	2.05	2.03	2.01	1.99	1.96	1.94	1.92	1.90	1.88	1.85	1.83	1.81	1.79	1.76
1.58	2.23	2.21	2.19	2.17	2.15	2.12	2.10	2.08	2.06	2.03	2.01	1.99	1.97	1.94	1.92	1.90	1.88	1.85	1.83	1.81	1.79
1.6	2.26	2.24	2.22	2.19	2.17	2.15	2.13	2.10	2.08	2.06	2.04	2.01	1.99	1.97	1.95	1.92	1.90	1.88	1.86	1.83	1.81
1.62	2.29	2.27	2.25	2.22	2.20	2.18	2.15	2.13	2.11	2.08	2.06	2.04	2.02	1.99	1.97	1.95	1.92	1.90	1.88	1.86	1.83
1.64	2.32	2.30	2.27	2.25	2.23	2.20	2.18	2.16	2.13	2.11	2.09	2.06	2.04	2.02	1.99	1.97	1.95	1.93	1.90	1.88	1.86
1.66	2.35	2.32	2.30	2.28	2.25	2.23	2.21	2.18	2.16	2.14	2.11	2.09	2.07	2.04	2.02	2.00	1.97	1.95	1.93	1.90	1.88
1.68	2.38	2.35	2.33	2.30	2.28	2.26	2.23	2.21	2.19	2.16	2.14	2.11	2.09	2.07	2.04	2.02	2.00	1.97	1.95	1.92	1.90
1.7	2.40	2.38	2.36	2.33	2.31	2.28	2.26	2.24	2.21	2.19	2.16	2.14	2.12	2.09	2.07	2.04	2.02	2.00	1.97	1.95	1.92
1.75	2.47	2.45	2.43	2.40	2.38	2.35	2.33	2.30	2.28	2.25	2.23	2.20	2.18	2.15	2.13	2.10	2.08	2.05	2.03	2.00	1.98
1.8	2.55	2.52	2.49	2.47	2.44	2.42	2.39	2.37	2.34	2.32	2.29	2.27	2.24	2.21	2.19	2.16	2.14	2.11	2.09	2.06	2.04
1.85	2.62	2.59	2.56	2.54	2.51	2.49	2.46	2.43	2.41	2.38	2.35	2.33	2.30	2.28	2.25	2.22	2.20	2.17	2.15	2.12	2.09
1.9	2.69	2.66	2.63	2.61	2.58	2.55	2.53	2.50	2.47	2.45	2.42	2.39	2.36	2.34	2.31	2.28	2.26	2.23	2.20	2.18	2.15
1.95	2.76	2.73	2.70	2.67	2.65	2.62	2.59	2.56	2.54	2.51	2.48	2.45	2.43	2.40	2.37	2.34	2.32	2.29	2.26	2.23	2.21
2	2.83	2.80	2.77	2.74	2.72	2.69	2.66	2.63	2.60	2.57	2.55	2.52	2.49	2.46	2.43	2.40	2.38	2.35	2.32	2.29	2.26
2.05	2.90	2.87	2.84	2.81	2.78	2.75	2.73	2.70	2.67	2.64	2.61	2.58	2.55	2.52	2.49	2.46	2.44	2.41	2.38	2.35	2.32
2.1	2.97	2.94	2.91	2.88	2.85	2.82	2.79	2.76	2.73	2.70	2.67	2.64	2.61	2.58	2.55	2.52	2.49	2.46	2.44	2.41	2.38
2.15	3.04	3.01	2.98	2.95	2.92	2.89	2.86	2.83	2.80	2.77	2.74	2.71	2.68	2.65	2.61	2.58	2.55	2.52	2.49	2.46	2.43
2.2	3.11	3.08	3.05	3.02	2.99	2.96	2.92	2.89	2.86	2.83	2.80	2.77	2.74	2.71	2.68	2.64	2.61	2.58	2.55	2.52	2.49
2.25	3.18	3.15	3.12	3.09	3.05	3.02	2.99	2.96	2.93	2.90	2.86	2.83	2.80	2.77	2.74	2.70	2.67	2.64	2.61	2.58	2.55
2.3	3.25	3.22	3.19	3.16	3.12	3.09	3.06	3.03	2.99	2.96	2.93	2.89	2.86	2.83	2.80	2.76	2.73	2.70	2.67	2.63	2.60
2.35	3.32	3.29	3.26	3.22	3.19	3.16	3.12	3.09	3.06	3.02	2.99	2.96	2.92	2.89	2.86	2.82	2.79	2.76	2.73	2.69	2.66
2.4	3.39	3.36	3.33	3.29	3.26	3.22	3.19	3.16	3.12	3.09	3.05	3.02	2.99	2.95	2.92	2.88	2.85	2.82	2.78	2.75	2.72
2.45	3.46	3.43	3.40	3.36	3.33	3.29	3.26	3.22	3.19	3.15	3.12	3.08	3.05	3.01	2.98	2.95	2.91	2.88	2.84	2.81	2.77
2.5	3.54	3.50	3.46	3.43	3.39	3.36	3.32	3.29	3.25	3.22	3.18	3.15	3.11	3.08	3.04	3.01	2.97	2.93	2.90	2.86	2.83
2.55	3.61	3.57	3.53	3.50	3.46	3.43	3.39	3.35	3.32	3.28	3.25	3.21	3.17	3.14	3.10	3.07	3.03	2.99	2.96	2.92	2.88
2.6	3.68	3.64	3.60	3.57	3.53	3.49	3.46	3.42	3.38	3.35	3.31	3.27	3.24	3.20	3.16	3.13	3.09	3.05	3.02	2.98	2.94
2.65	3.75	3.71	3.67	3.64	3.60	3.56	3.52	3.49	3.45	3.41	3.37	3.34	3.30	3.26	3.22	3.19	3.15	3.11	3.07	3.04	3.00

表 B.8　$r=1.6$ 时基于 C_p^* 和 k^* 的配合能力指数 FC_{pk}(%)的数值表

C_p^*	k^*																				
	0.00	0.01	0.02	0.03	0.04	0.05	0.06	0.07	0.08	0.09	0.10	0.11	0.12	0.13	0.14	0.15	0.16	0.17	0.18	0.19	0.20
0.9	1.24	1.23	1.22	1.20	1.19	1.18	1.17	1.15	1.14	1.13	1.12	1.10	1.09	1.08	1.07	1.05	1.04	1.03	1.02	1.00	0.99
0.92	1.27	1.26	1.24	1.23	1.22	1.20	1.19	1.18	1.17	1.15	1.14	1.13	1.12	1.10	1.09	1.08	1.06	1.05	1.04	1.03	1.01
0.94	1.30	1.28	1.27	1.26	1.24	1.23	1.22	1.20	1.19	1.18	1.17	1.15	1.14	1.13	1.11	1.10	1.09	1.08	1.06	1.05	1.04
0.96	1.32	1.31	1.30	1.28	1.27	1.26	1.24	1.23	1.22	1.20	1.19	1.18	1.16	1.15	1.14	1.12	1.11	1.10	1.08	1.07	1.06
0.98	1.35	1.34	1.32	1.31	1.30	1.28	1.27	1.26	1.24	1.23	1.22	1.20	1.19	1.17	1.16	1.15	1.13	1.12	1.11	1.09	1.08
1	1.38	1.36	1.35	1.34	1.32	1.31	1.30	1.28	1.27	1.25	1.24	1.23	1.21	1.20	1.19	1.17	1.16	1.14	1.13	1.12	1.10
1.02	1.41	1.39	1.38	1.36	1.35	1.34	1.32	1.31	1.29	1.28	1.27	1.25	1.24	1.22	1.21	1.19	1.18	1.17	1.15	1.14	1.12
1.04	1.43	1.42	1.40	1.39	1.38	1.36	1.35	1.33	1.32	1.30	1.29	1.28	1.26	1.25	1.23	1.22	1.20	1.19	1.18	1.16	1.15
1.06	1.46	1.45	1.43	1.42	1.40	1.39	1.37	1.36	1.34	1.33	1.31	1.30	1.29	1.27	1.26	1.24	1.23	1.21	1.20	1.18	1.17
1.08	1.49	1.47	1.46	1.44	1.43	1.41	1.40	1.38	1.37	1.35	1.34	1.32	1.31	1.29	1.28	1.27	1.25	1.24	1.22	1.21	1.19
1.1	1.52	1.50	1.49	1.47	1.46	1.44	1.42	1.41	1.39	1.38	1.36	1.35	1.33	1.32	1.30	1.29	1.27	1.26	1.24	1.23	1.21
1.12	1.54	1.53	1.51	1.50	1.48	1.47	1.45	1.44	1.42	1.40	1.39	1.37	1.36	1.34	1.33	1.31	1.30	1.28	1.27	1.25	1.23
1.14	1.57	1.56	1.54	1.52	1.51	1.49	1.48	1.46	1.45	1.43	1.41	1.40	1.38	1.37	1.35	1.34	1.32	1.30	1.29	1.27	1.26
1.16	1.60	1.58	1.57	1.55	1.53	1.52	1.50	1.49	1.47	1.45	1.44	1.42	1.41	1.39	1.37	1.36	1.34	1.33	1.31	1.29	1.28
1.18	1.63	1.61	1.59	1.58	1.56	1.54	1.53	1.51	1.50	1.48	1.46	1.45	1.43	1.41	1.40	1.38	1.37	1.35	1.33	1.32	1.30
1.2	1.65	1.64	1.62	1.60	1.59	1.57	1.55	1.54	1.52	1.50	1.49	1.47	1.46	1.44	1.42	1.41	1.39	1.37	1.36	1.34	1.32
1.22	1.68	1.66	1.65	1.63	1.61	1.60	1.58	1.56	1.55	1.53	1.51	1.50	1.48	1.46	1.45	1.43	1.41	1.40	1.38	1.36	1.34
1.24	1.71	1.69	1.67	1.66	1.64	1.62	1.61	1.59	1.57	1.55	1.54	1.52	1.50	1.49	1.47	1.45	1.44	1.42	1.40	1.38	1.37
1.26	1.74	1.72	1.70	1.68	1.67	1.65	1.63	1.61	1.60	1.58	1.56	1.55	1.53	1.51	1.49	1.48	1.46	1.44	1.42	1.41	1.39
1.28	1.76	1.75	1.73	1.71	1.69	1.68	1.66	1.64	1.62	1.61	1.59	1.57	1.55	1.53	1.52	1.50	1.48	1.46	1.45	1.43	1.41
1.3	1.79	1.77	1.76	1.74	1.72	1.70	1.68	1.67	1.65	1.63	1.61	1.59	1.58	1.56	1.54	1.52	1.50	1.49	1.47	1.45	1.43
1.32	1.82	1.80	1.78	1.76	1.75	1.73	1.71	1.69	1.67	1.66	1.64	1.62	1.60	1.58	1.56	1.55	1.53	1.51	1.49	1.47	1.46
1.34	1.85	1.83	1.81	1.79	1.77	1.75	1.74	1.72	1.70	1.68	1.66	1.64	1.62	1.61	1.59	1.57	1.55	1.53	1.51	1.50	1.48
1.36	1.87	1.86	1.84	1.82	1.80	1.78	1.76	1.74	1.72	1.71	1.69	1.67	1.65	1.63	1.61	1.59	1.57	1.56	1.54	1.52	1.50
1.38	1.90	1.88	1.86	1.84	1.83	1.81	1.79	1.77	1.75	1.73	1.71	1.69	1.67	1.65	1.64	1.62	1.60	1.58	1.56	1.54	1.52
1.4	1.93	1.91	1.89	1.87	1.85	1.83	1.81	1.79	1.77	1.76	1.74	1.72	1.70	1.68	1.66	1.64	1.62	1.60	1.58	1.56	1.54
1.42	1.96	1.94	1.92	1.90	1.88	1.86	1.84	1.82	1.80	1.78	1.76	1.74	1.72	1.70	1.68	1.66	1.64	1.62	1.60	1.58	1.57
1.44	1.98	1.96	1.94	1.92	1.90	1.89	1.87	1.85	1.83	1.81	1.79	1.77	1.75	1.73	1.71	1.69	1.67	1.65	1.63	1.61	1.59
1.46	2.01	1.99	1.97	1.95	1.93	1.91	1.89	1.87	1.85	1.83	1.81	1.79	1.77	1.75	1.73	1.71	1.69	1.67	1.65	1.63	1.61
1.48	2.04	2.02	2.00	1.98	1.96	1.94	1.92	1.90	1.88	1.86	1.84	1.82	1.79	1.77	1.75	1.73	1.71	1.69	1.67	1.65	1.63

表 B.8（续）

C_p*	k*																				
	0.00	0.01	0.02	0.03	0.04	0.05	0.06	0.07	0.08	0.09	0.10	0.11	0.12	0.13	0.14	0.15	0.16	0.17	0.18	0.19	0.20
1.5	2.07	2.05	2.03	2.00	1.98	1.96	1.94	1.92	1.90	1.88	1.86	1.84	1.82	1.80	1.78	1.76	1.74	1.72	1.69	1.67	1.65
1.52	2.09	2.07	2.05	2.03	2.01	1.99	1.97	1.95	1.93	1.91	1.89	1.86	1.84	1.82	1.80	1.78	1.76	1.74	1.72	1.70	1.68
1.54	2.12	2.10	2.08	2.06	2.04	2.02	1.99	1.97	1.95	1.93	1.91	1.89	1.87	1.85	1.83	1.80	1.78	1.76	1.74	1.72	1.70
1.56	2.15	2.13	2.11	2.09	2.06	2.04	2.02	2.00	1.98	1.96	1.93	1.91	1.89	1.87	1.85	1.83	1.81	1.78	1.76	1.74	1.72
1.58	2.18	2.16	2.13	2.11	2.09	2.07	2.05	2.02	2.00	1.98	1.96	1.94	1.92	1.89	1.87	1.85	1.83	1.81	1.79	1.76	1.74
1.6	2.20	2.18	2.16	2.14	2.12	2.09	2.07	2.05	2.03	2.01	1.98	1.96	1.94	1.92	1.90	1.87	1.85	1.83	1.81	1.79	1.76
1.62	2.23	2.21	2.19	2.17	2.14	2.12	2.10	2.08	2.05	2.03	2.01	1.99	1.96	1.94	1.92	1.90	1.88	1.85	1.83	1.81	1.79
1.64	2.26	2.24	2.21	2.19	2.17	2.15	2.12	2.10	2.08	2.06	2.03	2.01	1.99	1.97	1.94	1.92	1.90	1.88	1.85	1.83	1.81
1.66	2.29	2.26	2.24	2.22	2.20	2.17	2.15	2.13	2.10	2.08	2.06	2.04	2.01	1.99	1.97	1.94	1.92	1.90	1.88	1.85	1.83
1.68	2.32	2.29	2.27	2.25	2.22	2.20	2.18	2.15	2.13	2.11	2.08	2.06	2.04	2.01	1.99	1.97	1.94	1.92	1.90	1.88	1.85
1.7	2.34	2.32	2.30	2.27	2.25	2.23	2.20	2.18	2.16	2.13	2.11	2.08	2.06	2.04	2.01	1.99	1.97	1.94	1.92	1.90	1.87
1.75	2.41	2.39	2.36	2.34	2.32	2.29	2.27	2.24	2.22	2.19	2.17	2.15	2.12	2.10	2.07	2.05	2.03	2.00	1.98	1.95	1.93
1.8	2.48	2.46	2.43	2.41	2.38	2.36	2.33	2.31	2.28	2.26	2.23	2.21	2.18	2.16	2.13	2.11	2.08	2.06	2.03	2.01	1.98
1.85	2.55	2.52	2.50	2.47	2.45	2.42	2.40	2.37	2.35	2.32	2.29	2.27	2.24	2.22	2.19	2.17	2.14	2.12	2.09	2.06	2.04
1.9	2.62	2.59	2.57	2.54	2.51	2.49	2.46	2.43	2.41	2.38	2.36	2.33	2.30	2.28	2.25	2.23	2.20	2.17	2.15	2.12	2.09
1.95	2.69	2.66	2.63	2.61	2.58	2.55	2.53	2.50	2.47	2.45	2.42	2.39	2.36	2.34	2.31	2.28	2.26	2.23	2.20	2.18	2.15
2	2.76	2.73	2.70	2.67	2.65	2.62	2.59	2.56	2.54	2.51	2.48	2.45	2.43	2.40	2.37	2.34	2.32	2.29	2.26	2.23	2.20
2.05	2.82	2.80	2.77	2.74	2.71	2.68	2.66	2.63	2.60	2.57	2.54	2.51	2.49	2.46	2.43	2.40	2.37	2.34	2.32	2.29	2.26
2.1	2.89	2.86	2.84	2.81	2.78	2.75	2.72	2.69	2.66	2.63	2.60	2.58	2.55	2.52	2.49	2.46	2.43	2.40	2.37	2.34	2.32
2.15	2.96	2.93	2.90	2.87	2.84	2.81	2.78	2.76	2.73	2.70	2.67	2.64	2.61	2.58	2.55	2.52	2.49	2.46	2.43	2.40	2.37
2.2	3.03	3.00	2.97	2.94	2.91	2.88	2.85	2.82	2.79	2.76	2.73	2.70	2.67	2.64	2.61	2.58	2.55	2.52	2.49	2.46	2.43
2.25	3.10	3.07	3.04	3.01	2.98	2.95	2.91	2.88	2.85	2.82	2.79	2.76	2.73	2.70	2.67	2.64	2.60	2.57	2.54	2.51	2.48
2.3	3.17	3.14	3.11	3.07	3.04	3.01	2.98	2.95	2.92	2.88	2.85	2.82	2.79	2.76	2.73	2.69	2.66	2.63	2.60	2.57	2.54
2.35	3.24	3.21	3.17	3.14	3.11	3.08	3.04	3.01	2.98	2.95	2.91	2.88	2.85	2.82	2.78	2.75	2.72	2.69	2.66	2.62	2.59
2.4	3.31	3.27	3.24	3.21	3.17	3.14	3.11	3.08	3.04	3.01	2.98	2.94	2.91	2.88	2.84	2.81	2.78	2.74	2.71	2.68	2.65
2.45	3.38	3.34	3.31	3.27	3.24	3.21	3.17	3.14	3.11	3.07	3.04	3.00	2.97	2.94	2.90	2.87	2.84	2.80	2.77	2.73	2.70
2.5	3.45	3.41	3.38	3.34	3.31	3.27	3.24	3.20	3.17	3.13	3.10	3.07	3.03	3.00	2.96	2.93	2.89	2.86	2.82	2.79	2.76
2.55	3.51	3.48	3.44	3.41	3.37	3.34	3.30	3.27	3.23	3.20	3.16	3.13	3.09	3.06	3.02	2.99	2.95	2.92	2.88	2.85	2.81
2.6	3.58	3.55	3.51	3.48	3.44	3.40	3.37	3.33	3.30	3.26	3.22	3.19	3.15	3.12	3.08	3.05	3.01	2.97	2.94	2.90	2.87
2.65	3.65	3.62	3.58	3.54	3.51	3.47	3.43	3.40	3.36	3.32	3.29	3.25	3.21	3.18	3.14	3.10	3.07	3.03	2.99	2.96	2.92

表 B.9 基于 FC_p 和 k_f 的配合中间区率 $P_{C(f)}(M_f \pm T_f/6)$(%)的数值表

FC_p	k_f																				
	0.00	0.01	0.02	0.03	0.04	0.05	0.06	0.07	0.08	0.09	0.10	0.11	0.12	0.13	0.14	0.15	0.16	0.17	0.18	0.19	0.20
1.2	77.0	77.0	76.9	76.7	76.5	76.2	75.9	75.5	75.1	74.6	74.0	73.4	72.7	72.0	71.3	70.4	69.6	68.7	67.7	66.7	65.7
1.22	77.8	77.7	77.6	77.5	77.3	77.0	76.6	76.2	75.8	75.3	74.7	74.1	73.4	72.7	71.9	71.0	70.2	69.2	68.3	67.2	66.2
1.24	78.5	78.5	78.4	78.2	78.0	77.7	77.4	77.0	76.5	76.0	75.4	74.7	74.0	73.3	72.5	71.6	70.7	69.8	68.8	67.7	66.6
1.26	79.2	79.2	79.1	78.9	78.7	78.4	78.1	77.7	77.2	76.6	76.0	75.4	74.7	73.9	73.1	72.2	71.3	70.3	69.3	68.2	67.1
1.28	79.9	79.9	79.8	79.6	79.4	79.1	78.8	78.3	77.8	77.3	76.7	76.0	75.3	74.5	73.7	72.8	71.8	70.8	69.8	68.7	67.5
1.3	80.6	80.6	80.5	80.3	80.1	79.8	79.4	79.0	78.5	77.9	77.3	76.6	75.9	75.1	74.2	73.3	72.3	71.3	70.2	69.1	68.0
1.32	81.3	81.3	81.2	81.0	80.8	80.5	80.1	79.6	79.1	78.6	77.9	77.2	76.5	75.6	74.8	73.8	72.8	71.8	70.7	69.6	68.4
1.34	82.0	81.9	81.8	81.7	81.4	81.1	80.7	80.3	79.7	79.2	78.5	77.8	77.0	76.2	75.3	74.3	73.3	72.3	71.2	70.0	68.8
1.36	82.6	82.6	82.5	82.3	82.0	81.7	81.3	80.9	80.3	79.8	79.1	78.4	77.6	76.7	75.8	74.8	73.8	72.7	71.6	70.4	69.2
1.38	83.2	83.2	83.1	82.9	82.7	82.3	81.9	81.5	80.9	80.3	79.7	78.9	78.1	77.3	76.3	75.3	74.3	73.2	72.0	70.8	69.6
1.4	83.8	83.8	83.7	83.5	83.3	82.9	82.5	82.1	81.5	80.9	80.2	79.5	78.6	77.8	76.8	75.8	74.8	73.6	72.5	71.2	70.0
1.42	84.4	84.4	84.3	84.1	83.8	83.5	83.1	82.6	82.1	81.4	80.7	80.0	79.2	78.3	77.3	76.3	75.2	74.1	72.9	71.6	70.3
1.44	85.0	85.0	84.9	84.7	84.4	84.1	83.7	83.2	82.6	82.0	81.3	80.5	79.7	78.7	77.8	76.7	75.6	74.5	73.3	72.0	70.7
1.46	85.6	85.5	85.4	85.2	85.0	84.6	84.2	83.7	83.1	82.5	81.8	81.0	80.1	79.2	78.2	77.2	76.1	74.9	73.7	72.4	71.1
1.48	86.1	86.1	86.0	85.8	85.5	85.1	84.7	84.2	83.6	83.0	82.3	81.5	80.6	79.7	78.7	77.6	76.5	75.3	74.1	72.8	71.4
1.5	86.6	86.6	86.5	86.3	86.0	85.7	85.2	84.7	84.1	83.5	82.8	82.0	81.1	80.1	79.1	78.0	76.9	75.7	74.4	73.1	71.8
1.52	87.1	87.1	87.0	86.8	86.5	86.2	85.7	85.2	84.6	84.0	83.2	82.4	81.5	80.6	79.6	78.5	77.3	76.1	74.8	73.5	72.1
1.54	87.6	87.6	87.5	87.3	87.0	86.6	86.2	85.7	85.1	84.4	83.7	82.9	82.0	81.0	80.0	78.9	77.7	76.5	75.2	73.8	72.4
1.56	88.1	88.1	88.0	87.8	87.5	87.1	86.7	86.2	85.6	84.9	84.1	83.3	82.4	81.4	80.4	79.3	78.1	76.8	75.5	74.2	72.7
1.58	88.6	88.5	88.4	88.2	87.9	87.6	87.1	86.6	86.0	85.3	84.6	83.7	82.8	81.8	80.8	79.7	78.5	77.2	75.9	74.5	73.1
1.6	89.0	89.0	88.9	88.7	88.4	88.0	87.6	87.0	86.4	85.8	85.0	84.1	83.2	82.2	81.2	80.0	78.8	77.6	76.2	74.8	73.4
1.62	89.5	89.4	89.3	89.1	88.8	88.5	88.0	87.5	86.9	86.2	85.4	84.6	83.6	82.6	81.6	80.4	79.2	77.9	76.6	75.1	73.7
1.64	89.9	89.9	89.7	89.5	89.2	88.9	88.4	87.9	87.3	86.6	85.8	84.9	84.0	83.0	81.9	80.8	79.6	78.3	76.9	75.5	74.0
1.66	90.3	90.3	90.1	89.9	89.6	89.3	88.8	88.3	87.7	87.0	86.2	85.3	84.4	83.4	82.3	81.1	79.9	78.6	77.2	75.8	74.3
1.68	90.7	90.7	90.5	90.3	90.0	89.7	89.2	88.7	88.1	87.4	86.6	85.7	84.8	83.8	82.7	81.5	80.2	78.9	77.5	76.1	74.6
1.7	91.1	91.0	90.9	90.7	90.4	90.0	89.6	89.1	88.4	87.7	86.9	86.1	85.1	84.1	83.0	81.8	80.6	79.2	77.8	76.4	74.8
1.72	91.5	91.4	91.3	91.1	90.8	90.4	90.0	89.4	88.8	88.1	87.3	86.4	85.5	84.5	83.3	82.2	80.9	79.6	78.2	76.7	75.1
1.74	91.8	91.8	91.6	91.4	91.1	90.8	90.3	89.8	89.2	88.4	87.7	86.8	85.8	84.8	83.7	82.5	81.2	79.9	78.5	77.0	75.4
1.76	92.2	92.1	92.0	91.8	91.5	91.1	90.7	90.1	89.5	88.8	88.0	87.1	86.2	85.1	84.0	82.8	81.5	80.2	78.8	77.3	75.7
1.78	92.5	92.5	92.3	92.1	91.8	91.5	91.0	90.5	89.8	89.1	88.3	87.5	86.5	85.5	84.3	83.1	81.8	80.5	79.0	77.5	76.0

表 B.9（续）

FC_p	k_f																				
	0.00	0.01	0.02	0.03	0.04	0.05	0.06	0.07	0.08	0.09	0.10	0.11	0.12	0.13	0.14	0.15	0.16	0.17	0.18	0.19	0.20
1.8	92.8	92.8	92.6	92.4	92.2	91.8	91.3	90.8	90.2	89.4	88.7	87.8	86.8	85.8	84.6	83.4	82.2	80.8	79.3	77.8	76.2
1.82	93.1	93.1	93.0	92.8	92.5	92.1	91.6	91.1	90.5	89.8	89.0	88.1	87.1	86.1	85.0	83.7	82.4	81.1	79.6	78.1	76.5
1.84	93.4	93.4	93.3	93.1	92.8	92.4	91.9	91.4	90.8	90.1	89.3	88.4	87.4	86.4	85.3	84.0	82.7	81.4	79.9	78.4	76.8
1.86	93.7	93.7	93.5	93.3	93.1	92.7	92.2	91.7	91.1	90.4	89.6	88.7	87.7	86.7	85.6	84.3	83.0	81.6	80.2	78.6	77.0
1.88	94.0	93.9	93.8	93.6	93.3	93.0	92.5	92.0	91.4	90.7	89.9	89.0	88.0	87.0	85.8	84.6	83.3	81.9	80.5	78.9	77.3
1.9	94.3	94.2	94.1	93.9	93.6	93.2	92.8	92.3	91.6	90.9	90.1	89.3	88.3	87.3	86.1	84.9	83.6	82.2	80.7	79.2	77.5
1.92	94.5	94.5	94.4	94.2	93.9	93.5	93.1	92.5	91.9	91.2	90.4	89.6	88.6	87.5	86.4	85.2	83.9	82.5	81.0	79.4	77.8
1.94	94.8	94.7	94.6	94.4	94.1	93.8	93.3	92.8	92.2	91.5	90.7	89.8	88.9	87.8	86.7	85.5	84.1	82.7	81.3	79.7	78.0
1.96	95.0	95.0	94.8	94.6	94.4	94.0	93.6	93.0	92.4	91.7	91.0	90.1	89.1	88.1	86.9	85.7	84.4	83.0	81.5	79.9	78.3
1.98	95.2	95.2	95.1	94.9	94.6	94.2	93.8	93.3	92.7	92.0	91.2	90.3	89.4	88.3	87.2	86.0	84.7	83.3	81.8	80.2	78.5
2	95.4	95.4	95.3	95.1	94.8	94.5	94.0	93.5	92.9	92.2	91.5	90.6	89.6	88.6	87.5	86.2	84.9	83.5	82.0	80.4	78.7
2.02	95.7	95.6	95.5	95.3	95.0	94.7	94.3	93.7	93.2	92.5	91.7	90.8	89.9	88.9	87.7	86.5	85.2	83.8	82.3	80.7	79.0
2.04	95.9	95.8	95.7	95.5	95.3	94.9	94.5	94.0	93.4	92.7	91.9	91.1	90.1	89.1	88.0	86.8	85.4	84.0	82.5	80.9	79.2
2.06	96.1	96.0	95.9	95.7	95.5	95.1	94.7	94.2	93.6	92.9	92.2	91.3	90.4	89.3	88.2	87.0	85.7	84.3	82.8	81.2	79.5
2.08	96.2	96.2	96.1	95.9	95.6	95.3	94.9	94.4	93.8	93.1	92.4	91.5	90.6	89.6	88.5	87.2	85.9	84.5	83.0	81.4	79.7
2.1	96.4	96.4	96.3	96.1	95.8	95.5	95.1	94.6	94.0	93.4	92.6	91.8	90.8	89.8	88.7	87.5	86.2	84.8	83.2	81.6	79.9
2.12	96.6	96.6	96.5	96.3	96.0	95.7	95.3	94.8	94.2	93.6	92.8	92.0	91.1	90.0	88.9	87.7	86.4	85.0	83.5	81.9	80.1
2.14	96.8	96.7	96.6	96.4	96.2	95.9	95.5	95.0	94.4	93.8	93.0	92.2	91.3	90.3	89.2	87.9	86.6	85.2	83.7	82.1	80.4
2.16	96.9	96.9	96.8	96.6	96.4	96.0	95.6	95.2	94.6	94.0	93.2	92.4	91.5	90.5	89.4	88.2	86.9	85.5	83.9	82.3	80.6
2.18	97.1	97.0	96.9	96.8	96.5	96.2	95.8	95.3	94.8	94.1	93.4	92.6	91.7	90.7	89.6	88.4	87.1	85.7	84.2	82.5	80.8
2.2	97.2	97.2	97.1	96.9	96.7	96.4	96.0	95.5	95.0	94.3	93.6	92.8	91.9	90.9	89.8	88.6	87.3	85.9	84.4	82.8	81.0
2.25	97.6	97.5	97.4	97.3	97.0	96.7	96.4	95.9	95.4	94.8	94.1	93.3	92.4	91.4	90.3	89.1	87.9	86.5	84.9	83.3	81.6
2.3	97.9	97.8	97.7	97.6	97.4	97.1	96.7	96.3	95.8	95.2	94.5	93.7	92.9	91.9	90.8	89.7	88.4	87.0	85.5	83.9	82.1
2.35	98.1	98.1	98.0	97.9	97.6	97.4	97.0	96.6	96.1	95.5	94.9	94.1	93.3	92.4	91.3	90.2	88.9	87.5	86.0	84.4	82.6
2.4	98.4	98.3	98.2	98.1	97.9	97.6	97.3	96.9	96.4	95.9	95.3	94.5	93.7	92.8	91.8	90.6	89.4	88.0	86.5	84.9	83.1
2.45	98.6	98.5	98.5	98.3	98.1	97.9	97.6	97.2	96.8	96.2	95.6	94.9	94.1	93.2	92.2	91.1	89.9	88.5	87.0	85.4	83.6
2.5	98.8	98.7	98.7	98.5	98.4	98.1	97.8	97.5	97.0	96.5	95.9	95.3	94.5	93.6	92.6	91.5	90.3	89.0	87.5	85.9	84.1
2.55	98.9	98.9	98.8	98.7	98.5	98.3	98.0	97.7	97.3	96.8	96.2	95.6	94.8	94.0	93.0	92.0	90.7	89.4	88.0	86.4	84.6
2.6	99.1	99.0	99.0	98.9	98.7	98.5	98.2	97.9	97.5	97.1	96.5	95.9	95.2	94.3	93.4	92.4	91.2	89.9	88.4	86.8	85.1
2.65	99.2	99.2	99.1	99.0	98.9	98.7	98.4	98.1	97.7	97.3	96.8	96.2	95.5	94.7	93.8	92.7	91.6	90.3	88.9	87.3	85.5

表 B.10 基于 FC_p 和 k_f 的配合平均质量损失率 $P_{ql(f)}$(%)的数值表

FC_p	k_f																				
	0.00	0.01	0.02	0.03	0.04	0.05	0.06	0.07	0.08	0.09	0.10	0.11	0.12	0.13	0.14	0.15	0.16	0.17	0.18	0.19	0.20
1.2	7.72	7.73	7.76	7.81	7.88	7.97	8.08	8.21	8.36	8.53	8.72	8.93	9.16	9.41	9.68	9.97	10.3	10.6	11.0	11.3	11.7
1.22	7.47	7.48	7.51	7.56	7.63	7.72	7.83	7.96	8.11	8.28	8.47	8.68	8.91	9.16	9.43	9.72	10.0	10.4	10.7	11.1	11.5
1.24	7.23	7.24	7.27	7.32	7.39	7.48	7.59	7.72	7.87	8.04	8.23	8.44	8.67	8.92	9.19	9.48	9.8	10.1	10.5	10.8	11.2
1.26	7.00	7.01	7.04	7.09	7.16	7.25	7.36	7.49	7.64	7.81	8.00	8.21	8.44	8.69	8.96	9.25	9.56	9.9	10.2	10.6	11.0
1.28	6.78	6.79	6.82	6.87	6.94	7.03	7.14	7.27	7.42	7.59	7.78	7.99	8.22	8.47	8.74	9.03	9.34	9.7	10.0	10.4	10.8
1.3	6.57	6.58	6.61	6.66	6.73	6.82	6.93	7.06	7.21	7.38	7.57	7.78	8.01	8.26	8.53	8.82	9.13	9.5	9.8	10.2	10.6
1.32	6.38	6.39	6.42	6.47	6.54	6.63	6.74	6.87	7.02	7.19	7.38	7.59	7.82	8.07	8.34	8.63	8.94	9.27	9.6	10.0	10.4
1.34	6.19	6.20	6.23	6.28	6.35	6.44	6.55	6.68	6.83	7.00	7.19	7.40	7.63	7.88	8.15	8.44	8.75	9.08	9.4	9.8	10.2
1.36	6.01	6.02	6.05	6.10	6.17	6.26	6.37	6.50	6.65	6.82	7.01	7.22	7.45	7.70	7.97	8.26	8.57	8.90	9.2	9.6	10.0
1.38	5.83	5.84	5.87	5.92	5.99	6.08	6.19	6.32	6.47	6.64	6.83	7.04	7.27	7.52	7.79	8.08	8.39	8.72	9.07	9.4	9.8
1.4	5.67	5.68	5.71	5.76	5.83	5.92	6.03	6.16	6.31	6.48	6.67	6.88	7.11	7.36	7.63	7.92	8.23	8.56	8.91	9.3	9.7
1.42	5.51	5.52	5.55	5.60	5.67	5.76	5.87	6.00	6.15	6.32	6.51	6.72	6.95	7.20	7.47	7.76	8.07	8.40	8.75	9.1	9.5
1.44	5.36	5.37	5.40	5.45	5.52	5.61	5.72	5.85	6.00	6.17	6.36	6.57	6.80	7.05	7.32	7.61	7.92	8.25	8.60	8.97	9.4
1.46	5.21	5.22	5.25	5.30	5.37	5.46	5.57	5.70	5.85	6.02	6.21	6.42	6.65	6.90	7.17	7.46	7.77	8.10	8.45	8.82	9.2
1.48	5.07	5.08	5.11	5.16	5.23	5.32	5.43	5.56	5.71	5.88	6.07	6.28	6.51	6.76	7.03	7.32	7.63	7.96	8.31	8.68	9.1
1.5	4.94	4.95	4.98	5.03	5.10	5.19	5.30	5.43	5.58	5.75	5.94	6.15	6.38	6.63	6.90	7.19	7.50	7.83	8.18	8.55	8.9
1.52	4.81	4.82	4.85	4.90	4.97	5.06	5.17	5.30	5.45	5.62	5.81	6.02	6.25	6.50	6.77	7.06	7.37	7.70	8.05	8.42	8.8
1.54	4.69	4.70	4.73	4.78	4.85	4.94	5.05	5.18	5.33	5.50	5.69	5.90	6.13	6.38	6.65	6.94	7.25	7.58	7.93	8.30	8.69
1.56	4.57	4.58	4.61	4.66	4.73	4.82	4.93	5.06	5.21	5.38	5.57	5.78	6.01	6.26	6.53	6.82	7.13	7.46	7.81	8.18	8.57
1.58	4.45	4.46	4.49	4.54	4.61	4.70	4.81	4.94	5.09	5.26	5.45	5.66	5.89	6.14	6.41	6.70	7.01	7.34	7.69	8.06	8.45
1.6	4.34	4.35	4.38	4.43	4.50	4.59	4.70	4.83	4.98	5.15	5.34	5.55	5.78	6.03	6.30	6.59	6.90	7.23	7.58	7.95	8.34
1.62	4.23	4.24	4.27	4.32	4.39	4.48	4.59	4.72	4.87	5.04	5.23	5.44	5.67	5.92	6.19	6.48	6.79	7.12	7.47	7.84	8.23
1.64	4.13	4.14	4.17	4.22	4.29	4.38	4.49	4.62	4.77	4.94	5.13	5.34	5.57	5.82	6.09	6.38	6.69	7.02	7.37	7.74	8.13
1.66	4.03	4.04	4.07	4.12	4.19	4.28	4.39	4.52	4.67	4.84	5.03	5.24	5.47	5.72	5.99	6.28	6.59	6.92	7.27	7.64	8.03
1.68	3.94	3.95	3.98	4.03	4.10	4.19	4.30	4.43	4.58	4.75	4.94	5.15	5.38	5.63	5.90	6.19	6.50	6.83	7.18	7.55	7.94
1.7	3.84	3.85	3.88	3.93	4.00	4.09	4.20	4.33	4.48	4.65	4.84	5.05	5.28	5.53	5.80	6.09	6.40	6.73	7.08	7.45	7.84
1.72	3.76	3.77	3.80	3.85	3.92	4.01	4.12	4.25	4.40	4.57	4.76	4.97	5.20	5.45	5.72	6.01	6.32	6.65	7.00	7.37	7.76
1.74	3.67	3.68	3.71	3.76	3.83	3.92	4.03	4.16	4.31	4.48	4.67	4.88	5.11	5.36	5.63	5.92	6.23	6.56	6.91	7.28	7.67
1.76	3.59	3.60	3.63	3.68	3.75	3.84	3.95	4.08	4.23	4.40	4.59	4.80	5.03	5.28	5.55	5.84	6.15	6.48	6.83	7.20	7.59
1.78	3.51	3.52	3.55	3.60	3.67	3.76	3.87	4.00	4.15	4.32	4.51	4.72	4.95	5.20	5.47	5.76	6.07	6.40	6.75	7.12	7.51

表 B.10（续）

FC_p	k_f																				
	0.00	0.01	0.02	0.03	0.04	0.05	0.06	0.07	0.08	0.09	0.10	0.11	0.12	0.13	0.14	0.15	0.16	0.17	0.18	0.19	0.20
1.8	3.43	3.44	3.47	3.52	3.59	3.68	3.79	3.92	4.07	4.24	4.43	4.64	4.87	5.12	5.39	5.68	5.99	6.32	6.67	7.04	7.43
1.82	3.35	3.36	3.39	3.44	3.51	3.60	3.71	3.84	3.99	4.16	4.35	4.56	4.79	5.04	5.31	5.60	5.91	6.24	6.59	6.96	7.35
1.84	3.28	3.29	3.32	3.37	3.44	3.53	3.64	3.77	3.92	4.09	4.28	4.49	4.72	4.97	5.24	5.53	5.84	6.17	6.52	6.89	7.28
1.86	3.21	3.22	3.25	3.30	3.37	3.46	3.57	3.70	3.85	4.02	4.21	4.42	4.65	4.90	5.17	5.46	5.77	6.10	6.45	6.82	7.21
1.88	3.14	3.15	3.18	3.23	3.30	3.39	3.50	3.63	3.78	3.95	4.14	4.35	4.58	4.83	5.10	5.39	5.70	6.03	6.38	6.75	7.14
1.9	3.08	3.09	3.12	3.17	3.24	3.33	3.44	3.57	3.72	3.89	4.08	4.29	4.52	4.77	5.04	5.33	5.64	5.97	6.32	6.69	7.08
1.92	3.01	3.02	3.05	3.10	3.17	3.26	3.37	3.50	3.65	3.82	4.01	4.22	4.45	4.70	4.97	5.26	5.57	5.90	6.25	6.62	7.01
1.94	2.95	2.96	2.99	3.04	3.11	3.20	3.31	3.44	3.59	3.76	3.95	4.16	4.39	4.64	4.91	5.20	5.51	5.84	6.19	6.56	6.95
1.96	2.89	2.90	2.93	2.98	3.05	3.14	3.25	3.38	3.53	3.70	3.89	4.10	4.33	4.58	4.85	5.14	5.45	5.78	6.13	6.50	6.89
1.98	2.83	2.84	2.87	2.92	2.99	3.08	3.19	3.32	3.47	3.64	3.83	4.04	4.27	4.52	4.79	5.08	5.39	5.72	6.07	6.44	6.83
2	2.78	2.79	2.82	2.87	2.94	3.03	3.14	3.27	3.42	3.59	3.78	3.99	4.22	4.47	4.74	5.03	5.34	5.67	6.02	6.39	6.78
2.02	2.72	2.73	2.76	2.81	2.88	2.97	3.08	3.21	3.36	3.53	3.72	3.93	4.16	4.41	4.68	4.97	5.28	5.61	5.96	6.33	6.72
2.04	2.67	2.68	2.71	2.76	2.83	2.92	3.03	3.16	3.31	3.48	3.67	3.88	4.11	4.36	4.63	4.92	5.23	5.56	5.91	6.28	6.67
2.06	2.62	2.63	2.66	2.71	2.78	2.87	2.98	3.11	3.26	3.43	3.62	3.83	4.06	4.31	4.58	4.87	5.18	5.51	5.86	6.23	6.62
2.08	2.57	2.58	2.61	2.66	2.73	2.82	2.93	3.06	3.21	3.38	3.57	3.78	4.01	4.26	4.53	4.82	5.13	5.46	5.81	6.18	6.57
2.1	2.52	2.53	2.56	2.61	2.68	2.77	2.88	3.01	3.16	3.33	3.52	3.73	3.96	4.21	4.48	4.77	5.08	5.41	5.76	6.13	6.52
2.12	2.47	2.48	2.51	2.56	2.63	2.72	2.83	2.96	3.11	3.28	3.47	3.68	3.91	4.16	4.43	4.72	5.03	5.36	5.71	6.08	6.47
2.14	2.43	2.44	2.47	2.52	2.59	2.68	2.79	2.92	3.07	3.24	3.43	3.64	3.87	4.12	4.39	4.68	4.99	5.32	5.67	6.04	6.43
2.16	2.38	2.39	2.42	2.47	2.54	2.63	2.74	2.87	3.02	3.19	3.38	3.59	3.82	4.07	4.34	4.63	4.94	5.27	5.62	5.99	6.38
2.18	2.34	2.35	2.38	2.43	2.50	2.59	2.70	2.83	2.98	3.15	3.34	3.55	3.78	4.03	4.30	4.59	4.90	5.23	5.58	5.95	6.34
2.2	2.30	2.31	2.34	2.39	2.46	2.55	2.66	2.79	2.94	3.11	3.30	3.51	3.74	3.99	4.26	4.55	4.86	5.19	5.54	5.91	6.30
2.25	2.19	2.20	2.23	2.28	2.35	2.44	2.55	2.68	2.83	3.00	3.19	3.40	3.63	3.88	4.15	4.44	4.75	5.08	5.43	5.80	6.19
2.3	2.10	2.11	2.14	2.19	2.26	2.35	2.46	2.59	2.74	2.91	3.10	3.31	3.54	3.79	4.06	4.35	4.66	4.99	5.34	5.71	6.10
2.35	2.01	2.02	2.05	2.10	2.17	2.26	2.37	2.50	2.65	2.82	3.01	3.22	3.45	3.70	3.97	4.26	4.57	4.90	5.25	5.62	6.01
2.4	1.93	1.94	1.97	2.02	2.09	2.18	2.29	2.42	2.57	2.74	2.93	3.14	3.37	3.62	3.89	4.18	4.49	4.82	5.17	5.54	5.93
2.45	1.85	1.86	1.89	1.94	2.01	2.10	2.21	2.34	2.49	2.66	2.85	3.06	3.29	3.54	3.81	4.10	4.41	4.74	5.09	5.46	5.85
2.5	1.78	1.79	1.82	1.87	1.94	2.03	2.14	2.27	2.42	2.59	2.78	2.99	3.22	3.47	3.74	4.03	4.34	4.67	5.02	5.39	5.78
2.55	1.71	1.72	1.75	1.80	1.87	1.96	2.07	2.20	2.35	2.52	2.71	2.92	3.15	3.40	3.67	3.96	4.27	4.60	4.95	5.32	5.71
2.6	1.64	1.65	1.68	1.73	1.80	1.89	2.00	2.13	2.28	2.45	2.64	2.85	3.08	3.33	3.60	3.89	4.20	4.53	4.88	5.25	5.64
2.65	1.58	1.59	1.62	1.67	1.74	1.83	1.94	2.07	2.22	2.39	2.58	2.79	3.02	3.27	3.54	3.83	4.14	4.47	4.82	5.19	5.58

附 录 C
（资料性附录）
在 GPS 矩阵模型中的位置

GPS 矩阵模型参见 GB/Z 20308—2006。

C.1 本部分的信息及其应用

本部分标准规定了装配批(孔、轴配合)的统计质量指标，给出配合质量指标及其相关分析方法、图样标注和保证配合质量的统计公差设计方法。

C.2 本部分在 GPS 矩阵模型中的位置

本部分是 GPS 通用标准，它影响 GPS 通用标准矩阵中尺寸和距离标准链的链环 1、链环 2、链环 3 和链环 4，如图 C.1 所述。

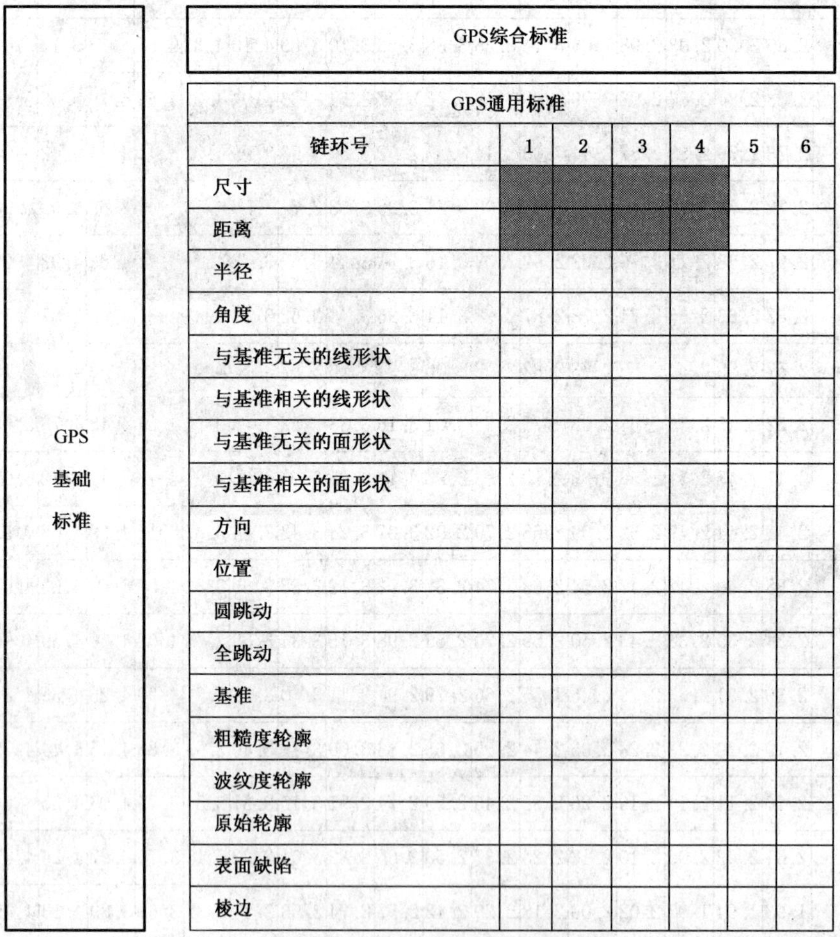

图 C.1 在 GPS 矩阵模型中的位置

C.3 相关的标准

相关的标准为图 C.1 所示标准链涉及的标准。

ICS 67.040
X 08

中华人民共和国国家标准

GB/T 24700—2010/ISO 6663:1995

大蒜　冷藏

Garlic—Cold storage

(ISO 6663:1995,IDT)

2010-06-30 发布　　2011-01-01 实施

中华人民共和国国家质量监督检验检疫总局
中国国家标准化管理委员会　发布

前 言

本标准等同采用ISO 6663:1995《大蒜 冷藏》(英文版)。其技术内容和文本结构与ISO 6663:1995一致。

为便于使用,本标准作了如下编辑性修改:

——删去了ISO 6663:1995的前言和引言;

——用“本标准”代替“本国际标准”;

——对标点符号进行了删改。

本标准由中国商业联合会提出并归口。

本标准起草单位:中国商业联合会商业标准中心、中国蔬菜流通协会、中国人民大学环境学院。

本标准主要起草人:宫占平、李江华、陈松、刘振宇、曹建云。

大蒜 冷藏

1 范围

本标准规定了大蒜(*Allium sativum* Linnaeus)主要品种的冷藏技术条件,以保证大蒜能在新鲜的状态下消费。

本标准适用于大蒜的冷藏。

2 规范性引用文件

下列文件中的条款通过本标准的引用而成为本标准的条款。凡是注日期的引用文件,其随后所有的修改单(不包括勘误的内容)或修订版均不适用于本标准,然而,鼓励根据本标准达成协议的各方研究是否可使用这些文件的最新版本。凡是不注日期的引用文件,其最新版本适用于本标准。

GB/T 9829 水果和蔬菜 冷库中物理条件 定义和测量(GB/T 9829—2008,ISO 2169:1981,MOD)

3 采收与冷藏前处理

3.1 采收

冷藏用大蒜宜在叶尖或叶片开始变黄、蒜头的颈部组织开始变软、蒜头的大小不再增加时采收。大蒜宜完好,并达到生理休眠期,其外皮宜干燥,并呈现出该品种所特有的色泽。

采收宜在干燥的天气下短时间进行。

3.2 质量要求

冷藏用大蒜应选择适合长期贮藏的品种,应具备以下商品质量特性:

——洁净、干燥、完整;

——紧实、成熟、无发芽;

——外皮干燥、完好;

——田间和贮藏期间未受虫害侵染;

——无日晒伤或冷害;

——无异味。

3.3 预处理

采收后的大蒜应使其干燥。干燥工序应从田间开始,并可在室内继续进行。在温度 20 ℃~30 ℃时保持 8 d~10 d,或在 35 ℃~40 ℃下保持 0.5 d~1 d,相对湿度为 60%~75%。

经溴化甲烷消毒处理的蒜头只允许作种子使用。

为延长大蒜的贮藏期,在采收前使用马来酰肼或其他发芽抑止剂,可有效控制大蒜的发芽和失重。

3.4 规格尺寸

大蒜的规格尺寸应根据蒜头的直径计算。特级大蒜最小直径为 45 mm,一级和二级的最小直径为 30 mm。同一包装中蒜头直径的差值不应超过 2.5 mm。

3.5 包装

冷藏用大蒜宜采用纸箱、箱式托盘、金属网筐或将麻袋放在托盘上的形式进行包装。

包装材料宜洁净,其材质不会对产品造成外部或内部的损伤,也不会阻碍产品周围的空气流通。

3.6 贮藏入库

大蒜不应与其他产品一起贮藏,除洋葱外。入库操作应在短时间内完成。

3.7 贮藏方法

堆码方式应确保空气的循环流通。箱式托盘或麻袋放在托盘上的包装形式可堆码5层~6层,箱式托盘的堆码可高至8层~9层,留有的空隙应足以保证各个方向的空气流动。

上下层之间宜留有约0.5 m的空隙。

4 贮藏条件

影响大蒜冷藏物理因素的定量测定方法按GB/T 9829执行。

4.1 温度

应在0 ℃条件下贮藏,温度波动幅度±0.5 ℃。

4.2 相对湿度

相对湿度应保持在65%~75%。

4.3 空气循环

应保持空气在恒温条件下循环。

4.4 冷藏期限

冷藏期限因栽培品种和栽培方法的不同而有差别,一般为130 d~220 d。

冷藏期间应每7 d~10 d检查温度和湿度等贮藏条件。

4.5 出库

冷藏大蒜出库时,应缓慢回暖,避免产品表面结露。

如有要求,大蒜应根据质量分级冷藏。

ICS 53.020.20
J 80

中华人民共和国国家标准

GB/T 24817.2—2010/ISO 7752-2:1985

起重机械 控制装置布置形式和特性
第2部分:流动式起重机

**Lifting appliances—Controls—Layout and characteristics—
Part 2:Mobile cranes**

(ISO 7752-2:1985 Lifting appliances—Controls—Layout and characteristics—
Part 2:Basics arrangement and requirements for mobile cranes,IDT)

2011-01-10 发布 2011-06-01 实施

中华人民共和国国家质量监督检验检疫总局
中国国家标准化管理委员会 发布

前　言

GB/T 24817《起重机械　控制装置布置形式和特性》分为5个部分：

——第1部分：总则；

——第2部分：流动式起重机；

——第3部分：塔式起重机；

——第4部分：臂架起重机；

——第5部分：桥式和门式起重机。

本部分为GB/T 24817的第2部分。

本部分等同采用ISO 7752-2:1985《起重机械　控制装置　布置形式和特性　第2部分：流动式起重机的基本布置和要求》(英文版)，包括其补充件ISO 7752-2:1985/Add.1:1986，补充件内容列入了正文，并在其页边空白处用垂直双线标识。

本部分等同翻译ISO 7752-2:1985。

为了便于使用，本部分做了下列编辑性修改：

a) "ISO 7752的本部分"一词改为"GB/T 24817的本部分"；

b) 删除了ISO 7752-2:1985的前言；

c) 将本部分的名称改为"起重机械　控制装置布置形式和特性　第2部分：流动式起重机"。

本部分的附录A为资料性附录。

本部分由中国机械工业联合会提出。

本部分由全国起重机械标准化技术委员会(SAC/TC 227)归口。

本部分起草单位：徐工集团徐州重型机械有限公司。

本部分主要起草人：掌丽华、刘邦才。

引　言

流动式起重机的操作员经常要操纵不同型号或不同制造厂的起重机，GB/T 24817 的本部分规定了起重机基本控制装置的布置及动作方向，以减少操作员在紧急情况下的混乱及误操作。

起重机械 控制装置布置形式和特性 第2部分:流动式起重机

1 范围

GB/T 24817的本部分规定了用于流动式起重机回转、载荷升降、臂架变幅和伸缩的控制装置的布置形式和动作方向。

本部分适用于按GB/T 6974.2定义的所有流动式起重机。

2 规范性引用文件

下列文件中的条款通过GB/T 24817的本部分的引用而成为本部分的条款。凡是注日期的引用文件,其随后所有的修改单(不包括勘误的内容)或修订版均不适用于本部分,然而,鼓励根据本部分达成协议的各方研究是否可使用这些文件的最新版本。凡是不注日期的引用文件,其最新版本适用于本部分。

GB/T 6974.2 起重机 术语 第2部分:流动式起重机(GB/T 6974.2—2010,ISO 4306-2:1994,IDT)

GB/T 24817.1 起重机械 控制装置 布置形式和特性 第1部分:总则(GB/T 24817.1-2009,ISO 7752-1:1993,IDT)

3 术语和定义

下列术语和定义适用于本部分。

3.1

操作员 operator

操纵流动式起重机定位载荷的人员。

3.2

司机 driver

操纵流动式起重机行驶的人员。

4 一般要求

4.1 操作员在操作过程中用到的基本控制装置(见图1～图5)应布置在操作员坐在座位上可以触及的位置。

4.2 手柄及脚踏板要有在不采用刚性保持装置时,能保持在空挡位置的措施。除非由于功能的特定需要,当操作员松开手柄或脚踏板时,能自动回到空挡位置。

4.3 双向控制器手柄的操作力应不大于160 N,脚踏板的操作力应不超过225 N。

4.4 双向控制器的手柄从空挡(中间位置)到前、后位置的移动距离不应超过260 mm,脚踏板的移动距离不应超过260 mm。

5 双向控制装置

5.1 固定臂长起重机

基本控制器应按图1布置。

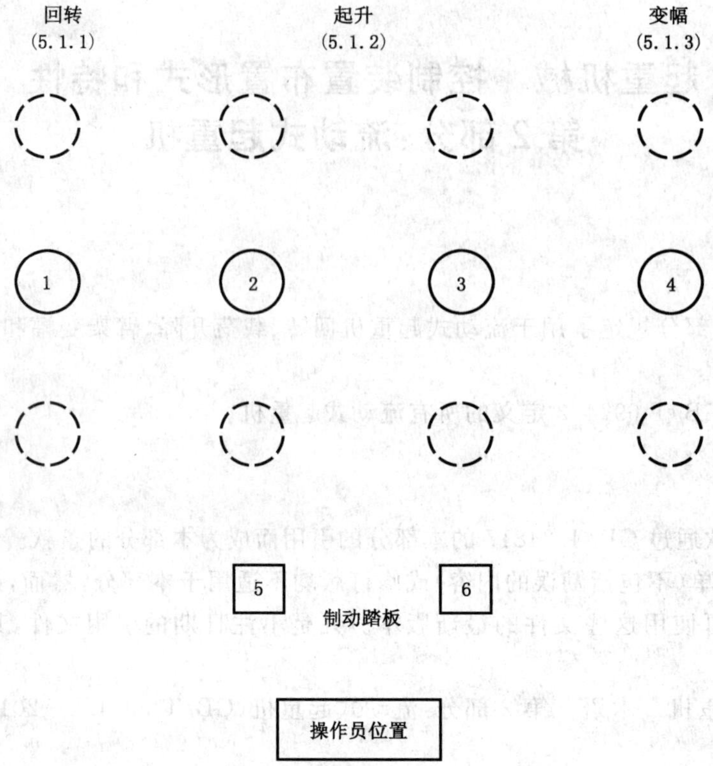

图 1　固定臂长起重机控制装置简图

5.1.1　回转控制装置——手柄 1

向前(朝臂架方向)推手柄：

——向左回转(操作员位置在臂架右侧)；

——向右回转(操作员位置在臂架左侧或中间)。

手柄在中间位置，切断回转动力。

向后拉手柄，回转方向相反。

5.1.2　起升控制装置——手柄 2 及脚踏板 5、手柄 3 及脚踏板 6

向后拉手柄，起升载荷。

手柄在中间位置，切断起升动力并保持载荷不动(如果装有自动制动器)或踩下制动踏板控制载荷。

向前推手柄，下降载荷。

5.1.3　臂架变幅控制装置——手柄 4

向后拉手柄，抬起臂架。

手柄在中间位置，保持臂架在原位。

向前推手柄，落下臂架。

5.1.4　臂架变幅控制装置的其他形式——脚踏板

基本控制装置应按图 2 布置。

5.1.4.1　回转控制装置——手柄 1

向前(朝臂架方向)推手柄：

——向左转(操作员位置在臂架右侧)；

——向右转(操作员位置在臂架左侧或中间)。

手柄在中间位置，切断回转动力。

向后拉手柄，回转方向相反。

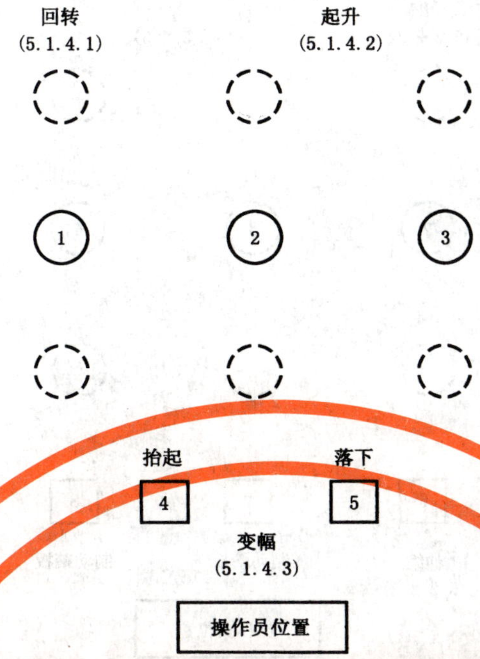

图 2 固定臂长起重机变幅装置控制装置其他形式简图

5.1.4.2 起升控制装置——手柄 2 和 3

向后拉手柄,起升载荷。

手柄在中间位置,切断动力并保持载荷不动。

向前推手柄,下降载荷。

5.1.4.3 臂架变幅控制装置——脚踏板 4 和 5

踩下脚踏板 4,抬起臂架。

踩下脚踏板 5,落下臂架。

松开脚踏板 4、5,保持臂架在原位。

5.2 伸缩臂架起重机

基本控制装置应按图 3 布置。

5.2.1 回转控制装置——手柄 1

向前(朝臂架方向)推手柄:

——向左转(操作员位置在臂架右侧);

——向右转(操作员位置在臂架左侧或中间)。

手柄在中间位置,切断回转动力。

向后拉手柄,回转方向相反。

5.2.2 臂架伸缩控制装置

5.2.2.1 手柄 2

向前推手柄,伸出臂架。

手柄在中间位置,保持臂架长度不变。

向后拉手柄,缩回臂架。

5.2.2.2 脚踏板 6(可供选用,代替手柄 2)

向前踩脚踏板(脚掌下压),伸出臂架。

脚踏板在中间位置,保持臂架长度不变。

向后踩脚踏板(脚跟下压),缩回臂架。

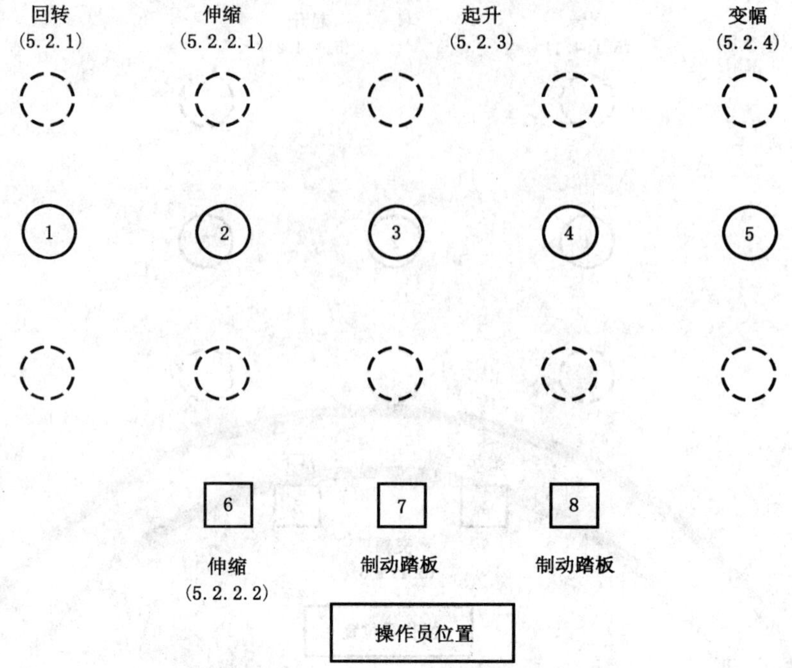

图3 伸缩臂架起重机控制装置简图

5.2.3 起升控制装置——手柄3及脚踏板7,手柄4及脚踏板8

向后拉手柄,起升载荷。

手柄在中间位置,切断动力并保持载荷不动(如果装有自动制动器)或踩下制动踏板控制载荷。

向前推手柄,通过“动力下降”下降载荷。

5.2.4 臂架变幅控制装置——手柄5

向后拉手柄,抬起臂架。

手柄在中间位置,保持臂架在原位。

向前推手柄,落下臂架。

如果有必要,可在手柄1、2之间另外增加手柄,以单独操纵某些臂节伸缩。

6 十字轴多向控制装置

6.1 固定臂长起重机

基本控制装置应按图4布置,也可以用脚踏板控制变幅(见6.1.3)。

6.1.1 起升2和回转控制装置——手柄1和脚踏板3

向后拉手柄,起升载荷或副臂变幅。

手柄在中间位置,保持载荷或副臂不动(如果装有自动制动器),或踩下制动踏板控制载荷。

向前推手柄,下降载荷或副臂变幅。

向左移动手柄,向左回转。

手柄在中间位置,切断回转动力。

向右移动手柄,向右回转。

6.1.2 起升1和变幅控制装置——手柄2和脚踏板4

向后拉手柄,起升载荷。

手柄在中间位置,保持载荷不动(如果装有自动制动器)或踩下制动踏板控制载荷。

向前推手柄,下降载荷。

向左移动手柄,抬起臂架。

手柄在中间位置,保持臂架在原位。

向右移动手柄,落下臂架。

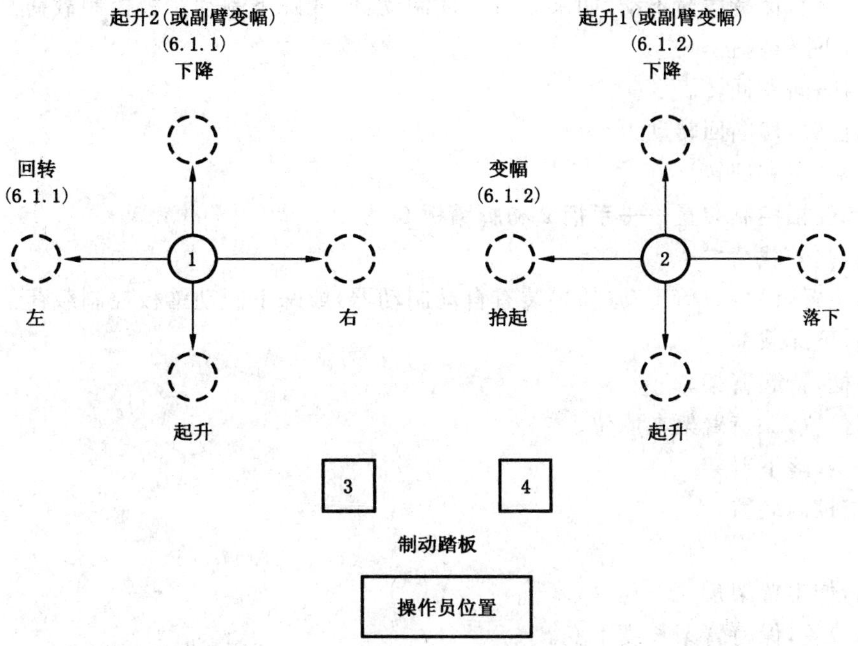

图 4 固定臂长起重机控制装置简图

6.1.3 脚踏板 3 和 4

如起升卷筒设有自动制动器,脚踏板 3 和 4 可用于臂架的变幅。

6.2 伸缩臂架起重机

基本控制装置应按图 5 布置,也可以用脚踏板控制臂架伸缩(见 6.2.3.2)。

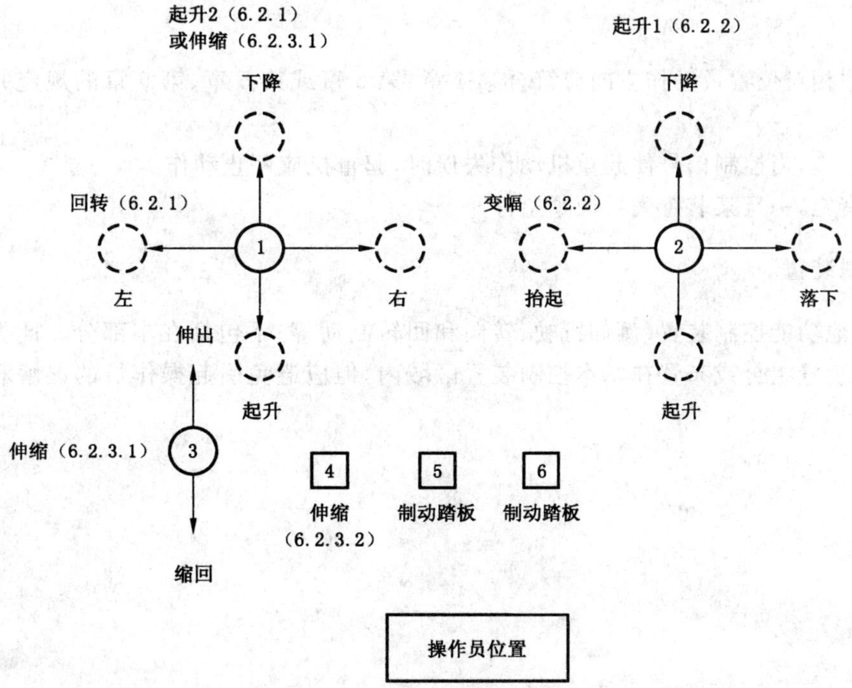

图 5 伸缩臂架起重机控制装置简图

6.2.1 **起升2和回转控制装置——手柄1和脚踏板5**

向后拉手柄,起升载荷。

手柄在中间位置,保持载荷不动(如果装有自动制动器)或踩下制动踏板控制载荷。

向前推手柄,下降载荷。

向左移动手柄,向左回转。

手柄在中间位置,切断回转动力。

向右移动手柄,向右回转。

6.2.2 **起升1和变幅控制装置——手柄2和脚踏板6**

向后拉手柄,起升载荷。

手柄在中间位置,保持载荷不动(如果装有自动制动器)或踩下制动踏板控制载荷。

向前推手柄,下降载荷。

向左移动手柄,抬起臂架。

手柄在中间位置,保持臂架在原位。

向右移动手柄,落下臂架。

6.2.3 **臂架伸缩控制装置**

6.2.3.1 **手柄3**

向前推手柄,伸出臂架。

手柄在中间位置,保持臂架长度不变。

向后拉手柄,缩回臂架。

注:手柄3可以是独立的手柄,臂架伸缩也可以用手柄1控制。

6.2.3.2 **脚踏板4(可供选用,代替手柄3)**

向前踩脚踏板(脚掌下压),伸出臂架。

脚踏板在中间位置,保持臂架长度不变。

向后踩脚踏板(脚跟下压)缩回臂架。

7 遥控

7.1 控制装置的相对位置及动作方向应符合第4章、第5章或第5章、第6章的规定并符合实际情况的要求。

7.2 应有保证措施,当控制信号使起重机动作失误时,起重机应停止动作。

7.3 应有保证措施,一旦某装置失灵便紧急停车。

8 其他功能控制装置

起重机的其他功能控制装置(例如行驶、转向和回转制动等)不包括在本部分。此类控制装置可以与上述基本控制装置组合或布置在基本控制装置区域内,但应避免引起操作员的误解和操纵时的躯体干扰。

附　录　A
（资料性附录）
本部分章条编号与 ISO 7752-2 及 ISO 7752-2/Add 1 的章条编号对照

表 A.1 给出了本部分章条编号与 ISO 7752-2 及 ISO 7752-2/Add 1 的章条编号对照一览表。

表 A.1　本部分章条编号与 ISO 7752-2 及 ISO 7752-2/Add 1 的章条编号对照

本部分章条编号	ISO 7752-2 及 ISO 7752-2/Add 1 的章条编号
引言	0
1	1 的第 1 段和第 2 段
2	2
3	1 的第 4 段
4	6
5	第 1 篇
5.1	3
图 1	图 1
5.1.1	3.1
5.1.2	3.2
5.1.3	3.3
5.1.4	3.4
图 2	图 2
5.1.4.1	3.4.1
5.1.4.2	3.4.2
5.1.4.3	3.4.3
5.2	4
图 3	图 3
5.2.1	4.1
5.2.2	4.2
5.2.2.1	4.2.1
5.2.2.2	4.2.2
5.2.3	4.3
5.2.4	4.4
6	第 2 篇(ISO 7752-2/Add 1)
6.1	8(包括 8.1)
图 4	图 4
—	8.2
6.1.1	8.2.1(包括 8.2.1.1、8.2.1.2)
6.1.2	8.2.2(包括 8.2.2.1、8.2.2.2)

表 A.1(续)

本部分章条编号	ISO 7752-2 及 ISO 7752-2/Add 1 的章条编号
6.1.3	8.2.3
6.2	9(包括 9.1)
图 5	图 5
—	9.2
6.2.1	9.2.1(包括 9.2.1.1、9.2.1.2)
6.2.2	9.2.2(包括 9.2.2.1、9.2.2.2)
6.2.3	9.2.3
6.2.3.1	9.2.3.1
6.2.3.2	9.2.3.2
7	5
8	7

ICS 53.020.20
J 80

中华人民共和国国家标准

GB/T 24818.2—2010/ISO 11660-2:1994

起重机 通道及安全防护设施 第2部分:流动式起重机

Cranes—Access, guards and restrains—Part 2: Mobile cranes

(ISO 11660-2:1994, IDT)

2011-01-10 发布 2011-06-01 实施

中华人民共和国国家质量监督检验检疫总局
中国国家标准化管理委员会 发布

前　言

GB/T 24818《起重机　通道及安全防护设施》分为 4 个部分：

——第 1 部分：总则；

——第 2 部分：流动式起重机；

——第 3 部分：塔式起重机；

——第 5 部分：桥式和门式起重机。

本部分为 GB/T 24818 的第 2 部分。

本部分等同采用 ISO 11660-2:1994《起重机　通道及安全防护设施　第 2 部分：流动式起重机》(英文版)。

本部分等同翻译 ISO 11660-2:1994。

为便于使用，本部分做了下列编辑性修改：

a) "ISO 11660 的本部分"一词改为"GB/T 24818 的本部分"；

b) 删除 ISO 11660-2:1994 的前言；

c) 用小数点"."代替作为小数点的逗号","；

d) 对于 ISO 11660-2:1994 引用的及参考文献中的国际标准，用已被采用为我国的标准代替对应的国际标准；

e) 规范性引用文件中 ISO 4306-2:《起重机　术语　第 2 部分：流动式起重机》和 ISO 11660-1:《起重机　通道及安全防护设施　第 1 部分：总则》现在均有了新的版本，它们分别为 1994 版和 2008 版，因此在转化 ISO 11660-2 时均引用其最新的版本；

f) 根据 GB/T 1.1 要求，将图和表中的字母用脚标以示区分其不同的含义；

g) 将 4.12 中护栏高度调整为 1 100 mm，与正文中的表 3 一致；

h) 将"附录 B(资料性附录)参考资料"直接写为"参考文献"。

本部分的附录 A 为资料性附录。

本部分由中国机械工业联合会提出。

本部分由全国起重机械标准化技术委员会(SAC/TC 227)归口。

本部分起草单位：徐工集团徐州重型机械有限公司、长沙中联重工科技发展股份有限公司。

本部分主要起草人：徐周、张正德、杨武。

起重机　通道及安全防护设施
第2部分:流动式起重机

1　范围

GB/T 24818的本部分规定了流动式起重机上的阶梯、楼梯、梯子、走道、平台、扶手、把手、护栏、进出司机室的出入口、检查或维护用平台的技术要求。同时还提出对安全防护设施的要求。

本部分还与GB/T 17299和GB/T 17300保持了协调性。装有塔身的流动式起重机还应考虑与GB/T 24818.3的协调性。

本部分适用于GB/T 6974.2定义的流动式起重机。

2　规范性引用文件

下列文件中的条款通过GB/T 24818的本部分的引用而成为本部分的条款。凡是注日期的引用文件,其随后所有的修改单(不包括勘误的内容)或修订版均不适用于本部分,然而,鼓励根据本部分达成协议的各方研究是否可使用这些文件的最新版本。凡是不注日期的引用文件,其最新版本适用于本部分。

GB/T 6974.2　起重机　术语　第2部分:流动式起重机(GB/T 6974.2—2010,ISO 4306-2:1994,IDT)

GB/T 24818.1　起重机　通道及安全防护设施　第1部分:总则(GB/T 24818.1—2009,ISO 11660-1:2008,IDT)

3　总则

本部分给出了单人不携带物品使用流动式起重机通道装置(即无其他工作人员在该通道上时)的要求,并以GB/T 8420中第95百分位~第5百分位的人体尺寸为依据。

对于某些类型的流动式起重机,本部分提出的要求可以做一些修改或变动。

4　术语和定义

下列术语和定义适用于本部分。

4.1

通道装置　access system

包括进出司机室的出入口、检查或维护所用平台及其到地面之间的通道。

基本通道供日常使用,备用通道供紧急情况下基本通道不能用时使用。

4.2

臂架走道　jib walkway

主要用于长臂架(如拉铲起重机)的走道。其臂架水平倾斜度为20°以下。

4.3

臂架高架平台　jib skywalk platform

基础臂节上的维护平台。

4.4

可控制的下降装置　controlled descent device

作为备用通道的一部分,可以在无动力的情况下以固定速度自动运下人员的装置。

4.5

出入口 enclosure opening

通道装置用,足以让一人通行的开口。

4.5.1

基本出入口 primary opening

正常情况下的通道开口。

4.5.2

备用出入口 alternative opening

出现紧急情况,基本出入口不能使用时的开口。

4.5.3

检修出入口 service opening

维护、检修或检查时使用的开口。

4.6

踢脚板 foot barrier

防止脚从平台或走道边缘滑落的装置。

4.7

护栏 guardrail

沿走道或平台开放边设置的防止人员跌落的装置。

4.8

扶手和把手 handrail and handhold

通道装置中可用手持续移动抓握和用单手抓握,支撑身体并保持平衡的构件。

4.9

梯子 ladder

通道装置或通道装置的一部分,与水平面的夹角大于50°但不大于90°,由能搁置单脚或双脚的若干等距踏板(杆)组成。

4.9.1

竖梯 vertical ladder

与水平面的夹角大于75°的梯子。

4.9.2

斜梯 inclined ladder

与水平面的夹角大于50°但不大于75°的梯子。

4.9.3

直梯 rung ladder

由侧杆和踏杆组成、能搁置双脚的梯子,推荐用于水平面的夹角超过75°的通道处。

4.9.4

阶梯 stepped ladder

由侧杆和踏板组成,能搁置双脚的梯子,推荐用于水平面的夹角大于65°的通道处。

4.10

限制跌落装置 ladder fall-limiting device

最大限度减小或限制人员从梯子上跌落的各种装置。

4.11

操作平台 operator's platform

操作人员控制流动式起重机行走和各种动作的区域。

4.12

过道　passageway

双侧带护栏的走道，在人员直立通过时护栏的垂直高度至少为 1 100mm，爬行时其高度至少为 300 mm。

4.13

平台　platform

支撑从事操作、维护、检查或修理工作人员的水平面。

4.14

坡道　ramp

与水平面的夹角不大于 20°、无踏板(杆)的通道装置或通道装置的一部分，但带有防滑条或作了其他增加摩擦力的表面处理。

4.15

防滑条　cleat

增加走道或坡道表面摩擦力的物件。

4.16

休息平台　rest platform

驻脚台　landing

与梯子相连、供人员休息或驻足的平台。

4.17

踏板(杆)间距　riser height

两个连续踏板或踏杆之间的高度，从一个踏板或踏杆的踏面到下一个踏面的垂直距离。

4.18

踏杆　rung

搁置单脚或双脚的杆件，通常安装在竖梯上或供单脚蹬踏用。

4.19

楼梯　stairway

与水平面的夹角大于 33.7°，但不超过 67°的通道装置或通道装置的一部分，由 4 级或 4 级以上踏板组成。

4.20

踏板　step

搁置单脚或双脚的构件，作为梯子或楼梯的一部分，或独立安装(设置)。

4.21

级距　stride distance

从一个踏板前缘到相邻踏板前缘的水平距离。

4.22

三点支撑　three point support

通道装置的一种结构形式，供单人同时使用双手和单脚或双脚和单手在流动式起重机上上下或移动。

4.23

踏板深度　tread depth

踏板前、后缘的水平距离。

4.24

走道　walkway

通道装置的一部分，在流动式起重机上各部位之间，可供人员直立行走或爬行。

4.25

动力或手动通道装置　powered or manually actuated access device

通过动力和手动操纵的全部或部分基本通道或备用通道。

4.26

防滑表面　slip-resistant surface

具有改善脚底摩擦力性能的通道装置的表面。

防滑表面的示例见附录 A。

5　一般要求

5.1　通道装置的设计应考虑：

a）操作者不慎被流动式起重机上的凸出物绊住的可能性，如操纵杆、踏板（杆）或手柄挂住身体某个部位或磨坏衣服；

b）凸出物可能绊倒操作者或加重跌落的伤害；

c）设置表面光滑的扶手和把手；

d）操作者遇到潜在危险的可能性，如极大的冷热温差、带电、运动部件和尖角的伤害；

e）通道装置应易于使用且不需培训；

f）高于地面 1 m 的通道装置，使用者攀上攀下正常更换部件，应使用三点支撑。

5.2　基本通道可以是轻便型的，以便在流动式起重机上存放。但其使用和存放位置应能确保安全可靠。

5.3　应设置备用出口，如果不在视线之内应明示。

6　性能要求

6.1　通道装置表面应能承受人员站立或行走。垂直于表面施加以下的力应无明显永久变形：

a）2 000 N 的力通过直径为 125 mm 的圆盘作用于任何位置；和

b）4 500 N/m^2 均布载荷。

不必同时施加以上两种力。

6.2　走道及平台表面的孔隙不允许直径等于和大于 40 mm 的球体通过；如果人员可在下面行走、站立或工作，则不允许直径等于和大于 20 mm 的球体通过。必要时，人员所在处的上下方应采用无孔洞表面，防止物料的通过，以免对人体造成伤害。在臂架走道和其他类似区域仅用于检查和维护时，人员站立或驻足的表面孔隙可以增至上述规定值的 2 倍。

6.3　扶手、把手和护栏上的任意点任意方向应能承受 1 000 N 的力而无永久变形。活动式装置在试验载荷作用下相对正常位置偏离不应超过 80 mm。

6.4　仅用于支撑检查人员的机器外罩顶部，如司机室和机棚盖，可以只遵守 6.1a)。

6.5　所有通道装置如走道、阶梯和爬行道的表面（包括通道使用的任何装置或结构件）都应防滑。如用三点支撑，流动式起重机的履带可用作通道踏板。

7　台阶

7.1　台阶的尺寸应符合图 1 和表 1 的规定。如有可能，踏板（杆）应尽可能加宽以方便容纳双脚。

7.2　人体需从梯子的顶部或底部侧移到另一承载面时，踏板（杆）距最近承载面边缘的距离应在最大半径 R=300 mm 的球体以内（见图 1）。

7.3　应在相应位置安装扶手和把手。

7.4　在脚可能伸出踏板（杆）与运动部件接触的地方，踏板（杆）和运动部件之间应安装防护装置。

7.5　应在踏板（杆）的边缘设置屏障，以防脚在上面发生侧滑。

7.6　踏面不应作把手使用。

7.7　踏板(杆)的设计应考虑最大限度地减少鞋底沾带的碎屑、泥块聚集在踏步上。履带作为踏板使用时则不必满足这个要求。

7.8　踏板(杆)设计应注重实用性,使用者在下行时应有自然落脚处,或在使用者下行时踏板(杆)应清晰可见。

注:踏板(杆)的自然落脚并不能保证使用者的安全可靠,只有熟悉通道装置才能保证可靠性。

7.9　不推荐安装活动式台阶。如需使用,当在从地面算起第一个非摆动踏板(杆)的前外缘集中作用一个 1 000 N 的水平力时,踏板(杆)的任意平面的移动距离不应超过 80 mm。距地面最近的踏板(杆)可以是摆动的。

单位为毫米

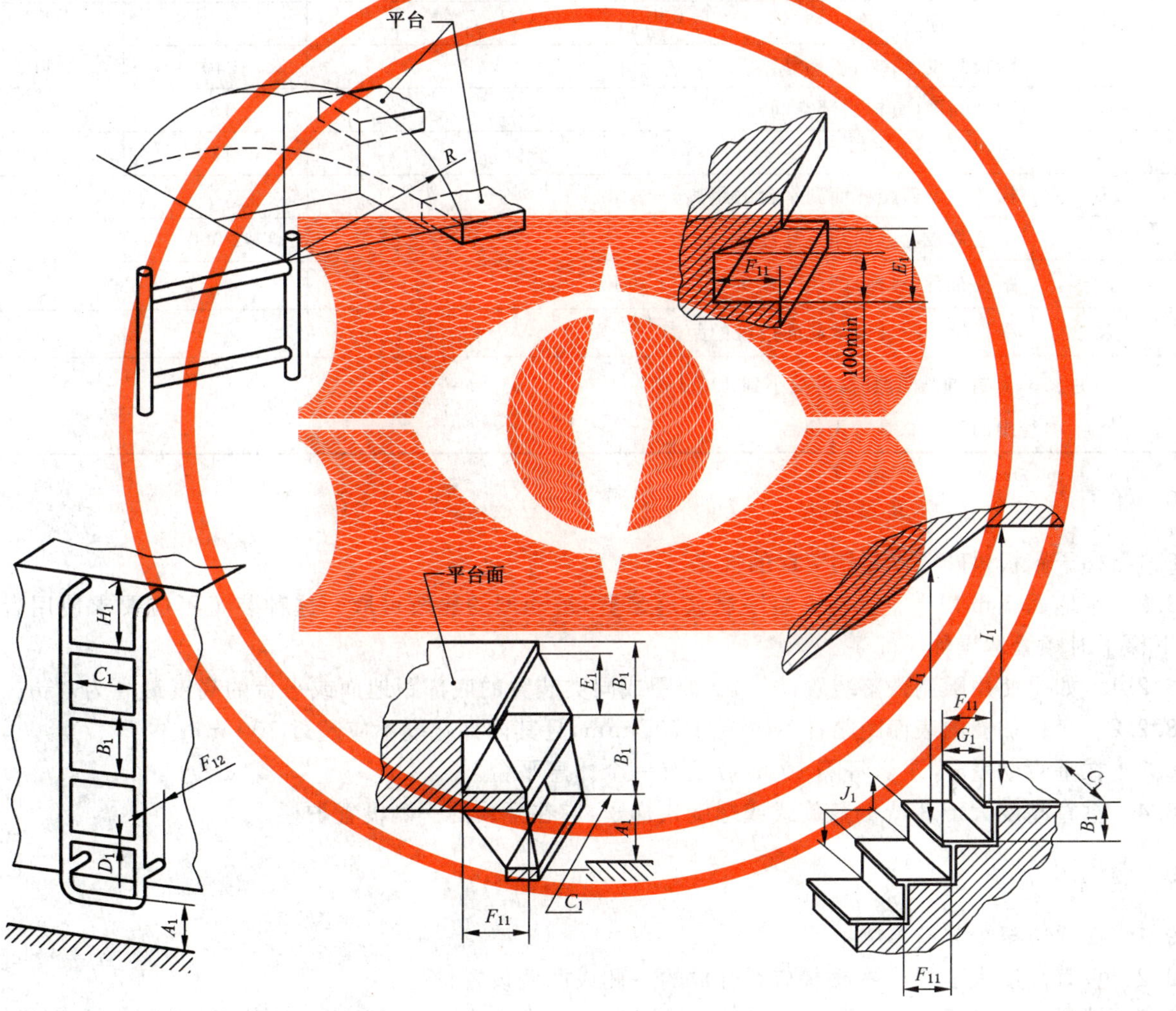

直梯　　阶梯　　楼梯

图 1　阶梯、梯子和楼梯

表 1 阶梯、梯子和楼梯的尺寸

符号	说明			尺寸/mm 最小	尺寸/mm 最大
A_1	地面或平台上第一级踏板(杆)高度			—	600
B_1	踏板(杆)间距	直梯		230	400
		阶梯、楼梯等		180	250
C_1	踏板(杆)宽度	梯子	单脚	160	—
			双脚	320	—
		楼梯		320	—
D_1	踏杆—直径或宽度			19	40
E_1	内踏板净空高度			150	—
F_{11}	踏板深度(阶梯、楼梯等)			240[a]	400
F_{12}	脚趾间隙(直梯后部空间)			150	—
G_1	级距[b]			130	270
H_1	梯子的顶部踏杆面到平台的距离			—	150
I_1	走道踏板上方的净空高度			2 000	—
J_1	踏板布置(楼梯)($2B_1+G_1$)			630	
R	踏板(杆)距最近承载面边缘的距离			—	300

a 见 9.3,具有脚趾间隙时,可减小到 130mm。

b J_1 项给出的等式总是适用的。

8 梯子

8.1 梯子踏板(杆)应满足第 7 章的规定。

8.2 距地面 5 m 以上直梯应安装限制跌落装置,被动型的比较可取。这种装置不应要求使用者在上下梯子时频繁地操作。

8.2.1 如果使用限制跌落装置,则梯子护圈或同类装置的底部距地面或平台的高度最高为 3 m。

8.2.2 直梯护圈内表面距踏杆不应超过 700 mm,且其内部宽度不应超过 700 mm。

8.3 在垂直攀登时,至少每隔 10 m 应设置一个休息平台。

8.4 垂直高度大于 3 m 的盘旋式或螺旋式梯子,应在开放的一侧设置护栏。

9 楼梯

9.1 楼梯应至少装有单侧把手。

9.2 垂直高度大于 3 m 的楼梯应在开放的一侧或两侧设置护栏。

9.3 楼梯上的踏板深度应等于或大于踏板间距。连续的踏板间距和连续的踏板深度应为相同尺寸。

9.4 楼梯踏板应符合第 7 章的规定。

10 扶手和把手

10.1 扶手和把手的尺寸应符合图 2 和表 2 的规定。

10.2 扶手和把手应设在通道装置适当位置,为走动的人员保持平衡提供连续的支撑。

10.3 理想的扶手和把手的截面是圆形。带圆角的正方形或长方形截面也是允许的。

10.4 任何扶手或把手的支撑段以外的手握表面的末端应有形状变化,以防止手从端部滑脱。

10.5 梯子上的扶手首选把手,把手的间距应与踏板(杆)的间距相对应。

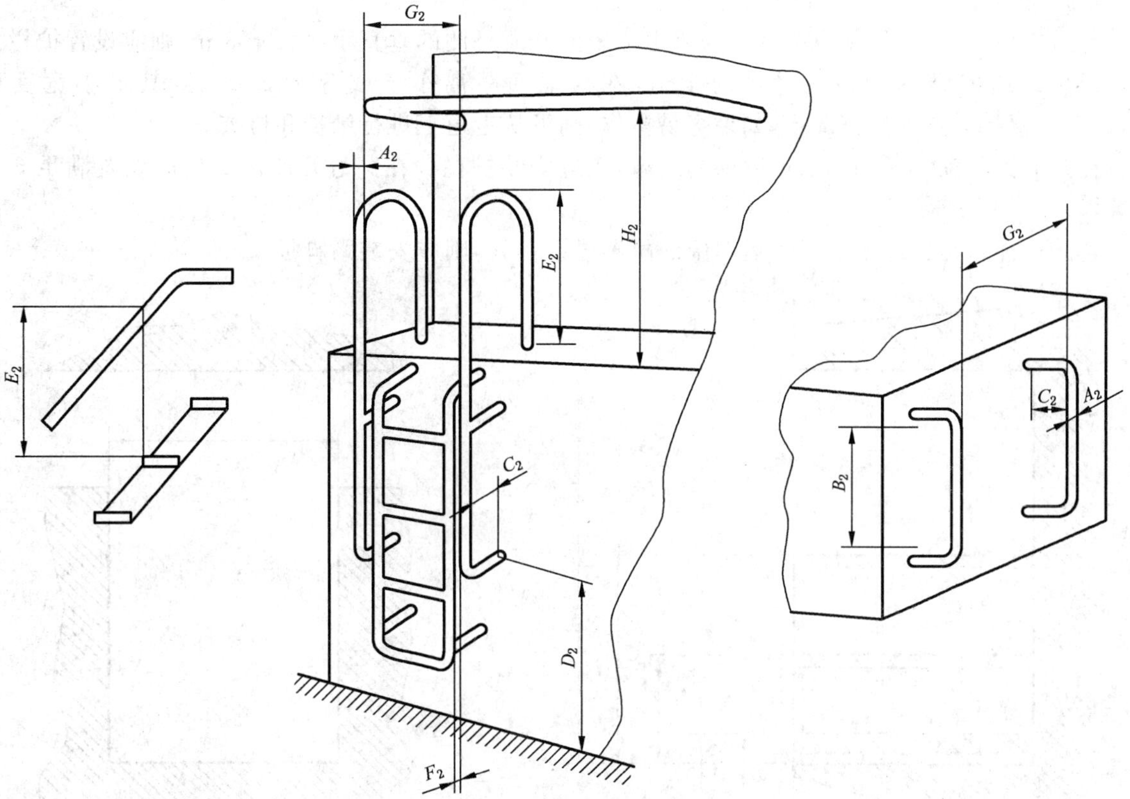

注：扶手延伸可以是梯子的一部分，或是从梯子处分离的独立部分。

图 2　扶手和把手

表 2　扶手和把手的尺寸

<table>
<tr><th rowspan="2">符号</th><th rowspan="2" colspan="2">说　明</th><th colspan="2">尺寸/mm</th></tr>
<tr><th>最小</th><th>最大</th></tr>
<tr><td rowspan="2">A_2</td><td rowspan="2">宽度(直径或对边)</td><td>梯子、踏板或走道的扶手</td><td>16[a]</td><td>38</td></tr>
<tr><td>楼梯和坡道的扶手</td><td>16</td><td>80</td></tr>
<tr><td>B_2</td><td colspan="2">把手支腿的两个倒圆之间的长度</td><td>150</td><td>—</td></tr>
<tr><td>C_2</td><td colspan="2">把手到安装面的距离</td><td>75</td><td>—</td></tr>
<tr><td>D_2</td><td colspan="2">扶手或把手到站立面的距离</td><td>—</td><td>1 600</td></tr>
<tr><td>E_2</td><td colspan="2">踏板、平台、楼梯或坡道上扶手的垂直距离</td><td>850</td><td>960</td></tr>
<tr><td>F_2</td><td colspan="2">扶手或把手到踏板边缘的距离</td><td>75</td><td>200</td></tr>
<tr><td rowspan="2">G_2</td><td rowspan="2">平行扶手间的宽度</td><td>梯子</td><td>—</td><td>600[b]</td></tr>
<tr><td>楼梯和坡道</td><td>460</td><td>—</td></tr>
<tr><td>H_2</td><td colspan="2">走道、过道、踏板或楼梯踏板之上的扶手高度</td><td>850</td><td>1 400</td></tr>
<tr><td colspan="5">a 如果是垂直方向为 19 mm。
b 如果考虑臂部的间隙则为 600 mm。</td></tr>
</table>

11　平台、过道、走道、护栏和踢脚板

11.1　平台、过道、走道、护栏和踢脚板的尺寸应符合图 3 和表 3 的规定。横杆应置于护栏的顶杆与走道或平台之间的中部。

11.2　如果平台表面开放一侧的垂直距离大于 3 m，应设置护栏。如果与行驶要求产生了抵触，某些流

动式起重机的机器外罩顶部可不满足这个要求。

11.3　走道应设置把手、扶手或护栏。如果走道表面开放一侧的垂直距离大于 3 m，则应设置护栏。

11.4　仅用于通向维修和检查平台的走道，在与地面距离小于或等于 3 m 时，其最小宽度可为 230 mm。在保持三点支撑情况下，如果容易操作，则可从走道上进行维护和检查。

11.5　在开放处除安装通向梯子或阶梯的通道，还应安装护栏。在穿过开放区域处应设置满足 6.3 要求的装置。

11.6　若脚可能从走道或平台滑入运动中的机器或设备处，则应安装踢脚板。

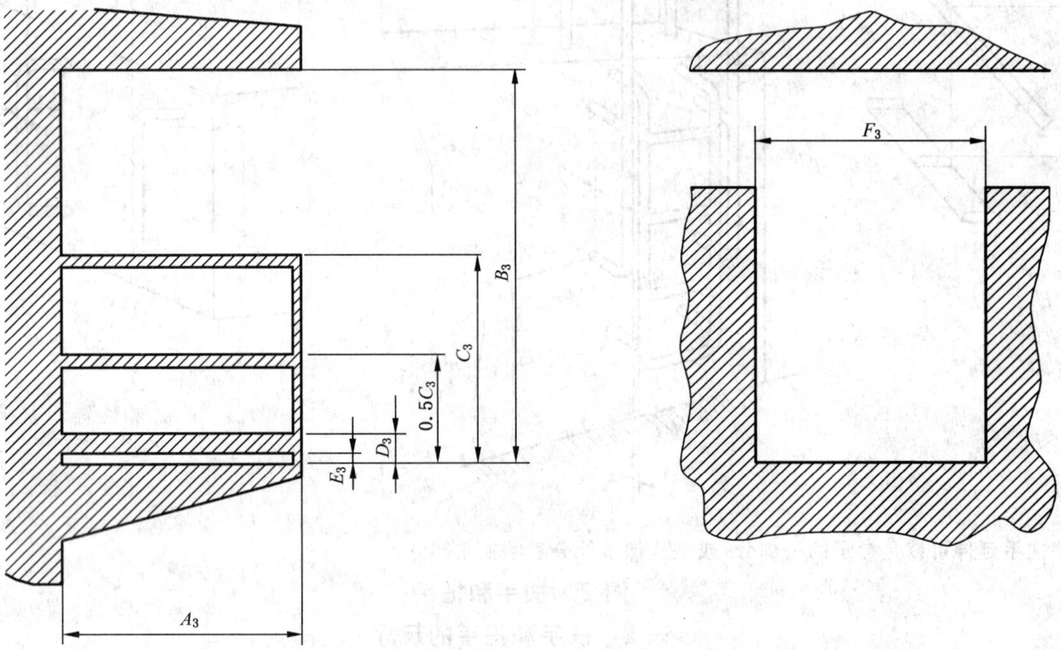

图 3　平台、过道、走道和护栏

表 3　平台、过道、走道和护栏的尺寸

符号	说　　明		尺寸/mm 最小	尺寸/mm 最大
A_3	宽度	平台	600	—
		走道[a]	450	—
B_3	净空高度	站姿	2 000	—
		跪姿[b]	1 500	—
		爬行[b]	1 000	—
C_3	护栏高度		1 000	1 100
D_3	踢脚板高度[c]		50	—
E_3	踢脚板到地板面间隙		0	10
F_3	过道	使用者正面通过	550	—
		使用者侧身通过	330	—
		使用者相向错位通过	900	—

[a] 通道内有障碍物时，其局部宽度可减小到 400 mm。

[b] 仅在检查和维护时。

[c] 在特殊情况下需要人员通过时，踢脚板最大高度应限制在 500 mm 之内。

12 出入口

12.1 出入口的尺寸应符合图 4 和表 4 的规定。

12.2 如果不能使用长方形开口,可使开口的最小尺寸调整到如图 4 所示,即开口离地板面的最小垂直距离可从 460 mm 增大到 770 mm,同时最小宽度从 250 mm 增至 300 mm。

12.3 基本出入口应可从通道阶梯、平台或走道直接到达。

12.4 人员站在开门处应不费力且无伤害地打开此门。

12.5 坐姿司机室除了基本出入口还应有备用出入口。

12.6 开关铰接门或入口盖板,所用的力不应超过 135 N。

12.7 在流动式起重机操作过程中,应有使门保持开启位置的装置。

12.8 铰接门应采用外开式。推拉门的设计应考虑如何防止由于流动式起重机操作时的惯性力,导致门的滑动对人员的伤害。

12.9 在下列情况下,应至少留有 80 mm 的手间距:

a) 铰接门的外缘和除门框以外的任何固定物之间;

b) 在需要打开或移动其他类型的门或盖板的地方。

12.10 可移动的出入口盖板如需借重力固定,设计时应考虑防止其打开时坠落。

12.11 可移动的出入口盖板如需垂直提起 300 mm 的高度,其质量不应超过 40 kg,每增加提升高度 300 mm,其质量应至少减少 5 kg。

单位为毫米

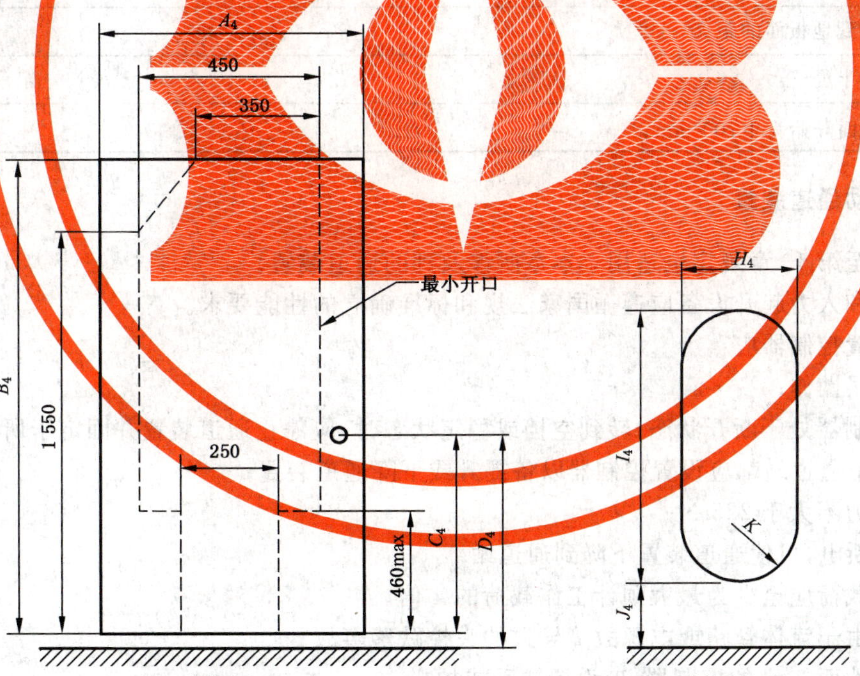

注 1:改变为最小开口的形状,不必对称。

注 2:该尺寸是最小的,除非另有说明。对站姿司机室才允许在头部有斜度。

图 4 出入口

表 4　出入口的尺寸

符号	说明		尺寸/mm	
			最小	最大
基本出入口				
A_4	宽度		450	—
B_4	高度	坐姿司机室	1 300	—
		站姿司机室	1 800	—
C_4	门内把手距地板面的高度	坐姿司机室	350	850
		站姿司机室	800	1 000
D_4	门外把手距站立面的高度		500	1 500[a]
备用出入口(最好与基本出入口尺寸相同)				
圆形(直径)			650	—
正方形			600×600	
长方形			470×650	
检修出入口				
H_4	宽度		450	—
I_4	高度		760	—
J_4	底边到地板面的距离		—	500
K	圆角半径		—	$0.5H_4$

[a] 如果从地面开始为 1 700 mm。

13　动力和手动通道装置

13.1　第 5 章至第 10 章规定也适用于本章所涉及到的通道装置。

13.2　升降机和人力起升设备应遵循国家法规和标准确立的性能要求。

13.3　通道装置控制器应:

a)　防止误操作;

b)　当控制器处于断开状态、转到空挡或稳定状态时,应停止通道装置并固定于所要求的位置上;

c)　在每个通道站都应设置控制器以备提升或下降通道装置;

d)　操作力不大于 225 N;

e)　如果断电,可使通道装置下降到通道站。

13.4　设计的载荷应至少为最大预计工作载荷的 4 倍。

13.5　应避免由于流体管路或电源故障导致的失控跌落事故。

13.6　对高于地面 3 m 的控制器,应设置扶手或护栏。

13.7　应设一标牌,显示通道装置安全操作所容许的最大工作载荷以及最多人员数,并将其置于易读可见之处。

13.8　应防止能造成人员伤害或通道装置损坏的超速运动。

13.9　只有在通道装置完全就位以后才允许人员进入。

13.10　通道装置在使用者通行时,不应摆动。在进出通道装置时允许任意方向上的最大位移为 80 mm。

13.11　通道装置在其存放处应确保安全。如出现异常,则应由警灯或警铃发出警示。

13.12 流动式起重机应带有备用通道,包括动力或手动通道装置。

13.13 可控制的下降装置的下降速度无论有无载荷均应保持匀速,对于载重为 135 kg 时,其下降速度应为 1 m/s～3 m/s。即使是在发生诸如机械故障、火灾的紧急情况下,速度也不应超过 4.5 m/s。

14 安全防护设施

GB/T 24818.1 中关于安全防护设施和电气防护的要求,适用于流动式起重机。

附 录 A
（资料性附录）
防滑表面的示例

以下是4.26定义的防滑表面示例。

a） 斜方花纹：具有凸出斜方图案或有凸出块的实体表面。

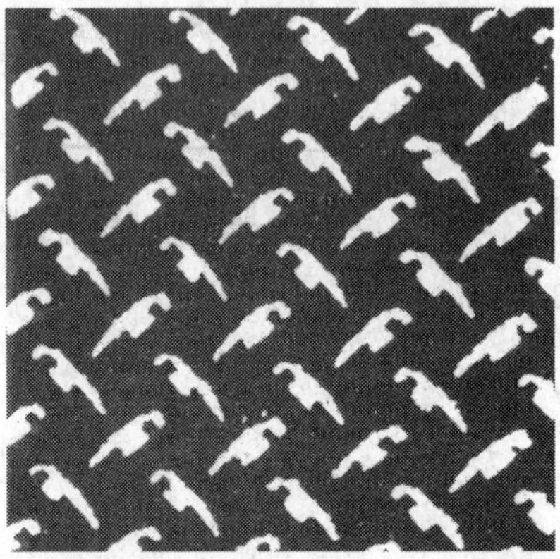

b） 凸珠花纹：具有凸出多珠图案的实体表面。

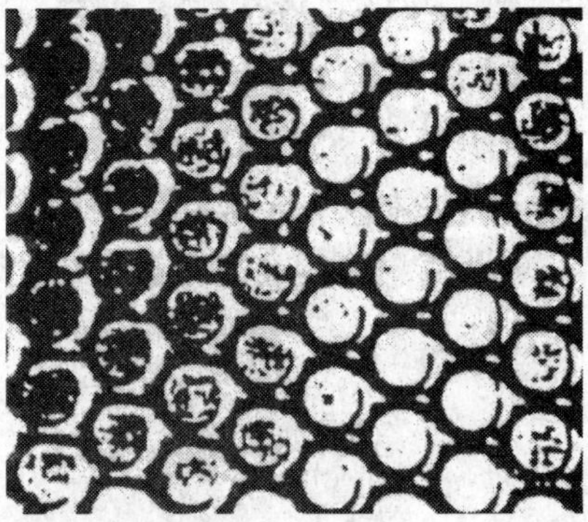

c） 多孔网：具有多孔斜方图案的网状表面。

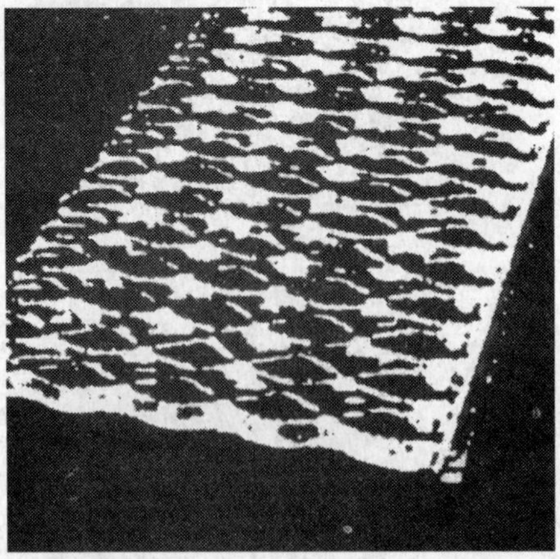

d） 砂粒涂层：表面涂有含砂粒油漆或在油漆干燥之前植入砂粒。

e） 曲线状花纹薄膜：正面涂有高磨擦力碳硅化物磨粒形成的曲线状花纹，背面带有压力粘合剂的塑料薄膜。

参 考 文 献

[1] GB/T 8420—2000《土方机械　司机身材尺寸与司机的最小活动空间》(eqv ISO 3411:1995).

[2] GB/T 17299—1998《土方机械　最小入口尺寸》(idt ISO 2860:1992).

[3] GB/T 17300—1998《土方机械　通道装置》(idt ISO 2867:1994).

[4] GB/T 24818.3—2009《起重机　通道及安全防护设施　第3部分:塔式起重机》(ISO 11660-3:2008,IDT).

后　　记

2010年制修订国家标准共2846项，分91册出版。

1. 2010年度发布的顺延上年度标准编号的新制定的国家标准，从GB/T 24848—2010开始，至GB/T 27410—2010结束，收入在《中国国家标准汇编》2010年“制定”卷第450～503分册中，共54册，收入国家标准1794项。

2. 2010年度发布的非顺延上年度标准编号的新制定的国家标准和全部修订的国家标准，收入在2010年修订-1～修订-37分册中，共37册，收入国家标准1047项。

3. GB/T 25270—2010、GB/T 25447—2010、GB/T 26437—2010、GB/T 27407—2010、GB/T 27408—2010因故延迟出版。

中国标准出版社
2011年8月